AVALIAÇÃO

MICHAEL SCRIVEN

AVALIAÇÃO

UM GUIA DE CONCEITOS

Tradução
Marilia Sette Câmara

Revisão técnica
Thomaz Chianca e Mariana Ceccon Chianca

2ª edição

Rio de Janeiro
2024

Foto do autor: cortesia de William Vasta/Claremont Graduate University

Título original: *Evaluation Thesaurus* – 4th Edition

Editora Paz e Terra Ltda.
Rua Argentina, 171, 3º andar – São Cristóvão
Rio de Janeiro, RJ – 20921-380
www.record.com.br

Texto revisado segundo o novo Acordo Ortográfico da Língua Portuguesa.

CIP-BRASIL. CATALOGAÇÃO NA FONTE
SINDICATO NACIONAL DOS EDITORES DE LIVROS, RJ

S441a
2. ed.

Scriven, Michael
Avaliação: um guia de conceitos/Michael Scriven; tradução Marilia Sette Câmara; revisão técnica Thomaz Chianca e Mariana Ceccon Chianca. – 2. ed. – Rio de Janeiro/São Paulo: Paz e Terra, 2024.
23 cm.

Tradução de: Evaluation Thesaurus
Inclui bibliografia
ISBN 978-85-7753-393-0

1. Matemática – Filosofia. I. Câmara, Marilia Sette. II. Título.

18-50583
CDD: 510.1
CDU: 510.2

Leandra Félix da Cruz – Bibliotecária – CRB-7/6135

Impresso no Brasil
2024

Sumário

Uma conversa com Michael Scriven[1]

Alguns dos potenciais leitores deste, que é seu livro mais importante, sabem quem você é. No entanto, haverá um número significativo de pessoas no Brasil e em outros países de língua portuguesa que estão ouvindo seu nome pela primeira vez. Como você se apresentaria para essas pessoas, para que se interessem pelo que tem a dizer?

Minha história como autor deste livro é um pouco incomum. Eu fiz os ensinos fundamental e médio na Austrália. Era onde eu estava por causa da Segunda Guerra Mundial. Fui para a universidade em Melbourne. Minha especialização foi em Matemática, em um programa especial em que você fazia provas avançadas no último ano do ensino médio. Eu fui razoavelmente bem-sucedido nisso. Quando me formei, vi-me cada vez mais interessado nos fundamentos da Matemática, em vez de em uma aplicação específica da Matemática à ciência, ou aos negócios, ou ao direito etc. Eu fiz um mestrado com dois enfoques, também em Melbourne, chamado The Combined Honor School of Mathematics and Philosophy, porque os fundamentos da Matemática possuem intercessão com a Filosofia. E eu me tornei cada vez mais interessado nos fundamentos dessas matérias.

Fui para Oxford depois de Melbourne para fazer um doutorado em filosofia da ciência, que também se preocupava com os fundamentos (ou seja, os pressupostos) sobre os quais a ciência é construída; especialmente os pressupostos metodológicos. Então, aceitei um cargo de professor nos Estados Unidos, em 1952, no departamento de filosofia da University of Minnesota e me vi sendo entrevistado por recrutadores para as incipientes companhias de informática que procuravam pessoas que entendessem de lógica matemática, que era o mais próximo do que queriam – e o que se tornou a Ciência

1 Entrevista de Michael Scriven a Thomaz Chianca, realizada em 20 de julho de 2017, sobre sua trajetória profissional e seu principal livro, *Avaliação: um guia de conceitos*.

da Computação. Não havia Ciência da Computação nas universidades nos primeiros anos da década de 1950, então eles foram atrás dos meus alunos. Isso, adicionado à finalização da minha tese, fez com que eu adentrasse os fundamentos da Ciência da Computação. E eu publiquei um pouco nessa área. Eu também era bastante independente nos meus estudos acadêmicos, trabalhando na área de parapsicologia; fundei a primeira associação para o estudo de parapsicologia em Melbourne e dei sequência a isso na Inglaterra.

Enquanto eu trabalhava na University of Minnesota, tornei-me amigo de alguns filósofos da ciência, especialmente um dos psicólogos de destaque na época, que era cuidadosamente letrado em filosofia da ciência, e começamos a conversar sobre os fundamentos da Psicologia e de outras matérias. Essa foi uma forma de aprender muito mais sobre Psicologia, e aprendi. Mais uma vez, eu me interessei muito pelas pressuposições e métodos fundamentais utilizados por psicólogos. Uma expansão natural desses interesses me levou a começar a olhar estudos educacionais, especialmente aplicações educacionais da Psicologia à tecnologia da Matemática e da Ciência como um todo. Isso me fez aprender sobre a teoria do teste e a elaboração de manuais para interpretar resultados de testes, sobre a qual meu amigo psicólogo, Paul Meehl, escreveu muito. Paul não estava apenas interessado em teorias científicas na psicologia, mas também em Psicologia empírica, campo em que ele foi um estudioso e profissional reconhecido dentro e fora da universidade. Então, começamos a observar os aspectos clínicos da psicologia e, também, os mesmos aspectos na educação. Naquele momento, comecei a participar de alguns encontros de pesquisa educacional e conheci algumas das pessoas que estavam começando a se interessar pela questão geral de avaliação de estudantes e professores da educação pública, no ensino fundamental, médio e superior.

Em que ano foi isso, meados da década de 1960?

Isso foi nos anos de 1952 a 1956. Passei esses quatro anos em Minnesota e depois fui convidado a ser professor em uma pequena universidade de alto padrão na Pensilvânia (fundada pelos quacres há muitos anos) – agora chamada de Swarthmore College –, no departamento de filosofia. Tive a incrível oportunidade de conhecer muitos professores de outros departamentos e começar a discutir assuntos sérios a respeito da natureza de suas disciplinas além das que eu já conhecia relativamente bem. Eu me tornei o que chamam de "polímata", um generalista em vez de um especialista. Comecei a pensar em aplicar o que eu sabia sobre os fundamentos de disciplinas acadêmicas a algumas novas áreas, especialmente História e Direito. Comecei a frequentar encontros, conhecendo pessoas que estavam interessadas em avaliar currículos educacionais etc.

Então esse foi o início? Quando você realmente começou a pensar mais sobre avaliação?

Esse grupo de pesquisadores educacionais foi o primeiro grupo acadêmico que realmente realizava avaliação de grandes programas que eu havia encontrado. No entanto, durante muitos anos, estive extremamente interessado nos aspectos práticos da avaliação de produtos (um tópico que havia sido investigado minuciosamente pelo Consumers Union, a editora da revista *Consumer Reports*). Isso foi por causa do meu interesse em tecnologia, particularmente em carros e dispositivos práticos, como facas, relógios e esculturas em madeira. Então, comecei a ver relação entre todos esses assuntos e seus fundamentos lógicos, seus métodos ou seus conceitos. Tornei-me um especialista em conceitos e vocabulário de avaliação.

Ao mesmo tempo, esse grupo de pesquisadores interessados em avaliação começou a organizar uma espécie de disciplina acadêmica, da qual havia duas importâncias notáveis. Primeiro: começamos com uma ou duas revistas depois de treinar com um ou dois boletins informativos. Em segundo lugar: começamos a planejar reuniões sobre avaliação, não por si mesma, mas sob o crivo das grandes reuniões de pesquisa em educação ou da pesquisa psicológica.

Esse foi o início do que se tornou a American Evaluation Association. Começou pequena, mas agora tem muitas células e aproximadamente 7 mil membros. Além disso, ajudou na formação de organizações similares em cerca de outros cem países.

A avaliação tornou-se uma disciplina em construção. Tinha seu próprio vocabulário, e me parecia que estávamos com problemas para conseguir significados comuns para muitos dos termos usados. Então resolvi escrever um pequeno folheto, que se tornou a primeira edição do *Evaluation Thesaurus*. Houve várias tentativas para atualizá-lo. Houve outras duas ou três edições antes de chegarmos à que você está vendo agora.

Por que originalmente você chamou o livro de um thesaurus? Por que não um dicionário? Você acha que traduzir o título para algo como "Fundamentos da avaliação", na versão em português do *Evaluation Thesaurus*, faz sentido? Você teria outras sugestões?

Um thesaurus está no meio do caminho entre um dicionário e uma enciclopédia. Eu acho que não gosto de algo que não deixe claro para os potenciais leitores que ele será organizado em ordem alfabética, mas que não é só um dicionário. Isso é algo sobre o qual precisamos ter cuidado ou receberemos críticas indicando que o título foi enganador, já que não dissemos que o livro estaria restrito a passagens curtas relacionadas a termos ou problemas de avaliação importantes. Mas posso sugerir outros títulos se você acha que eles farão mais sentido em português: "Guia conceitual de avaliação" ou "Guia alfabético de avaliação". Outros podem ser: "Um guia de vocabulário para avaliação" ou "O vocabulário da avaliação", ou "Um dicionário expandido de terminologia de avaliação".[2]

Você poderia nos contar um pouco sobre a história deste livro? Quando você decidiu escrevê-lo? Como evoluiu desde a primeira edição?

A primeira coisa que publiquei em seguida a essas atividades foi um artigo intitulado "The Scientific Status of Psychology" [O estado científico da psicologia]. Era uma avaliação da sofisticação, ou da falta de sofisticação, envolvida na tentativa de tornar a psicologia uma ciência no sentido tradicional. Foi publicado no ano em que fui para Oxford, o que ocorreu no início da década de 1950. O folheto, que foi a primeira edição do livro publicada mais tarde, por volta da década de 1960, quando começamos a sentir necessidade de ter uma associação, ou no início dessa associação, e começamos a fazer reuniões dentro de grandes reuniões. Eu havia saído de Minneapolis em 1956 e ido para Swarthmore; e comecei a publicar de forma mais séria. Em 1960, fui para Indiana, para o departamento de História da Ciência, que acabava de começar, do qual fui um dos estudiosos seniores. Pela primeira vez, afastei-me de ficar apenas na área da filosofia.

---

2 Para a edição deste livro, optamos pelo título *Avaliação: um guia de conceitos*. (*N. da E.*)

Por que você decidiu escrever *Avaliação: um guia de conceitos*?

Estávamos começando a gerar termos técnicos novos, não tínhamos um acordo comum sobre o que eles significavam, então pensei que era hora de levar isso a sério. Escrevi a primeira edição quando estava em Berkeley, em 1966. Eu distribuía impressos com definições para meus alunos, mas não era uma publicação. Então, em 1966, produzi um pequeno livro de bolso, que eu mesmo publiquei. Assim, conseguimos um resultado melhor, e a editora Sage publicou. Ao fazer algo sério, eu sabia que tinha um livro, então comecei a pensar sobre isso.

As pessoas se interessaram?

Sim, em geral a primeira edição do livro foi bem-sucedida. Pelo menos a partir do momento em que começou a circular, as pessoas sentiram que era útil. Conseguimos publicar por uma boa editora, especializada em pesquisa educacional, que se tornou a principal na área de avaliação por muitos anos. Eles certamente eram a principal editora de livros novos em avaliação. Eu já havia publicado, naquela época, alguns livros de filosofia, então não era minha primeira publicação. Eu era bastante conhecido por esse trabalho, parte dele havia sido desenvolvido para meu doutorado, que era sobre a teoria da explicação ao longo da história e em todas as ciências. Foi esse interesse em causalidade e explicação que foram conceitos fundamentais na ciência que me fez olhar para avaliação em ciência. Então, isso me levou a ver o que era especial sobre a avaliação. A visão geral que se ensinava na filosofia e na ciência era que a avaliação não passava de uma expressão de preferências ou gosto, que não podia ser tratada como disciplina ou profissão ou qualquer coisa respeitável. Este grupo de pessoas que se juntaram concordou que era bobo porque estávamos fazendo boas avaliações dos esforços de melhoria dos nossos distritos escolares e era um absurdo descartar isso como mera preferência de alguém, quando estávamos embasando nossas reivindicações, com uma análise estatística muito cuidadosa, nos resultados do ensino das várias disciplinas do ensino fundamental ao médio.

Ao longo dos anos, você revisou o *Avaliação: um guia de conceitos* e, na verdade, teve uma segunda, uma terceira e, finalmente, uma quarta edição. Todas foram publicadas pela Sage?

Não, começou com um pequeno livro de bolso que produzi, uma espécie de folheto que foi sendo diagramado e editado com mais respeito. Então, estava subindo na escala de publicações respeitáveis. Somente na terceira edição conseguimos fazer com que a Sage o transformasse num livro decente, em 1991.

Quem você acha que pode se beneficiar mais de ler este livro e o que você considera as características/qualidades mais importantes do livro?

Primeiro, quero falar sobre o que pensei que vi emergir como a disciplina de avaliação e depois posso falar sobre o livro em si. Então, o que era a disciplina de avaliação que foi sendo gradualmente reunida pelos esforços desses estudiosos multidisciplinares em educação, ciências sociais e historiografia? Quando comecei a examinar com mais atenção as razões para a rejeição de qualquer tentativa de estudo sistemático da avaliação, o que eu estava descobrindo era que havia uma prática considerável apesar do tabu oficial da avaliação sistemática de vários programas educacionais. Por exemplo, os então novos currículos visavam padrões comuns para desempenho acadêmico em Matemática e Ciências especialmente, mas também em todas as outras disciplinas como consequência do Sputnik, a viagem espacial bem-sucedida dos russos. Na verdade, a Casa Branca liderou o estabelecimento de uma série de compromissos para que os gerentes do sistema educacional dos EUA investissem mais tempo e esforço no ensino de ciências para que não ficassem muito longe dos russos. Eles começaram a ser pressionados consideravelmente para investir a mesma quantidade de dinheiro na atualização dos currículos de Estudos Sociais para que não ficassem completamente desatualizados nisso também.

A questão para mim era: o que eles diriam sobre a avaliação? Seria uma disciplina, como eles a retrataram, ou simplesmente um mito ou sonho realizar um trabalho científico com algo que envolvesse valores humanos? O que nos preocupava, no grupo de avaliação, era que eles respeitassem esse tratamento sistemático de avaliação que estava crescendo, na prática, e servindo como apoio extremamente útil aos chefes de Estado e agências federais de educação.

Esse negócio em expansão, a avaliação de programas federais, foi liderado pela enorme revolução no ensino de ciência que estava emergindo como nossa resposta à notável conquista do projeto espacial russo. Pareceu-me que uma nova disciplina com um jargão peculiar não iria muito longe, a menos que se pudesse chegar a um consenso razoável no seu próprio vocabulário. Portanto, pensei que chegara a hora de tentar elevar o tesauro ao nível de um livro sério de referência acadêmica, o que ele já é na quarta edição. Mas, é claro, é preciso mais do que isso. Então, estávamos publicando textos introdutórios em avaliação e, em seguida, textos avançados especializados que tratavam de questões específicas como análise de custo e como formar avaliadores e o início de uma rede de ofertas de emprego e especialistas disponíveis para preenchê-las, o que entregamos aos caminhos habituais do mercado de trabalho. Então também precisávamos da estrutura funcional de uma ciência.

Quando comecei a olhar para as disciplinas clássicas, mesmo que eu já fosse um defensor da disciplina e da profissão de avaliação, notei algumas características extraordinárias que desafiaram a suposta abordagem "livre de valores" para as ciências sociais. Era de fato possível argumentar que a avaliação era *a disciplina mais importante* nas ciências sociais e começamos a pensar em maneiras de configurá-la como um assunto distinto. Sua distinção foi notável e a primeira coisa que me fez sentir que precisávamos de uma disciplina organizada foi o fato de que, no final das contas, toda disciplina tinha um componente de avaliação: o processo de avaliação de hipóteses e metodologias, técnicas, programas de treinamento e publicações. Em outras palavras, a questão não era se havia algum lugar para a avaliação entre as disciplinas respeitáveis, mas sim, seu lugar estava em todas as disciplinas, a fim de separar o que eu chamaria de "bom" do "ruim". Isto é, distinguir as boas teorias, hipóteses, amostras, bons desenhos experimentais daqueles menos bons e dos claramente inválidos. Isso foi feito com muito cuidado em quase todo texto ou monografia. A Ciência não poderia avançar sem isso.

Isso me levou a duas posições. A primeira, expressa na introdução à quarta edição em inglês, defendia principalmente que a avaliação é uma prática que acontece em todas as disciplinas. É de fato o que eu chamo de transdisciplina, por direito próprio. Toda disciplina faz avaliação para se distinguir do que é mera pseudociência, história ruim ou teoria legal infundada etc. Longe de ser tratado como um assunto que deve ser mantido longe da ciência, era um assunto que realmente deveria ser estudado com bastante cuidado, já que a Ciência dependia dela. A falta de avaliação sistemática em novas teorias significava estar desenvolvendo uma pseudociência. No caso da astrologia e da parapsicologia malconduzida, foi por causa de suas metodologias ruins que continuamos a recusar a admissão delas ao rol das grandes ciências. Então, o primeiro ponto que eu queria colocar na quarta edição do *Avaliação: um guia de conceitos* era de que a avaliação é transdisciplinar; que é uma disciplina que faz parte de cada disciplina e precisa ser examinada com muito cuidado ao se desenvolver qualquer disciplina.

A segundo posição que foi evoluindo inclui outros pontos de vista da natureza da avaliação que são realmente interessantes, mas apenas desenvolvidos por mim após a publicação da 4ª edição. Eles devem ser expandidos sob suas palavras-chave em uma futura edição. A primeira dessas novas ideias foi que não só a avaliação seria um elemento-chave em todas as disciplinas, e deveria ser realizada com muito cuidado e com considerável dificuldade, mas que o resultado dessa luta para definir o que conta como boa teoria dentro da astrobiologia ou educação ou prática era de fato a questão mais importante que as pessoas enfrentavam dentro de uma disciplina. Eu não estava mais defendendo a importância dela, já que a avaliação era amplamente utilizada em todas as disciplinas. Eu estava argumentando que se tratava da disciplina mais importante dentre todas as outras disciplinas, porque a vida e morte da disciplina como disciplina dependia de sua aplicação. Já que isso se baseia em aceitar e desenvolver teorias melhores, e não piores, ela agregou valor à conclusão. Então, apresentei a ideia de avaliação como a "disciplina alfa", o que significa a mais importante guardiã das chaves do reino.

Isso é o que você incluirá na quinta edição em inglês do *Avaliação: um guia de conceitos*?

Sim, isso tem uma grande importância, temos que cobrir alguns dos detalhes que tornam possível. O segundo conceito que quero incorporar é o seguinte: O procedimento-padrão para a publicação de pesquisas nas ciências sociais e outras ciências é realmente o modelo que uma boa avaliação requer. Agora isso é importante, porque se eu estiver correto, a avaliação passou de um ente completamente inaceitável entre as disciplinas ao modelo a ser seguido pelas boas disciplinas. Uma inversão completa. A propriedade-chave de uma boa disciplina, em teoria, é basicamente que a precisão das evidências foi verificada e, se o trabalho oferecer uma explicação, não há uma teoria melhor para explicar o fato. Então, a avaliação dos candidatos a se tornarem uma teoria vira a questão crucial para decidir se o trabalho apresentado é uma boa pesquisa científica. A ideia é que você siga os procedimentos que nós, que estamos no jogo da avaliação, temos desenvolvido para fazer exatamente isso: encontrar uma prova de que essa teoria é a que estamos reconhecendo agora.

O que isto significa, exatamente? É aqui que trazemos a *Lógica da Avaliação*. Temos uma série de trabalhos que abordam essa questão: Jane Davidson fala sobre isso em seu livro,[3] eu falo disso em alguns artigos sobre a lógica da avaliação e, em particular, meia dúzia de seções em um artigo que publiquei no *American Journal of Evaluation*, em 2016. O que eu faço neles é mostrar as falácias lógicas dos ataques à avaliação e por que são falácias e também por que a avaliação acaba se tornando a principal disciplina que possibilita às outras disciplinas serem respeitáveis quando conseguem seguir seus padrões. Então, temos que usar a lógica da avaliação para preencher uma lacuna quando se pode começar a falar sobre a respeitabilidade de qualquer nova teoria nas disciplinas existentes. A ideia de que, longe de ser dispensada pela lógica das ciências sociais, é, pelo contrário, exigida para que as ciências sociais sejam consideradas ciências sociais. As reivindicações exemplares na lógica da avaliação devem ser seguidas para estabelecer qual é a melhor teoria e não fazemos isso muito bem. Ou seja, a lógica da avaliação analisa o número de previsões verdadeiras e de previsões falsas, considerando a simplificação produzida pela nova abordagem teórica, e assim por diante.

Há uma terceira função de avaliação que a torna absolutamente crucial em qualquer adjudicação da qualidade do trabalho. Quando você começa a perguntar onde os refinamentos na lógica da avaliação estão valendo a pena, você deve se perguntar quais são os assuntos com os quais estamos lidando. Claro, os assuntos começam com todas as

3 Davidson, E. J. The Nuts and Bolts of Sound Evaluation. Thousand Oaks, CA: Sage, 2005

ciências denominadas ciências sociais, mas também incluem história, direito e híbridos como a neurociência, que não são ciências sociais, mas devem aderir à sua lógica. A terceira grande revelação sobre a natureza da avaliação ocorreu quando começamos a olhar para outros assuntos que não faziam parte do conjunto regular de disciplinas que você encontra no catálogo da universidade. Eles se encontram na prática no mundo, cuidadosamente concebidos, mas desenvolvidos de forma controversa. Eles datam de mil anos atrás. O primeiro assunto de avaliação aplicada provavelmente foi engenharia, por causa das conquistas notáveis em edificações. O segundo, que pode até ter sido o primeiro, foi a medicina; e o terceiro foi a ética.

Toda cultura tem um sistema de ética e, até certo ponto, vivem seguindo esse sistema e sendo julgados por algumas questões como, por exemplo, se punem seus prisioneiros matando-os e assim por diante; a forma como avaliamos não apenas as culturas, mas os indivíduos dessas culturas é se tiveram uma vida boa, contribuíram para a cultura, ou eram inimigos do bem-estar dos outros e egoístas em sua orientação. Toda essa conversa vem de algum lugar, se isso vai ter valor então deverá que ter bons fundamentos.

É como a questão da ciência, você tem que ter padrões de "bom" e "ruim" e ser capaz de defendê-los ou não terá credibilidade. E se o único apoio ao seu princípio ético for uma deidade, não podemos obter nenhum acordo sobre inúmeras questões, porque não podemos estabelecer que a deidade exista, e se disse isso em vez de aquilo; e que as obras sagradas, ou a supremacia da deidade é contestada, ou seus decretos são ambíguos em muitas questões cruciais. Isso é uma base fraca. Temos que procurar uma sustentação que passe no teste de uma base evidencial adequada, ter boa inferência lógica e conexão a outras teorias de forma plausível.

Considere, por exemplo, teorias sobre a natureza dos seres humanos em uma religião específica. É insuficiente apenas dizer que a homossexualidade é um pecado. É óbvio que as pessoas em muitas comunidades ou países ou religiões estarão inclinadas a gostar dessa visão porque mantêm o número máximo de nascimentos e casamentos que resultarão em nascimentos. Isso é simplesmente por interesse próprio, por eles tentarem dar uma justificativa melhor para o casamento convencional e a geração de filhos. Eles enfrentam o problema de estabelecer que um deus de fato estabeleceu essas leis e que a ética do deus é completamente defensável. Sabemos que é um pouco difícil de fazer, então temos que começar a pensar em como melhorar os fundamentos avaliativos da ética. É o que eu chamo de "papel ômega" da avaliação.

O "papel alfa" é o papel do "bom trabalho", o controle, o reconhecimento das disciplinas como adequadas, bem-sucedidas, válidas. O "papel ômega" é o retorno do "papel alfa". Voltamos a avaliação para a própria ética, que é a maior fonte de valores com a qual lidamos. É muito importante perceber que a ética é simplesmente um ramo da ética aplicada e, na 5ª edição do *Avaliação: um guia de conceitos*, teremos algumas entradas e definições que tratarão desse assunto.

Você esteve no Brasil e tem acompanhado, até certo ponto, o contexto social, educacional, cultural e político do país. Como você acha que este livro pode ser útil para os avaliadores, bem como para os comissários de avaliação e/ou usuários que vivem e trabalham em um país em desenvolvimento?

Uma nota especial é solicitada, dado que os prováveis leitores do livro muitas vezes não farão parte da tradição ocidental que levou a grande parte do trabalho a que me refiro. Quero dizer que a grande transformação dos países onde os europeus se instalaram com suas crenças religiosas, contrárias às que já existiam na maioria desses países, é abordada em suas páginas, mesmo que indiretamente. É muito importante perceber que tomar consciência da forma como a ética pode ser abordada como um assunto de avaliação aplicada é muito importante. Porque isso lhe dá a chance de decidir se os sistemas éticos europeus importados ou os sistemas éticos tradicionais de seu país ou algum terceiro sistema ético diferente dos supracitados é aquele que você deseja que controle suas próprias crenças e comportamentos. Isso pode ser feito usando a avaliação como disciplina de controle ou se apoiar em compromissos no campo ético.

Deixe-me ilustrar o pré-natal. Suponhamos que estamos analisando a questão de ajudar futuras mães com apoios usuais e no pós-parto em uma clínica ou hospital. Ajudando-as a seguir boas práticas de dieta e exercícios para evitar a depressão e o desespero que às vezes surge no processo de parentalidade, particularmente na maternidade. Quando você começa a se perguntar se deve oferecer esse tipo de cuidado, particularmente para mulheres grávidas, então deve perceber que, do ponto de vista da ética aplicada, terá que resolver outras questões primeiro. As mulheres e os homens merecem atenção igual? Em sua sociedade, eles recebem conselhos, assistência e reparos cirúrgicos igualmente bons, e assim por diante? Se está abordando cuidadosamente deficiências no sistema médico no que diz respeito a ajudar o bebê incapacitado, a criança gravemente deformada ou a mãe gravemente ferida na mesma medida que a um pai machucado num jogo de futebol ou num acidente de escalada? Estes são testes que você pode, com a ajuda de fontes de dados dentro da sua cultura, responder, e deve buscar uma resposta diligente para eles, se acredita nos direitos garantidos para todos os cidadãos da sua sociedade.

Esse é um exemplo simples de como o raciocínio ético se reduz ao uso prático de alguns princípios éticos básicos simples, como a igualdade de tratamento para homens, mulheres e crianças, aos quais você está comprometido pelo menos oficialmente. Em outras palavras, a lógica da avaliação funciona com a ética tal como o julgamento da qualidade de pesquisas científicas está sendo alcançado em medicina infantil ou engenharia da mineração ou construção de estradas em seu país. Assim, em outras palavras, os países, como as disciplinas, estão baseados no raciocínio de avaliação aplicada e você precisa usá-lo com muito cuidado para obter orientação, mas isso pode ser feito. Espero que *Avaliação: um guia de conceitos* o ajude porque, sendo um tesauro, ele não é apenas um dicionário; é consideravelmente mais que isso, com conselhos, bem como análises do significado dos termos e os conselhos podem ajudá-lo com muitos problemas de avaliação enfrentados na sua vida.

Obrigado, Michael. Isso foi realmente útil!

Fico feliz! É sempre um prazer trabalhar com você.

Prefácio

Objetivos

Este é um livro sobre avaliação no sentido comum, visto que se refere ao processo de determinação do mérito, importância ou valor das coisas – ou ainda, ao resultado deste processo. O campo da avaliação inclui muitas subáreas amplas e consagradas, como a avaliação de produtos, avaliação de pessoal, de programas e políticas, propostas e desempenho. Esta última inclui, por exemplo, a avaliação de alunos por meio de exames, de solistas em concertos ou de atletas em competições esportivas. Esforços no sentido de tornar alguns destes campos mais bem definidos, sistemáticos e objetivos têm sido empreendidos há tempos – pelo menos há três mil anos –, mas recentemente uma das subáreas se tornou o foco de intensificação desse esforço para seu desenvolvimento, com sucesso considerável.

Esta área é a avaliação de programas. Ela adentrou uma nova era no final da década de 1960 e tornou-se então um campo de pesquisa e investigação amplamente reconhecido. A *causa* mais óbvia deste *boom* nos Estados Unidos – embora resultados semelhantes ocorressem no Canadá, na Suécia e Alemanha Ocidental – foi a decisão do Congresso de financiar programas educacionais de grande escopo, para os quais atribuiu e custeou avaliações. Os *efeitos* mais óbvios foram a emergência de um novo campo consciente de si mesmo e um quadro significativo de adeptos. Um dos propósitos deste livro é servir como guia para este novo campo – para seu vasto leque de terminologia, modelos, técnicas e posições – e como fonte de *checklists*, ideias e procedimentos práticos que não se encontra facilmente. No entanto, o papel de guia não se limita à avaliação de programas; o livro faz uma cobertura substancial, embora de modo algum abrangente, dos conceitos e terminologias de outros campos da avaliação já mencionados e de outras áreas onde a avaliação é usada, como ofícios e disciplinas da física.

O livro possui um segundo papel. O novo campo de avaliação de programas logo fruiu ideias criativas sobre o que foi chamado de "natureza da avaliação" – na verdade, trata-se simplesmente da avaliação de programas – e modelos esclarecedores de sua prática e natureza. Mas nenhum destes, nem mesmo a soma de todos eles, apresentou um conceito consistente de uma nova *disciplina*, em vez de um novo *campo de pesquisa*. Os modelos e as discussões em torno deles compartilham de limitações e falhas graves. Aqui, faz-se uma tentativa de explicar esses problemas, resolvê-los e integrar as soluções a uma concepção de avaliação radicalmente diferente. O ensaio introdutório que se segue a este prefácio dedica-se a fornecer uma noção geral das premissas e procedimentos desta visão sobre avaliação.

Notas

Formato: A 4ª edição de ET4[1] pretende servir como texto e guia de referência sobre avaliação abordada do ponto de vista já descrito no livro. Desenvolveu-se a partir de um livreto homônimo de 1977, e a definição do termo "tesauro" pelo dicionário, em vez da interpretação de Roget sobre o mesmo, ainda se aplica a este trabalho muito maior, diferente e agora plenamente reescrito: "um livro que contém uma série de palavras ou informações sobre determinado campo ou conjunto de conceitos" (*Webster III*); "um tesouro ou depósito de conhecimento" (*Oxford English Dictionary*); "qualquer dicionário, enciclopédia ou livro de referência abrangente" (*Random House Dictionary*, 2ª edição completa). Alguns podem considerar determinados verbetes demasiado tendenciosos para um livro de consulta, mas a intenção é fornecer referências à avaliação a partir de uma perspectiva específica, e isso necessariamente acarreta críticas de outras visões. Se o unilateralismo parece desqualificar o livro enquanto referência, podemos, então, vê-lo como um texto muito curto (o ensaio introdutório "A Natureza da Avaliação") acrescido de um extenso glossário comentado.

---

1 Abreviação em inglês para *Evaluation Thesaurus 4th Edition*. (*N. da T.*)

Naturalmente, este formato textual é pouco convencional – e o usual tem boas razões de ser –, mas algumas vantagens compensam o formato adotado aqui. É extremamente difícil encontrar uma boa ordem lógica para abordar a avaliação, um assunto imensamente multidisciplinar, sem andar contra a corrente em águas muito profundas para alguns e demasiado superficiais para muitos outros. Com o ET4, os leitores podem selecionar os ramos que desejam seguir, em termos de dificuldade e interesse, e pular o restante. Assuntos lineares se dão melhor com textos lineares; a avaliação pode tolerar uma abordagem ramificada.

O formato de fato possui uma das vantagens de se explorarem prateleiras em bibliotecas – enquanto procuramos um livro, deparamo-nos com outros que podem, às vezes, mostrar-se interessantes. E para algumas pessoas, o tamanho da garfada de cada verbete é atraente em comparação aos capítulos por vezes muito longos de um texto-padrão. Este pode até qualificar-se como leitura de cabeceira para estudiosos sonolentos. Se lhe parecer propício ao sono, experimente folhear as páginas e veja se resiste a parar em um ou outro item. Você *conseguiria* resistir à tentação? Claramente não é uma mente curiosa.

Alternativas: Já existem ao menos quatro enciclopédias em três campos da avaliação, antologias, muitos textos no formato convencional, e muitos trabalhos que incluem glossários. Mas, para alguns leitores, as coletâneas maiores contêm mais do que desejam adquirir, enquanto os textos contêm muito pouco – seus glossários são bem curtos. Todos se limitam à avaliação de programas ou à avaliação educacional, enquanto este compreende, embora de maneira breve, muitas outras áreas – e centenas de assuntos sob avaliação de programas que os outros não mencionam. Por fim, nem as referências nem os glossários procuram obter uma visão geral, enquanto esta obra é construída em torno de uma visão geral. Cada abordagem tem suas vantagens e desvantagens.

Usos: Embora este livro se destine à leitura por profissionais de muitos campos, por interesse pessoal e profissional, e pelo público geral bem informado, há diversas maneiras de utilizá-lo para fins de instrução. Pode servir como um texto suplementar para instrutores que desejam usar um texto principal mais convencional, tendo o ET4 como pano de fundo, ou que queiram desenvolver assuntos básicos à sua própria maneira e fornecer fios de referências personalizadas do ET4 para outros assuntos. Além disso, também é possível usá-lo como texto principal, fornecendo aos alunos uma sequência customizada de tópicos a abordar, suplementando esta abordagem com exemplos trabalhados ou outro texto. Dois mil alunos meus de doutorado usaram o ET3 desta maneira, começando pelo verbete Lista-Chave de Verificação de Avaliação (KEC) e seguindo os ramos dali, e estão fazendo o mesmo com outros fios importantes, como a avaliação de pessoal. Apesar do fato de que este tipo de texto híbrido e obra de consulta é pouco familiar e envolve comprometimentos significativos, as classificações anônimas atribuídas a ele são mais altas que as dos textos convencionais do mesmo autor.

Erros: Um livro desta extensão não pode adicionar 110.000 palavras sem acrescentar erros, enquanto as 60.000 originais, embora tenham sido reescritas para esta edição, provavelmente ainda possuem sua própria cota. A editora historicamente abraça revisões regulares quando elas alcançam vendas significativas – e talvez a própria existência de quatro edições fale pelo interesse do autor em melhorá-las. O autor aprecia correções, adições e outras sugestões. Além disso, como também faz a composição tipográfica, aprecia a identificação de erros de digitação. Por favor, envie-os a ele por correio para a P.O. Box 69, Point Reyes, CA94956, ou via fax para o número (415) 663-1913.

Bookdisks: Entre edições, o livro é continuamente revisado em formato eletrônico. Este formato – chamado de *bookdisk* – tem desvantagens em comparação à cópia impressa, mas apresenta algumas vantagens que devem ser consideradas em sua avaliação. (i) As buscas nos *bookdisks* são muito *mais rápidas* do que em índices-padrão;[2] (ii) As buscas são muito

2 Por exemplo, o melhor processador de texto para documentos longos (Nisus) vai encontrar uma ocorrência de qualquer termo ou frase entre as 170.000 palavras desta obra em cerca de um segundo, sem pré-indexação. Até o Microsoft Word leva uma média de 12 segundos

mais fáceis – digitar três letras e a tecla Enter bate longas horas passando páginas para a frente e para trás (e não requer técnicas avançadas de digitação); (iii) A busca é *mais confiável* do que praticamente todas as melhores indexações eruditas;[3] (iv) O documento em si é *mais atualizado* do que a última versão impressa (esta vantagem cresce cada vez mais); (v) Pode-se *mudar instantaneamente o layout e a fonte* – a família, estilo ou tamanho – de acordo com sua preferência;[4] (vi) Com um pequeno acessório, o documento pode pular para outra modalidade e ser lido em voz alta, o que instantaneamente proporciona um livro para o leitor com deficiência visual (que também pode iniciar a busca sem habilidades de digitação); (vii) Somente assim pode-se encontrar *todas as referências* para uma palavra em um tesauro – por exemplo, a um nome, referência ou ano – já que tesauros como este são "indexados" apenas por tópicos; (viii) Pode-se *cortar e colar passagens* em outros documentos, para fazer comentários detalhados, discussões e citações; (ix) O *espaço de armazenamento* necessário para uma biblioteca de *bookdisks* é cerca de 3% daquele necessário para livros;[5] (x) Nós já chegamos a um ponto em que o espaço ocupado por um pequeno computador que pode ler *bookdisks* em uma tela com tamanho do formato de carta, somado a dois *bookdisks*, é menor do que o espaço ocupado por dois livros de tamanho-padrão – acima de dois livros, a economia de peso aumenta rapidamente – uma questão de interesse para o viajante, estudante e trabalhador que precisa

---

(máximo de 25 segundos), notavelmente mais rápido do que encontrar um verbete em um índice e ir até a página referenciada. Se estiver seguindo uma série de referências, este tempo se multiplica. (Para alcançar essas velocidades com o Word, é preciso colocar o programa e o arquivo na memória, e você vai precisar de um computador de pelo menos 25 MHz usando um processador 386DX ou 68030 com 5MB de RAM e um cache rápido.)

3 Ela encontra todas as ocorrências de um termo, embora não identifique referências semanticamente aproximadas quando não há dicas sintáticas – assim como a maioria dos indexadores profissionais. Os que preferirem um índice impresso podem fazer com que um bom processador de texto prepare um de acordo com suas especificações.

4 Esta opção, juntamente com o uso de fonte preta com bom design sobre telas brancas como papel em resolução VGA ou melhor (480×640 pixels em uma tela diagonal de 10") praticamente elimina o antigo desgaste causado pela leitura de livros em uma tela de computador.

5 O volume de um *bookdisk* é quase exatamente 1,66 polegada cúbica (aproximadamente 3,5" ao quadrado por ⅛" de espessura), e este livro tem cerca de 50 polegadas cúbicas, de modo que a proporção é de 30:1, neste caso. Às vezes, pode ser maior ou menor, pois o tamanho do disco é fixo, enquanto o do livro é variável.

de longo tempo de condução; (xi) O uso cada vez mais disseminado de cartões magnéticos e discos a laser para armazenamento, em vez de discos magnéticos, vai imediatamente multiplicar a economia de espaço ocupado pelas mídias por um fator de 100, 500 com compressão DVI.

Os dois problemas que permanecem com o *bookdisk*, agora que dispositivos para exibição do tamanho de livros estão sendo lançados, são a proteção das cópias – motivo pelo qual a Enciclopédia Britânica ainda não se encontra em disco – e a escolha do formato eletrônico. O autor e a editora do ET4 farão algumas experiências neste sentido, certamente para computadores Macintosh e MS-DOS cujos drives de disquete podem acessar um disco com um megabyte de dados sem compressão, e talvez mais tarde para micros que leem cartões magnéticos. Os leitores interessados podem entrar em contato com o autor para saber mais informações sobre estes planos. Estas "edições intermediárias", disponibilizadas apenas em disco, serão atualizadas normalmente a cada seis meses,[6] e espera-se que incorporem ou anexem algumas notas sobre novas edições, referências a novos livros ou artigos significativos, respostas a revisões do ET4,[7] bem como sugestões, listas das maiores mudanças incorporadas à versão atual do texto principal, gráficos para ilustrar pontos (algo que se planeja para o ET5), e talvez alguns materiais didáticos, como tópicos para planos de aulas.

Inclusões: Os critérios de inclusão dos assuntos foram: ou o assunto era um elemento essencial de alguma visão sobre avaliação ou procedimento nela envolvido, *ou* foi solicitado por participantes em workshops, cursos ou conferências de clientes[8] sobre avaliação; *e* uma descrição resumida e útil pareceu factível. Seguem algumas advertências. (i) Há mais gírias e jargões

6 Os pedidos enviados entre os intervalos de seis meses podem conter as mudanças realizadas até aquela data. Mas neste caso nenhum esforço será feito para atualizar tudo até aquela data. As edições intermediárias serão numeradas no estilo usado por software, de forma que as próximas serão 4.1, 4.2 etc. Duas desvantagens: elas deverão ser protegidas contra cópia, e não terão tido o benefício de revisão de texto profissional. Elas serão formatadas para leitura em tela, em vez de cópia impressa, mas isso pode ser modificado facilmente a seu gosto.

7 Talvez incluindo trechos de correspondência, com as devidas permissões, naturalmente.

8 Há algumas exceções – por exemplo, casos onde o autor considerou que o verbete pudesse ser interessante.

aqui do que uma publicação erudita respeitável normalmente reconheceria – mas eles são exatamente o que causa mais problemas aos novatos. (Além disso, embora algumas gírias sejam pouco amáveis, outras incorporam a poesia e criatividade de um novo campo de maneira muito melhor do que a prosa mais trivial e técnica.); (ii) Não há muita coisa sobre estatística e medições porque isso já é muito bem abordado em outras publicações, mas o pouco que há se deve ao fato de os participantes de alguns workshops internos para gerentes possuírem formação limitada ou desatualizada em estatística e considerarem *algumas* definições básicas de grande utilidade;[9] (iii) Há uma boa quantidade de verbetes sobre o processo contratual em nível federal/estadual porque é assim que grande parte da avaliação é financiada, e seu jargão é particularmente abrangente e obscuro. (Além disso, há uma boa quantidade sobre o trabalho de consultores em avaliação, para os que estão no jogo ou consideram entrar; afinal, é uma perspectiva sobre o campo também.); (iv) Algumas referências são dadas – mas apenas algumas poucas, chaves, pois demasiada quantidade só aumentaria o problema de seleção do leitor. Elas são expressas em formato bibliográfico legível, em vez de pedante (embora sempre adequado aos procedimentos de busca). O estudioso normalmente encontrará mais referências dentro das poucas que são fornecidas: isso foi levado em conta na seleção, assim como a facilidade de localizá-las. (Onde não há nome do autor, este autor é o responsável.) Siglas e abreviações, com exceção de algumas que merecem mais do que tradução, encontram-se em um suplemento, com vistas a reduzir a aglomeração desordenada; elas abordam particularmente usos anteriores porque são estes que mistificam quem mergulha na literatura mais antiga. Há alguma sobreposição nos verbetes, para evitar o excesso de idas e vindas nas páginas do livro.

Agradecimentos: A University of San Francisco e a Pacific Graduate School of Psychology merecem menção especial em uma lista de agradecimentos pelo seu apoio em duas versões do Evaluation Institute, onde

9 Para tais indivíduos, tão comuns em workshops de avaliação, está disponível um excelente texto, sem fórmula alguma, que leva o leitor ao ponto de aprender estatística avançada: *Statistics: A Spectator Sport*, de Richard Jaeger (2ª edição, Sage, 1990).

parte do desenvolvimento desta sequência de volumes foi realizada: Allen Calvin foi instrumental em ambas as ocasiões. Agradecimentos especiais também a Dan Stufflebeam, chefe do Evaluation Center na Western Michigan University; como diretor do R&D Center for Research on Educational Accountability and Teacher Evaluation (CREATE), ele forneceu apoio substancial ao trabalho envolvido na nova edição. O CREATE é financiado pelo U.S. Department of Education's Office of Educational Research and Improvement [Instituto de Pesquisa e Melhoria Educacional do Departamento de Educação dos EUA] e Dan Stufflebeam, que muito contribuiu para a disciplina da avaliação, também colaborou com a evolução do meu pensamento sobre ela.

Entre 1971-1972, a Secretaria de Educação dos EUA (representada por John Egermeier) fez a gentileza de financiar o desenvolvimento de um programa de treinamento – ao qual dei o nome, então inédito, de "Avaliação Educacional Qualitativa" – na University of California em Berkeley, e dali surgiu o glossário que deu origem a esta obra. Dois contratos com a IX Região (São Francisco, na Califórnia) do HEW – Department of Health, Education and Welfare [Departamento de Saúde, Educação e Assistência Social], para auxiliar o desenvolvimento de competências em avaliação de sua equipe, me levaram da realização de workshops ao desenvolvimento de materiais que pudessem ser mais amplamente distribuídos, mais detalhados, e mais facilmente usados para referência posterior do que as usuais notas de seminários. Meus alunos, colegas e assistentes nestes cursos e workshops – em particular Jane Roth e Howard Levine – bem como em outros realizados em Berkeley, Nova, nas universidades de San Francisco e Western Australia, AERA, Capitol, The Evaluation Center da Western Michigan University e em outros campi distantes, foram a fonte de muitas melhorias na definição e redefinição dos conceitos deste campo explosivo e em expansão – e assim o fizeram muitos amigos e clientes. A todos eles, muito obrigado.

A edição atual tornou-se mais do que a simples revisão originalmente planejada, assim como as cinco mil palavras extras para atualizar um guia de consulta de bolso tornaram-se cento e cinco mil para alicerçar uma reconceitualização. Esta expansão massiva dificultou a vida da editora, e assim devem-se agradecimentos especiais a Deborah Laughton, minha editora na Sage, por suas sugestões editoriais e amabilidade com a qual realizou um projeto tão desregrado. Obrigado também a Susan McElroy, que administrou a produção, e a Maria Bergstad, que fez a revisão – elas foram igualmente bem-humoradas e eficientes sob circunstâncias de provação. Quando um pequeno trabalho extrapola os limites inicialmente planejados a tal ponto, é impossível não se perguntar se poderá alçar voo ou se logo cairá sobre a cabeça dos envolvidos; mas elas nunca demonstraram esta tensão. Bom, *quase* nunca.

No âmbito familiar, houve um impacto negativo considerável sobre a esposa e secretária, derivado de muitos meses de recusa em lidar com quase qualquer outra coisa para que este projeto fosse finalizado. Antes que estivesse concluído, a enxurrada de papéis que chegava já havia ultrapassado as fronteiras do meu escritório até a sala de jantar e dominado o chão, as cadeiras, metade do campo de visão, e quase toda a mesa de jantar. As reclamações dos correspondentes que não apreciaram a chance de suas cartas fazerem parte de uma escavação arqueológica descomunal também impuseram um severo desafio diplomático. A minha gratidão a Mary Anne Warren, por não deixar o fardo extra interferir nos vinte anos do tão apreciado incentivo na esfera familiar, e a Deborah Murray, que manteve o escritório nos trilhos – com um sorriso no rosto.

Inverness, Califórnia
Julho de 1991

Introdução: a natureza da avaliação

1. Visão geral: Avaliação é o processo de determinação do mérito, importância e valor das coisas, e as avaliações são os produtos deste processo. Tratar a avaliação como uma área das ciências sociais aplicadas – a abordagem usual dos dias de hoje – significa restringir o sentido da avaliação a um ponto absurdo ou expandir o domínio das ciências sociais em medida igualmente absurda. Em vez disso, a avaliação aqui é tratada como um processo analítico fundamental a todos os empreendimentos intelectuais e práticos disciplinados. É considerada uma das mais poderosas e versáteis das "transdisciplinas" – disciplinas instrumentais como a lógica, o design e a estatística –, que se aplica a amplas variedades do esforço investigativo e criativo humano, enquanto mantém a autonomia de uma disciplina independente. Argumenta-se que apenas a partir desta visão transdisciplinar seja possível evitar diversos caminhos sem saída e graves erros que têm assolado os novos desenvolvimentos em avaliação de programas desde seu surgimento – e fazem o mesmo no campo de estudos de políticas que emergiu cerca de uma década depois, e em alguns outros campos de safras anteriores, como a avaliação de pessoal, avaliação de desempenho (incluindo testes aplicados a alunos) e avaliação de produtos.

A visão transdisciplinar[1] procura desenvolver soluções para essas dificuldades realizando duas tarefas. A primeira envolve estender o plano da avaliação até seus limites legais para compreender todas as áreas de aplicação, além de melhorar sua comunicação interna. A segunda envolve cavar mais fundo suas fundações. Definem-se os limites da avaliação de acordo com o dicionário, ao contrário de redefinir o termo incluindo apenas uma de suas áreas aplicadas – a prática atual –, o que significa ignorar ou rejeitar as

1 Este conceito, como a maioria dos conceitos mencionados no ensaio introdutório, está contido no corpo do tesauro como um verbete que, de alguma forma, fornece mais detalhes. Seria confuso acrescentar uma nota de rodapé para todas estas referências, mas empreendeu-se considerável esforço para colocar em verbete todos os termos que merecem elaboração.

outras aplicações. A partir deste ponto de vista mais amplo sobre a avaliação, a avaliação de programas, por exemplo, é vista simplesmente como um campo aplicado da disciplina geral da avaliação, que está tentando resolver muitos dos problemas que outras aplicações já resolveram. Embora a área da avaliação de programas use muitas técnicas investigativas das ciências sociais, ela igualmente usa – ou deveria usar – muitas de outras disciplinas também (tal como direito, lógica e ética), de outras áreas de avaliação aplicada (tal como avaliação de pessoal e produtos), e dos desenvolvimentos nas bases da avaliação – grosso modo, a "teoria da avaliação". Esses desenvolvimentos visam particularmente auxiliar todos os campos aplicados no que concerne o problema que se tornou o calcanhar de Aquiles desta área – conquistar os padrões usuais de validade para suas conclusões avaliativas.

O uso da visão transdisciplinar como auxiliar aos campos existentes da avaliação aplicada é uma das três razões para sua introdução e aplicação. A segunda finalidade é fornecer recursos para melhorar as técnicas e relatórios de avaliação em áreas tradicionais que não sejam campos de avaliação aplicada. Nas disciplinas acadêmicas usuais, por exemplo, isso deve acarretar a revisão de uma variedade de atividades, desde o delineamento de pesquisas e julgamento de propostas até revisões bibliográficas e artigos apresentados a periódicos para publicação – bem como de áreas específicas de alguns campos, como crítica literária e formação de professores. Em outras disciplinas – por exemplo, ginástica olímpica, trabalhos artesanais, mergulho e dança – deve influenciar os procedimentos para julgamento do desempenho e de regimes de treinamento para fins de autoaperfeiçomento e criatividade, bem como em competições.

A terceira finalidade, e a mais importante, é gerar uma mudança radical de atitude com relação ao processo e natureza da avaliação em si. De modo geral, espera-se que os argumentos contidos aqui destituam as bases intelectuais da doutrina da ciência livre de valores, e assim abram as portas para melhorar a avaliação dentro da ciência e com a ajuda dela. Amplos círculos intelectuais externos à ciência acreditam que a doutrina da ciência livre de valores já esteja morta. Seu falecimento é normalmente atribuído ao reconhecimento de dois fatos: que o valor pessoal dos cientistas tem um papel importante nas suas escolhas do campo e de modelos explicativos, e que a ciência possui consequências sociais consideráveis. Essas observações triviais nunca foram negadas por pessoa alguma antes ou desde a invenção da doutrina da ciência livre de valores e são plenamente irrelevantes para ela. A doutrina da ciência livre de valores é um desafio muito mais sério e interpela toda e qualquer reivindicação de se estabelecer uma disciplina da avaliação. É, portanto, um dos primeiros itens da nossa agenda.

Mais especificamente, espera-se induzir um grau e qualidade muito mais altos na avaliação praticada por todos os profissionais no exercício de suas funções como professores, pesquisadores ou clínicos/técnicos, inclusive em seu comprometimento em fazer autoavaliação e com a qualidade dela (referido aqui como "o imperativo profissional"). A esperança para o futuro é que esta abordagem liberte a avaliação das grossas correntes que ainda a contêm, de forma que o trabalho dentro dela como uma disciplina independente se acelere e produza uma grande variedade de benefícios ao pensamento e à prática.

2. Disciplina vs. prática: a avaliação é uma disciplina nova, mas uma prática antiga. Os primeiros artesãos de que temos conhecimento, os entalhadores de pedra, deixaram um rastro de melhoria gradual na qualidade dos materiais e no design, em determinados locais e ao longo de milênios – a assinatura da avaliação gravada em pedra. Não há ofício sem avaliação e, em alguns ofícios, a atividade de avaliação atingiu alturas significativas. No apogeu do forjamento de espadas japonesas, por exemplo, a avaliação de espadas tornou-se uma profissão hereditária cujos profissionais mais notáveis assinavam a trava das grandes lâminas ao lado da assinatura dos espadeiros – o selo de qualidade para o samurai. Porém, a avaliação não é apenas uma parte da tecnologia. A prática sistemática da avaliação de pessoal e de programas remonta às dinastias chinesas e impérios egípcios. Porém, a avaliação não é apenas uma subárea da gestão.

A avaliação de desempenho é o alicerce de qualquer disciplina física, do Tai chi ao tiro, treino, dança ou mergulho. Mas a avaliação não se baseia nos instintos de juízes, instrutores ou manuais de treinamento – nem mesmo na educação de modo geral, onde todos nós deixamos os maiores rastros em termos de avaliação.

3. Aspectos científicos da avaliação: O lugar mais óbvio para uma disciplina de avaliação são as ciências. De fato, faz sentido falar em "avaliação científica" em contraponto à avaliação não sistemática ou subjetiva e falar

da "ciência da avaliação" em contraponto à sua prática, o que significa incluir explicitamente o estudo dos princípios e práticas não contemplados em todos os exemplos anteriores. Mas a avaliação não é apenas uma ciência que surge, como tantas outras, da prática e sabedoria de artesãos e tecnólogos, de curandeiros e governantes.

A avaliação é como uma ciência no sentido que envolve a produção de conhecimento, em vez de arte, anedotas ou artefatos – por exemplo, conhecimento sobre o mérito relativo de diferentes maneiras de ensinar ou estudar, ou de mudar a prática de assistência à saúde, ou usar catalisadores que aceleram a ação de hormônios de crescimento. Este é um dos tipos mais preciosos de conhecimento, e não se restringe ao conhecimento aplicado. A ciência propriamente dita se distingue da pseudociência apenas por meio da avaliação – pela avaliação da qualidade das evidências, delineamentos de pesquisa, instrumentos, interpretações etc. –, a avaliação *dentro* da ciência. Além disso, boa parte do trabalho mais significativo em avaliação tem sido feito nos últimos anos sob a égide das ciências sociais aplicadas. Mas esta não é sua casa. Na verdade, a avaliação em grande escala ainda é, oficialmente, um imigrante ilegal neste país embora, como veremos, um de seus conhecidos tenha um visto. A avaliação não é mais nem menos cidadã das ciências do que a matemática.

4. A ubiquidade da avaliação: O processo da avaliação disciplinada permeia todas as áreas do pensamento e prática, eximindo-se do lugar principal em todas elas. É encontrada em críticas literárias acadêmicas, nos procedimentos de controle de qualidade da engenharia, nos diálogos socráticos, no criticismo social e moral mais sério, na matemática, e nos pareceres emitidos por tribunais de recursos. A tecnologia e a ciência compartilham este processo intelectual de avaliação com todas as outras disciplinas, com os ofícios, e com o pensamento racional de modo geral. É o processo cujo dever é determinar sistemática e objetivamente o mérito, importância ou valor. Sem esse processo, não é possível distinguir o que vale a pena do que é inútil.

Este processo não é simples. Na taxonomia usual dos processos cognitivos, é classificado como o mais sofisticado de todos. Sua lógica é tão complexa que conseguiu escapar de uma análise satisfatória por dois milênios. No entanto, não é tão complexa a ponto de ser impassível de análise até então, não fosse por um obstáculo especial que tem sido colocado em tais estudos. Para compreender a natureza e origens deste obstáculo, é preciso analisar a natureza da avaliação em mais detalhes.

5. A natureza da avaliação: Avaliação não é a mera acumulação e síntese de dados claramente relevantes para a tomada de decisão, embora alguns teoristas da avaliação ainda a definam como tal. No contexto de gestão, a tarefa agora é de responsabilidade – altamente desenvolvida e amplamente computadorizada – dos SIG, sistemas de informação gerenciais.[2] Em todos os contextos, coletar e analisar os dados necessários para a tomada de decisão – por mais difícil que possa ser[3] – envolve apenas um dos dois principais componentes da avaliação; na ausência do outro componente e de um procedimento para combiná-los, simplesmente não temos coisa alguma que se qualifique como uma avaliação. A *Consumer Reports*[4] não apenas testa os produtos e relata as pontuações dos testes; ela (i) os *classifica, ou coloca em ranking*; por (ii) *mérito ou custo-benefício.*

Chegar a este tipo de conclusão requer a inserção de algo além dos dados, no sentido comum da palavra. O segundo elemento é necessário para tirar conclusões sobre o mérito ou benefícios líquidos, e consiste em premissas ou padrões avaliativos. Mesmo se considerássemos que este outro elemento envolve simplesmente mais alegações factuais, de forma que nenhum outro insumo além dos dados seja necessário, seria preciso introduzir novos métodos de redução de dados para gerar conclusões avaliativas quando esse segundo tipo de dado for incluído – bem como novos procedimentos para

2 Nem mesmo a adição ao SIG das ferramentas analíticas computadorizadas, conhecidas como SAD (sistema de apoio à decisão), chegam perto de fornecer uma estrutura para a *avaliação*, embora ajude com o componente dos dados. Consulte o artigo "Transferring Decision Support Concepts to Evaluation", de Sauter e Mandell, em *Evaluation and Program Planning*, v. 13, nº 4 (Fall 1990). As ferramentas de SAD ainda precisam de muitas outras necessárias à avaliação, como a análise de custo não monetário. Naturalmente, as ferramentas usuais – bastante sofisticadas – de análise de custos, como desconto de custos ao longo do tempo e a provisão de custos vitalícios, bem como de compra, também são partes essenciais de qualquer SAD a ser usado para fins de avaliação – juntamente com mais meia dúzia de outros tipos de aparatos investigatórios.

3 Além dos problemas usuais de descoberta e tabulação, uma base de dados de SIG útil pode requerer uma permanente verificação automática de dados por meio de uma checagem cruzada com dados recebidos, e atribuindo a ele níveis de confiança continuamente atualizados.

4 Organização independente e sem fins lucrativos para proteção dos consumidores americanos, especializada, entre outras coisas, na avaliação de produtos. (*N. da T.*)

determinar quais destas alegações e padrões são válidos. O aspecto distintivo da avaliação então tornar-se-ia esses novos processos. Portanto, na melhor das hipóteses, é extremamente ilusório definir avaliação como a provisão de informações úteis, como se fosse equivalente ao processo usual de fornecer informações úteis. Nesta linha, poder-se-ia, também, definir pesquisa ou jornalismo investigativo, ou até matemática, como a apresentação de informações. Se esta afirmação pudesse ser feita, ela teria o defeito de não fornecer as características distintivas cruciais que se espera de uma definição útil.

Uma abordagem mais direta seria dizer que a avaliação possui dois braços, e apenas um deles trabalha na coleta de dados. O outro braço coleta, esclarece e verifica valores e padrões relevantes. Mesmo nos casos mais simples, quando avaliamos um produto para escolher algo apenas para uso pessoal - de modo que os "valores relevantes" são, em grande parte, nossas próprias preferências -, estes valores estão sujeitos à anulação devido a considerações legais, éticas ou ambientais. E mesmo nestes casos mais simples, há muitas tarefas lógicas e científicas envolvidas no esclarecimento desse lado dos valores da avaliação, que incluem identificar e remover: (i) inconsistências em conjuntos específicos de valores; (ii) má compreensão e representação errônea de valores; e (iii) falsas suposições fatuais por trás deles. Elas incluem também: (iv) a distinção entre desejos e necessidades e lidar com os problemas relacionados à (v) garantia de que todas as dimensões relevantes do mérito foram identificadas; (vi) encontrar medidas adequadas para elas (em vez de designar as qualidades abstratas que sabemos que queremos); (vii) pesar essas dimensões de forma que reflita com precisão nossas intenções; e (viii) validar os padrões que localizarmos.

Mesmo com seus dois braços no devido lugar, a avaliação precisa de uma cabeça para coordená-los, que deve não só tomar decisões sobre as instruções que precisam ser dadas aos braços para que tragam o pacote certo de elementos – o problema do desenho da avaliação[5] –, mas também

---

5 Determinar quais fatos são relevantes e quais padrões são adequados é com frequência muito difícil. Apenas a avaliação altamente rotinizada envolve lidar com fatos e padrões que foram predeterminados como "a coisa certa e toda a coisa certa". Particularmente, quase sempre precisamos de (i) dados sobre todas as entidades que são concorrentes sérias daquela que está sendo avaliada (um procedimento de seleção para o qual não há algoritmo); (ii) dados sobre o estado da arte; e (iii) o estado emergente da arte no campo que está sendo avaliado; (iv) dados que identifiquem *todos* os grupos significativamente impactados; e (v) dados sobre *todos* os padrões significativamente relevantes.

resolver o problema de como combinar o que os braços trazem de forma justificada e sistemática – o problema da síntese. Na avaliação de computadores portáteis, por exemplo, onde cento e oitenta critérios são relevantes e cada um deles é importante para um grupo significativo de usuários, o procedimento combinatório é extremamente crítico. A análise da maneira usual de integrar os dados de desempenho usando pesos numéricos mostra que ela é falaciosa, mesmo com um décimo destas dimensões.

Estes problemas de seleção e síntese são complexos o suficiente para levar a *Consumer Reports* a cometer graves erros na avaliação de produtos, e sua importância é tal que o fato de haver poucas discussões sobre eles na literatura de pesquisa é extraordinário. Quando nos voltamos aos problemas típicos da avaliação de programas, onde precisamos lidar com os interesses conflitantes de muitas partes que desempenham papéis diferentes no suporte ou uso de um programa complexo, a situação piora. Também na avaliação de pessoal, onde questões éticas se tornam ainda mais importantes, cada vez mais vemos que a coleta de dados – e até mesmo a seleção de tipos de dados para coleta – é apenas a ponta do iceberg da avaliação.

Para complicar ainda mais o campo, muitas das melhores avaliações não usam – e não poderiam fazê-lo de forma útil – ferramenta alguma dentre as que foram desenvolvidas para resolver os problemas anteriormente mencionados.[6] Quando, por exemplo, físicos avaliam propostas para mais pesquisas sobre neutrinos pesados, ou o Supremo Tribunal avalia os méritos de uma nova linha de argumentação para proibir o aborto, é improvável que eles sejam apoiados materialmente por desenhos de avaliação e instrumentos dos campos da avaliação de programas, de pessoal ou de produtos. Pode-se presumir que, nestes casos, apenas especialistas no assunto teriam algo a contribuir. Na verdade, por mais indispensável que as contribuições dos especialistas sejam, o avaliador também tem uma perspectiva útil sobre a validade real e potencial destas discussões. Algumas considerações relevantes incluem (i) as questões de viés e conflito de interesses, bem analisadas na literatura jurídica, mas não muito bem aplicadas na tomada de decisão do Supremo Tribunal ou na revisão científica; (ii) o uso de procedimentos como a "calibração" de juízes

---

6 Ou, no máximo, os usa no nível de processamento neutro, e não de alguma maneira explícita.

humanos, "cegamento" de árbitros e equilíbrio de bancas; (iii) a validação de critérios comumente usados para estimar o grau de expertise; (iv) os méritos relativos de quatro procedimentos alternativos para combinar as classificações de diferentes especialistas, principalmente múltiplos pontos de corte *versus* abordagens compensatórias; (v) estudos de casos onde precedentes revertem decisões judiciais posteriormente - ou evidências posteriores refutam decisões do painel - para obter uma estimativa da validade dos julgamentos do painel neste campo; (vi) procedimentos para avaliar as metateorias subjacentes às avaliações dos especialistas, o que envolve competências significativas além da expertise no assunto.

A avaliação não é apenas um longo passo além da coleta de dados, mas um longo caminho a partir da expressão do gosto ou da produção de "julgamentos de valor" essencialmente subjetivos, como diriam as caricaturas comuns. Na verdade, expressões de gosto ou preferência, embora às vezes representem uma pequena parte dos dados de entrada, são frequentemente contrastadas nítida e corretamente com conclusões avaliativas - por exemplo, nós normalmente distinguimos de maneira correta nosso apreço pelos professores da nossa estimativa de seu mérito como bons professores. Quanto à noção de que a avaliação é essencialmente subjetiva de uma maneira que a ciência não é, pouco se encontra na ciência que seja mais objetivo do que a avaliação do desempenho de alunos em uma prova de matemática bem elaborada, ou do que o reconhecimento da falha de uma tentativa de salto duplo mortal na saída da barra fixa. Uma avaliação comprovadamente válida feita por observadores competentes é bastante comum e semelhante o bastante à observação e classificação científica para que seja imune a zombarias sobre subjetividade.

Ainda resta um pouco de verdade na ideia de que a avaliação seja simplesmente uma variedade útil da redução de dados - a avaliação certamente reduz um grande volume de informações sobre diversos assuntos a um núcleo mínimo; às vezes exatamente o que precisamos. No sentido estendido de "dados", dificilmente haverá um exemplo mais sólido de redução de dados do que a compressão de um ano inteiro de observação criteriosa e testes de um aluno em uma nota lacônica no boletim. Isso é reminiscente da redução de dados realizada em estatística descritiva, embora muito mais complicado que ela, quando, por exemplo, um conjunto de dados com milhares de elementos é descrito por uma ou duas medidas, tal como a média e o desvio-padrão. E os motivos da redução são os mesmos. O pragmático não quer se debater com pilhas de dados brutos de desempenho, em parte porque a vida é curta, e em parte porque assim pode-se facilmente negligenciar as principais implicações dos dados. Esses pontos se aplicam igualmente aos dados de censos ou à durabilidade de talheres de aço inoxidável ou relógios digitais. O que queremos saber é a conclusão – a visão e o significado geral, as tendências ou os ganhadores. É mais fácil verificar a confiabilidade do estatístico ou avaliador do que fazer a análise por conta própria. A avaliação, como a estatística, é como uma jangada num mar de lama de informações – para o consumidor.

Mas para fornecer uma conclusão válida e útil para o consumidor, o avaliador precisa saber como chegar a essa conclusão, e isso não pode ser feito pelos mesmos procedimentos de redução de dados da estatística descritiva. Precisa ser feito da maneira específica com que a avaliação reduz os fatos e valores às conclusões avaliativas. As questões difíceis permanecem: quais fatos, quais valores, reduzidos em que medida, quão válidos, qual a credibilidade?

6. Atitudes com relação à avaliação: A credibilidade das avaliações introduz fatores psicológicos que extrapolam o cálculo racional. Muitas pessoas acreditam que usar a avaliação como um processo de redução de dados – resumir um ano de trabalho a uma nota, por exemplo – é uma espécie de crime. De fato, em algumas circunstâncias, tal avaliação tão radicalmente redutiva seria completamente inapropriada – circunstâncias que exigem uma narrativa avaliativa muito mais rica e completa, como, por exemplo, quando a necessidade é ajudar o aluno ou um orientador educacional a planejar mudanças no programa ou abordagem de estudo. Porém, em circunstâncias diferentes e para outras finalidades, como a seleção para admissão em cursos avançados, pós-graduação ou empregos, provavelmente não há uma abordagem geral melhor do que a nota, julgando pelas décadas de extensa experimentação com outras alternativas.

Por outro lado, para o cético em relação à avaliação por motivos lógico-filosóficos, o conceito de redução de dados por si só é legítimo o suficiente; a falácia está em estendê-lo para passar a abarcar a redução de dados sobre valores, bem como de fatos sobre o desempenho. Mas o cético só poderá duvidar por motivos abstratos; a vida prática não pode seguir sem a avaliação, tampouco a vida intelectual, ou a vida moral, e elas não são construídas sobre a areia. A verdadeira questão é como fazer uma boa avaliação; não como evitá-la. No entanto, o desejo de esquivar-se dela é muito profundo, embora seja bem confuso. "Não julgueis para que não sejais julgados" é um dito antigo, e o fato de ser essencialmente autorrefutante não impediu que ele ressurgisse na forma da afirmação de que "não há um lugar legítimo na ciência para julgamentos de valor" – a igualmente autorrefutante doutrina da ciência livre de valores.[7] Esta combinação esquizofrênica de resistência à avaliação com o uso contínuo dela na própria vida dos que se opõem cria uma reviravolta característica para a disciplina. O que a torna singular é a ubiquidade desta dimensão afetiva. Ela possui outro lado, claro, pois a busca pela qualidade é tão presente na condição humana quanto a antipatia por mensageiros que, às vezes, trazem más notícias.

Embora a avaliação com frequência faça o bem – ela economiza dinheiro e salva vidas, além de possibilitar melhorias na qualidade de vida, em produtos, desempenho e brio pessoal – raramente é possível realizá-la sem custo ou, ao menos, risco para alguém. Se você classifica uma motocicleta Honda como a melhor e compra uma, a Yamaha sai perdendo; se você seleciona um candidato para a vaga de emprego, outro a perde; mesmo que você só esteja batendo seu recorde pessoal na corrida de 10 km, outros são ultrapassados e podem sentir que são piores. De fato, em muitas ocasiões, até mesmo a escolha de uma estatística – o nível legal de álcool no sangue, por exemplo, ou a densidade demográfica que leva à incorporação de propriedades a determinado município – tem grandes consequências adversas para muitos indivíduos. Mas isso é quase sempre – e não ocasionalmente – verdadeiro no caso da avaliação. Para aqueles

---

7 A defesa de que esta é uma asserção sobre a ciência, em vez de partir de dentro dela, é falha – como argumentado a seguir – porque as disciplinas são inseparáveis de suas metateorias. Embora cientistas praticantes adorem repudiar a filosofia da ciência – conversa fiada comparada à verdadeira ciência –, toda vez que um novo paradigma começa a agitar as coisas, os melhores deles pulam diretamente para a discussão metateórica, em grande parte pura e simplesmente filosofia da ciência, e em grande parte cometendo erros básicos. No século XX, a teoria da relatividade, mecânica quântica, cosmologia e robótica seguiram a longa estrada desde os primórdios da ciência em que os atomistas gregos e os galileanos, darwinistas e freudianos deixaram suas pegadas. A estrada é construída sobre fundamentos epistemológicos que podem ser ignorados apenas até a chegada do inevitável terremoto.

que desejam evitar prejudicar os outros, ou evitar o risco de prejudicar a si mesmo, a tentação de rejeitar a avaliação como membro do clube de atividades intelectualmente respeitáveis mostrou-se irresistível.

7. O status paradoxal da avaliação: Se estes argumentos são corretos, a importância e o escopo da avaliação formam um estranho contraste com a recusa de qualquer disciplina acadêmica a levar o assunto da avaliação a sério até o último terço do século XX.[1]

Mesmo agora, a tendência a conceder um lugar significativo a ela no panteão da investigação é mínima.

- Embora seja listada na taxonomia dos objetivos educacionais de Bloom como o mais alto dos seis níveis da função cognitiva, a avaliação não é matéria de nenhuma disciplina da escola regular ou de faculdades.
- A avaliação é a única competência intelectual exigida em todos os campos da ciência, mas não está incluída em nenhuma das listas de competências intelectuais que supostamente compõem o método científico, encontradas no início de todos os principais textos científicos escolares e projetos de currículo científico.
- A avaliação é o processo pelo qual todos os alunos do ensino superior chegam e permanecem lá, mas sua legitimidade é negada na maioria dos cursos de ciências sociais pelos próprios instrutores que fazem estas avaliações e as defenderão com provas e boa argumentação.

---

1 A filosofia é uma exceção importante. A ética é um caso especial de avaliação – a avaliação de atos, atitudes, dos princípios que os governam e da justificativa de tais princípios, tudo isso *a partir de determinado ponto de vista*. A ética tem uma história teórica mais longa do que qualquer outra área da avaliação, mas seu foco é bem limitado e, como as teorias sempre foram altamente controversas, ela teve pouco efeito sobre outras áreas da avaliação. A filosofia também fez tentativas de desenvolver um estudo geral sobre o valor (axiologia) e uma lógica formal da avaliação – a lógica deôntica. A lógica falhou pelos mesmos motivos que prejudicaram a maioria das tentativas de aplicar a lógica formal. Nos últimos anos, entretanto, a ética aplicada desenvolveu autonomia considerável e algumas competências locais substanciais para lidar com uma variedade importante de problemas, particularmente na ética médica e dos negócios.

O status da avaliação no século XX representa um dos paradoxos mais impressionantes da história do pensamento: um ingrediente essencial – e talvez o mais importante – de todas as atividades intelectuais e práticas foi explicitamente banido, ou implicitamente excluído, da discussão ou reconhecimento na maior parte de seu território natural.

Os motivos psicológicos, sociais e políticos, bem como os intelectuais, desta situação bizarra – desta "traição intelectual dos intelectuais" – são discutidos ao longo das páginas desta obra. O preço disso para a vida intelectual e o progresso social tem sido enorme, pois os estudiosos deliberadamente evitaram abordar os problemas de sua sociedade diretamente. Se queremos mudar de forma radical o status da avaliação como um assunto "intocável", é preciso atacar diretamente os mitos responsáveis por este paradoxo. Além disso, precisamos de trabalhos que determinem os elementos de uma visão alternativa sobre a avaliação, uma visão dela como talvez o processo mais importante e penetrante do qual a mente humana é capaz.

Para desenvolver tal visão, é necessário sustentar as técnicas da avaliação sobre um núcleo de discussão metodológica e conceitual que se aplica em muitos ofícios e disciplinas. As primeiras discussões desse tipo ocorrem em diversas áreas há vinte e cinco anos, e foram frutíferas o bastante para legitimar o tratamento destas áreas como merecedoras de respeito por seu próprio mérito. Porém, as discussões não são tão profundas nem bem relacionadas a ponto de transformar qualquer uma das áreas – ou todas elas juntas – em uma disciplina.

8. Da prática à metodologia à disciplina: O primeiro passo além da prática básica da avaliação – algo que está presente em todos os campos – é provavelmente a formulação de diretrizes para pontuação ou julgamento (rubricas) que governem essa prática. Estas começam a identificar as normas que devem governar a avaliação (prescritiva). Talvez elas tenham se desenvolvido primeiro na área de avaliação de desempenho, talvez antes do tempo dos exames do serviço público chinês, ou bem mais cedo, na avaliação de competições entre guerreiros ou atletas, embora não existam evidências diretas disso. Tais regras ainda são extremamente limitadas em escopo. Poder-se-ia presumir que, em seguida, foram elaboradas seguindo as linhas pelas quais sabemos que a lógica se desenvolveu, a fim de incluir diretrizes em que erros ou dificuldades comuns fossem

descritas. Aqui começamos a formular a metodologia prática da avaliação para casos muito limitados de avaliação prescritiva. Ainda há uma grande distância – em termos de tempo e lógica – entre aquele ponto e as discussões sobre a metodologia de avaliação de programas, onde estamos determinando princípios para *investigação e análise* geral avaliativa – por exemplo, princípios sobre o uso adequado de delineamentos experimentais ou quase experimentais na avaliação de programas, ou princípios sobre o uso adequado da análise de custo-benefício em avaliação de programas. Este passo foi facilitado pela emergência de discussões acerca da metodologia de uma centena de outras áreas ao longo de um milênio. Com ele, avançamos bastante no desenvolvimento de uma disciplina – mas ainda havia um longo caminho a percorrer.

Metodologia é o estudo de procedimentos investigativos ou práticos que visam melhorar a prática – e os métodos que resultam deste estudo; em menor medida, procura melhorar nossa compressão da prática. Agora, discussões sobre a "metodologia da avaliação" pressupõem alguma noção da emergência e das dimensões de um novo campo e precipitam a discussão sobre sua natureza. Em avaliação, no entanto, a maior parte da metodologia só foi desenvolvida nos limites da subárea da avaliação de programas, que está longe de ser uma disciplina geral.[2] Assim como a estatística não consiste meramente da bioestatística, a avaliação é mais do que apenas uma de suas áreas aplicadas. Para alcançarmos uma verdadeira disciplina da avaliação, ao menos dois passos ainda precisam ser dados. Por um lado, a concepção limitada precisa ser estendida a fim de incluir não só os outros campos dedicados à avaliação – como a avaliação de produtos e pessoal, estudos de políticas e garantia de qualidade –, mas também incluir usos importantes da avaliação em campos com outras designações – as disciplinas acadêmicas e não acadêmicas. E esses membros da comunidade da avaliação necessitam estar relacionados, em contato uns com os outros e ser estudados pelo que podem contribuir para a causa comum.

Por outro lado, e mais importante, precisamos dar um passo maior, um passo além das discussões acerca da metodologia passando à discussão de assuntos como (i) as propostas que acabaram de ser feitas para definir as fronteiras e conteúdo da avaliação; (ii) as diferenças entre este

2 A análise da utilidade multiatributo é uma exceção recente.

território e outros (ela é essencialmente uma ciência, uma disciplina da área de humanidades, uma arte, um ofício, ou outra coisa?); (iii) as conexões entre este e outros territórios; (iv) motivos pelos quais determinados métodos funcionam ou falham neste território (metametodologia); (v) argumentos para qualquer lógica geral da avaliação proposta, e sobre suas limitações; (vi) os tipos de dados e teorias que são apropriados;[3] (vii) teorias sociais, psicológicas, históricas, antropológicas e políticas sobre sua natureza e tormentos (incluindo trabalhos multidisciplinares sobre diferenças entre países);[4] e (viii) as direções em que deve ir. O termo usado aqui para a maior parte dessa discussão de terceiro nível é *metateoria*.[5]

---

3 Um exemplo excelente do argumento sobre dados adequados é fornecido pela discussão na história da psicologia sobre a dependência Wundtiana na introspecção. Um exemplo clássico de argumento sobre tipos de teoria advém da teoria de partículas – o debate sobre a aceitabilidade de teorias não deterministas.

4 Sobre isto, algo está sendo produzido pelo Working Group on Policy and Program Evaluation do IIAS; consulte **Utilização** no tesauro.

5 O termo metateoria agora é amplamente utilizado neste sentido, mas há alguma interseção com o que se chama de "a filosofia de X", embora ambos os termos comuniquem uma impressão enganosa de um corpo de trabalho altamente explícito. Onde houver um assunto chamado de "a filosofia de X", como no caso da filosofia da história ou da filosofia da ciência, ele tem interseção apenas parcial com a metateoria. As diferenças justificam levemente a aversão, generalizada entre acadêmicos, à "filosofia de" assuntos; em parte, no entanto, descobre-se rapidamente que a aversão é direcionada a algo que poucos deles podem fazer bem ou compreender, mas do qual precisam quando os paradigmas entram em conflito. As diferenças incluem algumas ou todas estas considerações: (i) embora alguns aspectos da metateoria sejam trabalhados na filosofia da ciência (ou história etc.), muitos outros não são, e a escolha com frequência é feita com base no interesse filosófico, em vez da importância da disciplina em discussão; (ii) com frequência, os assuntos selecionados são discutidos no vocabulário e estrutura recônditos da filosofia; (iii) estas discussões com frequência não são bem informadas sobre as realidades da prática; (iv) elas não visam principalmente melhorar a prática; e (v) raramente incluem trabalho sério sobre comprometimentos implícitos. A maior parte da *influência* da metateoria advém das discussões entre praticantes, exemplificadas por eles, ou do seu pensamento. Isso não quer dizer que a qualidade das discussões dos praticantes é melhor do que as dos filósofos, nem mesmo que são de alta qualidade; e certamente não quer dizer que a discussão dos praticantes não é afetada pela discussão dos filósofos, mesmo que não se reconheça tal fato. Nos debates metateóricos sobre a interpretação de Copenhagen da teoria quântica e a interpretação da relatividade especial, a qualidade da discussão dos praticantes foi surpreendente, mas as discussões acerca da explicação ou causalidade na história e ciências sociais são bastante primitivas – assim como, de acordo com esta alegação, são aquelas que lidam com a avaliação em todas as disciplinas.

No caso da avaliação, é sensato esperar que a metateoria ofereça uma definição de avaliação que a diferencie da medição, observação e descrição não avaliativa; ela deve ser capaz de explicar e lidar com os ataques à ideia da avaliação como uma disciplina e com os argumentos a favor dela e de diversas tentativas de fazer passar substitutos, como os resumos de informações; além disso, deve ser capaz de sugerir e justificar linhas frutíferas de pesquisa e desenvolvimento. Sem a metateoria, temos apenas um grupo de campos de prática e pesquisa diferenciado por assunto, algumas discussões sobre a metodologia em cada campo – e um pouco mais. O pouco mais é parte de uma metateoria de parte da avaliação – isto é, temos alguns modelos para avaliação de *programas*.

9. O País do Intelecto: Usar uma analogia pode ajudar a transmitir a situação atual e sua projeção. Podemos pensar nas disciplinas – sociologia ou química, por exemplo – como *propriedades* agrupadas em *condados* que correspondem às maiores subdivisões do conhecimento, como as ciências exatas, engenharias, os ofícios, ou as humanidades. A principal casa de cada propriedade, como as Casas-Grandes da época da escravidão, é tanto uma habitação como o centro de uma grande indústria.[6] No País do Intelecto, enquanto algumas casas são Casas-Grandes, outras são habitações muito mais modestas, a casa dos campos semiautônomos ou áreas de trabalho, em vez de uma disciplina autônoma. As casas em um determinada propriedade têm um andar térreo que representa o trabalho aplicado, um andar acima que é dedicado ao desenvolvimento de instrumentos, métodos e técnicas, e um andar superior onde o trabalho teórico é realizado. No sótão, fora da vista na maior parte do tempo, encontra-se o esconderijo da metateoria: os planos, títulos e registros da casa e de suas bases. Eles incluem os desenhos originais dos proprietários e de outros desenhos solicitando modificações posteriores, os planos de construção que foram realmente utilizados, a lista de empreiteiros, os

6 As conotações feudais são intencionais; a academia é um país de feudos, em maior escala do que deveria – como bem sabem os assistentes de pesquisa explorados e os supostos interdisciplinaristas. Mas pelo menos os estados são governados por um Comitê Executivo, em vez de um nobre hereditário, mesmo que os Comitês muitas vezes incluam, em demasia, eruditos senescentes que ficam brigando por privilégios.

planos e notas do arquiteto paisagista, o artigo ilustrado sobre a casa na *Architectural Review* (e outros menos favoráveis), os planos do circuito elétrico e de telefone, a localização dos serviços de emergência, mapas da região, a ajuda disponível em propriedades vizinhas, e daí por diante.

Às vezes tem alguém trabalhando lá em cima; na maior parte do tempo, não. Mas quando surge determinado tipo de problema, corremos para o sótão. Agora, a metateoria não é apenas o trabalho realizado no sótão, embora todos os seus registros se encontrem ali. Os planos de um arquiteto para um edifício não são apenas marcas no papel: a metateoria é incorporada à forma como o edifício é construído e à maneira como as bases são estruturadas. Quase ninguém se ocupa dessas questões até que precisem expandir a casa ou a propriedade ou mudar sua forma, uso ou aparência. Então, começamos a procurar os planos e discutir a respeito deles – e até mesmo sobre o estilo arquitetônico, o paradigma. A metateoria afeta quase tudo o que acontece na casa no sentido de determinar suas fronteiras, fornecer acesso interno a ela por meio de escadas e elevadores, além de dar uma aparência, desde a fachada até a planta de cada andar.

Nesta alegoria, os *domínios interdisciplinares* são propriedades localizadas na interseção entre uma ou mais regiões, construídas como um projeto compartilhado. *Abordagens multidisciplinares* são reconhecidas em algumas suítes do andar da metodologia, que são praticamente duplicatas daquelas encontradas em outras mansões. E as *transdisciplinas* são os serviços de utilidade pública – eletricidade, água, gás, esgoto, telefone, linhas de dados ou sistemas de micro-ondas, televisão a cabo ou via satélite, rádio, estradas e o transporte público. Nem todas as propriedades fazem uso de todos eles – e algumas geram sua própria versão – mas cada serviço atende muitas propriedades.

O serviço de telefone, por exemplo, não é apenas a linha de telefone; é um negócio em si. Em algum lugar do interior há uma Casa-Grande para a empresa telefônica. No andar térreo desta casa encontram-se as cabines de telefone público para os que não têm um telefone em casa, o departamento de contabilidade, e os profissionais que lidam com problemas dos consumidores – embora, naturalmente, o principal serviço oferecido seja encontrado nas outras casas atendidas da região. O andar logo acima abriga engenheiros que desenham e melhoram as redes de linhas de transmissão, e o andar superior abriga uma filial dos Bell Labs, um empreendimento de pesquisa de grande escala, que envolve, basicamente, pura pesquisa.

Imagine que peguemos o serviço telefônico para representar a transdisciplina da estatística. O principal serviço que a estatística fornece é encontrado nas casas de propriedades distantes, como a Casa da Demografia; mas ali na Casa da Estatística, os três andares estão plenamente ocupados, em ordem ascendente, (i) pelo serviço de consultoria estatística; (ii) por aqueles que desenvolvem novas ferramentas estatísticas *genéricas*; e (iii) pelos que trabalham na teoria da probabilidade e outras noções fundamentais.[7] Ainda há um sótão, com mapas da região e planos de todas as casas atendidas, transcrições dos grandes debates entre bayesianos e fisherianos, o plano do arquiteto – e, claro, do edifício que incorpora estes planos – de modo que há uma metateoria da transdisciplina da mesma forma que para as outras disciplinas. Nas transdisciplinas, a porta do pavimento da teoria para o sótão normalmente está aberta, pois há tráfego considerável entre estes andares.

As transdisciplinas são diferentes das disciplinas normais porque possuem dois tipos de aplicações. Uma das categorias é localizada nas casas de outras propriedades, em todos os pavimentos da casa e é envolvida no cotidiano da sua principal linha de trabalho, enquanto a outra subiu ao status de aplicações semiautônomas com suas próprias casas no território da sede da transdisciplina. Sendo ainda campos de estudo em vez de disciplinas independentes, estas casas podem ser adjacentes ao território de outra propriedade (como a bioestatística, por exemplo, está próxima da propriedade da biologia; ou como a Avaliação de Pessoal está localizada próximo às propriedades da Gestão e Psicologia Organizacional). Novos clientes baterão à porta da casa principal solicitando assistência prática ou irão até uma das casas associadas de aplicação, caso notem que uma delas presta serviços na área em que precisam. Incidentalmente, a Casa da Estatística usa outros serviços públicos além daquele que ela fornece; e, naturalmente, está localizada no Condado da Matemática.

---

7 Note que tanto o primeiro quanto o segundo andar têm envolvimento em problemas gerais e específicos – a distinção entre puro/aplicado não é igual à distinção entre geral/específico.

Como podemos identificar as transdisciplinas?[8] O extenso uso do raciocínio avaliativo não implica, por si só, que deveria haver uma disciplina da avaliação; nem todas as ferramentas intelectuais com grande escopo horizontal geram disciplinas associadas. A lógica da explicação, por exemplo, é usada na maioria das disciplinas, é uma subárea importante da filosofia da ciência, e um componente-chave da filosofia da mente e de outros domínios. Mas a teoria da explicação, diferentemente da estatística e da avaliação, não gera áreas aplicadas substanciais como fazem as transdisciplinas. Com frequência, suas aplicações são tão complexas e essenciais que são ministrados cursos especiais sobre elas em outras áreas que não a área de origem – estatística para o estudante de pós-graduação em psicologia, avaliação de programas para o administrador educacional, análise de políticas para os envolvidos ou que almejam envolvimento com o serviço governamental, ética médica para enfermeiros e/ou garantia de qualidade para engenheiros. A explicação fica aquém da *profundidade de aplicação*, assim como muitos ramos da matemática que têm aplicações significativas em alguns pontos de outras disciplinas, como cálculo vetorial ou teoria dos números. Dificilmente poderia haver quatro enciclopédias sobre até mesmo a aplicação mais amplamente discutida da teoria da explicação, por exemplo, a explicação em história. Elas provavelmente são mais bem abordadas como parte do domínio de origem – filosofia ou matemática, nestes dois exemplos. A teoria da explicação é, na melhor das hipóteses, apenas uma pequena casa na propriedade da filosofia, entre a filosofia da história e a filosofia da ciência, ou talvez apenas uma ala compartilhada que se estende de uma até a outra. Mas e quanto à filosofia propriamente dita – certamente, suas aplicações entre disciplinas são suficientemente substanciais; será que ela deveria ser uma transdisciplina?

Domínios como a filosofia e a economia são incrivelmente versáteis, no que há um aspecto filosófico ou uma perspectiva econômica sobre uma grande variedade de assuntos (inclusive avaliação). O mesmo pode ser

8 Outras transdisciplinas incluem partes ou toda a teoria da informação, ética, comunicações e apresentações (incluindo a visualização de dados), software aplicativos, hermenêutica (em seu sentido original), e análise de decisão.

dito, com ainda mais veemência, sobre a física e a psicologia. Mas estes domínios são gerais, disciplinas principais, as criadoras de constatações sobre o mundo, em contraste com as disciplinas como mensuração ou estatística, que lidam com ferramentas investigativas e objetos formais ou abstratos. Assim, embora muitas das disciplinas principais de fato forneçam ferramentas e conhecimento substanciais a outros campos e disciplinas, o que as equipara às transdisciplinas, sua natureza fundamental é encontrada em outro lugar. Elas oferecem em troca algo mais concreto do que serviços de utilidade pública.

No País do Intelecto, a propriedade da física – assim como a filosofia ou economia – pode ser visto como aquele que possui participações em outras propriedades, bem como em algumas casas em sua própria propriedade. A física, por exemplo, tem participação na propriedade da eletrônica e em casas como a da física de superfícies. Algumas destas outras propriedades se desmembraram da física (embora a astronomia, por exemplo, tenha surgido antes). A física ainda estende uma plataforma sobre a qual estradas seguem para além dela, e enviam suprimentos a todas as suas casas e a outras propriedades; em troca, a física recebe algumas mercadorias, bem como crédito junto à sua principal fonte de financiamento, o governo. Da mesma maneira, a economia pode ser vista como uma propriedade que fornece suprimentos ou serviços a uma variedade de domínios – às vezes até se desmembrando e tendo participação em interdisciplinas como a história econômica – e o mesmo pode ser dito, em termos gerais, sobre a psicologia e a filosofia.

As disciplinas primárias há muito tempo fornecem suprimentos e serviços importantes umas às outras; esta ação não é de domínio exclusivo das transdisciplinas. Não pode haver atividade intelectual sem disciplinas primárias e, na maioria das vezes, as transdisciplinas surgem para servi-las, da mesma forma que as empresas de serviços de utilidade pública surgem para atender edifícios já existentes que abrigam negócios e pessoas que já lidam uns com os outros, às vezes com suas próprias fontes primitivas de energia (por exemplo). As transdisciplinas, portanto, existem para servir – e só assim passam a existir como disciplinas independentes. Embora mereçam ser vistas como disciplinas, são disciplinas instrumentais – em outras palavras, podemos dizer que são essencialmente simbióticas em sua origem, ou que são impulsionadas de baixo para cima, e não de cima para baixo.

Algumas das transdisciplinas surgiram muito cedo na história das disciplinas. Outras, não: é óbvio que a maioria das disciplinas substantivas se desenvolveram sem a estatística, a teoria do design ou programas de computador, e muitas precederam a lógica formal. A lógica informal, por outro lado, surgiu tão cedo quanto a maior parte da filosofia, embora talvez não tão cedo quanto qualquer coisa reconhecível como uma disciplina da história ou da teologia, ou da música. Algo que inclui no mínimo um esboço de uma disciplina de lógica informal já existia na época dos Sofistas, que ganhavam a vida ensinando uma versão dela misturada com um pouco de retórica e filosofia.

Naturalmente, as *práticas* da lógica informal e da avaliação precedem em muito qualquer disciplina acadêmica ou *seus* precursores na prática. A prática da lógica informal, como a da gramática, cresceu com a linguagem nativa que precede as disciplinas acadêmicas, pois não pode se desenvolver sem a linguagem. A prática da avaliação pode até preceder a linguagem, pois era parte integrante do desenvolvimento dos artefatos mais antigos e das protodisciplinas do caçador-guerreiro. Podemos ver seus antecedentes – talvez até uma versão limitada deles – em predadores que ponderam abordagens alternativas ao perseguir suas presas.

Agora, pode parecer que, sem a linguagem, não há disciplinas verdadeiras, porque a metateoria não pode existir, e até mesmo as disciplinas físicas menos articuladas têm seu autoconceito fortemente ligado a uma metateoria. Porém, pode-se argumentar que uma metateoria pode estar implícita na prática e no ensino pelo exemplo pelos profissionais que têm uma posição de liderança. Ela deve ser capaz de fornecer respostas (implícitas) ao tipo de pergunta listado acima, mas mesmo isso é possível, em princípio, no caso da maioria das perguntas. Precisamos concluir que protodisciplinas bem elaboradas, mesmo que não sejam disciplinas plenamente autoconscientes, autoavaliativas, são possíveis em grupos pré-linguísticos tardios ou altamente ritualísticos.

A prática das transdisciplinas mais antigas, como a lógica informal e a avaliação, se desenvolveu como disciplinas independentes, na medida em que o conhecimento foi gradualmente passando do estado implícito para o explícito, e as perguntas inevitáveis geraram respostas.[9] No País do Intelecto, enquanto os fatos são a própria base, a *prática* da lógica é o cimento usado em todas as construções e do qual depende todo o sucesso. Se ele falhar, as estradas e edifícios falham. Raramente precisa de reformulação, tendo funcionado bem há milênios, exceto em usos especiais. A *disciplina* da lógica também é um edifício na propriedade da filosofia. Como as outras, possui sua própria metateoria – seus planos e arquitetura – mas diferente da maioria, também serve como uma transdisciplina, prestando serviços a todas as disciplinas.[10] Como a avaliação, a lógica está em uso em toda parte, mas apenas ocasionalmente é vista como um serviço útil à pesquisa, quando os pressupostos fundamentais sobre o raciocínio são questionados – por exemplo, quando teoristas quânticos começaram a analisar a possibilidade de usar a lógica multivalorada para expressar as propriedades da partícula, ou quando os teólogos tentam uma vez mais criar uma nova "lógica do discurso religioso". Não obstante, são os lógicos que nos fornecem as bases do *ensino* da lógica e da melhoria da eficiência da análise lógica, e uma revolução palaciana no edifício-sede recentemente produziu uma mudança massiva do latim moderno da lógica formal para uma abordagem nova e mais útil.

Conselhos técnicos dos grupos de avaliação aplicada, por outro lado, são solicitados com frequência e cada vez mais, pois é algo que não podemos apreender no decorrer de uma educação normal até o nível de pós-graduação, e envolve uma variedade massiva de conceitos, terminologia e metodologia. Assim como no caso da lógica, há uma variedade caseira em todas as disciplinas, mas ao contrário da lógica, há graves pontos fracos nesta versão cultivada em casa. No País do Intelecto, quer a eletricidade seja produzida em casa ou não, ainda é eletricidade – a avaliação

---

9 A antiguidade da lógica, e da gramática, é motivo bastante para perdoá-las por ter tomado a direção errada quando fizeram isso; ambas tentaram obter um status mais formal do que lhes era apropriado, seguindo o sucesso anterior da matemática e da física. As disciplinas que surgiram – lógica formal e gramática clássica – tornaram-se caminhos acadêmicos sem saída, de valor prático ou pedagógico desprezível. Foi necessário adentrar uma era mais sofisticada, em que a tolerância da ambiguidade (e obscuridade) tornou-se aceitável, para que começássemos a aceitar a lógica informal e a gramática transformacional como dispositivos explicacionais com poderes subdeterministas.

10 A ética é mais uma exceção.

é ubíqua. Mas a variedade caseira não é o suprimento mais econômico, mais confiável, e tampouco o mais poderoso. Estes benefícios advêm da conexão com a rede elétrica – isto é, com a combinação de aplicações especializadas, lógica geral, métodos e metateoria da avaliação, que é encontrada na propriedade-sede. Fazer isto também é benéfico devido à conexão com a rede que atende as outras propriedades, que poderão ajudar no caso de eventuais problemas, colocando seus geradores de emergência em funcionamento.

Ao contrário da lógica e da estatística, no entanto, a sede – a Casa--Grande – da avaliação é quase inteiramente alegórica. Há uma propriedade da avaliação, e ela contém diversos edifícios habitados por aplicações-satélite – avaliação de produtos, análise de políticas, avaliação de programas, e assim por diante. Cada um destes é um edifício completo. Entretanto, no mundo real não há um centro em torno do qual os satélites deveriam girar, um lugar onde se desenvolve o domínio central da avaliação e que fornece a lógica geral, a metodologia geral, e a teoria e metateoria da avaliação como um todo. Esta ausência em muito prejudica as aplicações-satélite em termos da falta de coordenação dos seus esforços, desde o nível da definição até o metodológico, e da falta de um corpus teórico e metateórico do qual seus problemas podem ser atacados. Por sua vez, isso também prejudica os outros que estão conectados à "rede" da avaliação. Historicamente, é provável que esta ausência se deva ao tabu em torno do reconhecimento da avaliação como uma área de estudo legítima, o que significa que os campos aplicados não puderam se desmembrar a partir de uma disciplina principal, como no caso da lógica, ética e estatística. O resultado é que ainda não há uma disciplina da avaliação; as aplicações não podem ter este status sem uma teoria e metateoria global, seja isoladamente ou em combinação. Na ausência da sede de uma disciplina dominante, a avaliação de programas é apenas a mais recente das aplicações a falar como se ela *fosse* "avaliação"; mas olhando de perto, a asserção é absurda e surge apenas porque há um vácuo a se preencher.

É preciso criar uma Casa da Avaliação que funcione como uma base para as aplicações, seja na propriedade ou em outros lugares, e desenvolva seus próprios estudos sobre a avaliação. Este trabalho é uma tentativa de esboçar um plano para esta estrutura e começar a construir sobre as pedras da fundação que já se encontram no local há muito tempo. Mas ele precisa começar recorrendo contra a legislação discriminatória de zoneamento que visa especificamente excluir uma Casa-Grande da Avaliação. Enquanto isso, a alegoria talvez possa proporcionar um senso de pertencimento, um vislumbre de uma pátria, para incentivar os trabalhadores atados a outras Casas que precisarão fornecer a maior parte da estrutura de apoio para o desenvolvimento da principal disciplina da avaliação.[11]

Por fim, dois comentários sobre a geografia e a indústria de construção do País do Intelecto. Primeiro, onde estão as artes? O Condado dos Ofícios é bem povoado e recebe de braços abertos os que atendem alguns padrões disciplinares, mas as "artes sem forma" vivem em cavernas às margens do país, e não podem construir edifícios porque não aceitam os padrões de construção exigidos para que os edifícios sustentem seu próprio peso. Embora as Casas-Grandes do Condado dos Ofícios tenham um perfil mais baixo porque não possuem o pavimento da teoria, elas ainda têm espaço para os métodos e metateoria. Pode não haver uma teoria *das* joias, mas há muitas teorias *sobre* elas que podem ser encontradas no pavimento da aplicação de outras Casas, como na Casa da História da Arte. As disciplinas espirituais e físicas ocupam condados vizinhos, às vezes com um pavimento de teoria – e às vezes rejeitando esta possibilidade fervorosamente –, embora sejam distintas de meras

---

11 Na ausência de uma vaga para ser sede no esquema acadêmico típico, o fardo de construir a principal disciplina substituta – embora apenas para a avaliação de programas – recaiu sobre os trabalhadores dos campos aplicados, especialmente, (i) sobre grupos de pesquisa em algumas universidades que ignoraram a rigidez do plano-padrão – particularmente Stanford e Illinois; (ii) sobre as empresas e institutos que prestam serviços de pesquisa, particularmente a Western Michigan, RAND, Boston College e Circe; e, a uma medida impressionante; (iii) sobre as equipes mais iluminadas das agências governamentais e das fundações. À medida que cresce a noção de que a avaliação precisa de uma disciplina central autônoma, mais do trabalho necessário será feito nesse sentido, com ou sem financiamento direto. A vantagem desta abordagem simplista é uma pressão inexorável para manter a teorização em contato com a realidade da prática – certamente, o motivo pelo qual um livro recente que observa com muita seriedade o trabalho teórico sobre a avaliação de programas tem como subtítulo *Theories of Practice* [Teorias da Prática].

práticas por sua elaborada metateoria, senão teoria, e sempre com grandes pavimentos de metodologia sobre os salões de prática.

As construções civis no País do Intelecto – produto da exportação dos escritórios de aplicações na propriedade da Engenharia – estão constantemente ocupadas com alterações e novas construções. Novas casas – nas propriedades existentes ou novas Casas-Grandes construídas por ali – são construídas quando: (i) uma ala de uma Casa-Grande precisa ser expandida e não se pode aumentar o tamanho da ala sem perturbar toda a estrutura; (ii) pequenas aplicações, abrigadas em chalés nas redondezas, e originalmente atendidas diretamente por uma ou duas disciplinas principais, tornam-se tão grandes que precisam de sua própria mansão; ou (iii) alguém descobre uma grande duplicação de esforços em diversas casas, e faz com que os grupos de trabalho se fundam e juntos estabeleçam uma nova casa. Novas disciplinas podem se desmembrar a partir de disciplinas-padrão (como a biologia molecular surgiu da biologia, a psicologia da filosofia) ou de transdisciplinas (como a bioestatística se desenvolveu a partir da estatística). É bastante comum que seus trabalhadores mantenham o emprego em regime de meio expediente no estabelecimento principal e na subsidiária, embora isso com frequência seja arriscado, pois gera a questão da lealdade dividida. Os feudos são empregadores ciumentos e hostis no que concerne a emissão de passaportes e permissões de trabalho.

10. Mais sobre metateorias: (i) algumas vezes, a metateoria é uma teoria explícita sobre a natureza do campo, mas com frequência é apenas um conjunto de alegações, normas e rubricas gerais sobre o campo ou a pesquisa desenvolvida nele. Ela pode ser bastante informal, expressa em comentários despretensiosos e discursos pós-jantar, em vez de em tratados. Ela pode estar altamente implícita na prática de especialistas, uma concepção impulsionadora ou orientadora do campo, aprendida seguindo os exemplos dos gurus, mas deve ser sofisticada o suficiente para incluir respostas à maioria das perguntas sobre a natureza da disciplina que gera uma metateoria. Disciplinas não existem sem estas respostas, embora com frequência sejam praticadas sem autoconsciência. Os indivíduos possuem suas próprias metateorias sobre as disciplinas, o que algumas vezes nos

ajuda a entender melhor a educação que receberam e sua *weltanschaung* (um exemplo recente: "Mas não se pode de fato fazer pesquisa em filosofia, certo? É só uma questão de escrever o que você pensa, não é?") e, algumas vezes, também explica o estado da compreensão do público (por exemplo, este comentário de um profissional: "Um questionário de avaliação do corpo docente tem que estar enviesado se solicita resposta dos alunos sobre 32 possíveis falhas do professor e oferece opções de respostas para apenas 20 possíveis virtudes do professor."); (ii) às vezes, a metateoria é dominada por uma metáfora conspícua – normalmente identificada como um "paradigma" – mas às vezes realmente não há um paradigma, embora nunca haja falta de candidatos para o título.[12] Quando não há paradigma, a metateoria consiste no restante do elenco de personagens (incluindo subparadigmas, aplicáveis a áreas limitadas) sempre presentes, mas com frequência jogados à sombra pela luz lançada exclusivamente sobre um único paradigma. Com exceção dos mencionados, estes "elementos formadores" podem incluir um conjunto de modelos orientadores, analogias, metáforas, métodos altamente distintivos descritos em termos muito gerais, tipos ideais, padrões, princípios axiomáticos e motivos para pensar que todos estes são apropriados para parte ou todo o campo; (iii) a metateoria, como se reconhece agora, desmente sua inobstrutividade usual exercendo um poder enorme sobre a direção e magnitude do desenvolvimento de uma disciplina. Quando a teoria quântica surgiu, os melhores físicos teóricos se viram obrigados a dedicar um bom tempo a questões metateóricas para fazer ou consolidar o progresso. Este tema é recorrente em outros exemplos conhecidos, como o desenvolvimento da Teoria da Relatividade, psicologia, sociologia, dos estudos éticos e femininos e da ciência da computação. A metateoria é latente na prática, e os praticantes com frequência a consideram conversa fiada – até que se choquem contra ela, ou caiam sobre ela.

---

12 Veja, sobre este posicionamento, em "Psychology without a Paradigm", in *Clinical--Cognitive Psychology: Models and Integrations*, editado por Louis Breger, Prentice-Hall, 1969, pp. 9-24. O termo "paradigma" é usado aqui como um exemplar ou modelo; no contexto da metateoria, o termo é particularmente usado como referência a um modelo dominante de investigação que afeta substancialmente a direção e o tipo de trabalho realizado em qualquer área.

É possível fazer muito trabalho bom sem discutir a metateoria – há vidas inteiras deles, incluindo vidas de ganhadores do Nobel. Mas aqueles que trabalham nas fronteiras *externas* legais e físicas de um domínio – os limites de uma propriedade no País do Intelecto – especialmente os teóricos, precisam dela com frequência, e se deparam com ela quando menos esperam. O resto é profundamente – mesmo que indiretamente – afetado pela metateoria, pois ela define a fronteira e situa as estradas internas e as pontes. O trabalho deles pode envolver apenas a exploração das fronteiras internas, os lagos e bosques que ainda não estão no mapa e não foram catalogados, ou apenas o trabalho sobre os registros dos outros exploradores. Este trabalho raramente questionará a localização das fronteiras externas, ou das principais estradas e pontes sobre os mangues, mas não poderia ter sido feito se estas decisões não tivessem sido tomadas e implementadas de alguma maneira factível;[13] (iv) o termo "aplicações" é usado aqui como em qualquer outro lugar ("matemática aplicada"), embora tenha a conotação inapropriada do trabalho feito pela instanciação de teorias gerais. De fato, nas áreas aplicadas a direção do desenvolvimento é normalmente de baixo para cima. A melhor justificativa para usar o termo é fazê-lo como uma concessão às tentativas de atribuir uma estrutura "lógica" ao tema. O lado puro envolve os conceitos fundamentais, que em seguida, em termos de uma reconstrução, são justificados nas aplicações. Também é fato que o lado "puro" da disciplina às vezes é útil para as formulações e análises no lado aplicado e, às vezes, para fornecer uma visão geral que impulsiona o desenvolvimento e a coordenação. É essencial reconhecer que, na prática, a real sequência de um corpo de trabalho na área aplicada é normalmente sua construção e posterior *geração da necessidade de acrescentar ao repertório de conceitos da área pura*. Em matemática ou avaliação, este corpo de trabalho jamais poderia ser derivado diretamente do campo puro preexistente. A avaliação de programas não é redutível a uma instância substitutiva da teoria geral da avaliação, embora deva ser consistente com ela (uma

---

13 Os equívocos atuais em torno da tecnologia, discutidos mais adiante neste volume, constituem um bom exemplo do prejuízo causado a uma área de conhecimento – e à sociedade que depende dela – de uma metateoria insuficiente.

restrição mútua). Na alegoria, a Casa da Avaliação não é propriedade da Casa da Avaliação, mas sim de uma cooperativa em que os acionistas são as casas dos campos aplicados e centrais; (v) portanto, a distinção entre puro/aplicado ou teoria/prática nas disciplinas científicas não é a mesma distinção entre metateoria/aplicações ou metateoria/teoria, visto que cada disciplina *também* possui um nível metateórico. Uma disciplina consiste em todos os três elementos – quatro, se incluirmos a metodologia. A diferença no caso das transdisciplinas é que elas contêm uma teoria e métodos gerais que atendem a todas as suas áreas de aplicação – *cada uma destas possui sua própria teoria, métodos e metateoria locais.* O que estamos chamando de "centro" da disciplina inclui tanto o componente teórico *geral* (a parte "pura" do campo geral, que engloba tudo desde a definição e lógica da disciplina até os estudos sociais e políticos da avaliação, por exemplo, estudos sobre quando é e quando deveria ser usada) quanto a metodologia *geral* do campo (que tem interseção com a lógica e inclui métodos gerais para avaliar metateorias) e a metateoria do domínio geral (a disciplina) – mais um pequeno trabalho de aplicação variada que ainda não encontrou um lar nas Casas-Grandes do Condado das Aplicações da Avaliação. Em avaliação, a parte "pura" da disciplina ainda não foi extensivamente desenvolvida, embora algum esforço tenha sido empreendido na história da axiologia e com a análise de utilidade multiatributo. É inapropriado replicar isto nos outros campos semiautônomos de aplicação da avaliação, como tem acontecido com frequência. Além disso, estas aplicações não podem constituir disciplinas por si só, sobretudo e simplesmente porque são, logicamente, "aplicações" de um estudo mais geral. Se a metateoria delas não registra este fato e a existência e relevância mútua das outras aplicações, ela é crucialmente defectiva; (vi) a maioria dos exemplos mencionados aqui apresentam uma característica da metateoria que de alguma forma contrasta – embora menos do que muitos imaginam – com o corpo principal da disciplina: eles incluem explicações, modelos ou paradigmas *incompatíveis.* É por este motivo que é mais preciso falar da metateoria como o domínio para *discussão* da natureza do assunto (etc.), em vez do domínio de uma única explicação. Nós deveríamos tentar conseguir a explicação única, mas com frequência precisamos nos contentar em compreender a medida da verdade por meio de diversas perspectivas; (vii) o movimento para uma metateoria da avaliação, para a discussão da natureza essencial da avaliação e sua metodologia, ocorre primeiramente na literatura registrada no trabalho dos filósofos gregos, notadamente e em alguma extensão em Aristóteles. Mas a discussão na literatura filosófica logo se concentrou em sistemas de valores éticos ou em vez de práticos, e, em seguida, apenas na metaética, sendo a conexão com a prática deixada para os teólogos. O nome para o que fizeram com ela se tornou sinônimo para o abuso da razão – casuística. Apenas recentemente os campos aplicados da ética adquiriram alguma qualidade e respeito, mas este desenvolvimento não levou a nenhum movimento mais sério para retomar o desenvolvimento da lógica geral da avaliação prática. Na era atual, os poucos pequenos passos nesta direção vieram dos campos aplicados. Para que sejam viáveis, as transdisciplinas são tão dependentes das aplicações quanto do trabalho feito na área central.

11. A recompensa pela criação de uma disciplina: O movimento para uma abordagem mais geral é parte essencial do mesmo processo autoanalítico que elevou a metalurgia ao status de ciência após seis mil anos de desenvolvimento de competências em fundição, revestimento, recozimento e forjamento. Descobrir como e por que um processo funciona é um caminho-padrão para melhorar a prática e, em muitos casos, leva quase que imediatamente a grandes avanços práticos. Na teoria da probabilidade e teoria dos jogos, a história é bem conhecida – um apostador e um economista criaram a base da nova disciplina para melhorar sua prática numa outra área. A pesquisa sem reflexão crítica acerca do processo envolvido é arriscada e ineficiente, e a avaliação, esta prática milenar, finalmente começou a amadurecer neste sentido.

As áreas aplicadas em avaliação desenvolveram status disciplinar pleno muito tardiamente devido à interdição do desenvolvimento da disciplina central em virtude da influência de outras metateorias, em especial a doutrina da ciência livre de valores, nas ciências sociais. A literatura acadêmica moderna relacionada às teorias das áreas aplicadas começou a surgir apenas no último terço do século XX. Isso representou uma barreira para as áreas de aplicação, pois a mudança para uma teoria e paradigma mais geral da avaliação era necessária para relacionar as aplicações isoladas umas às outras (e aos usos integrados da avaliação nas principais disciplinas), bem como para impelir a avaliação para dentro de novas áreas e legitimá-la contra ataques sobre sua validez. Qual é a distância a se percorrer até que a avaliação seja uma disciplina? Se determinarmos alguns critérios para uma nova disciplina e expandi-los com algum grau de detalhe para o caso da avaliação, fica claro que ainda há uma distância considerável a percorrer.

12. Critérios para uma nova disciplina: Para o desenvolvimento do novo campo da avaliação (e sua irmã mais nova, a análise de políticas) fez-se muito uso de ferramentas e blocos de construção de outras disciplinas – por exemplo, as técnicas de pesquisa *survey* da sociologia, de vieses e delineamento de testes da psicologia educacional, e as discussões dos tipos de validade da psicologia. No entanto, as origens das ferramentas e blocos de construção não são as origens de uma nova disciplina, tanto quanto a fonte das ferramentas e tijolos usados por Frank Lloyd Wright não representam a fonte de sua arquitetura. Uma disciplina é um constructo intelectual organizado, um elemento dentro de uma taxonomia complexa; e não uma coleção de truques (metodologias e abordagens) para resolver um problema. A substância de uma disciplina é o seu trabalho; a chave para a disciplina é o conceito geral, a metateoria. Recapitulando e acrescentando alguns comentários tecidos na exposição alegórica, podemos distinguir quatro elementos presentes na emergência e desenvolvimento de uma nova disciplina. Eles são interdependentes, de forma que não constituem uma sequência de fases de um processo irreversível de amadurecimento.

- Primeiramente, há a emergência da *consciência* – o reconhecimento explícito de que algo novo está em progresso ou é possível – e a *definição* do que é novo (mapeamento de sua forma e localização). Acertar a definição ou o mapeamento requer diversas tentativas – o empreendimento é parcialmente prescritivo e, consequentemente, criativo – e é crucial porque determina as regras básicas para o que vem em seguida. É o primeiro passo para libertar os modelos e métodos inapropriados, e o primeiro passo na direção de uma metateoria.

- Em segundo lugar, há a identificação e o desenvolvimento de uma *metodologia* apropriada – um conjunto de procedimentos e ferramentas usadas para gerar resultados enriquecedores ou úteis no novo campo. Estas são técnicas de ofícios e normalmente envolvem a personalização de uma ou outra ferramenta previamente disponível e a seleção de materiais para o novo domínio, chegando à adição de ferramentas e materiais genuinamente novos. A metodologia pode ser altamente específica (guia de pontuação para correção de trabalhos escritos), mas pode variar até o nível de métodos e modelos de análise gerais (um *checklist* da avaliação de programas), neste ponto fundindo-se aos últimos elementos listados aqui.
- Em terceiro lugar, há o desenvolvimento de *resultados*. Estes consistem em: (i) *Bases de dados* (fatos, relatórios, informações, ilustrações, representações); (ii) *Princípios e teorias gerais*. O elemento da generalidade estará presente, explícita ou implicitamente, no mínimo na forma de novos esquemas conceituais e sua terminologia associada, visto que estes estão envolvidos na definição dos campos em uma base de dados. Normalmente, há taxonomias explícitas, e com frequência há também leis, generalizações e teorias.[14]
- Em quarto lugar, há a *metateoria* da disciplina. Ela fornece uma estrutura para a prática – mesmo que vaga e praticamente invisível. A metateoria é quase sempre ambivalente, ou seja, tanto descritiva

---

14 O trabalho de um campo com frequência é dividido em trabalho puro e aplicado, mas ambos geram achados derivados de fatos, bem como de teorias e princípios. Especificamente, um ramo da matemática pura, como a teoria dos números, revela grandes quantidades de fatos e formula muitos princípios gerais, incluindo taxonomias; um ramo da química aplicada, como a farmacologia, também gera fatos, generalizações e teorias para explicá-los, além de suas próprias taxonomias. As teorias e generalizações não são propriedade da ciência pura, assim como os fatos não são propriedade da ciência aplicada. Consultores, sejam eles médicos ou avaliadores, podem ser considerados como estando um nível abaixo da hierarquia na direção do específico e longe do genérico, mas nem isso os exclui de estudos sobre o sucesso geral de um tratamento, a partir de uma amostra de casos. De qualquer maneira, investigar casos individuais de interesse específico é um método tão científico quanto escrever sobre generalizações, e há ciências que dedicam a maior parte do seu tempo a fazer justamente isso.

quanto prescritiva, sendo que a última normalmente deriva de ideias baseadas na primeira. Sem uma metateoria, uma área de estudo não pode ser identificada como uma nova disciplina – ela não encontrou e tampouco definiu seu território, não pode justificar seus procedimentos, sua ontologia ou seus limites. Com uma metateoria, o status de disciplina depende da qualidade da metateoria.

13. A disciplina emergente da avaliação: Na nova era da avaliação de *programas*, os primeiros trabalhos sobre a metateoria, que consistem principalmente nos modelos propostos para o campo, foram realizados em grande parte pelos avaliadores da área da educação, e não da sociologia ou psicologia. Estes últimos tinham mais inclinação a manter a adequação da concepção existente das ciências sociais, e a ver a avaliação apenas como uma aplicação multidisciplinar dentro daquela família de disciplinas. Em parte, os especialistas metodológicos e reformistas destas disciplinas eram exceções, como Campbell, Cook e Cronbach, da psicologia, e Suchman e Weiss, das ciências políticas.[15] Porém, suas contribuições se concentravam principalmente na metametodologia e na parte de sociologia e política da teoria e metateoria, respectivamente, e não em novos modelos e paradigmas para a avaliação.

Os estudiosos da pesquisa educacional – Cronbach pode se encaixar neste grupo facilmente – tinham duas vantagens. Primeiro, havia uma longa história de avaliação explícita no campo – a avaliação do trabalho de alunos, sobre a qual grande parte da psicologia e medição educacional se baseava, embora com alguma insegurança.[16] Em segundo lugar, eles tinham mais familiaridade com o leque *radicalmente* multidisciplinar que compõe seu próprio domínio – onde a história e filosofia da educação, o direito da educação, a educação comparada e técnicas quantitativas já coabitavam – e, assim, se interessaram mais facilmente pela perspectiva de adotar uma nova metodologia. Em 1942, Tyler representou a

15 Veja a discussão sobre – e por – alguns destes escritores em *Foundations of Program Evaluation*, de Shadish, Cook e Leviton (Sage, 1991).

16 Como pudemos observar quando a metodologia de norma-referenciada havia dominado os testes tornou-se clara. Por exemplo, tínhamos mil testes padronizados, mas nenhum em letramento funcional, provavelmente o teste mais necessário de todos.

vanguarda, sugerindo um modelo multiuso de avaliação de programas educacionais relacionado aos objetivos comportamentais identificados, e não apenas aos testes convencionais. Stufflebeam e seus colegas criaram um modelo diferente e mais detalhado – o modelo CIPP – já em 1970.[17]

Dali seguiu-se mais uma dezena de modelos ou paradigmas inventivos que variavam do modelo de conhecedores ao jurisprudencial. Uma década mais tarde, House identificou a necessidade de construir as conexões mais radicais ainda, porém ainda mais importantes, da teoria da argumentação e teoria ética[18] – e deu início a este trabalho. Tudo isto, embora tenha representado um progresso considerável, ainda não satisfaz plenamente a necessidade de algo que lide com a avaliação de modo geral: uma teoria geral, uma lógica geral, estudos gerais da psicologia e uso da avaliação, e uma metateoria geral – as tarefas da disciplina central.

As distinções feitas até aqui podem ajudar a compreender a excessiva simplificação de uma visão generalizada. Por exemplo: "...as principais raízes intelectuais da pesquisa em avaliação podem ser encontradas nas ciências sociais..."[19] As principais *competências intelectuais* da pesquisa em avaliação precedem, em muito, as ciências sociais; as principais raízes *lógicas* vieram da filosofia, começando com Aristóteles (até onde sabemos); e as "raízes intelectuais", da *metateoria* essencial, embora apenas para a avaliação de *programas* – sem a qual a avaliação não poderia se tornar uma disciplina – veio dos pesquisadores em educação. O que surgiu das ciências sociais foram apenas as raízes *metodológicas* do novo campo, mas vieram acompanhadas de resistência implacável às principais características de uma metateoria geral para a avaliação, o que muito contribuiu para anular esta contribuição na medida em que tornou ilícita a validação séria das conclusões avaliativas.

14. Análise intermediária: Assim, um campo substancial de pesquisa teórica e aplicada surgiu nas décadas de 1960 e 1970 com seus próprios métodos e uma série de elementos da metateoria. Porém, não era até en-

17 Em particular, em *Educational Evaluation and Decision-Making* (Peacock, 1971).
18 *Evaluating with Validity*, Sage, 1980.
19 Berk and Rossi, *Thinking About Program Evaluation*, Sage, 1990, p. 12.

tão a disciplina da avaliação de programas e estava ainda mais longe de constituir uma disciplina da avaliação devido a, pelo menos, dois motivos. Em primeiro lugar, o campo era e ainda é insuficientemente definido por praticamente todos os pesquisadores. Normalmente, restringia-se sua definição pela crença de que a avaliação deveria ser feita a serviço da tomada de decisões, ou deveria ser realizada apenas junto a intervenções ou programas. Nenhuma destas restrições tem sentido lógico, pois elas excluem avaliações de programas passados por historiadores que não têm interesse em prestar serviços a tomadores de decisão e estudos realizados por pesquisadores que têm como interesse principal obter uma análise verdadeira (e uma publicação). A lógica é idêntica, de modo que o serviço dos tomadores de decisão não é relevante em termos definicionais.[20] Assim, da mesma forma como as definições de avaliação de programas, elas eram muito limitadas.

Além disso, todas as definições usadas, mesmo que fugissem às alegações anteriores, eram demasiadamente limitadas para que definissem uma disciplina da *avaliação*, não só por motivos lexicais, mas também por motivos pragmáticos. A exclusão implícita ou explícita das outras áreas da avaliação prática acarretaram erros na escolha da metodologia e impuseram sérios limites sobre a adequação das avaliações de programas que resultaram. Podem-se mencionar dois de muitos exemplos possíveis: a avaliação de produtos nem mesmo era considerada uma referência apropriada e enriquecedora *para* a metodologia da avaliação de programas; e a avaliação de pessoas não era vista como um elemento essencial *na* avaliação de programas. Excluir a avaliação nas disciplinas primárias é igualmente oneroso, para elas e para as aplicações da avaliação.

Em segundo lugar, as bases do novo campo eram excessivamente superficiais. Mais uma vez, dois de muitos exemplos: não apresentavam soluções para o problema de determinar a validade de quaisquer conclu-

20 Claro, é *extremamente importante*, mas tudo o que ela faz é trazer algo que se aplica em todos os casos: a exigência *definicional* de que um ponto de vista e uma estrutura de viabilidade sejam especificados antes que as avaliações possam ser realizadas ou avaliadas. Esta exigência se aplica ao historiador avaliativo e ao pesquisador em avaliação tanto quanto ao avaliador a serviço de um tomador de decisão.

sões avaliativas diretas;[21] e não fizeram uma tentativa séria de distinguir desejos de necessidades na hora de fazer uma análise de necessidades ou dar o peso devido à importância relativa dos critérios de avaliação, ambos componentes-chave da avaliação de programas.

Este segundo tipo de limitação foi resultante do conflito mencionado anteriormente entre a missão da nova disciplina e um princípio fundamental na metateoria das ciências sociais – a doutrina da ciência livre de valores. Este foi o conflito que levou ao "estado paradoxal da avaliação". Seus rastros não poderiam ser apagados simplesmente evitando-se avaliações diretas em favor de avaliações instrumentais ou relativistas – isto é, avaliando coisas como meio para os fins de outra pessoa, sem tomar posição alguma sobre a correção destes fins. Nenhuma disciplina pode se restringir a declarações relativistas, e certamente tampouco a declarações avaliativas relativistas. Porque se os pesquisadores de um campo não conseguem de fato – em vez de relativisticamente – distinguir uma boa teoria ou interpretação de uma ruim, o campo não possui um meio para distinguir a disciplina da conversa fiada. Seria um duplo absurdo ter uma disciplina da avaliação que não pode ir além de conclusões relativistas.

15. O problema principal: a validação das avaliações: Os cientistas sociais nunca tiveram problemas com o estabelecimento de declarações de valor relativistas, tampouco tiveram muita dificuldade para determinar os fins ou valores de outros – ou de um mercado ou cultura. Estas últimas conclusões constituem o que podemos chamar de declarações de valor secundárias. Elas não são, de forma alguma, equivalentes a meros relatórios sobre o que um sujeito alega sobre seus valores. Estes relató-

---

21 Uma conclusão direta é aquela que determina o mérito de algo sem relativizá-lo a algum conjunto de valores para o qual o pesquisador possui endosso. Pode ainda ser altamente qualificada, mas não é qualificada por pressupostos sobre quais valores são corretos. Por exemplo, "o programa para desenvolvimento de leitura X é melhor do que o programa Y para a população Z em circunstâncias W" é uma avaliação direta; mas se você acrescenta "a partir do pressuposto de que os valores V estão corretos", tem uma conclusão muito mais fraca – aqui chamada de declaração de valor relativista ou secundária. É de uso prático limitado como orientação a ações de oficiais públicos, a não ser que alguém possa determinar a veracidade do pressuposto de V; basicamente, é apenas metade do trabalho do avaliador.

rios são apenas parte dos dados brutos para uma inferência sobre uma declaração de valor secundária. A inferência dos valores reais de um sujeito (ou grupo) com frequência integra observações longitudinais comportamentais ao conhecimento do contexto e da cultura, e aos relatos verbais, para produzir uma declaração verificável sobre os valores de X, que X pode até mesmo negar. Logo, já há uma diferença entre o que é dito pelos sujeitos sobre si mesmos e a verdade sobre os sujeitos. Neste sentido, até mesmo valores pessoais, com frequência considerados meramente subjetivos (isto é, relatos incorrigíveis em primeira pessoa), são verificáveis por terceiros e fazem parte do domínio da objetividade.

Mas a avaliação séria precisa ir além dessas declarações de valor secundárias. A avaliação, para que se equipare a outras disciplinas, deve levar a conclusões sobre o que é *de fato* meritório, ou *realmente* valioso, ou o que possui *verdadeiro* mérito (seja em comparação a outras coisas ou a padrões afirmados e verificados). Naturalmente, qualquer declaração desta natureza está sujeita às qualificações usuais de conhecimento sobre a possibilidade ubíqua de erro, mas este é um tipo bem diferente de qualificação. Estas são asserções de valor *primárias*, e não secundárias ou relativísticas. Elas são declarações de casos absolutos, em que algo simplesmente *é*, e não de casos em que tal seria verdadeiro se outra coisa também fosse, ou de que alguém acredita que seja o caso. Este é o tipo de conclusão que encontramos em, e exigimos de, outras disciplinas – de cientistas e outros estudiosos e líderes artesãos – e à qual temos que chegar a partir de ao menos algumas avaliações. Às vezes, poderemos fazer tais declarações depois de verificarmos a veracidade de *premissas* de valor que alegam oferecer padrões a partir dos quais podemos chegar a conclusões avaliativas; em outros casos, precisaremos verificar as *inferências* pelas quais as conclusões avaliativas são derivadas de premissas fatuais e analíticas. A pergunta-chave é: como isso pode ser feito; como as declarações avaliativas podem ser validadas?

Como a doutrina da ciência livre de valores nas ciências sociais se atinha à visão de que isto não poderia ser feito, os cientistas sociais que adentravam a avaliação de programas – incluindo aqueles da pesquisa educacional com qualificação em ciências sociais – tiveram que passar por cima da pergunta-chave, ou se libertar de sua herança intelectual. A primeira opção provou-se mais atraente. O melhor que podiam fazer com o problema era usar – mas não avaliar – os valores daqueles conectados ao programa, os planejadores ou consumidores, ou ambos. Estavam, portanto, necessariamente restritos a realizar avaliação secundária ou "de segunda mão" – a avaliação do ponto de vista alheio. Isso os colocou em posição comparável à de astrônomos a serviço de astrólogos: "Em relação às suas crenças, este seria um bom momento para um ariano se casar com um leonino." Todos os perigos relacionados aos pistoleiros de aluguel tornaram-se latentes. Teoricamente, algum código de ética profissional eliminaria a possibilidade de eles fazerem uma avaliação favorável da eficácia do uso de tortura pela polícia secreta. Este código pode ser justificado? Se você acredita que sim, claramente reconhece que a avaliação *ética* direta, o tipo mais difícil de justificar, é legítima. Assim, dificilmente se pode evitar reconhecer a legitimidade de conclusões primárias ou diretas sobre programas práticos – por exemplo, a conclusão de que o programa pré-escolar X não *é* seguro ou de que o programa terapêutico do novo medicamento Y não *é* benéfico para pacientes com AIDS.[22]

O exemplo do código de ética não impressiona o cientista social comprometido com a ciência livre de valores, que argumentará que o código de ética não pode de fato ser justificado, e é adotado apenas por motivos de conveniência; ou que pode ser justificado apenas em termos dos valores de uma pessoa como cidadã, não como cientista; ou apenas em termos dos valores de uma pessoa como cientista, mas não dos valores da ciência. Se qualquer uma destas manobras fosse consistente, a avaliação legítima seria restrita à avaliação relativista. Para que se torne uma disciplina respeitável, a avaliação deve encontrar uma base imune a estas críticas; caso contrário, será construída sobre areia.

É importante lembrar que, desta forma, os cientistas sociais trabalhavam com duplas medidas porque, como cientistas, estavam continua-

22 Naturalmente, nunca tivemos problemas para chegar a tais conclusões no caso de drogas, pois a avaliação de produtos nunca teve a mania da ciência livre de valores – mas os avaliadores de programa não consideraram a avaliação de produtos um paradigma legítimo, e não havia uma disciplina principal com credibilidade para fazê-los prestar contas desta indulgência dispendiosa em filosofia de segunda categoria.

mente envolvidos na criação, crítica e aplicação de padrões avaliativos científicos dentro das investigações e aplicações científicas, dentro do ensino da ciência, e ao falar sobre a natureza de seus domínios.[23] Como cidadãos e consumidores, também faziam, com frequência, avaliações racionais ou rejeitavam criticamente algumas daquelas feitas por outros. Então eles já possuíam, e haviam usado, paradigmas da avaliação científica, pragmática e ética. Do lado ético, a American Psychological Association (APA) – além de outras sociedades profissionais – produziu padrões detalhados e louváveis para uso ético dos testes psicológicos, tomou decisões sobre a prática competente em psicoterapia e sobre as responsabilidades éticas e sociais da APA. Mas quando se tratou da realização de avaliações como parte do trabalho da avaliação de programas – em vez de ser parte da função de dar nota a alunos, revisar artigos, selecionar ou elaborar instrumentos ou experimentos, ou prescrever como se comportar profissionalmente em um trabalho –, sua disposição para ampliar esses paradigmas falhou.

Será que isso se deveu à sensação de que na avaliação de programas eles não tinham os fatos relevantes cruciais que em outros casos tinham em mãos por intermédio da familiaridade profissional necessária? Parece improvável, pois quaisquer fatos que precisassem para a avaliação de um programa – até mesmo para a avaliação ética – poderiam ser transformados em objetivo de descoberta no decorrer da avaliação do programa. Será que eles poderiam argumentar que o problema estava na impossibilidade de *endossar*, em vez de descobrir, os valores de que precisariam para julgar o programa? Mas não há nada mais complicado na determinação de quais valores usar ("endossar") na avaliação de um programa do que na avaliação do trabalho científico ou de códigos

23 A dupla medida é com frequência embaraçosamente visível nas discussões sobre a própria posição do valor neutro. Elaborando um comentário anterior, os que a apoiam essencialmente argumentam a favor de uma posição em que os julgamentos de valor são *inapropriados* ou *ilegítimos* na ciência. Como esta informação é uma declaração de valor em si, alegadamente defensível em termos racionais e dos padrões científicos usuais de evidência e inferência, consequentemente torna-se autorrefutável: "Declarações de valor não têm lugar legítimo na ciência, e eu posso provar isso cientificamente." (Se tal prova não é possível, então isso é simplesmente uma declaração de valor – nem melhor, nem pior que sua negação – e, portanto, indigno de menção, quem dirá de respeito.)

de ética ou do talento de estudantes, e eles foram capazes de chegar a conclusões categóricas sobre esta última; os valores éticos e práticos relevantes são endossados – nada a mais e nada a menos. Estes são os valores que "endossamos" ao escrever um artigo ou um relatório, ou ao lidar com um cliente, um aluno ou um vendedor.

Em suma, eles tinham as ferramentas para determinar os valores apropriados, eles tinham ou poderiam obter os fatos relevantes, e haviam legitimado o uso das ferramentas "internamente" (que lidam com seu próprio comportamento profissional, com seus alunos e a pesquisa em seu campo), mas rejeitaram a legitimidade "externa" das ferramentas – seu uso em termos do desempenho de um programa "lá fora", um programa do tipo que supostamente estavam avaliando. A *lógica* da avaliação dificilmente pode ser diferente para objetos "lá de fora" em contraste com objetos daqui de dentro, e era a lógica que eles estavam rejeitando.

Normalmente, eles iam mais além, e negavam que as ferramentas de avaliação eram legítimas em qualquer circunstância, pregando a doutrina da ciência livre de valores aos seus alunos como se ela não fosse refutada por suas próprias atividades profissionais. Devido aos problemas da avaliação "externa", isso os colocou na posição de *descrever* e *esclarecer* valores – avaliação de segunda mão – mas não na posição de *avaliar*. Embora sua abordagem possa certamente ser útil para alguns clientes, está apenas na metade do caminho para uma nova disciplina; e para muitos clientes, ela simplesmente não responde à pergunta-chave: Qual programa *é* melhor – para estes pacientes, neste cenário?

Considerando a visão apresentada aqui, esta falha em fornecer uma resposta à pergunta-chave – como validar conclusões avaliativas – e a consequente limitação a, na melhor das hipóteses, se fazerem declarações relativistas em si impediria o campo de assumir o título de uma disciplina autônoma. Em vez disso, o que temos é um pacote de ferramentas para esclarecer as implicações das premissas de valor sustentadas por diversas audiências e clientes, alguns modelos da atividade de avaliação de programas (condicional), e algumas noções gerais, muitas delas enriquecedoras e úteis. Não resta dúvida de que este pacote determina a existência de um novo serviço, até mesmo de um novo *campo*. Por este motivo, além dos já listados, não pode ser uma nova *disciplina*, um novo táxon de conhecimento: não pode dar conta da pergunta-chave acerca da validação de suas próprias conclusões.

Obviamente, restringir a avaliação a declarações de segunda mão torna mais plausível a afirmação de que a avaliação é um ramo das ciências sociais aplicadas, porque esta maneira de abordar a avaliação é tão antiga quanto as próprias ciências sociais. Até mesmo nas duas primeiras décadas do século XX, quando a doutrina das ciências sociais livre de valores estava sendo modelada em concreto, os cientistas sociais diziam claramente que poderiam prever quais seriam as consequências de se comprometer com valores alternativos, mas que, falando como cientistas, não poderiam nos dizer com quais valores se comprometer e, consequentemente, a quais conclusões valorativas deveríamos chegar. (Este ponto foi, mais de uma vez, colocado em termos da distinção entre meios/fins.) Se isso fosse o melhor que pudéssemos fazer nos dias de hoje, não teríamos uma nova disciplina. Mas a avaliação *é* uma nova disciplina, se concebida corretamente, e nós precisamos atrelar os novos modelos e métodos a uma concepção central melhor. Essa concepção deve não só dar conta da questão da validação, mas deve começar com uma ideia melhor do escopo da avaliação.

16. O escopo da avaliação: Por que os pesquisadores educacionais e os (outros) cientistas sociais não consideraram aquele ponto crucial sobre o "critério da consciência" – o primeiro dos critérios listados anteriormente como marcadores de uma nova disciplina – como uma definição sensata de território? Embora os pesquisadores em educação – muito mais cientes de que algo realmente novo estava acontecendo – tenham produzido uma série de modelos e metáforas imaginativas e iluminadoras para a avaliação com base em processos de outros campos, como o direito, se pareciam com os cientistas sociais pois nunca viram ou pelo menos nunca deram muita importância à *natureza universal e fundamental da avaliação*. Eles persistiram em uma abordagem "geocêntrica": avaliação é o que fazemos, e a sua existência se limita a isto. O centro do universo da avaliação deve, por outro lado, ser visto como o sol da disciplina principal, e não um dos planetas, mesmo que toda a vida seja concentrada neles.

Talvez este erro se deva parcialmente ao fato de que a ambos os grupos faltava experiência analítica com – em contraste com o uso de – os campos da avaliação que precedem em muito a avaliação de programas, dos quais o mais sofisticado provavelmente era a avaliação de produtos (embora seja possível defender a adição da ética aplicada aqui). Mas em parte foi devido à falta de treinamento em análise lógica como uma disciplina independente, pois com essa orientação não se pode deixar de ver as semelhanças transcendentes. Toda a lógica da avaliação, seu próprio vocabulário, transita de campo em campo exatamente como a lógica da probabilidade, ou a lógica da explicação, da medição, inferência estatística, ou decisões. Não há diferença na forma como se determina – ou refuta – uma conclusão avaliativa que concerne à prevaricação em um tribunal de justiça, o design inferior em diferenciais de tração nas quatro rodas, a apresentação de argumentos equivocados em um trabalho escolar, pontos fracos na taxonomia lineana, ou o mau desempenho em um programa. A metateoria de muitos avaliadores de programa contém algumas dicas sobre as razões para manter as distinções: "As pessoas não são coisas, de modo que a avaliação de programas e de pessoas não pode ser feita da mesma forma que a avaliação de produtos." Mas é igualmente verdade que as pessoas *são* coisas, e as pesamos, medimos e realizamos testes com elas em clínicas, com o único propósito de beneficiá-las. Para evitar erros, é preciso dizer *em que sentido e por que as pessoas* não devem ser tratadas como coisas, e a metateoria não tem sugestões específicas sobre esses pontos.

Se aceitarmos a visão de que há uma extensa prática da avaliação, altamente desenvolvida em diversas de suas aplicações, e que agora nós temos um corpo respeitável de modelos e teorias agregado a fatias desta prática, com uma quantidade crescente emergindo sobre suas caraterísticas comuns, então aceitamos a limitação fundamental no conceito de que a avaliação é parte das ciências sociais aplicadas. Embora esta última abrigue algumas das aplicações da avaliação, ela não abriga a disciplina em si, da mesma forma como não abriga a estatística.

A avaliação, portanto, é um domínio por direito próprio, que não deve estar enterrado como subtítulo da educação, saúde, aplicação da lei ou "ciências sociais diversas". Poder-se-ia até argumentar que não há um domínio da estatística, apenas estatística agrícola, bioestatística, demografia e assim por diante; nenhuma lógica, apenas críticas a propaganda, e assim por diante. A Biblioteca do Congresso norte-americano agora reconheceu a independência da avaliação alocando uma seção especial para trabalhos gerais em avaliação, em paralelo àquela dos trabalhos gerais em metodologia de pesquisa. A 2ª edição deste livro foi a gota de água que fez transbordar o copo de muitos anos de resistência; era claramente inapropriado classificá-lo sob qualquer disciplina preexistente.

Libertar a disciplina dos limites das ciências sociais tem benefícios imediatos, como a liberdade – e a necessidade – de considerar validar os valores hipotéticos em declarações relativistas. Outra expansão importante do escopo advém do reconhecimento mais imediato da natureza autorreferente da avaliação, isto é, de ver que a avaliação das *avaliações* deve fazer parte da disciplina. Os sociólogos chegaram a uma conclusão análoga quando viram que a sociologia da sociologia deveria fazer parte da sociologia. A avaliação, quando tratada como parte das ciências sociais aplicadas, foi lenta em fazer esse movimento. Um preço considerável pago por esta morosidade foi a esquiva de muitas agências federais, que com frequência consideravam inútil na prática o ritmo glacial dos grandes projetos de pesquisa social, vendidos a eles como avaliações, e mudaram para as "inspeções" – análises rápidas das questões principais. Assim, o atrito do modelo de pesquisa das ciências sociais inibiu o desenvolvimento de modelos de avaliação mais novos e úteis. Mais atenção séria à avaliação das avaliações que eram feitas deveria ter partido dos avaliadores, e não dos seus clientes. O problema não era como melhorar a utilização das avaliações, mas sim como fazer avaliações úteis.

Embora identificar semelhanças na avaliação por meio do domínio do pensamento sistemático gere um conceito mais amplo e defensável da avaliação – até mesmo da avaliação de programas – do que determinar sua localização nas ciências sociais, não gera uma solução à pergunta-chave sobre como validar as avaliações. Isso apenas sugere que qualquer resposta à pergunta-chave deveria funcionar em qualquer disciplina e, consequentemente, como há respostas que funcionam muito bem – por exemplo, em avaliação de produtos ou avaliação de delineamentos experimentais –, deveria haver uma resposta que funcione na avaliação de programas e de pessoas.

No entanto, em vez de procurar outras áreas de uma disciplina da avaliação concebida de forma global, onde o problema havia sido resolvido, a reação oposta predominou: estes outros campos foram definidos fora do território oficial. Isso foi racionalizado em discussões metateóricas de três maneiras diferentes. Argumentou-se que a avaliação, diferentemente da "verdadeira" pesquisa científica: (i) ocupa-se apenas de apoiar decisões, e não de gerar conclusões (isto é, conhecimento, isto é, ciência); (ii) produz apenas resultados específicos para cada situação, e não generalizáveis; (iii) é apenas uma questão de avaliar determinadas entidades, em vez de um kit de ferramentas que poderia ser aplicado a quase qualquer coisa no universo. Os dois primeiros movimentos são discutidos nos verbetes deste tesauro, mas o terceiro merece alguma explanação aqui. Dado que precisamos nos tornar específicos para fazer sugestões específicas, o que de fato aconteceu foi muito menos defensável.

17. Sintomas semânticos do controle do escopo: O que aconteceu foi um fenômeno semântico interessante, que ilustra a onipresença de uma atitude geralmente restritiva com relação ao escopo da avaliação. Apesar da emergência relativamente recente de qualquer coisa remotamente semelhante a uma disciplina da avaliação, o termo "avaliação" é amplamente usado em títulos de textos em psicologia e psicologia educacional desde as primeiras décadas do século XX – por exemplo, no clássico de Thorndike e Hagen *Measurement and Evaluation in Psychology and Education*, 8ª edição (Pearson, 2014). Embora o termo "avaliação" tenha sido usado sem qualquer qualificação, significava apenas "avaliação do trabalho de alunos". A ideia de que qualquer outro aspecto da educação e psicologia precisasse de avaliação ou pudesse ser avaliado – professores, clínicos, abordagens, currículos, políticas, escolas e assim por diante – era tão impensável que nenhuma explicação ou pedido de desculpas foi emitido pela exclusão de qualquer referência ou aplicação a esses outros campos óbvios de avaliação educacional. O termo "avaliação" foi simplesmente restrito à avaliação dos desempoderados.[24]

24 Nos últimos anos, esta situação mudou na educação devido ao trabalho em muitas frentes da avaliação que ocorreram por lá. Entretanto, um livro chamado *Evaluation in Education*, de Richard M. Wolf (3ª edição, 1990, Praeger) refere-se apenas à avaliação de programas.

Quando a Nova Era da avaliação começou e a avaliação de programas se tornou (quase) legítima, o mesmo abuso revelador do termo se repetiu um nível acima. Desta vez, "avaliação" foi usada como sinônimo de "avaliação de programas". Poucos livros com o termo "avaliação" usado inapropriadamente no título, publicados nos últimos cinco anos, referem-se a algo que não seja a avaliação de programas – incluindo o importante texto de Rossi e Freeman *Evaluation: A Systematic Approach*, 4ª edição (Sage, 1989). Não há referência aos diversos campos da avaliação que em muito precedem qualquer discussão sobre avaliação – são tratados como se nunca tivessem existido. Nem mesmo se encontra uma referência aos ramos da avaliação que claramente fazem parte de uma abordagem sistemática da avaliação de programas, ou seja, a avaliação de pessoas e de produtos. Tampouco se encontra explicação sobre a ausência de discussão sobre eles.[25] É notável a falha em incluir qualquer avaliação das pessoas que fazem parte dos programas, do equipamento que usam ou dos materiais que com frequência produzem, pois os dois primeiros são objetos óbvios de avaliação tanto no modo formativo quanto no somativo. Afinal, eles são: (i) partes essenciais dos programas; (ii) consomem a maior parte do orçamento; e (iii) são altamente passíveis de melhoria. Ainda mais notável é a falha menos frequente, embora ainda comum, em discutir os *procedimentos* de avaliação usados para pessoal, equipamentos e produtos. O resultado dessas omissões é a avaliação de programas gravemente insuficiente – para dizer o mínimo. E a causa é a mentalidade estreita dos especialistas, possivelmente baseada em um reconhecimento inconsciente de que não possuem a expertise necessária para lidar com a avaliação de pessoas e produtos, mas certamente baseada na aceitação de uma visão limitada, não só da avaliação, mas também da

---

25 Um desprezo análogo com frequência é visível nas primeiras páginas de livros sobre avaliação, em que se encontra uma redefinição de um termo como "avaliação" ou "pesquisa em avaliação", que supostamente significam "avaliação de programas sociais". É o mesmo que escrever um livro chamado *Estatística: uma nova abordagem*, no qual "estatística" é redefinida nas primeiras páginas como estatística populacional descritiva. Ao fazer isso, você acaba de transformar o título do seu livro em uma mentira, e muitas pessoas e bibliotecas vão desperdiçar dinheiro ao comprá-lo. A autoria não legitima o imperialismo lexical. Você também revela algo significante sobre sua própria visão limitada.

avaliação de programas. A falta de expertise em muitos campos é algo que os avaliadores estão acostumados a solucionar por meio de colaboração ou contratação de especialistas para fortalecer a equipe de avaliação; mas onde a falta de expertise está relacionada à parte da avaliação, não ocorre a eles fazer isso.[26]

Assim, o nome do que deveria ser uma nova disciplina da avaliação foi usado de tal maneira que se colocou uma fachada falsa em enormes lacunas da sua própria concepção. Isso lembra o uso do termo "homem", como em "o conhecimento do homem sobre o universo", outro uso de um termo que casualmente se apropriou do que conspicuamente excluiu.

18. Análise final: A abordagem atual faz duas alegações distintas. A primeira é que há uma, e apenas uma, disciplina da avaliação, uma "transdisciplina". Ela consiste em: (a) Uma grande variedade de aplicações práticas substanciais da avaliação em diversos campos, alguns deles há muito tempo estabelecidos como disciplinas primárias, e alguns semiautônomos, com um título que inclui o termo "avaliação" – cada um desses últimos com sua própria teoria e metateoria sobre uma parte da avaliação; (b) Uma disciplina principal nascente dedicada ao desenvolvimento de uma lógica distintiva e válida, métodos gerais para avaliação e teorias sobre avaliação, suas aplicações e seus métodos, de diversas perspectivas, incluindo perspectivas éticas, políticas, psicológicas e sociológicas; e (c) Uma metateoria que inclui vários e ainda mais genéricos e menos explícitos modelos e visões gerais ou percepções sobre a natureza e os pressupostos da avaliação.

A segunda asserção é que essa dezena, ou quase, de campos da avaliação que alcançou algum reconhecimento – avaliação de programas,

26 Em uma situação relacionada, há cientistas sociais reclamando que é inapropriado incluir a análise de gestão financeira na agenda da avaliação de programas. Mas ela é simplesmente parte da gestão eficiente e, consequentemente, a transparência exige que seja abordada. Este é um dos motivos pelos quais os inspetores gerais sempre a verificam, e um dos motivos pelos quais se afastaram dos designs tradicionais de avaliação de programas. Se os cientistas sociais não podem fazê-la, eles devem obter ajuda competente para tanto, e não redefinir o campo para excluí-la. Ninguém precisa abordar tudo em todas as avaliações de programa, mas é preciso se certificar de que o que foi selecionado atende as necessidades do cliente, e isso certamente é uma necessidade legítima.

produtos, políticas e pessoas, por exemplo – e que desenvolveu um repertório saudável de suas próprias ferramentas, pode ser melhorada massivamente mediante o reconhecimento de sua conexão com a disciplina principal, com suas aplicações irmãs e com as práticas de avaliação nas disciplinas primárias. Sugere-se que nesta direção se encontre parte do futuro da avaliação, sendo que o restante está em melhorar o trabalho na disciplina principal.

Para sustentar a primeira asserção, este trabalho expõe a lógica básica da avaliação ao exibir e analisar seus paradigmas e os conceitos lógicos que a justificam, além de defendê-la contra críticas ordinárias e dificuldades técnicas. Além disso, desenvolve uma série de outros aspectos das áreas teórica e metateórica da transdisciplina, para fornecer mais apoio à visão transdisciplinar.

Para sustentar a segunda asserção, muitos exemplos de vieses, erros e limitações são fornecidos. Eles podem ser remediados recorrendo-se à disciplina principal ou soluções encontradas em outros campos. Dois exemplos foram mencionados há pouco: a omissão da avaliação de pessoas e produtos quando se avaliam programas cujo sucesso depende fortemente de pessoas e de produtos. O exemplo mais sério, no entanto, é a forma com que as abordagens da avaliação de programas baseada em objetivos – as abordagens mais comumente utilizadas – não são apenas enviesadas a favor da gestão e contra os consumidores, não só envolvem altos custos desnecessários, mas são completamente inconsistentes com a boa prática da avaliação, como evidenciado na avaliação de produtos. Exigir que a lógica geral da metodologia da avaliação seja consistente em todos os campos da avaliação desvela esta inconsistência, revela o viés subjacente e aponta o caminho para uma solução – e uma explicação do porquê da inconsistência.

Alguns exemplos mais recentes dos benefícios que uma abordagem transdisciplinar pode proporcionar ocorreram na avaliação de pessoal. Novos padrões de avaliação de pessoas foram desenvolvidos e publicados com base em noções fundamentais da avaliação, e não apenas em conceitos estatísticos e de medição. Ainda mais recentemente, graves falhas nas práticas mais comumente utilizadas na avaliação de pessoas tornaram-se aparentes simplesmente pela aplicação de padrões análogos de outros campos – neste caso, diagnósticos médicos e argumentação jurídica. No metanível, se procurarmos avaliar a pesquisa no ensino, por exemplo, encontramos tristes evidências de irresponsabilidade. Três volumes de mil páginas ou mais foram publicados com o título *Handbook of Research on Teaching*, pela principal associação profissional de pesquisa em educação. Eles englobam os anos de 1963 a 1986, contêm centenas de artigos escritos pelos principais pesquisadores, e não há praticamente coisa alguma ali relacionada à melhoria do ensino. Não há absolutamente nada sobre a avaliação de professores escolares, uma ou duas páginas sobre avaliação do corpo docente universitário, e nem mesmo uma definição do que seria bom ensino. Se não se pode definir e encontrar o mérito de ensinar, a conexão entre sua pesquisa e a melhoria do ensino será acidental e não reconhecida. Embora seja possível tentar justificar esta orgia de pesquisa altamente inútil como pesquisa pura – os editores não tentam este estratagema –, a educação é supostamente um campo aplicado, por sua própria natureza, então a ideia de que *toda* "pesquisa sobre ensino" digna de inclusão em um manual deve ser pesquisa pura é, na melhor das hipóteses, duvidosa; e na pior, grotesca. Imagine pesquisadores em farmacologia ignorando toda a pesquisa sobre saúde do paciente.[27]

A avaliação de trabalhos nas ciências econômicas e políticas leva a conclusões ainda mais sérias. Como exemplos podemos citar a morte lenta da economia da previdência social e as décadas de desinteresse na justificação da democracia. Em suma, a falta de coragem em torno da avaliação desviou as energias de dezenas de milhares de pesquisadores

27 Outras pessoas do campo de pesquisa educacional finalmente reagiram a esta curiosa omissão da pesquisa em ensino, e em 1981 e 1990, a associação produziu o primeiro e segundo *Handbook of Teacher Evaluation*. Porém, o surgimento do primeiro não teve efeito algum sobre o conteúdo do próximo *Handbook of Reaseach on Teaching*, que surgiu cinco anos mais tarde. Os "pesquisadores" ainda não haviam pensado que a pesquisa sobre, ou o uso da, avaliação de professores – basicamente, pesquisa sobre ou relacionada aos critérios de boas práticas de ensino – contava como pesquisa sobre ensino. Este exemplo é uma boa indicação da então firme aderência à doutrina da ciência livre de valores na pesquisa em educação. Seria muito mais apropriado – e impossivelmente degradante – que a AERA organizasse pesquisas e publicasse a cada um ou dois anos as *MedaLists* dos três melhores programas de leitura, das três técnicas mais eficazes de treinamento de professores, e assim por diante.

ao que pode ser chamado, na melhor das hipóteses, de pesquisa pura, quando a pesquisa aplicada – que, naturalmente, requer noções avaliativas como o sucesso ou mérito –necessitava desesperadamente de atenção.

Mesmo no bem desenvolvido campo da avaliação de produtos a abordagem transdisciplinar foi desvelada e detalhou falhas graves na avaliação de produtos de informática e nos procedimentos do Consumers Union [o Procon norte-americano].

Estes exemplos procuram dar suporte aos benefícios alegados à visão abrangente da avaliação apresentada aqui, uma visão topográfica e consideravelmente mais profunda e ampla do que suas predecessoras. A visão é mais profunda do que os esforços anteriores nesta direção simplesmente no sentido de que estende sua fundação mais adentro da lógica, psicologia, sociologia (e assim por diante) subjacentes da avaliação. É mais ampla em três sentidos – particularmente em comparação com a visão das "ciências sociais aplicadas" –, mas há um sentido no qual ela é mais estreita do que algumas outras visões atuais da avaliação.

19. Uma visão mais ampla – na maioria dos sentidos: A visão transdisciplinar é mais ampla, primeiramente, porque afirma que a avaliação é parte crucial de todas as disciplinas – e de muitas áreas da vida e atividades cotidianas – e o estudo e a melhoria de todos esses usos da avaliação são ditos como sendo parte do próprio domínio da avaliação.[28] Em segundo lugar, a avaliação bem-feita em um caso específico é dita requerer (com frequência) que investiguemos e pesemos uma variedade mais ampla de considerações do que normalmente tem sido o caso – embora isso não signifique que vá acarretar em avaliações mais extensas. Por exemplo, diz-se que a avaliação de programas deveria quase sempre analisar o pessoal e os produtos usados pelo programa (ao menos à forma como são avaliados), e às vezes analisar também a gestão financeira do programa. Além disso, ela deveria analisar mais cuidadosamente as necessidades

---

28 Particularmente, a avaliação não se limita ao papel de apoio a políticas, ao papel de apoiar decisões, ou à avaliação de intervenções sociais potenciais ou reais. Tampouco se limita às disciplinas acadêmicas; os ofícios e atividades físicas governados por normas, como o Tai chi, são frequentemente, e com razão, chamados de disciplinas, e a avaliação é o que dá forma aos novatos e identifica os especialistas ali também.

que o cliente tem de uma avaliação rápida e com relatórios facilmente compreensíveis, como no modelo da "inspeção". Essas considerações a distanciam mais ainda das abordagens tradicionais das ciências sociais e trazem temas mais novos, como comunicações, retórica, lógica informal e visualização de dados, bem como o repertório multidisciplinar que é exigido há muito tempo. (Esta sugestão é essencialmente uma extrapolação de sugestões anteriores que agora são amplamente aceitas, tal como a necessidade de incluir a análise de custos.)

Em terceiro lugar, aqui se considera que a avaliação como uma disciplina inclui toda a variação *vertical* de preocupações, das questões mais abstratas da lógica avaliativa aos aspectos mais mundanos da combinação da análise de custos com as medições em decibéis de estudos sobre o impacto ambiental de impressoras. Tudo o que concerne à avaliação como um processo, e as avaliações como produtos, é parte da avaliação como disciplina; nenhuma questão teórica está acima de sua própria cabeça, e nenhuma questão prática está abaixo de sua própria dignidade.

No entanto, em um quarto sentido, esta visão é muito estreita comparada a outras questões emergentes e atualmente populares. Ela rejeita como incidentais ao propósito da avaliação (i) quase todas as microanálises causais[29] na avaliação somativa, e sua irmã mais velha, a "teoria de programas" descritiva, como um todo, tanto na avaliação formativa quanto na somativa; (ii) a maioria das teorias "normativas" (prescritivas) sobre as entidades sob avaliação; (iii) grande parte do foco na remediação e outras recomendações; e (IV) grande parte, embora de forma alguma não inclua todas, das preocupações sobre utilização (fora a pesquisa sobre este assunto). Ao dizermos que estas questões são incidentais ao objetivo principal da avaliação, não estamos dizendo que a avaliação é incidental a *elas*. Em alguns casos, os estudos sobre estas questões sequer podem começar sem as avaliações nas quais devem se basear (por exemplo, estudos de políticas com a finalidade de fazer recomendações), e em muitos casos raramente podem ser justificados como esforços de pesquisa se não forem relacionados a uma avaliação. É justamente porque não são

29 O termo "microanálise causal" refere-se a todas as análises causais com exceção da questão macro de identificar os efeitos da entidade sendo avaliada.

nem avaliativos por natureza, nem uma parte necessária do processo de realizar avaliações, que precisam ser segregados – não de forma precisa ou rígida, claro, mas de forma geral e firme. (E infelizmente, também; então devemos estar atentos aos casos bastante comuns em que algumas conclusões úteis desses tipos são benefícios inesperados de uma avaliação.) Parece provável que uma falta de precisão sobre a lógica e esfera de influência da avaliação tenha se combinado à atração natural em assumir papéis empolgantes e potencialmente poderosos para permitir que essas questões periféricas cheguem à luz da ribalta.

20. O estado da prática atual em avaliação de programas: Em termos sociológicos, a profissão da avaliação tornou-se uma área substancial. Há associações profissionais em quatro países com um total de muitos milhares de membros; agora possui quatro enciclopédias próprias,[30] talvez uma dezena de seus próprios periódicos e mais uma dezena de híbridos, além de uma produção anual de vinte ou mais novas antologias, textos e monografias. Isto pode ser – devemos certamente considerar a possibilidade – apenas os adereços de uma nova disciplina, sem provas de qualquer valor duradouro. A moda com certeza pode passar, e os periódicos, serem extintos. Esta é uma possibilidade verdadeira de algumas "novas disciplinas"; no caso de outras, é essencialmente um absurdo. Seria absurdo sugerir que um ponto de vista axiomático sobre estudos femininos – a visão da mulher como uma classe historicamente oprimida, e das suas conquistas como massivamente subvalorizadas há séculos em textos e referências de autoria de homens – pode diminuir com as marés de moda intelectual e se reverter à visão do *establishment* da primeira metade deste século. Não seria mais absurdo sugerir que a biologia molecular fosse revertida a um ponto de vista pré-DNA.

A avaliação compartilha algo importante com o exemplo dos estudos femininos. É uma disciplina que foi reprimida por séculos – até mesmo

30 A mais recente e notável destas é a *The International Encyclopedia of Educational Evaluation*, editada por Walberg e Haertel (Pergamon, 1990). Seus 150 artigos e 800 páginas abrangem a maior parte da área de avaliação de serviços voltados para as pessoas, não só a educação, mas incluem apenas quatro páginas sobre avaliação de pessoas que trabalham na educação e nenhuma sobre avaliação de produtos educacionais.

na primeira metade deste, parte de sua prática era especificamente ilícita. Naqueles dias, os periódicos eruditos não considerariam relatórios de avaliação para publicação, a *Consumer Reports* foi banida pela ANPA, e o Consumers Union estava na lista negra de organizações subversivas da Procuradoria-Geral. A avaliação era reprimida por um motivo: é um tema perigoso. É o jornalismo investigativo do comércio, dos serviços sociais e da academia; é a voz do auditor; é a ameaça de julgamento que fere nosso autoconceito; a ameaça de um forasteiro pisar seu território, uma ameaça de perda de poder. Uma vez liberto do modelo de avaliação meramente relativista, meramente fiscal, gerencial, este ponto de vista não pode ser confinado novamente, pois haverá descoberto muita coisa, criado muitas novas maneiras de ver as coisas que repetidamente se provam valiosas. Certamente, logo ocupa nichos no *establishment*: a agência norte-americana de regulação sanitária Food and Drug Administration adota técnicas excelentes de avaliação de produtos, as funções de diretor de avaliação tecnológica e procurador-geral são criadas para ajudar o Congresso a tomar decisões mediante a realização de avaliações competentes apartidárias, o General Accounting Office fez uma mudança de auditoria fiscal para a avaliação séria de programas. A libertação das classes oprimidas, atividades suprimidas e perspectivas banidas não são apenas uma questão de moda, e este lado do despotismo total não é reversível.

Embora o estado da arte na avaliação de programas tenha progredido para além da abordagem simplista de avaliar objetivos, é provavelmente verdade que a maioria das avaliações de programas atuais ainda sigam este caminho. A prática comum com frequência está muito atrás da melhor prática em um campo em que a maioria dos que atuam na área tem pouca qualificação no assunto, não possui lealdade profissional fundamental a ele, e não acompanha seus desenvolvimentos. Embora agora existam associações profissionais sólidas, muitos avaliadores não se dão ao trabalho de se unir a elas e não têm a atualização de seu conhecimento sobre ela avaliada porque seus supervisores com frequência veem o campo como algo mais simples do que de fato é, e esperam pouco mais do que mero monitoramento. Uma parte significativa da profissão trabalha sob condições nas quais a publicação acadêmica não é comum, nem importante;

adquirir apoiadores dentro da organização é a chave para o sucesso, sobretudo um exercício dentro da política interna do escritório. Além disso, há relativamente poucos programas de treinamento em avaliação – menos do que em estudos de políticas públicas – dos quais candidatos poderiam ser recrutados, desta forma, pessoas com um pouco mais do que treinamento periférico ainda assim passam a ocupar cargos bastante altos no campo.

No entanto, as principais agências federais norte-americanas, como a OIG, OTA e a GAO, agora representam um exemplo de avaliação competente de amplo espectro, próxima ao tipo defendido aqui. Naturalmente, elas não são incentivadas a criticar e palpitar sobre decisões legislativas (como o avaliador consciencioso com frequência precisa fazer), mas mesmo neste sentido são incrivelmente independentes.

Nem mesmo o peso de suas influências, entretanto, não consegue rapidamente prevalecer sobre o forte preconceito embutido no fato de que a maioria dos estudos em avaliação ainda é contratada por gerentes que, em alguma medida, têm algum interesse direto pelo que está sendo avaliado. Isso normalmente significa que os estudos são enviesados a favor da perspectiva do gerente – isto é, na direção de uma concepção da avaliação que simplesmente monitora o progresso sobre as metas do programa – em contraste com o ponto de vista dos consumidores, que naturalmente têm mais interesse em satisfazer suas necessidades, ou contribuintes mais interessados no bom custo-benefício do seu investimento. (Não há nada de ilegal no monitoramento: apenas não é o mesmo que avaliação.) Só um movimento massivo na direção do profissionalismo, juntamente com a pressão por parte dos consumidores e seus representantes, vai mudar isso. Tal esforço precisa ser capaz de apontar para uma concepção melhor da avaliação do que o monitoramento ou outras abordagens livres de valores, e este livro pretende proporcionar uma delas.[31]

---

31 Ele não vai ajudar se as suas bases não forem sólidas, e para decidir sobre isso, o leitor pode querer consultar uma crítica completa da maior parte do trabalho prévio do autor em *Foundations of Program Evaluation: Theories of Practice*, de Shadish, Cook e Leviton (Sage, 1991), especialmente pp. 94-118. Uma dica de que algo sobrevive às críticas pode ser fornecida pelo fato de que os autores ainda puderam encontrar em seus (admitidamente bondosos) corações espaço para dedicar o livro a Donald Campbell, Carol Weiss e o presente autor.

21. Qual é a importância de tudo isso? Avaliar – e bem – é importante em termos *pragmáticos* porque produtos e serviços ruins custam vidas e a saúde de pessoas, destroem a qualidade de vida, e causam o desperdício de recursos dos que não têm condições de desperdiçar. Em termos *éticos*, a avaliação é uma ferramenta-chave a serviço da justiça, na avaliação de programas, bem como na de pessoas. Em termos *sociais* e de *negócios*, a avaliação direciona esforços para onde são mais necessários e endossa a "nova e melhor maneira" quando ela é melhor do que a maneira tradicional – e a maneira tradicional, quando é melhor do que a maneira nova e altamente tecnológica. Em termos *intelectuais*, ela refina as ferramentas do pensamento e expõe um preconceito ubíquo e infame – um passo na direção de desmistificar as disciplinas. Em termos *pessoais*, ela fornece a única base para a autoestima justificável. Estas considerações estão intimamente relacionadas: a concepção intelectual impulsiona a prática e é impulsionada por ela, as aplicações na área de negócios apoiam, direcionam e refletem os interesses dos consumidores; todos interagem com a dimensão ética, e esta, por sua vez, com a psicologia e a política da avaliação. Esta interconexão de tantos elementos distintos é uma marca da importância do todo, mas torna a mudança muito difícil – e lenta – mesmo quando séria e rapidamente necessária. No fim das contas, a melhor maneira de lidar com este nó gordiano é cortá-lo com a faca de um novo paradigma. Uma faca não fará todo o trabalho que é necessário, mas possibilita um novo começo – e é chegada a hora de um novo começo na avaliação.

Convenções

- Estas são evidentes o bastante, mas as destacamos aqui para referência. A ordem alfabética dos verbetes desconsidera hifens e espaços entre palavras, visto que sua padronização não é bem estabelecida no caso de termos cunhados recentemente.
- Aspas simples sinalizam o uso dúbio, burlesco, informal ou recém-estabelecido de um termo.
- Aspas duplas são usadas apenas para identificar materiais citados de outras fontes, um comentário típico, porém não específico, ou um termo em que seja importante destacar que ali se faz referência ao termo em si, e não ao seu significado.
- Referências a outros verbetes se encontram em **letras minúsculas e negrito**. Todavia, esta marca ligeiramente distrativa não aparece como referência a determinado termo mais de uma vez em verbete algum. Às vezes, o verbete pode sofrer uma pequena alteração no termo em negrito a fim de adequá-lo à frase em que se encontra, de modo que faça sentido na frase, mas nunca a ponto de impossibilitar sua localização.
- Usa-se *itálico* para enfatizar termos e destacar expressões em língua estrangeira que ainda não sejam naturalizadas.
- Usa-se ***itálico e negrito*** para nomes de livros e periódicos, ou para enfatizar palavras que já sejam italizadas.
- Usa-se o sublinhado para destacar termos ou distinções relacionadas ao verbete que ali são definidos ou distinguidos incidentalmente – ou seja, que não são definidos em outro lugar –, particularmente quando o uso de itálico pode sugerir ênfase de forma equivocada.
- SIGLAS e outras abreviações capitalizadas encontram-se escritas por extenso em uma lista ao final do livro; outras, de importância particular à avaliação ou aos avaliadores, também foram incluídas no corpo principal de verbetes.

A

ABORDAGEM CENTRADA NA EQUIPE DE DEFESA (Sufflebeam). Não deve ser confundida com a abordagem à avaliação defesa-oposição. Procedimento para desenvolver em detalhes as principais opções de um decisor, como uma preliminar à sua avaliação. É parte da fase de inserção (*input*) no modelo de avaliação CIPP. Veja também **Concorrentes Críticos.**

ABORDAGEM DA COMBINAÇÃO LINEAR. A maneira comum de combinar o desempenho de avaliados em diversas dimensões, pesando cada uma delas e então as adicionando. Aqui, é chamada de "**ponderação e soma numérica**" e contrastada com **ponderação e soma qualitativa**. Quando usada em avaliação de pessoal – em que as 'diversas dimensões' também podem ser as classificações de diversos avaliadores – a abordagem agora é normalmente descrita como '**compensatória**' (porque as deficiências em uma escala – ou na visão de um avaliador – podem ser compensadas nas outras). O contraste usual é feito com as abordagens de **combinação de linhas de corte**, aqui normalmente referidas como aquelas em que há 'mínimos necessários' em algumas dimensões. Naturalmente, a restrição a combinações *lineares* não é essencial, embora seja comprovado que combinações lineares apresentam performance extremamente boa ou melhores do que a maioria das funções combinatórias de ordem supostamente superior; em alguns casos, entretanto, seria desejável usar índices. (A decisão sobre empréstimo por parte do banco é melhorada com o uso de um índice [dos seis que os gerentes consideram importantes], nomeadamente a razão entre dívidas e bens.)

ABORDAGEM DA GRANDE PEGADA. Esta é uma metáfora visual voltada aos resultados para avaliação e planejamento de projetos e programas. Ela visa lembrar o avaliador e planejador de que o verdadeiro mérito de programas de intervenções sociais está na medida em que eles afetam as necessidades dos seres humanos. Deve ser usada como uma contramedida a algumas outras abordagens, implícitas ou explícitas, que tendem a adotar outros indicadores de mérito. Elas incluem: (i) ter boas intenções; (ii) ser bem-sucedida em seus próprios termos; (iii) ser parte de um esforço de pesquisa – independentemente de seu prestígio ou de ser promissora; (iv) colaborar com grupos de poder para fazer o que lhes parece importante; (v) obter endosso entusiasta de uma comunidade, e daí por diante.

Abordagem da Grande Pegada se decompõe em uma medição modesta de mérito observando seis dimensões do impacto do programa em termos de parâmetros relacionados à sua marca, ou "pegada": profundidade, extensão, amplitude, quantidade, direção e localização. É melhor começar com o impacto de cada projeto individual que compõe o programa. A profundidade da pegada que o projeto deixa é a importância do seu efeito sobre o indivíduo-padrão afetado. Envolve duas considerações: o tamanho do impacto sobre o indivíduo e o significado deste impacto em termos da necessidade do indivíduo. A amplitude é a quantidade de indivíduos afetados, incluindo aqueles que não deveriam ter sido afetados e aqueles que são devido aos efeitos-dominó dos destinatários diretos. A extensão é a duração dos efeitos, que consiste na marca do calcanhar – que se refere ao período de apoio direto ao projeto – e na marca da sola do pé, que se refere à duração dos efeitos após o término do apoio concedido. A quantidade de pegadas reflete a quantidade de esforços discretos dentro do projeto, ou projetos dentro do programa, ou réplicas inspiradas pelo projeto; isso às vezes pode incluir a quantidade de populações distintas afetadas, se tiverem sido abordadas de maneira diferente. O aspecto mais grosseiro da direção – para a frente ou para trás – nos dá a diferença entre o progresso (benefícios) e o regresso (impactos negativos, como o ambiental). Outro aspecto da direção diz respeito à medida que o esforço do programa se move continuamente para a frente, em vez de vagar de um lado a outro, sem rumo. Um terceiro aspecto estende o segundo, e se volta para a medida em que estes esforços aproveitam os esforços anteriores, de forma que a direção seja consistente na estrutura temporal de longo prazo. O quarto estende a estrutura na direção do futuro, de modo a garantir que as considerações das necessidades e desenvolvimentos futuros tenham sido incorporadas à 'direção' do programa, isto é, ao seu delineamento e implementação. A localização envolve duas considerações. Primeiro – e de importância particular ao planejador – há a questão de se o programa está localizado em território onde, com os recursos disponíveis, é factível deixar uma grande pegada, talvez porque o chão é relativamente não explorado – ou, por outro lado, se o chão é altamente comprimido pelas pegadas de outros, ou é rochoso, sobre o qual é difícil deixar marcas. Em segundo lugar, há a questão do relacionamento entre este e outros esforços; sob esta alínea, analisamos a simbiose, sinergia, redundância, compartilhamento de recursos, generalizabilidade e articulação, buscando melhorar a eficiência.

NOTAS: (i) Programas multiprojetos podem ser avaliados observando-se a quantidade de caminhos abertos pelo conjunto de projetos que incluem; o mesmo se aplica aos projetos multicomponentes e às réplicas inspiradas nos projetos originais. A medida que estes caminhos dominam o território-alvo é um assunto contido em Localização; (ii) Ao olharmos para a pegada em si, a metáfora requer que a única medida de tamanho consista nas necessidades individuais que foram satisfeitas. Nada impede a aplicação da metáfora em um terreno diferente (isto é, em termos de uma moeda diferente), por exemplo, um terreno nebuloso que representa as necessidades institucionais. Mas as pegadas deixadas neste terreno são etéreas, no que diz respeito a um efeito significativo sobre indivíduos, mesmo que as instituições sejam veículos para a entrega de serviços a indivíduos e façam seu melhor neste sentido. Ou o avaliador precisa estimar os verdadeiros efeitos sobre os indivíduos, ou é preciso realizar uma segunda avaliação para determiná-los diretamente; (iii) A significância estatística não deixa marca alguma sobre as areias do tempo. O tamanho do efeito é tudo, em unidades (Mínimas Diferenças Perceptíveis ou MDPs) de necessidades satisfeitas, com um multiplicador para a importância das necessidades atendidas. A significância estatística é apenas um selo de certificação que colocamos sobre as marcas – quando possível – para mostrar que são reais, e não ilusórias; (iv) Boas intenções ou objetivos não deixam pegadas no solo. A estrada para o inferno pode ser feita deles, mas a estrada para o progresso não os leva em consideração. As intenções são os mapas que elaboramos antes da viagem, com sensatez suficiente, e podem ser de interesse dos biógrafos que procuram estimar nossa precisão como planejadores; não são de interesse dos impactados, ou do Livro dos Julgamentos de Projetos; (v) As questões relacionadas ao custo e à ética aplicam-se como em qualquer caso, como o custo (e o custo-benefício) e a ética do processo de deixar marcas. Da mesma maneira, as questões causais permanecem inalteradas – é preciso provar que seu programa foi o responsável pelas pegadas; é preciso decidir quanto tempo esperar até que a marca apareça. (Em teoria, pode haver pegadas da sola sem marcas de calcanhar.) Estudos de longo prazo retornam para dar mais uma olhada: mas lembre-se, a areia é soprada sobre as pegadas e eventualmente as apaga; (vi) Efeitos sinérgicos são representados pela aparição espontânea de marcas extra, ou de amplitude/profundidade/extensão extra às marcas deixadas diretamente pelo programa; (vii) Quando há efeitos negativos e positivos, se os negativos ultrapassam os positivos, os efeitos são compensados, de forma que a marca é menos profunda. (Casos de impacto negativo traumático podem ser mais bem assemelhados à marca de uma pisada – para a frente ou para trás – sobre seu gato. Efeitos mistos podem envolver, por exemplo, um passo para a frente e dois passos para trás, ou um passo para o lado.); (viii) **Efeitos de retrocesso** possuem analogias como cair do salto, torcer o tornozelo, fortalecer suas capacidades (o que não mata, fortalece), e daí por diante; (ix) Uma virtude central da metáfora é seu poder visual de apresentações e correções ao longo do caminho. As pessoas veem a força das críticas ou melhorias sugeridas com muita facilidade, em termos de seu efeito sobre "a pegada". É uma representação mais gráfica do que uma lista de verificação.

(O nome tem origem em algumas experiências com meta-avaliação de um projeto de desenvolvimento comunitário nas florestas da Península Superior do estado de Michigan, nos Estados Unidos, o lar da lendária figura do "Pé Grande". Tudo indica que os esforços dos programas ali deveriam estar produzindo pegadas maiores do que de fato estavam, dada a tradição local das Grandes Pegadas. Desde então, o termo tem sido usado em contextos muito diferentes, por exemplo, programas de desenvolvimento urbano comunitário, onde as questões de localização se tornam importantes, tal como se as pegadas serão deixadas/encontradas no espaço de convívio dos moradores da cidade ou no espaço "nebuloso" das organizações comunitárias.)

ABORDAGEM DA LISTA DE VERIFICAÇÃO. Em muitas áreas de avaliação prática, as listas de verificação (de critérios ou indicadores de mérito) são usadas como o instrumento principal. (Note que também são usadas de outras maneiras, dentro e fora da avaliação. Por exemplo, na avaliação, são praticamente essenciais para investigar a completude da **implementação**. Fora da avaliação, as listas de verificação são usadas com frequência em diagnósticos médicos ou solução de problemas mecânicos. Consulte **Etiologia**.) Uma lista de verificação de avaliação deve identificar todas as **dimensões** de valor relevantes e significativas, idealmente em termos mensuráveis e preferivelmente sem sobreposição, além de poder exibir também seus pesos por importância. (Pode também [ou apenas] referir-se a **componentes**.) A lista de verificação é um instrumento extremamente versátil para determinar a qualidade de muitos tipos de trabalho, programas, atividades e produtos, e pode ser usada para orientar a observação ou uma série de esforços de medição. Usar uma lista de verificação reduz a probabilidade de omissão de um fator crucial e, logo, reduz uma causa comum de baixa confiabilidade. Reduz a ênfase artificial em determinados fatores por meio da definição cuidadosa dos itens da lista, de modo a evitar a sobreposição (às vezes, é preciso tolerar a sobreposição, por exemplo para favorecer uma melhor compreensão das dimensões). Reduz a possibilidade do **efeito halo** e do **efeito Rorschach**. Não requer uma teoria, e deve evitar depender de uma o máximo possível. (Claro, isso constitui uma definição implícita do que o mérito equivale com relação ao avaliado específico ao qual se refere, mas isto se encontra abaixo do nível de qualquer coisa que se chame de teoria.) Os *checkpoints* [pontos a verificar] – se forem muitos – devem ser agrupados sob títulos com sentido óbvio, a fim de facilitar a interpretação e a ponderação. Uma lista de verificação deve ser atrelada a um procedimento combinatório apropriado, principalmente se as dimensões forem altamente interativas, um dos casos em que a abordagem da soma linear ou ponderada à **síntese** falha. As listas de verificação podem listar *desiderata* ou *necessitata*. O primeiro caso acumula pontos, o segundo representa padrões mínimos necessários; esta distinção está relacionada aos **Obstáculos múltiplos** *vs.* (critérios) **Compensatórios.** (Um único ponto a verificar [dimensão] pode envolver ambos.) Recomenda-se marcar com asterisco todos os requisitos absolutos e verificá-los primeiro, para evitar a perda de tempo. (Consulte **Primeiro, o mais importante.**)

Naturalmente, a lista de verificação é um dispositivo mnemônico, e a elaboração de boas listas deve estar relacionada à facilidade de relembrar e compreender, bem como à abrangência e facilidade de implementação. Outra vantagem de boas listas de verificação advém da forma como decompõem um julgamento complexo e não confiável em alguns pontos que podem ser julgados com mais confiança – sem depender da teoria de programas para tanto. Por mais que estas considerações possam parecer relativamente simples, a abordagem levanta algumas questões metodológicas mais complexas, mesmo dentro do campo da avaliação. Pode-se iniciar um estudo com um conjunto de listas de verificação de avaliação bem desenvolvidas, tal como as usadas por *test drivers*, administradores competentes de alto escalão para avaliação de supervisores, biólogos que elaboram relatórios de impacto ambiental, Escritório de Avaliação de Tecnologia do Congresso Americano, e analistas de software de computador. Há elementos robustos específicos de cada campo, mas também há muitos elementos e questões comuns a todas estas listas. É possível especificar critérios de adequação e mérito para qualquer uma destas listas? Mais especificamente, será que podemos afirmar alguma coisa sobre a importância relativa de: (i) Omissões de um critério; (ii) Sobreposição entre eles; (iii) Os limites do uso de indicadores para substituir variáveis não diretamente acessíveis; (iv) O que usar como pesos e pesar ou não o nível mais específico ou algum nível mais alto; (v) Usar ou não ponderações restritas (quantidade fixa de pontos de ponderação); (vi) Como melhor padronizar as medições de desempenho; (vii) Como combinar pesos e classificações de desempenho; e (viii) Como evitar pressupostos inapropriados quanto ao dimensionamento; e (ix) Equilibrar outras aptidões com a confiabilidade da aplicação. Exemplos de listas de verificação gerais para avaliação de programas são a **Lista-Chave de Verificação da Avaliação** e a Lista de Verificação do **GAO**; a lista dos Deveres do Professor representa um tipo de exemplo diferente.

AÇÃO AFIRMATIVA. Com frequência entendida equivocamente como uma imposição legal sobre a avaliação "adequada" ou "científica", ou como um requisito ético (e 'consequentemente' separado do verdadeiro processo da avaliação). Esta percepção 'adicional' é um dos motivos pelos quais as mulheres/minorias ainda são de fato discriminadas até mesmo pelos mais bem-intencionados. Não se deve permitir que os excessos grosseiros de muitos programas de ação afirmativa obscureçam o raciocínio *científico* (e ético) subjacente para procedimentos especiais que equilibrem o tratamento de candidatos inseridos em grupos historicamente discriminados de maneira persistente. Normas antinepotismo extensivas, por exemplo, como requisitos excessivos para o cargo, são dois exemplos dentre cerca de uma dezena que precisam ser evitados, não apenas para satisfazer requisitos de ação afirmativa 'invasivos', mas *para que o melhor candidato possa ser selecionado.* Aqueles que se opõem à ação afirmativa acreditam que ela representa necessariamente uma *redução* do compromisso com o princípio de seleção pelo mérito. Consulte **Avaliação de pessoal.**

ACELERADO (teste). Também chamado de teste cronometrado; é aquele com um limite de tempo (o tempo dos indivíduos que terminam antes do prazo estabelecido normalmente não é registrado). Com frequência, são instrumentos melhores para avaliação ou previsão do que o mesmo teste seria sem limite de tempo – normalmente porque o critério de comportamento envolve fazer algo sob pressão de tempo, mas às vezes, como em testes de QI, é apenas uma questão de fato empírico. Um teste às vezes é definido como acelerado se menos de 75% terminam a tempo.

ACESSO A DADOS. O acesso a dados em avaliação com frequência é muito difícil devido a controles de confidencialidade, porque as pessoas com acesso a eles têm medo de os dados serem usados contra eles, porque o ponto de entrada é muito tardio, ou porque registros apropriados nunca foram feitos. Com frequência, um esforço sério para criar uma relação de confiança faz parte do trabalho inicial; normalmente, inclui garantias de que os avaliandos (as pessoas sendo avaliadas) receberão um rascunho do relatório antes que ele seja enviado ao cliente, para correção ou anexação de **objeções.** Às vezes, isso é impossível; e, às vezes, uma avaliação profissional é descartada simplesmente porque o acesso aos dados é muito restrito. Esta é uma das razões para, em primeiro lugar, planejar os programas de forma que sejam passíveis de avaliação (consulte **Avaliabilidade**).

AFETO, AFETIVO (Bloom). Emoção, sentimento e atitude; normalmente, presume-se não cognitiva. No entanto, sentimentos e atitudes, e a maioria das emoções, têm componentes cognitivos consideráveis, de modo que o contraste presumido entre os domínios afetivo e cognitivo (e até mesmo no domínio psicomotor) não é nítido. Por exemplo, com frequência considera-se a autoestima e **lócus de controle** como variáveis afetivas, mas muitos itens ou perguntas de entrevistas que pretendem medi-los na verdade (e com razão) requerem estimativas de autovalorização, que consistem em asserções de valor, ou julgamentos do lócus de controle, que são asserções proposicionais diretas sobre o poder de uma pessoa no mundo. Ambos são quase completamente cognitivos. Tratar os resultados como meros indicadores de afeto é parte do frequentemente equivocado pensamento sobre o afeto, um tipo de confusão que normalmente advém da ideia de que o âmbito da valorização não é proposicional, mas meramente atitudinal, um erro catastrófico da **doutrina da ciência livre de valores** nas ciências sociais. Asserções sobre a capacidade, mérito ou valor de uma pessoa estão à altura de asserções sobre a força de alguém e são verificadas ou falseadas por testes ou avaliação. Embora os sentimentos estejam vinculados a algumas atitudes e possam ser considerados afeto, muitas estimativas - associadas ou não a atitudes - são simplesmente asserções cientificamente testáveis.

Muitos dos chamados 'sentimentos' são apenas indicadores do grau de convicção. Por exemplo, "*Sinto* que sou perfeitamente capaz de administrar minha própria vida, escolher uma carreira e companheiro (etc.)" com frequência tem a intenção de comunicar apenas uma versão mais sutil da afirmação "Eu *sou* perfeitamente capaz de...". A referência aos sentimentos simplesmente internaliza a afirmação - torna o julgamento mais pessoal - e, portanto, representa um recuo de uma afirmação mais arriscada lançada ao 'mundo externo'. Pode-se pensar nisso como inserir "mas talvez eu esteja errado" após a afirmação. Ela ainda poderá ser refutada com propriedade com base no fato de que a visão expressa (após a palavra "sinto") é falsa. Mas afirmações sobre sentimentos são ambíguas fora de contexto: elas também podem carregar uma intenção plenamente autobiográfica, em cujo caso as fontes de erro são a mentira e a falta de autoconhecimento, mas não os fatos sobre o mundo externo. Ou seja, é mais seguro fazer a afirmação relacionada aos sentimentos, mas ambas normalmente são asserções cognitivas. Na melhor das hipóteses, é preciso reconhecer que itens de testes que incluem afirmações como estas são testes cognitivos de variáveis afetivas, algo no domínio do trabalho de alta inferência, e não uma medição direta.

O uso de medidas afetivas – com frequência politicamente correto – para além de meras expressões de prazer é extremamente questionável, devido a (i) estas confusões conceituais entre afeto e cognição; (ii) a falsificação deliberada de respostas; (iii) a representação equivocada inconsciente; (iv) suposições duvidosas do interpretador, por exemplo, de que aumentos da autoestima são desejáveis (obviamente falsa para além de determinado ponto, normalmente desconhecido); (v) a invasão de privacidade; (vi) a falta de validação, até mesmo em nível elementar; (vii) a alta labilidade do excesso de afeto; e/ou (viii) a alta estabilidade de outro afeto. Um especialista em medição de afeto uma vez disse que a única medida válida de afeto conhecida está relacionada ao lócus de controle, que é determinado aos dois anos de idade. Talvez seja otimismo da parte dele.

Apesar destes fundamentos altamente conducentes ao ceticismo, seria equivocado descartar toda e qualquer preocupação com o domínio afetivo. É importante distinguir o que pode ser chamado de "afeto acessível" dos outros tipos. Por exemplo, não é apenas importante ensinar competências de reflexão crítica (ou competências de investigação, composição ou trabalho em equipe) como truques que os alunos podem realizar quando necessário, isto é, como itens do repertório de competências cognitivas – mas também ensinar a importância de seu uso, isto é, a valorizá-las *pessoalmente*. E é possível saber em que medida são valorizadas não apenas perguntando (o respondente sabe a resposta esperada), mas observando-se quanto esforço é feito para usá-las nos casos em que seu uso não é obrigatório, por exemplo, no ambiente de trabalho, ou em um projeto em que uma variedade mais restrita de competências é recompensada, mas medições de – por exemplo – uso da biblioteca podem ser obtidas discretamente e não para fins de julgamento. Da mesma forma, as atitudes diante do uso de drogas se refletem – embora não exclusivamente – no número de prisões por uso de drogas. Outra abordagem à medição envolve analisar a medida da generalização do compromisso fundamental, supondo, em alguma medida, o compromisso afetivo que se revela desta maneira. Por exemplo, podemos usar a precisão das autoavaliações como um indicador da medida do compromisso afetivo com a importância da avaliação. Mais uma vez, podemos obter do respondente boas estimativas do valor percebido dos itens deste tipo ensinável em entrevistas bem elaboradas e administradas com ex-alunos, sem se deparar com problemas de privacidade em áreas que não se tem o direito de tentar mudar.

Além disso, pode-se argumentar com alguma plausibilidade que as atitudes com relação às drogas, o ambiente, outras raças e gêneros (por exemplo) são variáveis afetivas que deveríamos fazer algum esforço para medir, por exemplo, na avaliação da educação cívica – e talvez também na avaliação de pessoal – e que certamente mudam com a experiência e a exposição na mídia, mesmo que com menor frequência no caso da educação dos tipos tradicionais. Ainda assim, há um elemento invasivo aqui; a questão principal não é se um professor, por exemplo, *considera* meninas e meninos em igual medida, mas se ele *demonstra* algum comportamento machista. Portanto, ironicamente, torna-se pertinente uma abordagem behaviorista por motivos éticos, em vez de metodológicos. Em suma, não resta dúvida de que a dimensão afetiva é importante; a parte duvidosa é até onde podemos medi-la fidedignamente e até onde deveríamos tentar afetá-la diretamente. A abordagem indireta à medição e à modificação – a abordagem cognitiva – com frequência é a melhor abordagem. Veja também **Objetivos.**

AGENTE DE MUDANÇA. Uma das funções do avaliador que recebe pouca atenção como tal é aquela de constituir uma intervenção com seus próprios efeitos. Uma abordagem livre de objetivos minimiza isso; a abordagem da **análise de avaliabilidade** maximiza isso. Porém, com frequência é muito maior do que o avaliador pensa; **meta-avaliadores**

devem estar sempre atentos a isso. Ref: "Evaluators as Change Agents", de Randal Joy Thompson, em ***Evaluation and Program Planning***, v. 13, nº. 4, outono, 1990. Veja também **Proativo**.

AGRUPAMENTO POR FAIXAS. Técnica útil para evitar **notas de corte** súbitas ao definir níveis de colocação etc. em testes muito importantes. Os consumidores com frequência reagem a distinções grosseiras dizendo coisas como "Você quer dizer que se eu (ou "meu filho") tivesse conseguido um ponto a mais, eu (ele) tiraria uma nota diferente/seria admitido em Harvard..." e assim por diante. Claramente, o processo de validação não suporta a precisão implícita das notas de corte exatas, e ainda assim não queremos usar o termo 'arbitrário' com relação a algo de que muita coisa depende. O agrupamento por faixas indica uma área cinzenta em uma faixa imprecisa em vez de uma linha. Por exemplo, as ferramentas gráficas atuais facilitam o uso das chamadas "pistolas de spray" que pintam, por exemplo, duas faixas de pontos, centralizadas na média, uma das quais tem dois desvios-padrão de largura, e a outra tem quatro sigmas de largura. Precisamos ajustar a regra de decisão para dar sentido a isto - a melhor forma é por meio da pontuação em duas ou múltiplas fases.

AJUSTAR A FECHADURA À CHAVE. Expressão do campo de avaliação de pessoal, que se refere à possibilidade de modificar um cargo para que corresponda a um candidato - particularmente, um candidato talentoso. A prática é dificultada, embora não impossibilitada, pela legislação de ação afirmativa (pode exigir que se anuncie o cargo novamente com uma descrição adaptada); em uma organização de grande porte, com frequência é mais fácil, quando há outras vagas abertas ou prestes a serem disponibilizadas. Também se aplica a avaliações de meio de carreira; ser flexível neste aspecto é uma das marcas de um bom gestor; no contexto universitário, deve-se poder deslocar pesquisadores esgotados (síndrome de *burnout*) para o ensino em disciplinas introdutórias ou áreas administrativas. Também se aplica ao uso de **consultores**; se encontrar alguém muito bom em análise, mas ruim na hora de entregar relatórios em tempo oportuno, peça-o para executar vistas nas quais você registraria seus comentários (ou agende um período breve para redação do relatório antes da saída) em vez de riscá-lo da lista por não se encaixar no modelo ideal de um consultor em avaliação. A questão não é atender a sua conveniência, mas obter o melhor aconselhamento de maneira viável. Por outro lado, os consultores devem estar cientes de suas limitações e apresentar propostas ou recrutar colegas que as contornem.

AJUSTE DE RESPOSTA. Tendência a responder de determinada maneira, independentemente dos méritos do caso específico. Alguns entrevistados tendem a fazer classificações muito altas de tudo em uma escala de mérito, outros só fazem classificações baixas, e outros colocam tudo no meio. Fora de contexto, não se pode argumentar que estes padrões são incorretos; há muitas situações em que estas são exatamente as respostas corretas naquele instrumento. Quando falamos de ajuste de resposta, no entanto, normalmente nos referimos aos casos em que padrões de resposta rígidos emergem de hábitos gerais, e não da consistência bem ponderada.

AKA (ou a.k.a.). Do inglês, significa "também conhecido como" – uma contribuição do procedimento policial (para descrever pseudônimos) a este vocabulário.

ALEATÓRIO (RANDOM). Conceito 'primitivo' da estatística e probabilidade, isto é, ele não pode ser definido nos termos de quaisquer outros conceitos sem circularidade. Os textos com frequência definem uma amostra aleatória de uma população como aquela que é escolhida de maneira que concede a cada indivíduo da população a mesma probabilidade de ser escolhido; mas não se pode definir "probabilidade igual" sem fazer referência à aleatoriedade ou um cognato. Não é de surpreender que as três primeiras "tabelas de números aleatórios" foram de fato manipuladas por seus autores. Embora se alegue que tenham sido geradas (de maneiras completamente diferentes) por procedimentos mecânicos e matemáticos que atendem à definição fornecida, foram manipuladas de forma que se tornaram não aleatórias, por exemplo, porque as páginas ou colunas que tinham uma preponderância substancial de determinado dígito ou um déficit de determinado par de dígitos foram removidas, enquanto é claro que estas páginas *devem* ocorrer aproximadamente em sua frequência esperada em qualquer conjunto grande de números aleatórios. Os autores removeram estas páginas porque tinham determinado tipo de uso em mente – usar as tabelas como fonte de listas relativamente curtas de números a serem usados em experimentos psicológicos. Para este uso, estavam certos. No entanto, isso mostra que não há uma definição absoluta de aleatoriedade, de modo que uma tabela de números aleatórios não pode ser usada como fonte de números aleatórios que serão aleatórios para toda e qualquer finalidade. A melhor definição é relativista e pragmática. Uma escolha de um elemento de um conjunto (números etc.) é *aleatória com relação à variável X* se não for significativamente afetada por variáveis que afetam X de modo significativo. Assim, um dado, corte de cartas ou giro da roleta é aleatório com relação aos interesses dos jogadores se o número que sair for causado por variáveis que não estão sob a influência de fatores correlacionados aos interesses dos jogadores. As tabelas de números aleatórios são aleatórias apenas com relação a determinados tipos de viés (que deveriam ser declarados) e determinados intervalos de tamanho da amostra.

ALOCAÇÃO. Veja **Rateio**.

AMOSTRAGEM MATRICIAL. Se você deseja avaliar uma nova abordagem à assistência em saúde preventiva (ou educação em ciências), não precisa realizar um espectro completo de testes (talvez um total de dez) com todos os impactados, nem mesmo com uma amostra deles. Você pode muito bem realizar um ou dois testes com cada um (ou cada um de uma amostra), cuidando para que cada teste seja aplicado junto a uma subamostra aleatória, e de preferência que ele seja aleatoriamente associado a todos os outros, se eles forem administrados em pares (para reduzir quaisquer vieses devido a interações entre testes). Isso pode gerar (i) muito menos custo para você do que a testagem completa de toda a amostra; (ii) menos pressão em cada indivíduo; (iii) algum contato com uma amostra bem maior ou até mesmo com cada indivíduo da população, em contraste com a realização de todos os testes com uma amostra menor; (iv) a garantia de que todos os itens de um conjunto maior sejam usados em alguns alunos. Porém, o comprometimento é que você não saberá muita coisa a respeito de cada indivíduo. Estará avaliando apenas o valor *geral* do tratamento. Este é um bom exemplo da importância de esclarecer a questão da avaliação antes de fazer o delineamento. A amostragem matricial é excepcionalmente valiosa para pré-testes que visam obter uma noção geral da preparação da classe e determinar a pontuação de ganho (a diferença entre resultados de testes), visto que evita: (i) testes longos; (ii) possível desestímulo, visto que os alunos podem não se sair bem em um pré-teste; (iii) o problema de fazer a correspondência da dificuldade dos pré- e pós-testes, já que é possível retirar itens do mesmo conjunto; e (iv) lhe proporciona uma cobertura melhor do domínio.

ANÁLISE DA ÁRVORE DE FALHAS (ANÁLISE DA ÁRVORE DE CAUSAS). Estes termos surgiram ao redor de 1965, originalmente na literatura da ciência da gestão e sociologia. Às vezes, são usados em sentido altamente técnico, mas são úteis num sentido direto em que se referem ao tipo de quadro de solução de problemas com frequência encontrados nas páginas de, por exemplo, um manual da Volkswagen. Os galhos da árvore identificam possíveis causas da falha (daí os termos "causa" e "falha" na frase), e este método de representação – com diversos refinamentos – é usado como um dispositivo para consultores em gestão, treinamento em gestão, e assim por diante. Seu principal uso em avaliação é como base para a **análise de necessidades** ou na mudança da **avaliação analítica** para a **remediação.**

ANÁLISE DE CARGO. Descrição do trabalho envolvido em um cargo por componentes funcionais, com frequência necessária para elaborar recomendações de remediação e uma estrutura para a **avaliação analítica** ou **análise de necessidades**. A análise de cargo é uma tarefa altamente especializada que, como a programação de computadores, com frequência é malfeita pelas pessoas contratadas para tanto porque a escala de pagamento não corresponde às recompensas de fazer um bom trabalho. Mas também há limitações em sua conceitualização. Por exemplo, com frequência é mal usada como a base principal da descrição do cargo para fins de contratação. Só pode ser usada com esta finalidade se for suplementada com uma análise avaliativa que identifique os deveres, e não apenas a prática atual. As análises de cargo dos professores de matemática do ensino fundamental podem indicar que o detentor modal do cargo só sabe matemática até certo ponto, mas não se pode concluir que este ponto do conhecimento em matemática seja adequado para a função, ou que deveria ser perpetuado e tratado como um ideal em futuros anúncios de vaga de emprego.

ANÁLISE DE CONTEÚDO. O processo de determinar sistematicamente as características de um corpo de materiais ou práticas, por exemplo, testes, livros, cursos, ou trabalhos. Uma grande variedade de técnicas foi desenvolvida para fazer isso, de contagens de frequência de determinados tipos de palavras (por exemplo, referências pessoais) à análise da estrutura do enredo de histórias ilustrativas para determinar se a figura dominante é, por exemplo, masculina ou feminina, branca ou não. O uso da análise de conteúdo é tão importante para determinar se o avaliado (aquilo que está sendo avaliado) corresponde à sua descrição oficial, quanto para determinar o que é e o que ele faz em outras dimensões além daquelas envolvidas na questão da "transparência da embalagem". Assim, o quadro de estudos sociais chamado "Grandes Figuras Norte-Americanas" poderia ser sujeitado à análise de conteúdo para determinar se os nomes listados de fato foram grandes figuras norte-americanas (transparência na embalagem); mas mesmo se passasse neste teste, estaria sujeito a outras análises de conteúdo – por exemplo, machismo, visto que uma lista que não incluísse os nomes das grandes sufragistas mostraria um senso de valores deturpado, embora pareça demasiado ríspido argumentar que não tenha sido nomeada corretamente. Note que nada disto se refere ao estudo dos efeitos do produto (**avaliação de retornos** ou **resultados**), mas é um dos tipos legítimos de **avaliação de processo**. Nenhum deles antecipa completamente o outro; por exemplo, ensinar falsidades literais – um 'erro' de processo – pode ser o melhor dispositivo pedagógico para fazer com que o aluno se lembre das verdades – um resultado desejável. Ensinar a versão correta, muito mais complicada, pode acarretar um aprendizado residual menos preciso do que ensinar a versão incorreta.

Não seria exagero dizer que a maioria dos cursos científicos fundamentais seguem o modelo de ensinar inverdades para instaurar verdades aproximadas na mente dos alunos. Uma visão mais radical defenderia que o cérebro humano, de modo geral, requer que o conhecimento seja apresentado na forma de inverdades ligeiramente simples, em vez de complexidades verdadeiras. Encontra-se uma excelente discussão breve sobre análise de conteúdo, de Sam Ball, nas pp. 82-84 da ***Encyclopedia of Educational Evaluation*** (Jossey-Bass, 1976).

ANÁLISE DE CUSTO. O processo prático de calcular os custos de algo, particularmente algo que está sendo avaliado. Os economistas tendem a pensar que esta questão está abaixo deles – eles o encaminham para a escola de administração. A escola de administração acredita que isso é feito em seus cursos de contabilidade. No entanto, a contabilidade lida apenas com uma *variedade limitada* de custos *monetários*. A análise de custos vai mais além que os contadores, mesmo em termos de custos monetários: por exemplo, inclui a identificação de custos de oportunidade não triviais e externalidades (resultados imprevistos) e ultrapassa em muito os custos monetários, adentrando a parte de custos relacionados a tempo, espaço, ansiedade, direitos políticos, expertise, e assim por diante, de forma que não é traduzível em custos monetários. Além disso, a boa análise de custos envolve, explícita ou implicitamente, uma matriz tridimensional que normalmente não é vista em textos de contabilidade – segue uma descrição dela.

Quando se fala em "custos de X", com frequência se fala em um contexto que deixa claro que estão se referindo apenas a um aspecto do custo total real, mesmo que o percebam; às vezes, podem se referir apenas ao **preço**. Para avaliações sérias, mesmo em decisões pessoais, é preciso tentar identificar toda a amplitude dos custos. As três questões principais que determinam os eixos da matriz são: (i) "Custa a quem?"; (ii) "Qual tipo de custo?"; e (iii) "Qual é o período de duração do custo?". A matriz pode mostrar de forma útil tipos de custo como linhas, "pagadores" como colunas (ou vice-versa), com as fases de tempo representadas pelas fatias (a dimensão de profundidade). É cada vez mais fácil encontrar planilhas eletrônicas que possibilitem fazer isso em uma configuração, mas sempre há a possibilidade de fazê-lo nos programas mais simples definindo um conjunto de planilhas, uma para cada fase de tempo.

Este processo é muito mais difícil do que a maioria dos avaliadores (e tomadores de decisão) pensam; no primeiro ponto, por exemplo, você precisa se forçar a analisar suas pressuposições sobre quem contar nos cálculos de custo. Administradores de universidades com frequência fazem mudanças em diversos programas de ação para conseguir 'economias de custo', *sem alocar quantidade alguma ao custo do tempo do aluno*. Esta abordagem favorece bastante o ressentimento e, às vezes, revoluções – em ambos os casos, custa caro para uma universidade. (Consulte **Avaliação perspectiva.**)

As fases de tempo são as mais fáceis de lembrar: basicamente, os principais itens do cabeçalho são preparação, instalação, operação, encerramento. A decomposição dos custos que se segue sob estes itens visa abordar o âmbito geral, mas em alguns casos ainda é mais longa do que você precisa saber. Na fase de preparação, é preciso contabilizar: o tempo de planejamento, inclusive de pesquisa, viagem, discussões, consultores e workshops; talvez aluguel de produtos de teste; obter e pagar por autorizações, licenças e aprovações; preparação do local (pode incluir custos de novas construções, fiação, subpainéis, equipamentos de infraestrutura, e assim por diante); treinamento. A instalação aborda os custos de pagamento de entrada ou do custo total da compra, transporte, configuração e conversão de práticas ou registros. Os custos operacionais envolvem: pagamentos (se houver um empréstimo), seguro, impostos, manutenção de equipamentos, custos do espaço (aluguel ou amortização, zeladoria, climatização, manutenção do edifício), suprimentos e serviços de utilidade pública, e upgrades para manter o ritmo do trabalho (em contraste com melhorias para aumentar a capacidade, que devem ser tratadas como itens separados); treinamento contínuo para novos contratados e novos usuários; aconselhamento/treinamento de revitalização para o pessoal permanente; capital reservado para cobrir futuros custos de substituição; salários mais benefícios para o pessoal, e custo de consultores e avaliadores externos; e uma fatia dos custos indiretos gerais restantes (administração central, avaliação institucional etc.). O encerramento envolve embalar, fazer mudança, devolver, vender, pagamentos de demissões ou retreinamento, reabilitação do espaço, possivelmente multas por liquidação de empréstimos de maneira fora do padrão, e aluguéis ou leasing, ou ainda provisões para períodos de baixa.

Os títulos das colunas referem-se aos que pagarão os custos (impactados), começando pelos que serão favorecidos e aqueles a quem os custos são repassados a partir deles (por exemplo, pais, irmãos, colegas, amigos, professores/alunos, conselheiros, vizinhos, outras agências); outros **consumidores** como os contribuintes, voluntários, comunidades; pessoal do programa; e outros consumidores e **partes interessadas**.

As linhas referem-se aos tipos de custo. Naturalmente, isso começa com o dinheiro (incluindo o preço, as taxas, salários, viagem, e assim por diante – a lista usual, bem abordada na maioria das referências), e os outros custos são mais bem tratados como *valor líquido do que o dinheiro pode comprar.* Assim, é incorreto dizer que o tempo é um custo se for simplesmente cobrado como hora extra para as pessoas que ficam felizes com a renda extra. O tempo é um custo quando precisa ser pago como tempo tirado de, ou contribuído por, aqueles que o valorizam ao ponto de não se sentirem recompensados com pagamento, ou que não pode ser pago. O mesmo se aplica a outras moedas: materiais e equipamentos (a lista usual deles); espaço – tanto a quantidade quanto a qualidade do espaço (sol, luz, sombra, vista); energia (de todos os tipos mecânicos e humanos, como o entusiasmo); outros impactos ambientais (além do uso de energia); expertise; trabalho não qualificado; transporte; qualidade de vida pessoal e profissional (barulho, calor, umidade, estresse, moral, relacionamentos sociais etc.); custos sociais (taxa de criminalidade, desemprego, discriminação etc.); e outros custos de oportunidade para todas as partes (aprendizado perdido, realizações, mudanças de atitude – a perda da inocência etc.). Assim, a análise de custos sempre envolve analisar os custos de oportunidade, mas não é só isso que ela faz (ao contrário do que alega a definição de custo dos economistas). Veja também **Custos de tempo**.

Ela também envolve analisar todos os custos incorridos, seja intencionalmente ou não, de forma direta ou indireta. Particularmente, envolve o custo dos efeitos colaterais, incluindo efeitos remotos espaciais ou temporais (perda de uma temporada de salmão devido à poluição térmica de uma usina elétrica, por exemplo). Em muitos casos, é preciso recorrer a artifícios para obter qualquer tipo de estimativa – 'preço sombra' é um deles. A abordagem de "capital humano" ou "recursos humanos" à análise de custos destaca um componente não monetário. A "análise marginal" analisa os custos *adicionais* relativos, de um determinado nível de custo e com frequência é mais relevante para as escolhas do tomador de decisões naquele nível do custo básico e mais facilmente calculada. Cf. **Rateio, Orçamento base zero, Orçamento.**

A análise de custo é um dos três componentes fundamentais da frase ocasionalmente usada para resumir a parte mais básica da avaliação – a determinação do *custo-benefício comparativo* (dentro dos limites legais e éticos). Na verdade, sem a análise de custos dificilmente podemos determinar quais elementos comparar, então é, como a análise dos resultados, de fato fundamental. A análise de custo também é o desafio das ciências econômicas, sem a qual mal se podem aplicar as teorias, embora raramente seja feita – quem dirá bem-feita – por economistas, em particular não pelos gurus da economia (Henry Levin é uma grande exceção), pois eles se unem a muitos pesquisadores educacionais seguindo cegamente o sonho newtoniano na direção do esquecimento. É notável que até mesmo em Stanford, onde Levin leciona, o programa de pós-graduação em avaliação não exija o curso que ele oferece. Poder-se-ia igualmente não exigir competência em aritmética para a formação em matemática. Consulte **Custo-eficácia.**

ANÁLISE DE CUSTO-BENEFÍCIO ou **BENEFÍCIO-CUSTO.** O termo é usado com frequência informalmente em referência ao que é corretamente chamado de **análise de custo-eficácia.** A rigor, a análise de custo-benefício é ao mesmo tempo mais limitada e mais robusta do que a análise de custo-eficácia, visto que estima o custo e benefício geral de cada alternativa (produto ou programa) *com relação a uma única quantidade*, normalmente monetária. Esta análise irá, quando possível, fornecer uma resposta à questão: Este programa ou produto vale o que custa? Ou: Qual das opções tem a melhor relação custo-benefício? Isto só é possível quando todos os valores envolvidos podem ser convertidos em termos monetários. Isso normalmente não é possível no caso de elementos éticos, intrínsecos, temporais ou estéticos.

O conceito, extremamente útil em determinados casos, originou-se na divisão de engenharia das Forças Armadas norte-americanas, na ocasião em que procurava decidir se valia a pena construir uma barragem. Eles somavam os benefícios monetários em termos do aumento do rendimento das colheitas, redução dos danos de inundações, e assim por diante, e os comparavam à barragem e ao custo da área e do reembolso por desalojamento. Eles não previam os custos em termos de períodos de desova de peixes, canoagem e outros valores associados aos rios selvagens, que hoje seriam acrescentados à análise.

ANÁLISE DE CUSTO-EFICÁCIA. O objetivo deste tipo de análise é ir além da **análise de custo-benefício** para determinar os custos de um programa ou procedimento em comparação ao que ele faz (eficácia) *quando todos aqueles não podem ser reduzidos a dimensão singular alguma de retorno* (normalmente monetária). Os retornos e custos podem ser vistos em termos de um conjunto de comodidades valorizadas, como espaço, tempo, expertise, ganhos sobre testes padronizados, aumento de frequência em uma clínica, e assim por diante. Este procedimento, ao passo que é mais geral, não fornece uma resposta automática à pergunta: Este programa ou produto vale o que custa? O avaliador precisa pesar e sintetizar os dados de necessidades e preferências e combiná-los com alguma ponderação de quaisquer valores absolutos envolvidos – por exemplo, valores éticos e legais – para obter uma resposta, e até mesmo este resultado pode ser equivocado. Mas a análise de custo-eficácia sempre esclarece consideravelmente as escolhas. Ref.: Henry Levin, ***Cost Effectiveness: A Primer***, Sage, 1983, e seu ensaio essencial sobre a implementação irrisoriamente limitada desta abordagem em ***Evaluation and Education at Quarter Century*** (NSSE/University of Chicago, 1991).

ANÁLISE DE CUSTO-UTILIDADE. O nome mais preciso para o que é chamado aqui, seguindo o uso comum, de **análise de custo-eficácia**.

ANÁLISE DE CUSTO-VIABILIDADE. Determinar se é possível pagar por algo, gerando respostas simples: sim ou não. Significa determinar se você pode arcar com os custos iniciais *e* contínuos.

ANÁLISE DE NECESSIDADES (EXAME DE NECESSIDADES e **DETECÇÃO DE NECESSIDADES** são variantes). Este termo desviou-se de seu sentido literal e passou ao status de jargão, em que se refere a qualquer estudo de necessidades, desejos, preferências do mercado, valores ou ideais que possam ser relevantes, por exemplo, para um programa. Este sentido ampliado pode ser chamado do sentido (ou processo) de "avaliação de valores" e é, na verdade, uma atividade perfeitamente legítima quando se busca toda e qualquer orientação possível no planejamento de – ou justificação para dar continuidade (ou modificar, ou encerrar) – um programa. A análise de necessidades no sentido literal é apenas uma parte desta "avaliação de valores"; porém, desprovida dos imperativos morais, é a parte mais importante. Assim, quer consideremos a interpretação geral ou a da avaliação de valores da avaliação de necessidades, é preciso separar as verdadeiras necessidades de todo o restante. As necessidades constituem a prioridade primordial da resposta – sendo a ética uma restrição deste âmbito – simplesmente porque são, em algum sentido, *necessárias*, enquanto os desejos são (meramente) *desejáveis* e os ideais são "*idealistas*", isto é, frequentemente antipráticos. Portanto, é um tanto equivocado produzir uma AN (análise de necessidades) quando, na verdade, é apenas uma pesquisa de mercado, pois sugere que seus resultados carregam um nível de urgência ou importância que simplesmente não existe. É consideravelmente mais difícil determinar verdadeiras necessidades do que desejos percebidos (ou até mesmo desejos inconscientes), porque não raro as verdadeiras necessidades sequer são conhecidas pelos necessitados, e podem até representar o contrário do que eles desejam – como no caso de uma criança que precisa de determinada dieta e deseja uma completamente diferente.

A definição mais amplamente usada de necessidade – a definição de discrepância (Kaufman, ***Educational System Planning*** [Prentice-Hall, 1972]) – não confunde necessidades com desejos (embora alguns usuários deste modelo cometam este erro), mas as confunde com ideais. Ela define necessidades como a lacuna entre o atual e o ideal (ou o que quer que seja preciso para preencher esta lacuna). Esta definição foi até usada na disposição da lei em determinados estados. Mas a lacuna entre sua renda atual e sua renda ideal é bem diferente (e muito maior) do que a lacuna entre sua renda atual e o que você realmente precisa. Precisamos parar de usar o nível ideal como o principal nível de referência na definição de necessidade – ainda bem, porque é muito difícil chegar a um consenso sobre qual seria o currículo ideal (por exemplo), e se tivéssemos que fazer isso antes de discutir quaisquer necessidades do currículo, seria bem difícil começar.

Um segundo defeito fatal na definição de discrepância é a identificação falaciosa das necessidades com um subconjunto específico de necessidades, as necessidades *não satisfeitas*. Mas nós temos muitas necessidades absolutas – como oxigênio ou vitaminas na dieta – que já estão lá. Dizer que precisamos delas é o mesmo que dizer que são *necessárias* para, por exemplo, a vida ou a saúde, o que as distingue de muitas coisas *não essenciais* no ambiente. Naturalmente, em termos da definição de discrepância, elas sequer são necessidades, pois são parte do "atual", e não da lacuna (discrepância) entre este e o ideal. Pode ser útil fazer uso de uma terminologia da dietética para necessidades satisfeitas e não satisfeitas – necessidades de manutenção *vs.* incrementais. Às vezes, as pessoas acham que é melhor se concentrar nas necessidades incrementais porque é ali que as ações são necessárias; então, talvez – elas supõem – a definição de discrepância não nos cause tantos problemas. Mas tente vislumbrar a implementação. Onde você vai encontrar os recursos para a ação necessária? Alguns deles normalmente advêm da redistribuição dos recursos existentes, isto é, de furtar as necessidades de Pedro para alimentar as de Paulo, enquanto as de Pedro (as necessidades de manutenção) são tão vitais quanto as de Paulo (as incrementais). Isso acarreta uma reviravolta absurda nos anos subsequentes. É muito melhor olhar para todas as necessidades ao realizar uma AN, priorizá-las (usando métodos de **rateio**, e *não* de **conceituação** ou **ranking**) e então partir para a ação e redistribuir os recursos antigos e novos.

Uma definição melhor de necessidade, que podemos chamar da definição de diagnóstico, a define como qualquer coisa essencial a um modo satisfatório de existência ou nível de desempenho. O termo escorregadio desta definição é, claro, "satisfatório", que é dependente do contexto; uma dieta satisfatória para uma nação assolada pela fome pode estar consideravelmente mais próxima do nível de inanição do que aquela considerada satisfatória por uma nação rica em tempos de fartura. Esta dependência do contexto é parte do componente essencialmente pragmático da AN – é um conceito priorizante e pragmático. As necessidades flutuam pelo ponto médio do espectro entre o desastre e a utopia à medida que os recursos se tornam disponíveis. Elas nunca chegam às extremidades do espectro – nenhuma riqueza, independentemente da grandeza, justifica a asserção de que todos precisam de todos os luxos possíveis. Porém, da mesma maneira, elas nunca perdem sua ligação com a qualidade.

A próxima grande ambiguidade ou armadilha do conceito de necessidade está relacionada à distinção entre o que podemos chamar de necessidades de desempenho e necessidades de tratamento. Quando dizemos que as crianças precisam saber ler, estamos falando de um nível de desempenho necessário. Quando dizemos que precisam de aulas de alfabetização, ou instruções quanto à fonética da leitura, estamos falando de um tratamento necessário. Com frequência falamos de uma maneira que sugere que os dois estão em pé de igualdade, mas, na verdade, a lacuna entre eles é vasta e só pode ser preenchida por uma avaliação dos tratamentos possíveis alternativos que podem gerar o suposto desempenho necessário. As crianças precisam ser capazes de conversar – mas não precisam de aulas para falar, porque aprendem a fazê-lo sem instrução alguma. Mesmo que seja possível demonstrar que elas de fato precisam do "tratamento" das aulas de leitura, ainda estamos longe da conclusão de que qualquer abordagem específica ao ensino de leitura é necessária. Os pontos essenciais são que o tipo de AN com o qual se deve começar as avaliações é a AN de *desempenho*; e que as necessidades de *tratamento* essencialmente requerem *tanto* uma AN de desempenho *quanto* uma avaliação completa dos méritos relativos dos melhores candidatos nos interesses do tratamento. Problemas conceituais não discutidos aqui incluem o problema de se há necessidades para o que não é viável, a distinção entre necessidades adquiridas (álcool) e necessidades essenciais (alimento) e o ranqueamento ou rateio de necessidades físicas, afetivas, de lazer e estéticas.

A perspectiva crucial que devemos reter a respeito da AN é que ela é um processo de descobrimento dos *fatos* sobre as funções ou disfunções de organismos ou sistemas; não é uma pesquisa de opinião, e tampouco sonhar acordado com desejos. É um fato sobre as crianças, em nosso ambiente, no que elas têm necessidade de vitamina C e alfabetização básica, mesmo que elas ou seus pais não concordem (ou até que curandeiros, nutricionistas ou especialistas em alfabetização não concordem). O que torna isso um fato é que a ausência destas coisas, ou a falha em fornecê-las, resulta em disfunções graves, de acordo com quaisquer critérios sensatos de função ou funcionamento. Deste modo, os modelos de

AN devem ser modelos para a busca da verdade, e não para o consenso político. O fato de o último prevalecer com demasiada frequência reflete a tendência daqueles que os projetam sob a premissa de que julgamentos de valor não fazem parte do domínio da verdade. Porque ANs *são* julgamentos de valor tão certamente quanto são questões de fato; realmente, são os principais julgamentos de valor em muitas avaliações, a raiz dos valores que eventualmente tornam uma conclusão avaliativa, em vez de puramente descritiva. As ANs de desempenho são avaliativas porque requerem a identificação do *essencial*, o *importante*, do que evita *maus* resultados. É claro, estes não raro são julgamentos de valor relativamente não controversos. As avaliações são construídas sobre ANs assim como teorias são construídas sobre observações; não é que observações sejam infalíveis, mas são *menos* falíveis do que a especulação teórica.

O nível geral do pensamento sobre a AN é fraco. Definições reprovadas em todo teste são comuns, por exemplo, "Uma necessidade é o julgamento de valor de que *algum grupo tem um problema que pode ser resolvido*", uma citação de ***Need Analysis*** por Jack McKillip (Sage, 1987). As necessidades não se restringem a grupos; nem a problemas; nem a condições que podem ser resolvidas, e tampouco é útil embutir o termo "julgamento de valor" na definição, porque ele sugere um falso contraste. A monografia baseada nesta definição é, sem surpresa, apenas tangencialmente relevante à AN. Trabalhos mais rigorosos foram realizados em filosofia, mais notavelmente em ***Needs***, de Garrett Thompson (Routlledge & Kegan Paul, 1987). É uma pena que McPhillip e outros pesquisadores da área da educação não tenham lido Thompson, e que Thompson não tenha tocado a pesquisa educacional, em que a avaliação de necessidades foi tão amplamente usada.

ANÁLISE DE POLÍTICAS (estudos de políticas). A avaliação de políticas, planos, às vezes propostas e possibilidades; uma ciência '**normativa**' (melhor, **prescritiva**) ou Transdisciplina como a teoria da decisão ou teoria do jogo, e intimamente relacionada em sua emergência e metodologia à avaliação. Martin Trow, uma figura líder no campo, considera que ela tenha surgido em meados dos anos 1970 de vertentes que incluíam a pesquisa em operações, microeconomia, teoria organizacional, administração pública, psicologia social e um interesse cada vez maior no papel da lei na política pública. É provável que devêssemos acrescentar a emergência da avaliação de programas a esta lista; Carol Weiss e Stuart Nagel fizeram um trabalho excepcional de ligação entre os dois campos antes de o estudo de políticas se cristalizar, e o periódico da AERA, ***Educational Evaluation and Policy Analysis***, tem sido uma publicação de conciliação, apenas mais recentemente tendo se deslocado com mais força para o lado da análise de políticas.

Em termos da lista-chave de verificação da avaliação, uma boa análise de políticas normalmente cobre cada passo, incluindo Recomendações, e não acrescenta algo diferente, exceto talvez um tempo mais curto para obter uma resposta. Certamente, ao passo que os Inspetores-Gerais se afastaram radicalmente do modelo acadêmico das avaliações com diversos anos de duração e passaram a insistir em avaliações com diversos meses de duração, o analista de políticas normalmente não precisa fazer avaliações de diversos dias. Há estudos de políticas que não são diretamente vinculados a recomendações, como no caso dos retrospectivos, e avaliadores renomados às vezes são chamados para avaliar políticas alternativas, de modo que os campos não são facilmente distinguíveis. Não obstante, a tarefa modal do analista político é de alguma forma diferente daquela do avaliador – é a avaliação de cenários, isto é, de possíveis futuros alternativos, cada qual correspondendo a uma política diferente. Quando bem-feita, exibirá determinadas características que são bastante raras em avaliação, como (i) análise rigorosa das formas com que uma política abrange emergências comuns – greves, falhas de energia, perturbação civil – em vez de desenvolver a partir de um ideal e (ii) o foco na forma como a política poderá se automodificar à luz da experiência, incluindo a falha parcial – este aspecto incluirá algum tipo de sistema de avaliação.

O analista de políticas tem um papel esquizofrênico, de alguma maneira familiar aos avaliadores: por um lado, tentar fornecer resumos razoavelmente válidos ao tomador de decisão que está tentando fazer recomendações sensatas antes de os grupos de interesse especial dividirem a torta; e por outro, tentando transmitir para o pesquisador acadêmico que a ação com frequência requer respostas que não cumprem todos os padrões para publicação. Um avaliador competente vai, da mesma maneira, reconhecer a necessidade frequente de respostas rápidas e procurar mais cuidadosamente fornecer melhores bases de dados de informação e melhores medidas de controle de danos, em vez de soar como A Voz da Torre de Marfim. Os principais empregadores de analistas de políticas são escolas de políticas públicas, algumas agências federais e os domínios dos grupos de reflexão [*think-tanks*] concentrados em Washington. Veja também **Inspeção, Inspetor-geral, Treinamento em avaliação, ELMR.**

ANÁLISE DE UTILIDADE MULTIATRIBUTO. O nome de uma versão do procedimento avaliativo presente no senso comum que consiste em ponderar atributos por importância, pontuando candidatos pelo seu desempenho em cada atributo, multiplicando a pontuação pelo peso, e somando os resultados de cada candidato, sendo que aquele com a pontuação mais alta é considerado o melhor. As versões usuais deste modelo, incluindo as versões matemáticas desenvolvidas desde 1976, envolvem pressuposições inapropriadas acerca das escalas de medição envolvidas, a disposição a aceitar valores ilícitos, e uma visão ingênua sobre a capacidade dos tomadores de decisão de identificar critérios relevantes e determinar pesos apropriados. Encontra-se uma análise recente da literatura em ***Decision Research***, de Carroll e Johnson, Sage, 1990. Veja também **Síntese, Ponderação e soma.**

ANÁLISE DO CAMINHO. Procedimento para analisar conjuntos de relacionamentos matemáticos que podem lançar alguma luz sobre a importância relativa das variáveis. Pode até colocar algumas limitações sobre seu relacionamento causal. Não pode identificar definitivamente um ou um grupo deles como uma causa.

ANÁLISE FUNCIONAL. Há muito os antropólogos e sociólogos têm familiaridade com a distinção entre as funções latentes e manifestas de, por exemplo, cerimônias religiosas. (Uma função manifesta seria adorar ou solicitar a assistência de deidades; uma função latente seria fortalecer o tecido social do grupo, outra seria (alegadamente) servir como "o ópio das massas.") Com frequência, há alguma tensão entre as duas, visto que aqueles que acreditam na primeira não estão dispostos a aceitar o que parece ser a redução depreciativa da última. A análise funcional em biologia muitas vezes descreve as funções de órgãos ou coloração em uma linguagem que se assemelha à teleologia manifesta, embora a verdade esteja na explicação latente nos termos da seleção natural. Em avaliação, a análise funcional é uma base comum dos valores utilizados para se chegar a uma conclusão avaliativa. Consulte **Lógica da avaliação.**

ANÁLISE SECUNDÁRIA. Reavaliação de um experimento ou investigação, por reanálise dos mesmos dados e/ou reconsideração da interpretação. Coletar novos dados normalmente constituiria uma **replicação**; mas há casos intermediários. Às vezes usada para referir-se a análises de grandes quantidades de estudos. Consulte **Meta-análise, Avaliação secundária.**

ANÁLISES DE SISTEMAS. Às vezes, "abordagens de sistemas" e "teoria do sistema" são usados como sinônimos. Esta abordagem coloca o produto ou programa sob avaliação no contexto de algum sistema total. A análise de sistemas inclui uma investigação de como os componentes do programa/produto sob avaliação interagem, e como o ambiente (sistema) em que o programa/produto existe o afeta. O "sistema total" não é claramente definido, e varia de uma instituição particular ao universo como um todo, logo, a abordagem tende a ser mais uma orientação do que uma fórmula exata, e os resultados de seu uso variam do terrivelmente trivial a insights consideráveis.

ANALÍTICA (classificação ou avaliação). Abordagem à avaliação de algo que envolve avaliar suas partes ou aspectos, seja como um meio para uma avaliação geral ou sem a síntese final. (Veja **Avaliação fragmentária.**) A oposição é feita à avaliação global. Por analogia com as duas abordagens da economia chamadas de abordagens macro e micro, a avaliação analítica seria chamada de microavaliação; a avaliação global seria a macroavaliação. Na linguagem metodológica da psicologia, os termos seriam molecular e molar. Há duas variedades principais de avaliação analítica: avaliação de **componentes** (avaliação das partes) e avaliação **dimensional** (avaliação dos aspectos); combinações são possíveis, como na avaliação de programas. Acredita-se também que a análise causal (**etiologia**), **diagnóstico**, ou sugestões corretivas façam parte da avaliação analítica (normalmente **formativa**), mas, a rigor, elas não compõem a avaliação de forma alguma. Embora a avaliação analítica normalmente seja a abordagem escolhida para fins formativos, há casos em que seu custo bem mais alto ou menor validade façam com que isso seja um erro.

ANCORAGEM (PONTOS DE ANCORAGEM). Escalas de classificação que usam números (p. ex., 1-6, 1-10) ou letras (A-F) normalmente deveriam fornecer uma tradução dos pontos marcados na escala, ou ao menos dos pontos das extremidades e do centro. É comum que estas âncoras confundam a linguagem de classificação com a linguagem de ranqueamento, por exemplo, definindo A-F como "Excelente... Médio... Ruim", que possui dois descritores absolutos e um relativo e, consequentemente, é inútil se a maioria dos avaliados são ou podem ser excelentes (ou ruins). Algumas âncoras com conceitos em letras, provavelmente a maioria delas, criam uma distribuição assimétrica do mérito, por exemplo porque o âmbito do desempenho que D (potencialmente) descreve é mais restrito do que o âmbito de B; isso invalida (embora possivelmente não de forma *grave*) a conversão numérica dos conceitos de letras em pontos na classificação. Pode ser uma virtude, se a conversão *não* for essencial. Em outro sentido de ancoragem relacionado a este, significa a calibração cruzada de, por exemplo, diversos testes de leitura, de modo a identificar pontuações (mais ou menos) equivalentes.

ANONIMATO. Preservar o anonimato dos respondentes às vezes requer bastante engenhosidade. Embora nem mesmo sistemas praticamente perfeitos consigam respostas honestas de todas as pessoas na avaliação de pessoal, devido ao viés dos acordos tácitos, sistemas mal vedados quase não conseguem honestidade alguma, devido ao medo da repreensão. A nova exigência legal de arquivos abertos colocou esta fonte crucial de informações para avaliação ainda mais em risco; porém, não sem uma base ética substancial.

O uso de um 'filtro' (uma pessoa que remove as informações que identificam os respondentes, normalmente o encarregado geral da avaliação) costuma ser essencial; uma caixa de sugestões, um telefone com gravador ao qual os respondentes podem falar (disfarçando sua voz), listas de verificação que evitam a necessidade de escrever à mão de forma reconhecível, formulários que podem ser copiados para evitar identificadores de marca-d'água, dinheiro em vez de selos ou envelopes pré-pagos (que podem ser codificados de forma invisível) – tudo isto é possível. Outros problemas comuns: E se você quiser oferecer um *incentivo* pelas respostas, como saber a quem recompensar? E se você quiser reverter o processo de anonimização, como uma vasectomia (por exemplo, para obter a ajuda para um respondente que está em grande aflição)? Há respostas complexas, e as perguntas ilustram a medida que esta questão do delineamento da avaliação nos leva além das técnicas de pesquisa convencionais.

ANSIEDADE PERANTE A AVALIAÇÃO. Ansiedade provocada pela perspectiva, possibilidade imaginada ou ocorrência de uma avaliação. No contexto clínico, isso inclui muita ansiedade social, quanto aos testes, pré-competição e assim por diante, e é causa de preocupação apenas quando produz afeto ou disfunção incapacitante. No contexto da avaliação, com frequência é algo que merece atenção séria e direta, e lidar com isso – principalmente a versão fóbica, a **axiofobia** – requer habilidades e conhecimentos especiais. Ref.: ***Handbook of Social and Evaluation Anxiety***, editado por Harold Leitenberg (Plenum, 1990). Veja também **Avaliação reativa.**

ANSIEDADE PERANTE TESTE. Espécie de **ansiedade perante a avaliação.** Os testes podem perder *ou ganhar* validade quando os indivíduos estão mais ansiosos do que estariam na situação do critério, ou quando os testes abrangem um domínio que não corresponde bem ao suposto domínio do teste; mas são melhores do que a maioria dos observadores, incluindo o professor da classe, em muitos casos. O problema não é que o professor não saiba mais sobre o aluno; é simplesmente que os relatórios de diferentes professores não correspondem bem e normalmente são mais ambíguos para muitos públicos do que os resultados de testes. Consulte **Ensinar para o teste, Teste para o que foi ensinado.**

ANTECEDENTES & CONTEXTO. As avaliações são comparáveis a alguns estudos de pesquisa etnográfica em termos de sua extrema dependência de fatores contextuais para a determinação do delineamento correto.

Por exemplo, se uma avaliação está sendo realizada em um contexto de forte oposição à avaliação, ou de maneira subsequente a uma tentativa catastrófica de avaliação anterior, a credibilidade deverá ser reforçada por diversos dispositivos, e o acesso aos dados deverá ser pensado com muita cautela. Mais uma vez, um estudo do ambiente pode deixar claro que determinados aspectos do desempenho do programa são acordados entre todas as partes; o avaliador só precisa verificá-los rapidamente e poderá se concentrar nas questões controversas. A identificação das partes interessadas é uma parte importante do esforço de A&C; encontre mais detalhes em **Lista-Chave de Verificação da Avaliação.**

APRECIAÇÃO. Termo para **avaliação**, ocasionalmente usado com conotações específicas, principalmente no sentido de determinar um valor de mercado de um imóvel ou produtos como joias.

APROXIMAÇÃO. Uma das maneiras com que relatórios e recomendações de avaliações devem ser distinguidos de relatórios de pesquisa refere-se ao uso da aproximação para evitar precisão irrelevante ou confusa. A investigação rigorosa revela que o uso da aproximação na ciência é mais difundido do que parece, se buscarmos declarações explícitas de aproximação; por exemplo, as leis da natureza, por mais categoricamente que sejam determinadas, são quase todas, de fato, apenas aproximações – nem mesmo pequenas aproximações. O tamanho do erro nas leis gerais de gases, por exemplo, com frequência alcança uma porcentagem na casa das centenas. A compensação é a compreensibilidade; a exceção – naquele exemplo, uma referência a 'gases perfeitos' – com frequência não é mencionada. A lição para o avaliador é uma parte fundamental da pragmática do relatório em avaliação – e da apresentação de dados, de modo geral. KISS é a sigla – *Keep it Simple, Stupid* [mantenha a simplicidade, seu idiota]. Use tipos ideais, anedotas-chave, aproximações e **resumos** com compressão à razão de 1000:1.

ARBITRAGEM. Um dos membros do triunvirato mediação, negociação e arbitragem, considerados componentes-chave da gestão industrial ou de pessoas. A reflexão sobre estes processos revela uma série de lições importantes para o avaliador no que diz respeito às relações entre avaliador e avaliando, e entre avaliador e cliente. Por exemplo, as noções de **credibilidade**, **ética**, **papel terapêutico**, função legal e limitações estão envolvidas em ambas as tarefas, e a forma como a arbitragem – baseada em seu histórico completo – lida com esses aspectos do seu próprio processo é esclarecedora.

ARGUMENTAÇÃO. House argumentou que a avaliação é uma forma de argumentação (*Evaluating with Validity*, Sage, 1980) e, consequentemente, que insights sobre ela podem estar implícitos em estudos de raciocínio, tal como a "Nova Retórica". Não é fácil fechar esta ideia em todas as suas especificidades. Uma fonte mais geral seria a literatura do movimento da **lógica informal**, que inclui o periódico ***Argumentation*** [Argumentação] e, portanto, é consistente em espírito com esta sugestão.

ARQUIVOS. Repositórios de registros em que se encontram, por exemplo, minutas de reuniões importantes, antigos orçamentos, avaliações passadas e outros **dados encontrados.**

ARTEFATO (de um experimento, uma avaliação, um procedimento analítico ou estatístico). Resultado artificial, meramente devido aos (criado pelos) procedimentos investigativos ou analíticos usados em um experimento, uma avaliação ou uma análise estatística, e não uma verdadeira propriedade do fenômeno investigado. (Para ver um exemplo, consulte **Efeito teto**.) É normalmente descoberto – e em bons delineamentos, afastado – usando diversos métodos independentes de investigação/análise.

ASSERÇÃO DE VALOR PRIMÁRIA. Asserção de que algo tem determinado valor (ou mérito, ou relevância). Distinta de asserções de valor declaradas – asserções de que alguém, inclusive a própria pessoa, acredita que algo possui determinado valor – aqui chamadas de asserções de valor secundárias.

ASSERÇÃO DE VALOR SECUNDÁRIA. Asserção de que alguém, ou um grupo, atribui valor a algo a determinado ponto declarado (talvez por comparação a outras coisas). O contraste é com as **asserções de valor primárias**, que são asserções de que um *avaliado* possui (de fato) determinado valor a determinado ponto, talvez para determinados grupos. As asserções de valor secundárias são verificáveis, mesmo quando são feitas pela pessoa a quem se referem, visto que podem ser mentiras, e muitas vezes autoenganações. Mas o processo de verificá-las é apenas o processo de verificar que a pessoa *de fato* atribui valor a algo – acredita que algo tem valor para ela – e não que seja *valiosa* para ela (ou que seja *boa* para ela, ou que *valha a pena* para ela, e assim por diante). As duas asserções apenas coalescem no caso de 'meras' questões de gosto, isto é, questões de gosto em que outras considerações devem ser ponderadas, tais como a saúde, lógica ou a lei.

ASSESSMENT. Com frequência usado como sinônimo de avaliação, mas às vezes é sujeito a esforços valorosos para diferenciá-los, presumivelmente a fim de evitar a afronta do termo "avaliação" na mente das pessoas para as quais o termo é mais importante do que o processo. Nenhum destes esforços vale muito, seja em termos de lógica intrínseca ou adoção. Para dar um exemplo, às vezes recomenda-se o uso do termo restrito a processos focados em abordagens quantitativas e/ou de teste, mais do que em julgamentos; a quantidade pode ser financeira (como na avaliação de imóveis para fins de tributação, pelo assessor que representa o Estado), ou números e pontuações (como no National Assessment of Education Progress). Entretanto, estes parecem ser principalmente casos de avaliação em que o julgamento está embutido no contexto dos resultados numéricos. Pontuações brutas de um teste com conteúdo ou validade de construto desconhecida não seriam análise; apenas quando um teste é – por exemplo – sobre competência básica em matemática que o relatório dos resultados constitui análise no sentido adequado. E claro, o julgamento da validade é o componente avaliativo chave nisto.

Recentemente, outro esforço foi empreendido para limitar o termo completamente à avaliação de pessoal, uma atitude que naturalmente excluiria o National Assessment of Educational Progress e muitos outros usos bem estabelecidos e contraria outras atitudes mencionadas anteriormente. Veja **Avaliação de desempenho clínico**.

Na década de 1980, este termo tornou-se um grito de guerra em prol de um movimento que abordasse mais uma vez, de maneira diferente, muitos dos problemas tradicionais na avaliação de alunos e faculdades. Uma visão geral excelente do lado do ensino superior é fornecida por Ewell na edição de 1991 da ***Review of Research in Education***, publicada pela AERA. Do lado da avaliação de programas, não surgiu muita coisa que já não fizesse parte do repertório-padrão da avaliação de programas, exceto que uma grande quantidade de faculdades está, pela primeira vez, fazendo o mínimo que a prestação de contas requer. Outra parte do movimento de avaliação, altamente apoiado em escolas, bem como em faculdades, é o distanciamento dos testes escritos na direção de algo mais global e que faça mais uso de julgamentos (portanto, na direção oposta do primeiro sentido descrito anteriormente). Independentemente, de certa forma, apoia-se também o distanciamento dos testes de múltipla escolha. Até agora, este distanciamento bem-intencionado da rigidez do teste de múltipla escolha mostra poucos sinais da criação de algo novo que satisfaça padrões sensatos de utilidade e justiça; mas ainda pode vir a fazê-lo, de forma que deve ser bem recebido – com cautela. Uma perspectiva equilibrada das novas formas de avaliação de estudantes aparece no volume citado antes. Outra abordagem seria desenvolver formas melhoradas e muito diferentes de testes pontuados por máquina (um nome melhor do que "testes objetivos"); veja **Item de múltipla classificação** e **Avaliação de desempenho clínico.**

ASSIMETRIA (de critérios de avaliação). Com frequência, encontra-se a visão ingênua de que listas de verificação ou questionários avaliativos que possuem mais pontos potencialmente negativos do que positivos são enviesados. Pelo contrário, no contexto da avaliação formativa, pode-se defender até mesmo a presença *apenas* de pontos negativos (uma lista de todos os erros possíveis é o guia perfeito para identificar as áreas que precisam de melhoria). No contexto somativo – na avaliação de pessoal, por exemplo – é preciso compreender que o mérito não é uma noção simétrica com relação aos deveres – perder aulas regularmente sem justificativa é motivo de suspensão, enquanto ir às aulas regularmente não é motivo de congratulação. Claro, a credibilidade ou redução do estresse pode ditar pequenas concessões neste caso, mas a educação básica em avaliação seria uma solução melhor. O único tipo de "simetria" que se pode exigir é que uma abordagem à avaliação seja capaz de sustentar resultados tanto favoráveis quanto desfavoráveis de maneira válida; algo que, por exemplo, a **avaliação de professores** com base em visitas à sala de aula não pode fazer, mas que uma lista de verificação de pessoal ou produtos que contenha todos os erros possíveis pode fazer muito bem.

AT (Avaliação de Tecnologias). Avaliação, particularmente com respeito ao provável impacto, de tecnologias (normalmente, novas). Discutido em mais detalhes em **Avaliação de tecnologias**.

ATENUAÇÃO (Estatística). No sentido técnico, refere-se à redução da correlação devido a erros de medição.

ATIRE NOS CAVALOS PRIMEIRO (PRIMEIRO, O MAIS IMPORTANTE). Máxima procedimental que visa reduzir o desperdício de esforço em avaliações que envolvem diversos avaliados *ou* testes. Estas avaliações normalmente envolvem preencher células de uma matriz, em que as dimensões de mérito encabeçam as linhas, e os nomes dos avaliados, as colunas. O princípio do "atire nos cavalos primeiro" recomenda que nunca se deve trabalhar em uma lista em ordem alfabética começando pela célula superior esquerda, ou começando pelo favorito anterior, mas sempre proceder identificando primeiramente quaisquer padrões que são inegociáveis, por exemplo, linhas de corte em relação a preço, velocidade ou eticalidade, e então verificar o desempenho nestes quesitos. Elimina-se os candidatos que não passarem em qualquer um destes, uma vez que este procedimento com frequência elimina todo o trabalho adicional relacionado a vários candidatos. Ao lidar com uma série de testes a serem aplicados a candidatos, e você tem alguma experiência com a bateria de testes, considerações acerca de custos tornam-se mais complexas quando existe a opção de não submeter todos eles a todos os testes e pode corrigir cada um dos testes antes de decidir quem será submetido ao próximo.

Um procedimento útil é começar com requisitos absolutos e fáceis de verificar (por exemplo, possui diploma secundário, escreve de maneira legível no formulário de inscrição), e então usar o custo para selecionar os testes em que candidatos não passam com mais frequência e os requisitos absolutos restantes. Lembre-se de que você precisa ter bastante certeza sobre seus dados de desempenho e sobre a justificativa para o ponto de corte desclassificatório, visto que não poderá reconsiderar registros incompletos. Assim, a validade, bem como o próprio custo do teste, também precisam ser levados em consideração em casos de testes em larga escala.

O termo advém de aconselhamentos apócrifos a atiradores em um vagão de trem cercado, na ocasião em que forças inimigas montadas a cavalo iniciam um ataque: "Não espere até que consiga ver o branco dos olhos, atire nos cavalos primeiro!". Motivos, para ficar registrado (não para o defensor das causas animais): é possível atingir cavalos de uma distância muito maior; um cavalo que cai pode causar a queda de outros; mesmo que você erre os cavalos, pode ter a sorte de atingir um homem; atingir ao menos os cavalos atrasa a chegada dos inimigos, tornando o ritmo com que atacam mais administrável; e assim por diante. Em suma, faça o máximo de estrago possível, tão logo quanto possível. Consulte **Obstáculos múltiplos.**

ATITUDE AVALIATIVA. Definida por meio de exemplo do contrário, é o que falta na profissão da administração educacional quando se descobre que suas publicações não fazem esforço algum para divulgar programas que se provaram bem-sucedidos por meio de teste de campo comparativo (por exemplo, programas de leitura) que alguns dos seus membros muito se esforçaram para obter por intermédio da realização de avaliações comparativas diretas. Para uma definição em um contexto mais amplo, consulte **Competências em avaliação.**

ATITUDES. A combinação de variáveis cognitivas e afetivas que descrevem a posição mental de uma pessoa com relação a outra pessoa, coisa ou estado. Pode ser avaliativa ou simplesmente preferencial; isto é, alguém pode pensar que correr faz bem, ou simplesmente gostar de fazê-lo, ou ambos; gostar de fazer isso não significa acreditar que seja digno de mérito, e vice-versa, ao contrário do que sugerem muitas análises de atitudes. As atitudes são inferidas a partir do comportamento, inclusive o comportamento verbal, e dos estados internos. Ninguém, inclusive a pessoa cujas atitudes estamos tentando determinar, é infalível no que diz respeito a conclusões atitudinais, mesmo que a pessoa esteja em uma posição *quase* infalível com relação aos seus próprios *estados interiores*, que não são o mesmo que atitudes. Note que não há uma linha clara que separa as atitudes das crenças; muitas atitudes são evidenciadas por meio de crenças (que podem ser verdadeiras ou falsas), e atitudes, às vezes, podem ser avaliadas como certas ou erradas, boas ou ruins, de maneira objetiva (p. ex., atitudes como daqueles que creem que "o mundo gira em torno deles", sobre o trabalho, mulheres (homens) e assim por diante). Consulte **Afetivo**.

ATORES. Jargão das ciências sociais (e agora, da avaliação) para os que participam de uma avaliação, normalmente o avaliador, cliente e avaliando (se uma pessoa ou seu programa está sob avaliação). Também pode ser usado para referência a todas as partes interessadas ativas.

ATRITO. A perda de indivíduos do grupo experimental ou de controle/comparação durante o período do estudo. As consequências disso às vezes podem chegar a destruir o delineamento experimental – 60% de perda em um ano não é incomum nas escolas e são conhecidos casos em que houve perda de 98%. Assim, toda escolha de números nos grupos deve ser baseada em uma boa estimativa do atrito, além de uma margem de erro substancial.

AUDITORIA, AUDITOR. Além do sentido original deste termo, que se refere a uma verificação dos livros contábeis de uma empresa ou instituição por um contador independente, o uso do termo em avaliação se refere a uma avaliação terceirizada ou externa, com frequência de outra avaliação. Consequentemente – e este é o uso-padrão na Califórnia – um auditor pode ser um meta-avaliador, que tipicamente atua em uma função formativa e somativa. No uso mais geral, um auditor pode ser simplesmente um avaliador externo que trabalha para o mesmo cliente como o principal avaliador ou para outro cliente. Há outras ocasiões em que o auditor se encontra no meio do caminho entre o tipo original de auditor e um auditor de avaliação; por exemplo, a Agência de Auditoria HEW (mais tarde HHS/ED) foi originalmente criada para monitorar a adesão às diretrizes fiscais, mas seu pessoal agora com frequência analisa a metodologia e a utilidade geral das avaliações. O mesmo se aplica às 'auditorias' do GAO e OMB. Na frente original, o auditor fiscal certamente atua numa função de avaliação. Como Abraham Briloff demonstrou em seu clássico de 1973, ***Unaccountable Accounting***, eles não são muito bons em melhorar falhas fundamentais da contabilidade quando elas envolvem novos abusos da boa prática. É uma lição com algum significado para avaliadores em outros campos. Mas então, os auditores podem ensinar algo muito útil a avaliadores sem qualificação específica em contabilidade – como descobrir se o cerne fiscal de um programa está podre; certamente, é uma consideração muito relevante para avaliação de programas.

AUTOAVALIAÇÃO. Em discussões acerca da avaliação de pessoal, não raro ouvimos a sugestão de que autoavaliações deverão ter algum peso no processo, ao menos na avaliação de profissionais. É fundamental compreender que, em um sentido, isso é completamente falacioso, em outro, muito importante; os dois sentidos normalmente não são distinguidos. Como os profissionais devem ter competências consideráveis em autoavaliação (o **imperativo profissional**), seus esforços nesta direção devem ser examinados ao longo de sua avaliação. Eles são examinados pela sua qualidade como produtos do trabalho – e porque poderão fornecer uma base para a correção dos erros do avaliador, tanto na autoavaliação quanto na classificação do avaliador. Mas eles não podem receber pesos por si só, isto é, como se fossem relatórios de um coavaliador, visto que fazer isto cria um motivo para inflação da autoclassificação, isto é, por falsificá-las e, assim, invalidar a elas e a avaliação geral. Consulte **Avaliação do administrador**. A autoavaliação para o avaliador é, naturalmente, uma obrigação particularmente séria – 'a avaliação começa em casa'.

AUTÔNOMOS (critérios). Na avaliação de pessoal, especialmente, é importante distingui-los dos chamados critérios **compensatórios**. Um critério autônomo (ou 'independente') é um requisito que deve ser satisfeito, normalmente a um certo nível, sem que compensações de desempenho acima do nível mínimo em outros critérios sejam exigidos. Por exemplo, o conhecimento de um assunto a tal ponto que dependa da série escolar em que um professor ensina é um critério autônomo para o profissional escolar; às vezes, este nível é chamado de 'mínimo absoluto'. O conhecimento muito além deste nível pode compensar por déficits nos critérios compensatórios. Veja também **Obstáculos múltiplos**.

AUTORREFERÊNCIA. A sociologia é uma ciência diretamente autorreferente, visto que a sociologia da ciência e, assim, da sociologia, é parte dela; o mesmo se aplica, de modo geral, às ciências sociais, ao pensamento crítico e à filosofia. A matemática pura (como astronomia e geologia) não é uma disciplina autorreferente, visto que seu objeto de estudo não inclui o processo de fazer matemática (ou as pessoas que fazem), e assim por diante. Na melhor das hipóteses, a física está a meio caminho de se tornar autorreferente; mas o egocentrismo, paranoia e **axiofobia** representam obstáculos poderosos no caminho de avaliar a avaliação. Organizações têm uma atração lasciva pela racionalização obscena usada no **caso Dreyfus**, em que o exército francês argumentou que seu erro de enviar um homem inocente à Ilha do Diabo não deveria ser reconhecido, pois isto enfraqueceria a confiança do público no exército e, portanto, enfraqueceria a França. Este resultado seria muito mais grave, sugeriram, do que o encarceramento de um homem inocente. Esta doença aflige organizações que não os serviços armados, especialmente aquelas a quem confiamos a justiça – a polícia, os tribunais, as ordens de advogados e a CIA; a medicina organizada, a quem confiamos nossa saúde; agências como a National Academy of Sciences ou a National Science Foundation – das quais dependemos para a avaliação de muitas pesquisas; e mesmo o Consumers Union, nossa principal fonte de avaliação de produtos, parece não ser imune. (Professores, incluindo os universitários, também são notavelmente não entusiastas neste sentido.) Mas todas deveriam estar fazendo e – no caso das instituições – publicando autoavaliações, como uma obrigação profissional, ética e científica. Consulte **Avaliação** e **Imperativo da avaliação.**

AVALIABILIDADE. 1. O sentido natural do termo. Projetos e programas – bem como seus planos – com frequência, mas não com a frequência necessária, são submetidos à investigação de sua avaliabilidade, ou seja, da medida em que são passíveis de avaliação. Na etapa de planejamento, não se pode deixar que a preocupação com a avaliabilidade se torne um caso em que a avaliação orienta o projeto, mas não pode ser ignorada, e com frequência acarreta grandes melhorias no programa devido ao refinamento do foco e melhoria do sistema de alerta precoce.

Ela deve ser vista como o primeiro mandamento da **prestação de contas** ou o último refinamento do requisito de **falseabilidade** de Popper. O princípio subjacente pode ser expresso de diversas maneiras, por exemplo como "Não é suficiente fazer bons trabalhos, deve ser possível demonstrar *que* – e *quando* – bons trabalhos forem feitos" ou como "Não se pode aprender por tentativa e erro quando é impossível identificar os erros." O simples requisito de um componente de avaliação em uma proposta existe há tempos; a novidade é que nos últimos anos há um esforço mais sério para torná-lo viável e apropriado, ao mantê-lo em mente durante a elaboração do programa. Isso pressupõe mais expertise em avaliação do que a maioria dos designers de programas, painéis de revisão e monitores de projetos possui, mas isso pode vir. A avaliabilidade deve ser verificada e melhorada nas fases de planejamento e **pré-formativa**.

Exigir a avaliabilidade de novos programas é análogo a exigir a passibilidade de manutenção de um novo carro – obviamente. Mas quem, além dos donos de frotas (e a GSA[1]), sabia que por muitos anos houve uma diferença na ordem de 2:1 entre custos de serviços-padrão da Ford e GM? O Congresso pode ainda aprender que a baixa avaliabilidade tem um alto custo. 2. O sentido técnico do termo. Começando com Wholey e outros do Urban Institute no início da década de 1970, o Exame de Avaliabilidade foi introduzido como uma resposta ao atraso excessivo e à falta de valor das avaliações somativas do período. Envolve um pico de baixo custo no início do programa para determinar se ele tem condições de se sujeitar à avaliação (isto é, para Wholey, significa ser administrado com vistas a resultados) e para ajudar o programa a definir seus objetivos e resultados; também se concentra na possibilidade de a avaliação contribuir para o desempenho (ter bom custo-eficácia). Seguem-se outros passos que visam o mesmo tipo de resultados construtivos. É parte do que pode ser chamado de assistência útil à gestão e destina-se apenas a introduzir uma avaliação somativa intocável, caso o programa a 'mereça'. Corre-se o risco de substituí-la, e também aquilo que vem

---

1 Órgão do governo americano responsável por centralizar todos os processos de concorrência para aquisição de produtos, serviços e infraestrutura que agências do governo necessitam para servir ao público. (*N. da T.*)

logo em seguida, na abordagem multipassos de Wholey, por uma avaliação somativa rigorosa; outros riscos incluem coautoria excessiva e os problemas usuais dos modelos de **avaliação baseados em objetivos**. Ref: *Evaluability Assessment*, M. F. Smith (Kluwer, 1989).

AVALIAÇÃO ABSOLUTA. Avaliação expressa categórica ou incondicionalmente, em vez de relativamente, a (sob a condição da veracidade de) determinado conjunto de valores. Exemplo: "O desempenho de Robinson na seção clínica do teste foi o melhor da classe" *vs.* "O desempenho de Robinson foi o melhor, aplicando-se os critérios de Precisão, Completude, Organização e Expressão com pesos iguais e **pontos de corte**". O termo "absoluta" funciona como um sinal de alerta para muitas pessoas, normalmente porque elas acreditam que seu uso envolve a aceitação de alguns padrões impassíveis de questionamento. Por este motivo, geralmente é citado aqui como "avaliação direta" (em contraposição a "avaliação indireta") ou "avaliação de primeira mão" (em contraposição a "avaliação de segunda mão"). De fato, a avaliação direta envolve a aceitação de padrões, mas eles não são decretados de maneira arbitrária, e tampouco divina; podem ser contestados e defendidos da mesma forma que os elementos fatuais de uma asserção avaliativa (no exemplo anterior, o fato de que a pontuação de Robinson corresponde àquela alegada). Uma asserção de medida também envolve a comparação com um padrão, mas é epistemologicamente menos perigosa do que uma asserção avaliativa porque a escala envolvida é definida arbitrariamente (originalmente) e, portanto, não envolve uma alegação de validade, apenas uma convenção. Mas muitos dos tipos mais importantes de asserção científica são absolutos no mesmo sentido que uma asserção avaliativa incondicional. Por exemplo, a asserção de que "Cerca de um terço dos cudos da reserva estão infectados com o vírus K", baseada em autópsias de uma amostra com tamanho apropriado e cuidadosamente selecionada, é absoluta em comparação a "Cerca de um terço está infectado, considerando que nossa amostra seja representativa". Em avaliação, como na ciência, é preciso determinar premissas e então seguir adiante pressupondo que elas são válidas. Não se pode listá-las constantemente como condições – embora nunca deixem de ser mutáveis.

AVALIAÇÃO ARQUITETÔNICA. Como a avaliação de romances policiais e muitos outros tipos (veja **crítica literária**), este campo envolve uma estrutura de lógica e uma camada externa de estética; com frequência, é tratada como se apenas um destes componentes fosse importante. A solução para os problemas de fluxo de tráfego e conservação de energia, o uso de acessórios duráveis que não sejam superfaturados, a provisão de espaço de circulação e armazenamento adequado, satisfazer os requisitos relacionados à capacidade de expansão, orçamento, segurança e legislação – estas são as limitações lógicas. As limitações estéticas não são menos importantes nem mais fáceis de alcançar. Infelizmente, a arquitetura tem um histórico fraco de aprendizagem pela experiência, isto é, pouco compromisso com a avaliação funcional; todos os novos edifícios de escolas incorporam os erros mais simples (como a entrada das salas de aula na frente do cômodo), e as faculdades de arquitetura, quando projetadas pelos membros do corpo docente, não só cometem esses erros, mas são comumente considerados os edifícios mais feios do campus. (Cf. avaliadores que escrevem relatórios legíveis apenas por avaliadores.) É enormemente notável o fato de que a concepção brilhante da Ford Foundation de um centro para a arquitetura de escolas, após muitos anos de operação, afundou sem deixar rastros. Afinal, não faz bem algum se não for utilizado; os motivos de o centro não ter sido usado estão equiparados aos motivos pelos quais não usamos os resultados das avaliações sérias de programas de leitura – veja **Poder**.

AVALIAÇÃO AUTORREALIZADA. **Avaliação reativa** que traz à tona sua própria verdade e não seria verdadeira sem que fosse anunciada ou publicada. O mecanismo causal envolvido varia de uma necessidade sentida de tornar verdadeira uma asserção favorável (talvez porque seja de sua autoria), a casos de avaliados que são tão incomodados por uma avaliação negativa que desejam trazer sua verdade à tona, a casos de afirmações performativas em que a afirmação é a recompensa da qual ela fala. Veja também **Avaliação autorrefutante**.

AVALIAÇÃO AUTORREFUTANTE. Avaliação cuja publicação traz à tona sua falsificação. Falando livremente, podemos dizer que muitas avaliações formativas críticas são rapidamente rejeitadas mudando-se o programa para fazer com que a crítica não mais seja verdadeira. (A rigor, claro, dever-se-ia atribuir uma variável de tempo para a avaliação; então a avaliação em t0 não é invalidada pelas mudanças feitas em t1, apenas pela republicação do mesmo relatório de avaliação se for feito, inconcebivelmente, em t2.) A asserção avaliativa de que um aluno ou gerente de programa é incorrigivelmente preguiçoso, no entanto, às vezes será autorrefutante em um sentido mais forte, isto é, verdadeiro salvo se publicado, falso se publicado. Há uma variedade de outros casos de avaliação **reativa** que estão próximos de serem autorrefutantes; avaliações altamente favoráveis às vezes reduzem o incentivo, de forma que o(a) melhor estagiário(a) deixa de ser o(a) melhor estagiário(a) simplesmente porque foi identificado(a) como tal. Há também **Avaliações autorrealizadas.**

AVALIAÇÃO BASEADA EM OBJETIVOS. Qualquer tipo de avaliação baseada nas metas e objetivos do programa, pessoa ou produto, bem como no conhecimento destes e referenciada a eles. Ao passo que sua forma simples é a **avaliação do alcance dos objetivos**, uma avaliação baseada em objetivos pode ser muito mais sofisticada e preencher muitas das lacunas desta abordagem. Ela pode, adicionalmente, envolver uma análise de necessidades, de forma que os objetivos possam ser analisados de maneira mais crítica; pode empreender alguma análise de custo ou comparações; talvez procure por efeitos colaterais e verifique a ética do processo do programa. Quando de fato inclui estes componentes, eles com frequência são *referenciados* às metas do programa (ou da pessoa) e, assim, a abordagem pode se envolver em problemas graves, tais como a identificação destas metas, o manejo das inconsistências nelas encontradas ou das falsas premissas nas quais são baseadas, bem como as mudanças ocorridas ao longo do tempo, o manejo dos resultados que representam insuficiências e excessos no atingimento das metas e objetivos, além de ser necessário contornar o viés perceptivo que pode emergir simplesmente pelo fato de conhecer os objetivos.

Assim, a avaliação baseada em objetivos é defectiva, embora uma abordagem minuciosa deste tipo, realizada por avaliadores externos experientes, possa abranger muito do que é necessário na avaliação de programas. O ponto forte da abordagem é inversamente relacionado à medida que as metas são usadas como padrões de mérito. As metas nada têm a ver com o mérito, apenas com o monitoramento pela gestão. A avaliação de programas rigorosa deve cavar fundo em busca dos fatos fundamentais que determinam o mérito – os fatos relacionados a necessidades, desempenho e processo – e contornar o pântano de retórica das metas e objetivos. (Na verdade, a busca é melhor quando realizada por pessoas que não conhecem as metas do programa; as pessoas que as conhecem não procuram o que se consideram meros efeitos colaterais com o mesmo entusiasmo.) A ironia é que fazemos isso o tempo todo na posição de consumidor; ninguém avalia carros levando em consideração as metas da equipe de design. Por que a diferença, então? O problema é que a avaliação de programas foi – e em grande parte ainda é – instigada ou controlada por gerentes, e não por consumidores. Os gerentes pensam em termos do sucesso de seus planos, e a avaliação baseada em objetivos, consequentemente, tende a ser avaliação voltada ao gerente, muito próxima do **monitoramento**, e muito distante da avaliação voltada ao consumidor (**avaliação livre de objetivos**).

Quatro notas: (i) Definir a avaliação como o estudo da **efetividade** ou **sucesso** dos programas com frequência é um sinal de aceitação (muitas vezes inconsciente) da avaliação baseada em objetivos, pois estas são noções dependentes de objetivos; (ii) os problemas da avaliação baseada em objetivos de maneira alguma se contrapõem a *restrições de financiamento*, por exemplo, limitações quanto ao tipo de subsídio ou residência da organização apoiada que são impostas a uma fundação pelo ato de doação. Na medida em que 'sucesso' é considerado o sucesso naquela área, esta é uma noção inofensiva e útil; é apenas quando referenciado às metas *específicas* de um programa ou projeto que se torna uma abordagem muito limitada (deve-se procurar determinar *o custo-efetividade comparativo para satisfazer as verdadeiras necessidades ranqueadas, incluindo os efeitos colaterais, a generalizabilidade e as considerações éticas/legais* – para fornecer um resumo simplista da **Lista-chave de verificação da avaliação**); (iii) o custo de encontrar, traduzir e conciliar metas em grandes programas é enorme; o fato de isto ser necessário pode, em si, constituir motivo suficiente para mudar para a avaliação livre de objetivos; (iv) a melhor abordagem possível à avaliação baseada em objetivos aproxima-se bastante de uma avaliação livre de objetivos superficial, incluindo comentários sobre o alcance das metas apenas ao final. Avaliações excepcionalmente boas podem ser realizadas usando esta abordagem 'baseada em objetivos incidental'; a abordagem do GAO [Departamento Geral de Contabilidade do governo americano] faz isso, assim como a do GIG [Gabinetes dos Inspetores-Gerais], em alguma medida, e a abordagem da **Lista-chave de verificação da avaliação** possibilita isso também.

AVALIAÇÃO BASEADA NO CONSUMIDOR. Abordagem para a avaliação de (normalmente) um programa que *começa com* e se *concentra no* impacto sobre o consumidor ou clientela, ou – para ser mais exato – em toda a população impactada. Ela pode ou não ser realizada **sem objetivos**, embora esta seja claramente a metodologia de escolha da avaliação baseada no consumidor. Ela empreende um esforço peculiar para incluir a identificação de populações não alvo que sejam impactadas, os efeitos não pretendidos, os custos ocultos ao consumidor e à sociedade, e assim por diante. Grande parte da história da avaliação na era moderna (os últimos 25 anos) é a história do movimento no sentido contrário ao viés da gestão (**modelo de alcance de objetivos**) para um modelo baseado no consumidor.

AVALIAÇÃO CLÍNICA. Consulte **Avaliação psicológica**.

AVALIAÇÃO CONJUNTA. Procedimento favorecido pela Fundação Kellogg, em que os avaliadores individuais de um grupo de projetos colaboram com um 'avaliador de grupo' para identificar problemas especiais que possivelmente consigam solucionar juntos.

AVALIAÇÃO DA IMPLEMENTAÇÃO. Reações recentes aos resultados frequentemente desinteressantes das avaliações de impacto sobre programas de ação social incluíram um retorno ao mero monitoramento dos resultados de um programa, também conhecido como 'avaliação da implementação'. É mais fácil implementar; é mais difícil melhorar. (Embora ainda seja difícil; consulte **Implementação de programa**.)

AVALIAÇÃO DE ALUNOS. Pode significar (i) a avaliação *dos* alunos, normalmente realizada por seus instrutores; (ii) avaliação realizada *por* alunos, normalmente de seus instrutores (os instrumentos preenchidos com frequência são chamados de "classificações dos alunos"); (iii) a avaliação do *trabalho* dos alunos, isto é, **avaliação de desempenho.** O sentido (i) é uma espécie da avaliação de pessoal, mas ele normalmente é equivocadamente confundido com o sentido (iii), desempenho do aluno ou avaliação do trabalho do aluno. Neste sentido, tem a distinção de ser o sentido original do termo "avaliação" nas ciências sociais aplicadas - livros com o termo não qualificado "avaliação" no título trataram, por mais de meio século, quase exclusivamente da avaliação de alunos (na verdade, do trabalho dos alunos, normalmente em testes). Hoje, ela é adequadamente vista como uma pequena parte da avaliação educacional, e uma parte ainda menor da avaliação como um todo. E agora temos mais cuidado ao distinguir entre a avaliação de alunos (**avaliação de pessoal**) e a avaliação do trabalho dos alunos (**avaliação de desempenho**).

No sentido (ii), encontramos outra situação curiosa, visto que a avaliação estudantil do ensino quase nunca é usada até o ensino fundamental, mas constitui quase toda a avaliação do ensino que ocorre no nível pós-secundário. Esta diferença é um fenômeno puramente cultural, e não está relacionada à validade de nenhuma maneira conhecida ou provável. Os alunos são as únicas testemunhas oculares de boa parte do que é relevante para a avaliação de professores (por exemplo, favoritismo, atraso) e qualificam-se como testemunhas especializadas em outros assuntos (por exemplo, compreensibilidade e legibilidade das apresentações), e vão produzir avaliações muito boas se o formulário usado for bem delineado e o contexto prepará-los e apoiá-los no papel de avaliador. Se o formulário escorregar - e a maioria deles escorrega - e perguntar sobre o estilo ou especialidade na matéria, ele se expõe à rejeição pelos que procuram uma desculpa para fazê-lo. Consulte **Avaliação de professores.**

AVALIAÇÃO DE ARGUMENTOS. Nos últimos anos, cadeias de lógica formal foram separadas da lógica pelo desenvolvimento do movimento da lógica informal. Este processo envolveu, dentre outras características, um movimento de distanciamento da abordagem de "tudo ou nada" na classificação de argumentos como válidos ou inválidos, na direção de uma abordagem mais tipicamente avaliativa que integra diversas dimensões do mérito (nomeadamente a probabilidade das premissas com o peso da inferência) e avalia argumentos como mais fortes ou mais fracos, melhores ou piores. A avaliação de argumentos é apenas uma parte da lógica informal, que também se ocupa da avaliação de alegações e relatos, apresentações e implicações; e da construção de bons argumentos.

AVALIAÇÃO DE AVALIAÇÕES. Consulte **Meta-avaliação.**

AVALIAÇÃO DE AVALIADORES. Trajetória é a chave, e não publicações. Mas como consegui-la? Consulte **Registro de avaliação, Grandes escritórios, Meta-avaliação, Ajustar a fechadura à chave.**

AVALIAÇÃO DE CAIXA-PRETA. Normalmente empregado em sentido pejorativo, o termo refere-se à **avaliação somativa global**, em que uma avaliação geral, e normalmente breve, é fornecida sem quaisquer sugestões para melhoria, causas dos problemas etc. Embora o cliente (às vezes) e o cientista (quase sempre) prefira mais informações, não há nada fundamentalmente inválido ou incompleto na avaliação de caixa-preta. Com frequência, representa todo o necessário, é extremamente valiosa (por exemplo, a maioria das avaliações de produtos de consumo) e com frequência é muito mais válida do que qualquer avaliação analítica que poderia ser feita no mesmo tempo e com o mesmo pessoal, pelo mesmo orçamento. Portanto, frequentemente é o melhor que pode ser feito, e tem a grande vantagem de ser breve. Embora em muitos contextos possa não fornecer as informações necessárias – por exemplo, onde a avaliação analítica formativa é indispensável – é simplesmente falaz supor que tais casos sejam universais ou até mesmo que predominem. (Note que a avaliação de caixa-preta pode até ser extremamente útil na situação formativa.) O ataque sobre a abordagem da caixa-preta é atualmente encabeçado por Huey-Tsyh Chen; consulte seu livro *Theory-Driven Evaluations* (Sage, 1990). Cf. **Modelo médico.**

AVALIAÇÃO DE COMPONENTES. Um dos dois tipos de avaliação analítica; o outro é a avaliação **dimensional**. Um componente de algo **avaliado** normalmente é uma parte física ou temporalmente discreta dele. Mais precisamente, é qualquer segmento que possa se combinar a outros para formar o todo do avaliado.[2] Geralmente, fazemos a distinção entre os componentes e seus relacionamentos ao discutir o avaliado como um sistema composto de partes ou componentes, e na avaliação de componentes, observamos ambos. A avaliação **global**, ou holística, de algo, pelo contrário, não envolve qualquer identificação, tampouco avaliação de seus componentes; além disso, uma avaliação de componentes isolada não implica automaticamente uma avaliação de todo o avaliado, visto que excelentes componentes de um amplificador (ou uma escola, ou estilo de ensino) não formam um bom amplificador (etc.) a não ser que sejam corretamente integrados por meio de um design e procedimentos de montagem adequados. (O resultado seria uma avaliação **fragmentária** ou não consumada.) No entanto, como os componentes frequentemente apresentam qualidade variável, e como, com a mesma frequência, buscamos diagnósticos que resultem na melhoria, avaliar os componentes às vezes é uma abordagem útil à **avaliação formativa**. Se pudermos também avaliar sua organização, podemos ter um tipo muito útil de avaliação (especialmente) formativa - a sua utilidade dependerá da medida em que as "soluções" para os componentes defectivos (e seu design e montagem) são autoevidentes ou facilmente determináveis. A avaliação de componentes distingue-se da avaliação dimensional, o outro tipo de avaliação **analítica**, por meio desta facilidade relativamente maior de manipular os componentes de maneira construtiva, em comparação às dimensões (que podem ser **perspectivas** ou artefatos estatísticos).

Note que a mera avaliação dos componentes, sem estudo da maneira como são combinados (uma avaliação exclusivamente de componentes) é uma avaliação incompleta do avaliado, exceto quando é demonstravelmente impossível ir além. Fazer avaliações exclusivamente de componentes - ou, neste sentido, avaliações exclusivamente dimensionais - é uma das abordagens que atrai as pessoas que recuam no último instante, o processo da **síntese**, às vezes sentindo que podem permanecer mais

---

2 O autor faz distinção entre *evaluee* e *evaluand*. O primeiro é a pessoa avaliada, e o segundo, qualquer coisa que esteja sendo avaliada. Optei por usar "avaliando" para pessoas (*evaluee*) e "avaliado" para o geral (*evaluand*). (*N. da T.*)

próximos da abordagem da **ciência livre de valores** ao fazer isso. Mas a avaliação – e até mesmo a síntese – envolvida no último passo não é a única envolvida na avaliação de componentes. É crucial lembrar que a abordagem da avaliação exclusivamente de componentes com frequência parece melhor do que de fato é, porque às vezes é muito difícil avaliar a forma como os componentes são combinados. Em termos tecnológicos, há um longo histórico de designs brilhantes de artefatos que seriam reprovados em uma abordagem exclusivamente de componentes, simplesmente porque são projetados para funcionar com componentes de qualidade altamente variável.

AVALIAÇÃO DE CORPO DOCENTE. A avaliação de corpo docente universitário é uma das áreas mais precárias em avaliação de pessoal. Mesmo nas "melhores" universidades, há membros do corpo docente plenamente incompetentes, que impõem um enorme custo sobre os alunos e/ou contribuintes, seus colegas e sobre aqueles que precisam do cargo deles e poderiam exercê-lo muito melhor. A avaliação envolve três dimensões principais, ponderadas de maneira diferente em faculdades diferentes: ensino, pesquisa e serviço, onde o último é dividido em (i) serviço à profissão; (ii) serviço ao campus; e (iii) serviço à comunidade. Os tipos de serviço também são ponderados de maneiras diferentes em faculdades diferentes – inclusive, algumas usam peso zero. Normalmente, uma universidade que prioriza a pesquisa adota pesos iguais para pesquisa e serviço, embora a ponderação real possa ser de seis para um – e ser muito diferente entre departamentos. Normalmente, não há um controle rigoroso dos desvios. Uma faculdade tecnóloga também pode atribuir peso zero à pesquisa, enquanto a prática é diferente. Não há bons motivos para evitar contratos individuais com ponderação variável especificada – a University of Georgia foi líder nesta abordagem – com determinadas limitações globais. Erros comuns incluem: (i) a falha em reconhecer a diferença entre mínimos (em **linhas de corte**) e pesos; nenhum peso pode acomodar a necessidade de mínimos em, por exemplo, serviço ao campus por meio da participação em comitês; (ii) a falha dar conta da diferença entre quantidade e qualidade de produção de pesquisa e carga de ensino; normalmente, há uma noção pouco sólida de que uma pode compensar a outra; (iii) a falha em definir "pesquisa" de maneira que possa abranger a poesia, consultoria, filosofia e física de modo sensato, por exemplo, sem conceder promoção a professores de física com base em sua poesia, ou a autores de textos voltados ao ensino fundamental com base na justificativa de que constitui pesquisa aplicada que faz uso de uma teoria de desenvolvimento cognitivo; (iv) a falha em usar as avaliações dos professores pelos alunos, ou, mais comumente, o uso de formulários inválidos para coletá-las – os alunos são testemunhas especialistas em cinquenta itens, mas meramente preconceituosos em outros cinquenta que aparecem em formulários amplamente utilizados. Consulte **Estudo de estilo**.

AVALIAÇÃO DE CURRÍCULO. A avaliação de currículo pode ser tratada como um tipo de **avaliação de produto**, com ênfase sobre os estudos do resultado daqueles que usam o currículo. Por outro lado, pode ser abordada em termos de validade de conteúdo – uma abordagem mais próxima à avaliação de processos. ("Currículo" pode se referir apenas ao conteúdo ou incluir a sequência de aulas e cursos.)

Wood e Davis identificam os seguintes componentes na avaliação de currículo: determinar a natureza real do currículo (e seu sistema de apoio de conselheiros, outros currículos, catálogos etc.) em comparação às descrições oficiais (por exemplo, por meio de análise de transcrições, análise de currículo de anotações de aulas); avaliar sua qualidade acadêmica; examinar os procedimentos usados para sua avaliação e revisão; avaliar o aprendizado dos alunos; pesquisas com alunos, incluindo as de desligamento e entrevistas com ex-alunos; levantamentos com o corpo docente; levantamentos com empregadores e potenciais empregadores; análise por profissionais especialistas em currículos; comparação com padrões fornecidos por associações profissionais relevantes; análise junto a escolas ou faculdades que se destacam positivamente para verificar se há alguma melhoria/atualização que deveria ser considerada. (Ref.: ***Designing and Evaluating Higher Education Curriculum***, Lynn Wood e Barbara Gross Davis, AAHE, 1978.) A abordagem da Lista-Chave de Verificação da Avaliação sugeriria: acrescentar a análise de custos – com atenção particular a custos psicológicos – e generalizabilidade a esta lista bastante útil; fortalecer a análise de necessidades em diversas direções (por exemplo, para incluir análises voltadas para o futuro); abordar o problema do **viés comum** de especialistas do mesmo campo por meio da garantia da presença de alguns críticos radicais; verificar independentemente a presença dos aprendizados usuais extracurriculares (particularmente habilidades de escrita, pensamento crítico e informática) e padrões éticos (prevenção de testes injustos, linguagem sexista etc.).

Uma falácia popular no meio envolve a suposição de que bons testes usados na avaliação de um currículo devem corresponder aos objetivos do currículo, ou ao menos ao seu conteúdo; pelo contrário, se são testes *do* currículo, devem ser construídos de maneira independente, referenciados às necessidades da população usuária no domínio geral do currículo, sem levar em conta seu conteúdo, metas e objetivos específicos. (Consulte **Falácia homeopática, Teste do que foi ensinado.**) Outra questão se relaciona à medida que os efeitos de longo prazo devem ser decisivos; como são normalmente inacessíveis devido às questões de tempo ou orçamento, acredita-se com frequência que julgamentos sobre o currículo não podem ser feitos de maneira confiável. Mas essencialmente, todos os efeitos de longo prazo são mais bem previstos a partir dos efeitos de curto prazo, que *podem* ser medidos. Além disso, inferências causais traçadas a partir de dados temporalmente remotos, mesmo que pudéssemos esperar para estudar a situação em longo prazo, são tão menos confiáveis que quaisquer ganhos do estudo de longo prazo provavelmente seriam ilusórios.

Um dos erros mais graves em uma grande quantidade de avaliações de currículo envolve a pressuposição de que os currículos são implementados da mesma maneira por professores diferentes ou em escolas diferentes. Mesmo que uma lista de verificação bastante compreensiva seja usada para garantir a implementação, ainda há bastante deslize no processo de ensino. No sentido mais geral de "currículo", que se refere à sequência de cursos apreendidos por um aluno, o deslize ocorre por meio da concessão de exceções, o uso de exames desafiadores que beiram a invalidação, a substituição de diferentes instrutores por outros de licença, e assim por diante. Apesar dessas dificuldades, os materiais e a sequência do currículo devem ser avaliados em termos de diferenças grosseiras em sua eficácia e veracidade/abrangência/relevância às necessidades dos alunos. As diferenças entre bom e ruim são tão grandes e comuns que, apesar de todas as dificuldades, versões e escolhas muito melhoradas podem resultar de avaliações até mesmo improvisadas do conteúdo e facilidade de ensino de um currículo.

AVALIAÇÃO DE DESEMPENHO. A avaliação de uma realização específica, na forma de resultado ou processo: exemplos incluem o desempenho de um aluno em um teste (ou durante um semestre) e o número de um ginasta em determinado aparato, tal como as barras paralelas irregulares (ou em uma única competição, ou durante uma temporada). A avaliação de desempenho às vezes é abrigada, embora inconvenientemente, sob **avaliação de produtos**. É importante distinguir entre avaliação de desempenho e **avaliação de pessoal**, mesmo quando a avaliação de pessoal consiste quase inteiramente na integração de diversas avaliações de desempenho. Os avaliandos não devem ter a sensação de que um desempenho individual insatisfatório será tratado como justificativa para condená-los enquanto indivíduo; eles devem examinar o desempenho, juntamente com o avaliador, e aprender com sua avaliação o que deve ser aprendido – e ir em frente a partir dali. De modo geral, as opções entre **formativa** e **somativa**, **global** e **analítica**, e assim por diante, se aplicam, assim como em outras formas de avaliação. Esta abordagem é parte da 'atmosfera da sala de aula', e se difere notavelmente de uma cultura a outra.

A avaliação de desempenho é de interesse histórico porque, durante muitos anos, no século XX, o termo "avaliação" no título dos livros acadêmicos referia-se apenas à avaliação de alunos, e particularmente apenas à avaliação do trabalho dos alunos por meio de testes. A interpretação dos resultados dos testes, seja para um aluno específico, uma classe, uma escola ou um distrito, tornou-se uma área de especialização complexa e sofisticada. Agora desenvolvemos subespecialidades tal como avaliação de redação, em que a situação original da precisão desastrosamente baixa entre examinadores foi transformada, principalmente pelo trabalho de Paul Diederich. Agora, qualquer pessoa disposta a seguir procedimentos simples pode assegurar a alta validade da avaliação somativa. O uso de conjuntos simples de dimensões para avaliação analítica de composições, listadas em um carimbo – ortografia, pontuação, gramática, expressividade, organização, argumentação, originalidade, pesquisa –, pode produzir grandes melhorias em detrimento dos comentários livres na avaliação formativa.

Listas de verificação localmente específicas semelhantes podem fazer o mesmo se aplicadas a outros tipos de desempenho. Desempenhos atléticos com frequência são facilmente avaliáveis **globalmente** porque usam algumas medidas de resultados simples, tal como o tempo até o término da maratona; **analiticamente**, com frequência são decompostos em fases temporais do desempenho, as dimensões como estilo *vs.* resistência *vs.* estratégia com frequência são úteis. Desempenhos em ginástica, tal como dança ou patinação, com frequência são pontuados analiticamente de acordo com diversas dimensões, tais como estilo, originalidade, dificuldade e precisão da execução – cada uma classificada a partir de julgamento de valor.

AVALIAÇÃO DE DESEMPENHO CLÍNICO. Na área da saúde, e cada vez mais em outras áreas (p. ex., na **avaliação de ensino**), o termo "clínico" tem sido usado para enfatizar um tipo de abordagem prática, percebida como distinta dos testes escritos. Geralmente envolve observações estruturadas realizadas de maneira cuidadosa por observadores treinados e **calibrados**. O termo pode ser emprestado para aplicação a **simulações** apropriadas, do tipo usado em alguns dos exames do conselho médico. Entretanto, as simulações-padrão herdaram muito da artificialidade dos testes escritos. Por exemplo, raramente envolvem o "processamento paralelo", isto é, a necessidade administrar duas ou três tarefas simultaneamente. Uma simulação clínica rigorosa começaria por colocar os candidatos para resolver um problema, fornecendo quadros e prontuários, e então – tão logo ou antes que a tarefa começasse a fazer sentido – um novo problema com implicações emergenciais seria lançado sobre eles, e logo antes de chegarem a ponto de alcançar uma decisão emergencial preliminar sobre aquilo, um terceiro problema, ainda mais urgente, seria atirado em sua direção. Considerando-se que há alguma ansiedade associada à realização de testes para a maioria das pessoas, pode-se provavelmente chegar perto de simular ambientes clínicos neste sentido. Há muito já desenvolvemos simulações que envolvem a provisão de informações suplementares quando o avaliando as solicita, sendo parte da pontuação atrelada à elaboração de solicitações apropriadas. Simulações mais avançadas pressupõem **análise da função** cautelosa *e* análise avaliativa do que um clínico deve ser capaz de realizar.

AVALIAÇÃO DE DISCREPÂNCIA (PROVUS). Avaliação concebida como aquela que identifica as lacunas entre objetivos vinculados ao tempo ("marcos", na linguagem da gestão de projetos) e o desempenho real nas dimensões dos objetivos. Uma leve elaboração do tão simplista **modelo de alcance dos objetivos** da avaliação; uma boa base para **monitoramento.**

AVALIAÇÃO DE INSUMOS (INPUT). Normalmente refere-se à prática indesejável de usar a qualidade dos ingredientes como um índice de qualidade da produção (output), ou do avaliado – por exemplo, as notas do vestibular dos candidatos admitidos em uma faculdade como indicador do mérito da instituição. Tem um uso diferente e legítimo no **modelo CIPP**, em que representa apenas uma parte de toda uma abordagem. A **falácia de Harvard** é o erro contrário: avaliação ingênua baseada na análise da produção como índice de mérito, isto é, como se ela não fosse afetada pelos insumos.

AVALIAÇÃO DE LINHA DE FRENTE (FRONT END). Termo usado por Hood e Hemphill no Far West Laboratory para avaliar o conceito ou modelo, e talvez também as pressuposições acerca da necessidade e metodologia disponível, subjacentes a uma proposta, programa ou TDR. Veja também **Pré-formativa.**

AVALIAÇÃO DE PESQUISA. Avaliar a qualidade e/ou relevância e/ou quantidade de pesquisa (proposta ou realizada) é crucial para as decisões sobre financiamento e avaliação de pessoas que trabalham na universidade, para citar dois exemplos. Envolve a distinção entre **relevância/mérito** – "relevância" aqui se refere aos benefícios sociais, institucionais ou intelectuais da pesquisa, e "mérito", à sua qualidade (profissional) intrínseca. Ao passo que há sempre algum julgamento envolvido, não há justificativa para permitir o usual processo de julgamento *total*; pode-

-se quantificar e, de outras maneiras, objetivar o mérito e a relevância de quase toda pesquisa realizada *até o grau necessário* para a avaliação de pessoal. A solução não está no uso de um índice de citação, mas na avaliação da pesquisa com base em seu valor social *e*, separadamente, seu valor intelectual e para o campus (exceto se representar um custo líquido); na identificação de periódicos em diversos níveis de qualidade e com pesos diferentes; na permissão de publicações fora do padrão sob controles rígidos em detrimento da revisão independente da publicação; na determinação de pesos relativos para livros, textos, artigos etc.; na provisão de revisão externa quando alguém alega discriminação, com salvaguardas contra controle de grupos externos; em evitar as asserções usuais de que é mais difícil publicar em matemática do que em filosofia, visto que as evidências não estão a seu favor; e assim por diante.

AVALIAÇÃO DE PESSOAL. A avaliação de pessoal chegou atrasada na festa da avaliação de programas da Nova Era. Ela gerou pesquisas interessantes e grandes melhorias práticas (e éticas/legais) sobre a prática de senso comum em procedimentos tal como **entrevistas**. Por um longo tempo, e ainda hoje, a avaliação de programas operava como se não precisasse analisar as políticas relativas ao pessoal ou desempenho nos programas sob avaliação – nem mesmo a edição de 1989 de Rossi e Freeman, a principal obra sobre avaliação de programas, faz menção ao termo "pessoal" em seu índice. Mas procedimentos gravemente antiéticos do pessoal certamente eliminam qualquer mérito de um programa, e os ineficientes, assim como o pessoal incompetente, deveriam justificar o comentário avaliativo.

Tipicamente, a avaliação de pessoal envolve um exame das competências relacionadas a uma função de uma ou mais maneiras, entre cinco: (i) observação crítica do desempenho da função por observadores não treinados, mas bem situados, como colegas ou alunos; (ii) observação crítica por observadores supostamente competentes, e certamente mais experientes, como supervisores, gerentes de pessoal ou consultores; (iii) medição direta dos parâmetros do desempenho da função, na função, por meio de instrumentos calibrados (humanos ou, normalmente, de outra natureza); (iv) observação, medição ou avaliação do desempenho em *simulações* de trabalho; e/ou (v) o mesmo, porém por meio de *testes* escritos que examinam o conhecimento relacionado à função, às competências ou atitudes. Estes resultados, normalmente em diversas escalas, devem ser (a) validados – isto é, relacionados a uma análise dos requisitos da, ou desempenho na, função; e (b) ponderados e integrados de uma maneira justificável. Fazer (a) e (b) normalmente é muito mais difícil do que fazer a classificação básica de desempenho, mas estes passos normalmente são subestimados (de maneira espetacular na avaliação de professores).

A avaliação de pessoal é mais difícil do que, por exemplo, a **avaliação de produtos**, por diversas razões. (Por outro lado, é menos complexa do que a **avaliação de programas**.) Os produtos podem e normalmente são avaliados pelo nome da marca e do modelo, devido à semelhança relativamente alta entre dois itens diferentes da mesma linha de produção; dificilmente se pode fazer isso com todos os formandos da mesma instituição de ensino de professores. Além disso, a avaliação de pessoal está sujeita a restrições legais complexas e dois tipos de restrição ética. O primeiro tipo envolve restrições do processo para evitar, por exemplo, a invasão de privacidade; o segundo envolve a dimensão ética do desempenho por parte do pessoal que está sendo examinado. A importância desta dimensão varia dependendo da autoridade e contato interpessoal do indivíduo que está sendo avaliado, mas as pessoas com treinamento profissional em um curso de pós-graduação em ciências sociais normalmente não têm preparação suficiente para desenvolver instrumentos para medi-la ou classificá-la. Por isso, são ignoradas, um grande defeito da avaliação de pessoal, que é parte do motivo da recente avalanche de exposições de práticas antiéticas nas forças armadas, legislaturas e negócios. (A outra parte é a gestão não se importar com a dimensão ética tanto quanto com o lucro ou os retornos em termos de status.)

Há uma imensidão de outras armadilhas metodológicas na avaliação de pessoal que invalidam parte ou todas as abordagens comuns. Por exemplo, muitos sistemas falham porque são incapazes, na prática, de gerar classificações negativas, independentemente do quão ruim seja o desempenho. Normalmente, isso se deve a níveis inapropriados de anonimato dos examinadores (ou segurança dos arquivos), consistente com a legislação relevante, *ou* a um medo generalizado de falar mal dos outros, pois isso é visto como o pecado ao qual se refere a frase "não julgueis para que não sejais julgados", ou o termo "deslealdade". Este problema tem solução, mas ele requer uma atenção contínua e engenhosa (consulte **viés do contrato secreto**). Outro erro é usar a **análise de cargo** (uma abordagem descritiva) como uma base para critérios na avaliação, visto que a prática observada da função pode não incluir tarefas importantes, mas aquelas raramente exercidas, ou pode violar o contrato explícito ou implícito.

Outro erro comum é incluir 'variáveis de **estilo**' nos formulários e relatórios avaliativos. Isso com frequência é feito mesmo quando não há evidências sólidas de que determinado estilo é superior a outros, por exemplo, com relação ao chamado estilo de gestão 'democrático' ou delegatório. Mas mesmo quando variáveis de estilo foram validadas como **indicadores** de desempenho superior, elas normalmente não podem ser usadas na avaliação de pessoal porque as correlações entre sua presença e o bom desempenho são meramente estatísticas e, assim, ilegítimas na avaliação de indivíduos, como a cor da pele, que também se correlaciona estatisticamente com diversas características desejáveis e/ou indesejáveis. A "culpa por associação" é imprópria quando a associação é feita por meio de um estilo comum, da mesma forma que quando é feita por meio de um amigo, raça ou religião comum. (Consulte **Pesquisa de estilo**.)

Uma quarta falácia é a forte dependência das técnicas de Gestão Baseada em Objetivos. Elas são extremamente limitadas, por exemplo, porque ignoram a vantagem de alvos de oportunidade ou boas habilidades de solução de problemas, e são muito facilmente manipuláveis. (Consulte **Avaliação livre de objetivos, Avaliação de pessoal baseada em pesquisa**.) Muitas pesquisas de pessoal ignoram as grandes diferenças na forma como o desempenho em diferentes dimensões, ou as opiniões de diferentes juízes, são combinadas (um caso especial do processo de **síntese** em avaliação). Mesmo quando se reconhece de alguma forma a distinção entre as abordagens de linhas de corte múltiplas e compensatória, a diferença entre versões distintas de cada uma delas é raramente verificada, embora possa fazer uma grande diferença nos resultados; e a possível diferença entre o que é chamado de procedimento combinatório e o que de fato é feito é raramente verificada.

Um dos problemas mais graves é a confusão das considerações acerca do **mérito** e **relevância**. Atrair subsídios, por exemplo, ainda é tratado como 'algo positivo' no contexto da avaliação de corpo docente, sem o menor esforço voltado para a avaliação. Na verdade, costuma ser um grave gargalo para os recursos institucionais, visto que a taxa dos custos indiretos gerais geralmente é menor do que as despesas gerais, e o desvio do talento do ensino ou da pesquisa, extremamente necessário para a pesquisa financiável por organismos comerciais ou governamentais, é uma perda. Outras considerações acerca da relevância são subestimadas; a mais óbvia é a versatilidade, que pode poupar uma fortuna ao empregador quando há uma mudança dos interesses do consumidor, mas é normalmente considerada uma *desvantagem* pelos especialistas que realizam a maior parte das contratações de fato e consideram o interesse por outros campos um sinal de falta de comprometimento ao seu próprio, em vez de analisar o histórico. Outros aspectos da relevância são imaginação e originalidade em questões *institucionais*, boas competências em avaliação na mesma arena, e flexibilidade.

Do ponto de vista de alguns especialistas em gestão respeitados, notavelmente Druker e Deming, a abordagem- padrão à gestão de pessoal, que inclui a avaliação regular de indivíduos, é fundamentalmente equivocada. Eles preferem a avaliação do desempenho do grupo e desenvolver um senso de lealdade ao grupo, como é comum no Japão. Ambas as formas podem funcionar dependendo do ambiente, mas devem ser conhecidas pelos gerentes; nenhuma delas é incondicionalmente superior.

É importante destacar que a avaliação de alunos é um caso importante de avaliação de pessoal, não raro acredita-se que seja contemplada pelo nível de sofisticação que desenvolvemos com a avaliação do trabalho de alunos – um tipo de avaliação de **desempenho**. Na verdade, a avaliação de alunos – por exemplo, quando é feita por um oficial de admissões ao ensino superior, ou por uma organização que está contratando trabalhadores temporários – leva em consideração não apenas o histórico acadêmico, mas também as atitudes, interesses externos, histórico familiar etc. O nível de validade dos procedimentos usuais para fazer isto, até mesmo nas principais instituições de ensino superior, ainda é ruim, embora seja um pouco melhor do que seus procedimentos de avaliação do corpo docente.

Um grande esforço recente para melhorar isto é a publicação dos ***Standards for Evaluating Personnel***, um conjunto de metacritérios desenvolvido por representantes de um grande grupo de associações profissionais, liderado e editado por Dan Stufflebeam. Os padrões são listados e ilustrados sob quatro rubricas principais: propriedade, utilidade, viabilidade e precisão. Veja também **Ajustar a fechadura à chave.**

AVALIAÇÃO DE PESSOAL BASEADA EM PESQUISA. Qualquer abordagem à avaliação de pessoal que usa indicadores 'validados empiricamente' como critérios de mérito, mesmo que também use outros critérios de mérito claramente válidos (como competência/excelência no desempenho das tarefas). O uso de testes além de boas simulações de situações típicas no ambiente de trabalho é, de modo geral, inválido, independentemente do tamanho da correlação entre as pontuações nos testes e o sucesso subsequente na função. A pesquisa sobre a precisão das previsões a partir de testes de simulação é útil para a melhoria ou rejeição dos testes, mas a *base* para o uso dos dados de tais testes não é a pesquisa, mas o fato de que os testes são de desempenho semelhante ao trabalho.

Os argumentos para rejeitar este tipo de avaliação não são apenas éticos e (às vezes) legais, mas também científicos. Muito do que é considerado a prática 'científica' relativa ao pessoal é considerado inválido por estes argumentos, embora seu uso possa ser justificado quando alternativas melhores não forem viáveis, por exemplo, para emergências nacionais como o processamento de recrutas. (Mesmo então, providências devem ser incluídas para a reversão de erros.) Nenhuma destas exceções se aplica no curso normal da avaliação de pessoal. O uso de tais indicadores, correlacionados ou não, contamina o procedimento de avaliação, tornando-o inválido, e parece certo que os procedimentos da avaliação de pessoal baseada em pesquisa eventualmente fracassem em audiências judiciais. A análise legal definitiva, a partir de meados de 1991, se encontra em "Legal Issues Concerning Teacher Evaluation" de Michael Rebell, em ***The New Handbook of Teacher Evaluation***, editado por Jason illman e Linda Darling-Hammond (Sage, 1990).

Estes indicadores 'baseados em pesquisa' são chamados de indicadores secundários, ou **indicadores de estilo**, e seu uso é um substituto cientificamente inaceitável do uso de indicadores primários ou **critérios**, que são deveres específicos do cargo. O gênero é um indicador maravilhosamente bem fundamentado para um diagnóstico negativo de câncer de mama em um paciente do sexo masculino, mas é uma prática médica inadequada usá-lo no lugar de uma biópsia. Assim, enquanto é imoral e ilegal usar o gênero, raça e religião como base para recrutamento em emprego (e assim por diante), também não é científico, porque viola o 'forte requisito de evidência total' – essencialmente, aquele deve *obter e usar* todas as evidências razoavelmente acessíveis para avaliar probabilidades ou pessoas. (Este requisito também é imposto pelas Normas Federais de Procedimento Probatório norte-americanas, de 1989.) Assim, em circunstâncias normais, há apenas uma ação voltada ao pessoal que pode ser validamente baseada no uso de indicadores secundários – a dispensa do usuário.

Esta visão severa ainda não é amplamente compartilhada, e o leitor encontra os argumentos apresentados em ambos os lados na antologia ***Research-Based Teacher Evaluation*** (Kluwer, 1990). Um caso especial importante da avaliação de pessoal baseada em pesquisa está listado em **Avaliação de professores por pesquisa**. Veja também **Avaliação de pessoal**.

AVALIAÇÃO DE PONTOS FORTES. Analisar os recursos disponíveis para um programa ou projeto, incluindo o tempo, talentos, fundos e espaço (consulte **Custos** para ver uma lista completa). Este processo define a "gama de possibilidades" e, logo, é importante tanto para a **análise de necessidades** quanto para a identificação dos **concorrentes críticos**, bem como para fazer sugestões de **remediação** e **avaliação de responsabilidade**.

AVALIAÇÃO DE PROCESSOS. Normalmente refere-se a uma avaliação do tratamento (ou avaliado) que se concentra inteiramente em variáveis entre a entrada e a saída (insumo e resultado) (mas pode incluir variáveis de entrada); também pode se referir ao *componente* do processo de uma avaliação completa. Com exceções a mencionar, a abordagem exclusivamente do processo é ilegítima ou uma segunda opção, exceto quando uma conexão altamente confiável é conhecida entre variáveis do processo e variáveis de resultado *e* se nenhuma abordagem mais direta e confiável estiver disponível. A avaliação de processo é raramente a abordagem de escolha porque as relações com a quantidade e qualidade do resultado, quando existem, são relativamente fracas, com frequência transitórias, e provavelmente não são bem generalizáveis a novas situações; e é o resultado, e não o processo, a razão de ser do programa. O caso clássico do uso inapropriado é a avaliação de professores por observação da sala de aula (o procedimento usual do jardim de infância ao fundamental). Observar o processo de ensino só pode fornecer uma base legítima para avaliações negativas, nunca para positivas, e, portanto, é uma abordagem gravemente falha (consulte **Avaliação de professores** e **Simetria**). A grande circunstância atenuante que pode ser usada para justificar a avaliação de processo como a única abordagem é a impossibilidade de realizar avaliação de resultados, por exemplo porque uma decisão deve ser tomada antes de os resultados serem estudados, ou porque os recursos não estão disponíveis para a realização de um estudo de resultados (por bons motivos).

Na avaliação de produtos, com frequência realizamos o equivalente à avaliação do processo quando compramos pelo nome da marca ou número do modelo (o processo está 'sendo feito pela General Motors de acordo com as especificações para o modelo N'). Se este modelo foi avaliado recentemente de maneira válida e favorável, a inferência não é tão ruim devido à constância relativa das propriedades de uma linha de produção. Mas esta constância é apenas relativa – os fabricantes mudam os fornecedores de componentes constantemente, sofrem quebras, usam novos trabalhadores, reformulam para economizar dinheiro, e assim por diante; e as avaliações que você vê não são infalíveis nem exatamente personalizadas às suas necessidades. Assim, a garantia do dinheiro de volta dentro do período de trinta dias é muito importante; na avaliação de pessoal, o período probatório é essencial.

Entretanto, determinados aspectos do processo *precisam* ser vistos *como parte de qualquer avaliação abrangente*, e não como substitutos da inspeção de resultados (e outros fatores); estes aspectos não podem ser substituídos pelo estudo dos resultados. Eles incluem a legalidade do processo, sua moralidade, aproveitamento, a verdade de quaisquer asserções envolvidas nele, sua implementação do suposto tratamento, e quaisquer dicas que possa fornecer sobre a causalidade. (Elas correspondem a procedimentos tais como analisar a segurança elétrica na avaliação de produtos.) Ao ensinar o assunto, pode ser melhor usar o termo "**avaliação mediada**" para referir-se ao que é descrito como avaliação de processo na frase introdutória deste verbete, e permitir que "avaliação de processos" se refira à avaliação direta (não mediada) das variáveis do processo como parte de uma avaliação geral que envolve analisar os resultados. É no último sentido que o termo é usado na **Lista-chave de verificação da avaliação.** A ironia do processo usual da avaliação de professores é que os aspectos do processo de ensino que podem ser analisados legitimamente normalmente são ignorados. Eles incluem precisão e plenitude de conteúdo (do material apresentado e respostas a perguntas); construção de testes, uso e correção; qualidade e oportunidade do feedback aos alunos; presença/pontualidade; e a evasão escrupulosa de viés.

Embora seja ilícito usar variáveis de estilo na avaliação de programas, como na avaliação de pessoal, há uma área entre estilo e considerações absolutas, tal como eticalidade e legalidade, em que se podem tirar conclusões avaliativas ao observar o processo, ao menos na avaliação de programas *formativa*. Esta é a área de avaliação dos componentes funcionais do processo. Alguns exemplos incluem: comunicações (internas e externas), interface (para consumidores e partes interessadas), o sistema de avaliação formativa do programa, flexibilidade, efetividade da infraestrutura, e providências para implementar o que se aprendeu com o feedback. Alguns exemplos de indicadores que sugerem uma necessidade de melhoria sob estas rubricas: os recepcionistas do programa são grosseiros com a maior parte de uma seleção aleatória das pessoas que telefonam; os telefonistas são incompetentes; o pessoal veterano não é solícito com os avaliadores chamados pelo programa para melhorá-lo; os funcionários ignoram os motivos por trás dos procedimentos que são intrusivos em sua dinâmica de trabalho; o sistema de controle de qualidade não tem o poder de fazer uma parada no processo quando detecta uma emergência. A boa avaliação deve reportar tais questões, enquanto omite qualquer avaliação geral até que se ouçam as respostas da gestão do programa. Este tipo de resultado é menos decisivo do que casos claros de discriminação, visto que os últimos violam padrões absolutos, mas fornecem evidências prima facie de processo insatisfatório. As verificações de processo incluem uma variedade ainda maior de considerações: ao avaliar determinado tipo de artigo acadêmico, um indicador do processo é a adequação da pesquisa de literatura; com frequência, verificar a existência de linguagem sexista também é relevante, assim como é à avaliação do currículo ou do instrutor; verificar a eticalidade dos procedimentos de teste também, bem como a correção das reivindicações de garantia e a validade dos instrumentos utilizados. Um tipo de indicador de certa forma diferente é fornecido por padrões que podem constituir dicas a conexões causais (consulte **Método do *modus operandi***). Assim, algumas destas verificações do processo acarretam mudanças nos resultados ou custos; algumas terminam como conclusões éticas sobre o processo que não precisam estar relacionadas à avaliação de necessidades para se graduar no relatório final. Veja também **Descrição**.

AVALIAÇÃO DE PRODUTOS. De modo geral, é interpretada como a avaliação de artefatos funcionais, mas também pode incluir a avaliação da produção de alunos, tal como redações. (A última normalmente seria classificada neste trabalho como **avaliação de desempenho**.)

Primeiramente, alguns comentários gerais sobre o campo, em seguida comentários sobre a nova área de avaliação de produtos de informática. A avaliação de produtos é o campo mais antigo e mais bem desenvolvido da avaliação. A *Consumer Reports* costumava ser um paradigma praticamente infalível embora tenha piorado significativamente nos últimos anos, em parte porque se recusam a tratar sua própria metodologia como algo que deveriam discutir, justificar e refinar – uma forma de comportamento que deve fazer com que Stuart Chase, o filósofo cofundador, se revire no túmulo. Ela também se expandiu bastante em diversos aspectos, especialmente a sua variedade de interesses além da avaliação de produtos domésticos, a publicidade de seus produtos em seus próprios produtos, e sua renda – mas não (de maneira significativa) a quantidade de páginas dos *Relatórios*, a quantidade de testes, ou a sofisticação dos mesmos (consulte **Avaliação sensorial**). Em computadores domésticos, sempre fez um trabalho de segunda categoria; em carros, é útil porque compra seus próprios, e os avaliadores não fazem parte da subcultura da revista (por exemplo, ela identificou a falha grave do BMW 320i, que o teste de rodagem não identificou para as revistas voltadas aos fãs profissionais da BMW), mas é fraca em muitos itens (por exemplo, instrumentação); parou de fazer análises em diversas áreas – um exemplo são roupas compradas por catálogo, de baixo custo e alta durabilidade – porque sua análise de necessidades é primitiva. (Como isto chegou à imprensa, uma pesquisa sobre jeans apareceu na edição de julho de 1991.) A **análise de necessidades** é baseada principalmente em uma pesquisa excessivamente longa, mal delineada, como se as técnicas de **análise de árvore de falhas, amostragem matricial** e **Delphi** nunca tivessem sido inventadas. A avaliação de produtos tornou-se simplesmente um concorrente pela sua atenção corporativa, e ainda contrata apenas engenheiros para isso. Parece nunca contribuir para as discussões profissionais na literatura, nunca financia TDRs de pesquisa, e é relutante ou se recusa a corrigir seus próprios erros graves que são impressos. Veja também **Viés comum**.

Os pontos fracos da ***Consumer Reports*** são apenas parcialmente absorvidos pelas melhorias na quantidade e qualidade (das melhores) revistas de consumo especializadas. No campo dos automóveis, *Car & Driver* atualmente é provavelmente a melhor, à frente da antiga líder, ***Road & Track***, e quase equiparada por uma nova participante generalizada, a ***Automobile***. Elas são suplementadas por alguns participantes razoáveis na área das quatro rodas e em outras especialidades. Outras participantes generalizadas, tal como a ***Motor Trend***, ficam bem atrás, mas alguns aspectos dos esforços de outras revistas ainda são valiosos, por exemplo, as pesquisas de opinião com proprietários e as listagens de custos de peças da ***Popular Mechanics***. Os pontos fracos das revistas entusiastas no campo automotivo incluem: viés subcultural (que se torna aparente quando se veem os mesmos carros avaliados em revistas inglesas, alemãs, francesas ou italianas); esteticismo; o uso de carros fornecidos pelos fabricantes; o erro quase fatal da ausência de sistematização (por exemplo, não há esforço algum na direção de *sempre* abordar a potência dos faróis, a efetividade dos limpadores de para-brisas, a adequação a pessoas pequenas, grandes e idosas – e talvez possamos perdoar a ausência de cobertura do desempenho na neve ou condições climáticas adversas nos testes de curto prazo, mas não nos anuais). A disponibilidade e qualidade da avaliação de produtos em outras áreas oscila – revistas de alta fidelidade, rádio de ondas curtas, fotografia, navegação, bicicletas, motocicletas, reformas, ferramentas, jardinagem e equipamentos de pesca –, mas seus melhores esforços melhoram continuamente, principalmente devido ao crescente reconhecimento da importância das comparações e testes de longo prazo.

Em todos estes casos, no entanto, as falácias do **tecnicismo** e da expertise irrelevante são graves ameaças à validade. Elas podem ser equilibradas, em parte, pelo uso cuidadoso de pesquisas conceituadas com proprietários, como as da J. D. Power, mas é difícil obter acesso a elas e a forma como as empresas automobilísticas as relatam com frequência envolve uma deturpação completa (por exemplo: "a Buick está entre os dez melhores"; sim, com *um* modelo, enquanto os outros estão *entre os piores*). E as pesquisas com proprietários têm seus próprios vieses – os novos carros de luxo que estão na área podem ter classificações melhores do que os antigos porque os proprietários não querem admitir que correram o risco em vão.

As grandes novatas são as revistas (e boletins informativos) sobre microcomputadores, e elas fizeram contribuições significativas, embora sejam contribuições com valor altamente restrito ao campo especializado. Uma líder notável surgiu – a ***PC Magazine*** (cuja companheira, ***MacUser***, agora a está alcançando) –, mas há mais de uma dúzia que deve ser lida para obter mais profundidade na avaliação de produtos específicos (cerca de 3.000 páginas por mês). Em termos metodológicos, a mais interessante pode ser a ***Software Digest***, fundada para fornecer uma abordagem de 'teste puro', isto é, que reduzisse a quantidade de julgamento subjetivo *em um caso específico*. Em parte, teve êxito, mas é claro que ainda há julgamentos nas decisões quanto ao que medir, como fazer as medições e como ponderá-las no caminho para os resultados. Com relação a esta função de julgar, elas são menos comunicativas e impressionantes; assim, algumas de suas conclusões gerais foram duvidosas.

Tudo isso gerou algumas listas de verificação bastante úteis, em dois níveis: o geral (Facilidade de Aprendizado, Facilidade de Uso, Velocidade, Potência, Segurança, Suporte, com alguma explicação muito cuidadosa do que está em jogo em cada um) e os específicos, por exemplo, para processadores de texto (+ 130 funções) ou computadores laptop (180 funções). Ao mesmo tempo, houve um refinamento gradual das técnicas de medição, que variam de procedimentos de laboratório até a definição de benchmarks (tarefas padronizadas para medição de tempo/velocidade). O **benchmarking** mudou sua base da teoria para a prática, na medida em que a ênfase na ciência da computação foi deslocada por uma perspectiva do consumidor. (Um benchmark baseado na teoria é projetado para testar uma dimensão do interesse teórico, por exemplo, a largura de banda interna (do barramento); um benchmark baseado na prática testa a velocidade em uma tarefa comum, por exemplo, recalculando uma grande planilha.) Alguns esforços foram empreendidos para fazer do design de interface e sua avaliação uma ciência, mas a discussão intensa disso por muitos dos principais atores ao longo dos anos (particularmente sobre o WELL, um quadro de avisos eletrônico) deixou claro que houve pouco progresso.

Uma das principais limitações em avaliação automobilística foi superada com a mudança para acompanhamentos na forma de testes de rodagem de longo prazo, normalmente por um ano. Isso ainda falta na avaliação de produtos de informática, e há uma grave discrepância entre as primeiras análises e a verdade que emerge mais tarde, geralmente na forma de comentários dispensáveis de colunistas ou nos quadros de avisos (eletrônicos) que deixam claro que a experiência levou a grandes revisões das opiniões pelos conhecedores. Também há uma limitação consideravelmente inapropriada sobre a extensão das análises de programas complexos, como os processadores de texto; a ***University MicroNews***, xvi, 1989, fez um esforço para retificar isso e publicou críticas de mais de 10.000 palavras, mas fazer isto é comercialmente inviável.

Para ver alguma discussão das técnicas, consulte **Ponderação e soma qualitativa**. Atualmente, seria insensato não usar uma planilha para a avaliação de produtos, particularmente um com função de estruturação de esquemas textuais (o Excel 3.0 foi a primeira delas). Refs: "Product Evaluation" em ***New Techniques for Evaluation***, N. Smith, ed. (Sage, 1981); e, para ver uma discussão sobre as diversas fontes de viés graves ainda presentes no campo, "The Evaluation of Hardware and Software", em uma edição especial do periódico ***Studies in Educational Evaluation***, sobre a avaliação da tecnologia educacional, editado por Aliza Duby (Tel Aviv University, 1990).

AVALIAÇÃO DE PRODUTOS DE INFORMÁTICA. Consulte **Avaliação de produtos.**

AVALIAÇÃO DE PROFESSORES. O corpo docente de uma escola ou faculdade nem sempre é composto apenas de professores (às vezes, são pesquisadores, e às vezes, diretores atléticos), e nem todos os que ensinam estão no corpo docente (por exemplo, alguns administradores e todos os orientadores e enfermeiros). Os chamados "professores" são habitualmente o pessoal que ensina, mas comumente têm outras obrigações. A "avaliação de professores", portanto, requer mais do que meramente avaliar sua capacidade de ensinar e muito mais do que avaliar o que eles fazem em uma sala de aula. O primeiro passo requer a identificação de suas outras obrigações, a determinação de níveis mínimos de desempenho nelas, e a sua ponderação com relação ao ensino. A avaliação do ensino em si requer evidências sobre: (i) a qualidade do que é ensinado (sua correção, atualidade e compreensão); (ii) a quantidade apreendida; (iii) o profissionalismo e eticalidade do processo de ensino. A ética se refere, por exemplo, à justiça na conceituação, e a abstenção do ensinar para o teste, o racismo, favoritismo e crueldade nos contatos com alunos e colegas. O profissionalismo refere-se à posse e uso das competências e atitudes apropriadas, por exemplo, na manutenção da disciplina, construção de itens de teste, ajuda a professores iniciantes e melhoria de suas competências – até mesmo suas competências em ortografia, visto que precisa escrever no quadro e no boletim. (Mais detalhes em **Avaliação de professores baseada em deveres.**)

Há duas surpresas suaves nisto. Primeiro, o profissionalismo não inclui grande parte do que se encaixa em cursos de "métodos", porque pouco foi validado nisto. (O tempo seria mais bem gasto tentando aumentar a competência dos professores na matéria ensinada, ou em testes ou em desenvolvimento de materiais didáticos.) Em segundo lugar, o profissionalismo não apenas inclui a obrigação de fazer workshops ou cursos (ou programas especiais de leitura) sobre novos materiais, desenvolvimentos nas áreas de estudo e abordagens ao ensino, mas a obrigação de se autoavaliar constantemente, por exemplo, usando questionários para alunos ou pontuações de ganho de aprendizagem. Sempre que possível, deve-se considerar na avaliação de professores a quantidade de aprendizado – e entusiasmo para aprender e questionar – que eles transmitem a classes *comparáveis*, usando testes *idênticos*, *escrupulosamente administrados*, *pontuados a cego* e *recém-criados* (isto é, feitos por amostragem aleatória de um grande conjunto de itens com validação externa). Eles nunca devem ser avaliados de acordo com o desempenho dos alunos quando os níveis de entrada e suporte e o **ensino para o teste** não forem controlados. Ref. ***The New Handbook of Faculty Evaluation***, editado por Jay Millman e Linda Darling-Hammond (Sage, 1990). Veja também **Síntese**.

O fato de que os professores normalmente são avaliados por alguém que faz algumas visitas à sua sala de aula é um sinal do estado das escolas – e da avaliação de pessoal educacional. Esta abordagem é completamente inválida, por ao menos meia dúzia de motivos independentemente fatais. (i) Como um professor dá cerca de mil aulas por ano, e como o andamento das coisas na classe com frequência varia consideravelmente ao longo do ano – e às vezes de um dia para o outro –, um tamanho de amostra menor que 0,5 por cento é completamente inadequado. (ii) Como qualquer visitante afeta o comportamento do professor e dos alunos em uma medida desconhecida, a amostra não é apenas muito pequena, mas não é aleatória. (Nos distritos onde as visitas precisam ser marcadas, é ainda mais atípico.) (iii) Como na maioria dos casos o diretor ou outro administrador que o professor conhece em outros contextos faz toda ou parte da avaliação, questões de apreço ou antipatia pessoal certamente entrarão em jogo; o uso de uma equipe não é uma maneira confiável de evitar isso. (iv) Como os administradores chegaram ali por meio dos rankings dos professores, eles provavelmente terão fortes preferências pelo estilo de ensino que funcionou para eles; mas isto é apenas o 'viés do estilo', pois há muitos estilos bem diferentes que funcionam bem. O uso de listas de verificação que permitem referência apenas a estilos 'por pesquisa' não melhora a situação (consulte **Avaliação de professores por pesquisa**). (v) Como os administradores sabem pouco sobre o assunto com que muitos professores secundários trabalham, não podem julgar um elemento essencial do ensino – a qualidade do conteúdo. (vi) O que quer que aconteça na sala de aula – com exceção da incompetência grotesca –, o mérito de um professor depende fortemente da maneira com que eles lidam com o restante de suas obrigações, ao que pouca atenção costuma ser dada. (vii) Qualquer processo que gere resultados inconsistentes, tal como entre juízes, não podem gerar resultados válidos e as evidências disponíveis sobre a consistência entre visitantes sugere fortemente que é muito baixa em todas as variáveis não excluídas pelas considerações já mencionadas (quando o **viés comum** é excluído).

Alguns critérios válidos podem ser observados em uma visita à sala de aula. Eles incluem alguns que, quando presentes consistentemente, seriam suficientes para justificar a demissão (abuso grosseiro de alunos, ignorância sólida do assunto, incapacidade de manter a ordem). Contudo, não incluem o suficiente para justificar uma classificação como competente ou melhor, pois nem todas as obrigações do professor podem ser observadas na sala de aula, e porque a amostra é inadequada com representatividade desconhecida. Até mesmo para observar e ponderar corretamente os indicadores positivos e negativos que são visíveis é preciso treinamento rigoroso – atualmente indisponível – porque há demasiados fenômenos irrelevantes presentes para contaminar as observações.

A metodologia que se faz cumprir dos sistemas estruturados de observação da sala de aula apresenta outros erros grosseiros. Por exemplo, em um dos sistemas mais sofisticados em uso atualmente, um professor é reprovado se não fizer perguntas, ou solicitá-las, no período de uma aula que é observada, independentemente de esta ser a conduta apropriada naquele ponto específico do curso. Na melhor das hipóteses, este é um caso grave de distorção do ensino para encaixá-lo na avaliação; na pior, representa uma adoração do estilo, completamente inapropriada, em detrimento do sucesso.

Os professores recebem uma preparação desprezível em diversas questões próximas ao cerne de suas obrigações, tal como a maneira correta de construir testes válidos, como corrigir testes, como os professores devem ou não ser avaliados, como remediar os pontos fracos e se desenvolver de maneira sistemática, como pensar criticamente e ensinar o pensamento crítico, como fazer revisão, e assim por diante. Segue-se que a avaliação de professores com frequência tem fortes implicações para o treinamento de professores. Ainda não começamos a desenvolver esta conexão sistematicamente.

Há cerca de uma dezena de modelos utilmente distintos de avaliação de professores em uso atualmente ou com respaldo impressionante, e há muitos lugares (por exemplo, a Holanda) que não fazem avaliação alguma. A tendência atual na avaliação de professores, como na avaliação de estudantes, vai na direção do uso de procedimentos: mais globais (em contraste com 'abordagens de listas de verificação' – que aqui significam listas de verificação para os microcomportamentos observáveis em sala de aula); envolvem mais conclusões de alta inferência pelos observadores (normalmente professores experientes); concentram-se no pensamento dos professores tanto quanto em seu comportamento observável; e são mais intimamente ligados ao desenvolvimento do que ao 'julgamento' (aqui usado como a mera classificação de mérito). Estas são algumas boas razões para tentar se mover nestas direções, mas é claro, o problema é manter padrões razoáveis de validade, confiabilidade, justiça e custo-viabilidade. Nenhuma das tentativas até hoje mostra o menor sinal de êxito nesta questão. Na verdade, pelo contrário. Por exemplo, alguns modelos de avaliação favorecidos mostram fortes sinais de superintelectualização do processo – por exemplo, destacando o ensino refletivo –, o que pode penalizar 'professores naturais' (estes modelos são, por outro lado, muito bons para o treinamento pré-emprego). Outros mostram sinais de estarem mais sujeitos ao viés do que as abordagens da lista de verificação – por exemplo, a abordagem do centro de avaliação, onde tudo se articula em torno da perspectiva dos 'juízes especialistas'. Para ver outra abordagem, consulte **Avaliação de professores baseada em obrigações.** Veja também **Avaliação de pessoal, Pesquisa de estilo, Avaliação de professores por pesquisa.**

AVALIAÇÃO DE PROFESSORES (OU PESSOAL) BASEADA EM DEVERES. Abordagem à avaliação que começa por perguntar o que se pode exigir legal e moralmente, em vez de começar por uma ideia vaga do conceito de bom ensino (por exemplo), como pode parecer a um observador. A nossa capacidade de definir ou identificar este conceito em termos objetivos tem sido notoriamente malsucedida, e mesmo então tem validade duvidosa para a avaliação. A abordagem da avaliação de professores baseada em deveres não é tão intimamente ligada à melhoria do ensino como as abordagens tradicionais ou avaliação de professores baseada em pesquisa; porém, o diagnóstico médico também é uma arte completamente independente da terapia – grande parte dos diagnósticos seriam descartados se o campo fosse restrito aos casos passíveis de terapia. Longe de ser uma falha, esta separação é um dos motivos pelos quais a avaliação baseada em deveres é superior, visto que, no mundo real, aproximar a conexão reduz a validade. A avaliação baseada em deveres repousa sobre uma concepção clara da diferença entre avaliação e melhoria de professores, e uma noção clara de que a prestação de contas e o serviço à causa dos alunos *exige* a primeira, e apenas *procura* ser capaz de proporcionar a segunda. Os deveres de um professor constituem a outra parte do iceberg oculta sob a descrição da função, na forma como aparece no anúncio de emprego – ele só mostra os deveres que são diferentes dos de outros professores. Em uma versão (os detalhes podem ser obtidos com o autor), os principais itens ou dimensões dos deveres são: 1. Conhecimento sobre o assunto (A. Nos campos de competência específica, B. Em assuntos extracurriculares); 2. Aptidão de ensino (A. Competências comunicativas, B. Competências gerenciais, C. Design instrucional); 3. Avaliação do desempenho do aluno (A. Observação e classificação de alunos, B. Construção e administração de testes, C. Classificação/-ranking/pontuação, D. Relatório de desempenho do aluno); 4. Profissionalismo (A. Ética profissional, B. Atitude profissional, C. Desenvolvimento profissional, D. Serviço à profissão); 5. Outros serviços à escola. (Outra versão mais antiga desta lista de verificação se encontra em "Evaluating Teachers as Professionals", em ***Teacher Evaluation: six prescriptions for success***, ed. J. e S. Popham [ASCD, 1988]; a mais recente é disponibilizada pelo autor.).

AVALIAÇÃO DE PROFESSORES POR PESQUISA. Caso especial de **avaliação de pessoal baseada em pesquisa**, particularmente interessante porque muitos estados recentemente 'atualizaram' seus sistemas de avaliação de professores onerosamente na direção de maior uso de indicadores baseados em pesquisa que estão supostamente correlacionados a um estilo de ensino superior. Há fortes razões para duvidar se a pesquisa correlacional que alegadamente valida os indicadores é, para início de conversa, **válida externamente**, e mesmo que seja, as inferências a partir dela devem ser descartadas e substituídas por inferências a partir de evidências quanto ao desempenho em indicadores primários – isto é, os validados pela sua listagem nos 'deveres do cargo'. Por exemplo, o uso substancial de questionamento é um indicador secundário alegado de sucesso da capacidade do professor de ensinar (isto é, diz-se que se correlaciona ao ensino bem-sucedido); não pode ser usado em avaliação de professores. Ter o nível de conhecimento do assunto adequado, por outro lado, é um indicador primário (é um dever do professor); pode ser usado. Note que você não pode tirar os deveres do professor das descrições do cargo. Elas listam apenas os deveres que diferenciam este cargo dos de outros professores (por exemplo, o ensino de física ao 3º ano do ensino médio); o que é comum, os deveres genéricos do professor nunca são listados. A referência citada acima levará o leitor a algumas listas de deveres. Consulte também **Avaliação de professores por deveres**, **Análise de cargo**.

AVALIAÇÃO DE PROGRAMAS. A maior área da avaliação, à qual uma especialidade autoconsciente foi dedicada, embora a **avaliação de produtos** possa ser a maior área de prática. A avaliação de programas tem um longo histórico como prática, mas só se tornou uma especialidade reconhecida na década de 1960. Esforços anteriores e notáveis na prática, nos EUA, incluem o estudo Philadelphia monumental de Rice sobre a abordagem do concurso de soletração em 1897, e as concepções inovadoras de Tyler nas décadas de 1930 e 1940. Boa parte deste livro refere-se aos problemas da avaliação de programas, e a **Lista-chave de verificação da avaliação** delineia uma abordagem. As subáreas mais ativas são a educação, saúde e 'justiça criminal' (o jargão para atividades de aplicação da lei). Agora, elas pouco têm a ver umas com as outras, e sofrem com este isolamento.

AVALIAÇÃO DE PROPOSTAS. 1. No sentido genérico, refere-se à avaliação de sugestões sistemáticas com frequência submetidas na forma de planos. Onde elas estão relacionadas à política pública, grande parte da questão recai sobre os **estudos de políticas**. Na arena da defesa, às vezes é chamado de 'análise do cenário', da qual obtemos a 'análise da pior das hipóteses'. Nos negócios, onde podemos estar lidando com uma proposta de marketing ou aquisição de empresa, é o caso de uma análise financeira altamente técnica, por exemplo, que envolve o fluxo de caixa descontado e a ponderação do risco. Em estudos de tecnologia, seja como uma disciplina acadêmica ou como uma ferramenta para agências governamentais, a abordagem apropriada é a **avaliação de tecnologias**. 2. Em um sentido especial de grande importância a planejadores e avaliadores, o termo se refere à avaliação de propostas apresentadas para financiamento, tipicamente para uma fundação ou agência governamental.

Este é um dos procedimentos de avaliação antigos que precisam urgentemente de estudo e reforma, como o **credenciamento**. Agora há muitos interesses declarados que resistem a isto, por exemplo, a agência com frequência não tem vontade de que descubram que eles têm operado de maneira incompetente há anos (décadas, na verdade). Muitos encarregados de programas inteligentes e experientes conhecem diversas maneiras de manipular painéis e procedimentos de revisão; e, entre agências, alguns deles até realizaram testes comparativos de diferentes maneiras de avaliar propostas. É uma desgraça que uma série de forças-tarefa nunca foi configurada para implementar estes conhecimentos e fazer mais experimentos. A sabedoria popular sugere que é muito melhor insistir que os membros do painel desenvolvam e entreguem recomendações reais antes de se reunir para discutir; quando isto não é feito, os participantes da reunião que falam a língua do poder têm muito mais influência (quando você tiver registrado sua opinião considerada, tem mais inclinação a defendê-la do que a evitar conflitos com os falantes da língua do poder). Consulte **Bipartido**.

AVALIAÇÃO DE RESPONSABILIDADE. Avaliação que inclui a identificação da pessoa ou pessoas responsáveis pelos resultados e/ou o grau de responsabilidade; consequentemente, o grau de culpabilidade ou mérito. Envolve um tipo de **avaliação analítica** – analisando e avaliando os motivos das ações. A responsabilidade pressupõe a causalidade como uma condição necessária, mas não suficiente; você não pode ser responsável pelo que não pode influenciar. A culpabilidade pressupõe a responsabilidade, mas envolve mais condições da ética (por exemplo, que os efeitos das suas ações eram moralmente errados). Cientistas sociais, como a maioria das pessoas não treinadas em direito ou casuística, com frequência se confundem acerca destas questões, argumentando, por exemplo, que determinadas avaliações não deveriam ser realizadas (ou publicadas) porque "pode-se abusar dos resultados". O abuso é culpável, assim como o *fracasso* em publicar trabalhos profissionais de qualidade de interesse intelectual prima facie ou valor social. Um exemplo contínuo, que marcou a emergência do grave problema atual: a pesquisa sobre as diferenças de QI raciais atualmente é pré-censurada por muitos, provavelmente todos os periódicos de ciências sociais, após o furor sobre o caso Jensen. Os motivos disto incluem o medo de represália e de que "se abuse" dos resultados, mas o último medo com frequência é baseado na crença de que os resultados têm muito mais importância na avaliação das pessoas do que de fato têm (consulte **Avaliação de pessoal baseada em pesquisa**). Em vez de apoiar a censura, os pesquisadores de uma sociedade livre devem se comprometer a lutar contra o abuso das pesquisas e pesquisadores e perceber que eles estão abusando do processo de livre pesquisa ao apoiar a censura. (É triste ouvi-los argumentar que tal pesquisa não deve ser publicada de qualquer maneira, porque realmente não é de interesse legítimo – um critério que esvaziaria a maioria dos periódicos da noite para o dia.) Consulte "The Values of the Academy (Moral Issues for American Education and Educational Research Arising from the Jensen Case)", em ***Review of Educational Research***, v. 40, nº. 4, outubro de 1970.

Um tipo diferente de exemplo envolve administradores que toleram professores incompetentes em um distrito escolar porque a alternativa de tentar dispensá-los envolve esforço, não é favorável com o sindicato e normalmente é malsucedida. A responsabilidade do administrador é para com os alunos que são sacrificados a uma taxa de 30 por ano por um mau professor (no ensino fundamental) e com o contribuinte; esta responsabilidade é tão séria que você (o superintendente ou o conselho) precisa tentar obter o afastamento porque: (i) você *pode* ter sucesso; (ii) os efeitos podem ser bem *equilibrados* – por exemplo, pode haver um ganho em motivação geral mesmo se você perder o caso; e (iii) você pode aprender como fazer melhor da próxima vez. (O fato é que casos bem preparados quase sempre são bem-sucedidos.) Assim, ao avaliar estes administradores ou distritos escolares, é preciso tirar conclusões altamente adversas, simplesmente porque os 'argumentos da defesa' são inválidos.

A avaliação de escolas (normalmente) deveria ser feita apenas em termos das variáveis sobre as quais a escola tem controle. Em curto prazo, e com frequência no longo prazo, isso *não* inclui pontuações sobre testes padronizados, embora possa trazer *mudanças* a estas pontuações (Consulte **PAE, Perfil de Avaliação Escolar**). As próprias avaliações não deveriam, de modo geral, ser avaliadas em termos de resultados, pois o avaliador não é responsável pela **utilização**; mas em termos dos resultados se usados *apropriadamente* – e em termos do delineamento de acordo com as necessidades do cliente. Ref. Sobre responsabilidade: ***Primary Philosophy*** (McGraw-Hill, 1966).

Um componente crucial da avaliação de responsabilidade envolve reconhecer a responsabilidade que todos temos de aceitar as visões dos nossos pares *mesmo quando nunca tenham sido desafiadas*. A **axiofobia** com frequência é uma reação de grupo; a doutrina da **ciência livre de valores** foi e é em grande parte uma crença de grupo. Nenhuma delas receberia muito apoio se abordadas e discutidas explicitamente, mas são paliativos das nossas ansiedades a tal ponto que conseguimos suprimir grande parte da discussão explícita. (O mesmo está ocorrendo agora com diversas crenças politicamente delicadas no campus.) Desafiar crenças que você nunca viu desafiadas requer alguma capacidade de **pensamento crítico**, que é um dos motivos da oposição substancial ao ensino rigoroso de pensamento crítico – e da inclusão dessa capacidade no repertório essencial das **competências em avaliação**.

AVALIAÇÃO DE RESULTADOS. Avaliações que focam nos **resultados**, em vez do **processo** ou insumo; são frequentemente chamadas de **avaliações de retorno**. De modo geral, as avaliações devem analisar tanto os resultados quanto o processo, se possível, assim como de fato deveriam analisar qualquer outra coisa que seja relevante, por exemplo, comparações.

AVALIAÇÃO DE RETORNOS. A avaliação concentrada nos resultados: o método de escolha, com exceção do fato de que envolve custos extras, atraso e perda de controle ou responsabilidade interveniente em comparação à **avaliação de processo**. Essencialmente semelhante à **avaliação de resultados**.

AVALIAÇÃO DE RISCO. Atualmente usado como o nome de alguns aspectos da avaliação de tecnologias, notavelmente a análise de possíveis resultados a partir de uma intervenção proposta, e suas probabilidades. Há alguns modelos para combinar as probabilidades e valores/desvalores dos resultados que foram usados como guias para a tomada de decisão, e eles às vezes são aplicados em esforços para a avaliação de riscos. A abordagem clássica de **otimização** é a mais comum delas e envolve o cálculo do produto da probabilidade de cada resultado pela sua **utilidade** para obter o que se chama de sua expectativa. Estas expectativas são comparadas para cada opção, e considera-se a maior delas a melhor opção. Esta abordagem converte as duas dimensões de risco e utilidade naquela (da expectativa) e então usa o ranking em uma dimensão como o indicador (derivado) ou índice de mérito.

Convencionalmente, considera-se que esta abordagem possui determinados pontos fracos. Por exemplo, ela parece ignorar o valor variável do risco em si para diferentes indivíduos; o apostador gosta, muitos outros procuram reduzi-lo. No entanto, pode-se facilmente incluir uma variável da "utilidade do risco". Às vezes a análise da expectativa é criticada sob a alegação de que "as pessoas não pensam desta forma", uma confusão entre **descritivo** e **prescritivo**, isto é, investigação avaliativa. A discussão de estratégias **minimax** ou **satisficing**, por exemplo, com frequência é apresentada como um passo na direção de "uma análise mais sofisticada de tomada de decisões". Minimax e satisficing são simplesmente métodos *menos* sofisticados de tomar decisões, embora eles possam ser mais comuns, e assim objetos apropriados para o estudo e nomeação por cientistas descritivos. Também são estratégias fáceis de usar que funcionam razoavelmente bem em um conjunto limitado de circunstâncias. O primeiro problema é identificar este conjunto, e o segundo é determinar quando ele se aplica a um problema de decisão do mundo real.

A "gestão de riscos" é um assunto que começou a aparecer cada vez mais em currículos de treinamento em planejamento e gestão. Um motivo pelo qual as avaliações não são implementadas é porque o avaliador não foi capaz de ver que os riscos (que envolvem custos, bem como probabilidades) têm um significado diferente para implementadores e para consumidores. Legislaturas antiquadas dominadas pelo sexo masculino que aprovam leis para controlar o acesso de jovens mulheres a aconselhamento e procedimentos ginecológicos proporcionam um exemplo bem conhecido; chefes de Estado que decidem sobre situação de guerra, quando se acreditam imunes a qualquer risco de morte ou ferimento, é outro.

O exemplo contrário ocorre quando um programa ou política (etc.) que deve ser implementado, em termos de seu benefício provável aos consumidores, é um que carrega um alto risco para os implementadores porque seu cronograma de recompensa é radicalmente diferente daquele do consumidor, com frequência como um resultado do mau planejamento e gestão em um nível mais alto. Dois exemplos importantes são a classificação de documentos como confidenciais, e a contratação de pessoal sobre quem há mínima suspeita. Em cada situação, o implementador é penalizado por painéis de revisão que fazem 100% da retrospectiva após um desastre quando há o menor traço de um indicador negativo, e em nenhum destes casos há uma recompensa pelo risco considerável – na verdade, nunca há um painel de revisão para analisar os grandes vencedores. Consequentemente, os serviços ao público não são melhorados e, não raro, são revogados.

O atual ambiente político-mais-mídia nos EUA pode ser um em que a configuração risco/custo para o caminho à presidência (ou legislatura) é tão diferente daquele necessário para exercer bem a função que garante a eleição de incumbentes incompetentes que são ótimos candidatos.

AVALIAÇÃO DE SERVIÇO. O patinho feio das três dimensões em que o corpo docente e o pessoal administrativo de faculdades e algumas outras instituições normalmente são avaliados. Normalmente mais bem dividida entre serviço à profissão, serviço ao campus e serviço à comunidade, cada um com pesos apropriados e públicos – e linhas de corte (mínimos necessários), se houver – atribuídos pela faculdade. Alguns pontos a manter em mente: o peso geral atribuído ao serviço não deve ser baixo a ponto de impossibilitar a retenção do pessoal que atualmente serve principalmente como chefes contratados de grandes departamentos (é melhor reescrever o contrato deles); enquanto deve haver um mínimo sobre o serviço ao campus, visto que o campus precisa ser administrado e que aconselhamentos também devem ser realizados, é difícil justificar um mínimo para o serviço profissional; a autoria de um texto pode ser ao menos parcialmente incluída aqui como serviço à profissão ou ao público, em vez de serviço ao ensino, embora um pequeno crédito possa ser atribuído a este último se o livro receber boas críticas (simplesmente o equivalente a boas notas de cursos) – o sistema deve impossibilitar ponderações duplas; consultoria substancial, paga a preço de mercado e incluída como serviço à comunidade não deve ser penalizada por ser paga, mas é um bom teste dos critérios que são usados para classificar serviço à comunidade caso o mero trabalho não oficial seja considerado; a mera participação em conselhos editoriais ou comitês de associação devem obter peso baixo, podendo aumentar mediante evidências de carga excessiva de revisão ou de afazeres dentro do comitê; tudo isto deve ser exposto em um livreto; e assim por diante.

AVALIAÇÃO DE SERVIÇOS. A avaliação de serviços, normalmente mais bem abordada como uma combinação de avaliação do programa e do pessoal. Ref. ***Service Evaluation***, v. 1, nº. 1, outono de 1982, Center for the Study of Services, Suite 406, 1518 K St., NW, Washington, DC 200005.

AVALIAÇÃO DE TECNOLOGIAS (AT). Campo crescente da avaliação que visa avaliar o impacto total de uma tecnologia – normalmente uma nova tecnologia. Com frequência realizada por interesse público, mas igualmente importante como guia para o desenvolvimento comercial ou parte da história. As primeiras duas aplicações envolvem um híbrido entre futurismo e análise de sistema e não é de surpreender que sejam feitas em todos os níveis, de extremamente superficial a brilhante. OTA, o Escritório de Avaliação de Tecnologias do congresso dos EUA, normalmente classifica bem acima da metade da variação possível. O nível de qualidade médio de AT mesmo na imprensa técnica carece de melhoria substancial: a ampla previsão de que gravadores cassete substituiriam os livros era claramente falaciosa até mesmo na época, se fizéssemos qualquer análise sistemática. Uma boa caraterística da parte futurista de AT, em termos metodológicos, parece ser que, no longo prazo, saberemos quem estava certo; mas uma parte tão grande da análise é expressa em termos de *potencial* que é difícil refutar. Por exemplo, agora estamos tentados a prever que scanners OCR portáteis à bateria com entrada/saída por voz e uma impressora embutida praticamente eliminará a necessidade de educação em habilidades de leitura até o ano 2000. Neste exemplo, as palavras "eliminar a necessidade" garantem que a asserção não será falsificada pela não ocorrência do fenômeno descrito. A lista de verificação anexa é, de alguma forma, mais abrangente do que qualquer outra encontrada na literatura neste momento; muitos dos pontos de verificação são ampliados em outras partes deste livro, por exemplo, na **Lista-chave de verificação da avaliação.**

1. NOME, OBJETIVO E NATUREZA DA TECNOLOGIA. Corresponde ao ponto de verificação Descrição na Lista-chave; é *muito mais* difícil conseguir ou construir uma explicação não enviesada do que os iniciantes podem crer.

2. TESTE DE DESEMPENHO.

- Testar inclui testar a ergonomia (interface humana) da facilidade de aprendizado/uso,
- segurança, e assim por diante – e quaisquer outras características do design que não são testadas em outras rubricas. Assim, a estética do design deve ser testada no mercado onde houver sinais de reações fortemente favoráveis/não favoráveis, visto que isto afetará o uso e as vendas.
- Testar inclui testar todas as 'características e falhas', quer estejam relacionadas ao uso pretendido do produto ou não; bebês não leem manuais de instrução e sinais de aviso. E isso inclui encontrar características e defeitos não aparentes a partir de estudos do uso.

3. POPULAÇÃO IMPACTADA. Quem será (ou foi) afetado, direta ou indiretamente?

4. ANÁLISE DE CUSTO. Para cada subgrupo da população impactada. Deve incluir custos não monetários e monetários, por exemplo, custos à saúde, custos à qualidade de vida e vida profissional (por exemplo, nível de barulho), custos legais e éticos, isto é, todos os resultados negativos relacionados à obtenção *e sustento* da tecnologia. A AT é notável por sua preocupação com o impacto ambiental, por exemplo, efeitos sobre recursos escassos, poluição, efeitos da infraestrutura (por exemplo, as estradas e não as operações de mineração em si), perda de empregos, principalmente para grupos específicos (minorias, mulheres, mães, e assim por diante), efeitos sobre o setor privado, sobre a centralização

do poder e habitação – tudo isto imediatamente e em longo prazo, incluindo desdobramentos prováveis (note o componente do **futurismo**).

5. ANÁLISE DE BENEFÍCIOS. O outro lado da moeda dos custos. Notadamente os retornos à sociedade, como a geração de empregos (para começar e como os resultados da tecnologia), contribuições ao conhecimento ou progresso da tecnologia, empoderamento, redução da urbanização excessiva e benefícios éticos como melhorias nos direitos humanos; mais uma vez, imediatamente e em longo prazo, e derivações.

6. COMPARAÇÕES. Quais são as alternativas? Como elas se comparam? É hora de lembrar as lições da tecnologia apropriada. Heliógrafos provavelmente são melhores do que telégrafos, mas eles são esquecidos no andar do progresso, concebido de maneira simplista.

7. IMPACTO SOBRE O MERCADO. Aqui, é preciso distinguir diversos tipos de mercado: o 'mercado natural' (como com a apócrifa melhor ratoeira – o mercado encontra o produto) *vs.* o mercado artificial (cosméticos) *vs.* o mercado assistido (informações sem a venda ativa, por exemplo, planejamento familiar, mas possivelmente com algum esforço para relacionar populações para as quais não há retorno líquido independente, mas que se beneficiariam coletivamente, por exemplo, videodisk em escolas). Mais uma vez, procure resultados de curto e longo prazo da tecnologia e das *derivações prováveis.*

8. AVALIAÇÃO GERAL. Combina o descrito anteriormente e se relaciona a questões relevantes, normalmente se deve oferecer apoio por meio de investimento de recursos escassos, facilitação etc., ou mudar para um banimento ou taxação. Normalmente, requer uma análise mais focada no custo-benefício do que uma de custo-efetividade direta. (Um exemplo conciso, que se refere apenas a elementos líderes, ocorre nos comentários sobre o *book-disk* no prefácio deste livro.)

9. RECOMENDAÇÕES. Se o conhecimento local e político for bom o bastante; nem sempre possível, mesmo quando uma AT abrangente é realizada porque, por exemplo, pode-se não ser capaz de prever qual será a resposta do mercado de capital a uma nova oferta.

NOTA: O escopo de AT é obviamente afetado pela definição de "**tecnologia**" usada, e o termo é notório por suas definições absurdas ou, como no caso de uma enciclopédia de tecnologia multivolumes, pela ausência de definição.

AVALIAÇÃO DEFESA-OPOSIÇÃO (ABORDAGEM CENTRADA NA OPOSIÇÃO). Tipo de avaliação em que, durante o processo e/ou no relatório final, dois indivíduos ou equipes cujo objetivo é reunir o caso mais robusto possível a favor (e contra) uma visão ou avaliação do programa específica (por exemplo) fazem suas apresentações. Pode ou não haver uma tentativa de fornecer uma síntese, talvez por meio de um juiz ou júri, ou ambos. As técnicas foram extensamente desenvolvidas no início dos anos 1970 a partir do exemplo individual em que Stake e Denny representaram o advogado de defesa e o de oposição (a avaliação da TCITY) por Bob Wolf, Murray Levine, Tom Owens e outros. Ainda encontramos muitas dificuldades para responder à pergunta "Quando ela proporciona melhores resultados e quando tende a falsificar a ideia geral de um programa?". A busca por justiça – a base da abordagem centrada na oposição – não é a mesma busca pela verdade; entretanto, há grandes vantagens em afirmar e fazer a tentativa de legitimar análises muito divergentes, tal como o elemento competitivo. Um dos fenômenos reativos mais interessantes da história da avaliação foi o efeito da avaliação defesa-oposição original; muitos membros da plateia ficaram extremamente chateados com o fato de que o relatório da oposição, altamente crítico, havia sido impresso como parte da avaliação. Eles não conseguiram atenuar esta reação reconhecendo a legitimidade equivalente concedida à posição da defesa. Em parte, a importância deste fenômeno é que ele revela as enormes pressões sobre a avaliação branda, seja ela explícita ou latente. Em termos 'puramente lógicos', pode-se imaginar que não há muita diferença entre conceder pesos iguais a duas perspectivas contraditórias, por um lado, e simplesmente fornecer uma apresentação neutra. Mas o efeito sobre a plateia mostra que este não é o caso. E, de fato, uma lógica mais voltada à prática sugere que informações importantes são transmitidas pelo método anterior de apresentação, que faltam no último, nomeadamente a *variedade* de interpretações (razoavelmente defensíveis). Veja também **Relativismo**, **Modelo judicial**.

AVALIAÇÃO DIMENSIONAL. Espécie de avaliação **analítica** (em contraste com avaliação **global**) em que o desempenho da entidade a ser avaliada é analisado de acordo com um conjunto de dimensões independentes e exaustivas e, preferivelmente, familiares de outros contextos ou facilmente apreensíveis. (Daí os fatores da análise fatorial serem raramente valiosos para esta finalidade.) Por exemplo, o desempenho de um aparelho de TV pode ser decomposto em: pureza da cor, resolução, convergência, estabilidade da imagem, recepção fora das áreas urbanas, qualidade do som, e assim por diante; e os programas podem ser analisados de acordo com as dimensões da Lista-Chave de Verificação da Avaliação (KEC). As dimensões podem incluir algumas descritivas (como na KEC), outras avaliativas, e muitas que são implícita ou condicionalmente avaliativas, como no exemplo da TV. Pode ser usada de forma **prescritiva**, bem como analítica; por exemplo, o sistema de pontuação usado para julgar o mergulho olímpico possui duas dimensões de grau de dificuldade (descritivas) e habilidade de execução (avaliativa). É útil para explicar o sentido de uma avaliação geral (p. ex., na avaliação de professores, em que é possível referir-se a, digamos, nove dimensões inteligíveis de desempenho no trabalho que abrangem mais de cem indicadores). A **avaliação de componentes** é mais útil para explicar a **causa** de um desempenho avaliado e por vezes para fornecer sugestões de **remediação**. Às vezes, as dimensões são como perspectivas, mas o requisito da exaustividade não se aplica à **avaliação perspectiva**.

AVALIAÇÃO DIRETA. Asserção avaliativa não relativizada a uma série de valores não endossados, como é o caso na **avaliação relativista**. Exemplo: "Esquemas de patrulha randomizados são procedimentos policiais melhores" *versus* "Nos critérios previstos (pressuposições feitas, valores endossados) pela polícia de San Rafael, os esquemas de patrulha randomizados são melhores". A avaliação direta às vezes é chamada de avaliação 'incondicional', '**absoluta**' ou 'de primeira mão'.

AVALIAÇÃO DO ADMINISTRADOR. Espécie de avaliação de pessoal que repete muitos dos problemas da avaliação de professores pela tendência à atração pelo critério de estilo. Como as evidências da pesquisa em geral parecem não sustentar a existência de um estilo administrativo comprovadamente superior (por exemplo, com relação à liderança democrática *vs.* autoritária), este começo não é promissor. Torna-se completamente inútil porque variáveis de estilo não podem ser usadas em **avaliação de pessoal**, em nenhuma circunstância. Uma abordagem melhor se encontra a seguir, ilustrada para administradores de escolas, porém facilmente traduzíveis a outros ambientes. Aqui, presume-se que um diretor esteja sob avaliação, realizada por um assistente de superintendente ou pessoa em cargo superior. Mais uma vez, é fácil fazer os ajustes para a avaliação de alguém em um nível mais alto ou mais baixo.

Os três principais componentes da avaliação do administrador devem ser:

I. Classificação do desempenho global como administrador, juntamente com uma solicitação para fornecer um exemplo de: (a) bom desempenho (se possível); (b) desempenho insatisfatório (se possível) que tenha sido *observado diretamente* pelo respondente; e (c) uma classificação de desempenho geral de acordo com uma escala de desempenho de A-F (de excelente a incompetente) como administrador, de acordo com a observação direta. Estas classificações são fornecidas por um grupo de dez ou doze "envolvidos altamente interativos" – pessoas que conviveram bastante com o avaliado. Este grupo é identificado por: (a) um pedido preliminar de uma lista de cerca de 10-15 fornecida pelo administrador a ser avaliado, ao qual se anexa um comentário de que a busca também será instigada aos grupos encontrados na outra ponta da interação; (b) um pedido de indicações a grupos que representam subordinados, superiores e colegas (sempre incluindo a representação do pessoal administrativo, consumidores e/ou público, equipe de apoio, representantes discentes, administradores do mesmo nível hierárquico e altos administradores que não sejam o avaliador); e (c) a seleção de cerca de 10 indivíduos das listas combinadas pelo avaliador, que deve ser capaz de selecionar apenas um dentre dois indicados e não divulgar nome algum.

II. Um estudo de medições objetivas de efetividade, tal como tempo de resposta a materiais solicitados com urgência, taxas de vandalismo e evasão escolar, comparação de avaliações de ex-funcionários – por meio de análise de seu histórico e avaliações de terceiros – com as avaliações dos mesmos funcionários feitas por este administrador, taxas de rotatividade de pessoal, dados do histórico de inovações bem-sucedidas, e assim por diante. Com frequência, somente as mudanças nestas medições devem ser pesadas, e mesmo assim, melhorias – por exemplo, nas pontuações da avaliação do Estado – só rendem pontos de bônus, em vez de parte do que é necessário para o desempenho aceitável, pois a linha de base pode já representar o máximo factível. A lista de medições é desenvolvida juntamente com o escritório e diretores distritais a partir de uma lista de deveres e de sua experiência com a identificação de sinais de excelência e dificuldade.

III. Testes escritos ou de simulação e/ou entrevista sobre conhecimentos e competências relevantes, particularmente sobre (i) conhecimentos e competências que sejam a base das operações ("Como você lida com um professor que está mostrando sinais de alcoolismo?", "Como você recompensa professores excepcionais?", "Você pode pedir a um paraprofissional [educador social] para prestar assistência à supervisão na cantina?", "Quais são os seus planos para as prioridades do próximo ano, com base em qual análise de necessidades?" etc.); (ii) novo conhecimento e compreensão (por exemplo, pesquisa e mudanças legais) que se tornaram importantes desde a última análise; (iii) o conhecimento que deve ter em mente para lidar com emergências ("A quem telefonar, em qual ordem, quando houver um incêndio no laboratório de ciências?", "Quem é o agente de ligação da escola com a polícia?" etc.); e (iv) autoavaliação. A incorporação de informações dos tipos (i) – (iii) deve ser feita por meio de um boletim informativo trimestral emitido pela superintendência. Este teste pode ser combinado à avaliação anual. Duas das competências principais são a autoavaliação e o planejamento de remediação/inovação, e um documento breve do avaliado que aborde estes pontos, enviado com uma semana de antecedência, seria sempre discutido nestas sessões, assim como quaisquer **objeções** de implicação *prima facie* aos dados das outras duas fontes. A qualidade das respostas a estes dados também seria classificada, e pode-se conceder tempo, mediante solicitação, para a produção de uma reação e plano de remediação mais ponderado, quando for apropriado. Assim, este tipo de avaliação é intimamente relacionado ao desenvolvimento, de forma que deve ser uma experiência produtiva e construtiva. Em casos especiais, opiniões de outros especialistas também podem ser solicitadas. O uso de objetivos de desempenho (comportamentais) na avaliação de administradores normalmente é de fácil exploração da parte de trapaceiros competentes, e de difícil defesa devido à sua falta de intervenção da maioria das pessoas que possuem a maior parte do conhecimento relevante para a avaliação. Estes objetivos também tendem a desestimular a gestão criativa, devido à falta de retorno pela manobra de "metas de oportunidade" – na verdade, normalmente há punições de fato por tentar introduzi-las como novos objetivos. Também possui os outros pontos fracos de qualquer **avaliação baseada em objetivos.** No entanto, pode ser embutida como parte do plano de desenvolvimento do terceiro componente mencionado antes, como indicado.

Os administradores com frequência temem o tipo de abordagem listado aqui, e com razão, pois entendem que a maioria das pessoas com quem interagem tem pouco conhecimento sobre as grandes responsabilidades e fardos do administrador. O questionário, portanto, deve limitar cuidadosamente a resposta solicitada à classificação (global) do desempenho *observado*; a natureza abrangente do grupo de respondentes (colegas, superiores e subordinados), com a ajuda das medições objetivas, dá conta do restante da objeção. Os resultados dos três componentes devem ser combinados usando pontos de corte em cada escala e combinando o desempenho acima dos pontos de corte para um possível corte posterior sobre a pontuação total. Mais informações são encontradas no verbete **Ponderação e soma qualitativa.**

AVALIAÇÃO DO IMPACTO. Avaliação focada nos desfechos ou na recompensa, em vez de fazer a **avaliação de processos**, da entrega ou da **implementação.**

AVALIAÇÃO ESTÉTICA. Com frequência considerada pelos cientistas sociais a articulação do preconceito, ela pode envolver um componente objetivo substancial. Veja **Avaliação arquitetônica, Crítica literária.**

AVALIAÇÃO FISCAL. O subcampo altamente desenvolvido que envolve analisar o valor, ou o provável valor de, por exemplo, investimentos, programas, empresas. Consulte **Retorno sobre investimento, Recuperação de investimento, Desconto temporal, Lucro.**

AVALIAÇÃO FORMATIVA. A avaliação formativa é contrastada com a avaliação **somativa.** Normalmente, é realizada *durante* o desenvolvimento ou melhoria de um programa ou produto (ou pessoa, e assim por diante) e é realizada, com frequência mais de uma vez, *para* o pessoal interno *com vistas à melhoria.* Os relatórios normalmente são divulgados apenas internamente; mas a avaliação formativa rigorosa pode ser realizada por um avaliador **interno** *ou* **externo** ou (preferivelmente) por uma combinação dos dois; claro, muitas equipes de programas fazem constantemente avaliação formativa, num sentido *informal*. A distinção entre avaliação formativa e somativa foi bem resumida por Bob Stake: "Quando o cozinheiro prova a sopa, é avaliação formativa; quando os convidados provam, é somativa."

Num sentido estendido, a avaliação formativa deve começar com a avaliação da proposta ou conceito subjacente a ela – às vezes, isso é chamado de avaliação pré-formativa. Com muita frequência, as dificuldades que mais tarde assolarão a avaliação podem ser causadas por má avaliação pré-formativa; mas os TDRs muitas vezes são tratados como se não precisassem de avaliação, ou como se de alguma forma fosse impertinente sugerir o contrário.

Normalmente, a avaliação formativa é enriquecida pelo seu delineamento como uma **avaliação analítica**, embora a **avaliação global** também funcione e, às vezes, seja a única possível. Além disso, a última muitas vezes é importante enquanto verificação da validade da abordagem analítica. A avaliação analítica, por outro lado, pode ou não envolver/exigir/produzir análise causal, de modo que a conexão entre avaliação e causalidade é remota, ao contrário do que alega o ilustre comentário de W. Edwards Deming, "A avaliação é um estudo de causas". (A solução de problemas requer um conhecimento das causas, mas ela *pressupõe* a avaliação.) Para evitar carregar a avaliação formativa de obrigações que podem causar seu atolamento, ou resultar em expectativas que serão desapontadas, é útil manter em mente que um dos tipos mais úteis de avaliação formativa é a 'somativa de alerta precoce', isto é, uma avaliação que é essencialmente uma avaliação somativa de uma versão anterior do avaliado, em desenvolvimento. O exame final simulado, devidamente pontuado e devolvido aos alunos, mas não registrado no boletim, é um dispositivo útil mesmo se gerar apenas uma pontuação geral – um caso de avaliação global formativa. Contudo, é mais útil se conseguir localizar as suas fraquezas (formativa analítica).

A avaliação dos *planos* de um projeto (desenvolvimento imobiliário ou proposta de pesquisa) pode ser tratada como parte da avaliação formativa do projeto ou como avaliação formativa ou somativa dos planos. Note que, em avaliação formativa, quando é feita em diversos pontos de desenvolvimento da vida do projeto, o sucesso (em um sentido) é inversamente proporcional à extensão do relatório final; se todas as sugestões do avaliador forem adotadas depois de serem feitas, não haverá sobras ao final. Assim, a avaliação formativa bem-sucedida é como o estado no comunismo ideal – seu conteúdo deve atrofiar. (O relatório final deve, no entanto, listar as sugestões feitas e seus efeitos – não só os residuais.) Consulte **Concorrente crítico.**

AVALIAÇÃO FRAGMENTÁRIA. Espécie de avaliação incompleta em que o avaliador para o trabalho antes de chegar a uma conclusão geral, embora fazê-lo fosse viável e atendesse melhor o cliente (um termo melhor seria "avaliação não consumada"). O ponto de parada pode ser após a produção de listagens de desempenho em determinadas dimensões ou componentes ("apenas reporte os fatos"), ou bem mais à frente, no último passo antes de integrar um conjunto de subavaliações. Há muitas situações em que uma síntese geral não é justificada, e não há um termo especial para elas. Às vezes, na avaliação formativa é melhor listar os diversos itens que necessitam de melhoria sem tirar uma conclusão geral, mas isso com frequência tem o efeito indesejável de o avaliando não perceber a gravidade da situação, e muitas vezes é feito principalmente para evitar a possibilidade de estresse conflituoso quando a **síntese** é realizada. As avaliações normalmente são interrompidas prematuramente porque o avaliador tem crenças equivocadas ou princípios metateóricos, ou lhe falta coragem. Uma crença equivocada comum subjacente ao princípio metateórico de que 'você deveria simplesmente relatar os fatos ao cliente' (ou subavaliações) é que o passo integrativo pode ser dado pelo cliente tão bem quanto, ou melhor que, por um avaliador treinado. Se isso é verdade em qualquer avaliação complexa, deve-se apenas ao fato de que o avaliador é incompetente. Na maioria dos casos, o passo integrativo é um dos mais difíceis, frequentemente aquele em que mais ajuda é necessária. Para maneiras de fazê-lo, consulte **Ponderação e soma.** Sobre a falácia fragmentária, consulte "Beyond Formative and Summative" em ***Evaluation & Education: At Quarter Century***, editado por McLaughlin e Phillips, NSSE/University of Chicago Press, 1991.

AVALIAÇÃO ILUMINATIVA (Parlett e Hamilton). Tipo de avaliação naturalista de processo puro, bastante concentrada na descrição de multiperspectivas e relações interpessoais, e pouco em padrões rígidos, ao mesmo tempo que pega leve com os **axiofóbicos** e é muito bem defendida em ***Beyond the Numbers Game*** (Macmillan, 1977). Simpatiza com os apoiadores da **avaliação responsiva**; não é muito diferente da **avaliação perspectiva**, porém, mais relativista. Coloca ênfase considerável na 'concentração progressiva', relacionada, embora não seja equivalente, à **reorientação**.

AVALIAÇÃO INSTITUCIONAL. Avaliação complexa, que normalmente envolve a avaliação de um conjunto de programas oferecidos por uma instituição, além de uma avaliação da gestão como um todo, da publicidade, políticas de recursos humanos, e assim por diante, no nível da instituição. O **credenciamento** de escolas e faculdades é, essencialmente, avaliação institucional, embora não seja um bom exemplo da categoria. Um dos principais problemas da avaliação institucional é decidir entre avaliar em termos da missão da instituição, ou em termos absolutos. Parece obviamente injusto avaliar uma instituição com base em metas que ela não procura alcançar; por outro lado, as declarações de missão normalmente são retóricas e praticamente inutilizáveis na criação de critérios de mérito, enquanto são ao menos potencialmente sujeitas à crítica, por exemplo, devido à inadequação à necessidade da clientela, inconsistências internas, impraticalidade com relação aos recursos disponíveis, impropriedade ética etc. Assim, deve-se de fato avaliar as metas *e* o desempenho com relação a elas, ou fazer a **avaliação livre de objetivos**. A avaliação institucional sempre envolve mais do que a soma das avaliações dos componentes; por exemplo, um grande defeito da maioria das universidades é a dominância departamental, com o respectivo custo do enrijecimento das carreiras acadêmicas, praticamente eliminando a função do generalista como modelo, bloqueando novas disciplinas ou programas – e preservando as antiquadas, visto que num estado estável, as novas sairiam dos orçamentos dos departamentos antigos, e assim por diante. A maioria das avaliações de escolas e faculdades não consideram estas características do sistema, que podem ser mais importantes do que qualquer componente.

AVALIAÇÃO INTERATIVA. Aquela em que os avaliandos têm, por exemplo, a oportunidade de reagir ao conteúdo de um primeiro rascunho de um relatório avaliativo, que é retrabalhado à luz de quaisquer críticas ou adições válidas. Uma abordagem desejável, sempre que factível, contanto que o avaliador tenha coragem de fazer as críticas cabíveis e ater-se a elas apesar de respostas hostis e defensivas – salvo se forem refutadas. Pouquíssimos avaliadores têm esta capacidade, como se pode ver quando analisamos os relatórios de visitas locais ou de pessoal que não são confidenciais, em comparação aos que são, por exemplo, suplementos verbais feitos pelos visitadores. Consulte **Equilíbrio de poder.**

AVALIAÇÃO LIVRE DE ESTILO. Abordagem à **avaliação de pessoal** que foge à referência aos **indicadores de estilo** (por exemplo, estilo de gestão ou ensino). Possivelmente a única abordagem legítima. Consulte **Avaliação de pessoal baseada em pesquisa** para ver a alternativa baseada em estilo.

AVALIAÇÃO LIVRE DE OBJETIVOS. Na forma pura deste tipo de avaliação, o avaliador não tem conhecimento do propósito do programa, mas realiza a avaliação a fim de descobrir o que o programa de fato está *fazendo*, sem receber indicação sobre o que está *tentando* fazer. Se o programa *está* alcançando suas metas e objetivos declarados, estas conquistas devem ser visíveis (pela observação do processo e entrevistas com consumidores, e não com o staff); caso contrário, argumenta-se que sejam irrelevantes. O mérito é determinado relacionando-se os efeitos do programa às *necessidades* relevantes da população *impactada*, em vez de às *metas* do programa (sejam elas da agência, dos cidadãos, da legislatura, ou do gerente) para a *população-alvo* (pretendida). Poderia igualmente ser chamada de "avaliação baseada em necessidades" ou "avaliação voltada ao consumidor" em contraste com **avaliação baseada em objetivos** (ou "voltada ao gerente"). *Não* substitui as metas do avaliador e tampouco as do consumidor pelas metas do programa, ao contrário do que postula uma crítica comum; a avaliação deve justificar (por meio da avaliação de necessidades) todas as atribuições de mérito. O relatório deve ser completamente transparente com relação às metas do avaliador.

Um dos principais argumentos a favor da forma pura é que este seria o único procedimento sistemático (com delineamento) que visa melhorar a detecção dos efeitos colaterais. Os avaliadores que não sabem o que o programa *deveria estar* fazendo analisam mais minuciosamente o que ele de fato *está* fazendo. Isso realmente produz uma melhoria significativa em comparação ao avaliador sofisticado que se baseia em metas e empreende grandes esforços para encontrar os efeitos colaterais? Até o momento, o autor não conhece avaliação livre de objetivos alguma que não tenha descoberto efeitos colaterais novos e substanciais depois de um programa ter sido avaliado em um modo baseado em objetivos. Outros argumentos para isso incluem: (i) evita os problemas frequentemente onerosos, sempre especulativos e morosos, envolvidos na determinação de metas atuais verdadeiras e metas originais verdadeiras, bem como na conciliação e ponderação das mesmas; (ii) é menos intrusiva nas atividades do programa do que a avaliação baseada em objetivos; (iii) é plenamente adaptável a metas intermediárias ou mudanças de necessidade; (iv) é menos suscetível ao viés da percepção, social e cognitivo devido à menor interação com o staff do programa; e (v) é 'reversível', ou seja, pode-se iniciar uma avaliação livre de objetivos e mudar para a abordagem baseada em objetivos após uma investigação preliminar, apurando-se os benefícios previamente (ao passo que, se iniciar com a abordagem baseada em objetivos, não poderá reverter); (vi) é menos suscetível ao viés originado do desejo de agradar o cliente, porque as intenções do cliente não são tão evidentes.

Naturalmente, em muitos casos, o avaliador dificilmente não consegue formar uma ideia das metas *gerais* do programa apenas pela observação – por exemplo, ensinar matemática a alunos do nono ano. Mas há dezenas de programas que fazem isso; este terá sido financiado devido a algumas metas mais específicas, e estas serão as menosprezadas e sobre as quais não se especulou, e que muito menos entraram na medição básica do mérito.

Mesmo que não se adote a forma pura de avaliação livre de objetivos, pode-se adotar uma *aproximação* a ela, o que significa que ao menos ela: não requer esforço para a determinação dos detalhes das 'verdadeiras' metas; mantém o conhecimento das supostas metas para o mínimo de investigadores possível e as 'segrega'; usa apenas descrições muito breves e vagas das metas até mesmo para aqueles; e, em geral, tenta fazer com que o pessoal responsável pelo trabalho de campo trabalhe duro no processo de busca dos resultados em toda a gama de possibilidades, e fazer com que os responsáveis pelas interpretações trabalhem duro para vincular os efeitos às necessidades, em vez de às metas.

Um meio-termo, um pouco melhor, é usar uma forma híbrida: por exemplo, um delineamento superficialmente livre de objetivos. Isso significa que funcionamos livre de objetivos até o ponto da elaboração de um resumo preliminar da avaliação e, em seguida, invertemos. Também é possível usar uma *vertente* livre de objetivos em uma avaliação, colocando um ou dois avaliadores socialmente isolados para trabalhar nela. Estas formas híbridas são provavelmente superiores à avaliação livre de objetivos pura, principalmente quando o relatório intermediário livre de objetivos é entregue ao final. Isso garante que os avaliadores trabalhem sob a pressão da avaliação livre de objetivos e que o gerente obtenha *feedback* sobre a maneira com que aquilo que pode ser uma 'visão ampla' está se saindo em seus próprios termos.

Normalmente, a avaliação livre de objetivos é malquista tanto por gerentes e administradores quanto por avaliadores, por razões óbvias. Para o avaliador, causa ansiedade devido à falta de estrutura predeterminada e ao risco muito maior de ser considerado incompetente porque não descobriu os efeitos já conhecidos; para o gerente, causa ansiedade devido ao abandono dos padrões de sucesso embutidos no contrato do programa.

Da mesma maneira, representa um risco para o avaliador, pois o cliente pode se chocar profundamente quando enfim receber o relatório (sem qualquer tipo de preparação) e, em casos extremos – chamado eufemisticamente de 'uma experiência de aprendizado' –, o cliente pode se recusar a pagar devido à vergonha de ter que passar a avaliação adiante para a agência patrocinadora, mesmo que eles próprios tenham solicitado a avaliação livre de objetivos. (É claro que, se os resultados forem inválidos, o cliente deve simplesmente documentar o fato e solicitar modificações.)

A reação de choque quando a avaliação livre de objetivos foi introduzida na área de avaliação de programas – ela é, naturalmente, o procedimento-padrão usado por todos os consumidores, incluindo avaliadores, na avaliação de produtos – sugere que o viés da gestão estava fortemente presente na avaliação de programas e pode indicar que os gerentes acreditam que haviam conquistado um controle considerável sobre os resultados das avaliações baseadas em objetivos. Consulte **Viés geral positivo**.

A avaliação livre de objetivos é, de alguma maneira, análoga ao delineamento duplo-cego na pesquisa médica; mesmo que o avaliador queira entregar um relatório favorável (por exemplo, porque é pago pelo programa, ou na esperança de obter mais trabalho ali no futuro), normalmente não é fácil descobrir *como* 'trapacear' sob as condições da avaliação livre de objetivos. O fato de o risco de o avaliador falhar ser maior na avaliação livre de objetivos é desejável, desde que aumente o esforço, identifique a incompetência e melhore o **equilíbrio de poder**.

Fazer avaliação livre de objetivos é uma experiência notavelmente diferente e iluminadora em comparação ao tipo usual de avaliação. Há um senso muito forte de isolamento social, e nos tornamos extremamente conscientes da medida em que as avaliações baseadas em objetivos não são verdadeiramente 'avaliações independentes', mesmo quando são assim chamadas; são esforços colaborativos e, consequentemente, esforços facilmente cooptáveis. Também nos tornamos muito conscientes da possibilidade de cometer erros crassos. É uma boa prática usar um meta-avaliador e muito desejável usar uma equipe.

Embora a avaliação livre de objetivos seja um método, a escolha por adotá-la normalmente não advém das mesmas considerações ponderadas na escolha do que usualmente se considera um método (quantitativo *vs.* qualitativo, levantamento *vs.* experimento, múltiplas perspectivas *vs.* uma resposta correta etc.). Ele pode ser combinado com qualquer um destes, excluindo-se apenas a avaliação baseada em objetivos, e apenas em parte da investigação.

AVALIAÇÃO MEDIADA. Termo mais preciso para o que é chamado (no sentido informal) de **avaliação de processos**, o que significa a avaliação de algo a partir de indicadores secundários de mérito – por exemplo, nome do fabricante, proporção de doutores no corpo docente, ou onde alguém cursou a universidade. O termo "avaliação de processos" também se refere à verificação direta de indicadores de processo válidos, como a eticalidade do processo. Consulte **Lista-chave de verificação da avaliação.**

AVALIAÇÃO MOTIVACIONAL. O uso deliberado de avaliação como uma ferramenta de gestão para alterar a motivação. Pode ou não ser dependente do contexto. Se o conteúdo da avaliação for uma recomendação de um vínculo entre aumento salarial e produção no trabalho, e se esta proposta for adotada, isso pode afetar a motivação e, consequentemente, a avaliação terá afetado a motivação. Contudo, a simples menção à avaliação, mesmo sem a ocorrência de uma, e certamente a presença de um avaliador, pode ter efeitos muito grandes (bons ou ruins) sobre a motivação, como bem sabem os gerentes experientes. Os avaliadores, por outro lado, tendem a supor que todo o conteúdo de seus relatórios é o que conta, e tendem a se esquecer dos efeitos reativos, ao passo que seriam os primeiros a suspeitar do efeito Hawthorne em um estudo realizado por outra pessoa.

Determinar um nível sustentado de consciência autocrítica – a **atitude avaliativa** – requer um esforço contínuo do gerente ou líder da equipe. Este esforço pode compreender providências para avaliações externas regulares, ou círculos de qualidade, ou simplesmente o exemplo de autoavaliação de gerentes do alto escalão. Quando as pessoas dizem que "no Japão os projetos só são avaliados após dez anos", mostram uma visão completamente equivocada da avaliação, tratando-a como uma análise somativa externa gigantesca, mas a realidade é que, no Japão, a avaliação interna contínua (por exemplo, por círculos de qualidade) tornou-se tão bem reconhecida que faz sentido sustentar um longo período de teste antes de uma análise que justifique a interrupção ou continuação do projeto. Seria absurdo fazer isso na ausência de um forte comprometimento avaliativo e *competência avaliativa* no grupo de trabalho. Não há compromisso com a qualidade que valha a pena sem a autoavaliação competente e frequente.

AVALIAÇÃO, MOTIVOS DA. Consulte **Motivos da avaliação.**

AVALIAÇÃO NÃO CONSUMADA. Espécie de avaliação incompleta, parcial ou **fragmentária.** É o tipo que omite uma conclusão geral mesmo quando seria útil e é viável. As avaliações podem descrever ou avaliar todos os componentes ou dimensões (avaliações **analíticas**), mas carecem de uma conclusão geral porque o avaliador acredita que esta ausência é a prática adequada ("Eu forneço os fatos ao cliente, cabe a ele aplicar seus valores"). O erro desta perspectiva é explicado em **Síntese.** Tais avaliações são simplesmente incompletas, e no sentido que envolve a omissão do que com frequência é o elemento mais importante de uma avaliação. Consulte **Ponderação e soma, Efeito Rorschach.**

AVALIAÇÃO PARA MELHORIA. Consulte **Avaliação formativa.**

AVALIAÇÃO PARA RACIONALIZAÇÃO. Uma avaliação às vezes é realizada para fornecer uma racionalização de uma decisão predeterminada ou ao mesmo pré-favorecida. Isto é muito mais fácil do que pode parecer, e uma boa quantidade de gerentes sabe muito bem como fazer isso. Se querem que um programa seja extinto, contratam um pistoleiro; se querem que seja elogiado ou protegido, contratam um queridinho. De vez em quando, os avaliadores são trazidos por clientes que os colocam na categoria errada e as discussões iniciais provavelmente serão embaraçosas, irritantes ou divertidas, dependendo do quanto você precisava daquele trabalho. (O "encobrimento" de Suchman foi um exemplo.)

AVALIAÇÃO PERSPECTIVA. Esta abordagem a uma avaliação ou parte dela requer que o avaliador crie e, de preferência, simule diversas concepções do programa ou produto que está sendo avaliado, representando o ponto de vista de várias partes interessadas ou juízes – e *novas perspectivas.* Estas perspectivas afetam todos os aspectos da avaliação, incluindo a análise de custos e as conclusões finais. Naturalmente, quando possível, os avaliadores devem recrutar ajuda dos membros dos diferentes grupos impactados; mas é preciso mais do que isso quando se trata de uma nova perspectiva, algo que Kuhn aponta acertadamente como o ato da criação associado a um novo paradigma e para o qual não há defensores identificáveis. O avaliador deve ser treinado para vê-las, e estar sempre atento a elas. Uma perspectiva é mais do que apenas uma interpretação, é um ponto de vista completo, em algum lugar do espectro que se inicia como uma analogia, passa por uma percepção na direção de uma Gestalt e um paradigma. (A importância epistemológica disso tem origem, como Kuhn reconhece, nas discussões de Wittgenstein sobre 'ver-como'.) Às vezes, é importante compreendê-las mesmo que sejam comprovadamente inapropriadas. Exemplos simples de novas perspectivas geram novos **concorrentes críticos**. Eles são comuns no campo de produtos, na qual se empreendem esforços para vender novos produtos como se fossem revolucionários. O truque ali é ver como eles são apenas uma versão maquiada de um velho conhecido, ou como poderiam ser substituídos por uma combinação de produtos existentes – os chamados Gerentes de Informação Pessoal são um exemplo disto. Exemplos mais sérios são ver o uso de anticoncepcionais como uma atitude racista; ver o recrutamento de guerra compulsório como um imposto sobre os jovens; ver os impostos sobre consumo como subsídios disfarçados; ver o ataque ao comércio de maconha como uma das principais causas do alcoolismo.

A **avaliação defesa-oposição** é um tipo especial de avaliação perspectiva, com uma metodologia fornecida; as **avaliações baseadas no consumidor** ou na gerência são outras perspectivas especiais. Como na arquitetura, perspectivas múltiplas com frequência são necessárias para ver algo em profundidade. Esta abordagem é diferente da **iluminativa, responsiva** e outras abordagens New Wave no que concerne a seu comprometimento com a visão de que *há* uma realidade objetiva *da qual* as perspectivas são apenas visões, cada qual por si só *inadequada*. A versão defensível da **abordagem naturalística** enfatiza isso; a versão defeituosa favorece a abordagem de que "toda perspectiva é igualmente legítima", que é falsa se a perspectiva alega ser *a* realidade, e não *apenas um* aspecto dela. As perspectivas, às vezes, são utilizáveis como **dimensões** de uma variedade da avaliação **analítica**. Veja também **Estratificação.**

AVALIAÇÃO PRÉ-ORDENADA. Consulte **Avaliação responsiva**, que em parte é definida como o oposto da avaliação pré-ordenada.

AVALIAÇÃO PSICOLÓGICA OU AVALIAÇÃO PSICOTERAPÊUTICA. Exemplos específicos de avaliação prática, neste caso de indivíduos participantes de pesquisas ou pacientes. O primeiro com frequência é principalmente taxonômico; o segundo, preditivo. Os padrões usuais de validade se aplicam, mas são raramente verificados; os poucos estudos sugerem que até mesmo a confiabilidade é muito baixa, e a que existe pode estar em grande parte relacionada ao viés comum. O termo "análise" é usado com frequência aqui, no lugar de avaliação.

AVALIAÇÃO QUALITATIVA. A parte da avaliação que não pode ser reduzida a medidas quantitativas de maneira útil. Parte substancial da boa avaliação (de pessoal e produtos, bem como de programas) é inteira ou principalmente qualitativa, o que significa que a descrição e interpretação compõem quase toda ela. Mas o termo às vezes é usado com o significado de "avaliação não experimental" ou "avaliação que não usa os métodos quantitativos *padrão* das ciências sociais", e isso confundiu a questão, porque há uma grande tradição e componente em avaliação que se encaixa nas descrições mencionadas, mas que envolve algumas técnicas quantitativas, por exemplo, a análise de conteúdo, a tradição de auditoria na contabilidade e o componente da análise de custo que deveria ser encontrado na maioria das avaliações. O que tem acontecido é uma convergência gradual dos contadores *e* de cientistas sociais qualitativos em direção ao uso dos métodos uns dos outros *e* ao uso de algumas técnicas qualitativas de disciplinas humanísticas e de ciências sociais que costumavam ter status inferior (por exemplo, a hermenêutica e etnografia). Avaliação rigorosa requer tudo isto e mais, e a dicotomia entre qualitativo e quantitativo precisa ser definida claramente e colocada em perspectiva, ou chega a confundir mais do que explicar.

Nos trabalhos de alguns daqueles que se identificam com a avaliação qualitativa – por exemplo, Guba, Lincoln e Patton – sugere-se que a principal característica da avaliação qualitativa é que "o pesquisador é o instrumento". No entanto, isto há muito tempo tem sido uma característica do trabalho de estatísticos-clínicos da escola empirista, sendo que Meehl é o caso paradigmático. A avaliação qualitativa não é 'algo em si', mas um complemento aos métodos quantitativos, a ser combinado a eles quando apropriado, e na medida certa. Consulte **Ponderação e soma qualitativa, Avaliação naturalista, Metodologia específica da avaliação.**

AVALIAÇÃO RELATIVISTA. A avaliação realizada com relação a algum conjunto de valores que não são endossados pelo avaliador: avaliação "de segunda mão". Ela gera o que chamamos aqui de conclusões de valor secundário. O contraste é com a avaliação direta, que gera asserções de valor primárias.

AVALIAÇÃO RESPONSIVA. A abordagem atual de Bob Stake, que o autor contrasta com avaliação "pré-ordenada", em que há um desenho de avaliação predeterminado. Na avaliação responsiva, pegamos o que quer que apareça e lidamos com aquilo da maneira mais apropriada, à luz do passado e de interesses dos diversos públicos *e* pessoal do programa que se revelam. A ênfase está na descrição minuciosa, experiências pessoais, e não em testes ou delineamentos experimentais – e não em remediação. O risco é, claro, uma falta de estrutura ou de evidências válidas, mas a retorno é que se evita o risco principal de uma avaliação pré-ordenada – uma investigação rígida que perde ocorrências significativas e apresenta resultados estreitos de pouco interesse aos públicos. O raciocínio que levou Stake a esta posição lembra os antecedentes que levaram Sartre ao existencialismo e outros à ética situacional. É bem descrito em seu ensaio em ***Evaluation and Education: At Quarter Century*** (NSSE/University of Chicago, 1991). O principal problema com toda a escola de abordagens à avaliação semelhantes à responsiva (por exemplo, iluminativa, transacional) é que elas têm mais interesse no processo da avaliação do que nos resultados informacionais. Isso os leva a considerar o pessoal do programa e, em alguma medida, os destinatários, mas não as necessidades dos fundadores, legisladores, pais (quando o programa é educacional), contribuintes e planejadores. Isso parece ser uma fuga à sua responsabilidade de cumprir o papel social mais importante do avaliador profissional. Consulte **Avaliação, Metodologia específica da avaliação, Avaliação naturalística, Avaliação perspectiva, Relativismo, Axiofobia.**

AVALIAÇÃO RITUALÍSTICA OU SIMBÓLICA. Um dos motivos para fazer avaliação que nada tem a ver com o conteúdo da avaliação (e, portanto, provavelmente não é avaliação **formativa** e **somativa** – nem **racionalização**) é a função ritual, isto é, a realização de uma avaliação porque é exigida ou esperada, embora ninguém tenha a menor intenção de fazer um bom trabalho ou levar em consideração o que ela relata. Os avaliadores com frequência são convidados a situações como esta, e às vezes a situação nem mesmo é reconhecida como um caso de avaliação ritual pelo cliente. A avaliação nas áreas de educação vocacional e bilíngue tem um longo histórico de ser predominantemente ritualística; e as avaliações do treinamento pré-emprego nas profissões autossatisfeitas como medicina e direito às vezes são da mesma qualidade. Isto é particularmente lamentável no caso da medicina, visto que algumas das melhores avaliações de todas são realizadas nessa área, que tem tanta importância para todos nós que ignorar o trabalho brilhante feito, por exemplo, por Christine McGuire sobre a avaliação de realização estudantil em medicina, é altamente antiprofissional. É uma parte importante das discussões preliminares com o cliente, na avaliação séria, para esclarecer exatamente qual tipo de implementação se planeja, sob várias hipóteses sobre qual poderia ser o conteúdo da avaliação. Salvo, é claro, se você tiver tempo a perder, precisa do dinheiro e não está enganando públicos remotos. A terceira condição essencialmente nunca se aplica. Veja também **Avaliação motivacional, Efeito reativo**.

AVALIAÇÃO SECUNDÁRIA (Cook). Reanálise de dados originais de uma *avaliação* – ou dados originais e novos – para produzir uma nova avaliação de um projeto específico (ou outro avaliado). A Fundação Russell Sage encomendou uma série de livros em que avaliações famosas eram tratadas desta maneira, começando pela avaliação secundária da Vila Sésamo realizada por Tom Cook. Extremamente importante porque: (i) dá aos clientes potenciais alguma base para estimar a competência dos avaliadores (no caso citado, a estimativa seria relativamente baixa); e (ii) dá aos avaliadores a oportunidade de identificar e aprender com seus erros. As avaliações foram, durante muito tempo, forçadas ao status de documento fugitivo[3] e, consequentemente, não receberam o benefício da discussão posterior "na literatura" como receberia um relatório de pesquisa publicado em um periódico. (Um problema semelhante se aplica a materiais confidenciais.) Cf. **Meta-avaliação**.

AVALIAÇÃO SEM CUSTOS. A doutrina de que avaliações não compulsórias deveriam, se delineadas e implementadas corretamente, produzir um resultado líquido positivo, em média. Elas podem fazer isso reduzindo o investimento em programas, procedimentos ou compras ineficazes, ou por meio de um aumento da produtividade ou qualidade dos recursos/níveis de esforço existentes. As tabelas de equivalência entre custos e benefícios devem ser determinadas de modo que correspondam aos valores do cliente e aprovadas pelo cliente antes do início da avaliação, para evitar a pressão excessiva de ser livre de custos apenas por meio do corte de custos, em vez de pelo aumento da qualidade bem como do corte de custos – se este último for realmente necessário. (A rigor, a doutrina não elimina o custo da avaliação, mas apenas o custo líquido.) A avaliação deve ser um bom investimento – e com frequência é um ótimo investimento. Porém, normalmente é orçada sem levar em consideração o retorno, às vezes a um valor tão baixo que os resultados em termos de retorno são inalcançáveis, às vezes tão alto que o retorno não consegue cobri-lo. Durante um período experimental em que um avaliador se dispôs a renunciar aos honorários até que o retorno fosse determinado – em consultoria de gestão há pouca experiência com esta abordagem – houve um aumento notável da atenção do cliente para criar correspondência entre a escala da avaliação e os benefícios potenciais. O principal objetivo de se concentrar na avaliação sem custos ou com bom custo-efetividade é eliminar o falso dilema de escolher entre gastar recursos com a avaliação ou com serviços; consulte a anedota sobre a NSF no verbete **Avaliação**. A avaliação também pode ter que ser feita por motivos legais ou de contabilidade, fornecendo ou não retornos sobre o investimento nas moedas usuais; mas é melhor ver isso como um retorno

3 Publicação do governo dos EUA que recai no âmbito do Federal Depository Library Program (FDLP), mas não chega a ser incluída no FDLP

na moeda da contabilidade, no curto prazo, e uma redução de custos (no longo prazo, devido ao aumento da atenção à eficiência).

AVALIAÇÃO SENSORIAL. A metodologia apresentada em versões sofisticadas de degustação de vinhos às cegas. As melhores críticas de restaurantes, ou os relatórios do Consumers Union sobre água engarrafada, misturas prontas para panqueca e muitos outros produtos nos lembra da diferença importante entre dispensar algo como uma 'mera questão de gosto' e fazer avaliação sensorial. O objetivo, naturalmente, não é *eliminar* a dependência da preferência, mas melhorar a validade das conclusões avaliativas, por exemplo, reduzindo o efeito dos distratores (como rótulos), usando múltiplos examinadores independentes e conjuntos padronizados de critérios. No entanto a abordagem convencional – por exemplo, aquela usada pelo Consumers Union – ainda envolve dois problemas que a desclassificam como o estado da arte para obter classificações objetivas de mérito. Na degustação de vinhos, por exemplo, imagine que os examinadores saibam reconhecer o Sauternes francês – o que não é uma competência avaliativa – e possuem (conscientemente ou não) o que pode ser uma visão puramente enviesada de que vinhos franceses são superiores. Então, mesmo em degustações a cego, eles podem classificar os vinhos californianos/australianos/alemães em comparação dos vinhos franceses, que classificam como os melhores. Este resultado não mostra, portanto – até onde podemos ver –, coisa alguma a respeito da verdadeira superioridade, apenas sobre a ubiquidade do preconceito. (Consulte **Tecnicismo**.) O segundo problema advém de uma família de problemas relacionados à **irrelevância dos juízes com conhecimento especializado**. É o problema das mudanças do gosto que a experiência causa. O degustador profissional, de vinho, chá ou refeições dos restaurantes, pode não ser um bom guia a se seguir, para grande parte de seu público, visto que seu gosto pode ter esmaecido a ponto de ser muito diferente daquele da maioria dos consumidores. Em suma, eles não são especialistas no sentido relevante. Eles podem ou não ser especialistas em um sentido significativo – eles podem ser capazes de analisar um sabor ou refeição quanto aos componentes melhor do que o iniciante, e talvez possam fornecer uma perspectiva histórica ou comparativa de algum valor. (O termo apropriado para eles é '*connoisseur*'.) Mas eles não são um guia quanto ao *mérito*, visto que a visão de que seu gosto é *superior* ao gosto do novato não tem fundamento. Mesmo que o novato, mais tarde, se extravie na direção dos padrões que o especialista tem agora – improvável, pois poucos novatos absorvem tanto vinho bom –, eles não estão neste ponto agora, e agora é quando eles precisam de aconselhamento.

É relativamente fácil remediar o erro de usar especialistas irrelevantes na avaliação sensorial, usando um painel de degustadores novatos em seu lugar. Um problema é que seus padrões de gosto podem se desviar sob este nível não usual de exposição, mas isso pode ser resolvido com o uso de turnos. Outra solução é tentar calibrar os especialistas, de forma que se possam converter suas leituras em leituras de novatos, ou encontrar alguns que possam se fazer passar por novatos com alguma confiabilidade.

AVALIAÇÃO SIMBÓLICA. Outro termo para **Avaliação ritualística**.

AVALIAÇÃO SOMATIVA. A avaliação somativa de um programa (ou outro avaliado) é conduzida *após* o término de um programa (para programas em andamento, isso significa após a estabilização) e *para* o benefício de algum público *externo* ou tomador de decisão (por exemplo, agência patrocinadora, oficial de supervisão, historiador ou potenciais usuários futuros), embora possa ser *feita* por avaliadores **internos** ou **externos**, ou uma mistura. As decisões a que ela atende são mais frequentemente decisões entre estas opções: exportação (generalização), aumento do apoio ao local, continuação do apoio ao local, continuação das condições (status probatório), continuar com modificações, interromper. Por motivos de credibilidade, a avaliação somativa tem muito mais probabilidade de envolver avaliadores externos do que a avaliação formativa. Não deve ser confundida com **avaliação de resultados**, que é simplesmente uma avaliação *focada* nos resultados, em vez de no processo – que pode ser tanto formativa quanto somativa. (Esta confusão ocorre na introdução aos ***Evaluation Standards*** da ERS, 1980 Field Edition.) Também não deve ser confundida com avaliação **global** (holística) – a avaliação somativa pode ser global *ou* **analítica**. Quando uma avaliação somativa é feita de um programa que se estabilizou, mas ainda está em funcionamento, o objetivo aqui é o mesmo: reportá-la, e não reportar *a* ela. Cf. **Avaliação formativa.**

AVALIAÇÃO TRANSACIONAL (Rippey). Concentra-se no processo de melhoria de programas, por exemplo incentivando o feedback anônimo por parte dos que seriam afetados por alguma mudança e, em seguida, um processo em grupo para resolver as diferenças. Apesar de ser uma metodologia de *implementação* potencialmente útil em muitos casos, a avaliação transacional não ajuda muito com diversas dimensões da avaliação sistemática, tal como a análise de custos ou controle do viés do avaliador devido à interação social íntima presente na abordagem transacional. A **avaliação iluminativa**, a **naturalística** e a **responsiva** são companheiras de viagem no navio da **avaliação qualitativa**. Veja também **Avaliação somativa**.

AVALIADO. Termo genérico usado para o que quer que esteja sendo avaliado – pessoa, desempenho, programa, proposta, produto, possibilidade e assim por diante – por analogia a "multiplicado", "analisado", e assim por diante. No caso de pessoas, o termo "avaliando" é usado. É com frequência possível e sempre desejável evitar usar neologismos, por exemplo, substituindo o termo por 'candidato' ou 'inscrito' ou 'opção'; mas na discussão da lógica da avaliação, em alguns casos os termos existentes têm conotações inapropriadas, às vezes porque o primeiro sugere o envolvimento de pessoas, e o último, algum tipo de competição.

AVALIADOR COMO PROFESSOR. Os avaliadores com frequência relatam, com moderado espanto, que se veem dedicando uma grande quantidade de tempo em campo como instrutores de avaliação. Além disso, ensinam bastante coisa sem a pretensão consciente de fazê-lo. Esta função é uma espécie de treinamento em serviço de profissionais ou consumidores, e seus resultados podem, no longo prazo, prevalecer sobre qualquer coisa específica à tarefa de avaliação que tenha levado o avaliador até ali. A referida função não é apenas um bônus, tampouco rouba tempo da obrigação principal: ela pode ser crucial para a obtenção de colaboração e, particularmente, de uma colaboração – e implementação – medianamente qualificada.

AVALIADOR COMO TERAPEUTA. Consulte **Papel terapêutico do avaliador.**

AVALIADOR DE USO GERAL. O avaliador de uso geral possui amplo conhecimento em avaliação e não se identifica com um campo/área/disciplina específica. (Contrasta-se com o **especialista local.**) A rigor, o termo também indica experiência fora de um *tipo* de avaliação, por exemplo, fora da avaliação de programas, talvez em avaliação de políticas/produtos/pessoal, ou fora do tipo de avaliação de **credenciamento.** O ponto fraco do avaliador de uso geral é a falta de profundidade em conhecimento local – mas isso é compensado pela ausência de **viés comum** do grupo disciplinar interno. O melhor esquema é usar dois (ou mais) avaliadores, incluindo ao menos um avaliador local e um de uso geral. Um avaliador de uso geral rigoroso com frequência terá uma visão suficientemente distanciada do escritório de um cliente para garantir que todo o custo da avaliação do programa seja coberto pela economia que proporcionará em termos de equipamentos de escritório, cuja má escolha são os verdadeiros drenos dos recursos da organização. Costumava-se dizer que ninguém perdia o emprego por comprar da IBM; hoje, pode-se dizer que, se isso for verdade, já é hora de mudar. Para ver o que é necessário para ser um avaliador de uso geral, consulte **Competências em avaliação.**

AVALIADOR ESPECIALISTA. Contrasta-se com o **avaliador generalista.** Consulte **Especialista local.**

AVALIADOR INTERNO. Avaliadores (ou avaliações) internos fazem parte do staff do projeto, mesmo quando constituem uma equipe especial de avaliação – isto é, mesmo que não participem da parte de serviços relacionados à produção/redação/ensino do projeto. Normalmente, a avaliação interna faz parte do esforço de avaliação formativa, mas projetos de longo prazo com frequência contaram com avaliadores somativos especiais em seu pessoal, apesar da pouca credibilidade (e provavelmente baixa validade) dos resultados. Quando olhamos os casos em que os avaliadores internos são abrigados e/ou supervisionados separadamente, torna-se claro que a distinção entre interno/externo pode ser vista como uma diferença de grau, em vez de tipo; consulte **Independência**. Se o avaliador advém da mesma instituição, mas não do mesmo programa, podemos chamar a avaliação de parcialmente externa. A gestão cuidadosa e a avaliação de alta qualidade podem compensar pela desvantagem da validade, mas não pela credibilidade. Sobre as vantagens/desvantagens relativas do status interno *vs.* externo, consulte **Avaliador externo**. Ref.: uma seção especial sobre avaliação interna, editada por Sandra Mathison, no outono de 1991, na edição da ***Evaluation and Program Planning***.

AVALIANDO. A pessoa que está sendo avaliada; o termo mais geral, que abrange produtos e programas, além de outros, é "avaliado".

AVALIAR, AVALIAÇÃO. Quatro sentidos possivelmente diferentes do termo são distinguidos aqui.

1. O sentido principal do termo 'avaliação' refere-se ao processo de determinar o **mérito**, **relevância** ou **valor** de algo, ou ao produto deste processo. Os termos usados para referência a este processo ou parte dele incluem: apreciar, analisar, examinar, criticar, graduar, inspecionar, julgar, classificar, revisar, estudar, testar. Uma lista mais longa, incluindo com substantivos e verbos, além de uma variedade de termos que são apenas usados de maneira avaliativa em contextos especiais, também incluiria acreditar, adjudicar, alocar, ratear, apreciar, apreciação, auditar, benchmark, teste-beta, verificar, check-up, classificar, comentar, criticismo, determinação, distribuição, estimativa, achado, teste de campo, follow-up, medição, interpretação, investigação, julgar, corrigir, medir, monitorar, visão geral, controle de qualidade, perspectiva, ranking, arbitrar, relatar, "teste de rodagem" ou "teste drive" (agora usado metaforicamente), escala, pontuação, escrutínio, teste marítimo, levantamento, síntese, tentativa, ponderação, veredito. O processo de avaliação normalmente envolve alguma identificação de padrões relevantes de mérito, relevância ou valor; alguma investigação do desempenho dos avaliados nestes padrões; e alguma integração ou síntese dos resultados para chegar a uma avaliação geral ou a um conjunto de avaliações associadas. Este processo contrasta-se com o processo de medição, que também envolve a comparação de observações e padrões, no que (i) a medição caracteristicamente não se ocupa do mérito, mas apenas de

propriedades 'puramente descritivas'; e (ii) estas propriedades são caracteristicamente unidimensionais, o que evita a necessidade do passo de integração. O processo de integração às vezes envolve julgamento, às vezes é resultado de cálculo complexo, e muito comumente, um híbrido desses dois. Neste sentido, a avaliação é o que distingue o alimento do lixo, a verdade da mentira, e a ciência da superstição. Em suma, é o *sine qua non* do pensamento e ação inteligente e, particularmente, da prática profissional. No entanto, também foi a pária intelectual na maior parte da história das investigações intelectuais: o único dos processos cognitivos a não ser abordado no currículo científico, o único cujos artigos com esta marca submetidos para publicação em periódicos profissionais até o final da década de 1960 eram automaticamente rejeitados.

Agora, a avaliação não é difícil a ponto de o fato de ser negligenciada poder ser explicado simplesmente "por ser colocada na Pilha Muito Difícil", como dizem os australianos; era de fato extensamente praticada pelos que negavam sua legitimidade. A explicação parece ser, em parte, que, para muitas pessoas e organizações, a avaliação é um dos fenômenos mais ameaçadores em sua experiência. Algumas destas pessoas – os **axiofóbicos** – mentirão, trapacearão, roubarão e manipularão para evitar sua ocorrência ou seu impacto, um fenômeno que com frequência surpreende os avaliadores novatos quando se tornam vítima do assassinato de caráter. A prática *escrupulosa* da avaliação é, então, mais perigosa e mais abrangente do que a maioria das pesquisas em ciências sociais aplicadas. As pessoas com frequência se surpreendem ao saberem que o Consumers Union, o baluarte da avaliação de produtos, foi colocado na lista de organizações subversivas da Controladoria Geral na guerra contra o Japão e a Alemanha e que o diretor atual do National Bureau of Standards [Agência Nacional de Normas e Padrões] foi demitido por fornecer, mediante solicitação do Congresso, uma avaliação não favorável, embora válida, de um aditivo para baterias. Eles deveriam se lembrar de que uma grande quantidade de profissionais escrupulosos em medicina, bem como no jornalismo, já perdeu seu emprego por fazer nada mais do que manda a ética com os resultados de boas avaliações. Além disso, devem entender que a prática da avaliação é difícil para os avaliadores por sua própria natureza, independentemente das maquinações de avaliandos hostis. É difícil manter a objetividade em face da dor ou alegria causada e recusar combinações de subornos e ameaças de diversos graus de gravidade. Desta forma, evitar a avaliação obtém apoio considerável de muitos dos que seriam obrigados a fazê-la, bem como dos que seriam submetidos a ela.

Se a avaliação causa ansiedade e a edificação de defesas em muitas pessoas, é uma fonte de poder – sobre os que não a aceitam. Como sempre, isso acarreta esforços para reservar o poder para um sacerdócio. Esta perspectiva sobre a avaliação tem um histórico antigo. No Jardim do Éden, o tabu é, de forma significativa, o fruto da árvore do conhecimento sobre o bem e o mal; de fato, um tabu muito sério: Deus diz "no dia em que dela comeres, certamente morrerás." A serpente inaugura a avaliação independente com este comentário: "Certamente não morrerás, pois Deus sabe que o dia que comeres do fruto, seus olhos serão abertos e vocês, como deuses, conhecerão o bem e o mal". A serpente está certa sobre as duas coisas. Ninguém morre pelo crime (um contraexemplo milenar das alegações de que Deus é onisciente e confiável), e Deus confirma: "Eis que o homem se tornou como um de nós, conhecendo o bem e o mal" (nenhuma menção a Eva, claro). No fim, a serpente se prova a única dos quatro atores que não apresenta uma falha moral no cenário – Deus mente, quebra contratos, e age injustamente, os outros dois tentam culpar outros pela sua desobediência – e, por isso, Deus amaldiçoa a serpente "acima de todas as feras dos campos". A parábola então nos diz algo a respeito da conexão do poder com o conhecimento avaliativo.

Mitos à parte, a avaliação com frequência adquire poder devido ao seu laço com possíveis ações dos tomadores de decisão, mas, de modo mais geral, devido à ameaça potencial à autoestima. Consulte **Equilíbrio de poder**, **Delatores**, **Tornar-se nativo**, **Fenomenologia da avaliação**.

2. O nome da disciplina autônoma (agora com sua própria classificação na Biblioteca do Congresso); refere-se ao estudo e aplicação de procedimentos para a realização de avaliação objetiva e sistemática (no primeiro sentido). Áreas de aplicação semiautônomas incluem avaliação de programas, produtos, pessoal, desempenho, propostas e políticas (as '*Big Six*'); outros campos aplicados autônomos incluem **avaliação de tecnologias**, avaliação médica ou psicológica e **controle de qualidade**;

outras aplicações abrigadas em disciplinas incluem avaliação de **currículo**, **sensorial**, **estética** e de **propostas**, além de **criticismo literário**.

A avaliação como um tipo específico de disciplina investigativa se distingue, por exemplo, da pesquisa empírica nas ciências sociais ou do criticismo literário, criminalística ou reportagem investigativa, em parte por sua multidisciplinaridade extraordinária. Normalmente, requer a consideração de custos, comparações, necessidades e ética; das dimensões política, psicológica, legal e de apresentação; delineamento de estudos dos resultados; fontes de viés, efeitos reativos; e um foco nas técnicas de apoio e integração dos julgamentos de valor – em vez de em questões puramente estéticas, ou em teste de hipóteses, construção de teorias e taxonomia. Embora aspectos da parte relevante destas questões – com frequência primitivos – sejam encontrados nas ciências sociais, a avaliação não é, contrariamente aos autores da maioria dos textos e referências mais importantes, um ramo das ciências sociais aplicadas, tampouco é um estudo das intervenções humanas, nem um assunto cujas origens intelectuais se encontram nas ciências sociais. É uma disciplina muito mais antiga e geral. Não são apenas as abordagens sistemáticas à avaliação de produtos e pessoas que pré-datam todo o âmbito das ciências sociais em milênios, mas também as raízes intelectuais da disciplina principal, o estudo de sua metodologia e modelos. Mesmo se considerada no sentido limitado em que aborda parte do território que as ciências sociais deveriam estar abordando desde sua emergência, ainda assim pré-data as ciências sociais, e com frequência utiliza métodos bastante distintos, e não apenas as ferramentas existentes das ciências sociais. Exemplos incluem os principais elementos da análise funcional e sua conexão crucial à avaliação, que vem de Aristóteles, o repertório de avaliação lógica que vem dos pré-socráticos, ou pensadores anteriores. Outros elementos como a ética, o estudo da avaliação autorreferente, a relação da avaliação com o poder político, a estatística, o teste de larga escala, a análise de custos, os modelos de raciocínio jurídico, o delineamento experimental e a lógica da inferência avaliativa – todos advêm de fora das ciências sociais e com frequência datam de milênios atrás, e não um século. A avaliação é adequadamente concebida como uma disciplina autônoma, uma disciplina analítica como matemática (por um lado, menos precisa, mas por outro, muito mais geral, útil e fundamental à condição humana), abordando uma variedade de atividades, do controle de qualidade na indústria a dar nota em trabalhos escolares. Suas ocorrências nas ciências sociais deveriam ser vistas como aplicações da disciplina geral, e não como aplicações dos métodos das ciências sociais. É uma das **transdisciplinas**, embora seja mais multidisciplinar do que qualquer uma delas.

Pode-se dizer que a avaliação – bem-feita – é 'uma ciência', no sentido informal, como o ensino, por exemplo; mas em justa medida, também pode-se dizer que é uma arte, uma competência interpessoal como a arbitragem, e a lógica implícita no raciocínio de juízes e júris e críticos literários e corretores imobiliários e avaliadores de joias – e, assim, não como "uma das ciências". (Veja **Meta-avaliação**.)

A avaliação normalmente é contrastada com a descrição, mas isso é verdadeiro apenas em um contexto específico, ou a partir de determinado ponto de vista. À pergunta "Como *você* descreveria o candidato, já que o conhece há muito tempo?" com frequência segue um relato parcialmente avaliativo, e o questionador não sentirá que isto é inapropriado. A função e, consequentemente, a lógica da avaliação é, com frequência, fornecer uma descrição extremamente concisa de um aspecto de algo – seu mérito ou valor. O conceito expressado em uma letra que resume o trabalho de um aluno ao longo de um semestre descreve a qualidade daquele trabalho. A pesquisa de indicadores visa uma descrição concisa do estado da economia ou da saúde nacional, e os indicadores que serão úteis precisam ser avaliativos, embora às vezes **contextualmente avaliativos**. Um artigo recente sobre indicadores do processo escolar deixa claro que eles seriam principalmente indicadores avaliativos (Andrew Porter, "Creating a System of School Process Indicators" em ***Educational Evaluation and Policy Analysis***, primavera de 1991).

Houve muitas tentativas de distinguir a avaliação (de programas) da pesquisa – normalmente, outra pesquisa em ciências sociais –, por exemplo, em termos de generalidade ou generalizabilidade, replicabilidade e tipos de dados. É verdade que os esforços típicos de um avaliador contratado ou de alguém cuja função o define como avaliador são provavelmente mais particularistas do que gerais, em comparação aos esforços típicos de um pesquisador. Mas isso corresponde apenas à diferença entre químicos pesquisadores e aqueles que passam a maior parte de seu tempo analisando amostras de água para a empresa distribuidora de água. Estes são empregados como químicos práticos ou aplicados, em vez de pesquisadores, mas ambos são químicos. Da mesma maneira, o avaliador aplicado não é dono do domínio da avaliação; o pesquisador em avaliação, como o químico pesquisador, é igualmente um profissional na disciplina. A leve diferença na maneira como o termo "avaliação" funciona, em contraste com o nome das disciplinas tradicionais, significa apenas que a probabilidade de se dizer que um pesquisador em avaliação é 'um avaliador' é um pouco menor (enquanto um habitante de qualquer um daqueles papéis é 'um químico') – mas este tipo de distinção não é desconhecido nas transdisciplinas: o eticista é a pessoa que trabalha na área aplicada, enquanto o pesquisador que trabalha em metaética é chamado de filósofo. A distinção parece mais atraente no caso da avaliação porque não há um lugar claramente identificado ou um nome para – ou tradição de – pesquisa em avaliação na academia. Mas eventualmente, "pesquisador em avaliação" deve ser uma designação tão identificável quanto "pesquisador em criogenia".

Em qualquer campo aplicado, ou seja, aquele que presta serviços a clientes no que concerne a problemas do mundo real, sempre há um critério para classificar o bom trabalho que não se encontra no campo da pesquisa, nomeadamente a utilidade imediata das conclusões. Isso vai incluir sua capacidade de trabalhar em tempo hábil e seu custo-efetividade, e introduzir estas considerações significa que a missão de obter a resposta certa às vezes terá que ser comprometida pela sua conversão em 'obter a melhor resposta possível sob determinadas restrições de prazo/orçamento'. No fim das contas, esta abordagem não é estranha, visto que a maioria das chamadas 'leis da natureza' são simplesmente aproximações convenientes, mas certamente precisa ser claramente compreendida.

Destacar a diferença entre pesquisa e avaliação usando este enunciado é lastimável, pois ele tende a apoiar o mesmo tipo de erro que os professores cometem quando distinguem ensino de teste. O fato é que o teste é uma parte essencial do ensino; da mesma maneira, a avaliação prática é uma parte essencial da pesquisa em avaliação, e a pesquisa é uma parte essencial da avaliação prática. Apontar isso, por exemplo, ao apontar que uma estimativa de generalizabilidade (validade externa) deve fazer parte de toda a avaliação de programa, é mais construtivo e produtivo do que destacar a diferença. O que distingue a avaliação de outras pesquisas aplicadas é, na melhor das hipóteses, que ela acarreta conclusões avaliativas, e para chegar a elas é necessário identificar standards e dados de desempenho, além da integração dos dois. Consulte **Avaliação formativa** e **somativa**.

3. O termo "avaliação" às vezes, e infelizmente, é usado apenas com referência ao trabalho de avaliadores profissionais. Por exemplo, uma cientista do National Science Board [Conselho Nacional de Ciência], quando questionada sobre o motivo pelo qual a NSF [Fundação Nacional de Ciência] não avaliou seus próprios procedimentos de avaliação (por exemplo, analisando questões como a concordância entre juízes), respondeu "Acho que não temos condições de fazer uma avaliação dos nossos procedimentos; isso simplesmente desviaria os fundos extremamente necessários das propostas mais valiosas". Naturalmente, o que ela realmente estava dizendo é que havia analisado os procedimentos informalmente e que os julgou suficientemente consistentes. Neste momento, também registrou algum ceticismo quanto ao fato de que o custo de uma avaliação profissional compensaria. Mas a pergunta à qual respondeu foi levantada devido a evidências preocupantes de que o processo de avaliação de propostas da NSF tem falhas graves. (Estas evidências foram apontadas por inteligentes administradores de programas dentro da NSF, que tiveram algumas propostas avaliadas por dois painéis independentes que não haviam sido informados que o trabalho que faziam estava sendo replicado.) Com frequência, ouvimos que a ideia geral na ciência não é se apoiar em pressuposições e julgamentos informais, mas empreender estudos sistemáticos. No entanto, ela não parecia disposta a aplicar o princípio nos procedimentos de sua própria fundação. A avaliação começa em casa, e se você está avaliando propostas para uso das centenas de milhões de dólares advindos de impostos, deve analisar cuidadosamente como fazê-lo, isto é, avaliar o processo, ou colocar alguém com menos envolvimento pessoal (de seu ego) para avaliá-lo, pois até mesmo uma pequena melhoria pode trazer generosos

retornos. É claro, a perspectiva de ter estas falhas documentadas envolve o risco de perda da credibilidade e, consequentemente, do financiamento, então lhe falta charme intrínseco.

Nesta crítica dos comentários da cientista, não se presume que um único avaliador profissional de fato teria feito algo útil. Embora a avaliação no sentido amplo seja uma necessidade para o pensamento ou comportamento racional, e de fato é o único processo intelectual comum a todos os tipos de ciência, a avaliação 'profissional' – isto é, paga – às vezes não tem valor algum, é uma farsa, e/ou excessivamente cara (como grande parte de outras consultorias em gestão). Apenas uma equipe com os melhores avaliadores, trabalhando junto aos dirigentes do programa, painelistas experientes e membros do conselho da NFS poderiam produzir resultados acertados. Porém, considerando-se os fatos mencionados aqui e achados semelhantes de outros lugares, estes resultados cobririam seus custos multiplicados, bem como melhorariam a justiça dos procedimentos. Classificações realizadas por intermédio de painéis, da maneira como são feitas normalmente, são um procedimento primitivo. Consulte **Autorreferência, Sistema bipartido, Curinga, Viés geral positivo, Avaliação sem custos.**

4. No que normalmente se considera um sentido completamente diferente, o termo "avaliar" também é usado em matemática, que significa "calcular o valor de uma expressão" – por exemplo, de um polinômio. A lacuna entre estes usos não é intransponível, entretanto, como quando se nota ao examinar o termo "**função de avaliação**" no trabalho com sistemas especializados ou "medição avaliativa" no design de câmeras. Todos estes se referem ao processo de calcular a soma de diversos valores ponderados, assim como na avaliação de um polinômio. Este é o processo lógico fundamental que distingue a avaliação da medição – por exemplo, na análise de custo-benefício, ou em conceder uma nota semestral a um aluno com base em seu trabalho em laboratório, em campo, sua presença, e assim por diante.

AVALIATIVA (linguagem). A linguagem que usa o vocabulário básico, "bom/ruim/certo/errado/valioso/inútil" (etc.), e termos que não podem ser traduzidos sem o uso do vocabulário avaliativo básico. Veja também **Descritiva, Prescritiva.**

AVALIATIVA, ATITUDE. Consulte **Competências avaliativas.**

AXIOFOBIA. Medo irracional da avaliação, muitas vezes manifestado por meio do desgosto insensatamente exagerado da avaliação, ou forte oposição a ela. Não deve ser confundido com a condição perfeitamente normal de desgosto ou ansiedade quanto a ser avaliado, tampouco com a oposição fundamentada a procedimentos fracos de avaliação. A axiofobia normalmente é racionalizada com algum mito oximorônico a respeito da impropriedade da avaliação. Eles vêm de longe: "Não julgueis para que não sejais julgados" é o precursor bíblico da doutrina da **ciência livre de valores**, e igualmente inconsistente com a prática dos que a propõem (visto que implica o julgamento adverso dos que julgam). A história do Jardim do Éden também é reveladora: é o fruto da árvore do *conhecimento do bem e do mal* que é proibido, porque tal conhecimento é reservado aos deuses – mas Adão e Eva são condenados por comê-lo, embora sem ele não pudessem distinguir o certo do errado. Mais tarde, o direito de determinar os tipos mais graves de erro era reservado ao sacerdócio, e não a uma deidade. A axiofobia normalmente é mais forte em sua forma grupal, em que a impropriedade individual da visão pode ser ocultada por trás do pensamento em grupo e disfarçada pela crença de que é o dever do sacerdócio identificar e queimar as bruxas ou hereges que desafiam os padrões existentes de valor ou propriedade. A ampla aceitação da doutrina da ciência livre de valores é um fenômeno de pensamento em grupo, que explora a ansiedade perante a avaliação em detrimento da racionalidade, visto que qualquer cientista pode ver – uma vez que o ponto for feito – o papel essencial que a avaliação desempenha em cada ciência.

A axiofobia é a forma extrema de um tipo de ansiedade perante a avaliação, uma classificação clínica relativamente nova. A primeira antologia é ***The Handbook of Social and Evaluation Anxiety***, editado por Harold Leitenberg (Plenum, 1990). A ansiedade perante testes e antes de jogos são alguns dos casos mais conhecidos de ansiedade perante a avaliação que ocasionalmente alcançam um nível de significância clínica, mas geralmente representa uma reação com valor de sobrevivência. As variações sociais da ansiedade perante a avaliação variam de transtornos de personalidade normais a evasivos e chegam ao caso extremo da fobia social (reconhecida pela taxonomia oficial em 1980 (DSM-III-R)).

Diz-se que eles derivam do "medo da rejeição, humilhação, criticismo, vergonha, ridículo, fracasso e abandono" (Leitenberg, p. ix). Um sinal do estado da arte anterior é que os 32 colaboradores do livro essencialmente nunca mencionaram uma *defesa* comum e expectável contra a ansiedade perante a avaliação – de hostilidade e ataque (antiavaliador) – com a qual avaliadores experientes têm familiaridade, tampouco discutem a versão do grupo sobre o fenômeno, ou o medo das avaliações *formais* de pessoal ou programa. Sem dúvida, isto se deve ao fato de os autores raramente encontrarem estas condições em seus pacientes, que normalmente são indivíduos incapacitados pela ansiedade, em vez de retaliar por causa dela. Sintomas comuns do axiofóbico incluem a negação da ansiedade (apesar da inquietação evidente), projeção da culpa no avaliador ou potencial avaliador (ou sistema de avaliação), ataque pessoal irrelevante e excessivo ao avaliador, invenção ou adoção de racionalizações bizarras para dispensa de qualquer resultado possível da avaliação, a invocação de manobras profissionalmente estranhas para atrapalhar a realização ou a implementação da avaliação.

A axiofobia é normal mesmo entre profissionais que têm uma obrigação para com a avaliação (o **imperativo profissional**). É fortemente amplificado como um fenômeno grupal, em que o grupo pode não incluir quaisquer indivíduos individualmente fóbicos, mas a resposta do grupo é fóbica, é aceita pelos membros individualmente, e governa parte de seu comportamento. Esta versão criou e manteve o mito da ciência livre de valores e é responsável por muitos dos ataques mais extremos aos testes usados adequadamente ou à conceituação de cursos, em avaliação de programas para prestação de contas, e na avaliação de corpo docente universitário. Normalmente, é neste sentido que as referências são feitas neste trabalho a respostas como axiofóbicas – normalmente, o indivíduo não é fóbico, mas entrou em uma visão de grupo ou forma de comportamento que é fóbica – e têm a responsabilidade de fazê-lo.

Etiologicamente, a estratégia defensiva impulsiva de atacar qualquer ameaça é parte da base de uma reação agressiva de um axiofóbico, e antiprofissional por natureza. Mas parte da axiofobia vai mais fundo, alcançando o motivo da indisposição a enfrentar fatos possivelmente desagradáveis sobre si mesmo, mesmo quando fazer isto significa grandes benefícios a longo prazo. Este fenômeno – relacionado à "negação" – é encontrado em pessoas que se recusam a ir a um médico ou dentista porque não querem *saber* de imperfeições. A axiofobia, ou ansiedade perante a avaliação que beira a fobia, acarreta muitos abusos em sistemas de avaliação aplicados, dos quais os seguintes são, em alguma medida, notáveis: (i) a garantia patética de que um processo de avaliação de pessoal será instituído "apenas para ajudar, e não para criticar" (a ajuda não pode ser justificada se não houver motivos válidos para crer que os ajudados não são perfeitos, isto é, uma base para o criticismo que no limite requer moralmente uma reação adversa); (ii) a substituição do **monitoramento** da implementação por avaliações de programa baseadas em resultados; (iii) a recusa das associações profissionais a usar padrões profissionais em seu próprio **credenciamento** ou procedimentos coercitivos; (iv) esforços patológicos para evitar o uso do termo "avaliação" em favor de um sinônimo supostamente menos ameaçador (tal como "análise"), em vez de enfrentar a responsabilidade profissional de fazer e submeter-se a avaliação; (v) envolvimento excessivo do pessoal de avaliação com o pessoal do programa (para "reduzir a ansiedade" ou "melhorar a implementação" ou "melhorar a relevância"), o que previsivelmente produz avaliações insípidas; e (por meio da culpa) à proporção absurda de avaliações de programa favoráveis a desfavoráveis – absurda considerando-se o que descobrimos quando fazemos avaliações secundárias ou meta-avaliações. Os avaliadores que adotam os modelos 'suaves' de avaliação, como a avaliação **transacional** e algumas versões da avaliação **responsiva**, com frequência se congratulam por evitar reações fóbicas; mas o segredo deste 'sucesso' é, claro, a remoção da ameaça pela remoção dos dentes, abandonando as noções de prestação de contas, responsabilidade e bastante objetividade.

O status clínico de axiofobia como um fenômeno cultural nos EUA é mais óbvio para um visitante de outro país, tal como a Inglaterra, onde o criticismo ríspido na academia não é levado para o lado pessoal tanto quanto aqui; e é neste país que o Consumers Union foi listado pela Procuradoria Geral como uma organização subversiva e baniu (independentemente) seus anúncios de jornais. Porém, a ubiquidade da axiofobia é mais importante do que as diferenças locais; Sócrates foi morto por ensinar e aplicar competências avaliativas, e os ditadores de hoje não parecem menos inclinados a executar seus críticos do que a quase democracia grega. A humildade pode ser mais bem concebida não pela abstenção da autoconsideração, mas como o incentivo e valorização do criticismo de si mesmo. Esta valorização também deve ser visada como o resultado do autotratamento bem-sucedido da axiofobia. É claro, a valorização do criticismo de si mesmo deve ser combinada com alguma capacidade de distinguir o bom do mau criticismo. Consulte **Viés geral positivo**, **Papel educacional**, **Empirismo**, **Mate o mensageiro**, **Caso Dreyfus**.

AXIOLOGIA. Termo relativamente arcaico para o campo, em filosofia, que trata de valores. Algum esforço nesta área foi dedicado à formalização do raciocínio avaliativo, sem atenção particular ao problema fundamental de validar conclusões avaliativas. Termo usado por axiologistas focado neste aspecto de seu domínio é "lógica deôntica".

B

BASEADO(A) EM COMPETÊNCIA. Abordagem ao ensino, treinamento ou avaliação concentrada na identificação das competências exigidas do trainee e no ensino/avaliação em nível de maestria delas, em vez de no ensino de matérias acadêmicas supostamente relevantes a diversos níveis de realização determinados de maneira subjetiva. É uma boa ideia, mas a maioria das tentativas de fazer isso não especificam o nível de maestria em termos claramente identificáveis ou não mostram por que aquele nível deve ser considerado como tal. (O termo "baseado em desempenho" com frequência é usado com o mesmo significado.) A Educação de Professores com Base em Competência (CBTE) estava em voga em meados da década de 1970, mas a pegadinha era que ninguém poderia validar as competências. Mesmo onde o **estudo de estilo** encontrou características de professores bem-sucedidos, isso não prova que sejam requisitos apropriados para certificação, e tampouco que se pode usá-los para avaliação. Sempre há o requisito da competência no assunto, claro, com demasiada frequência ignorado no treinamento de professores do ensino primário e fundamental enquanto é tratado como o único do domínio pós-secundário; mas a CBTE se referia às competências *pedagógicas* – habilidades em metodologia de ensino. Consulte também **Teste de competência mínima, Nível de maestria, Avaliação de professores por pesquisa.**

BENCHMARK, BENCHMARKING. Termos usados para se referir ao processo de submeter computadores a testes de desempenho padronizados de todo o sistema. Eles eram elaborados para diagnosticar bloqueios no sistema, por exemplo, testando a velocidade do canal de i/o (entrada/saída). Mais recentemente, tem havido um foco cada vez maior nas tarefas relevantes ao consumidor, por exemplo, definindo uma planilha-padrão cuja velocidade de recálculo é medida. A abordagem anterior levou a algumas medidas específicas, como a Mips (milhões de instruções por segundo), Whetstones, Dhrystones etc., que ainda são úteis para indicações muito grosseiras de poder. Veja **Tecnicismo.**

BENEFÍCIOS. resultados ou processos valorizados. Consulte **análise de custo** para ver uma matriz que pode ser usada para orientar uma busca pelos beneficiários, tipos de benefícios e tempo dos benefícios.

BIMODAL (Estatística). Veja **Modo.**

C

CAI,[4] INSTRUÇÃO ASSISTIDA POR COMPUTADOR. O computador apresenta o material do curso ou ao menos os testes. Abordagem que se mostra menos eficaz, embora com maior custo-benefício do que qualquer outra intervenção bem documentada. Porém, ainda é muito mal feita em comparação ao que seria facilmente possível. Cf. **CMI, Instrução administrada por computador.**

4 Computer Assisted Instruction (*N. da T.*)

CALIBRAGEM. Costumeiramente, refere-se ao processo de garantir que as leituras de um instrumento correspondam a um padrão prévio. Em avaliação, isso incluiria a identificação das **notas de corte** corretas (que definem as classificações) em uma nova versão de um teste, tradicionalmente feita administrando-se o teste antigo e o novo ao mesmo grupo de alunos (metade deles realiza o antigo, e a outra, o novo). Um uso menos comum, mas igualmente importante, diz respeito à padronização de *juízes* que compõem, por exemplo, um painel de visita in loco ou de análise de propostas. Eles devem *sempre* passar por dois ou três exemplos de calibragem, elaborados especialmente para ilustrar: (i) um amplo *espectro* de mérito; e (ii) dificuldades comuns, por exemplo (na avaliação de propostas) a dificuldade de comparar baixa probabilidade de um grande retorno com a alta probabilidade de um retorno modesto. Embora não seja crucial que todos indiquem a mesma qualificação (confiabilidade intrajuízes) – na verdade, forçar isso reduz a validade – é altamente desejável evitar: (i) inconsistência intrajuízes bruta; (ii) compressão extrema das classificações de um indivíduo, por exemplo, no topo, final, ou meio, salvo se as implicações e alternativas forem plenamente compreendidas e desejáveis; (ii) desvio dos padrões de cada juiz, à medida que "aprendem enquanto realizam a função" (deixe que eles definam seus padrões nos exemplos da calibragem); e (iv) a intrusão da possível dinâmica de grupo turbulenta do painel nas primeiras classificações (deixe que isso se estabilize durante o período de calibragem, e possivelmente refaça os primeiros exemplos mais tarde). Embora a relação tempo-custo da calibragem possa parecer séria, de fato, ela não é, se as escalas adequadas e pontos de ancoragem forem desenvolvidos juntamente com os exemplos da calibragem, pois o uso destes (além de **classificação por importância**, por exemplo) aumenta a velocidade, e *muito*. Além disso, para quem realmente se importa com a validade, ou confiabilidades interpainel (isto é, justiça), a calibragem é um passo essencial. Veja também **Ancoragem**.

CAMPOS (da avaliação). Os seis grandes campos (*Big Six*) são a avaliação de produtos, pessoas, desempenho, propostas (licitação), programas, e políticas. Cada um possui sua própria longa história de prática e uma mais curta de discussão metodológica. No caso da avaliação de programas, grande parte do aparato de uma disciplina já foi desenvolvido, embora ainda lhe faltem os elementos-chave fundacionais e relacionais discutidos na introdução a este volume. Há dezenas de outros campos e subcampos da avaliação, muitos deles razoavelmente bem desenvolvidos como práticas, que vão da qualificação de diamantes e teste de estrada (subcampos da avaliação de produtos) à avaliação médica, psicológica e de tecnologias, avaliação de argumentos, controle de qualidade, avaliação de esboços arquitetônicos preliminares ou ideias para uma série de televisão, avaliação de currículo e criticismo literário.

CASO DREYFUS. O caso limitante, mas não atípico, da recusa em reconhecer os resultados da avaliação. Trata-se da decisão do exército francês de deixar um homem inocente morrer na Ilha do Diabo em vez de confessar o erro de julgamento que o condenou ao exílio, alegando que a perda da credibilidade do exército seria pior para a França do que arruinar a vida de um homem inocente. É um argumento comum quando forças policiais rejeitam conselhos civis de revisão. Presume-se que a *Consumer Reports* tenha argumentos semelhantes quando se recusa a publicar exemplos claros de erros em suas avaliações. O comprometimento com a avaliação começa em casa - ou seja, onde reside o avaliador - e não há maneira mais certa de saber que você não tem este comprometimento do que tomar providências para que outro grupo (por exemplo, de professores ou alunos) seja avaliado enquanto o seu grupo, que faz a avaliação (administradores ou professores escolares, respectivamente), não é avaliado. No Caso Dreyfus, e em casos de corrupção policial, judicial ou política, o argumento análogo é simplesmente que a justiça precisa ser respeitada com a mais completa austeridade e rigorosamente aplicada quando se trata dos instrumentos da própria justiça, quando é desejável deixar claro que se comprometem com a justiça, e não apenas com o interesse próprio. Consulte **Autorreferência.**

CAUÇÃO. Indivíduo neutro ou lugar seguro onde os dados de identificação podem ser depositados até o fim de uma avaliação e/ou destruição dos dados. (O termo tem origem no setor comercial e do direito.)

CAUSALIDADE. A relação entre os pernilongos e suas picadas. Facilmente entendida por ambas as partes, mas nunca definida satisfatoriamente por filósofos ou cientistas. A correlação não é uma condição necessária nem suficiente para a causalidade; não é necessária porque a causalidade pode ser determinada por indução eliminatória (eliminando todas as outras causas possíveis), e não é suficiente porque as variáveis correlacionadas podem tanto ser efeitos de um terceiro fator quanto não ter influência direta sobre uma à outra (por exemplo, o amarelamento da parte branca dos olhos não é uma causa do amarelamento da pele; se eles estão correlacionados é porque você está com icterícia, provavelmente causada por doença hepática). A análise da condição necessária (uma causa é um fator sem o qual o efeito não teria ocorrido) é corrompida por casos de superdeterminação, e assim é a análise de Mackie, às vezes chamada de análise contrafactual (grosso modo, uma causa é uma condição contextualmente suficiente). No fim das contas, o elemento de manipulabilidade é crucial; Don Campbell viu isso, mas pensou que fosse analisável em termos da definição contrafactual. Acertadamente, ele jamais abriu mão de sua convicção de que poderia haver reivindicações legítimas de conexão causal em casos individuais, mesmo que nenhuma lei geral a sustentasse. Naturalmente, o historiador trabalha o tempo todo com estes casos.

Outra característica fundamental das reivindicações causais é sua natureza insubstituivelmente dependente de contexto. Uma causa é normalmente o fator diferenciador entre o caso em questão e um caso de contraste que é óbvio pelo contexto da discussão, mas varia completamente entre contextos. Assim, definições desprovidas de contexto sempre serão falhas. Encontre detalhes em, por exemplo, "Causes, Connections, and Conditions in History", *Philosophical Analysis and History*, editado por William Dray (Harper & Row, 1966).

CERTIFICAÇÃO. Infelizmente, este termo possui dois sentidos substancialmente diferentes. 1) Em um sentido, significa mais ou menos o mesmo que "licenciamento", "credenciamento" ou "acreditação", e refere-se à permissão concedida a alguém por algum organismo oficial, concedendo-lhe autorização para exercer um ofício ou profissão. Este é o sentido básico; 2) No segundo sentido, refere-se à concessão de status avançado reconhecido oficialmente, tipicamente baseado em um processo de avaliação de meio de carreira. Com frequência, está relacionado a uma área de atuação especializada, mas pode referir-se também a um nível mais alto de atuação geral. A certificação neste sentido também pode ser um ingresso oficial necessário para admissão na prática especializada, ou um requisito de fato para cargos naquela especialidade. Este é o sentido avançado. Os testes necessários em ambos os casos podem ser triviais ou rigorosos, como no caso de conselhos médicos ou contadores públicos certificados. Considerando-se a quantidade de sinônimos disponíveis para o primeiro caso, faz bastante sentido reservar "certificação" para concessões em meio de carreira; infelizmente, a linguagem nem sempre segue o senso comum.

A certificação de avaliadores – em qualquer dos sentidos – tem sido extensivamente discutida e levanta uma série das questões usuais: quem seriam os superavaliadores que decidem as regras do jogo (e atuam como seus árbitros), quais seriam os procedimentos para se fazer cumpri-las, como o custo seria administrado, e daí por diante. A certificação é um processo de duas faces que às vezes é representado como um dispositivo de proteção do consumidor, que pode muito bem ser e, às vezes, como um dispositivo de proteção de território para os membros da guilda, isto é, uma restrição do processo comercial, o que com frequência é verdade. A certificação médica foi responsável por eliminar as parteiras, provavelmente a um custo substancial para o consumidor; por outro lado, também foi responsável por evitar que uma grande quantidade de charlatões explorassem o público. Certamente contribuiu para a magnitude antiética dos salários/honorários de médicos e advogados; e neste sentido explora o consumidor. Os abusos dos auditores da grande liga, em outro exemplo, são bem documentados em ***Unaccountable Accounting***, de Abraham Briloff (Knopf, 1973). Quando o Estado entra no jogo, como acontece no caso da certificação de psicólogos em muitos estados dos EUA, e de professores em quase todos, diversos abusos políticos são acrescentados a estas considerações. Em áreas como arquitetura, em que profissionais não certificados e certificados de estruturas domésticas competem uns com os outros, podemos ver provas tangíveis das vantagens de ambas as abordagens; há pouca evidência que sustenta uma única conclusão geral quanto à melhor direção a seguir para os cidadãos, ou até mesmo para todo o grupo de praticantes. Uma abordagem de certificação bem configurada certamente seria a melhor; a pegadinha sempre reside nos comprometimentos políticos envolvidos em sua configuração. Em outros países, o processo às vezes é administrado de maneira melhor, e às vezes, pior, dependendo das variações do processo político.

CERTIFICAÇÃO DE AVALIADORES. Consulte **Registro de avaliação.**

CIPP. Modelo de avaliação exposto em ***Educational Evaluation and Decision Making*** de Guba, Stufflebeam *et al.* (Peacock, 1971). A sigla refere-se à avaliação do Contexto, Input, Processo e Produto, as quatro fases da avaliação que eles distinguem; é importante notar que estes termos são usados de maneira ligeiramente especial. Este é provavelmente o primeiro modelo sofisticado de avaliação de programas, e possivelmente ainda é o modelo mais elaborado e criteriosamente pensado que existe. Ele enfatiza os procedimentos sistemáticos a fim de abordar o esforço multifacetado da avaliação de programas. Ao enfatizar também a avaliação como apoio à tomada de decisões, ele também deixa de se concentrar na avaliação para prestação de contas ou para interesse científico, em que a questão não pode estar relacionada a opções de decisão no sentido comum.

CÍRCULOS DE QUALIDADE. A contribuição amplamente discutida de Deming às técnicas de gestão de produção, rejeitadas nos EUA mas aceitas com entusiasmo pela indústria japonesa do pós-guerra. A ideia principal é usar os trabalhadores da linha de produção para o controle de qualidade e melhoria do processo em vez de deixar estas funções para os engenheiros, com ou sem testes de campo – **testes beta** – que normalmente são mal executados. Os engenheiros passam a maior parte do seu tempo participando das reuniões do círculo de qualidade em vez de em escritórios. Os efeitos parecem ser visíveis no ânimo, bem como no controle de qualidade. Note que o benefício disto precisa ser a reengenharia para a produção de qualidade, e não apenas a correção dos erros da linha de montagem. A transferência de volta do Japão para Detroit com frequência presumia que o erro era do trabalhador, e não do design, ou seja, um design que tornava as tarefas de montagem muito difíceis para o tempo permissível, e as competências ou equipamentos, disponíveis. Apenas a incorporação desta perspectiva mais ampla fornece um **equilíbrio de poder**, e então a participação ativa dos trabalhadores, que são a principal fonte de informação – e apenas esta combinação rende as enormes melhorias da qualidade que ainda separam os melhores produtos japoneses dos melhores produtos de Detroit. A sabedoria dos EUA com frequência é expressa como "Se não estiver quebrado, não conserte"; a filosofia de *kaisin* pode ser expressa como "Se não estiver perfeito, melhore"; mais especificamente, "Se não estiver perfeito quando chegar ao final da linha de produção, refaça seu design até que esteja".

CLASSIFICAÇÃO [CLASSIFICATION]. No contexto da avaliação, esta é uma decisão relacionada ao pessoal que pode ocorrer no momento da contratação ou posteriormente (ou ambos) e que determina o salário e os encargos do candidato. Pode ser amplamente guiada pela correspondência das qualificações com a descrição da função, e neste sentido é descritiva, mas quase sempre envolve um mínimo de julgamento quanto ao mérito e é, consequentemente, avaliativa. Como a classificação em que o indivíduo está sendo enquadrado é hierárquica, isso é compreensível; como não é possível garantir a operação não avaliativa com antecedência, é melhor tratar a classificação como um procedimento avaliativo.

CLASSIFICAÇÃO [RATING]. Normalmente, o mesmo que **conceituação**.

CLASSIFICAÇÃO POR IMPORTÂNCIA. A prática de solicitar aos respondentes (por exemplo ao classificar propostas) que usem apenas as escalas ou sinalizem apenas os descritores que sentiram que os influenciaram significativamente (ou fortemente). Concentra a atenção nas características mais importantes do que quer que esteja sendo avaliado (evita a diluição) e reduz grandemente o tempo de processamento.

CLIENTE. A pessoa, grupo ou agência que contratou uma avaliação e junto à qual o avaliador tem responsabilidade legal; *não* é o empregador ou quem quer que seja que contrate o avaliador, nem, com frequência, o instigador da avaliação. Os clientes normalmente constituem um – muitas vezes o mais importante – dos consumidores imediatos (**receptores**) da avaliação; consequentemente, um dos seus **públicos**, mas não constituem o único público ao qual se destina. O termo "cliente" com frequência é usado para receptores de serviços sociais que envolvem algum relacionamento cliente-profissional. De alguma forma, é melhor, ao discutir uma avaliação, usar o termo "**receptores**" para o último grupo, mantendo em mente que há outros grupos de **consumidores**.

CLIENTELA. A população atendida diretamente pelo subconjunto de programas que envolvem prestar assistência profissional; normalmente chamados aqui de **receptores**, a fim de evitar confusão com "cliente", no sentido definido aqui.

CMI[5], INSTRUÇÃO ADMINISTRADA POR COMPUTADOR. Os registros são armazenados pelo computador, normalmente sobre cada item do teste e cada desempenho de aluno até o momento. É importante para a instrução individualizada em grande escala. O computador pode fazer diagnósticos de baixo desempenho com base nos resultados de exames e instruir o aluno quanto aos materiais que devem ser usados. O quanto o aluno recebe de feedback varia consideravelmente; o principal objetivo é o feedback ao gestor (ou gestores) do curso. Cf. **CAI, Instrução assistida por computador.**

COGNITIVO. O domínio do que é propositalmente conhecível ou factível; consiste no "conhecimento de causa" (saber *que* algo é o caso) ou "conhecimento do como" (know-how, ou saber *como* realizar tarefas *intelectuais*). Atribui-se a distinção a Gilbert Ryle.

COMPARAÇÕES INTERPESSOAIS DE UTILIDADE. Um dólar tem o mesmo valor não importa a quem – o pobre faminto ou o abastado? Se você não puder justificar cientificamente uma resposta específica a esta pergunta, então a economia não pode fazer recomendações de políticas que envolvem assuntos de distribuição, que representam a maioria das que são importantes. Foi isto que impediu a fruição da economia do bem-estar, e assim impediu que a economia fizesse a grande contribuição social no século XX que seu objeto demanda. A resposta à pergunta não é muito difícil, mas há uma pegadinha; é preciso compreender a lógica e justificativa da **ética**.

5 Computer Managed Instruction. (*N. da T.*)

COMPENSATÓRIOS. Critérios compensatórios são os indicadores ou dimensões de mérito em que o desempenho pode ser compensado pelo desempenho de outros, a fim de calcular uma pontuação total. O oposto de critérios compensatórios são critérios isolados ou autônomos – padrões que devem ser satisfeitos sob seus próprios termos. Os conceitos nos requisitos usuais das faculdades são compensatórios (por exemplo, quando se calcula uma média dos conceitos que deve ser superior a C para se formar); nas disciplinas obrigatórias para a habilitação, são frequentemente critérios isolados ("é preciso tirar C *nesta* disciplina"). Às vezes, é difícil, com os critérios compensatórios, explicar a quem está sendo testado que a "nota necessária para aprovação" é obtida em termos de desempenho, visto que não há uma linha de corte nos testes compensatórios; isto também dificulta em alguma medida projetar programas de remediação. Consulte **Linhas de corte múltiplas, Obstáculos múltiplos** e **Síntese.**

COMPETÊNCIAS EM AVALIAÇÃO. Há longas listas de competências desejáveis para o avaliador (Dan Stufflebeam desenvolveu uma delas com 234 competências); quanto aos filósofos, quase qualquer tipo de conhecimento especializado oferece alguma vantagem – já que aborda a expertise necessária em alguma área – e a lista das competências instrumentais mais óbvias (consulte **Lista-Chave de Verificação da Avaliação**) é mais exigente do que na maioria das disciplinas – naturalmente, inclui estatística, análise de custo, análise ética, teoria e prática de gestão, pedagogia, psicologia social, direito contratual, técnicas de entrevista, política profissional, gráficos de apresentação, divulgação (para o relatório), além, claro, de algumas **técnicas específicas** da avaliação, como a **síntese.** Aqui, mencionamos cinco desiderata menos óbvios. Primeiramente, a atitude avaliativa (ou temperamento). A não ser que esteja comprometido com a busca pela qualidade, da maneira com que os melhores profissionais do direito ou da ciência estão comprometidos com a busca pela justiça ou pela verdade, você está na profissão errada. Você será muito facilmente tentado pelos charmes de "juntar-se" (por exemplo, ao pessoal do programa – veja **Tornar-se nativo**), tornar-se-á muito insatisfeito com o papel do forasteiro, muito indisposto a empreender buscas externas e ouvir seus críticos (veja **Lista de inimigos**). As virtudes da avaliação *precisam* ser sua própria recompensa, pois as flechadas são muito dolorosas. Valorizar a busca por valores parece ser um atributo apreensível, e provavelmente ensinável, para muitas pessoas; mas algumas pessoas encontram-no naturalmente, e outros jamais poderão aprendê-lo. Particularmente, a autoavaliação precisa ser considerada uma tarefa peculiarmente importante para o avaliador, visto que praticar o que se prega é um teste sensato de competência e honestidade.

O segundo pacote de competências relativamente não proclamadas faz parte da "análise lógica prática" e inclui competências como: (i) identificar agendas ocultas ou pressuposições não percebidas sobre a prática ou raciocínio por trás de um programa; (ii) identificar incompatibilidades entre uma declaração de objetivos e uma declaração de necessidades, ou entre a definição e o uso de um termo; (iii) identificar lacunas no delineamento de uma avaliação; (iv) a capacidade de fornecer resumos corretos cinquenta vezes menores do que o original; (v) a capacidade de fornecer uma descrição não avaliativa e não interpretativa de um programa ou tratamento; e (vi) a capacidade de identificar pontos fracos nas definições sugeridas, por exemplo, de 'necessidade', ou 'público', ou ainda 'recurso'. Consulte **Pensamento crítico.**

A terceira competência é a capacidade de demonstrar empatia ou interpretar papéis. Ver o que está fazendo da maneira como os outros veem é importante por cinco motivos; (i) para garantir que você não cause ansiedade ou inquietação desnecessária; (ii) para gerar insights que, se usados com cautela, aumentam suas chances de obter cooperação para ter mais acesso aos dados; (iii) para aumentar a relevância do foco da avaliação; (iv) para gerar explicações melhores; e (v) para aumentar as chances de implementação caso você tenha recomendações. Uma extensão desta competência faz parte da **Avaliação perspectiva**. (Veja também **Modelo terapêutico**.)

A quarta competência é o ensino – se você já não for professor – e, particularmente, a educação de adultos. Se você não for capaz de ensinar ao pessoal do programa que você está avaliando – e ao pessoal que está sendo avaliado – o que a avaliação envolve e por que e de que modo ela tem valor, mesmo que às vezes isso acarrete mais trabalho e feridas no ego, você terá dificuldade para conseguir a cooperação de que precisa e obter o impacto que as suas conclusões deveriam ter. Contudo, também devemos pensar no ensino porque os benefícios que a avaliação proporciona aos programas e pessoal em longo prazo, caso a utilizem, são muito mais importantes do que os retornos da sua passagem por ali e as suas recomendações nesta ocasião. Desde que não interfira nos seus principais deveres, você deve tentar passar adiante estes insights e algumas competências.

A quinta competência baseia-se em assumir a função de um **avaliador de uso geral**, em vez de um avaliador local. É a capacidade de ser 'bom entendedor', ou seja, de conseguir absorver rapidamente os pontos de vista, a terminologia e o estado da arte em determinado campo. A razão disto é, em parte, que em muitos casos você não terá o luxo de se aliar a um especialista local e a 'janela da tolerância' para o forasteiro é menor do que os clientes imaginam, então você precisa falar a língua deles e compreender a situação mais rápido do que eles esperariam de qualquer calouro de pós-graduação no campo em que atuam. No fim das contas, não estão dispostos a aceitar conselhos de alguém que não domina a situação por completo, com todas as suas ramificações (embora não exista toda a expertise no assunto da disciplina), e normalmente tampouco estão dispostos a conceder um tempo razoável para tanto. Uma boa regra de ouro é que você precisa fazer contribuições úteis para a melhoria do programa e nenhum erro grosseiro em meio dia, independentemente do assunto. Naturalmente, quanto maior for seu repertório básico, com mais frequência você pode fazer isso.

A boa notícia é que ninguém é bom em todas as competências relevantes, e consequentemente, que há lugar para especialistas e para os membros da equipe. Em parte devido à natureza formidável da lista de competências relevantes, a avaliação – diferentemente da programação de computadores – é um campo em que equipes, *se adequadamente empregadas*, são imensamente melhores do que solistas. Não só duas cabeças pensam melhor de que uma, mas seis cabeças – se bem escolhidas e instruídas – quase sempre pensam melhor do que cinco. Veja também **Ajustar a fechadura à chave**.

Você tem o que é necessário? Aqui está um teste de aptidão com um item. Qual é a maneira correta de inserir um rolo de papel higiênico no porta-papel; com o papel que será puxado saindo da parte superior ou inferior do rolo? Há apenas uma resposta certa; pode parecer que o teste seja afetado por viés cultural e uma prova bem argumentada de que seja ou não constitui uma prova alternativa de competência em avaliação.

COMPONENTE. Alguns dos componentes de um programa incluiriam: o sistema de entrega; o sistema de apoio (ou "infraestrutura") – por exemplo, administradores, equipe de escritório, equipe de treinamento, manutenção, equipe de avaliação interna, consultores; os equipamentos (veículos, computadores, copiadoras etc.); os edifícios; e o ambiente. Os componentes de um produto normalmente seriam os itens listados na enumeração das partes, mas com frequência há agrupamentos mais úteis destes. A avaliação analítica e, frequentemente, a formativa podem exigir a identificação dos componentes, visto que estes são diretamente passíveis de melhoria (não se pode afirmar o mesmo sobre as **dimensões**).

COMPUTADORES ENQUANTO AVALIADORES. O estado da arte atual em inteligência artificial é que sistemas baseados na lógica, sistemas baseados em regras e redes neurais estão todos mais ou menos no mesmo nível de desempenho, embora em tarefas diferentes, e mostram poucos sinais de que farão um salto quântico além deste nível. Isto é, todos eles podem formar a base de desempenhos impressionantes em aéreas limitadas (e diferentes) da inteligência humana, em muitos casos ultrapassando o humano especialista em termos de desempenho. Mas ainda não chegam nem perto de corresponder ao que chamamos de senso comum, ou da capacidade geral de solucionar problemas atribuída a um aluno do ensino médio razoavelmente inteligente. Isso significa que estão longe de corresponder ao avaliador de modo geral. Além disso, precisamos também atenuar nossa admiração pelo que eles podem fazer à luz dos achados de Meehl e Dawes sobre o que se pode realizar com uma equação de regressão linear empiricamente ajustada *sem* um computador; de modo geral, pode-se ultrapassar quase qualquer especialista em termos de desempenho em uma ampla variedade de tarefas, inclusive naquelas em que a observação e entrevistas são consideradas importantes, e onde os especialistas as realizam. Se acrescentarmos 12.000 regras e depurar suas interações por cerca de uma década, pode ter um resultado melhor do que a equação de regressão linear, mas apenas no que concerne um problema muito restrito (neste caso, ajudar um representante de vendas a ajustar os componentes de um computador Compaq às necessidades de um cliente). Então não há grandes dificuldades em usar um computador para selecionar alunos para entrada em Yale melhor do que o painel atual, presumindo-se que o painel está fazendo a seleção visando o sucesso em Yale, e o computador pode analisar os arquivos de apoio. O mesmo pode se aplicar a muitas outras tarefas em avaliação, talvez até um ponto próximo ao *test driver* e a maioria dos entrevistadores para seleção de candidatos a empregos. Em muitos outros casos – grandes avaliações de programas, por exemplo – isso não seria verdadeiro. Devemos explorar a validade diferencial e os custos plenamente, e responder ao desafio. Esta perspectiva sem dúvida será motivo de ansiedade para muitos avaliadores. Ref.: Marvin Minsky "Logical vs. Analogical etc.", ***Artificial Intelligence*** (Verão, 1991).

COMPUTADORES NA AVALIAÇÃO. Os usos óbvios incluem: (i) as tarefas usuais de manutenção no processo de gerenciar e realizar avaliações, que podem ser assistidas ao ponto em que um único consultor em avaliação pode se virar sem a ajuda de um secretário (usando processamento de texto e comunicações eletrônicas), ou até mesmo sem a ajuda de um consultor em contabilidade e tributação (usando software de contabilidade e tributação); (ii) armazenamento e análise de dados com o uso de um SGBD (Sistema de Gerenciamento de Banco de Dados), software de planilhas eletrônicas, PAD (Padrão de Assinatura Digital) e pacotes estatísticos especiais, como o SPSS, SAS e Systat. A maioria destes usos elementares são abordados de forma competente em duas monografias da série ***Quantitative Applications in the Social Sciences*** da Sage.

Alguns usos em rápido desenvolvimento também merecem menção especial; (iii) os computadores agora são usados para testagem interativa, de forma que a escolha do próximo item é feita com base no desempenho obtido nos itens até então, de modo que é possível focar os itens de um nível relevante de dificuldade ou em uma área apropriada. Isso resulta em economia de tempo ou ganhos de precisão de até dois terços. Esta abordagem está avançando rapidamente na direção da chamada "testagem inteligente" (consulte "The Four Generations of Computerized Educational Measurement" de Bunderson *et al.*, em ***Educational Measurement***, 3ª ed., editada por Robert Linn [MacMillan, 1989]); (iv) software de **gestão de projetos** proporcionam grandes ganhos em eficiência administrativa; (v) a **avaliação qualitativa** pode obter assistência significativa (veja também **planilha em avaliação**); assim como a (vi) **visualização de dados**; (vii) softwares especiais foram desenvolvidos para o trabalho de inserção de dados como a codificação de elementos em entrevistas, uma grande porção da maioria das avaliações qualitativas. Encontra-se alguma discussão sobre o assunto no livro de Michael Patton, ***Qualitative Evaluation and Research Methods****, 2nd Edition* (Sage, 1990), mas muito pode ser feito (provavelmente mais) usando os atributos de aplicativos de última geração como notas ocultáveis, as capacidades de zoom e montagem de alguns aplicativos de exibição de hierarquia textual, além dos poderosos recursos macro de muitos programas; (viii) consulte **Realidade virtual**. Para além destes usos de ferramentas encontra-se o domínio do avaliador artificial, abordado no verbete anterior, **Computadores enquanto avaliadores.**

Um novo capítulo em instrumentação de trabalho de campo está sendo escrito com a ajuda de computadores laptop, notebook e palmtops, que será radicalmente estendido com a ajuda da nova geração de máquinas que usam canetas para inserção de dados com novos sistemas operacionais que reconhecem gestos, bem como a escrita à mão. A maioria das entrevistas de campo ou por telefone estruturadas podem ser administradas com um destes, sem qualquer necessidade de um teclado ou de competências de digitação.

CONCEITUAÇÃO ("Classificação" às vezes é usada como sinônimo). Alocar indivíduos a um conjunto ordenado (normalmente pequeno) de categorias nomeadas, em que a ordem corresponde ao mérito – por exemplo, A-F para "conceituação usando letras". Os que se encontram na mesma categoria são considerados equivalentes, quando se usam apenas letras para conceituação; porém, se uma nota numérica também for usada (**pontuação**), os avaliados podem ser ranqueados dentro dos conceitos. O uso de símbolos positivos e negativos associados às letras simplesmente acrescenta mais categorias. A conceituação fornece um ranking *parcial*, mas um **ranking** não pode fornecer uma conceituação sem maiores pressuposições acerca da métrica do mérito, por exemplo, que o melhor aluno é bom o suficiente para obter um A, ou que "conceituar na curva" é justificável (essencialmente, nunca). Isto é, normalmente se supõe que a representação da nota possui ou a ela é atribuído um significado independente do vocabulário do mérito (por exemplo, "excelente, "bom", "satisfatório", "ruim" ou "no limite do aceitável", "insatisfatório" ou "inaceitável"). Assim, não podem ser tratadas simplesmente como um conjunto de categorias em sequência separadas por cortes arbitrários ou predeterminados em uma sequência de indivíduos ranqueados. Em suma, os conceitos normalmente são **referenciados em critérios**. É o **ranqueamento**, e não a conceituação, que é facilitado pelos **testes normativos**.

A diferença entre ranqueamento e conceituação frequentemente resulta em confusão. Por exemplo, a conceituação de alunos não pressupõe a necessidade de "ganhar" dos outros alunos nem gerar "competitividade distrativa", como não raro se acredita. Apenas a *conceituação na curva* quando divulgada faz isso. Aprovado/não aprovado é uma forma simples de conceituação, e não um sistema de não conceituação. Conceitos devem ser tratados como estimativas de qualidade pelo especialista e, portanto, constituem um *feedback* essencial para o aprendiz ou consumidor e seus conselheiros, bem como para o professor. Corromper este *feedback* porque a sociedade externa faz mal uso destes conceitos significa ab-rogação do dever em face do aprendiz ou consumidor, uma confusão entre **validade** e **utilização**.

Outra corrupção é a abordagem em que se concede conceito A "pelo esforço" ou "pela melhoria". Ela tem uma função na avaliação formativa, mas apenas se não for usada como uma moeda de substituição; isto é, ou os conceitos devem ser atribuídos pelo mérito bem como pelo esforço ou melhoria, ou o contexto deve deixar claro que eles se referem, neste momento, apenas ao esforço (ou melhoria). Pesquisas sugerem que conceitos atribuídos pelo esforço são pedagogicamente ineficazes, ao contrário dos conceitos atribuídos pela melhoria. Uma das principais desvantagens das salas de aula tradicionais é a dificuldade de evitar o efeito desestimulante de um fluxo constante de notas baixas para alunos deficientes, sem usar medidas diferenciadas – que envolve enganá-los – ou eliminar a conceituação pelo mérito para a classe como um todo – o que envolve a ab-rogação do dever. Consulte **Conceituação na curva** e **Avaliação da responsabilidade**.

CONCEITUAÇÃO NA CURVA. O processo de atribuir conceitos a uma classe com base em seu desempenho *relativo*, normalmente em termos de um padrão predeterminado. Por exemplo, os 10% melhores e piores podem obter "As" e "Fs", respectivamente, os 20% adjacentes recebem "Bs" e "Ds", e os 40% do meio recebem "Cs". Este foi um dos crimes mais sorrateiros cometidos a fim de manter a ciência – particularmente, a psicologia – livre de julgamentos de valor. (É claro, as mesmas pessoas que faziam isso com sua turma de primeiro ano concediam, com evidente satisfação, conceitos verdadeiros aos seus alunos formandos.) As falhas são óbvias, por exemplo, a escolha arbitrária de porcentagens, a ausência de qualquer ajuste pela dificuldade de determinado teste, ausência de análise dos trabalhos que receberam "F" para verificar se o que fizeram realmente merecia desaprovação, ou dos "As", para ver se de fato representam excelência. A defesa baseou-se no argumento de que esta abordagem eliminava a 'subjetividade' da conceituação. E assim o faz, assim como qualquer regra simplória para concessão de conceitos fará. Ela o faz porque contorna as questões fundamentais que a conceituação visa abordar, para as quais alunos e professores precisam de resposta – questões como: Eu realmente não estou compreendendo este material, ou apenas não estou me saindo tão bem quanto o restante da classe? Eu estou perto de acertar tudo, ou apenas mais perto que qualquer outra pessoa, e ainda assim a milhas de distância de dominar o assunto? O ensino está passando impressões equivocadas? E assim por diante... A tarefa da psicologia era melhorar a precisão das respostas a tais questões, e não tratá-las como impertinentes.

CONCORRENTES CRÍTICOS. Alternativas viáveis ao avaliado que podem, comparativamente, produzir benefícios valiosos a custo comparável ou menor. Devem ser levados em consideração em quase todas as avaliações, pois é quase sempre importante descobrir se os recursos envolvidos estão sendo usados da melhor maneira possível, ao contrário da pergunta pragmaticamente menos interessante que busca apenas determinar se eles estão sendo desperdiçados (eficiência em vez de eficácia, no linguajar avaliativo). Concorrentes críticos: (i) podem não ser do mesmo tipo de objeto que o avaliado – os concorrentes críticos para uma equipe de treinadores incluem um computador com pacote de TBC, e um texto; (ii) podem ter que ser criados especialmente para o exercício; (iii) podem custar o mesmo ou muito mais ou menos (dependendo da importância que o dinheiro e os benefícios esperados têm para as necessidades do cliente ou consumidor); (iv) podem não ter sido levados em consideração antes do início da avaliação; e (v) raramente incluem a alternativa sem tratamento, assim distinguindo a abordagem normal em avaliação daquela em delineamentos experimentais para fins de pesquisa. Eles são apenas mais ou menos funcionalmente equivalentes ao avaliado; cada um deles pode oferecer vantagens específicas significativas para concorrer. Procure particularmente concorrentes críticos que estão apenas no horizonte agora, mas que certamente chegarão na hora em que o avaliado seria disponibilizado. (Consulte **ELMR** para ver um exemplo.)

Concorrentes críticos que devem figurar na avaliação de um texto de US$ 20 podem, portanto, incluir: outro de US$ 20 que tenha uma reputação bem melhor, um que seja tão bom quanto este (ou melhor) por US$ 10 (ou US$ 5), ou até mesmo um que seja bem melhor por US$ 25. Devemos incluir também um filme (se houver), palestras, TV, um emprego ou estágio, e assim por diante, onde estes ou uma combinação deles envolva um aprendizado semelhante. A *ausência* de um texto – a alternativa "sem tratamento" – raramente é uma opção. As escolhas usuais são o tratamento *antigo*, outro tratamento *inovador*, *ambos* ou uma *mistura* – ou algo que ninguém considerou relevante até então (ou talvez nem mesmo tenha relacionado). Arquitetar ou encontrar estes concorrentes críticos não reconhecidos ou "criados" é, com frequência, a contribuição mais valiosa que um avaliador faz a uma avaliação, e inventá-los requer criatividade, conhecimento local e ceticismo combinado com realismo. Em economia, conceitos como custo são frequentemente definidos em termos dos (elementos que se combinam em) concorrentes críticos, mas muitas vezes presume-se que é fácil identificá-los. Os concorrentes críticos-padrão na avaliação de detergente para tapetes (por exemplo) são fáceis de identificar – tudo o que se chama de detergente para tapetes –, mas os que não são padrão são os mais importantes. Neste caso, a *Consumer Reports* incluiu uma solução diluída do detergente líder, que se saiu melhor *e* reduziu em muito o custo de todos os detergentes. Sempre vale a pena incluir um concorrente crítico *baratão*, ou seja, o que você conseguir que seja semelhante ao avaliado mas que custe no máximo a metade do preço. Há alguns casos clássicos em educação em que a versão *baratona* ganha do original *deluxe*, talvez porque seja menos confusa/distrativa para a criança.

Identificar concorrentes críticos com frequência requer referência ao cliente e contexto, mas é preciso lembrar de usar o termo com cautela. Ao avaliar o time de basquete da nossa escola secundária local, pode-se pensar que o 'concorrente crítico' é o eterno campeão da liga, de outra escola, que os locais nunca venceram. Em avaliação formativa, é provável que esta escolha seja inapropriada se o campeão advém de uma escola muito maior com muito mais apoio dos pais de alunos mais ricos. O técnico e o diretor da nossa escola – a comunidade, neste caso – não podem arcar com esta alternativa. Para esta comunidade, um concorrente crítico é o mesmo time com um técnico diferente; para o técnico atual, concorrentes críticos incluem um estilo ou procedimento diferente para seleção de jogadores. Sumariamente, é preciso distinguir os *concorrentes reais* ou *concorrentes socialmente definidos* dos concorrentes críticos (as comparações apropriadas); e, nesta relação, também distinguir *padrões ideais* de *padrões apropriados*. Neste exemplo, o outro time tem desempenho melhor, em um nível que poderia até se qualificar como o *ideal* para a escola local, mas identificá-los como concorrentes críticos seria apenas um jogo de palavras com a noção de "competição". 'Sonhar alto', como neste exemplo, é, a rigor, inapropriado, e pode ser desestimulante; às vezes, no entanto, é inspirador.

O erro contrário é determinar objetivos muito baixos ao selecionar concorrentes críticos e desta decisão é impossível voltar atrás. Por exemplo, um erro crasso, porém comum, em testes de estrada comparativos seria parear a série do Lexus 400 com a do BMW 5, por se encontrarem na mesma faixa de preço. A comparação correta seria com a série do BMW 7, muito mais cara, pois o desempenho geral é comparável. Assim, a superioridade à série 5 é gerada como subproduto da avaliação (acrescentando-se a premissa bem sustentada de que os 7 são melhores do que os 5), e uma conclusão significativa extra é alcançada. Outro exemplo de contexto que influencia a escolha de concorrentes críticos: se você está avaliando algo simplesmente porque precisa economizar dinheiro (e precisa cortar isso ou alguma outra coisa), talvez queira se concentrar completamente em uma família de concorrentes críticos radicalmente mais barata, indo até o caso sem tratamento ou tratamento zero (cancelar o programa completamente).

O papel crucial dos concorrentes típicos no pensamento e raciocínio avaliativo agora recebe confirmação de estudos de competências de raciocínio geral, em que se destaca cada vez mais que a identificação de alternativas realistas é um componente-chave do raciocínio eficaz e de seu ensino. Ref.: ***Teaching Thinking Skills: Theory and Practice***, editado por Boykoff e Sternberg (Freeman, 1987). Veja também **Proativa.**

CONDICIONALMENTE AVALIATIVOS (termos). Subespécie da terminologia **contextualmente avaliativa**, ou seja, casos em que são fornecidas descrições 'puramente descritivas' de características ou desempenho em um contexto em que é sabido que parte do público valoriza este desempenho. Por exemplo, o sinal de TV em áreas isoladas é sempre avaliado na ***Consumer Reports***, mas apenas os leitores que vivem nestas áreas valorizam as avaliações. Mais uma vez, muitos detalhes da análise de custos em avaliação de programas podem ser irrelevantes para o cliente abastado; eles são apenas condicionalmente avaliativos.

CONFIABILIDADE (1. Em estatística; 2. Na linguagem comum; 3. De avaliações).

1. Confiabilidade no sentido técnico é a consistência das leituras de um instrumento científico ou juiz humano. Se um termômetro sempre mostra 90°C quando mergulhado na água fervente ao nível do mar, é "100 por cento confiável em termos de teste e reteste", embora seja impreciso. É útil distinguir a confiabilidade em termos de teste e reteste da confiabilidade entre juízes (que seria exibida se diversos termômetros apresentassem a mesma leitura). Há muitos testes psicológicos confiáveis em termos de teste e reteste, mas não confiáveis entre juízes (isto é, entre

teste e administrador): o contrário é menos comum.

2. No sentido cotidiano, a confiabilidade inclui o requisito abordado pelo termo técnico **validade**; diríamos que um termômetro que exibe 90°C quando deveria mostrar 100°C não foi muito confiável, assim como diríamos o mesmo se apresentasse leituras variáveis na água fervente sob as mesmas condições de pressão. Esta situação confusa poderia facilmente ser evitada usando o termo "consistência" (ou "estabilidade") em vez de introduzir um uso técnico de "confiabilidade", mas isso foi nos dias em que o jargão era considerado um sinal de sofisticação científica. Assim como é, a confiabilidade é uma condição necessária, embora não suficiente, para a validade, e assim com frequência vale a pena verificar primeiro visto que, em sua ausência, a validade não pode existir. O estudo cuidadoso do que conta como um 'reteste' ou 'julgar a mesma coisa' mostra que, na verdade, mesmo a confiabilidade no sentido técnico envolve validade, embora isto não seja notado normalmente. (Caso contrário, reprovaríamos um termômetro que mostrasse uma leitura diferente quando a água do teste estivesse esfriado entre os testes.)

3. A confiabilidade das avaliações é uma quantidade altamente desconhecida. No sentido técnico, que significa consistência, uma estimativa é facilmente obtida realizando-se repetições das avaliações, em série ou em paralelo. Os poucos dados contidos nestas – por exemplo, no credenciamento de escolas (um experimento), avaliação de propostas por painéis (alguns experimentos informais), ou avaliação dos professores pela classe (muitos experimentos) – deixam claro que a confiabilidade, uma vez que você contabiliza os efeitos espúrios como o viés comum, não é alta. O uso de exercícios de **calibragem**, **listas de verificação** e **treinamento de avaliadores** pode melhorar isso enormemente ao longo da melhoria da validade. Paul Diederich mostrou como fazer isto com a avaliação da instrução sobre produção textual, e este paradigma deveria se generalizar.

CONFIDENCIALIDADE. Um dos requisitos que vêm à tona sob o ponto de checagem de Processo na **Lista-chave de verificação da avaliação**. A interpretação atual de confidencialidade refere-se à proteção dos dados sobre os indivíduos contra a leitura casual por outros indivíduos, e não à proteção de julgamentos avaliativos sobre um indivíduo contra a inspeção do mesmo. O requisito de que o indivíduo possa inspecionar um julgamento avaliativo sobre ele mesmo, ou ao menos um resumo daquele, com alguma tentativa de preservar o anonimato dos que o realizaram, é uma restrição relativamente recente em avaliação de pessoal. Acredita-se largamente que isso prejudicou em muito o processo, visto que as pessoas não podem mais expressar sua opinião sobre o candidato se tiverem que se preocupar com a possibilidade de ele saber ou deduzir sua autoria e repreender o avaliador, mesmo que em pensamento (no caso de a avaliação ser crítica). É importante notar que a maioria dos grandes sistemas de avaliação de pessoal falhou pois as pessoas não estão dispostas a fazer isso, mesmo quando se assegura o anonimato total. Isso geralmente se aplica aos sistemas de serviços armados e muitos sistemas universitários públicos. Não há dúvidas de que mesmo entre as melhores universidades o requisito dos arquivos abertos surtiu efeito negativo. Normalmente, há maneiras de preservar o anonimato total, com o respaldo de grande parte da legislação, mas em geral é melhor se voltar à **avaliação baseada em desempenho**. Consulte também **Anonimato**.

CONFLITO DE INTERESSES.[6] Uma das principais fontes do viés, nem sempre fatal à objetividade, mas sim à credibilidade e, consequentemente, incompatível com cargos públicos e outros de alta responsabilidade. A definição jurídica refere-se à disputa entre o interesse pecuniário privado e o interesse público, mas em avaliação o conflito de interesses tem um escopo muito mais amplo, e seus efeitos sobre a validade e profissionalismo, não só sobre a credibilidade, devem ser examinados. Mesmo que um avaliador que avalia seus próprios produtos esteja envolvido em um conflito de interesses, o resultado ainda pode ser melhor do que o de uma avaliação realizada por um juiz externo, pois a falta de conhecimento profundo e experiência com o produto deste, além da falta de metodologia, pode não compensar pela ausência de envolvimento do seu próprio ego. Como o conflito de interesses *pode* afetar a validade, e quase sempre reduz a credibilidade, normalmente é melhor tentar reduzir o

6 Em inglês, COI (Conflict of interest) (*N. da T.*).

risco de conflito usando ao menos uma mistura de avaliadores **internos** e **externos** no processo de desenvolvimento. Na escolha dos painéis de avaliação, o esforço para selecionar painelistas sem conflito de interesses normalmente tem foco equivocado ou é excessivo; é melhor escolher um painel com uma mistura (nem mesmo um equilíbrio exato) de interesses conflitantes, visto que eles provavelmente conhecem melhor a área do que aqueles que não têm interesse nela, ou contra ela, e têm mais fundamento para argumentar com seriedade. Para evitar a votação em bloco e a influência de 'vilões', os motivos das decisões precisam ser desenvolvidos de maneira independente e registrados antes que a discussão ocorra; estes motivos e as versões finais devem ser abertos ao público, revisados em termos de vieses, e os painelistas devem ser responsabilizados por erros e ocultações.

O nível geral de consideração do conflito de interesses, na mídia, na educação, entre políticos e na legislação (ao contrário da consideração jurídica) é abismal. Exemplo: ao filho do presidente dos EUA é concedido um cargo de alta remuneração com basicamente nenhum dever pela Corporação X, e então negocia um empréstimo extremamente alto para a Corporação X com o banco de cujo conselho ele já era membro, apesar de que X não teria recebido o empréstimo sem sua intervenção. Em público, argumenta que esta situação não é indecorosa, mas a mídia não condena sua visão como incongruente. O fato se deve apenas à posição de seu pai? Não, porque a mídia trata outros envolvidos em escândalos relacionados a empréstimos e poupanças que se comportaram de maneira semelhante com a mesma casualidade. Um presidente de banco concede grandes empréstimos a taxas absurdamente baixas ao principal auditor do banco e argumenta que não há nada de errado nisso; a mídia reage da mesma maneira. Aqui, estamos diante da prova de empobrecimento do senso ético e da educação.

Laços financeiros, pessoais e sociais preexistentes não são apenas melhores ou piores do que comprometimentos intelectuais preexistentes no que concerne conflito de interesses, embora nenhum deles assegure a existência de **viés**. Em casos específicos, todos podem produzir pareceres melhores, bem como julgamentos piores. No entanto, estes comprometimentos devem ser revelados; eles certamente impedem a designação como único avaliador, e vão de encontro à designação como um membro de um painel pequeno ou desequilibrado. Na administração do conflito de interesses, não apenas os comprometimentos, mas os motivos alegados do comprometimento devem ir a público, e a validade dos argumentos deve ser examinada em algum momento por especialistas e representantes de consumidores com outros ou nenhum conflito de interesses. Por exemplo, neste trabalho, há uma grande quantidade de recomendações para uso de avaliadores externos; e o autor encontra-se parcialmente na função de avaliador externo. Consequentemente, há conflito de interesses – mas se isso constitui ou não um viés depende da maneira como os motivos fornecidos sustentam a decisão.

Uma confusão considerável com respeito ao conflito de interesses consta nos regulamentos oficiais, que sofrem do problema típico do excesso de controle para garantir a segurança, projetado para proteger o burocrata. Por exemplo, o envolvimento fiscal *prévio* com um dos licitantes é, mas não deveria ser, motivo de exclusão de um membro do painel sob a justificativa de conflito de interesses. O envolvimento prévio é o melhor caminho para o conhecimento da capacidade da perspectiva interna sem que se adentrem os verdadeiros problemas do conflito de interesses.

A maioria das legislaturas claramente mantém conflito de interesses com uma variedade de questões que discutem, por exemplo, seguro contra terceiros para motoristas, ou tetos em taxas de contingência, visto que muitos dos legisladores são advogados que podem fazer bastante dinheiro a partir desta troca, e não possuem estabilidade como legisladores. Dentistas, incluindo os consultores dentários do Consumers Union, não são as pessoas adequadas para responder se a prática – comum nos tempos dos nossos avós – de substituir dentes em deterioração por dentaduras é sensata, já que isso eliminaria uma grande parcela de toda a clínica odontológica. Da mesma maneira, é óbvio que muitas pessoas poderiam economizar bastante dinheiro comprando óculos genéricos na farmácia; o Consumers Union aparentemente enfrenta dificuldades em fazer com que oftalmologistas profissionais afirmem isso (pois nunca mencionaram esta possibilidade), presumivelmente porque tiraria muito dinheiro do seu bolso. Eles podem e certamente obtêm endosso a medicamentos genéricos, por outro lado – embora não tenham podido por muitos anos –, porque o médico não ganha dinheiro com estas prescrições. Na avaliação de programas, o mesmo erro ocorre no uso de psiquiatras como o critério para identificar pacientes com doença mental institucionalizável, em vez de usar os pacientes, suas famílias e empregadores. O **conflito de interesses** é óbvio, e os resultados eram previsíveis. Antídoto: use ao menos um avaliador "clínico geral" na equipe de análise.

A confusão também reina no mundo acadêmico. Por exemplo, muitos editores de periódicos não usam como revisor de um livro ou manuscrito uma pessoa que sabidamente possui visões contrárias sólidas; com frequência, eles dizem que seria "injusto" fazer diferente. Esta é a confusão usual entre a convicção e o viés. Não só é provável que as reações da oposição estabelecida sejam de interesse considerável do leitor, mas podem muito bem revelar falhas que alguém menos intimamente envolvido no assunto jamais identificará. Quando estas considerações surgem, os editores deveriam tentar encomendar revisões duplas mais curtas de livros importantes, como sempre fazem no caso dos manuscritos; sendo uma delas realizada por uma parte supostamente neutra. É verdade que, então, nos deparamos com o fato de que revisores (neutros) não gostam deste tipo de tarefa, já que as deficiências de sua própria revisão podem então tornar-se muito aparentes. Se a cozinha profissional estiver muito quente, você não é obrigado a permanecer ali. Consulte **Lista de inimigos**, e compare com **Falácia da expertise irrelevante**.

CONHECIMENTOS IRRELEVANTES. Consulte **Falácia dos conhecimentos irrelevantes**.

CONNOISSEUR. Pessoa com interesse, afeto e conhecimento especializado sobre (normalmente) uma categoria de objetos de arte ou comestíveis. Seu gosto é normalmente muito diferente daquele do consumidor comum, e acredita-se amplamente que seja superior. Esta crença encontra pouco fundamento, a não ser que esteja considerando criar uma adega de vinhos finos (etc.) como um investimento, em que as perspectivas do formador de opinião controlam o valor de mercado. Se você planeja muitas décadas à frente de apreciação rigorosa de vinhos, pode apostar que seu gosto tenderá a convergir com o dos especialistas, mas a probabilidade de isto ocorrer dependerá muito de você conseguir se convencer de que isto deveria ocorrer. Na maioria dos outros casos, os *connoisseurs* provavelmente não seriam bons guias a se considerar em suas compras – eles são simplesmente um grupo com gosto diferente do seu (que quase sempre custam muito mais caro), e com frequência com enormes conflitos de interesse que devem tornar suas recomendações suspeitas, assim como irrelevantes. Por uma perspectiva, a maior parte de seu julgamento envolve a falácia do tecnicismo, de valorizar o que não tem valor além do que lhe é atribuído. Em menor medida, no entanto, eles podem ser bons juízes da "verdadeira" qualidade, por exemplo, na identificação de tapetes orientais que, de fato, terão duração mais longa. O que acontece é que a capacidade deles de identificar a qualidade é extrapolada em domínio do mero gosto, e o consumidor com frequência é incapaz de distinguir os dois.

As pessoas que apreciam o que é servido em restaurantes de fast-food, em determinada ocasião, nem sempre são pobres ou insensíveis; às vezes, estão desfrutando da refeição ideal. "A melhor refeição disponível" não funciona da mesma forma que "o melhor remédio para diabetes", quando se sabe que outros possuem conhecimentos relevantes que acarretarão em benefícios para você. Se você não acredita que as outras refeições disponíveis em restaurantes chiques têm sabor substancialmente melhor e acredita que demoram muito mais tempo para preparar e custam mais do que você normalmente está disposto a pagar para comer, o fato de que um *connoisseur* de restaurantes não gostaria (ou jamais seria pego) em um fast-food é completamente irrelevante. Foi insensato e autoindulgente da parte deles deixar que seu gosto saísse de seu controle a ponto de impedi-los de obter refeições mais facilmente disponíveis e – para aqueles cujo gosto não foi corrompido – igualmente prazerosas. Consulte **Modelo de connoisseur** e **Falácia da expertise irrelevante**.

CONSENTIMENTO INFORMADO. O estado que se procura conquistar em adultos conscientes e racionais como um bom começo do cumprimento de nossas obrigações éticas para com humanos (participantes de estudos ou pesquisas). Os casos difíceis envolvem semiadultos semirracionais e semiconscientes, e a semicompreensão.

CONSONÂNCIA/DISSONÂNCIA. Os fenômenos de consonância e dissonância cognitiva, com frequência associados ao trabalho do cientista social Leon Festinger, são uma grande ameaça, normalmente subestimada, à validade de pesquisas de satisfação do cliente e entrevistas de acompanhamento como guias do mérito de programas ou produtos. (O caso limitante é a tendência do público norte-americano a aceitar decisões presidenciais a respeito de guerras.) A consonância cognitiva, não dissociada da noção mais antiga de racionalização, ocorre quando a percepção do indivíduo sobre o mérito de X é alterada pelo seu forte comprometimento a X, por exemplo, ao comprá-lo ou depositar bastante tempo e esperança nele usando-o como terapia etc. Assim, um Ford Pinto pode ser classificado após a compra como consideravelmente melhor do que um VW Rabbit antes da compra. Embora não tenham surgido novas evidências que justifiquem esta mudança da avaliação; em contexto mais severo, isso se aplica a revoluções. O aspecto autojustificativo disso é o lado do conflito de interesses de uma moeda, em que o outro lado é o melhor conhecimento sobre (por exemplo) o produto. Algumas abordagens ao controle deste tipo de viés incluem a separação muito cuidadosa da avaliação de necessidades da avaliação do desempenho, a seleção de indivíduos que possuem experiência com ambas (ou diversas) opções, análise de tarefa rigorosa pelos *mesmos* observadores treinados, que observam compradores recentes de *ambos* os carros, e assim por diante. A aprovação dos campos de treinamento pelos fuzileiros navais e de ritos de iniciação desumanizantes pelos membros de fraternidades são casos notáveis e importantes – chamados de "viés de justificação por iniciação" em ***The Logic of Evaluation.*** (Estes fenômenos também se aplicam ao metanível, rendendo meta-avaliações positivas ilegítimas por parte dos clientes.) Consulte **Revoluções, avaliação de,** e **Viés do gosto pelo campo de treinamento.**

CONSTRUCIONISMO, CONSTRUTIVISMO (Algumas vezes distinguidos, mas com pouca aceitação geral). Posição radical da epistemologia e metodologia de pesquisa contemporânea, com seguidores influentes entre os teóricos da avaliação, notavelmente Guba e Lincoln. O posicionamento tem origem na escola hermenêutica, que considerava a objetividade um ideal sensato, mas as versões atuais tendem a favorecer o relativismo epistemológico e, por consequência, rapidamente se deparam com problemas quanto ao modo como se justificar, pois qualquer abordagem à justificação seria, em sua visão, baseada em pressupostos que não podem ser provados. O nome refere-se, grosso modo, à ideia de que a realidade não "está lá", mas é construída por cada um de nós. Os motivos fornecidos pelos construtivistas para a adoção do relativismo epistemológico são relativamente fáceis de assimilar pelos que não estão dispostos a abandonar a ideia de uma realidade externa. Consulte ***The Paradigm Dialog***, editado por Guba (Sage, 1990), em particular a introdução de Guba e o tratamento equilibrado de Phillips – este sendo a única contribuição de um filósofo profissional.

CONSULTOR, CONSULTORIA. "Um consultor é alguém que toma seu relógio emprestado para lhe dizer que horas são." Não riu? Comece a praticar. Os consultores não são tão desprezados quanto os advogados, mas alguns casos chegam perto e, se isso o incomoda, não entre no jogo. Você terá que ser capaz de sorrir quando algo que não seja tão cômico for dito às suas custas.

Os consultores não são apenas pessoas contratadas temporariamente para aconselhamento, como se poderia supor; eles incluem uma série de pessoas que são de fato membros regulares (embora não concursados) de agências estatais, onde alguma restrição orçamentária ou burocrática impede a contratação de pessoal permanente, mas permite um status semipermanente ao consultor. (Uma consequência significativa deste esquema é que um consultor em avaliação com frequência é impróprio como avaliador externo.) Estes cargos podem ou não proporcionar escritórios, apoio de secretários, benefícios complementares etc. Eles são híbridos entre a carreira de consultor propriamente dita e a designação de profissional assalariado, e são chamados aqui de consultores (de avaliação) internos (em contraste com avaliadores internos, bem como com outros tipos de consultores).

Muitas pessoas trabalham como consultores além de sua função elementar. Eles podem até montar uma corporação e contratar um pessoal de apoio substancial; porém, mais uma vez, esta é uma função híbrida, e tais consultores são chamados de *moonlighters*.[7] Aqui, nos concentramos no caso restrito, o consultor solo (ou autônomo), visto que a maioria das pessoas que prestam alguma consultoria - ou consideram que prestam - sonham um pouco com esta possibilidade, com frequência de maneira displicente. A independência do consultor solo é muito atraente - trabalhe quando quiser, no que quiser, e viva onde quiser -, mas altamente ilusória.

O problema fundamental de ser um consultor autônomo em avaliação é que você concorre com os *moonlighters*, normalmente membros do corpo docente de universidades que possuem salário estável, acomodação e benefícios garantidos. Com frequência, cobram muito pouco; às vezes, nada. Isso porque: (i) eles acreditam que a experiência de trabalho é útil para manter contato com o mundo real; (ii) eles consideram isso algo interessante, para sair da rotina; (iii) gostam de ajudar; (iv) sentem-se lisonjeados quando sua opinião é solicitada; e/ou (v) o reitor os incentiva a trabalhar ao menos um pouco neste tipo de coisa. Por outro lado, se forem analíticos, cobram o preço que julgam compensar o custo de oportunidade da pesquisa e recreação (que com frequência subestimam consideravelmente). Você, em contrapartida, precisa ganhar o suficiente, quando tem algum trabalho, para (i) se sustentar nos dias em que não tem trabalho e (ii) cobrir seus custos gerais, como aluguel do escritório, custos com secretários, livros, assinaturas de periódicos, associações, reuniões, comunicações, computadores, plano de aposentadoria, planos de saúde e outros; além de (iii) sua moradia pessoal, contas e gastos com alimentação, custos de transporte, móveis, entretenimento, férias etc.

No mundo real, os trabalhos não têm a bondade de preencher seu tempo acertadamente; nem se isso fosse desejável. Há 2.080 horas úteis em um ano de semanas com 40 horas úteis cada, e se você se permitir duas semanas de férias por ano, este número convenientemente cai para 2.000. (Naturalmente, muitas vezes haverá semanas com 60 horas de trabalho, mas que podem ser compensadas por algumas das semanas de 10 horas, quando você passa a maior parte do tempo em uma convenção

7 A pessoa que acumula dois empregos. (*N. da T.*)

etc.) Uma regra geral comum no mundo dos consultores é pensar que você irá, ou deveria, cobrar apenas 1.000 horas por ano; o tempo restante pode, e provavelmente deveria, ser preenchido em reuniões, escrevendo propostas, conversando com clientes prospectivos, lendo os anúncios de Termos de Referência federais no *Commerce Business Daily* ou em boletins específicos do seu campo, pesquisando, viajando e escrevendo para manter-se atualizado. Além disso, você precisa ter uma quantidade justa de tempo de folga para estar disponível quando um cliente (novo ou antigo) precisar de você; caso contrário, arrisca perdê-lo.

Imagine que você determina o objetivo muito modesto de obter uma média de US$ 45 mil (dólares, em 1991) líquidos, antes dos impostos e descontando as despesas, em média por dez anos. É insensato considerar esta carreira se você não consegue pensar dez anos à frente, pois é um negócio de início lento. Até mesmo os muitos contatos que pode ter feito durante trabalhos de consultoria anteriores como *moonlighter* podem evaporar quando você começar a cobrar os honorários de autônomo. Considerando os talentos necessários para ser um consultor autônomo de sucesso, você provavelmente pode ganhar no mínimo este valor em um cargo assalariado – muito provavelmente, já vem ganhando. Se você não pretende partir para o trabalho autônomo a não ser que possa ganhar US$ 80 mil, é fácil ajustar os números com o que se segue.

Primeiramente, você precisa saber que é improvável que consiga alcançar o salário que você visa nos primeiros anos, pois precisa fazer novos contatos para sustentar suas necessidades de trabalho, que são bem maiores. Além disso, para alguns dos empregadores sagazes, precisa fazer um novo histórico como consultor autônomo, em vez de *moonlighter*. Assim, como capital inicial, você vai precisar de, no mínimo, metade do seu salário anual durante três anos, além do custo de mobiliar e equipar um escritório, se ainda não o tiver feito. Em segundo lugar, você precisa saber que este valor deverá ser recuperado em algum momento, e que haverá anos de vacas magras após o período inicial (quando a economia estiver em baixa, ou quando você tiver problemas de saúde ou familiares), bem como anos de vacas gordas. Portanto, assim como um fazendeiro ou comerciante, você precisa resistir à tentação de gastar nos anos bons; você deve economizar tudo o que ganhar acima de US$ 45 mil.

Mesmo com esta prudência, será preciso faturar um valor bruto de ao menos US$ 66 mil antes dos impostos para pagar os custos indiretos gerais mencionados acima, se você planeja ter um escritório externo e alguma ajuda de funcionários. Você pode até conseguir se manter com US$ 55 mil, se conseguir se virar sem funcionários e usar um home-office (pois isso reduz os custos de transporte, bem como de aluguel do escritório), mas não pense que consegue com menos do que isso – a regra de ouro é 25% de base para os benefícios adicionais, e mesmo que consiga reduzi-los um pouco, há muito mais a considerar além dos benefícios adicionais. Agora, US$ 66 mil representam apenas US$ 33/hora, se você recebesse um salário. Porém, só vai poder cobrar metade das horas, de modo que cada uma delas deverá custar US$ 66. Mesmo que você almeje apenas US$ 55 mil, deverá cobrar US$ 55/hora. De qualquer maneira, podemos fazer uma aproximação: digamos que você vai precisar de cerca de US$ 500/dia, além das despesas. (Para ser exato, seria entre US$ 440 – US$ 528, mas para nossos fins, podemos arredondar para US$ 500.)

Uma perspectiva sobre este valor é que os consultores de alto escalão ganham isso *por hora*, e nenhum advogado das melhores firmas que se preze vai trabalhar por *tão pouco*. No entanto, esta perspectiva não vai ajudá-lo muito. A realidade é que muitos clientes, incluindo o governo federal, consideram US$ 500/dia excessivo, pois conseguem professores assalariados para fazer o trabalho pela metade, ou menos; um teto (limite superior) comum são US$ 300/dia. E poucos escritores ou outros profissionais que trabalham em casa ganham isso tudo.

Naturalmente, os consultores solo com frequência dizem que isso é "injusto" com eles, mas é preciso manter em mente que o governo federal paga grandes quantias para sustentar as universidades e poderia, com alguma razão, considerar taxas mais baixas para consultoria parte do *quid pro quo*. A indústria arca com boa parte destes impostos. (Na Austrália, boa parte da indústria acredita que não deveria pagar taxa *alguma* para consultores docentes.) Hoje em dia, os regulamentos universitários normalmente, e acertadamente, exigem que se declarem a renda e as fontes de consultoria, além de impor limites qualitativos e quantitativos à atividade. Mas o grupo é vasto, de modo que isso não vai reduzir a concorrência para você. Além disso, mais do que antes, as universidades incentivam a atividade de consultoria como forma de manter contato com a realidade, o que tende a aumentar o tamanho deste grupo.

Às vezes, para os independentes, há uma maneira de contornar isso, se você conseguir estabelecer – isto é, tiver auditado – uma taxa de despesas gerais para si, que normalmente significa se estabelecer como uma corporação. No entanto, isto apenas *legitima* as taxas mais altas; não significa que as agências/fundações/organizações estarão dispostas a pagá-las, já que têm orçamentos restritos e também possuem suas próprias restrições. Além disso, tornar-se uma corporação aumenta substancialmente seus próprios custos e possui poucas das vantagens de antigamente, tais como carros da empresa. Com frequência, os únicos consultores viáveis, bem como aqueles com o maior custo-benefício, são os *moonlighters*. Consultores independentes que se ofendem diante disso, ou das reclamações sobre seus honorários, estão no ramo profissional errado.

A conclusão, a partir desta perspectiva, parece ser que você não deveria tornar-se autônomo no campo da avaliação a não ser que esteja atolado de demanda (ou seja, está recusando metade dela) pelos seus serviços no nível de gratificação que vai precisar para sobreviver (e *não* em seu nível marginal, ou seja, como *moonlighter*). Mas há provavelmente mais de mil consultores em avaliação independentes nos EUA que de fato sobrevivem, embora poucos deles ganhem um valor próximo ao salário base de um professor associado. Como eles fazem isso?: (i) realizando trabalhos a preço fixo ou à base de contratos mais rápido do que o contratante esperava ou do que a concorrência pode fazer, consequentemente ganhando mais por hora de trabalho; (ii) formando um grupo de trabalho que pode preencher o 'espaço vazio' de 1.000 horas para seus funcionários/associados, por meio de múltiplos contratos, e distribuindo a carga de trabalho; (iii) oferecendo a capacidade de trabalhar em horário integral em um projeto, uma vantagem sobre os consultores docentes para serviços mais urgentes; (iv) fazendo contatos que eventualmente vêm a confiar neles mais do que em qualquer outra pessoa que conheçam; (v) deixando claro que não se dedicam a outras atividades de extrema importância, como a necessidade de publicar que os professores têm – os clientes *querem* você à sua mercê; (vi) assumindo tarefas além da avaliação; por exemplo, fazer treinamento ou remediação em áreas específicas, ou redigir documentos; (vii) sendo melhor do que aqueles que, de outra forma, estarão disponíveis – ao menos em alguma especialidade; (viii) assumindo contratos que ninguém mais quer; (ix) cortando custos grosseiramente, por exemplo, estabelecendo colaborações para alguns equipamentos de escritório, como usar a biblioteca pública para consultar o *Commerce Business Daily*, e assim por diante. Não há uma biblioteca pública por perto? Tente on-line; a CompuServe posta diariamente uma versão do CBD, além de possuir um fórum para consultores (Go Consult) que oferece ajuda e, às vezes, rende trabalho.

Note que algumas destas opções requerem competências especiais, por exemplo, em gestão ou treinamento. Não presuma que você as possui, a não ser que tenha realizado alguns contratos que as envolvesse; as competências em gestão não são triviais – *especialmente a competência que envolve estimar os custos do trabalho exigido* – e competências de treinamento não são as mesmas competências requeridas para lecionar na universidade. (Por outro lado, as competências on-line são fáceis de adquirir.) Note também que diversas opções envolvem abrir mão de presumidas vantagens significativas de tornar-se autônomo. Veja também **Competências em avaliação, Dumping, Quantum de esforço, Computadores em avaliação, Escalonamento** e **Ajustar a fechadura à chave.**

CONSULTOR EM AVALIAÇÃO. Veja **Consultor, consultoria.**

CONSUMAR (uma avaliação). Usado aqui em referência à conclusão do processo de **síntese**, em vez de apenas apresentar subavaliações – por exemplo, das **dimensões** ou **componentes.**

CONSUMIDOR. A rigor, é qualquer pessoa afetada por um programa ou produto, direta ou indiretamente, intencionalmente ou não – o grupo 'impactado'. Pode incluir também os grupos *potencialmente* impactados, pois os programas com frequência são falhos porque não alcançam as pessoas que poderiam e deveriam ter alcançado (os termos "mercado" e "mercado potencial" são frequentemente usados para se referir a este grupo). Na linguagem corrente, por "consumidores" entende-se os usuários ou favorecidos, o grupo *diretamente impactado a jusante* (correnteza abaixo). Mas o grupo impactado – os "verdadeiros consumidores" – também inclui aqueles a jusante que são indiretamente afetados pelos que às vezes chamamos de **efeitos cascata** (tal como os efeitos sobre a família dos usuários ou favorecidos). Eles são distintos dos **efeitos colaterais**, que seriam os efeitos não intencionais; por exemplo, o aumento do consumo de álcool como resultado de medidas repressivas contra a maconha. (Claro, há ainda efeitos cascata dos efeitos colaterais.) Qualquer pessoa afetada por estes efeitos é um consumidor, no sentido mais geral, assim como aqueles na ponta do fornecimento ou pagamento (o staff e os apoiadores do programa), onde chamamos os resultados de **efeitos de retrocesso**. No sentido mais estendido, os impactados incluem contribuintes – quando lidamos com programas financiados pelo governo (mesmo quando estes se opõem ao programa). Naturalmente, o impacto sobre qualquer indivíduo nestes grupos estendidos pode ser insignificante. A avaliação séria deve sempre verificar os efeitos significativos sobre *todos* os grupos impactados, isto é, sobre os consumidores no sentido mais amplo. (Por exemplo, futuros empregadores são consumidores do produto de uma instituição educacional ou uma clínica.) Mesmo o grupo de favorecidos, sem mencionar o grupo 'total de consumidores', normalmente é muito diferente da população-*alvo*, embora a intenção é que seja o mesmo. As diferenças caminham nas duas mãos: o grupo dos consumidores normalmente inclui algumas pessoas não visadas, da mesma forma que exclui parte do grupo visado.

O staff de um programa é, claro, afetado pelo programa, mas na extremidade a montante (correnteza acima), ou da produção ou fornecimento, e os efeitos (de retrocesso) sobre ele geralmente podem ser segregados dos efeitos a jusante. Enquanto normalmente não pensamos na existência de um programa *cuja finalidade* seja empregar seu pessoal – a WPA (Works Projects Administration) é um exemplo contrário –, a questão da avaliação não é a intenção, mas a realidade.

NOTAS: (i) Na avaliação – especialmente a avaliação formativa – de organizações de serviço, é quase sempre imperativo identificar consumidores internos e incentivar unidades a considerá-los com todo o respeito que se espera que os consumidores externos (por exemplo, consumidores de balcão) recebam. (ii) A linha entre os favorecidos e outros consumidores não é clara; o importante é identificar todos eles. Por exemplo, não é claro se deveríamos dizer que entre os favorecidos de um programa de música escolar estejam os membros fora da banda que ouvem a música, ou apenas a banda; mas ambos certamente são consumidores. (iii) Os consumidores imediatos de uma *avaliação* são seus **públicos**, que incluem o **cliente**. (iv) O quanto você precisa saber sobre os consumidores varia de acordo com a situação; geralmente, se está avaliando um programa de treinamento em neurocirurgia, você vai precisar saber alguma coisa sobre o nível de competências e conhecimento de entrada.

CONSUMIDOR VERDADEIRO. A pessoa que, direta ou indiretamente, intencionalmente ou não, recebe os serviços (etc.) fornecidos pelo avaliado. Às vezes é apropriado para segregar os provedores de serviço, embora também constituam parte da **população impactada**. Normalmente, um grupo muito diferente da população-alvo (os **destinatários** visados).

CONTEXTO (da avaliação ou avaliado). As circunstâncias ambientais sociais que podem influenciar ou influenciam o avaliado ou a avaliação, em contraste com as circunstâncias ambientais físicas, que normalmente se encaixaram sob Descrição. O contexto inclui atitudes e expectativas das partes interessadas (esses fatores também se aplicam a Consumidores, mas são abordados neste subitem da Lista-Chave de Verificação da Avaliação), o acesso a documentos e locais e o status na comunidade. O contexto tem um aspecto longitudinal (histórico, diacrônico) e transversal (concomitante, sincrônico). Aqui, o termo "antecedentes" é usado para identificar o primeiro destes. O contexto com frequência é crucial para a identificação da **causalidade** e para identificar termos **contextualmente avaliativos**. Note que um grande problema em um campo aplicado é alcançar determinado nível de credibilidade, bem como de certeza em relação à sua eventual conclusão, e é aqui que descobrimos quais devem ser esses níveis; o pesquisador puro normalmente pula esta parte na busca pela 'verdade do tempo atual'.

CONTEXTUALMENTE AVALIATIVOS (termos; também conhecidos como "implicitamente avaliativos"). Termos intrinsecamente descritivos mas que, no contexto avaliativo, são imbuídos de significado avaliativo e tratados exatamente como se o fossem. Exemplos incluem o tempo exato que um carro leva para chegar de zero a sessenta quilômetros por hora, ter um diploma de Harvard, ou comprometimento religioso. Isso tudo é imbuído de valor por determinados contextos e podem ter valor positivo ou negativo variável, dependendo do contexto. A análise de contexto, necessária para descobrir a carga avaliativa, com frequência inclui interrogatórios discursivos. Compare com **Criptoavaliativo** (em que o sentido intrínseco de um termo envolve conceitos avaliativos, embora muitos possam não ser óbvios em face disso).

CONTRATAÇÃO INDIVIDUAL. "Fazer contratação individual" – solicitar uma proposta a um único fornecedor, ou simplesmente solicitar o serviço – é uma alternativa a "abrir a propostas ou licitações" por meio da publicação de um TDR. A contratação individual está aberta ao abuso de que o encarregado pela contratação da agência pode conceder contratos a seus colegas sem considerar se o preço é excessivamente alto, ou se a qualidade é insatisfatória; por outro lado, é muito mais rápido, custa menos considerando o tempo de preparação de TDRs e propostas, em casos em que uma quantidade muito grande delas seria escrita para um TDR muito complexo, e às vezes é obrigatório quando é possível provar que as competências e/ou recursos exigidos são disponibilizados por apenas um contratado no tempo necessário. Controles simples podem evitar o tipo de abuso mencionado; por exemplo, pode-se fazer a contratação individual de dois fornecedores diferentes para o mesmo contrato e pedir que trabalhem de maneira independente, para preservar o elemento de competitividade e melhorar a validade.

CONTRATAÇÃO POR DESEMPENHO. O sistema de contratação e pagamento de um profissional para prestar serviços (educacionais, por exemplo) com base nos resultados. Eles podem ser pagos em termos da quantidade de alunos multiplicada pelo aumento de suas notas. Amplamente testado na década de 1960, o sistema agora é raramente usado. A justificativa mais comum é que não funcionava, ou funcionava apenas por meio de trapaça ("ensinar para o teste"). A situação real foi que os melhores contratados realizam um trabalho consistentemente superior, mas os resultados *agregados* de todos os contratados não foram significativos. Assim como no caso da maioria das inovações, a falta de sofisticação dos tomadores de decisão no campo da educação, juntamente com a pressão política sobre as agências (os sindicatos dos professores não gostavam de ver seu pessoal substituído pelos pistoleiros), acarretou o fim da abordagem. Em vez disso, deveríamos ter refinado o processo contratando os melhores contratados, de forma que poderíamos ter chegado a métodos de ensino que ainda seriam melhores para todos. Consulte **Regressão à média** para ver um exemplo da necessidade de alguma sofisticação no estabelecimento dos termos do contrato.

CONTRATO. Consulte **Financiamento.**

CONTROLE DE VIESES. Parte fundamental do design de avaliação. Deve ser vista não como uma tentativa de excluir a influência de visões definitivas, mas de limitar a influência de visões não justificadas, por exemplo, visões prematuras ou irrelevantes. Por exemplo, o uso de (alguns) avaliadores externos faz parte do bom controle de vieses, não porque vai eliminar a escolha de pessoas com visões definitivas sobre o tipo de programa que está sendo avaliado, mas porque tende a eliminar as pessoas que têm propensão a favorecê-lo pelos motivos irrelevantes (e, portanto, que induzem ao erro) de envolvimento do próprio ego ou pela preservação de seus rendimentos (cf. também **Efeito halo**). Entretanto, normalmente os gerentes de programas evitam o uso de um avaliador externo com perspectiva negativa conhecida sobre programas como os deles, mesmo para avaliação formativa. Esta prática confunde viés com preferência. Os inimigos são uma das *melhores* fontes de críticas construtivas; é irrelevante para um profissional que isto não seja agradável. Mesmo que seja politicamente necessário levar em conta a oposição do gerente ao uso de um avaliador somativo com propensão negativa, isso deve ser feito adicionando-se um segundo avaliador, também informado e a quem não haja objeção, e não buscando uma pessoa neutra, pois a neutralidade tem a mesma probabilidade de ser enviesada, e é mais provavelmente baseada na ignorância – um ponto-chave. O princípio geral do controle de vieses ilustrado aqui é o princípio de *equilibrar* (possíveis) vieses em um grupo de avaliadores, em vez de eliminar o viés selecionando avaliadores 'não enviesados'. A "ausência de enviesamento" é normalmente interpretada, equivocadamente, como a ausência de comprometimento, logo – com demasiada frequência – seriam avaliadores ignorantes ou covardes. É claro que faz sentido começar por eliminar todos cujas visões sejam *evidentemente* enviesadas, isto é, de maneira injustificada (por exemplo, os machistas).

Outros aspectos-chave do controle de vieses envolvem maior separação do canal das recompensas do canal do relatório/delineamento/contratação da avaliação. Por exemplo, ao jamais permitir que o monitor de um programa da agência seja o monitor do contrato de avaliação daquele programa (violado na avaliação do PLATO), ou que o contratante de um programa seja responsável por conceder o contrato para avaliar aquele programa (violado na avaliação da Vila Sésamo), e daí por diante. O viés primordial de avaliações contratadas está no fato de as agências que financiam programas financiarem a maior parte ou todas as suas avaliações; assim, querem obter avaliações favoráveis, fato de que os contratantes de avaliações estão (normalmente extremamente) cientes, e que explica enormemente a vasta preponderância de avaliações favoráveis em um mundo de programas bastante fracos. Nem mesmo o GAO, embora efetivamente para além da influência do Congresso na maioria de suas finalidades, não é imune o suficiente para que o Congresso lhes considere totalmente dignos de credibilidade, daí a criação – em parte – do CBO [Escritório de Orçamento do Congresso dos EUA] e dos Gabinetes dos Inspetores-Gerais (GIGs). Embora tenham alguma independência das agências, concedida deliberadamente, continuam sendo instrumentalidades do governo federal, que nem sempre se empolga com más notícias sobre seus programas. Conversas não registradas podem esclarecer isso aos inspetores-gerais. No entanto, os GIGs representam um grande passo na direção da avaliação externa de operações governamentais, incluindo do FBI.

Os possíveis méritos de um 'judiciário' da avaliação separado da maioria das pressões relacionadas à nomeação vitalícia merecem atenção. Outro princípio do controle de vieses nos lembra da instabilidade da independência ou externalidade – o avaliador externo de hoje é o coautor de amanhã (ou colaborador desdenhado).

Para saber mais detalhes, consulte "Evaluation Bias and Its Control", em ***Evaluation Studies Review Annual***, v. I, G. Glass, ed. (Sage, 1976). A possibilidade de soluções esmeradas aos problemas de delineamento de controle de vieses permanece viva em face das adversidades mencionadas anteriormente, basta lembrar do Princípio de Divisão da Torta: "Você corta os pedaços, e eu escolho". Veja também **Especialistas locais, Externo, Viés geral positivo, Tecnicismo, Falácia da expertise irrelevante.**

COORTE. Termo usado para designar um grupo dentre muitos em um estudo. Por exemplo, "o primeiro coorte" pode ser o primeiro grupo a ser submetido ao programa de treinamento sob avaliação. Cf. **Escalão.**

CORREÇÃO (*marking*). O processo de conceder notas ou classificar testes de alunos ou trabalhos apreciados. O termo é mais amplamente usado em países de língua inglesa fora da América do Norte. Consulte **Pontuação, Requisito de equivalência de pontos, Rubrica.**

CORREÇÃO PARA PALPITE (CHUTE). Em um teste de múltipla escolha com *n* alternativas em cada questão, o testando médio obteria $1/n$ dos pontos apenas chutando, ou seja, marcando as respostas que acredita que sejam corretas, sem de fato raciocinar sobre as mesmas. Assim, se um aluno não concluir este teste, já foi sugerido adicionar $1/n$ do número de questões não respondidas à sua pontuação, para se obter uma comparação justa com a pontuação dos testandos que respondem a todas as questões, possivelmente chutando aquelas sobre as quais não tiveram tempo de raciocinar. Há dificuldades envolvidas tanto no uso desta sugestão ("aplicar a correção para palpites") quanto em não usá-la; o procedimento correto depende de uma análise cuidadosa do caso exato. Outra versão da correção para palpite envolve subtrair o número de respostas que se esperaria obter da pontuação total, seja o teste concluído ou não. Estas duas abordagens fornecem essencialmente os mesmos resultados (em termos de conferir grau ou ranquear, mas não de conferir pontuação), mas os seus efeitos podem interagir de maneira diferente com instruções diferentes no teste de diferentes graus de condição dos testandos. De modo geral, a ética pede que, se tais correções forem usadas, sejam explicadas de antemão aos testandos. É melhor evitar este tipo de problema e obter muitos outros benefícios usando a pontuação diferencial, que penaliza os "chutadores", ou testes objetivos que não sejam de múltipla escolha, tais como **itens de múltipla classificação.**

CORRELAÇÃO. A relação de ocorrência ou covariação concomitante. Sua relevância para a avaliação é (i) como uma indicação da existência de uma relação casual (que indica a presença de um efeito), ou (ii) o estabelecimento da validade de um **indicador** preditivo. A validade de indicadores avaliativos para avaliação de produtos, mas não de pessoal, também pode ser determinada. A correlação varia de –1 a +1, em que 0 indica um relacionamento aleatório e 1 indica uma correlação perfeita (100%) (+1) ou anticorrelação perfeita (–1).

CORTE (linha de). Padrão ou pontuação mínima a ser alcançada para que o avaliado seja aprovado para maiores considerações. O que o termo acrescenta a "requisito" ou "padrão" é o elemento quantitativo. Note que isso não é a mesma coisa que a **nota de corte** de uma dimensão, visto que envolve a decisão de que notas abaixo do nível determinado para aprovação não podem ser compensadas por outras pontuações ou classificações acima daquele nível em outras dimensões. O termo "barreira" também é usado para a mesma noção. Consulte **Compensatórios, Combinação de linhas de corte.**

CREDENCIAMENTO. A concessão de credenciais a programas ou instituições, particularmente a concessão de status de membro de uma associação regional de instituições educacionais ou de uma organização profissional que procura manter determinados padrões de qualidade como pré-requisito para adesão como membro. O "processo de credenciamento" é o processo pelo qual estas organizações determinam a elegibilidade dos membros e incentivam sua melhoria para alcançar ou manter tal status. O típico processo de credenciamento, na prática, envolve duas fases: na primeira, a instituição faz um exercício de autoanálise e autoavaliação com base em sua própria missão declarada. Na segunda fase, a comissão de credenciamento (regional) envia uma equipe de pessoas familiarizadas com instituições semelhantes para examinar a autoanálise e seus resultados, além de verificar uma enorme quantidade de características específicas da instituição usando dados fornecidos por ela juntamente com uma lista de verificação. (A *Evaluative Criteria* é a mais conhecida delas, publicada pela National Society for School Evaluation, para uso no ensino secundário.) Os resultados deste processão

são então combinados em um processo de síntese informal. No ensino fundamental, as escolas normalmente não são visitadas (embora uma das poucas comissões de credenciamento regionais seja uma exceção); no ensino secundário, uma visita de equipe substancial está incluída, e o mesmo se aplica no nível superior. O credenciamento de escolas profissionalizantes, especialmente escolas de direito e medicina, também é vasto, e é feito por organizações profissionais relevantes; ele opera de forma semelhante. O credenciamento de escolas voltadas à formação em ensino que concedem credenciais – por exemplo, para ensino em escolas de nível fundamental – é feito pelo estado; nos Estados Unidos, há também uma organização privada (NCATE) que avalia estas escolas.

O credenciamento é provavelmente a forma mais antiga de avaliação institucional neste país, mas sua prática atual tem graves problemas. Dentre eles, o uso de amadores para visitar os locais, isto é, de pessoas não qualificadas nos padrões que agora são aceitos para a avaliação séria de programas – estas equipes, entre outras falhas, mudam a interpretação dos padrões de maneira idiossincrática; visitas muito frequentes para um processo de instalação (menos de dois anos, em alguns casos); o desinteresse em analisar as conquistas em aprendizado por contraste para processar indicadores; a inconsistência entre regiões (prejudicial particularmente às instituições multiestaduais); inconsistência entre sua prática e a alegação de que aceita os objetivos da própria instituição; o problema do **viés comum**; a brevidade das visitas; o veto institucional e o viés moderado com relação à seleção dos membros da equipe; a falta de preocupação com os custos; não compensar o fato de que os custos do credenciamento são pagos pelo grupo que já é membro, e assim se cria um viés *prima facie* contra a adesão de concorrentes; e assim por diante. De modo geral, há uma forte tendência à rejeição de inovações, simplesmente porque são desconhecidas, e a usar indicadores secundários cuja validade não é comprovada. Exemplos incluem a atração pelo tamanho da biblioteca (em vez de, por exemplo, o acesso eletrônico ao seu banco de dados), embora números confiáveis sobre o *uso* de bibliotecas não sejam disponibilizados para as instituições cujos representantes têm atração por este critério; uso de horas de estudo presencial em vez de resultados do aprendizado (mesmo que as horas de estudo sejam supervisionadas, elas podem não corresponder ao tempo que um aluno dedica a um projeto relacionado ao trabalho). Consulte **Avaliação institucional**, **Apreciação**, **Relações incestuosas**.

CREDIBILIDADE. Com frequência, não só as avaliações precisam ser válidas, mas também seu público precisa acreditar que sejam. (Cf. "Não é suficiente fazer justiça, é preciso que a justiça se veja feita.") Isso pode exigir um cuidado extra no que concerne a evitar o (aparente) **conflito de interesses**, por exemplo, mesmo que em determinada situação o conflito aparente de fato não altere a validade. Não devemos nos esquecer de que a credibilidade para o público *interno* (o staff) muitas vezes é importante em uma avaliação formativa; a credibilidade não serve apenas para o público externo. A credibilidade interna é um grande motivo para usar um **especialista local**, que conhece o jargão, tem status na área do assunto em questão, compreende "a cruz que todos carregam", e assim por diante, mas apenas em conjunção com um avaliador externo ao campo, caso contrário os problemas usuais de viés comum se tornam opressivos e, naturalmente, a *credibilidade externa* é enfraquecida. As profissões e escolas profissionais, como as escolas de direito e medicina, não costumam ver isso como um problema, visto que têm visões bastante elevadas de si mesmas (escolas de enfermagem, por outro lado, usam avaliadores externos com muita frequência). Mas a falha em se sujeitar ao escrutínio externo, juntamente com a manipulação de preços, contribui para a baixa classificação das profissões "de alto escalão" nas pesquisas de opinião pública – e o fazem corretamente.

CRITÉRIO, CRITÉRIOS. 1. Na linguagem de testes e medição, um critério (variável) é o que quer que se conte como sucesso; o "retorno". Por exemplo, formar-se na universidade ou a média global no curso universitário com frequência é o "critério de medida" contra o qual validamos um teste preditivo, tal como o exame de admissão na universidade. A capacidade de balancear um talão de cheques pode ser um "critério de comportamento" contra o qual avaliamos um curso prático de matemática. Note que é comum haver mais de um critério, o que levanta a questão de como devem ser combinados em uma variável cuja correlação com os indicadores que estão sendo estudados pode ser medida. (Cf. **Padrão**,

Indicador, Síntese, Ponderação e soma qualitativa.)

2. Na linguagem da avaliação, o termo às vezes é usado mais informalmente, e inclui indicadores de sucesso ou mérito, variáveis que não compõem o sucesso em si (ou não conectadas a ele por definição), mas são atreladas a ele por meio da pesquisa empírica. Portanto, na avaliação de professores, podemos descrever o planejamento de aulas altamente organizado como um critério de mérito. Na avaliação de pessoal (em contraste com a avaliação de produtos), isto é ilícito e acarreta ações injustas e ineficientes por parte do pessoal; consulte **Avaliação de pessoal por pesquisa**. É preciso distinguir **critérios compensatórios** de critérios independentes ou **autônomos**; e entre **indicadores primários** e **secundários**, pois apenas os primeiros são critérios no sentido fundamental; consulte **Indicador primário** para ver exemplos.

3. Na linguagem da lógica probatória, a relação entre conceitos e critérios substitui a relação da lógica clássica entre conceitos e suas características definidoras. Um critério para X é uma propriedade de um conjunto xi com as seguintes propriedades: (i) alguns deles (talvez muitos, talvez a maioria deles) devem, por definição, estar presentes quando X estiver presente; (ii) a conjunção de todos eles forma uma condição suficiente para X (embora esta conjunção possa nunca ocorrer, ou formar uma contradição); (iii) a maioria deles são condições necessárias para X. No mundo real do aprendizado da linguagem, o que vemos são aglomerados de critérios – nem sempre o mesmo conjunto, mas com uma semelhança familiar – e o aglomerado típico obtém o nome.

CRITICISMO. Nas ciências humanas, este é o termo normalmente empregado com referência à avaliação em domínios criativos, como em "criticismo literário".

CRITICISMO LITERÁRIO. A avaliação de obras literárias. Em alguns aspectos, é um modelo iluminador para a avaliação – um bom corretivo para algumas ênfases do **modelo das ciências sociais**. Em outros aspectos, uma lástima do pensamento raso. Diversas tentativas foram feitas a fim de "endurecer" o criticismo literário no último século, das quais o movimento da Neocrítica talvez seja o mais célebre, mas todos apresentam suas próprias preferências um tanto óbvias e injustificadas (isto é, vieses) – precisamente o que são criadas para evitar. O pós-modernismo e desconstrutivismo têm ainda menos solidez a ser respeitada. Pode ser o momento certo para fazer uma nova tentativa, usando o que agora sabemos sobre a **avaliação sensorial** – e talvez a **avaliação responsiva** e **iluminativa** – para nos lembrar como objetificar o objetificável enquanto iluminamos o que é essencialmente subjetivo. Por outro lado, podemos aprender bastante estudando os esforços de F. R. Leavis (o decano dos Neocríticos) e T. S. Eliot, em seus ensaios críticos para precisar e objetificar o criticismo. A visão de Eliot de que "a comparação e a análise são as principais ferramentas do crítico" (Eliot, 1932) e, ainda mais, sua prática de exibir passagens extremamente específicas e cuidadosamente escolhidas em seus argumentos, cairia nas graças dos avaliadores responsivos (e outros) dos dias de hoje. Ezra Pound e Leavis foram ainda mais longe e exibiram o exemplo concreto (em vez do princípio geral) para sustentar um argumento. Esta abordagem ideográfica e antinomotética não é, ao contrário do que postula popularmente a filosofia da ciência, uma alternativa ao método científico mas, na prática, não conseguiu evitar diversos vieses de estilo ou processo e, com demasiada frequência (por exemplo, com Empson), tornou-se preciosa em detrimento da lógica. Não podemos nos esquecer da lógica do enredo, as limitações da análise filosófica ou dos limites da possibilidade psicológica na ficção mais do que da lógica da responsabilidade e avaliação, e os limites da possibilidade logística em avaliação de programas. Ref.: "The Objectivity of Aesthetic Evaluation", *The Monist*, v. 50, nº. 2, abril, 1996.

CULTURALMENTE EQUITATIVO/LIVRE DE CULTURA. Um teste sem viés cultural evita vieses a favor ou contra determinadas culturas. Dependendo do nível de abrangência da definição de cultura, e de como o teste é usado, este viés pode ou não invalidar o teste. Determinados tipos de testes de solução de problemas – encontrar comida em um deserto artificial para não morrer de fome, por exemplo – estão tão próximos da equidade cultural quanto faz qualquer sentido, mas são um pouco antipráticos para utilizar. Descobrir que um teste faz discriminação entre raças, por exemplo, com relação às quantidades que passam em determinado padrão não tem absolutamente relevância alguma à questão da equidade cultural de um teste, ao contrário do argumento político usual. Se uma raça específica foi oprimida por tempo suficiente, seus membros não poderão fornecer o apoio adequado para o desenvolvimento intelectual (ou atlético, dependendo do tipo de opressão) e podem não conseguir servir de exemplo para estimular a busca pelo sucesso em determinadas direções. Consequentemente, *para além de quaisquer efeitos do conjunto de genes*, espera-se que aquele grupo racial terá desempenho pior em determinados tipos de testes – se não tivesse, o argumento de que foi submetido a grave opressão seria enfraquecido. Procedimentos sistemáticos agora são usados para evitar casos claros de viés cultural em itens de testes, mas estes são mal compreendidos. Até mesmo educadores reconhecidos às vezes apontam a ocorrência de um termo como "candelabro" em um teste de vocabulário de leitura como um sinal de viés cultural, com base no argumento de que grupos oprimidos provavelmente não possuem candelabros em casa. De fato, é improvável; mas isso é irrelevante. A questão é se o conhecimento do termo indica de forma confiável extensa leitura. Estudos de validade mostrarão se os membros do grupo opressor aprenderam o termo por meio da nomeação de objetos ou de extensa leitura. Esta é uma questão empírica, e não a priori.

Um ponto semelhante surge quando observamos o uso de pontuações em testes de seleção em processos de admissão. A validação de um ponto de corte é adequadamente baseada na experiência prévia com o teste para esta instituição e pode ser baseada em uma população predominantemente branca. Neste caso, o uso da mesma pontuação de corte para as minorias com frequência as *favorece*, segundo descoberta do comitê da APA [Associação Americana de Psicologia]. Os esforços para desenvolver testes culturalmente equitativos pelos que são contrários aos testes atuais levaram à criação de testes altamente correlacionados aos atuais. O viés cultural em testes é consideravelmente mais sutil do que a discussão usual sugere.

CUSTO. Informalmente, o custo de algo é o que se precisa para adquiri-lo (ou fabricá-lo) e mantê-lo; porém, muitas avaliações requerem uma análise consideravelmente mais precisa. Para sermos mais exatos, precisamos começar com uma definição de custo como uma utilidade negativa (também chamada de desutilidade) incorrida na fabricação ou obtenção de alguma coisa. Os exemplos mais fundamentais de custos são desagrado, dor e aversão; exemplos sentidos de maneira menos direta incluem a transferência de dinheiro, tempo ou outras coisas que se considere valiosas. Os contadores preferem tratar os custos como equivalentes aos esforços financeiros, mas isso exclui os custos de oportunidade e os não monetários. Os economistas, que supostamente seriam os especialistas mais relevantes para definir custos, vão na direção exatamente oposta. Eles definem o termo incorretamente como custo de oportunidade, isto é, como "o valor da alternativa precedente mais valiosa", excluindo assim custos experienciais, como a dor – uma decisão contraintuitiva –, e eliminando a distinção entre custos ordinários e custos de oportunidade.

Um grande motivo para acreditar que isto é um erro e não apenas um sacrifício da intuição por vantagens conceituais é o que se segue (mais detalhes em "Cost in Evaluation: Concept and Practice", em **The Costs of Evaluation**, editado por Alkin e Solomon [Sage, 1983]). A definição dos economistas requer que, para determinar o custo de algo, é preciso poder julgar ou calcular o valor das alternativas, de modo a determinar qual é a "mais valorizada". Ao fazer isso, certamente não podemos presumir que todas as escolhas alternativas são puro prazer não adulterado. No mundo real, ao qual esta definição deveria se aplicar, há elementos negativos envolvidos em muitas alternativas – por exemplo, dor, ansiedade, desagrado. A dor não é apenas a ausência de prazer – é algo de que ativamente não gostamos, desvalorizamos. Assim, para aplicar esta definição, já precisamos compreender o conceito de desvalor, isto é, custo; mas é este conceito que esta definição deveria estar substituindo, de modo que é uma definição cíclica. Uma segunda razão para evitar a identificação do custo com o custo de oportunidade é que, com frequência, é preciso bastante expertise para identificar a "alternativa mais valiosa"; muitas vezes, é algo que ninguém havia sequer considerado. Nestes casos, parece estranho dizer que o verdadeiro custo estava enterrado lá no fundo – é melhor dizer que não se havia percebido quais oportunidades foram perdidas. Consulte **Concorrente crítico**.

A noção de custo de oportunidade é extremamente valiosa, mas não pode substituir a noção de custo – na verdade, a relação é o exato oposto: o custo de oportunidade só faz sentido nos termos do conceito de custo. É melhor ver os custos de oportunidade como uma percepção sobre custos, em vez de como o verdadeiro sentido de custo. A análise de custos de oportunidade às vezes apresenta uma perspectiva que havíamos deixado escapar e, neste sentido, é 'outro' custo, algo como um custo de manutenção. Veja também **Orçamento base zero, Orçamento, Preço**. É importante notar também que *resultados* com valor negativo normalmente não são vistos como custos, mas se tornam custos do ponto de vista da contabilização geral do avaliado. Enquanto tipicamente este é o ponto de vista do cálculo de custos sociais, como na **avaliação de tecnologias**, por exemplo, ainda é relevante para o indivíduo: se meu oneroso leopardo de estimação me maltrata, o custo total de *mantê-lo* – e não apenas comprá-lo – sobe.

É irônico que a economia, a única 'ciência' social contemplada pelos prêmios Nobel, não consegue definir seu principal termo corretamente, e mal toca a superfície do problema que supostamente define todo o domínio (consulte **Rateio**). O comitê que acrescentou a economia – em vez de, por exemplo, a psicologia – à lista do Nobel presumivelmente foi confundido pela cortina de fumaça quantitativa da qual se cerca e, assim, levado a crer que a economia é científica. Mas poucos economistas conseguem fazer uma **análise de custo** rigorosa sobre um exemplo verdadeiro – uma situação comparável a físicos não conseguirem resolver os problemas orais de uma prova de física do ensino médio – e a história sugere que nenhum deles consegue fazer previsões econômicas confiáveis. É melhor pensar nesta situação como uma que demonstra uma aparência quantitativa, em vez de uma sofisticação quantitativa.

CUSTO DE OPORTUNIDADE. O custo de oportunidade é o valor que se abandona ao selecionar uma de diversas alternativas mutuamente excludentes. É uma das dimensões mais recônditas do **custo**, e é calculada durante uma **análise de custo** rigorosa. O mesmo conceito aplica-se ao investimento de dinheiro e quaisquer outros recursos, tal como tempo ou ego. Calcular os custos de oportunidade às vezes é fácil, mas às vezes trata-se de uma questão muito complexa e tecnicamente exigente – por exemplo, ao lidar com carteiras de investimento – e os resultados com frequência são muito iluminadores. O fato de normalmente haver uma infinidade de alternativas a qualquer ação, todas abandonadas, não implica que custos de oportunidade sejam infinitos, pois são considerados ou o valor da alternativa abandonada mais valiosa ou a disjunção do valor das alternativas. Não obstante, calcular o custo de oportunidade de algo com frequência envolve calcular uma diversidade de custos de alternativas. (Esta situação é exatamente paralela à situação de buscar concorrentes críticos na avaliação.) Assim como em todas as análises de custo, os custos a todas as populações (significativamente) impactadas precisam ser calculados quando nos referimos ao 'custo' de algo, o que significa o espectro do custo total.

No nível prático, a análise de custo de oportunidade é compensada rapidamente. Se pedirmos a um grupo de administradores escolares para calcular os custos de acrescentar um curso de computação avançada para o ensino médio, vão trabalhar diligentemente no custo da compra de máquinas, treinamento dos professores, e assim por diante, mas essencialmente jamais pensarão no custo de *oportunidade* para o *aluno*: o aprendizado que será perdido em favor deste curso, considerando-se o horário escolar limitado. Ainda assim, este é um fator primordial para determinar a viabilidade. Consulte **Custo, Concorrente crítico, Lucro.**

CUSTO MAJORADO. Uma base de cálculo de orçamentos em contratos é a base do "custo majorado", que permite que o contratado cubra os custos acrescidos de uma margem de lucro. Dependendo da definição de "**lucro**", isso pode significar que o contratado está ganhando menos do que se o dinheiro estivesse em uma poupança e ele/ela recebesse um salário em outro emprego, ou muito mais do que isso. Como os contratos de custo majorado com frequência não têm controle verdadeiro para manter os custos baixos, eles fornecem um incentivo para aumentar os custos, visto que o "majorado" com frequência é uma porcentagem do custo básico, em cujo caso também não são ideais para o contribuinte. Isso promoveu a introdução do contrato de custo mais remuneração fixa, em que a taxa é fixa e não proporcional ao tamanho do contrato. Às vezes, é melhor, mas em outros casos – quando o escopo do trabalho é aumentado durante o projeto devido a dificuldades ou (sutilmente) pela agência – ele encolhe os lucros abaixo de um nível razoável. O lucro, ao final, precisa sustentar o contratado nos períodos em que os contratos não se encaixam perfeitamente, pagar os juros sobre o investimento de capital e fornecer algum retorno pelo alto risco. O argumento para contratos de custo majorado é claro em circunstâncias em que é difícil prever qual será o custo e nenhum profissional/empresa com um mínimo de sanidade irá se dispor a realizar algo com um custo desconhecido. Outra vantagem é que ele permite que a agência mantenha a opção de mudar as condições que precisam ser observadas, os equipamentos a serem usados, e assim por diante, talvez à luz da obsolescência dos materiais disponíveis no início. No fim das contas, licitações competitivas ainda são possíveis.

CUSTOS TEMPORAIS. É fundamental distinguir entre dois tipos de custo temporal, e abordar ambos ao realizar uma **análise de custo**. Em termos do senso comum, correspondem, grosso modo, ao que chamamos de tempo e oportunidade, mas às vezes encontramos a distinção em termos de "tempo absoluto *vs.* tempo relativo" ou "tempo do cronograma *vs.* tempo do relógio". Por exemplo, se a única hora que você pode levar seu carro para teste de complacência com a legislação ambiental é na próxima segunda-feira, e isso não se encaixa bem ao seu cronograma, há um custo temporal/de oportunidade que é bem diferente do tempo que o teste de fato tomará. Um exemplo comum em avaliação é a diferença entre o custo temporal – para um administrador e seu pessoal – de convidar um avaliador, e o custo temporal/de oportunidade de um relatório atrasado.

D

DADOS ENCONTRADOS. Dados que existem antes da avaliação, normalmente em registros institucionais – o contraste é com dados experimentais ou dados de teste e medição. O termo "dados de arquivo" às vezes é usado com o mesmo significado.

DECIL (Estat.). Consulte **Percentil**.

DEGUSTAÇÃO DE VINHOS. Consulte **Avaliação sensorial**.

DELATORES. Há delatores que entregam outras pessoas para promover sua própria carreira ou por vingança ou recompensa, mas há muitos outros nos anais do tema que parecem ter sido motivados pelo desejo de salvar as vidas de crianças ou nações ou em prol da justiça ou de acabar com a corrupção. Seus relatos de seu tratamento após as audiências que justificaram suas ações e levaram à punição dos malfeitores são notavelmente uniformes e extremamente significativos. Os comentários da médica que finalmente - após passar por todos os canais - delatou a tentativa de esconder os efeitos prejudiciais da talidomida são típicos: "Quando eu andava pelos corredores do edifício", disse ela, "as pessoas que eu conhecia havia anos viravam o rosto para não me encarar. Quando eu comia no refeitório, a minha mesa era a única que tinha cadeiras sobrando." A lealdade é valorizada acima da vida de crianças, até mesmo a lealdade a mentirosos imorais. O teste em que ela passou - juntar-se à conspiração ou delatar quando todo o resto falha - é enfrentado dia após dia por todo avaliador que faz trabalhos não triviais. Alguns de seus colegas deixarão bem claro como se sentem a respeito de avaliação de modo geral ("um não tema", "baseado em erros lógicos simples", "uma tentativa grandiosa de mascarar preconceitos pessoais", e assim por diante) e com relação a relatórios negativos, particularmente. Poucos avaliadores solo sobrevivem a esta pressão por muito tempo. Um resultado é o que se chama aqui de fenômeno do **viés geral positivo**; outro é o retrocesso à **pseudoavaliação**. O melhor antídoto é o uso de equipes; quando não for possível, a segunda opção é ter uma forte rede de contatos com outros avaliadores.

DELINEAMENTO (de uma avaliação). O processo de estipular os procedimentos investigatórios a serem seguidos ao se realizar determinada avaliação - e o produto deste processo. Consulte **Lista-chave de verificação da avaliação, Avaliação de produtos**.

DELINEAMENTO EX-POST FACTO. Aquele em que identificamos um grupo de controle "após o fato", isto é, após a ocorrência do tratamento.

É um delineamento muito mais fraco do que o experimento verdadeiro, visto que os indivíduos que obtiveram o tratamento sem serem designados a ele devem ter apresentado *algo* diferente, que explique por que o obtiveram, e este algo significa que eles não são iguais ao grupo de controle, em algum sentido desconhecido que pode estar relacionado ao tratamento. Apoio para usar esta abordagem às vezes é viável, quando as condições para um dos **delineamentos quase-experimentais** forem possíveis de serem cumpridas.

DELINEAMENTO QUASE-EXPERIMENTAL (Termo de Donald Campbell). Quando não podemos de fato fazer a *alocação randomizada* dos indivíduos aos grupos de controle e experimental; ou quando não é possível aplicar o tratamento a todos os indivíduos ao mesmo tempo, realizamos um delineamento quase-experimental como segunda opção, em que tentamos simular um delineamento **experimental real**. Isso envolve a escolha cuidadosa de uma pessoa ou grupo para o 'grupo de controle' (ou seja, os que na verdade não receberam o tratamento primário) que corresponde em grande medida à pessoa/grupo experimental. Então estudamos o que acontece com – e talvez testamos – nossos grupos 'experimental' e de 'controle' da mesma forma que faríamos se eles tivessem sido constituídos aleatoriamente. É claro, a pegadinha é que os motivos (causas) pelos quais o grupo experimental de fato recebeu o tratamento podem ser porque ele é diferente de alguma maneira que explique a diferença dos resultados (se houver tal diferença), enquanto nós – incapazes de detectar essa diferença – vamos pensar que a diferença do resultado se deve à diferença no tratamento. Por exemplo, os fumantes podem, segundo alguns, apresentar maior tendência à irritabilidade pulmonar, irritação que se acredita ser reduzida no curto prazo pelo hábito de fumar; e pode ser esta irritabilidade, e não o hábito de fumar, que gera a alta incidência de câncer de pulmão. Apenas um "experimento real" poderia excluir esta possibilidade, mas isso provavelmente recairia em questões morais. No entanto, o peso e a rede de quase- experimentos na pesquisa do câncer praticamente excluíram esta possibilidade. O delineamento quase-experimental foi uma invenção brilhante, brilhantemente desenvolvida e defendida por Campbell, Stanley e Cook no período de

1957-1979. Avaliações rigorosas deveriam tentar isso sempre que não for possível realizar experimentos reais. A revisão definitiva da literatura e o status atual do quase-experimento encontram-se no ensaio de Tom Cook em ***Evaluation and Education: At Quarter Century***, McLaughlin e Phillips, eds. (NSSE/University of Chicago, 1991). Veja também **Ex--post facto**.

DELINEAMENTO REPETIDO. Abordagem a estudos de validade em que um problema de delineamento de avaliação ou experimental é re--solucionado, por exemplo, por outro investigador, e os dois delineamentos são comparados. Idealmente, o segundo investigador não conhece a primeira solução, mas alguns benefícios são acumulados mesmo na ausência desta condição, em parte porque o segundo delineador pode notar os erros com mais facilidade quando o delineamento foi configurado de maneira explícita. E a concorrência proporciona – para alguns investigadores – um estímulo mais forte para obter uma solução do que o próprio problema.

DELINEAMENTOS PARALELOS (em avaliação). Aqueles em que duas ou mais equipes de avaliação ou avaliadores trabalham de maneira independente (não necessariamente ao mesmo tempo). Sua grande importância se deve: (i) à luz que eles lançam sobre a medida altamente desconhecida da concordância entre avaliadores; (ii) ao fato de que tal processo aumenta o cuidado com que cada equipe trabalha; e (iii) ao fato de que o processo de conciliação (**síntese**) com frequência leva a uma análise mais profunda do que aquela alcançada pelos avaliadores independentemente. Por estes motivos, normalmente é melhor e muitas vezes viável gastar determinado orçamento para avaliação com duas equipes menores, em que cada uma recebe metade do valor de uma equipe bem financiada. Mas os gerentes de programas não gostam desta ideia simplesmente *porque* as equipes podem discordar – sua verdadeira virtude! Consulte **Painéis paralelos**.

DEMOGRAFIA. As características de uma população que não aquelas sob investigação. Com frequência definidas em termos de idade, gênero, nível educacional, ocupação, local de nascimento, residência, QI e/ou comportamento.

DESCONTO TEMPORAL. Termo da avaliação fiscal que se refere ao processo sistemático de descontar benefícios futuros – por exemplo, a renda – devido ao fato de que *estão* no futuro e, portanto (independentemente do *risco*, uma fonte essencialmente independente de redução do valor para benefícios futuros meramente prováveis), *perdem os rendimentos* que estas quantias produziriam se estivessem em mãos agora, no intervalo antes de eles de fato se materializarem. O desconto temporal pode ser feito com referência a qualquer momento passado ou futuro, mas normalmente é feito calculando-se tudo em termos do valor presente real.

DESCRIÇÃO. Uma das partes mais difíceis de uma avaliação para iniciantes, em parte porque eles acreditam que seja a mais fácil. Eles confundem identificadores, que (como nomes) são facilmente atribuídos às coisas, com descrições, que precisam ser construídas em linguagem comum de forma que seu significado identifique a coisa. A primeira tarefa é determinar a tarefa que a descrição vai cumprir. Fazer uma descrição suficientemente completa para verificar a implementação do tratamento em um outro local já é bastante difícil, mas fazê-la tão bem a ponto de possibilitar a reprodução do tratamento que está sendo avaliado é às vezes muito mais difícil ainda, e raramente deve ser exigido do avaliador. A descrição também poderá incluir a descrição da verdadeira função de algo que – particularmente na avaliação de programas – com frequência exige uma análise profunda. (A descrição do DNA normalmente se refere à sua função; a descrição raramente se restringe ao que pode ser diretamente observado.) Manter a descrição concisa – muitas vezes importante – ao restringi-la às características mais salientes requer a realização de um exame das necessidades dos públicos da avaliação, assim como a escolha do nível da linguagem. As descrições fornecidas pelo cliente devem ser tratadas como alegações a serem verificadas, e não como premissas. As partes interessadas geralmente fornecem diversas descrições inconsistentes, que normalmente estão erradas (ou demasiadamente vagas e, portanto, inaceitáveis). Os sistemas de entrega e suporte normalmente devem ser incluídos na descrição total.

Não há uma linha clara entre os pontos de verificação Descrição e Processo da Lista-Chave de Verificação da Avaliação, mas a intenção é usar o último para as conclusões avaliativas e manter o primeiro relativamente descritivo. Às vezes, também, como na avaliação de produtos, o primeiro é claramente a descrição de um objeto, e o último se refere apenas ao seu uso e tem um papel relativamente pequeno a desempenhar.

Com frequência, descrever inclui linguagem avaliativa de nível pouco elevado ("é imperdível; é o quase perfeito Porsche 911S de 1976 próximo ao fim da linha"). Em avaliação, entretanto, normalmente é desejável separar a descrição de qualquer opinião avaliativa *controversa* – isso parece tão difícil quanto excluir jargões teóricos da descrição de um experimento em física. Mais uma vez, a distinção entre descrição e avaliação é extremamente dependente do contexto, de modo que o que conta como descrição em um contexto poderá, sob a lente de outro contexto (nos casos em que lentes são relevantes), mostrar-se avaliativo.

A descrição por vezes acaba sendo tudo o que importa a respeito da avaliação, já que o contexto da avaliação pode estabelecer claramente todos os valores relevantes, e resta apenas a tarefa de descrever/mensurar para 'resolver' a avaliação (por exemplo, um processo judicial ou uma corrida). Consulte **Contextualmente avaliativos.**

DESCRITIVO (parecer ou linguagem). Normalmente, contrasta-se com normativo, mas aqui rejeitamos esta ideia porque normativo significa "referenciado às normas", e muitas normas são descritivas. Os dois contrastes que precisam ser preservados são descritivo/prescritivo e descritivo/avaliativo. Normalmente, considera-se que "prescritivo" englobe "avaliativo", mas, na verdade, possui seu próprio significado, que se refere a *determinar* como as coisas devem ser, como no caso de estabelecer as regras de um jogo ou procedimentos do local de trabalho, ao contrário de descrever como as coisas são. A linguagem com frequência é preditiva ("Gerentes do alto escalão sempre usarão terno") ou usa termos como "devem/precisam" ou "é obrigatório". A linguagem avaliativa, por outro lado, relaciona-se principalmente à linguagem do mérito – "bom", "melhor", e assim por diante. Da mesma maneira, normalmente entende-se que "descritivo" engloba "preditivo", embora estes não sejam, de forma alguma, a mesma coisa – o que os cientistas descrevem é quase sempre o presente, e não o futuro. (Os romancistas de ficção científica descrevem o futuro.) Nesta obra, a ideia é desenvolver uma linguagem de trabalho útil, em vez de acertar em todos os detalhes, de modo que aceitamos o uso mais informal dos termos "prescritivo" e "descritivo". Três advertências, no entanto: (i) estas distinções dependem largamente do contexto, e com frequência é ilusório falar de termos como descritivos ou avaliativos fora de contexto (consulte **criptoavaliativo**); (ii) em um sentido funcional, a linguagem avaliativa *é* descritiva. Um dos seus valores é sua função como descrição extremamente comprimida ("Ela é uma aluna que só tira nota 10"); e (iii) muitas considerações, inclusive teorias nas ciências físicas, têm duas faces, isto é, são tanto descritivas quanto prescritivas – e por isso, mais úteis. (Há também casos em que cientistas realmente não sabem se estão fornecendo análises descritivas ou prescritivas; a teoria da decisão é abundante em tais exemplos, assim também como o trabalho em solução de problemas matemáticos.) Portanto, os contrastes aqui mencionados são úteis, mas há dois motivos para crer que não sejam absolutos.

DESEMPENHO VALORIZADO. Termo usado ocasionalmente para referir-se ao que aqui chamamos de "**contextualmente avaliativo**".

DESTINATÁRIOS. Os destinatários ou usuários são os consumidores imediatos (intencionais ou não). Eles interagem diretamente com os fornecedores ou produto; outros consumidores são afetados indiretamente (por meio dos chamados 'efeitos dominó'). Alunos de uma universidade ou clientes de uma clínica são destinatários dos serviços fornecidos. (Há alguma sobreposição entre esses termos e "consumidor", "partes interessadas" e "público". Não é vital que sejam claramente distinguidos, apenas que sejam verificados.) Consulte **Consumidor, Efeitos de impacto involuntário.**

DESVIO-PADRÃO (Estat.). Medida técnica de dispersão; em uma distribuição normal, cerca de dois terços da população se encontram a um desvio-padrão da média, mediana ou moda (que significam a mesma coisa, neste caso). O DP é simplesmente a média dos quadrados dos desvios, isto é, das distâncias até a média.

DIAGNÓSTICO. O processo de determinar a natureza de um mal, de um suposto sintoma de transtorno, ou do mau desempenho, e/ou o relatório que resulta deste processo. Pode ou não acontecer de envolver a identificação da causa da condição (consulte **Etiologia**), mas sempre envolve classificar a condição em termos de uma tipologia aceita de males ou disfunções; consequentemente, os termos que usa são avaliativos (normalmente nomes de *doenças*). O diagnóstico não é um tipo primário de avaliação; ele pressupõe que uma verdadeira avaliação– como o check-up anual – já tenha ocorrido e levou à conclusão de que algo está errado. A tarefa do diagnóstico é classificatória. A **avaliação analítica** às vezes, mas nem sempre, é derivada de um diagnóstico: por exemplo, quando se torna claro que algo está errado com um programa (a avaliação primária) e podemos discernir o que é, podemos dizer "O problema deste programa é má administração (e não insuficiência de financiamento ou ausência de necessidade)". De modo geral, a tarefa da avaliação é determinar o mérito, relevância ou valor de algo – como um todo ou em parte – e, com frequência, isso não acarreta a identificação de uma disfunção-padrão, mais evidentemente quando o desempenho é excepcional, mas também quando o problema é idiossincrático. O diagnóstico médico particularmente não requer uma teoria do organismo em bom funcionamento, e o diagnóstico de programas não requer uma teoria do programa em bom funcionamento. Consulte **Teoria do programa.**

DIFERENÇAS INTEROCULARES. Fred Mosteller, o grande estatístico prático, gosta de dizer que não se interessa por diferenças estatisticamente significantes, mas apenas por diferenças interoculares – aquelas que o atingem entre os olhos, ou seja, que o chocam. (Pelo menos é isso que as pessoas gostam de dizer que ele gosta de dizer.)

DIFUSÃO. O processo de disseminar informações sobre um produto ou programa. A difusão é contrastada deliberada e, de alguma forma, artificialmente, com **disseminação.** Note que ambos se aplicam a resultados da avaliação e sofrem da assimetria usual da pertinência informativa; os resultados favoráveis da avaliação do Sesame Street são conhecidos por milhões de pessoas, o fato de que não são justificados, como demonstrado nas reavaliações publicadas, poucos conhecem.

DILEMA DO PRISIONEIRO. Problema clássico da teoria dos jogos, com grandes implicações para as ciências sociais. Diz respeito a dois prisioneiros que são detidos pela cumplicidade na perpetração de um crime e colocados em celas separadas sem comunicação. Posteriormente, um promotor público lhes oferece um acordo. Se um deles entregar provas ao estado, e o outro não, o primeiro será solto, enquanto o segundo cumprirá uma sentença de dez anos. Se ambos confessarem, cada um cumpre uma sentença de cinco anos. Se nenhum deles confessar, as provas são insuficientes para a condenação por crime grave, e ambos cumprirão uma sentença de um ano sob acusações leves. O desafio do exemplo é que, a cada prisioneiro em isolamento, parece que a confissão é a melhor estratégia – visto que exclui o pior resultado. Mas o melhor resultado de todos – em que ninguém confessa – não pode ser obtido por meio de um esforço isolado de raciocínio, visto que a confissão é muito arriscada. A importância do exemplo é que ele demonstra algo crucial no comportamento social, e gerou ampla literatura na teoria dos jogos. A única solução é por meio do comprometimento irreversível de tratar o bem-estar do outro como comparável ao seu próprio, e isso reflete o motivo para educação ética dos jovens. De modo geral, é fácil demonstrar que uma sociedade ética tem melhor valor de sobrevivência do que a sociedade de egoístas racionais, e isso proporciona um motivo para tentar tornar sua própria sociedade ética, mesmo ao 'custo' de tornar-se ético. Veja detalhes sobre o assunto em ***Primary Philosophy*** (McGraw-Hill, 1966). Uma boa introdução à teoria dos jogos que explica a importância do Dilema do prisioneiro é ***Game Theory: Concepts and Applications***, de Frank Zagare (Sage, 1984).

DIREITO DE SABER. O domínio jurídico do acesso à informação das populações impactadas; grandemente ampliado sob a presidência de Carter nos EUA, por exemplo por meio da legislação do "arquivo aberto". Foi reduzido no período entre Reagan-Bush.

DISPERSÃO (Estat.). A medida em que a distribuição "se propaga" por toda a extensão de suas variáveis, ao contrário de onde está "centrada" – neste caso, descrita por medidas de "tendência central", tal como **média**, **mediana** e **moda**. A dispersão é medida em termos de, por exemplo, **desvio-padrão** ou **intervalo semi-interquartílico**.

DISSEMINAÇÃO. O processo de distribuir (normalmente) um produto em si, em vez da informação a seu respeito (cf. difusão). Também usado no jargão como sinônimo de distribuição.

DISSONÂNCIA. Consulte **Consonância**.

DISTINÇÃO ENTRE É/HÁ DE SER. Com frequência confundida com a distinção **fato/valor**, e usada para sustentar a **concepção livre de valores** da ciência. O argumento era que nunca se pode derivar uma afirmativa com 'há de ser' – uma asserção sobre o que há de ser o caso – de premissas que contenham apenas afirmações de fato (descritivos) – asserções sobre o que é o caso. Aliada à (falsa) premissa de que a ciência contém apenas tais asserções de fato, isso significaria que ela exclui afirmativas com 'há de ser'. Agora, alegações quanto ao que há de ser feito são apenas um subconjunto das asserções de valor, de modo que a suposta equivalência entre a distinção fato/valor e a distinção é/há de ser é inconsistente. Mesmo assim, as asserções com 'há de ser' são tão comuns e legítimas na ciência quanto fora dela. Elas são encontradas em toda parte na ciência, do conteúdo de manuais de laboratório (que informa como os equipamentos devem ser preparados e [com frequência] quais devem ser os resultados), à discussão de pesquisas e prioridades de financiamento (o que há de ser feito/financiado, em qual ordem). Tais asserções são sustentadas, quando refutadas, apelando-se a evidências e definições, assim como outras asserções científicas. Encontra-se um pequeno subconjunto de todas as asserções com 'há de ser' no domínio moral. (Conversando com cientistas, com frequência descobrimos que eles presumiram que a doutrina da ciência livre de valores era uma maneira de excluir a ética, e não toda a avaliação, da ciência.) As asserções morais com 'há de ser' podem ou não ser parte da ciência, mas sua *lógica* não é diferente daquela de asserções com 'há de ser' de outros domínios, incluindo a lógica de derivar asserções 'há de ser' de asserções 'é'. Esta lógica não pode ser atacada, salvo se toda a ciência for atacada. Se asserções morais com 'há de ser' sempre, ou em algum momento, podem ser *substanciadas* (uma questão de fornecer uma fundamentação para a **ética**) da forma que as asserções científicas podem ser substanciadas, é outra questão. Naturalmente, são feitas muitas asserções com 'há de ser' no domínio da ciência que não podem ser substanciadas, então a questão não é se todas as asserções com 'há de ser' em qualquer sistema da ética jamais ou atualmente proposta são substanciáveis. Veja também **Lógica da avaliação.**

DISTINÇÃO FATO/VALOR. A distinção lógica proposta como apoio à concepção **livre de valores** da ciência. De fato, é uma distinção logicamente coerente, mas – assim como a distinção entre a dimensão observacional e a teórica – não é nítida, e tampouco independe do contexto. (A ideia de que distinções lógicas devem ser independentes de contexto é um vestígio dos tempos em que a lógica era fortemente relacionada à lógica formal.) A distinção não serve como fundamento para a doutrina ciência livre de valores, visto que pode-se inferir valores a partir de fatos – não de maneira dedutiva, mas quase nenhuma inferência científica é dedutiva –, como se pode ver em todas as edições da ***Consumer Reports*** ou de periódicos científicos (por exemplo, em revisões bibliográficas ou interpretações alternativas de dados). A distinção entre fatos e valores é a distinção entre o vocabulário de descrição e o da avaliação e, em muitos contextos, é fácil fazê-la (por exemplo, a diferença entre descrições de um programa e conclusões acerca de seu mérito). Além disso, em muitas situações é crucial que um avaliador competente faça esta distinção com cautela, caso contrário, injeta premissas de valor sem as devidas evidências. Mas há muitos casos limítrofes – os termos "inteligente", "arrumado" ou "deficiente visual" são descritivos ou avaliativos? Há também situações em que termos avaliativos são adequadamente tratados em outros contextos como descritivos porque não constituem o foco da tarefa de avaliação e não seriam contestados. A afirmativa de que "tal candidato tem um bom diploma de uma boa universidade" torna-se parte da descrição dos seus antecedentes quando não é o objeto de uma avaliação; na avaliação de computadores 386 DX, os melhores críticos com frequência dirão que determinada marca "usa bons componentes" como parte de sua descrição (a avaliação concentra-se no desempenho do *pacote*). Veja também **Lógica da avaliação.**

DISTRIBUIÇÃO NORMAL (Estat.). Não a forma como as coisas são normalmente distribuídas, embora algumas sejam, mas uma distribuição ideal que resulta na curva familiar em forma de sino (que, por exemplo, é perfeitamente simétrica, embora poucas distribuições reais sejam). Grande parte da estatística inferencial repousa sobre a pressuposição de que a população da qual retiramos a amostra é (mais ou menos) normalmente distribuída, com relação às variáveis de interesse, e é inválida se esta pressuposição for brutalmente violada, como com frequência é o caso. Altura e cor dos olhos frequentemente são usadas como exemplos de variáveis distribuídas normalmente, mas nenhuma delas é um exemplo bem fundamentado. (O termo "distribuição gaussiana" às vezes é usado, e de maneira muito menos confusa para esta distribuição.)

DOCUMENTO FUGITIVO. Aquele que não é publicado pelos canais públicos como um livro ou artigo de periódico. Os relatórios de avaliação com frequência são deste tipo. O ERIC [Centro de Informação de Recursos Educacionais] incluiu alguns deles em sua base, mas como seus padrões de seleção são variáveis, sua seleção, muito limitada, e sua limpeza inexistente, o tempo dedicado à busca dentro desta base com demasiada frequência não é custo-efetiva.

DOMÍNIO (*OVERPOWERING*). Fenômeno em avaliação análogo à robustez em delineamento experimental. Ocorre quando diferenças consideráveis nos valores de diferentes consumidores, e no desempenho dos concorrentes principais, são completamente ofuscadas pela superioridade da pontuação combinada de um dos concorrentes. Consulte **Lógica da avaliação.**

DOUTRINA DA CIÊNCIA LIVRE DE VALORES. A crença de que a ciência, e particularmente as ciências sociais, não deveria – ou não poderia adequadamente – tirar conclusões avaliativas 'no campo da ciência', isto é, a partir de premissas cientificamente verificadas ou verdadeiras por definição. A visão faz parte da **metateoria** da ciência, especialmente as ciências sociais, e se tratarmos (corretamente) isso como uma parte da ciência, a teoria é autorrefutante. ("é errado falar em certo e errado", cf. "Tudo o que eu digo é mentira"). A doutrina é de importância central para a avaliação, visto que, se for verdadeira, invalidaria quase qualquer reivindicação de avaliação objetiva, por exemplo, nas ciências sociais e educação. A forma moderna da doutrina originou-se em algumas advertências de Weber em uma das primeiras reuniões profissionais da disciplina emergente da sociologia; ele avisou seus colegas a respeito da pressa em realizar estudos politicamente sensíveis sobre instituições sociais. Dentro de alguns anos, este conselho sensato e, de certa forma, sem fibra havia sido convertido em um dogma metateórico de oposição implacável à pesquisa avaliativa, uma doutrina que formou parte do que foi informalmente chamado de **empirismo**.

É fundamental compreender que esta posição nada tem a ver com a desculpa da doutrina da ciência livre de valores – a asserção de que as atividades dos cientistas e suas conclusões nunca são afetadas por seus valores pessoais e culturais. Ninguém jamais acreditou nisso. Às vezes, estes efeitos são legítimos (selecionar um campo de estudo devido aos seus interesses pessoais, quando não houver uma barreira ética) e, às vezes, ilegítimos (Lysenko, teorias racistas). Uma desculpa alternativa envolve associar a doutrina da ciência livre de valores com a visão, ou como algo que envolve a visão, de que a ciência não tem consequências ou importância política. As versões das desculpas são quase sempre as atacadas pelos que afirmam demonstrar que a ciência não é desprovida de valores, particularmente os grupos antipositivista e antiempirista do pensamento contemporâneo – por exemplo, os **construtivistas** ou o grupo da 'teoria crítica'.

Com frequência, presume-se equivocadamente que a doutrina da ciência livre de valores é uma consequência do empirismo – a visão de que a ciência é, ou deveria ser, baseada em asserções factuais testáveis. Na verdade, a inferência do empirismo para a doutrina da ciência livre de valores requer ainda a premissa de que a inferência de fatos (e definições) a valores é impossível. Os cientistas – e empiristas –, sob a influência da filosofia da ciência simplista empirista, pensavam que esta premissa era obviamente verdadeira (com frequência presume-se que a doutrina da ciência livre de valores é parte da posição empirista). Além disso, Hume, Moore e outros ofereceram provas simples e plausíveis da impossibilidade de derivar fatos de valores. Estavam perto o suficiente da correção ao supor que não se podem deduzir valores de fatos, mas estavam errados em supor que isso significa que não se podem *inferir* valores a partir de fatos *confiavelmente*.

O erro é análogo ao erro de supor que não se podem inferir conclusões sobre construtos teóricos a partir de observações. É simplesmente o erro de pensar que a inferência dedutiva exaure o repertório de bom raciocínio. Na verdade, a inferência dedutiva, a principal ferramenta da ciência, é totalmente dependente da inferência de observações a teorias, ou nunca poderíamos argumentar racionalmente a favor de asserções teóricas. (Portanto, o ataque simplista de Popper à indução é parcialmente responsável pelo apoio contínuo à doutrina da ciência livre de valores.) A maneira como fazemos isso normalmente é por meio da inferência eliminatória ("inferência à melhor explicação"), e não pela alternativa de Popper da 'inspiração' ou 'adivinhação'. Um processo similarmente flexível, mas ensinável e avaliável - inferência probatória - possibilita a inferência de premissas factuais e definicionais a conclusões avaliativas. A alternativa é crer que a ***Consumer Reports*** está cometendo uma falácia em cada recomendação, e que a democracia não tem méritos objetivos.

Com exceção do erro lógico na prova da asserção da ciência livre de valores, há evidências refutatórias. Qualquer exame vai mostrar que a ciência está impregnada de avaliações científicas altamente responsáveis e bem justificadas - de delineamentos científicos, estimativas, adequação, instrumentos, explicações, qualidade de pesquisa, teorias, e assim por diante. (A medicina e engenharia nunca duvidaram muito de si mesmas quanto à propriedade das conclusões avaliativas; talvez porque seu autoconceito fosse mais forte do que aquele das ciências sociais.) O fato de a posição da ciência livre de valores ter se mantido em face destes fenômenos requer uma explicação em termos de **axiofobia**. Veja também **Lógica da avaliação, Avaliação de necessidades.**

DUMPING. A prática de descarregar fundos rapidamente próximo ao final do ano fiscal de forma que eles não retornem à burocracia central, o que seria considerado um sinal de que o orçamento do próximo ano pode ter aquele valor abatido, visto que não foi necessário naquele ano. A prática de dumping pode ser feita com todos os floreios usados nos **Termos de Referência (TDRs)**, isto é, por meio de um contrato, mas é uma situação em que a diferença entre um **contrato** e uma **concessão** tende a evaporar, pois o contrato é tão vago (devido à falta de tempo para elaborar o TDR cuidadosamente) que possui essencialmente o mesmo status de uma concessão. Do ponto de vista da agência, o dumping é um sinal de que a quantidade de pessoal não é adequada, e não de falta de necessidade do trabalho solicitado no TDR (como o Congresso com frequência infere).

DUPLA FACE. Que possui significado tanto descritivo quanto avaliativo (ou prescritivo). É um equívoco comum pensar que estas noções são mutuamente excludentes; em muitos casos, elas são complementares. As ciências exatas, vistas como o modelo de considerações descritivas, na verdade sempre usaram tipos ideais para formular suas leis – por exemplo, gases ideais, partículas e sólidos perfeitamente elásticos, centros de massa. As leis *preveem* o que os tipos ideais fazem, como uma maneira indireta de *descrever* o que as coisas reais fazem. Este processo é complexo, mas não confuso. Na verdade, é excelente para lidar com alguns tipos de padrões de dados não agrupados. Tipos ideais também são comuns nas ciências sociais, bem como as teorias que são tanto descritivas quanto avaliativas ou prescritivas, tal como as teorias organizacional e de decisão. (Muitas vezes as duas *são de fato* confundidas, mas, ocasionalmente, diz-se que se confundem com base na pressuposição *a priori* falsa de que não podem coexistir.)

E

ECONOMIAS DE ESCALA. Elas de fato existem, mas são neutralizadas pelos problemas de **escalonamento** – as ineficiências relacionadas ao tamanho. Ao fazer recomendações, os avaliadores precisam ter cuidado para não presumir que as repetições acarretem economias de escala. Isso pode ocorrer ou não, ou as economias podem ser neutralizadas pela perda do efeito devido a problemas de escalonamento.

ECONOMIA DO BEM-ESTAR. O campo da economia interessado em desenvolver procedimentos para a distribuição social racional (precificação etc.) de valores. Tornou-se mais ou menos moribunda porque precisa, embora não pudesse, lidar com o problema de comparações interpessoais de utilidade. Não há uma maneira de fazer isso sem fazer pressuposições éticas e, de acordo com a doutrina usual, isto era inapropriado (mas consulte **Ética**, **Utilidade** e **Rateio**).

EDUCAÇÃO EM AVALIAÇÃO. A educação do consumidor (por exemplo, em cursos de economia doméstica nas escolas, ou nas apresentações usuais da mídia) ainda é muito fraca no que concerne a treinamento em avaliação, que deveria ser seu componente mais importante. Mais comumente, envolve simplesmente fazer avaliação em algum assunto limitado com generalizabilidade limitada além das fontes utilizadas. Há muitos outros contextos além daqueles em que o papel do sujeito é o do consumidor em que a educação em avaliação seria mais valiosa, notavelmente no papel do gerente, dos pais, ou prestador de serviços/profissional. Poucos professores (ou, nesse sentido, outros profissionais) têm alguma ideia de como eles ou outros podem ou devem avaliar seu próprio trabalho e o dos outros, embora isto certamente seja um requisito mínimo do **profissionalismo**. Nas últimas décadas, vimos esforços federais e estaduais consideráveis para proporcionar padrões de qualidade sensatos que protegem o consumidor em diversas áreas, mas estas agências ainda não entenderam plenamente que a superposição de padrões é um substituto fraco da compreensão da sua justificativa e das competências necessárias para generalizar sua aplicação a novas áreas. O **treinamento em avaliação** é o treinamento de avaliadores (principalmente profissionais); a educação em avaliação é o treinamento dos cidadãos em técnicas de avaliação, armadilhas e busca de recursos e é a única abordagem de longo prazo satisfatória para melhorar a qualidade da nossa vida sem o desperdício extraordinário de recursos. Ela deve começar com a instrução em **pensamento crítico**. Veja também **Avaliador como professor**.

EFEITO. **Resultado** ou *tipo* de resultado. Os efeitos mencionados a seguir com sentido de tipos de resultado são descritos aqui em verbetes próprios: **Cascata, Colateral, Entusiasmo, Gotejamento, Halo, Hawthorne, John Henry, Longo-prazo, Pigmaleão, Placebo, Prática, Pseudonegativo, Pseudopositivo, Reativo, Rorschach, Retrocesso, Sequenciamento, Teto.**

EFEITO DA PRÁTICA. A forma *específica* de efeito da prática refere-se ao fato de que realizar um segundo teste com os mesmos itens, ou itens semelhantes, resulta na melhoria do desempenho mesmo quando não há instrução ou (outro) aprendizado entre os dois testes. Afinal, o avaliando terá "organizado seus pensamentos" antes do segundo teste. Há um efeito da prática *geral*, que é particularmente importante com relação a indivíduos que não tiveram muita experiência – ao menos não recentemente – com testes; este efeito da prática simplesmente se refere à melhoria das competências em realização de testes por meio da prática, por exemplo, capacidade da pessoa de controlar o tempo dedicado a cada questão, compreender a forma com que diversos tipos de questões de múltipla escolha funcionam, e assim por diante. Quanto mais **acelerado** for o teste, mais considerável será o efeito da prática, provavelmente. O uso de grupos de controle vai permitir que se estime o tamanho do efeito da prática, mas se isto não for possível, o uso de um delineamento que utilize pós-teste exclusivamente para *parte* do grupo experimental será muito bom como alternativa, visto que a diferença entre os dois subgrupos no pós-teste dará uma indicação do efeito da prática, que então se subtrai dos ganhos do grupo que usou pós-teste exclusivamente para obter uma medição dos ganhos devidos ao tratamento.

EFEITO DE AUTOAPAGAMENTO. Efeito em que os benefícios visíveis de um programa são 'dissipados' *como resultado de determinados fenômenos que o próprio programa causa.* Isso não significa que os benefícios sejam eliminados; significa simplesmente que são mais difíceis de detectar, e particularmente que tendem a não aparecer em comparações com outras comunidades que não recebem o apoio do programa que está sendo examinado. Esta perda de contraste é o motivo pelo qual se fala em 'dissipação' e 'autoapagamento'; pessoas autoapagadas não são pessoas ineficientes, embora ambas normalmente sejam mais discretas.

O caso paradigmático do Efeito de Autoapagamento foi o programa ESAA do governo federal de alguns anos atrás. Grandes quantias de dinheiro foram fornecidas a distritos escolares, sob duas condições. Primeira, que o dinheiro fosse gasto em projetos ou materiais escolhidos a partir de uma lista fornecida; segunda, que identificassem uma escola de controle no distrito que não receberia o 'tratamento' (dinheiro que seria gasto com os itens da lista de compras pré-aprovada). O que aconteceu, de fato, foi que os superintendentes com frequência desviaram *outras* quantias (discricionárias) à escola de controle para compensá-la pela privação do dinheiro do programa, e estas quantias foram gastas, normalmente, de maneiras não obviamente diferentes das maneiras com que foram gastas pelas escolas do experimento. No fim das contas, nenhuma diferença significativa e consistente apareceu entre as escolas experimentais e de controle. A boa notícia é que isso não significa que não houve um benefício generalizado. A má notícia é que, nesta situação em que seus grupos de controle são apagados, é difícil provar que houve ou não um benefício. É claro, é possível argumentar a priori que mais dinheiro significa mais benefícios, mas as fundações de caridade e governos - e particularmente seus críticos - suspeitam muito que jogar dinheiro em um problema será efetivo, que dirá ser custo-efetivo. Assim, conceder o dinheiro levou à ação que dificultou muito a detecção dos efeitos de fornecer o dinheiro. Este é um caso especial de *concessão compensatória por uma fonte que não o doador original.*

A ligação causal que gera o efeito de autoapagamento ocorre sob três rubricas gerais: (i) Compensação deliberada pela mesma fonte. As fundações envolvidas no apoio de comunidades específicas com frequência farão contribuições a outras comunidades semelhantes 'para compensar' pelo fato de que não fizeram parte do programa. Evidentemente, estas são comunidades que usaríamos para comparação, de modo que o efeito é mascarado. (ii) Compensação deliberada por outra fonte. Outra fundação ou fonte pode responder favoravelmente a um apelo de um candidato, Y, de que possuem as mesmas necessidades de X, mas não estão recebendo ajuda da fonte escolhida para fornecer apoio a X. Ou, como no caso do ESAA, o *destinatário* pode repassar uma parte do dinheiro ou outro dinheiro para Y. (iii) Compensação automática. Em muitos estados, a distribuição de recursos a determinados programas é vinculada a índices de necessidade. Eles irão (espera-se) ser afetados na área que está recebendo o apoio direto pela intervenção avaliada, e assim receberá menos recursos do governo, e áreas de comparação potenciais receberão mais, apagando mais uma vez os traços da intervenção - apesar de que a intervenção terá de fato produzido benefícios, eles não serão salientes.

Há maneiras de contornar estes problemas, por exemplo, por meio de: (i) o uso de comparações múltiplas cuidadosamente selecionadas, em que a redundância nos protege contra a ocorrência de algumas intervenções autoapagadoras; (ii) o **método do *modus operandi***; (iii) o uso de controles longitudinais (série temporal interrompida etc.). Um problema da última abordagem é que quaisquer juízes usados para identificar as diferenças provavelmente terão conhecimento da presença do tratamento em uma área, e não em outra.

EFEITO DE SEQUENCIAMENTO. A influência da ordem dos itens (ou testes etc.) sobre as respostas. A validade de um teste pode ser comprometida quando itens são removidos, por exemplo, por viés racial, dado que o item pode ter pré-condicionado o respondente (de maneira que nada tem a ver com seu viés) para fornecer uma resposta diferente e mais precisa à próxima questão (ou qualquer outra posterior), um exemplo de efeito de sequenciamento.

EFEITO ENTUSIASMO. Os efeitos **Hawthorne**, **John Henry** e **placebo** são efeitos importantes a se manter em mente no delineamento e interpretação de uma avaliação, visto que eles – e não o avaliado – podem constituir a causa dos resultados esperados. Há outro efeito psicológico que com frequência é subsumido sob estes, mas que é merecedor de distinção. Todos esses efeitos podem ocorrer sem qualquer esforço especial ou crença manifesta do fornecedor de serviços, e certamente na ausência de qualquer pessoa. Eles operam, até onde sabemos, devido à percepção do 'tratamento' pelo favorecido. Porém, há um efeito poderoso que se deve às crenças manifestas dos *fornecedores*, por vezes crenças na potência do tratamento específico ou potência dos resultados que supostamente se originam dele ou são a ele associados. Os exemplos mais familiares deste efeito são a cura pela fé (mas os modos de tratar o acamado às vezes conta plenamente com o efeito placebo), liderança carismática (por exemplo, em uma batalha), e a arte de vender. Assim como nos outros efeitos, o principal motivo de preocupação dos avaliadores é que os programas e produtos com frequência são exportados sem as equipes que originalmente os implantaram, e a avaliação muitas vezes precisa relatar os efeitos que *serão* transferidos a novos locais. Consulte **Generalizabilidade**.

EFEITO HALO. A tendência da reação de alguém à parte ou todo de um estímulo (por exemplo, um teste, as respostas de um aluno a um teste, ou a personalidade de alguém) a contaminar sua reação a outras partes, particularmente as adjacentes, do mesmo estímulo. Por exemplo, juízes de exames que envolvem diversas respostas discursivas tendem a conceder uma nota melhor à segunda resposta de determinado aluno quando a primeira resposta deste mesmo aluno obtém uma nota alta; se a segunda resposta tivesse sido a primeira resposta do aluno a ser lida, ela obteria uma nota menor. Este erro, não raro, alcança a magnitude de um conceito inteiro. O efeito halo é evitado fazendo com que os juízes avaliem todos os primeiros componentes e escondendo a nota concedida ao primeiro antes de analisarem os segundos componentes. O efeito halo foi assim denominado devido à tendência de se presumir que uma pessoa virtuosa em determinado aspecto deverá ser virtuosa (e talvez também hábil) em todos os tipos de situação. Mas o efeito halo também se refere à transferência ilícita de uma avaliação *negativa*. O trabalho de Hartshorne e May, ***Studies in Deceit*** (Columbia, 1928) sugere que não há uma boa razão para esta transferência, mesmo entre categorias de imoralidade.

EFEITO HAWTHORNE. A tendência de uma pessoa ou grupo que está sendo investigado, submetido a experimento ou avaliado, reagir positiva ou negativamente ao fato de que está sendo investigado/avaliado e, consequentemente, ter desempenho melhor (ou pior) do que teriam na ausência da investigação, o que dificulta a identificação dos efeitos causados pelo tratamento em si. Não é o mesmo que **efeito placebo**, isto é, o efeito sobre o consumidor da sua própria crença no poder de tratamento do provedor ou favorecido, embora o termo com frequência seja usado de maneira que abrange ambos: o efeito Hawthorne pode ocorrer sem que haja qualquer crença no **mérito** do tratamento. (Pesquisas recentes sugerem que a base histórica da alegação de que o efeito ocorreu durante os experimentos na fábrica de Hawthorne da General Electric é inconsistente.) Consulte **Efeito John Henry**.

EFEITO JOHN HENRY (termo de Gary Saretsky). O efeito correlativo ao efeito Hawthorne ou, em sentido estendido, um caso especial do mesmo. Refere-se à tendência do grupo de *controle* a se comportar de maneira diferente simplesmente por ter consciência de *ser* o grupo de controle. Por exemplo, um grupo de controle de professores que usam o programa de matemática tradicional que está sendo testado em comparação a um programa experimental pode – ao perceber que a honra de defender a tradição está nas mãos deles – ter desempenho muito melhor durante o período de investigação do que teriam normalmente, o que gera um resultado artificial. As avaliações de contratos de desempenho foram excepcionais, como observou Saretsky, visto que o grupo de controle teve desempenho muito melhor do que o usual. Naturalmente, não se pode presumir que o efeito Hawthorne (sobre o grupo experimental) anula o efeito John Henry. O efeito sugere que devemos fazer estudos de séries temporais interrompidas bem como comparações simples com um grupo de controle. O nome é uma homenagem ao herói negro folclórico norte-americano que, após ser informado de que o martelo a vapor em breve substituiria os instaladores de trilhos ferroviários, demonstrou um desempenho extraordinário, a fim de vencer a máquina – embora o esforço descomunal o tenha matado.

EFEITO PIGMALEÃO. Efeito das expectativas sobre os seres humanos. O nome tem origem na lenda de uma estátua que ganhou vida a partir da crença de que ela possuía vida. Normalmente associado ao efeito de autorrealização das crenças de professores quanto à capacidade de alunos específicos sobre o desempenho destes alunos. Amplamente considerado mais poderoso do que de fato é, visto que as evidências no estudo que o tornou famoso eram gravemente falhas.

EFEITO PLACEBO. Efeito causado pelo *contexto de recebimento* de um tratamento, em contraste com o *conteúdo recebido.* Em medicina, o placebo é um medicamento falso usado no grupo de controle exatamente da mesma maneira que o medicamento testado (ou, de modo geral, o tratamento experimental) é usado no grupo experimental, isto é, os enfermeiros, médicos e pacientes não sabem se o medicamento usado em determinado indivíduo é o placebo ou não. (Este não é um delineamento válido *para identificar o efeito placebo*, mas é consideravelmente melhor do que não usar o placebo no grupo de controle.) Há indicações de que os benefícios não dependem da crença de que o placebo *é* um medicamento eficaz; mas eles provavelmente dependem da crença de que *pode* ser eficaz. Assim, o efeito placebo provavelmente se relaciona a alguns outros efeitos de crença, especialmente o **efeito de entusiasmo**. Em muitos casos – por exemplo, a cura pela fé – a crença no poder do placebo ocorre e às vezes é acompanhada de um efeito placebo bastante notável. No caso contrário, ilustrado pelo ritual do osso apontado, pelas maldições e feitiços (e talvez alguns comerciais de TV), o efeito é adverso – aqui chamado de efeito placebo negativo.

O modo como o doente é tratado é um veículo comum do efeito placebo e também é contemplado por ele. Estima-se que, antes dos medicamentos com sulfonamida, 90% de todos os resultados terapêuticos deviam-se ao efeito placebo, de modo que é uma pena que o tratamento dado ao paciente tenha tão pouca importância na prática e no treinamento médico. Até 1948, quando o termo foi aceito, o efeito placebo era alvo de pouca pesquisa, e os resultados do que era de fato feito não eram aceitos para publicação. Presumivelmente, isso se deve à necessidade de status – de distinguir a medicina da cura pela fé. A legitimação da pesquisa com placebo, portanto, foi em muito facilitada pelo uso do nome em latim, o que lhe concedeu respeitabilidade médica. Houve quem dissesse que a psicoterapia era *plenamente* o efeito placebo (Frank); um delineamento para investigar esta visão apresenta desafios interessantes.

Em educação e outras áreas de serviços humanos, o efeito placebo com frequência é confundido com o **efeito Hawthorne**, o efeito sobre o comportamento de um indivíduo devido ao conhecimento do fato de que o comportamento está sendo estudado. Os dois podem muito bem responder por grande parte do sucesso das inovações. O sucesso é genuíno, mas não pode ser atribuído ao óleo de cobra em si. Se for, podemos tirar conclusões falsas sobre o que irá ocorrer com pacientes que recebem o tratamento sem a presença dos entusiastas – e o entusiasmo de fato desvanece. Assim, as avaliações devem incluir alguns testes não manipulados, em que o avaliado precisa levantar voo por conta própria, e, mesmo assim, é altamente desejável que isto seja feito a alguma distância temporal, bem como espacial. Devemos manter em mente também que o efeito pode ser negativo.

EFEITO PSEUDONEGATIVO. Resultado ou dado que parece mostrar que um avaliado está apresentando exatamente o tipo errado de efeito quando na verdade não está. Quatro exemplos paradigmáticos são: o Bureau de Prevenção ao Suicídio cuja criação é imediatamente seguida de um aumento das taxas de suicídio reportadas; o programa intercultural escolar que resulta em um aumento pronunciado da violência inter--racial; o serviço de melhoria do ensino para corpo docente universitário cujos clientes têm pontuação pior do que os não clientes; o programa de educação sobre o uso de drogas (ou educação sexual) que leva à "experimentação", isto é, ao aumento do uso. (Os efeitos negativos em cada um destes casos são elementos distrativos, e a conclusão correta é favorável.)

EFEITO PSEUDOPOSITIVO. Normalmente, um resultado que é consistente com os objetivos do programa, mas em circunstâncias em que *ou* os objetivos *ou* aquela maneira de alcança-los é, de fato, prejudicial *ou* os efeitos colaterais grandes e prejudicais foram subestimados. Caso clássico: programas de "educação sobre o uso de drogas" que visam fazer com que os participantes parem de usar maconha e acabam fazendo com que adquiram o habito de fumar cigarros comuns e beber, trocando alguma redução de crimes (em grande parte artificiais) por muito mais mortes por câncer de pulmão, cirrose e acidentes de carro causados por motoristas alcoolizados. (Um exemplo típico de ignorância dos custos de oportunidade e efeitos colaterais, isto é, má **avaliação baseada em objetivos**.)

EFEITO REATIVO (ou **AVALIAÇÃO**). Fenômeno devido ao ('um **artefato** do') procedimento de medição ou avaliação usado: um tipo de artefato de avaliação ou investigação. Com relação à avaliação, possui duas subespécies: efeitos de conteúdo e efeitos de processo. As reações ao conteúdo da avaliação incluem casos de avaliação formativa em que um criticismo em uma avaliação é absorvido pelo avaliando e leva à melhoria, o que então torna a recomendação irrelevante devido às mudanças que ela mesma induziu. Assim, a medição não só afeta o que é medido, mas invalida a precisão da medição se reportada sem correção para a mudança (mas consulte **Avaliação autorrefutante**). As reações ao processo de avaliação incluem casos em que a mera ocorrência (ou até mesmo possibilidade) da avaliação afeta materialmente o comportamento do avaliando de modo que o exame a ser realizado não será típico do programa em seus estados de pré-avaliação, como quando o diretor entra na sala de aula e o professor instantaneamente assume seu 'melhor comportamento'. Note que, no limite, as condições de trabalho que incluem um processo-padrão de avaliação podem afetar a qualidade do trabalho simplesmente devido a este fato, e não devido a um episódio avaliativo específico.

Embora as *medições* reativas não tenham sido previamente subdivididas em dependentes ou independentes de contexto, a distinção aplica-se ali e não apenas a avaliação, mas é, indubitavelmente, menos crucial naquele contexto. Em ambos os casos, abordagens não obstrutivas podem ser apropriadas para evitar a reatividade processual; mas, por outro lado, a abertura pode ser necessária por motivos éticos. A abertura pode ser com relação ao conteúdo ou ao processo, ou ambos. (Consulte **Motivos para avaliar**.)

Exemplos de efeitos reativos incluem o efeito de entrevistadoras sobre entrevistados do sexo masculino, o efeito de aprendizado com as primeiras questões de um teste sobre o desempenho em itens posteriores, o **efeito John Henry**, e o **efeito Hawthorne**. Não exemplo: o Princípio da Incerteza, contrário à visão usual (a incerteza é parte da natureza das partículas, apenas incidentalmente uma limitação de medição). Veja também **Avaliação autorrealizada**.

Os casos mais sérios de avaliação reativa são análogos a distúrbios iatrogênicos (causados por médicos) na medicina. Um exemplo é uma neurótica **ansiedade perante avaliação**, quando causada por avaliação excessiva ou inapropriada; pode levar a penalidades muito sérias para os afetados. Outra família de exemplos envolve casos em que o rabo da avaliação abana o cão do programa, que é sempre um sinal de má gestão ou avaliação, dependendo de quem seja o responsável pelos maus resultados.

EFEITO RORSCHACH. Uma avaliação extremamente complexa, se não for cuidadosa e racionalmente sintetizada em um relatório resumido, fornece uma massa confusa de comentários positivos e negativos, e um cliente incompetente e/ou de alguma forma enviesado pode facilmente projetar (racionalizar a partir) neste plano de fundo qualquer percepção que tinha orginalmente. O nome advém do teste projetivo mais famoso, o teste da mancha de tinta Rorschach, e o fato de que de alguma maneira tenha validade duvidosa torna o rótulo propício. De modo geral, se este efeito ocorrer é culpa do avaliador, por um ou dois motivos possíveis. Primeiro, geralmente é importante lidar diretamente com as maiores interpretações possíveis que se está rejeitando, e discussões com o cliente devem ter revelado quaisquer inclinações fortes a um tipo específico de interpretação. Em segundo lugar, no caso do que chamamos aqui de **avaliações não consumadas**, o avaliador não foi capaz de ajudar o cliente com o passo da síntese e essencialmente pede resultados projetivos. Consulte **Relatório e Estratificação.**

EFEITOS COLATERAIS. Os efeitos colaterais são os efeitos (positivos e negativos) de um programa ou produto (etc.) que não sejam aqueles para os quais ele foi implementado ou adquirido. Às vezes, o termo refere-se a efeitos esperados, e possivelmente desejados, mas que não fazem parte dos objetivos do programa, tal como o emprego de pessoal. Normalmente, não foram esperados, previstos, nem antecipados (um ponto de menor importância). Podem, no entanto, ser muito mais importantes do que os efeitos pretendidos, por exemplo, o caso dos efeitos colaterais de medicamentos. A **Lista-chave de verificação da avaliação** faz uma distinção entre (i) efeitos colaterais e (ii) efeitos não pretendidos sobre populações não alvo que de fato são impactadas, isto é, *populações* colaterais, mas ambos muitas vezes são chamados de efeitos colaterais. A identificação de efeitos colaterais apresenta um problema metodológico no que os avaliadores normalmente recebem dicas para encontrar os efeitos pretendidos (**avaliação baseada em objetivos**) e seus clientes normalmente estão muito mais interessados no progresso na direção dos efeitos pretendidos. O resultado inevitável desta combinação de 'conjuntos' é que a busca por efeitos colaterais com frequência é superficial; a **avaliação livre de objetivos** é uma tentativa deliberada de melhorar a detecção de efeitos colaterais, e de fato muitas vezes tem êxito nesta missão. O efeito colateral geral mais importante da *avaliação*, em contraste com os efeitos colaterais de um programa, deve ser o uso aumentado da avaliação onde ela pode ser útil, e algumas competências em como fazer isso.

Assim, o avaliador deve sempre pensar em ser um modelo ou professor, não apenas um crítico e remediador.

EFEITOS DE CAPILARIDADE. Efeitos indiretos ou atrasados; "transbordamento" e "**efeitos dominó**" são sinônimos aproximados; "efeitos cascata" normalmente se referem a efeitos em uma sequência causal começando pelo efeito original, em vez de apenas atrasado.

EFEITOS DE IMPACTO INVOLUNTÁRIO. Quando um caçador atira em um veado, às vezes machuca seu ombro. Os programas afetam seu pessoal assim como a clientela. Estes efeitos normalmente, embora nem sempre, têm importância secundária (clínicas de aborto às vezes são apontadas como contraexemplos) em comparação ao que acontece com o veado ou a clientela, mas devem ser incluídos na avaliação do programa. O pessoal é **impactado**, embora não sejam destinatários dos serviços ou produtos oferecidos.

EFEITOS DE LONGO PRAZO. Em muitos casos, é importante examinar os efeitos do programa ou produto após um período de tempo estendido; com frequência, este é o melhor critério possível. Infelizmente, na maioria dos campos também é o mais difícil de determinar. Os mecanismos burocráticos, tal como a dificuldade de carregar os fundos de um ano fiscal para o próximo, não raro tornam a investigação destes efeitos virtualmente impossível; tudo isto se agrava com a pequena janela de atenção dos organismos políticos. No entanto, estudos longitudinais, nos quais o grupo é acompanhado por um longo período, são comumente reconhecidos como procedimento-padrão nas áreas médica e farmacêutica, e há um exemplo importante na educação – o estudo *Project Talent*, agora em sua terceira década. Consulte **Sobre aprendizagem**.

EFEITOS DOMINÓ. Às vezes chamados de efeitos secundários. São efeitos causados pelos efeitos diretos do avaliado sobre os **destinatários** *ou* os **provedores** (os efeitos primários). Às vezes é difícil decidir como dividir os efeitos nesta base – por exemplo, um programa de banda escolar produz efeitos sobre os membros da banda e sobre os que ouvem sua música. Os efeitos sobre o segundo grupo são causados por aqueles no primeiro grupo, mas podemos, de toda maneira, incluí-los como destinatários. Veja também **Efeito de capilaridade** e **Efeitos colaterais**.

EFEITO TETO. O resultado de obter uma pontuação próxima do topo da escala – o que obstrui (até impede) a melhoria com a mesma facilidade de quando se obtém uma pontuação mais baixa. Às vezes é descrito como a "falta de margem superior". As escalas em que quase todos obtêm uma pontuação muito próxima do máximo consequentemente proporcionarão pouca oportunidade para qualquer pessoa distinguir-se por desempenho excepcional (comparativamente). Isto é típico de formulários de avaliação de professores. Normalmente, eles (ou a forma com que são usados) precisam ser reconstruídos para evitar isso; não é difícil fazer isso fornecendo instruções deflacionárias, redefinindo os pontos de ancoragem, reformulando como um questionário de ranqueamento, ou usando sistemas de pontuação 'restritos' (veja **Pontuação**). A quarta abordagem pode encontrar dificuldades; certa ocasião, a Força Aérea norte-americana enfrentou uma rebelião burocrática quando introduziu um procedimento de avaliação de oficiais com quantidade limitada de pontuações máximas que poderiam ser atribuídas, a fim de neutralizar o problema de obter apenas notas máximas (qualificação A+).

Em algumas circunstâncias, as altas pontuações representam corretamente a variação relevante da variável classificada, e então criar diferenças seria simplesmente um artefato de medição. Afinal, se todos os alunos acertam todas as respostas em uma prova difícil, *não deveria* haver margem superior às suas notas em sua escala. (Talvez pudesse usar um teste diferente, no entanto, se *tivesse* que obter um ranqueamento.) O melhor controle que evita artefatos é avaliar os avaliadores por suas avaliações.

EFETIVIDADE. Usado com frequência, mas não necessariamente, para referir-se à conclusão de uma **avaliação baseada no alcance dos objetivos**, com todas as suas limitações. Diversos índices de efetividade foram desenvolvidos em meados do século passado, quando a avaliação era amplamente considerada uma simples medição do alcance dos objetivos de programas de ação social. Grosso modo, "sucesso" é equivalente a atingir objetivos. Embora a efetividade possa ser interpretada de modo mais geral como o alcance de um resultado que pode não ter sido incluído nas metas de um programa, sempre se refere a algum objetivo, mesmo que não seja o original; é uma noção na relação meios-fim. O **mérito** e a **relevância** são os predicados mais importantes da avaliação, e incluem **eficiência**, frequentemente contrastada com **efetividade**.

EFICIÊNCIA. A eficiência vai além da **efetividade**, por trazer referência à quantidade de recursos envolvidos. Sugere a ausência de desperdício em determinada produção; pode ser aumentada com o aumento do rendimento de determinado insumo. Não garante que os resultados sejam de tamanho útil. Por este motivo, em muitos contextos, os planejadores exigem, por convenção, que uma intervenção social seja tanto efetiva quanto eficiente.

ELMR [Avaliação de Recursos de Materiais Didáticos]. A ELMR (Elmer) foi inventada como um concorrente crítico para o ERIC, a base de dados federal computadorizada de informações em pesquisa educacional. A ERIC (Eric) é enorme e nunca limpada, visto que eliminar registros reduz o tamanho da base de dados, e fazer isso reduz o tamanho do território de alguém. Consequentemente, ela contém massas de registros contraditórios e desatualizados, e uma grande quantidade de materiais sobre estudos mal delineados que alguém deixou entrar nesta bagunça. A ELMR, por outro lado, é um arquivo de quatro gavetas que contém uma pasta para cada grande questão prática acerca das quais educadores solicitam (ou precisam) de conselhos. As gavetas referem-se ao currículo, gestão, ensino, e instalações/equipamentos. Uma pasta típica pode ser nomeada Programas de Leitura, e ela abrigaria algumas folhas que *resumem* os resultados dos melhores e mais recentes estudos sobre a eficácia, custo, requisitos de apoio, tempo de treinamento etc. para alunos de diversos níveis e tipos. Um grupo de especialistas seria responsável por cada pasta e a atualizaria a cada três meses. Opiniões dissidentes seriam incluídas para suplementar a opinião do grupo. O pessoal de apoio permanente seria uma recepcionista para atender ao telefone e uma secretária para prestar assistência e fazer cópias do conteúdo de uma pasta – além de registrar as solicitações e movimentar o pessoal responsável por conteúdos para fazerem atualizações. Isso custaria menos de 1% do orçamento da ERIC atual, e atenderia a maior parte das solicitações de alta necessidade – além de uma grande quantidade que não é atendida porque as pessoas não têm tempo de procurar pela vasta pilha de materiais vagamente relevantes e de qualidade mista. Um pequeno subsídio – digamos, de 5% do orçamento atual – às organizações de pesquisa educacional as ajudaria a montar uma base de dados de *pesquisa*. O impacto da ELMR deveria ser consideravelmente mais benéfico do que o da ERIC no primeiro ano e melhorar dali em diante. Se funcionar bem, tudo poderia ser inserido em um micro com backup espelhado e lançado em ASCII em disquete para aqueles que desejam fazer buscas em todo o pacote, com atualizações semestrais. (Seu tamanho sempre seria restrito ao que cabe no disquete.) Não surpreendentemente, a proposta da ELMR nunca recebeu muito apoio do pessoal da ERIC, e os 'grupos de consumidores', tais como a ASCD [Associação para a Supervisão e Desenvolvimento de Currículo] ou a PTA [Associação Nacional de Pais e Professores], tendem a se perder em suas próprias questões e processar teorias, em vez de ir direto ao cerne de suas necessidades informacionais.

EMPIRISMO. O uso cotidiano do termo "empirista" refere-se a alguém de orientação essencialmente prática. O uso mais técnico refere-se a uma doutrina epistemológica que salienta a primazia do conhecimento sensorial. Na filosofia da ciência, os positivistas (lógicos) encontram-se dentre os empiricistas mais proeminentes e radicais. (Russel se descreveu como um "empirista lógico", isto é, como alguém que está a uma distância significativa.) Contrasta-se à tribo (alegadamente) vil dos metafísicos, que tendem a ser "idealistas" (no sentido *técnico* em que acreditam que a mente, e não os sentidos, é a fonte principal de conhecimento) ou "racionalistas" (mais uma vez no sentido técnico, atribuindo a fonte do conhecimento à razão, em vez dos sentidos). A versão diluída do empirismo, que se tornou a ideologia dominante das ciências sociais, concentrou-se na superioridade dos experimentos e observações (públicas) sobre o raciocínio e introspecção a priori. Embora seja plausível dizer que tais termos não se referem a propriedades observáveis, foi equivocado concluir que lhes faltava referência objetiva, visto que há outra categoria legítima de termos, nomeadamente as que se referem aos chamados termos teóricos, isto é, que se referem a entidades/processos/estados inobserváveis, cuja existência pode ser inferida de (isto é, explica) o fenômeno observável.

Os positivistas lógicos originalmente queriam eliminar a maioria dos inobserváveis como entidades metafísicas e, juntamente com eles, termos relacionados a valor, mas isso infelizmente nos deixa sem taxonomias extrapoláveis, explicações adequadas e orientação para futuras microexplorações. Os cientistas sociais empiristas rapidamente se abriram para a aceitação de teorias ao menos de nível médio e seus conceitos, mas não verificaram se os termos eram tabu no vocabulário avaliativo e foram assim legitimados. (Claro, usavam estes termos o tempo todo para distinguir bons desenhos experimentais dos ruins, bons instrumentos dos ruins, e assim por diante.) Talvez a melhor desculpa seja que a linguagem avaliativa consiste em termos teóricos que se relacionam a funções, e não a observações – mas assim também é grande parte da linguagem da matemática e da linguística. O comportamento imperdoável foi a falha em conciliar o uso obviamente legítimo da avaliação metódica e avaliação de produtos pelo consumidor com o apoio contínuo à doutrina das ciências sociais livre de valores. Consulte **Axiofobia**.

ENCOBRIR (***WHITEWASH***, de Suchman). Consulte **Avaliação de racionalização**.

ENSAIO DE CAMPO (TESTE DE CAMPO). Teste simulado (a seco), verdadeiro teste de um produto ou programa (etc.). Absolutamente obrigatório em qualquer avaliação rigorosa ou atividade de desenvolvimento. É fundamental que ao menos um verdadeiro ensaio em campo seja realizado nas circunstâncias e com uma população correspondente à situação e população visada. Ensaios iniciais ("ensaios de estufa" ou "testes alfa") podem não cumprir esta norma, por motivo de conveniência, mas o último ensaio deve fazê-lo. Salvo quando executado por avaliadores externos (o que é muito raro), há um grande risco de viés na amostra, condições, conteúdo ou interpretações usadas pelo desenvolvedor nos ensaios de campo finais. No campo da informática, testes alfa podem ser de estufa, mas os testes **beta** também são necessários. Poucos dos ensaios realizados hoje em dia são verdadeiros ensaios de campo, sendo notavelmente diferentes em termos do pessoal envolvido e do suporte disponível.

ENSINAR PARA O TESTE. 1. O sentido original da frase refere-se à prática de ensinar apenas ou principalmente as competências que serão testadas. Isso normalmente se baseia no conhecimento prévio, ou inferência, do conteúdo do teste, no caso excepcional em que o teste é plenamente abrangente, isto não representa um problema – por exemplo, se testar o conhecimento das "tabuadas" pedindo todas elas. Mas a maioria dos testes apenas amostra um domínio de comportamento e são usados para generalizar a partir do desempenho naquela amostra para o desempenho geral no domínio em circunstâncias normais, e esta generalização será inválida quando o ensino para o teste ocorrer – de modo que ensinar para o teste é fraudulento.

2. Em um sentido estendido, o termo também aborda: (i) o ensino de competências para realização de testes; (ii) fornecer motivação ou incentivos especiais pelo desempenho no teste; (iii) usar materiais especialmente desenvolvidos para aumentar o desempenho no teste sem (até onde sabemos) aumentar o nível de maestria dos domínios de competências ou conhecimento que o teste é planejado para testar (isto inclui ajustar o currículo para determinado teste). As primeiras duas destas atividades não são necessariamente fraudulentas, mas provavelmente levarão a inferências equivocadas dos pais e da comunidade sobre a importância dos resultados; consulte **Poluição**. Um ponto fraco grave dos testes construídos por professores é que eles criam a mesma situação ex-post facto: consulte **Teste para o que foi ensinado.**

ENTREVISTA. Um dos procedimentos mais comuns da **avaliação de pessoal**, particularmente usado para seleção, embora não exclusivamente. Boa parte do processo de entrevista é feita em torno do nível do teste de leitura da mancha de tinta,[8] como evidencia a pesquisa de validade. Embora abordagens sofisticadas sejam possíveis, não parece ser um requisito para o entrevistador usual (individual ou membro de painel) saber alguma coisa sobre estas abordagens – e, ainda mais diretamente, sobre os erros e ilegalidades graves que não raro ocorrem (por exemplo,

8 Tradução de "*inkblotreading*", termo inglês que se refere ao método de diagnóstico psíquico criado por Hermann Rorschach, em 1921, baseado na leitura de manchas criadas em uma folha de papel após o derramamento de tinta e dobramento da mesma. (*N. da T.*)

perguntas sobre a ficha criminal, histórico de doença mental ou estado parental são ilícitas, assim como entrevistas demasiadamente curtas ou aquelas das quais não se tomam notas; e entrevistas não estruturadas são legalmente arriscadas). Informações extremamente importantes podem ser obtidas de entrevistas, se forem razoavelmente bem estruturadas com antecedência, e bem conduzidas. (Por exemplo, podemos concordar sobre potenciais pontos fracos sugeridos pela análise do dossiê e definir uma estratégia para confirmá-los ou não; sobre as descrições dos incidentes críticos relacionados a algumas das principais responsabilidades do cargo, e sobre um formulário de pontuação para avaliar as respostas do entrevistado.) Não obstante, alguns especialistas recomendam que não se usem entrevistas para seleção, pois raramente são bem empregadas – em vez disso, recomenda-se usá-las para informar, recrutar e apresentar. Erros frequentes incluem fazer poucas perguntas; concentrar-se na personalidade dos candidatos, em vez de no que eles são capazes de fazer e farão no emprego (as preferências têm um lugar, mas elas precisam ser pontuadas separadamente); não obter *classificações independentes* dos entrevistadores (sobre o que os candidatos Podem e Irão Fazer em relação a cada responsabilidade) antes da discussão; fazer uma avaliação geral, em vez de decidir como os julgamentos de diferentes entrevistadores serão combinados; não decidir como o desempenho em critérios diferentes será combinado (as pontuações separadas podem ser **Compensatórias, Obstáculos múltiplos, ou Combinação de linhas de corte**); não usar os mesmos incidentes críticos para cada candidato; superestruturar a entrevista, de modo que os candidatos não têm a oportunidade de se apresentar; não fazer avaliações específicas pelo entrevistador por meio de follow-ups. A referência principal é *The Employment Interview: Theory, Research, and Practice*, de Eder e Ferris, eds. (Sage, 1989), e é uma leitura obrigatória para qualquer pessoa que participe de uma entrevista.

ENTREVISTAS DE SAÍDA (ou **DESLIGAMENTO**). Entrevistas com indivíduos no momento de sua saída, por exemplo, de um programa de treinamento ou clínica, para obter dados factuais e de ponderação. Um ótimo momento para realizá-las, no caso da avaliação de cursos ou ensino no ambiente escolar ou universitário, é o momento da formatura, quando: (i) o aluno terá uma perspectiva sobre a maior parte da experiência educacional; (ii) o medo de retaliação é pequeno; (iii) a taxa de resposta pode chegar a 100%, com o planejamento adequado; (iv) os julgamentos dos efeitos são relativamente descomplicados, por exemplo, pela experiência de trabalho como um fator causal extra; e (v) a memória ainda está fresca. Depois disso – pesquisas com ex-alunos – as condições podem e de fato se deterioram: a redução da taxa de retorno pode chegar ao nível de 10 a 20%, embora o fato de a relevância do trabalho poder ser julgada com mais precisão represente uma compensação parcial.

ENUNCIADO (*STEM*). Texto de um teste de múltipla escolha que precede a listagem das alternativas de respostas.

EPISTEMOLOGIA. Teoria do conhecimento. Disciplina que trata dos tipos de conhecimento que possuímos ou podemos obter pelos diversos meios investigatórios à nossa disposição. Uma área essencial para as bases de uma nova disciplina, como a história da mecânica quântica, da relatividade, das ciências sociais e da avaliação evidenciam. As metateorias sempre contêm comprometimentos epistemológicos. A melhor discussão das implicações da avaliação se encontra em ***Foundations of Program Evaluation: Theories of Practice***, de Shadish, Cook e Leviton (Sage, 1990).

EQUILÍBRIO DE PODER. Característica desejável da elaboração da avaliação, resumida na seguinte fórmula: "A relação de poder entre avaliador, avaliando e cliente deve ser a mais simétrica possível." Se o poder não estiver em equilíbrio, a busca pela verdade é rapidamente convertida em uma busca por uma solução politicamente aceitável. Por exemplo, os avaliandos devem ter o direito de ter suas reações à avaliação e ao(s) avaliador(es) anexada ao relatório enviado ao cliente (veja **Objeção**); isto é, eles devem ter a oportunidade de avaliar o avaliador. Até mesmo o cliente deve se submeter à avaliação na situação típica em que o contrato identifica uma terceira parte como o avaliando, se isso já não tiver sido feito. Por exemplo, administradores de escolas que não estão sendo avaliados adequadamente não deveriam esperar que os professores cooperem plenamente em sua própria avaliação; conselhos escolares que contratam superintendentes ou consultores para avaliar o pessoal de escola devem ser avaliados também. Estas avaliações não devem ser realizadas apenas por terceiros remotos: é uma parte crucial da abordagem de equilíbrio do poder que cada parte contribua efetivamente para a avaliação das outras e, de modo geral, todas elas devem ter acesso a pelo menos uma versão anonimizada do relatório.

Note que o envolvimento do participante não significa que a avaliação seja *realizada exclusivamente* pelos avaliados (o modelo 'Toledo' de avaliação de professores). Este processo acarreta o **viés do contrato secreto** (poupar o outro na esperança de que ele faça o mesmo por você). Significa apenas que o *input* dos avaliados é solicitado e incorporado para a satisfação do mesmo, ao ponto de se estabelecer uma conexão sem censura, e não ao ponto de a própria avaliação ser aprovada pelo avaliado. (Entre avaliadores, MacDonald defende o poder de veto dos avaliandos – ver **Avaliação iluminativa.**)

Tanto a **meta-avaliação** quanto a **avaliação livre de objetivos** são parte do conceito do equilíbrio de poder. Os painéis usados na avaliação devem representar um equilíbrio de poder, e não a falta de **viés**, em sua concepção tradicional. Há motivos éticos, políticos e práticos para o equilíbrio de poder; eles estão relacionados ao conceito de justiça.

EQUIPE DE APOIO. Qualquer membro da equipe de programa que não esteja entre os **provedores** é chamado de equipe de apoio, ou dizemos que são "parte da infraestrutura" do programa. Outros apoiadores incluem aqueles que fornecem apoio financeiro ou de outra natureza.

ERRO DE MEDIÇÃO-PADRÃO (Estat.). Há diversas definições alternativas deste termo, todas elas tentam fornecer um significado preciso à noção da imprecisão intrínseca de um instrumento, normalmente, um teste.

ERROS DE MEDIÇÃO. É um truísmo que toda medição envolve algum erro; é mais interessante notar exatamente como estes erros podem nos causar problemas em estudos avaliativos. Por exemplo, é evidente que se selecionarmos os alunos com as pontuações mais baixas em um teste de trabalho de remediação, alguns deles estarão no grupo devido a erros de medição. Isto é, seu desempenho nos itens dos testes específicos que foram usados não nos fornece uma ideia precisa de sua capacidade; ou seja, eles estavam sem sorte – ou distraídos. Segue-se que uma remedição imediata, usando um teste de dificuldade comparável, os classificaria em melhor posição. Consequentemente, em um pós-teste, que é essencialmente uma versão atrasada de um reteste, eles parecerão melhores, mesmo que o tratamento de intervenção não tivesse mérito algum. Este resultado – sua melhoria – é simplesmente um artefato estatístico devido aos erros de medição (especificamente, um efeito de regressão). Também acontece que equiparar dois grupos em termos de capacidade no nível de entrada, quando planejamos usar um deles como o controle em um estudo **quase-experimental** (isto é, um estudo em que os dois grupos não são criados por distribuição aleatória), vai nos causar problemas porque não se pode presumir que os erros de medição nos dois grupos seriam os mesmos, e assim o efeito de regressão terá proporção diferente. Outro efeito desagradável dos erros de medição é a redução dos coeficientes de correlação; podemos sentir intuitivamente que se os erros de medição forem relativamente aleatórios, eles devem permanecer na mesma média quando se trata das correlações, mas o fato é que quanto maiores os erros de medição, menores as correlações vão parecer. Há controles de delineamento para estes problemas. Consulte **Regressão à média.**

ERROS TIPO I/TIPO II. Consulte **Falso positivo/negativo, Teste de hipóteses.**

ESCALÃO. Termo semelhante a "coorte", às vezes usado como sinônimo deste, porém é mais restrito a um grupo (ou grupo de grupos) escalonado ao longo do tempo com relação à sua entrada. Se um novo grupo de trainees, por exemplo, entra a cada quatro semanas durante cinco meses, seguido de um intervalo de três meses no fluxo de entrada (enquanto estão sendo treinados), e então o processo começa novamente, os primeiros três grupos são chamados do primeiro escalão; cada um deles é uma coorte.

ESCALAS. Consulte **Medição.**

ESCALAS DE CLASSIFICAÇÃO. Dispositivos para padronizar respostas a solicitações de julgamentos (geralmente avaliativos). A literatura de pesquisa fez algumas tentativas de identificar o número ideal de pontos de uma escala de classificação. Um número par contraria a tendência de alguns classificadores de usar o ponto central para quase tudo, forçando-os a pular em uma ou outra direção; por outro lado, o faz eliminando o que às vezes é a única resposta correta e o resultado pode ser a produção de um viés artificial. As escalas com mais de 10 pontos geralmente se mostram confusas e fazem cair a confiabilidade dos classificadores; com 3 ou menos (Aprovado/Não Aprovado é uma escala de dois pontos), muitas informações são desperdiçadas. Escalas de cinco e (especialmente) de sete pontos normalmente funcionam bem. É importante notar que a escala de A-F é semanticamente assimétrica quando usada com os **pontos de ancoragem** usuais. (Isto é, não fornecerá uma distribuição normal [no sentido técnico] de graus para uma população em que o talento *é* normalmente distribuído.) Consulte **Simetria.** Com suplementos + e – e meio-termo (**agrupamento por faixas**) (A+, A, A-, AB, B+, B, B-, BC...), chega a 19 pontos, e com os modificadores duplos (++ e --), tem 29 pontos, muito além da precisão de qualquer conceituação **global.** Note que a tradução de conceitos de letras em números para fins de computar uma média de notas envolve falsas pressuposições sobre a igualdade dos intervalos (de mérito) entre as notas e a localização do ponto zero. Às vezes, o tamanho do erro é grave. Veja também **Questionário, Requisito de equivalência de pontos.**

ESCALONAMENTO. Este termo agora adquiriu um uso fora da área de medição; veio a referir-se aos problemas que acompanham o aumento da escala de um projeto, programa ou abordagem. Ao passo que todos conhecemos o conceito de economias de escala, também nos tornamos cada vez mais sensíveis à deterioração que acompanha o escalonamento – o equivalente ao fracasso da reciprocidade na tecnologia de emulsões. O ataque mais famoso sobre a premissa de que há uma relação linear entre a quantidade de pessoal e os resultados centrava-se em torno do "mítico homem/-mês"; uma das aplicações mais importantes ocorre em programação de computadores, em que às vezes é chamado de Princípio Microsoft – "Se um programador demora seis meses para concluir um trabalho, seis programadores precisam de dezesseis meses", ou qualquer coisa assim. (O nome advém da comparação do Microsoft Word com o Xywrite ou Nisus; em cada caso, o produto do poderoso império perdeu a primeira rodada e, na melhor das hipóteses, poderíamos dizer que empatou na segunda rodada.) Ref.: Karl Weick "Small Wins: redefining the Scale of Social Problems", ***American Psychologist***, 39, pp. 40-49, 1984, determinou as bases de uma estratégia que considera a dificuldade do escalonamento. (Grato a Paul Hood pela referência a Weick.)

ESCOPO DE TRABALHO. Esta é a parte de um TDR ou proposta que descreve exatamente o que será feito, no nível de descrição que se refere às atividades da maneira como podem ser vistas por um visitante sem competências metodológicas especiais, em vez de aos seus objetivos, realizações, processo ou propósito. De fato, as declarações sobre o escopo de trabalho tendem a extraviar-se para descrições que, de alguma maneira, não chegam a ser testáveis por observação. A declaração do escopo de trabalho é uma parte importante de tornar a contabilidade possível em um contrato, e, portanto, é uma parte importante das especificações de um TDR ou proposta.

ESFORÇO, NÍVEL DE. Medida usada em TDRs e em avaliação, como um índice dos recursos utilizados – logo, é importante na avaliação, por exemplo, da eficiência. Com frequência medido em termos de pessoas/-ano ou pessoas/-mês de trabalho. Entretanto, tais medidas, embora virtualmente essenciais, precisam ser tratadas com bastante cuidado (isto é, com moderada seriedade). Por exemplo, uma das regras com relação ao nível de esforço para desenvolver programas de computador é que se um bom programador precisa de um mês para desenvolvê-lo, dez bons programadores precisarão de dez meses para desenvolvê-lo – e o resultado não será tão bom.

ESPAÇO DE SOBRA. Consulte **Efeito teto**.

ESPECIALISTA LOCAL. Um especialista local (usado e, raramente, treinado como avaliador) é alguém da mesma área do programa ou pessoa sob avaliação. Há um grande espectro de especialização, de um "avaliador da área da saúde" a um avaliador de programas de enfermagem, a – ainda mais comumente – "outra pessoa do Texas da área de ensino de enfermagem" (mas sem conhecimento específico em avaliação).

Os ganhos resumem-se a conhecimentos relativamente específicos; as perdas são **vieses comuns** e (normalmente) a falta de conhecimento ou experiência com aspectos mais sérios, por exemplo, a avaliação de programas como uma disciplina. Se você está buscando um avaliador amigável, espera-se que se use um local - você obtém um aliado prima facie contra qualquer outra pessoa, que quase sempre vai recomendar o aumento dos recursos e dificilmente coloca de lado a esperança de trabalhar com você novamente no futuro, e talvez também a esperança de que você retorne o favor um dia (**viés do contrato secreto**). Se você deseja objetividade/validade, *sempre* escolha a mistura - um local e um de **uso geral** - e peça relatórios separados; com eles em mãos, sempre há a possibilidade de tentar uma sessão de convergência. Se seu orçamento for muito pequeno para os custos de viagem ou honorários de um avaliador de nível nacional, encontre um avaliador de programas de uso geral *geograficamente local* ou, na pior das hipóteses, um avaliador local de outra disciplina - há muitos por aí - para formar uma equipe com o avaliador da sua localidade.

ESQUEMA CONCEITUAL. Série de conceitos que passam por metáforas refinadas e chegam até uma taxonomia, em termos de qual deles pode organizar e com frequência compreender os dados/resultados/observações/avaliações em determinada área de investigação. Diferentemente de teorias, esquemas conceituais não envolvem asserções e generalizações (além das minúsculas pressuposições de constância referencial), mas certamente geram hipóteses e simplificam descrições. A avaliação de esquemas conceituais é extremamente difícil de codificar, embora seja um dos processos mais essenciais em qualquer empreendimento disciplinado, incluindo os usados nos ofícios - por exemplo, o marceneiro possui esquemas complexos para descrever o estoque de qualidade em termos de nós e aparência (e assim por diante), e até mesmo para descrever aparas e lascas removidas em diversos processos, do torneamento ao aplainamento e entalhe. Mais detalhes sobre o caso das **taxonomias** são mencionados sob aquele verbete.

ESTABILIDADE. Termo às vezes usado para se referir à confiabilidade em termos de teste e reteste, porém mais utilmente restrito às variáveis medidas.

ESTANINOS (ou escores estaninos). Se você for pervertido a ponto de dividir uma distribuição em nove partes iguais, em vez de dez (consulte **decil**), elas são chamadas estaninos, e as notas de corte que as demarcam são chamadas de escores estaninos. São numerados em ordem decrescente. Veja também **Percentil.**

ESTATÍSTICA DESCRITIVA. O ramo da estatística que se ocupa de fornecer perspectivas iluminadoras sobre, ou sintetizações de, uma massa de dados (cf. estatística inferencial); normalmente, isso pode ser feito como uma tradução, sem qualquer risco envolvido. Por exemplo, calcular a pontuação média de uma classe a partir das pontuações individuais é dedução direta e não envolve nenhuma probabilidade. Mas estimar a pontuação média da classe a partir da média real de uma amostra aleatória da classe é, naturalmente, estatística inferencial.

ESTATÍSTICA INFERENCIAL. A parte da estatística interessada em fazer inferências a partir de características de amostras sobre as características da população de onde vieram as amostras (cf. **estatística descritiva**). Naturalmente, isso só pode ser realizado com algum grau de probabilidade. Os testes de significância e intervalos de confiança são dispositivos para indicar o grau de risco envolvido na inferência (ou "estimativa") - mas só abrangem algumas dimensões do risco. Por exemplo, não podem medir o risco causado pela ocorrência de circunstâncias atípicas e possivelmente relevantes, tal como clima anormal, uma escassez incipiente de combustível, ESP, e assim por diante. Assim, o julgamento entra na determinação final da probabilidade da condição inferida. Consulte **Validade externa** para ver a distinção entre as inferências em estatística inferencial e **generalização**, ou outras inferências plausíveis.

ESTETICISMO. A tendência a enfatizar características puramente estéticas. É comum em avaliação de pessoal baseada em entrevistas e em revistas de consumo, particularmente no caso dos testes-drive. Esta falha é simplesmente um caso limitante de avaliação baseada em estilo e, consequentemente, do uso de critérios irrelevantes.

ESTRATÉGIA (no processo de avaliação). Também chamada de "função de decisão" ou "regra de resposta". Conjunto de diretrizes de escolhas que podem ser predeterminadas ou condicionadas aos resultados de escolhas anteriores, ou até mesmo puramente exploratórias – isto é, preliminares a escolhas principais. Consulte **Otimização.** A avaliação de estratégias é, naturalmente, parte da teoria dos jogos. Para um exemplo de interesse particular da avaliação, consulte **Dilema do prisioneiro.**

ESTRATIFICAÇÃO (de amostra). Uma amostra é considerada estratificada se foi escolhida deliberadamente com a finalidade de incluir uma quantidade apropriada de entidades de cada um dos diversos subgrupos populacionais de interesse, ou com relação aos quais as variáveis sob investigação podem operar de maneira diferente. Por exemplo, geralmente se estratifica a amostra de estudantes em avaliações educacionais até o ensino fundamental com relação ao gênero, buscando obter 50% do sexo masculino e 50% do sexo feminino. Se selecionarmos uma amostra aleatória do sexo feminino para compor metade do grupo experimental e metade do grupo de controle e uma amostra aleatória do sexo masculino para a outra metade, então temos uma "amostra aleatória estratificada". Se estratificarmos de acordo com demasiada quantidade de variáveis, você pode não conseguir fazer uma escolha aleatória de indivíduos em um estrato específico – pode haver uma quantidade demasiado baixa de candidatos. Se estratificarmos de acordo com poucas ou nenhuma variável, é preciso usar amostras aleatórias maiores para compensar. A estratificação só se justifica com relação a variáveis que provavelmente interagem com a variável de tratamento, e só aumenta a eficiência, e não a validade, salvo se empreendida juntamente com o uso de grandes quantidades, isto é, abandonar os ganhos em eficiência que ela possibilita. Na verdade, ela ainda corre o risco de reduzir a validade, pois você pode *não* cobrir a variável principal (devido à ignorância) e seu tamanho de amostra reduzido pode não dar compensar isso.

ESTUDO LONGITUDINAL. Investigação em que um indivíduo ou grupo de indivíduos específico é acompanhado durante um período de tempo substancial a fim de se descobrirem as mudanças ocorridas devido à influência do avaliado, à maturação ou ao ambiente. É contrastado com o estudo transversal. Em teoria, um estudo longitudinal também poderia ser um estudo experimental, mas nenhum dos realizados sobre efeito do tabagismo e o câncer de pulmão são deste tipo, embora os resultados tenham praticamente a mesma solidez. Na área de serviços humanos, é muito provável que estudos longitudinais não sejam controlados, e certamente não controlados em modo experimental.

ÉTICA. A ética é a imperadora das ciências sociais, pois refere-se a considerações que supervisionam todas as outras, como as obrigações perante a ciência, prudência, cultura e nação. Por uma perspectiva, é uma aplicação da avaliação (aos sistemas sociais e ações dentro deles), por outro lado, uma disciplina de apoio essencial que, como a história ou testagem, contribui com algo para muitas avaliações e outras pesquisas. O fato de que é (logicamente) uma ciência social é, claro, negado por praticamente todos os cientistas sociais, que foram criados com base na doutrina da ciência livre de valores, e por esta ou outras razões tendem a se agitar diante da sugestão de que até mesmo julgamentos de valor *antiéticos* têm um lugar na ciência. Mas isso é puro preconceito, agora que os estudos de políticas estão bem estabelecidos: O que é a ética senão os princípios do tipo mais geral de política social, e o que a análise de políticas deve fazer com perguntas gerais – fingir que não viu? A análise lexical do termo "ética" sugere que ele se refere a uma política específica – a política de tratar humanos adultos como tendo direitos iguais, prima facie – e seus custos e benefícios podem ser analisados como em qualquer outra política.

Na verdade, os desenvolvimentos em muitas áreas das ciências sociais fizeram com que evitar este grande assunto singular em análise política se tornasse cada vez mais embaraçoso. Estes incluem o trabalho na teoria dos jogos (particularmente o tratamento do **Dilema do Prisioneiro**), teoria da decisão, análise de função latente, teoria democrática em ciências políticas, teoria da fase moral, economia do bem-estar, jurisprudência analítica e social, genética do comportamento, a codificação e refinamento da ética profissional e muitos aspectos da análise de políticas. Alguma ajuda, que não deveria ter sido necessária, é fornecida por três desenvolvimentos fundamentais fora do território das ciências sociais – a emergência da lógica informal, e a re-emergência dos estudos da lógica geral da avaliação. Assim, todos os tijolos foram moldados para o edifício, e é mera superstição argumentar que alguma força misteriosa proíbe a colocação de um sobre o outro.

A Constituição e a Declaração de Direitos norte-americanas são conjuntos de disposições éticas com duas propriedades: primeiramente, há boas razões para adotá-las, como a maioria dos cidadãos creem; em segundo lugar, elas são tratadas como axiomas legais que dão origem a leis consistentes. Os argumentos a seu favor (por exemplo, o ensaio de Mill, "On Liberty", ou as discussões da constituição francesa que muito influenciaram os fundadores da nação) constituem uma boa parte das ciências sociais, tanto quanto se pode encontrar em longa busca pelos periódicos profissionais, e as inferências a leis específicas sobre a liberdade de expressão etc. são bem testadas. Por conseguinte, todos os argumentos bem conhecidos a favor da 'lei e da ordem' são argumentos a favor da ética (secular) da Constituição e, assim, do princípio de igualdade de direitos do qual *ela* flui, assim como os argumentos a favor da existência dos átomos são o primeiro estágio dos argumentos pela existência dos elétrons. A ética é simplesmente uma estratégia social geral e não mais imune à avaliação e melhoria pelas ciências sociais do que a pena de morte ou impostos sobre consumo ou terapia comportamental, ou ainda greve policial. Crer no contrário significa excluir as ciências sociais da área mais importante à qual pode fazer uma contribuição. E isso acarreta beiradas gastas e inconsistências dentro das próprias ciências. Para um exemplo, veja a discussão excelente sobre o dilema da "*ethics-or-else*" na teoria de alocação, em "The Social Rationale of Welfare Economics", Capítulo 58 de ***Cost-Benefit Analysis***, de E.J. Mishan (Praeger, 1976). Significativamente, embora uma grande parte deste livro seja sobre avaliação (por exemplo, o Capítulo 5 é intitulado "Consistency in Project Evaluation"), nem aquele termo nem a variação frequentemente usada pelo autor, "valoração", entram no índice. A axiofobia é profunda.

Portanto, a ética é, lexical e idealmente, o conjunto de regras que governa o comportamento e as atitudes com base, prima facie, na doutrina de direitos iguais (também conhecida como a Regra de Ouro, o imperativo categórico etc.). O paradoxo que se encontra ao justificar a ética é análogo à justificativa da melhor estratégia no Dilema do Prisioneiro. Uma análise relativamente simples sugere que a ética é uma política esmagadoramente superior quando fundamentada na atitude ética (isto é, *acreditando-se* que todos os seres humanos têm direitos iguais prima facie), mas, na melhor das hipóteses, é uma política ideal localmente se fundamentada no interesse próprio racional. As duas questões políticas restantes são, portanto, (i) se é sensato que um indivíduo *adote* a atitude moral em uma sociedade na qual isso é incomum; e (ii) se é sensato que os indivíduos e a sociedade *ensinem* a atitude ética às crianças (em vez do interesse próprio esclarecido). Note que, quando se adota a atitude ética, não mais se calculam os retornos apenas em termos dos benefícios a si próprio. Respostas afirmativas a estas questões também podem ser demonstradas, e parece claro que a educação moral dos jovens é um esforço arcaico, altamente intuitivo, teologicamente racionalizado e imperfeito para se obter uma solução. (A maior parte do argumento detalhado encontra-se em ***Primary Philosophy*** [(McGraw-Hill, 1966].)

Tradicionalmente, a ética é alocada ao departamento de filosofia no esquema acadêmico das coisas, o que por muitos anos foi uma maneira altamente eficaz de colocá-la de lado. Porém, recentemente, a ética *aplicada*, como a lógica *prática*, saiu da torre de marfim e se tornou uma das áreas de pesquisa e prática mais ativa e social e educacionalmente valiosa na academia. A demanda por relevância, frequentemente escarnecida, contribuiu com grande parte do combustível para isso, e a ética médica foi a primeira subespecialidade a se tornar altamente independente. Ainda por alguns anos à frente, mais encontros entre o departamento de filosofia e um ou mais departamentos das ciências sociais parece ser a melhor solução ao problema de designação da competência, visto que as habilidades em teoria ética que a filosofia desenvolve são muito importantes para proporcionar apoio profundo – e evitar falácias – em ética aplicada. Veja também **Ética na avaliação, Dilema do prisioneiro, Axiofobia, Avaliação da responsabilidade, Lógica da avaliação.**

NOTA: Em essência, nenhuma das visões nesta obra acerca de diversos campos e métodos de avaliação depende da aceitação da visão sobre a ética neste verbete. O ponto de vista que as gerou nos conduz à conclusão aqui, mas não é pressuposto em outro lugar.

ÉTICA DA AVALIAÇÃO E ETIQUETA. Como a avaliação, na prática, envolve relações pessoais complexas, ela tem muito a aprender com a ética e etiqueta desenvolvidas em áreas como a diplomacia, arbitragem, **mediação**, negociação e gestão (particularmente a gestão de pessoas). Infelizmente, a sabedoria destas áreas não é tão bem organizada em materiais didáticos e de treinamento, que são em grande parte compostos de observações truístas ou casuais. Talvez a abordagem correta possa ser mediada pelo refinamento dos princípios fundamentais e do desenvolvimento concomitante de exemplos extensivos de calibragem, em vez de pelo desenvolvimento de competências em análise da ética aplicada (casuística). Um exemplo: você é o único de um grupo de visitantes que está conhecendo uma instituição de prestígio pela primeira vez, e percebe gradualmente, à medida que o tempo passa entre socializações e leitura ou escuta de relatos dos administradores e corpo docente selecionado pela diretoria para tanto, que nenhuma avaliação séria será feita se *você* não fizer algo a respeito. O que fazer? Há uma solução precisa (que pode até ser desenhada em forma de fluxograma) que especifica uma sequência de ações e enunciados, em que cada um destes depende do resultado do ato anterior, e que previne o comportamento antiético ao mesmo tempo que reduz sua inquietação. Profissionais maduros sem experiência em avaliação nunca acertam; alguns avaliadores delicados e experientes chegam muito perto; um grupo que contenha ambos os tipos chega a um consenso pleno sobre a questão após vinte minutos de discussão. Como muitas coisas em avaliação, isso mostra que o procedimento certo pode ser extraído dos padrões do senso comum, embora não seja contido em nosso repertório normal: certamente deveria estar. Outro exemplo: uma resposta a uma questão aberta de um formulário de avaliação de pessoal anônimo acusa o avaliado de assédio sexual. Como a pessoa encarregada pela avaliação, também há algumas questões especiais em torno da questão "não julgue e não serás julgado". Consulte **Equilíbrio de poder** e **Ética na avaliação**.

Além disso, há também as questões 'éticas profissionais' usuais acerca da prática da avaliação, por exemplo, confidencialidade, justiça, assédio, distorção e abuso. A maioria delas parece envolver questões comuns a outras ciências sociais, e tudo indica que sejam bem contempladas nas diretrizes profissionais, por exemplo, da Associação Americana de Psicologia. Encontra-se uma narrativa mais discursiva em ***Ethics and Values in Applied Social Research***, de Allan Kimmel (Sage, 1988).

ÉTICA NA AVALIAÇÃO. A ética parece adentrar a avaliação de duas maneiras: como ética profissional que governa a prática – aqui como em qualquer outra ciência ou profissão – ou como parte do seu domínio. Os cientistas sociais nunca tiveram problemas com o primeiro sentido, mas jamais estiveram dispostos a enfrentar o último, embora tenham criado um irmão gêmeo. O gêmeo era o estudo 'externo', ou não participativo, de códigos de conduta; mas tratar a ética como objeto de estudo envolve *praticar* ética. (Os psicoterapeutas não apenas *estudam* a psicoterapia, eles também a *praticam*.) Embora a separação destes dois papéis da ética no caso dos médicos e advogados não seja contraditória, assim como tratar a formulação de um código de ética profissional como parte de seu dever, era bizarro que os cientistas sociais fizessem o mesmo, uma vez que haviam desenvolvido um destes códigos para governar seu próprio comportamento, para o qual acreditavam que havia bons argumentos. Decorre deste empreendimento que acreditavam na existência de boas razões para alguns códigos de conduta, e não para algumas alternativas a eles. Assim, seguiu-se que o que chamariam de ética normativa é uma matéria legítima. Agora, visto que se refere a, governa e depende do comportamento humano, dificilmente pode ser alocado em outro lugar que não no âmbito das ciências sociais. (Isso não significa que deveria ser parte de uma das ciências sociais existentes, mas apenas uma no conjunto.)

No fim das contas, esta não é apenas uma questão de território. Quando se tratou da emergência da avaliação como uma disciplina, os avaliadores advindos das ciências sociais encontraram-se em um dilema profundo. Eles eram obrigados a ignorar o aspecto ético dos programas – dizendo ou não que era inadequado traçar conclusões éticas – ou de fato traçar conclusões éticas sobre as práticas que observaram e incluí-las em suas avaliações. A primeira alternativa era antiética, a segunda, anticientífica (de acordo com a doutrina atual). A maioria deles adotou a primeira opção; o importante volume de Rossi e Freeman, ***Evaluation:***

A Systematic Approach (4ª edição, Sage, 1989), não se dá ao trabalho de incluir a palavra no índice.

Exemplos extremamente importantes abundam. Na avaliação de programas de reabilitação para viciados em drogas e de relações pessoais, por exemplo, grandes questões éticas rodeiam o fundamento teísta das abordagens baseadas em 12 passos (tal como a dos Alcoólicos Anônimos). Seria eticamente apropriado vincular um comprometimento teísta à admissão ou continuação de um destes serviços: (i) com e (ii) na ausência de financiamento pelo governo? A 'teoria da doença' à qual estão comprometidos envolve a redução da responsabilidade de uma maneira eticamente indesejável? Dificilmente se pode avaliá-los sem fornecer resposta alguma a estas questões. Consulte **Ética** e **Ética da avaliação**.

ETIOLOGIA. A causalidade de uma condição. A avaliação às vezes revela a causa do sucesso ou fracasso, do mérito ou da incompetência – mas nem sempre; esta não é a sua função, nem deve ser seu objetivo. Mesmo que o faça, nem sempre apontará o caminho para a remediação. Com frequência os clientes – e com demasiada frequência, também os avaliadores – presumem que têm capacidade para realizar a tarefa de, e fazer as escolhas apropriadas para, identificar as causas e fornecer recomendações para remediação. Isso pode ou não ser verdade em determinados casos, mas certamente não é parte dos requisitos de um avaliador bom, ou mesmo excelente – os avaliadores de televisores do Consumers Union não se mostram incompetentes pelo fato de não serem engenheiros eletrônicos ou sequer técnicos de suporte. Embora essas habilidades extras às vezes ajudem, por vezes podem também distrair, redirecionando os esforços analíticos para as considerações sobre 'como algo funciona' (e porque não funciona bem) em detrimento de 'quão bem ele funciona'. A tarefa-chave do avaliador é avaliar; em caso de problemas, o limite da tarefa do avaliador é determinar a área geral do problema, não mais do que isso – e algumas vezes, menos. Particularmente, não é tarefa do avaliador determinar a etiologia do problema. Como no caso do clínico geral, o problema é encaminhado a especialistas na área de concentração, para diagnóstico detalhado e tratamento. Ninguém é capaz de ser especialista em todas as áreas, e é ingenuidade agir como se os avaliadores de programas ou de pessoal fossem exceções; é parte do motivo de os avaliadores terem má reputação com alguns clientes. Muitos profissionais precisam aprender algumas competências além da avaliação, inclusive a análise causal – o professor é um bom exemplo –, mas não é verdade que professores bons em avaliar alunos (por exemplo, que elaboram testes válidos) sejam, por isso, considerados bons em descobrir por que um aluno continua a cometer um erro específico (muito menos em descobrir como remediar a situação).

EVITAR CUSTOS. O primeiro princípio da gestão de custos – evitá-los é melhor do que reduzi-los. Um processador de texto evita o custo de revisar novamente materiais não modificados, mas apenas reduz o custo (incremental e de tempo) de digitar novamente rascunhos corrigidos. A distinção é crucial para avaliar novos sistemas (e eles incluem, por exemplo, novas tecnologias ou gerentes, já que ambos inevitavelmente levam a novos sistemas). Deve-se buscar evitar custos em primeiro lugar, e então economias de custos em procedimentos corolários em segundo lugar, embora ambos representem uma economia de custos em um sentido mais geral.

EXAME DE DESEMPENHO (também chamado de **AVALIAÇÃO BASEADA EM DESEMPENHO**). Estes termos atualmente se referem a um dos balanços do pêndulo da escala de medição **rígida** *vs.* **suave**. (O movimento dos **objetivos comportamentais** foi outro, na mesma direção.) A intenção com frequência é nos distanciar da dependência excessiva de julgamentos altamente falíveis, recorrendo ao que é prontamente observável, longe da observação com alta inferência ou da inferência altamente indireta. O problema é que as medidas intransigentes normalmente são um pouco simplificadas, e as pessoas eventualmente se cansam de não obter leituras sobre os elementos ausentes. Mais recentemente, o movimento da avaliação de desempenho está tentando se distanciar dos testes escritos com o uso de classificações globais de comportamento, com o usual aumento do custo e a perda da confiabilidade e validade. Parece provável que ambas as abordagens deveriam ser incluídas naquelas ocasiões em que o alto preço do julgamento humano é viável. Mesmo em campos intransigentes, como a **avaliação de produtos de informática**, as melhores organizações de testagem introduzem classificações globais do compromisso com a estabilidade e qualidade do fabricante além de todos os benchmarks. Os avaliadores de espadas japonesas, que podem ter sido os primeiros avaliadores profissionais e que classificaram lâminas em termos de desempenho, com base em tentativas de decepar membros de prisioneiros vivos da prisão local, *também* observaram cada passo do trabalho do espadeiro. Veja também **Baseado em competência, Avaliação de processo.**

EXPECTATIVA. Termo originado na teoria da decisão. É o produto da probabilidade de um resultado por sua utilidade. Consulte **Avaliação de riscos.**

EXPERIMENTO. Consulte **Experimento verdadeiro.**

EXPERIMENTO VERDADEIRO. Um "experimento verdadeiro" ou "delineamento experimental verdadeiro" é aquele em que os indivíduos são pareados ou agrupados o mais próximo possível (de acordo com características em comum relevantes ao estudo), e um de cada par, ou um grupo, é *aleatoriamente designado* ao grupo de controle, enquanto o outro se torna parte do grupo experimental. A versão dos números soltos e maiores pula a etapa do pareamento e simplesmente designa os indivíduos aleatoriamente aos grupos. Este era o delineamento ideal segundo os que trabalhavam na tarefa de avaliar intervenções sociais – particularmente Suchman e Campbell – no final da década de 1960, e só se contentaram com **delineamentos quase experimentais** porque pensavam que verdadeiros experimentos raramente eram possíveis. É uma abordagem difícil de implementar em larga escala – porque o mundo real tende a vazar pelas bordas da divisão entre o grupo de controle e experimental – e caiu em desgraça por alguns anos. Mais recentemente, entretanto, muitos experimentos verdadeiros de larga escala do mundo real foram feitos. Como todas as outras abordagens são abertas a fontes mais sérias de erro, o fato de muitas vezes ser mais fácil implementar implantar as alternativas não é decisivo. Mais esforços provavelmente deveriam ser dedicados a delineamentos híbridos, em que pequenos experimentos em que é possível ter bom controle são combinados com delineamentos mais livres para o grupo total. Boruch explica uma versão desta possibilidade em uma visão geral excelente em ***Evaluation and Education: At Quarter Century***, (University of Chicago, 1991). Cf. **Delineamento ex-post facto, Estratificação, Delineamento quase-experimental.**

EXPERTISE. O uso legítimo de especialistas é uma prática bem reconhecida da avaliação, especialmente o uso de especialistas (no assunto) 'locais' na avaliação de programas educacionais. Há, no entanto, uma tendência a sobre-estimar os especialistas, não apenas nos casos comumente discutidos acerca de problemas militares, psicológicos e ambientais, mas também em campos em que sua expertise é mais adequadamente descrita como a qualidade de *connoisseur*. Consulte ***Connoisseur***, **Falácia da expertise irrelevante.**

EXPLICAÇÃO. 1. Em contraste com a avaliação, que identifica o valor de algo, a explicação envolve responder uma pergunta que começa com "Como" ou "Por que" com relação a tal coisa ou uma solicitação de algum outro tipo de compreensão. Com frequência, a explicação envolve identificar a *causa* de um fenômeno, em vez de seus *efeitos* (que é uma grande parte da avaliação). Quando possível, sem comprometer os principais objetivos de uma avaliação, um bom delineamento de avaliação procura revelar microexplicações (por exemplo, identificando os componentes do pacote do currículo que produzem a maior parte dos efeitos positivos ou negativos, e/ou aqueles que produzem pouco efeito). A prioridade fundamental, no entanto, é resolver os problemas da avaliação (o pacote tem alguma coisa boa, é o melhor disponível? etc.). Com muita frequência, a orientação da pesquisa e o treinamento de avaliadores os leva a fazer um trabalho medíocre na avaliação porque, no meio do caminho, se interessaram pela explicação. Mesmo neste caso, uma explicação em termos de um **esquema conceitual** pode não acarretar um desvio muito grande, ao passo que mal podemos dar conta de uma busca por uma **teoria**. A percepção de que a natureza lógica e as demandas investigatórias da avaliação são bem diferentes daquelas da explicação é tão importante quanto a percepção correspondente em torno da predição e explicação, a qual os filósofos neopositivistas da ciência ainda acreditam que sejam logicamente semelhantes sob a superfície (temporal). Trabalhos recentes sobre a "teoria do programa" preconizam muito mais esforços para usar as avaliações como base para melhorar ou implemeantar teorias sobre o funcionamento das intervenções (por exemplo, ***Advances in Program Theory***, Leonard Bickman, ed., Jossey-Bass, 1990). Esta é a cereja do bolo – uma boa coisa quando se consegue fazer isso a preço razoável. Veja também **Prescritivo**.

2. A explicação *de uma avaliação* já é outra coisa. Ela pode envolver: (i) a tradução de tecnicalidades; (ii) a descompactação dos indicadores de qualidade dos dados, isto é, a justificativa da avaliação; (iii) a exibição das microavaliações em **dimensões** separadas que se somam na classificação global; e (iv) o fornecimento de avaliações de **componentes**.

EXTERNO (avaliador ou avaliação). Um avaliador externo é aquele que *ao menos* não faz parte do staff regular do projeto ou programa, ou alguém – no caso da avaliação de pessoal – que não seja o indivíduo que está sendo avaliado, sua família ou staff. É melhor que não seja conhecido ou pago pelo projeto ou qualquer entidade afetada pelo sucesso ou fracasso do projeto. Este esquema é raro fora da avaliação de produtos, e mesmo ali, muitas das avaliações 'externas' são realizadas por revistas que dependem dos anúncios dos fabricantes e distribuidores. É melhor considerar a externalidade como um *continuum* ao longo do qual se tenta obter a maior pontuação possível, ao contrário de um atributo de um avaliador ou avaliação que esteja presente ou ausente.

A que ou a quem o avaliador externo se reporta é o que determina se a avaliação é **formativa** ou **somativa**, qualquer uma delas pode ser feita por avaliadores externos ou **internos** (ao contrário da visão comum de que externo corresponde à somativa, e interno, à formativa), e ambas devem ser feitas por ambos. Embora cada possibilidade ocorra e tenha valor específico, o esquema mais comum é a formativa ser interna, e a somativa, externa, por motivos de credibilidade, bem como de praticidade. Os comprometimentos entre externo e interno são, grosso modo, como se segue. O avaliador interno conhece o programa melhor, e assim evitam-se erros devido à ignorância, conhece as pessoas melhor, e assim pode conversar com elas mais facilmente, estará lá após o final da avaliação, e assim pode facilitar a implementação, provavelmente conhece o assunto melhor, custa menos e certamente *conhece* outros projetos comparáveis. O avaliador externo tem menor probabilidade de ser afetado por considerações pessoais ou relativas ao seu emprego, com frequência é melhor em avaliação; com frequência conhece *de perto* os programas comparáveis, pode falar mais francamente por ter menos risco de perder o emprego ou de retaliação/desgosto pessoal, e possui algum prestígio por seu caráter externo e, segundo Freud, custo.

EXTRAPOLAR. Inferir conclusões sobre intervalos de variáveis além daqueles medidos. Cf. **Interpolar.**

F

FADING. Técnica utilizada em textos programados, em que uma primeira resposta (ou conjunto de algumas respostas) é fornecida por completo, a próxima (ou conjunto de respostas) é fornecida em parte, com algumas lacunas, seguida de uma resposta com apenas uma dica, até que finalmente as respostas sejam solicitadas sem auxílio. Uma técnica-chave para treinamento e **calibragem** de avaliadores.

FALÁCIA DA EXPERTISE IRRELEVANTE. Variedade de erros em avaliação que surge porque, com frequência, os conhecimentos necessários (a expertise) não existem. Mais precisamente, ela surge porque um gestor ou avaliador (que muitas vezes inclui um avaliador especialista) define expertise incorretamente – por exemplo, aceitando conhecimentos *aproximados* como conhecimentos *relevantes*. Alguns exemplos: (i) Degustadores especialistas de vinho ou chá podem simplesmente ter desenvolvido um paladar diferente das pessoas que bebem o produto com a frequência usual moderada e podem ser juízes inadequados na avaliação de produtos que serão usados por consumidores normais. Um exemplo é a preferência, entre muitos designers de layout, pela formatação não justificada; a suposta pesquisa que sustenta isso é inválida ou irrelevante, uma mera racionalização a favor de uma preferência, um gosto. Para ver outros exemplos, consulte ***Connoisseur*** e **Avaliação sensorial**; (ii) degustadores especialistas de produtos de consumo podem chegar a valorizar o desempenho em padrões de medição originalmente implementados para melhorar a objetividade, mesmo em regiões onde o desempenho não possui significado perceptível ou pragmático. (Consulte **Tecnicismo**); (iii) Avaliadores do ensino com frequência são afetados por teorias ou pesquisa em ensino que sugerem que determinados estilos são mais bem-sucedidos que outros, e podem menosprezar os profissionais que usam o estilo oposto, mesmo que funcione muito bem com aquele professor e aquela classe. Consulte **Avaliação de professores**; (iv) Críticos de cinema com frequência detectam 'falhas' estéticas ou de outra natureza que serão invisíveis para a maioria dos espectadores. Normalmente, é melhor usar a pesquisa de opinião do *Consumers Union* (CU) com espectadores não especialistas; (v) Invertendo a situação sobre o CU, para evitar ser induzido ao erro pelo gosto dos especialistas em automóveis da instituição, recomenda-se suplementar as avaliações de veículos do CU com as pesquisas de satisfação realizadas com proprietários pela J. D. Power. (iv) É comum presumir que especialistas de um campo são qualificados como *avaliadores* especialistas naquele campo, por exemplo, de pesquisa, corpo docente, alunos, programas ou propostas. Na realidade, há meia dúzia de categorias claras de casos em que eles são muito ruins nisto. Por exemplo, especialistas algumas vezes são psicologicamente incapazes de apreciar abordagens que implicitamente rejeitam suas próprias; de fato, esta atitude é parte de uma síndrome de preeminência. Algumas competências avaliativas necessariamente compõem a qualidade de especialista, mas estas não incluem todas as competências em avaliação relevantes ao ensino e prática da disciplina. (O erro é essencialmente o mesmo que supor que doutores em física seriam bons professores de ciências do ensino médio.) Outro exemplo: as pessoas que cresceram usando microcomputadores IBM e os dominam, com frequência aconselham os iniciantes a adquirirem um deles, embora aprender seu sistema operacional esotérico esteja além da capacidade de muitos usuários novatos e possa ser uma grande perda de tempo, visto que o Macintosh tem desempenho semelhante enquanto exige menor esforço (como comprovado de acordo com o tempo necessário para obter domínio total). Compare com **Conflito de interesses**, um caso diferente.

FALÁCIA DE HARVARD. A inferência de que Harvard deve ser uma boa universidade a partir da qualidade excepcional de seus graduados. Este é um exemplo das falhas da avaliação baseada em resultados simples. Tudo o que se pode inferir a partir do desempenho dos graduados é que Harvard não danificou gravemente suas mentes. Até onde sabemos, toda a contribuição de Harvard advém de um pequeno escritório, o de admissão, que sequer se encontra no campus. É provável que a contribuição de Widener, a grande biblioteca de Harvard, também seja significativa. É ainda mais provável que a interação em grupo de colegas contribua de forma significativa. E quanto ao corpo docente? O currículo? Os textos? (Isto é o que normalmente se consideram os fatores que compõem uma universidade e no que Harvard gasta a maior parte de sua renda.) Quem sabe? E quanto à contribuição de 'estar em Harvard' – aquele que pode ser chamado de efeito placebo de Harvard? Quem sabe? De fato, parece claro que a complacência institucional induzida pela presença de graduados bem-sucedidos e uma ótima reputação (e nenhum treinamento em avaliação) prejudica esforços sérios para melhorar as práticas de ensino mais deploráveis em Harvard, que são mais raramente encontradas em universidades com pior reputação, visto que são mais vulneráveis. Pode você imaginar a organização de credenciamento regional desaprovando a Harvard? Dificilmente, visto que sua própria credibilidade não sobreviveria à decisão. Então você não ficaria surpreso em saber que os modestos efeitos benéficos do processo de credenciamento, autoestudo e autoavaliação, com frequência não foram filtrados até o nível do corpo docente em Harvard. Mais um motivo para se preocupar com os efeitos adversos da pseudoavaliação. (Para evitar aparentar discriminação, devemos enfatizar que Yale, Princeton, Oxford, a Sorbonne, ou Berkeley também poderiam ter sido escolhidas para ter a honra de melhorar o reconhecimento do nome ao imortalizá-las nesta falácia. Bom, talvez não *tão* apropriadamente.)

FALÁCIA HOMEOPÁTICA (na avaliação). Refere-se a diversas más aplicações do encanto intuitivamente atraente à semelhança. Dois exemplos são de importância particular. (i) A crença de que "podemos avaliar apenas os atributos que possuímos", por exemplo, crer que é preciso ser um professor experiente para avaliar professores. Esta perspectiva está quase plenamente incorreta; obviamente, não é preciso ser um programador para avaliar um programa de edição de texto. A crença é fundamentada no fato de que saber como fazer algo *às vezes* é útil para converter a *avaliação formativa* em *sugestões de melhoria*. No entanto, na avaliação formativa, esta expertise não só é plenamente desnecessária, mas com frequência favorece o enviesamento. Vieses comuns incluem a tendência de conceder "As" pelo esforço, em vez de resultados, a tendência de presumir conhecimento excessivo da parte do consumidor, e a tendência de colocar aqueles que exibem estilo próprio acima dos outros, mesmo que sejam apenas um dentre muitos que são igualmente bons. Até mesmo a generalização mais fraca – de que é preciso ser um especialista em X para produzir aconselhamento útil a outras pessoas que fazem X – é inconsistente; um dos melhores técnicos de natação da história do esporte, Frank Kiphuth, de Yale, sequer sabia nadar, muito menos nadar bem (alguma elaboração acerca deste assunto encontra-se em "Beyond Formative and Summative", em ***Evaluation & Education: At Quarter Century***, eds. M. Mclaughlin e D. Phillips [University of Chicago/National Society for the Study of Education, 1990]); (ii) O Segundo exemplo de interesse é a crença de que os testes devem corresponder ao conteúdo do curso para o qual estão testando o desempenho. É a base da maior fonte de invalidez em testes produzidos por professores – o tipo usual no nível universitário e a abordagem modal no ensino primário e fundamental. Ao passo que *deve* haver uma correspondência próxima entre testes para seleção de pessoal e o trabalho na função, a correspondência no caso de testes de cursos deve ser (principalmente) com o currículo, e não com o que foi de fato coberto. Caso contrário, os alunos (e administradores, pais e professores) têm uma impressão equivocada sobre a competência do aluno no assunto em questão. Naturalmente, isso resultará em uma nota 'injusta' para o aluno, mas é a nota correta sobre o conhecimento do aluno do assunto como definido (e com frequência como exigido no ano posterior); e a culpa da injustiça (e falta de preparação) é do professor. Os examinadores externos, que estabelecem e corrigem exames que testam o conhecimento necessário, são essenciais em alguns pontos de qualquer sistema educacional sério. Consulte **Teste do que foi ensinado.**

FALSEABILIDADE. Critério ou princípio famoso usado na avaliação de teorias científicas. Era geralmente entendido como óbvio que as teorias ou hipóteses científicas tivessem que ser verdadeiras, mas Karl Popper propôs um requisito adicional – que deveriam ser *falseáveis por princípio.* Isto é, segundo ele, tem que ser possível *descrever* quais evidências as refutariam. Caso contrário, a teoria pode não estar nos informando coisa alguma a respeito do mundo, visto que o que quer que acontecesse poderia ser consistente com ela. Não seria sequer um truísmo, apenas uma asserção vazia – ou, mais provavelmente, um conjunto muito complexo de asserções sem conteúdo *que dê algum retorno.* O conteúdo informacional de uma lei ou teoria científica, segundo Popper, é sua alegação de que casos que a falseariam *de fato* não ocorrem, e não ocorrerão. Se nenhum caso como tal é sequer concebível, então a teoria não elimina nenhuma possibilidade, de forma que ela não possui conteúdo informacional e, consequentemente, não constitui uma contribuição para o conhecimento científico. O exemplo preferido de Popper de uma teoria infalsificável e, portanto, não científica, era a psicanálise. O exemplo favorito de G. G. Simpson para demonstrar que a teoria da evolução cumpria o critério da falseabilidade era que a teoria cairia por terra instantaneamente se descobríssemos um esqueleto humano fossilizado em um veio de carvão. A falseabilidade está relacionada à testabilidade que, de algumas maneiras, é o equivalente, no domínio científico, à avaliabilidade no domínio do planejamento de políticas e programas.

Agora, Popper estava completamente equivocado ao impor este requisito (avaliativo) sobre teorias científicas. Há muitas leis e teorias científicas que, em ao menos uma versão comum, são verdadeiras em virtude das definições dos termos nelas contidos (por exemplo, uma ou duas das Leis do Movimento de Newton, a Lei do Gás Ideal, a Lei de Hooke, a Lei Fundamental da Economia). Na verdade, até mesmo a pressuposição que Popper compartilhava com seus predecessores, embora tenha levado para o lado literal, está errada; as leis da física não são literalmente verdadeiras – a maioria delas são apenas aproximações à verdade, e não muito boas, em muitos casos. Consequentemente, seriam falseadas por quase todos os dados conhecidos, e assim o critério é claramente inaceitável por outro motivo. Ainda assim, tem valor considerável como um dispositivo dialético para esclarecer o significado e conteúdo de uma teoria. O status da matemática também não é muito claro no critério de falseabilidade, visto que se acredita amplamente que seja tautológico e, consequentemente, não falseável, mas dificilmente pode-se dizer que não tenha conteúdo informacional em qualquer sentido útil. Na verdade, é informativo da mesma forma que as leis científicas tautológicas são.

FALSO POSITIVO/NEGATIVO. É importante no delineamento experimental, na avaliação, pesquisa de políticas e teoria da decisão para distinguir dois tipos diferentes de erro. Um deles se refere ao caso em que um evento é previsto (por exemplo) e não ocorre; o outro, ao caso em que o evento não é previsto e ocorre. Eles estão relacionados a uma classificação de erros em estatística conhecidos displicentemente como erros Tipo I e Tipo II. Estes se referem apenas a erros acerca da hipótese nula e também exigem que você se lembre qual é qual (consulte **Teste de hipóteses**). Aqui, usamos os termos muito mais gerais "falso positivo" e "falso negativo", e é relativamente fácil lembrar-se que uma declaração 'positiva' – neste caso, uma previsão – é uma alegação de que algo vai ocorrer, enquanto uma 'negativa' é uma alegação de que não vai ocorrer. Assim, um falso positivo é o caso em que se alega que algo vai ocorrer, embora não ocorra de fato; e um falso negativo é o caso em que se alega que não vai ocorrer, embora ocorra. (Os termos "aceitação incorreta" e "rejeição incorreta" são ainda mais compreensíveis, mas usados com menos frequência.)

Em avaliação de pessoal, um falso positivo no processo de listar brevemente candidatos promissores lhe custa apenas um pouco de trabalho extra para entrevistar um candidato a mais; um falso negativo pode fazer com que você perca o melhor de todos os candidatos. Portanto, a 'salvaguarda' é nivelar as notas de corte por baixo. Quando se trata de verdadeiramente selecionar um candidato de um grupo que contenha tanto candidatos ruins quanto excelentes, numa situação em que o escolhido virá a assumir de fato um emprego com estabilidade garantida, a situação muda radicalmente. Qualquer escolha vai custar o mesmo, financeiramente, e este custo pode facilmente ser um milhão de dólares. O falso positivo lhe garante, digamos, 30 anos de trabalho medíocre; o falso negativo apenas o fará perder 30 anos de trabalho excelente se combinado com um falso positivo. Ambos os desfechos são extremamente onerosos para você, mas o primeiro, na maioria dos casos, é pior, e a moral é que devemos nos preparar para gastar muito mais na seleção de professores do que se gasta normalmente, a fim de reduzir a quantidade de falso positivos. Consulte **Avaliação de professores.**

FENOMENOLOGIA DA AVALIAÇÃO. Um aspecto ou vizinho do domínio relativamente não explorado da **Psicologia da avaliação.** Para além da questão anedótica de como as pessoas se sentem como avaliadores e avaliandos, da qual alguns insights poderiam muito bem ser obtidos sobre métodos melhores (mais eficazes, humanos e responsáveis) para fazer e apresentar avaliações, há determinados aspectos altamente funcionais da experiência que merecem mais atenção. A reorientação é um deles; outro concerne à interação íntima entre o aspecto criativo, crítico e de coleta de dados da avaliação; um terceiro concerne ao papel da empatia na no pensamento do avaliador, real e idealmente. No lado disfuncional, a consideração da fenomenologia descobre algumas razões interessantes porque as avaliações são usadas com menos frequência do que deveriam: por exemplo, existe a percepção de que levar avaliações (além de sua própria) em consideração significa (i) admitir a falta de competência; ou (ii) conceder poder ao avaliador.

Um fenômeno interessante é a relutância – e às vezes a recusa – de um avaliado ler uma avaliação de si mesmo, mesmo que saiba que ela é quase inteiramente favorável. A dimensão e a explicação deste fenômeno são desconhecidas, mas têm algum significado em determinados sistemas de avaliação de pessoal – por exemplo, no sistema usual para a avaliação de professores no nível universitário – que presumem que esta avaliação é um caminho para a melhoria. Este fenômeno pode estar relacionado à negação psicológica, mas não é a mesma coisa. Tampouco é o mesmo que vergonha ou timidez; em alguns casos, pode estar relacionado à extrema sensibilidade até mesmo à possibilidade da menor crítica. Veja também **Avaliação livre de objetivos.**

FILTRO. Alguém – ou um computador – que remove informações de identificação de informações dadas durante uma avaliação para preservar o **anonimato** do respondente. Também usado como referência a um ou uma série de testes em seleção de pessoal ou avaliação de produtos.

FINANCIAMENTO (de avaliações). Acontece de muitas maneiras; os padrões mais comuns são descritos aqui. A proposta de avaliação pode ser "iniciada em campo", não solicitada, ou enviada em resposta a (i) um anúncio de um programa; (ii) um TDR (Termo de Referência); ou (iii) um pedido direto. Normalmente, a proposta não solicitada, se bem-sucedida, resulta em uma subvenção, as outras, em um contrato. A primeira identifica um dever ou missão geral (por exemplo, "desenvolver testes melhorados para dimensões afetivas na primeira infância"), e a última especifica mais precisamente o que será feito, por exemplo, quantos ciclos de testes de campo (e quem será amostrado, o tamanho da amostra que será usada, e assim por diante), no "Escopo do Trabalho". A diferença legal é que a última é executória por falta de desempenho, a primeira, não (na prática). Mas dificilmente faz sentido usar contratos para pesquisa (já que normalmente não se pode prever a direção que irá tomar), e é raramente justificável usá-los para as avaliações de programas muito específicas exigidas por lei. A abordagem iii, a "**contratação individual**", elimina as licitações competitivas e pode ser justificada apenas quando um contratado possui a melhor combinação de expertise ou equipamento e recursos humanos relevante; é muito mais rápida e de fato evita o absurdo comum de haver 40 proponentes, em que cada um gasta 12 mil para elaborar uma proposta que pode render um contrato de 300 mil ao vencedor. O desperdício aqui (180 mil) advém de custos de despesas gerais eventualmente pagos pelo contribuinte ou por proponentes que vão à falência devido a exigências insensatas. Um bom meio-termo é o **sistema bipartido**, em que todos os proponentes apresentam uma proposta preliminar de duas (ou cinco, ou dez) páginas, e alguns poucos melhores recebem um auxílio para desenvolver uma proposta completa.

Os contratos podem ou não ter que ser concedidos ao proponente "qualificado" na última posição; a qualificação pode envolver recursos financeiros, estabilidade, desempenho anterior, e assim por diante, bem como expertise técnica e administrativa. Em grandes contratos, normalmente há uma "reunião com os proponentes" logo após a publicação do TDR (muitas vezes, é exigido que agências federais publiquem o TDR no ***Commerce Business Daily*** e/ou no ***Federal Register***). Tal conferência serve oficialmente o propósito de esclarecer o TDR; pode, na verdade, servir como um misto de fraude e jogo de pôquer. Exemplos de armadilhas para jovens jogadores: se fizer perguntas inteligentes, outros podem (i) ficar com medo; ou (ii) roubar sua abordagem; ou ainda (iii) a agência pode estar espiando para encontrar um avaliador "amigável" e os avaliadores podem estar tentando parecer amigáveis, mas não a ponto de perder a credibilidade, e assim por diante. Eventualmente, talvez após uma segunda reunião com os proponentes, será solicitada aos mais promissores sua "melhor proposta final", e com base nisto a agência escolhe um, muitas vezes fazendo uso de um painel de revisão externo anônimo a fim de conceder credibilidade à seleção. Após a primeira reunião entre o vencedor e o responsável pelo projeto (o representante da agência costumava ser chamado de monitor), muitas vezes acaba que a agência quer, ou pode ser persuadida a querer, algum serviço que não consta claramente no contrato; nesta ocasião, o preço será renegociado. Ou, se o preço inicial do serviço é muito baixo (o TDR com frequência o especifica em termos de "Nível de Esforço" como N "pessoas-ano" de trabalho; isso pode significar N × 30 mil ou N × 50 mil em dólares, dependendo se as despesas administrativas estão incluídas), o contratado pode simplesmente seguir em frente até que não tenha mais dinheiro, e então pedir mais, sob a justificativa de que a agência terá se comprometido a um ponto irreversível (em termos de tempo) que eles precisam levar a cabo para "salvar seu investimento". Naturalmente, o contratado perde credibilidade em futuras propostas, mas antes isso do que a falência; e os registros de histórico de trabalho são tão malfeitos, que é possível que ninguém levante este problema contra eles no futuro (se é que deveriam).

Em tempos remotos não muito bons, as propostas de valor mais baixo eram uma fachada, e a renegociação com base em falsas premissas frequentemente elevava o custo muito além daquele de outro proponente, possivelmente melhor. Como as avaliações são complexas, em diversos sentidos, os proponentes precisam contemplar uma margem para as contingências em seu orçamento – ou apenas cruzar os dedos, o que rapidamente lhes leva à falência. Assim, outra opção é fazer o TDR com base no melhor delineamento e *per diem*, e então deixar o contrato em aberto pelo tempo necessário para realizá-lo. A forma de abuso associada a esta abordagem de **custo majorado** é que o contratado tem motivação para estender o serviço. Consequentemente, nenhuma das abordagens está associada a uma maneira clara de economizar, mas a última ainda é usada quando a agência deseja ter a liberdade de mudar as metas à medida que os resultados preliminares são alcançados (um ponto sensato) e quando possui um bom pessoal de monitoramento para evitar excessos desmedidos (a partir de *estimativas* que, naturalmente, não são compulsórias).

Um grande ponto fraco de todas estas abordagens é que propostas inovadoras falham repetidamente porque a agência nomeia um painel de revisão composto de pessoas comprometidas com as abordagens tradicionais, que naturalmente tendem a financiar "um dos seus". Outro ponto fraco é a complexidade de tudo isso, o que significa que grandes organizações que têm condições de abrir filiais em Washington D.C. e pagam redatores de propostas profissionais e "pessoal de ligação" (isto é, lobistas) têm grande influência (mas entregam trabalhos medíocres constantemente, visto que a maioria das melhores pessoas não trabalha para eles). Um terceiro ponto fraco fundamental é que o sistema descrito favorece a produção de trabalho burocrático no prazo, em detrimento da solução de problemas, posto que isso é tudo o que o processo de monitoramento e gestão pode identificar. Bilhões de dólares, milhões de empregos, milhares de vidas são desperdiçados porque não temos um sistema de recompensa instaurado para o trabalho realmente bem-feito, um que produza soluções verdadeiramente importantes. A recompensa é para a *proposta*, não o produto, e consiste no contrato. Uma vez obtida, apenas a não confiabilidade na entrega ou negligência crassa pode prejudicar concessões futuras. Podemos ver o sistema de valor que este esquema produz pela maneira com que todos os vice-presidentes se dedicam ao trabalho na próxima "apresentação" tão logo a negociação é firmada. Custaria pouco mudar este procedimento por meio de concessões contingentes (parciais) e painéis de especialistas que revisassem o trabalho realizado, em vez de propostas.

FLUXOGRAMA. Representação gráfica da sequência de decisões, incluindo decisões contingentes, elaborada para orientar a gestão de projetos (originalmente, de design de programas de computador), incluindo projetos de avaliação. Normalmente, parece um organograma virado de lado, visto que é uma série de caixas e triângulos ("blocos de atividade" etc.) conectados por linhas e símbolos que indicam atividades simultâneas ou sequenciais/pontos de decisão, e assim por diante. Um quadro PERT é um caso especial.

FOCO (de um programa). Conceito mais apropriado do que "objetivo" para a maioria das avaliações; ambos são conceitos teóricos e servem para limitar as reclamações acerca do que não foi feito na área geral, onde os recursos estão disponíveis e são legitimamente utilizáveis. O foco de um programa com frequência é melhorado pela boa avaliação. Para um sentido diferente, consulte **Reorientação**.

FORMAS PARALELAS. Versões de um teste submetidas a teste de equivalência em termos de dificuldade e validade.

FUNÇÃO DE AVALIAÇÃO. Fórmula usada em sistemas especializados para determinar se uma possível solução ou ação é melhor ou pior do que outras, ou do que algum padrão. Um programa para jogar xadrez, como o Deep Thought, por exemplo, pode prever diversas sequências de possíveis jogadas e respostas (o número de passos destas é conhecido como o número de lances) mas não pode, normalmente, sequer chegar perto de prever o fim do jogo. Assim, ele precisa ser provido de algum meio para decidir qual das sequências de jogadas alternativas iniciar, isto é, qual delas evita os piores resultados e – dentre estas – leva aos melhores. A posição final do tabuleiro em cada sequência é computada pela função de avaliação.

FUNDAÇÕES FILANTRÓPICAS (avaliação para). A avaliação tem tido uma carreira com muitos altos e baixos em fundações privadas. Nos pontos mais altos, ninguém faz melhor do que elas; não raro, é feita casualmente, ou nem mesmo é feita. Algumas das razões para o último caso são diferentes daquelas que acarretam avaliações insatisfatórias no setor privado ou em organizações governamentais. Ao menos um dos motivos é claramente benevolente – a fundação quer que os destinatários se sintam livres dos incômodos burocráticos que com frequência circundam a avaliação, desviam a energia do esforço produtivo e envolvem competências e, portanto, custos que não são diretamente relevantes para os objetivos do projeto ou programa. Sem dúvida, há alguma verdade nisto – certamente, os destinatários relatam este efeito. Mas o mesmo efeito pode ser obtido sem perda substancial dos benefícios, usando as melhores práticas em avaliação. Outros motivos para a avaliação superficial são comuns em outros cenários, tal como doadores e o pessoal não quererem ter más notícias, e uma atitude que encontra seu retorno principalmente nos gritos de alegria de candidatos sortudos.

As fundações precisam fazer avaliação porque têm obrigações contratuais ou de serem justas com doadoras, destinatários e potenciais destinatários, impactados, contribuintes e a legislação; e porque deveriam se importar em fazer o máximo de bem possível com os recursos de que dispõem. Elas deveriam fazer avaliação não só dos projetos dos destinatários, mas também de seus próprios processos, especialmente sua **seleção** de projetos e pessoal (principalmente do pessoal de avaliação), e de suas estratégias. Questões estratégicas que precisam de avaliação – não necessariamente avaliação profissional – incluem a tradução dos desejos dos doadores para parâmetros de área e processo; avaliação de **recursos**; **análise de necessidades** daquela área; o perfil de **rateio** em toda aquela área; sua publicidade, tanto para relações públicas quanto para gerar candidaturas (isto é marketing, embora as pessoas que trabalham em organizações filantrópicas não gostem deste nome); a dimensão de sua assistência não monetária a candidatos e destinatários (administrativa ou consultoria em avaliabilidade, por exemplo); a dimensão da **proatividade** (sugestão ou criação de projetos quando as candidaturas parecem inadequadas); o problema do conflito de interesses para o conselho; apoio do pessoal ao conselho; a avaliação de projetos para financiamento; e seleção de pessoal.

A avaliação de projetos financiados – com frequência o único tipo de avaliação em que as fundações pensam quando se fala de avaliação – possui três grandes categorias de benefício. Elas são: (i) ajuda aos destinatários para alcançar seus objetivos (indiretamente, claro, isso ajuda a fundação a alcançar seus próprios objetivos); (ii) garantir a prestação de contas dos desejos dos doadores e restrições legais; (iii) melhorar o custo-efetividade (aprendendo o que funciona e o que não funciona, para decisões de apoio imediatas e posteriores). A primeira delas se concentra em garantir que os projetos façam avaliação formativa (e ajudá-los a fazer), de forma a fornecer avisos prévios quanto a problemas e sugestões de correção. A segunda é o monitoramento tradicional além da avaliação somativa do projeto. A terceira se concentra em – embora não se limite a – algo que raramente é apropriado pedir aos destinatários, mas é de extrema importância para as fundações: a generalizabilidade de uma abordagem, dos materiais e procedimentos de treinamento produzidos, os insights desenvolvidos, e assim por diante. É um tipo especial de pesquisa aplicada, particularmente apropriado para o pessoal da fundação; mas, às vezes, vão precisar recorrer a especialistas em teoria do programa e remediadores, e não devem presumir que os avaliadores *em si* poderão fornecer toda a ajuda de que precisam neste ponto.

Abordagem da Grande Pegada é uma metáfora gráfica desenvolvida para ajudar as fundações e seus subsidiados a desenvolverem uma linguagem comum para falar dos efeitos do projeto e sua avaliação. O pessoal da fundação às vezes acredita que ela se concentra demasiadamente nos resultados, mas esta é uma dicotomia falsa; se o processo é o retorno, sua pegada pode ser medida com bastante facilidade.

FUTURISMO. Como muitos objetos de avaliação são projetados para servir futuras populações e não (apenas) as atuais, muitas avaliações exigem que se estimem necessidades e desempenhos futuros. O aspecto mais simples desta tarefa envolve a extrapolação de dados demográficos; até isto é feito de maneira insuficiente. Por exemplo, a crise das matrículas no ensino superior foi prevista por apenas um analista (Cartter), embora a inferência seja extremamente simples. A tarefa mais difícil é prever, por exemplo, padrões vocacionais vinte anos à frente. Aqui, é preciso recorrer a técnicas de análise de possibilidades, em vez de selecionar o resultado mais provável, por exemplo, ensinando a flexibilidade de atitude ou competências generalizáveis.

G

GAO (Lista de Verificação). O *General Accounting Office* [Departamento Geral de Contabilidade][9] norte-americano, uma agência de avaliação altamente competente, desenvolveu uma lista de verificação para avaliação de programas que é útil em si, e serve como uma comparação interessante à **Lista-chave de verificação da Avaliação.** Envolve dez critérios abrigados em três grupos: Necessidade do programa, Implementação do programa e Efeitos do programa. A necessidade inclui a Magnitude do problema, a Gravidade do problema e Duplicação. A implementação inclui Inter-relacionamentos, Fidelidade (consulte **Implementação** de tratamento) e Eficiência administrativa. Os efeitos incluem Sucesso do direcionamento, Alcance dos objetivos, Custo-eficácia e Outros efeitos. Comentários: (i) há Duplicação desnecessária entre Duplicação e Inter-relacionamentos; (ii) a ética e a legalidade não são mencionadas, sendo a última omissão um dos motivos pelos quais foram criados os Gabinetes dos Inspetores-Gerais; (iii) comparações, recursos e generalizabilidade também são desprezados; entretanto, podem estar enterrados em algum lugar nas letras pequenas. Embora a Lista-chave de verificação da Avaliação tenha tido alguma influência na versão mais antiga da lista do GAO, a vasta experiência do Departamento, desde então, faz com que a semelhança que permanece represente uma leve confirmação mútua.

GARANTIA DE QUALIDADE, CONTROLE DE QUALIDADE. Tipo de monitoramento avaliativo, originado nas áreas de produção e engenharia, mas agora também usado para se referir ao monitoramento avaliativo na área de software e prestação de serviços humanos. Esta forma de avaliação normalmente é interna e formativa; é realizada pelo pessoal responsável pelo produto, ou pelos seus supervisores ou uma equipe especial, e visa fornecer feedback aos gerentes de projeto. Porém, ela deveria ser o tipo de formativa que é essencialmente 'somativa de alerta precoce', afinal deveríamos estar nos assegurando de que o produto,

9 Órgão similar Similar ao Tribunal de Contas da União do Governo do Brasil. (*N. da T.*)

quando chegar ao consumidor, será altamente satisfatório do ponto de vista do consumidor. Na área de fabricação, o controle de qualidade com frequência é demasiado semelhante ao **monitoramento** de programas, o que significa verificar se o projeto está nos trilhos – uma forma de **avaliação baseada em objetivos**. Pode até ser chamado de controle de qualidade 'defeito zero', e ainda se referir apenas à ausência de defeitos definidos pelo engenheiro ou químico, enquanto o verdadeiro erro está em equiparar estas definições aos defeitos relevantes ao consumidor – a falácia do **tecnicismo**. Assim, é extremamente importante que o controle de qualidade inclua mais do que isso, ou seja, alguns testes de campo sem intervenção direta aliados à análise de alta qualidade dos resultados. Apenas por meio desta abordagem podemos descobrir se a falha que procuramos no processo de controle de qualidade abrange todas as áreas com problemas graves. Podemos ler um livro completo de um dos gurus em gestão de qualidade – por exemplo, o *Total Quality Management*, de John Oakland (Butterworth-Heinemann, 1989) – e não encontrar menção alguma a este ponto. O foco é no controle de processo estatístico e processos de gestão voltados à qualidade; mas nada disso vale muito se não for aliado à avaliação de campo externa rigorosa. Consulte **Teste beta, Grupo focal**.

GENERALIZABILIDADE. 1. Como uma característica das avaliações: Na época que antecedeu a Nova Era da avaliação, os editores forneciam dois motivos para rejeição dos relatórios de avaliação. O primeiro era que eles eram essencialmente subjetivos e, portanto, não científicos – visto que toda avaliação era considerada essencialmente subjetiva. O segundo, que os relatórios de avaliação não possuíam conteúdo generalizável e, portanto, não eram científicos. A segunda visão persiste ainda hoje, até mesmo no meio da avaliação: R. M. Wolf, por exemplo, em ***The Nature of Educational Evaluation***, argumenta que: "A pesquisa interessa-se pela produção do conhecimento mais generalizável possível... A avaliação, por outro lado, procura produzir conhecimento específico de determinado ambiente" (Praeger, 1990, p. 8). (i) Ao passo que seja verdade que muitas avaliações de programa de fato se preocupam apenas com a questão imediata de avaliar determinada implementação, até certo ponto isso é uma falha – ao menos uma limitação – da avaliação. A Lista-chave de verificação da Avaliação recomenda que todas as avaliações considerem a generalizabilidade do avaliado parte de sua avaliação, embora restrições orçamentárias possam tornar inalcançável a investigação *extensiva* deste item da lista; (ii) avaliações de situações específicas não são o único tipo de avaliação – nem mesmo o único tipo de avaliação de *programas* – que é ou pode ser realizada. Avaliações comparativas dos principais programas de cuidados de saúde de longo prazo disponíveis, realizadas para auxiliar as agências locais a determinar qual deles implementar, dificilmente podem não ser tratadas como avaliações, pois têm importância geral.

2. Como um conceito relacionado à validade externa: Embora a validade externa (termo de Campbell, que mais tarde tentou mudar, sem êxito, para 'validade proximal') seja comumente equacionada com a generalizabilidade, refere-se apenas a parte do último conceito (que inclui a 'validade distal'). Normalmente, procura-se generalizar às populações (etc.) que sejam essencialmente diferentes daquela testada, e não apenas a outra passível de extrapolação; e diferenças em população não são o único foco de interesse, mas também as diferenças de tratamento e efeitos. (Consulte o ponto de verificação Generalizabilidade na **Lista-chave de verificação da Avaliação.**) Em suma, ao passo que a generalizabilidade da validade externa é comparável à da **estatística inferencial** – podemos chamá-la de generalização de curta distância (de modo que 'proximal' faz sentido) –, o avaliador ou cientista, que constantemente força a generalização de longa distância, que envolve saltos indutivos ou imaginativos tênues, precisa considerar muito mais do que isso. Assim, a generalização com frequência está mais próxima da especulação do que da extrapolação, e uma boa avaliação precisa verificar essas possibilidades. O valor das coisas ou das pessoas com frequência é crucialmente afetado por sua versatilidade, isto é, sua utilidade após transferência. Como o termo significa muito mais do que a abordagem científica tradicional considera, é comum presumir que os profissionais que praticam a avaliação não se preocupam com isso – apenas os pesquisadores. Pelo contrário, os praticantes da avaliação com frequência se preocupam mais com isso do que os pesquisadores (para justificar o custo da avaliação e do avaliado, e por motivos humanitários), e devem

ser incentivados a fazê-lo com mais frequência; além disso, encontram-se em uma posição muito melhor para estimar a generalizabilidade do que o pesquisador.

NOTAS: (i) Na avaliação formativa, considerações acerca da generalizabilidade com frequência acarretam a melhoria do tamanho de mercado e viabilidade; (ii) com grandes projetos implementados em múltiplos locais, a interpolação muitas vezes é tão crítica quanto a extrapolação; (iii) veja também **Validade externa**.

GESTÃO DA AVALIAÇÃO. O que saber: todo o conteúdo deste livro (incluindo as referências), o conteúdo de um bom programa de pós-graduação em estatística com um curso de metodologias alternativas à parte e, de preferência, um diploma em direito. No que acreditar: não acredite em promessa *alguma*. O que esperar: promessas. Como aprender: converse *longamente* com gerentes experientes (e pague a conta do almoço). Por que é difícil: porque você está lidando com uma mistura de estrelas e empreendedores – o que executivos não são, mas isso não facilita em nada – e seus superiores não sabem nada sobre avaliação. Truques úteis: peça uma segunda opinião sobre a maioria dos pontos mais importantes, sem permitir que os dois especialistas consultem um ao outro; então faça com que eles resolvam as diferenças na sua presença. Os resultados se pagarão muitas e muitas vezes. (Às vezes, esta parte deve se estender à realização de avaliações em duplicata – claro, você vai precisar de muita sorte para encaixar isso no orçamento.) As coisas certas: um senso de humor invencível e a certeza de que, sem você, o produto teria a metade da qualidade.

GESTÃO DE PROJETOS. Nenhuma pessoa encarregada de projetos avaliativos deveria tentar fazer isso sem um software de gestão de projetos, visto que no processo de aprender como usá-lo, aprende-se muito do que se precisa saber sobre o assunto, e você vai precisar da competência. O programa mais fácil de aprender, com potência proveitosa, se você tiver acesso a um Macintosh, é o MacProject II. Outra opção importante no Mac é o Key Plan, que possui uma ferramenta de esquematização de texto embutida. O programa para trabalhos pesados no Mac é o Micro Planner Plus. No PC, Time Line é o programa de escolha, mas não é fácil de usar. Você pode pegar o jeito de algo como o MacProject acompanhando o tutorial na tela em cerca de meia hora, e então poderá ter benefícios substanciais. Outros benefícios advêm do estudo mais aprofundado, mas isso pode ser feito enquanto faz uso do aprendizado básico. Note que, se estiver fazendo avaliação de programa, deve olhar o processo de gestão no projeto ou programa sob análise, bem como se/como eles usam software de gestão de projetos, de forma que você deveria saber algo sobre isso para esta finalidade. Naturalmente, há muitas outras competências envolvidas na gestão de projetos, mas elas são bem abordadas na literatura usual de gestão; vale a pena ver os grandes dissidentes, particularmente Drucker e Deming, nem que seja para entender que não há apenas um caminho melhor.

GESTÃO DE TEMPO. Aspecto da consultoria em gestão com o qual o avaliador geral deve ser familiarizado; varia do trivial ao altamente valioso. Psicólogos, de William James a B. F. Skinner, estão dentre os que fizeram contribuições valiosas para ela, que *pode* render ganhos muito substanciais a um custo muito baixo, tanto para o avaliador quanto para clientes ou avaliandos. Poucas das sugestões mais recentes são tão boas quanto a recomendação de James de listar as tarefas do dia começando pela menos agradável, talvez porque isso proporciona a maior redução da culpa e aumenta a atração pelo restante da lista. Ref.: James McCay, ***The Management of Time*** (Prentice Hall, 1986) ou Jeffrey Mayer, ***If you haven't got the time to do it right, when will you find the time to do it over?*** (Simon & Schuster, 1990), um livro com um título melhor do que o conteúdo, mas que ainda possui algum valor.

GLOBAL (pontuação/conceituação/avaliação). A atribuição de uma única nota/conceito/avaliação ao caráter ou desempenho geral de um avaliado; em contraste com a pontuação/conceituação/avaliação **analítica**. A distinção entre global/analítica está relacionada à distinção entre macro/micro em economia, e molar/molecular ou Gestalt/atomística em psicologia. "Holístico" é um sinônimo ocasional, mas no campo da saúde "holístico" tem outro significado, um tanto confuso. O jargão pode ser reduzido usando-se o termo "global" em vez de "holístico" (no termo em inglês, pode-se usar também a grafia "*wholistic*", na qual o prefixo "*whole*" corresponde em significado ao substantivo, adjetivo e advérbio "todo").

Em termos práticos, as avaliações globais com frequência são muito mais rápidas do que as analíticas, de modo que a pergunta-chave é como comparar sua validade. A resposta é que, em alguns casos, as classificações globais são mais precisas. No caso de correção em massa de redações em testes estaduais ou nacionais, por exemplo, a razão de custo é cinco para um a favor da abordagem global, e o ganho em precisão é significativo (após treinamento adequado dos corretores). Presumivelmente, isso se deve à falta de fiabilidade do passo de síntese, quando as classificações analíticas (nas subdimensões de ortografia, pontuação, gramática, organização, originalidade etc.) são agrupadas. Devemos ser alertados por isto, e por algumas evidências acerca das habilidades perceptuais de grandes clínicos, e nunca nos precipitar à conclusão usual de que a abordagem analítica é 'mais científica' e, portanto, melhor. Não obstante, parece óbvio que a abordagem analítica é mais útil para fins formativos; mas se a perda de validade for grande, principalmente se derivar da invalidez das classificações da subescala, e não apenas da invalidade de síntese, isso pode não ser verdade. Classificações globais podem funcionar muito bem no papel formativo, é como aprender a atirar em um campo de tiro, onde meras pontuações (sem referência ao local do alvo que a bala atingiu) fornecem feedback suficiente para gerar melhoria contínua.

GRÁFICOS SERRILHADOS. São úteis para apresentar dados normativos sobrepostos, por exemplo, quando as notas de corte sugeridas se sobrepõem substancialmente (como nos exercícios-padrão de matemática da NAEP de 1991). As medianas propostas são inseridas, e o intervalo de variação é indicado construindo-se triângulos com suas bases na linha mediana, apontando para cima e para baixo dela, dimensionado de tal forma que a distância entre seus vértices representa o intervalo. Uma vantagem singular é que eles podem ser intercalados com os triângulos em outra linha de base, sem que os triângulos sejam sobrepostos; o efeito é como dos dentes serrilhados de um tubarão ou duas lâminas de serrote cruzadas.

GRANDES FIRMAS. As "grandes firmas" em avaliação são os cinco ou dez que se responsabilizam pela maior parte dos grandes contratos de avaliação; eles já incluíram a Abt Associates, AIR, ETS, RAND, RMC, SDC e SRI (as traduções constam no apêndice Siglas & Abreviações). As contrapartidas entre as grandes e pequenas firmas funcionam mais ou menos assim, presumindo-se que você possa arcar com o custo de alguma delas: as grandes firmas possuem recursos consideráveis de todo tipo, desde pessoal até computadores; possuem uma estabilidade contínua que garante muito bem que o trabalho será feito com um mínimo de competência; e valorizam sua própria reputação a ponto de cumprir os prazos e fazer outras coisas boas em termos de produção de papéis, como produzir um relatório bem encadernado, permanecer dentro do orçamento, e assim por diante. Em todas estas questões, são uma aposta melhor do que as pequenas firmas – embora, é claro, haja exceções.

Por outro lado, você não sabe quem será designado para trabalhar para você em uma firma grande, começando pelo fato de que o redator de propostas/responsável pelo desenho de avaliações pode trabalhar integralmente na redação de propostas, e consequentemente nunca executar sua própria proposta. Na verdade, as grandes firmas movem seus gerentes de um lado para o outro com os altos e baixos da pressão do negócio e à medida que seu pessoal avança para novos cargos; eles são um pouco mais inflexíveis devido aos seus próprios procedimentos burocráticos do que uma firma pequena, e provavelmente cobram bem mais caro pelo mesmo trabalho, pois carregam uma grande força de trabalho nos intervalos entre serviços, que são inevitáveis, independentemente de serem bem administrados. Uma firma pequena carrega despesas gerais proporcionalmente menores durante estes períodos, pois os chefes têm outras ocupações e podem trabalhar em locais mais modestos, enquanto o pessoal recebe alguns de seus pagamentos no conforto de sua independência.

É muito mais fácil obter uma estimativa satisfatória da competência sobre as grandes firmas do que das pequenas firmas; mas, naturalmente, o que de fato se aprende sobre o pessoal de uma firma pequena tem mais probabilidade de se aplicar ao pessoal que faz seu trabalho. Há um lugar essencial para ambos; firmas pequenas simplesmente não podem administrar os grandes projetos com competência, embora às vezes tentem, e as grandes firmas simplesmente não podem arcar com os contratos pequenos. Se parte da avaliação mais séria sobre a qualidade do trabalho feito estivesse envolvida nos procedimentos de análise do governo – e a força crescente do GAO na meta-avaliação promete isso, em alguma medida –, os pequenos negócios podem se encaixar melhor no esquema das coisas, mais ou menos como fazem no campo de consultoria em gestão e nas especialidades médicas. Atualmente, estamos comprando muito trabalho medíocre com nosso dinheiro suado, pois o sistema de recompensas e punição, enquanto é configurado (com alguma razão) para punir as pessoas que não entregam o relatório a tempo, não é configurado para recompensar os que produzem um relatório excepcional comparado a um medíocre.

GRUPO DE CONTROLE. Grupo que não recebe o "tratamento" (por exemplo, um serviço ou produto) que está sendo avaliado. O grupo que, por outro lado, o recebe, é o grupo experimental, um termo usado mesmo quando a pesquisa é *ex-post facto*, e não experimental. A função do grupo de controle é determinar em que medida o mesmo efeito ocorre na ausência do tratamento. Se a medida for a mesma, isso *tende* a indicar que o tratamento não estava causando quaisquer que fossem as mudanças observadas no grupo experimental. Para desempenhar esta função, o grupo de controle deve ser "correspondente", isto é, intimamente semelhante – não idêntico – ao grupo experimental, nos aspectos relevantes. Quanto mais atenção for dedicada à correspondência (por exemplo, usando os chamados "gêmeos idênticos"), mais certeza podemos ter de que as diferenças nos resultados se devem ao tratamento experimental.

Uma grande melhoria é alcançada quando é possível alocar indivíduos *randomicamente* aos dois grupos e designar arbitrariamente um deles como o grupo experimental, e o outro, como o grupo de controle. Este é um "experimento verdadeiro"; outros casos são mais fracos e incluem pesquisas *ex-post facto*. O pareamento idealmente daria conta de todas as variáveis ambientais, bem como das genéticas – todas, com *exceção* das experimentais –, mas por senso comum fazemos o pareamento apenas das variáveis que acreditamos que possam afetar os resultados significativamente, por exemplo, o gênero, idade ou grau de escolaridade. Fazer o pareamento de cada característica específica (estratificação) não é essencial, apenas mais eficiente. Um grupo de controle perfeitamente bom pode ser montado usando uma amostra aleatória (muito maior) da população como o grupo de controle (e, se possível, para o grupo experimental ou do tratamento). O mesmo grau de confiança nos resultados pode então ser alcançado comparando-se grupos pequenos e bem pareados (experimental e controle) ou grupos grandes, selecionados cem por cento aleatoriamente.

Naturalmente, se há possibilidade de você errar a escolha das variáveis a parear – ou se tem dúvidas –, a amostra grande e aleatória é uma aposta melhor, embora seja mais cara e lenta. É importante notar que, às vezes, é importante ter diversos "grupos de controle" e que podemos muito bem chamá-los de grupos experimentais, ou de comparação. Este é um ponto-chave no delineamento de avaliações. O grupo de controle clássico é o grupo "sem tratamento", mas normalmente não é o mais relevante para a tomada de decisões práticas. De fato, com frequência não é claro o que *significa* "sem tratamento". Por exemplo, se você recusa *seu* tratamento a um grupo de controle ao avaliar a psicoterapia, essas pessoas criam seu próprio, e podem mudar de comportamento só porque você recusou o tratamento – podem se divorciar, afiliar-se a uma religião, trocar ou perder seu emprego, e assim por diante. Então você acaba comparando a psicoterapia com *outra coisa*, normalmente uma combinação de coisas, e não a nada – nem mesmo a nenhuma psicoterapia, apenas a nenhuma psicoterapia do tipo específico que você deseja estudar. Assim, é melhor ter grupos de controle que obtêm um ou diversos tratamentos alternativos padrão do que "deixar que se resolvam com seus próprios artifícios", uma condição em que os grupos 'sem tratamento' com frequência se degeneram. E em avaliação, é exatamente aí que entram os **concorrentes críticos**. Em medicina, é por isso que o grupo de controle recebe o placebo.

Para compreender a lógica dos grupos de controle, é crucial notar que eles fornecem apenas um teste de causalidade de uma única via. Se *houver* uma diferença entre uma ou mais variáveis dependentes, como entre os dois grupos (e se a correspondência não for falha), então o tratamento experimental (provavelmente) se provou eficaz. Mas se *não houver* diferença, não se provou que o tratamento não é eficaz, apenas que não tem *mais* efeito do que o quer que tenha acontecido (mistura de tratamentos) com o grupo de controle. Um corolário disso é que o tamanho do efeito diferencial, quando houver, não pode ser identificado como o tamanho do efeito total do tratamento, exceto em uma situação em que o controle é um grupo *absolutamente* sem tratamento – mais factível em pesquisa agropecuária do que com mamíferos.

GRUPO DE CONVERGÊNCIA (Stufflebeam). Equipe cuja tarefa é desenvolver a melhor versão de um tratamento a partir das sugestões de diversas **partes interessadas e defensores**. Uma generalização do termo, para sessões de convergência, engloba o processo que deve seguir o uso de avaliadores (ou grupos de avaliadores) paralelos, nomeadamente a comparação de seus relatórios escritos e uma tentativa de resolver disputas. Isso deve ser feito primeiramente pelas equipes separadamente, com (um grupo de) árbitros presente para evitar *bullying*; posteriormente, pode ser melhor usar um grupo de convergência (**de síntese**) independente.

GRUPO EXPERIMENTAL. O grupo (ou indivíduo etc.) que recebe o tratamento que está sendo estudado. Cf. **Grupo de controle**.

GRUPOS FOCAIS. Termo importado para o vocabulário da avaliação da pesquisa de mercado, especialmente na indústria automobilística. Originalmente, referia-se a grupos de consumidores potenciais recrutados para usar um novo produto, que ainda não se encontra no formato final, essencialmente um teste beta supervisionado. No entanto, a prática foi corrompida em muitas organizações ao ponto em que foi deslocada da divisão de engenharia para o marketing, que a usa como dispositivo para (i) criar uma campanha publicitária, descobrindo quais características do produto atraem – ou não – o consumidor típico; ou (ii) solicitar com antecedência pedidos de produtos que ainda não se encontram oficialmente no mercado. Nesta função, os convidados não mais representam uma amostra de usuários finais típicos, mas compradores de grandes contas, muitos deles simplesmente avaliadores incompetentes (leia os comentários que fazem nos releases da imprensa). Não há nada de errado em tudo isso, exceto que: (i) os convidados com frequência são informados de que esta é uma oportunidade de melhorar o produto, embora o ponto da última revisão há muito já tenha passado; e (ii) substitui o teste beta, cuja ausência é visível nos diversos defeitos crassos dos produtos lançados; a *Consumer Reports*, que compra carros novos anonimamente, encontra uma média de 8-12 defeitos por carro – com frequência, defeitos graves. Consulte **Pseudoavaliação.**

H

HABILIDADES PSICOMOTORAS (Bloom). Habilidades musculares aprendidas. A distinção entre **cognitiva** e **afetiva** nem sempre é clara, por exemplo, a digitação parece ser uma atividade psicomotora, mas é altamente cognitiva também.

HERMENÊUTICA. Originalmente, o termo refere-se à 'ciência' da exegese, explicação e interpretação ou ao estudo deste processo, particularmente na análise textual – durante algum tempo, aplicava-se principalmente a estudos bíblicos. Foi estendido para um posicionamento na filosofia da ciência que focava a interpretação e a compreensão, com frequência de experiências individuais, em contraste com a ênfase experimental, behaviorista, das ciências sociais da época. Dilthey foi o líder intelectual deste movimento. Mais recentemente, passou a referir-se a uma metodologia antipositivista e fortemente relativista na filosofia europeia (particularmente Habermas) à qual apoiadores de métodos ou modelos qualitativos em avaliação recorreram. Representa uma ênfase em 'ver os eventos de uma perspectiva interna', na compreensão empática, no significado e significância, em contraste com a subsunção de ações e eventos a leis do comportamento humano. Sua concorrente mais importante é a alternativa mais tangível da teoria da explicação pós-positivista, especialmente os relatos que se originaram na filosofia da história analítica – William Dray é um dos colaboradores mais notáveis. Esta questão está muito mais próxima de Dilthey do que o grupo Habermas, e claramente muito mais bem fundamentada.

HIPERCOGNITIVO. O domínio além do supercognitivo, que é a estratosfera do cognitivo. Raramente indivíduos apresentam competências neste nível. Ele inclui imagem eidética; afinação perfeita; cálculo matemático em nível prodígio; competências de percepção extrassensorial (se é que existem). O termo "transcognitivo" refere-se ao domínio conjunto do **para-**, **super-** e hipercognitivo.

HIPÓTESE NULA. A hipótese de que os resultados de um experimento se devem ao acaso. A estatística apenas nos conta sobre a hipótese nula; é o delineamento experimental que fornece a base para as inferências à verdade da hipótese científica de interesse. Os "níveis de significância" aos quais o delineamento e a interpretação experimental referem-se representam a chance de a hipótese nula estar correta. Consequentemente, quando os resultados "chegam ao nível de significância 0,01", isso significa que há apenas uma chance em cem de eles serem devidos ao acaso. Isso *não* significa que há 99 por cento de chance de a nossa hipótese estar correta porque, naturalmente, pode haver outras explicações para o resultado, que não previmos. Consulte **Teste de hipóteses.**

HOLÍSTICA (pontuação/conceituação/avaliação). Consulte **Global.**

HOMEM/-ANO (preferivelmente pessoa/-ano ou trabalhador/-ano). Consulte **Nível de esforço.**

I

IMPERATIVO DA AVALIAÇÃO, O. A obrigação de avaliar as ações de alguém faz parte do processo de prestação de contas, notavelmente quando se usam recursos alheios ou coloca outros em risco. É parte do **profissionalismo**, e talvez seja seu principal elemento; os profissionais trabalham sem supervisão imediata e fazem coisas com impacto potencialmente grave sobre outras pessoas; sua parte do contrato social precisa ser a tomada de precauções pertinentes para garantir que o que fazem quando não se encontram sob controle seja ao menos competente. Mas o que seriam "precauções pertinentes"? Porque todos nós envelhecemos, nos esquecemos e erramos; e porque o que conta como boa prática muda à medida que o conhecimento e a prática melhoram; e porque todos nós conhecemos muitos exemplos de profissionais que insistiam que eram competentes quando era claro, e comprovado, que não eram, normalmente depois de causarem muito estrago; e porque por estes e outros motivos sabemos que não somos bons juízes do nosso próprio mérito, "precauções pertinentes" devem incluir a avaliação por outras pessoas qualificadas. Assim, a avaliação não é algo imposto de fora e à qual se deve resistir; é, na pior das hipóteses, algo a ser melhorado. Ela é inevitável.

Acima de tudo, o imperativo da avaliação se aplica aos avaliadores. Aqueles que acreditam na disciplina devem acreditar que há benefícios em avaliar a maioria dos empreendimentos deliberados e difíceis e, melhor do que qualquer pessoa, devem saber que as obrigações de prestar contas e de profissionalismo, e de justiça, exigem que eles incentivem e facilitem a avaliação externa de seu próprio trabalho. Consulte **Viés geral positivo**.

IMPERATIVO PROFISSIONAL. A obrigação de um profissional à avaliação de si mesmo e dos seus programas; para o avaliador, é a obrigação à meta-avaliação. Consulte **Profissionalismo**.

IMPLEMENTAÇÃO (de programa ou tratamento). O grau ao qual um programa ou tratamento foi representado em determinada situação, tipicamente em um ensaio de campo do tratamento ou uma avaliação do mesmo (o GAO chama isso de "fidelidade de implementação"). Ralph Tyler provavelmente foi a primeira pessoa a ver a importância central disto na avaliação de programas – em 1934. A noção de um "índice de implementação", de Lou Smith, que consiste em um conjunto de escalas que descreve as principais características do tratamento, permitindo que se meça na medida em que é implementado ao longo de cada dimensão, é útil para verificar a implementação. Fazer isso é fundamental se queremos descobrir se o *tratamento*, e não esta versão dele, tem mérito, mas é surpreendentemente raro. Faz parte do esforço "puramente descritivo" na avaliação, e é tratado sob os pontos de verificação Descrição, Antecedentes & Contexto e Processo na Lista-chave de verificação da avaliação. O ponto da Descrição deve nos contar o que de fato ocorre, os Antecedentes nos conta o que deveria ter sido implementado, e o Processo determina a incompatibilidade, se houver, e coloca um valor sobre ela a partir do ponto de verificação de Valores, que então afetará a conclusão geral. O resultado desta comparação também se baseia na medida em que podemos Generalizar a partir dos resultados da avaliação.

IMPLEMENTAÇÃO DE AVALIAÇÕES. Avaliadores de programa frequentemente reclamam que avaliações têm pouco efeito, um fato que em geral descrevem em termos da falta de implementação. Mas é possível implementar apenas **recomendações**, e não avaliações, e muitas avaliações só podem – ou devem – vir a avaliar conclusões, das quais recomendações não se seguem automaticamente. A formulação correta do problema precisa ser em termos de **utilização**. Assim, o primeiro problema é que os avaliadores nem mesmo têm clareza sobre a diferença entre avaliação e recomendação. Imagine que uma avaliação ou estudo de políticas de fato gere recomendações. Há ao menos cinco situações bastante diferentes acerca de sua implementação, e o cenário total não deveria fazer os avaliadores sentirem que seu trabalho com frequência é equivocadamente ignorado por burocratas incompetentes: (i) muitas avaliações são fundamentadas em premissas inválidas ou baseadas em dados inadequados, e são assim reconhecidas pelo cliente, em cujo caso é altamente desejável que suas recomendações *não* sejam implementadas; (ii) muitas avaliações são contratadas ou interpretadas de tal modo que, mesmo quando realizadas da melhor maneira possível, não terão utilidade alguma, por terem sido configuradas de maneira irrelevante para as verdades questões que afetam o tomador de decisão ou o consumidor; ou (iii) são tão subfinanciadas que nenhuma resposta consistente pode ser obtida; (iv) Algumas avaliações excelentes são ignoradas por serem mal apresentadas, redigidas sem clareza, não **estratificadas**, ou não suplementadas com explicações para as pessoas que possuem outras perspectivas ou formação; (v) Algumas avaliações excelentes são ignoradas porque o tomador de decisão não gosta dos resultados (como no caso em que se sente ameaçado por eles) ou não pretende assumir os riscos ou o trabalho da implementação.

Portanto, o fenômeno da "falta de implementação" pode ter poucas ou grandes implicações para o campo da avaliação, o que depende inteiramente da distribuição de suas causas nestas cinco categorias. A medicina organizada não deve se preocupar se os pacientes ignorarem as recomendações de seus médicos, quando grande parte delas são más recomendações ou são apresentadas de maneira que tornam a aceitação improvável ou difícil. Não obstante, como *cidadão*, dificilmente se pode evitar a preocupação quanto ao grande desperdício que resulta da quinta situação. Aqui está uma citação relativamente típica dos relatórios anuais do GAO sobre suas avaliações (geralmente boas): "O Congresso tem uma oportunidade excelente de economizar bilhões de dólares limitando a quantidade de aeronaves que não servem em combate àquela devidamente justificável [...] As justificativas do Departamento de Defesa [foram] [...] baseadas em dados irrealistas e sem consideração cabível por alternativas mais econômicas." O GAO tem emitido relatórios sobre esta questão e neste espírito desde 1976, sem que tenha surtido efeito algum até então, sendo que a Guerra do Golfo em nada contribuiu para invalidar estas recomendações.

Em suma, a falta de implementação não necessariamente indica uma falha do avaliador, da mesma maneira que a morte de pacientes não imputa ao médico incompetência; tudo depende do motivo da falha. Consulte **Viés geral positivo, Psicologia da avaliação, Fenomenologia da avaliação, Avaliação de riscos, Relatório.**

IMPLICITAMENTE AVALIATIVO (termo). Consulte **Contextualmente avaliativo.**

IMPORTÂNCIA (dos achados da avaliação). O ponto principal: a conclusão final de uma avaliação, quando todas as considerações relevantes forem sintetizadas, deve expressar a importância avaliativa do avaliado. Há muitos tipos de importâncias, relativas aos tipos de consideração: por exemplo, pessoal, político, social, literário, científico, educacional, profissional e intelectual. A **significância estatística**, quando relevante, é apenas uma de diversas condições para qualquer importância real quando determinado tipo de dado quantitativo está envolvido, embora nas ciências sociais tenha sido frequentemente tratado como se fosse o substituto científico das noções comuns. (Consulte **Falácia da substituição estatística.**) Como a importância pode ser prontamente alcançada por meio de pesquisa *qualitativa*, a significância estatística não é uma condição necessária para a real importância; e como a importância estatística pode ser facilmente alcançada por diferenças ínfimas que persistem em grupos experimentais e de controle muito grandes, não é uma condição suficiente para a real importância (que quase sempre requer um tamanho de efeito substancial). O tamanho absoluto dos ganhos atribuídos ao programa ou produto sob avaliação deve ser de valor intrínseco substancial – por exemplo, porque faz uma contribuição valiosa para a satisfação das necessidades dos destinatários/consumidores.

Para determinar a importância, o principal ponto de verificação de 'encerramento' ou 'conclusão' na Lista-chave, o avaliador deve integrar os dados correspondentes a cada um dos pontos de verificação anteriores. A importância geral representa a **síntese** total de tudo o que você aprendeu sobre o mérito ou a relevância do avaliado – por exemplo, um programa.

Note que há outro significado de "importância", como em "a importância daquela ação", importante em outros contextos metodológicos, em que é quase equivalente a "significado".

IMPORTÂNCIA SOCIAL. Consulte **Importância.**

INCERTEZA (como em 'avaliando incerteza'). Consulte o verbete em **Avaliação de riscos.**

INDEPENDÊNCIA. A independência é apenas uma noção relativa, mas ao aumentá-la, podemos reduzir determinados tipos de vieses. Assim, o avaliador externo de alguma forma é mais independente do que o interno, o médico especialista pode fornecer uma "opinião mais independente" do que o médico de família, e assim por diante. Mas, naturalmente, ambos podem compartilhar de determinados vieses, e sempre há o viés específico de que a opinião externa, ou a "segunda opinião", é normalmente contratada pelo interno e, assim, depende do último para este e outros honorários, uma fonte de **viés** não descartável. As conexões sociais mais sutis entre membros da mesma profissão, por exemplo, avaliadores, constituem uma ampla base de suspeita quanto à verdadeira independência da segunda opinião, ou do **meta-avaliador**. A melhor abordagem, geralmente, é usar mais de uma 'segunda opinião' e tomar uma amostra o mais ampla possível na hora de selecionar estes outros avaliadores, na esperança de que uma inspeção de seus relatórios (redigidos de maneira independente) fornecerá uma noção da variação dentro do campo da qual se pode extrapolar uma estimativa de erros prováveis.

INDICADOR. 1. Um fator, variável ou observação *empiricamente* relacionada à variável-critério; um correlativo. Por exemplo, o julgamento pelos alunos de que determinado curso foi valioso para sua qualificação profissional é um indicador deste valor. Os **critérios**, por outro lado, *são* as variáveis-critério (a verdadeira recompensa) – ou são *definicionalmente* relacionados a elas; a verdade do conteúdo de um curso é um critério de mérito. 2. O termo às vezes é usado *tanto* para fatores empiricamente conectados *quanto* para fatores definicionalmente conectados. Neste sentido, a distinção entre os dois por vezes é indicada como indicadores primários e secundários, sendo os primeiros, critérios. Indicadores *construídos* (ou "índices") são variáveis *projetadas* para refletir, por exemplo, a situação econômica (um indicador social) ou a eficácia de um programa; são indicadores secundários. Como notas de um curso, são exemplos da necessidade frequente de avaliações concisas até mesmo à custa de alguma precisão e confiabilidade. Indicadores (primários), diferentemente dos critérios, com frequência têm validade relativamente frágil e podem ser manipulados com facilidade; além disso, por outros motivos, seu uso na tomada de decisões com relação ao pessoal é quase sempre ilícito (consulte **Avaliação de pessoal baseada em pesquisa**).

ÍNDICE DE CITAÇÃO. A quantidade de referências a uma publicação ou pessoa em outras publicações. Se for usado para a avaliação de pessoal (prática comum em universidades que procuram uma maneira de sustentar os julgamentos do mérito da pesquisa), este é um exemplo de medida quantitativa espúria. Ela discrimina de maneira ilegítima os que trabalham na linha de frente e/ou em áreas com poucos pares; os jovens; os que trabalham em assuntos fora de moda; na verdade, não chega a identificar um terço dos ganhadores do Nobel; discrimina de maneira ilegítima a favor de pessoas que inventam novos termos ("avaliação somativa" tem um índice de citação astronômico, mas era apenas um termo prático, e não a teoria da relatividade), e assim por diante. Os dados de índice de citação podem ser usados para conceder alguns pontos extra, com cautela, mas o uso mais amplo exigiria que alguém escrevesse um guia de aplicação especializado, baseado em regras. Em qualquer caso, deve haver outras maneiras de obter os mesmos pontos, por exemplo, indicadores de inovação em novos campos. O uso mais plausível está na avaliação da significância de um artigo de periódico particular dentro de um campo, isto é, na pesquisa de história das ideias; sua importância, neste sentido, está muito pouco relacionada ao mérito.

INDICADOR DE ESTILO. No sentido usado em avaliação de pessoal, um indicador de estilo é qualquer característica que descreve a *forma* com que algo é feito sem referência ao seu sucesso ou fracasso, mérito ou relevância. Por exemplo, os falantes podem ser verbosos ou lacônicos (uma questão de estilo); mas dizer que são eficazes é avaliá-los. Os professores podem empregar estilos socráticos ou didáticos; mas dizer que são bem preparados não é um comentário sobre seu estilo de ensino, mas sobre seu mérito como professor. De modo geral, as variáveis de estilo descrevem formas de realizar o trabalho, em contraste com evidências de que o trabalho está sendo feito. Consulte **Avaliação de pessoal**.

INDICADOR PRIMÁRIO. Outro nome para um **critério**, que compõe o todo ou parte do significado do conceito sob investigação (por exemplo, a boa organização do material e boa pontuação são critérios de um bom desempenho em redação). É diferente de **indicador secundário**, que é relacionado ao critério apenas por ligações empíricas (por exemplo, bom desempenho em um exame de múltipla escolha apropriado é um bom indicador da capacidade de escrever).

INDICADOR SECUNDÁRIO. Aquele que é conectado à variável (ou variáveis) do **critério** por meio de correlações determinadas empírica ou teoricamente. A marca de um carro é um indicador secundário de mérito, se você conhecer os resultados de testes de estrada e testes de longo prazo; a confiabilidade de um carro, por outro lado, é um critério de mérito, às vezes chamado de **indicador primário** de mérito. Na avaliação de produtos, o uso de indicadores secundários com frequência é justificado, embora não seja ideal; mas na avaliação de pessoal, essencialmente nunca é justificado (porque se podem obter evidências quanto ao desempenho em indicadores primários). Consulte **Avaliação de pessoal baseada em pesquisa.**

INDICADOR SOCIAL. Consulte **Indicador.**

INDIVIDUALISMO METODOLÓGICO. Doutrina na filosofia das ciências sociais que defende que todas as asserções acerca de entidades sociais (mercados, nações etc.) devem ser passíveis de decomposição em asserções sobre indivíduos. Um tipo de atomismo social. Há consequências significativas para a avaliação; veja, por exemplo, **Abordagem da Grande Pegada.**

INFLAMENTO, INFLAR (*PAD, PADDING*). Quando um licitante aumenta o orçamento de uma proposta, pois deve fazer alguma provisão para imprevistos – pelo menos se é para ser elaborada de acordo com práticas comerciais saudáveis. Com frequência, isso é chamado de "inflamento" (ou a "gordura"), e sua prática é a versão *legítima* de "inflar o orçamento". Inflar o orçamento também é usado em referência a adições ilegítimas ao orçamento (muitas vezes tratadas como se houvesse lucro excessivo); mas é preciso saber que o inflamento, ou a gordura, é o único recurso que o contratado possui para lidar com falibilidades óbvias na previsão da facilidade de implementação de algum programa de teste complexo, a facilidade de elaborar um questionário que será aprovado pelos painéis de revisão de questionários, ou a folha de pagamento enquanto uma ação judicial é resolvida. Consulte **Custo majorado.**

INFORMAÇÃO PRIVILEGIADA. No mundo financeiro, o pecado de usar as informações obtidas de um funcionário de uma empresa, ou neste cargo, para ganhos pecuniários. Em avaliação, qualquer exploração de um cargo especial, como a participação em um comitê de avaliação para uma nomeação ou subsídio, para obter benefício pessoal no presente ou futuro. O exemplo clássico é a prática de oficiais da força aérea que participaram de painéis de análise de sistemas de armamento e, pouco tempo depois, aposentaram-se antes do tempo e obtiveram altos cargos junto ao fabricante do sistema vencedor. Esta prática tornou-se tão escandalosa que algumas restrições oficiais lhe foram impostas.

INICIADO NO CAMPO. Refere-se a propostas ou projetos para o financiamento de subsídios ou contratos originados a partir de trabalhadores que atuam em um campo de estudo, e não a partir de anúncios da disponibilidade de fundos em um programa feitos por uma agência para apoio a trabalho em determinada área (o que é conhecido como pesquisa ou desenvolvimento solicitado).

INSPEÇÕES. Termo usado para um tipo de avaliação realizada por um avaliador de um dos Gabinetes dos Inspetores-Gerais. Normalmente, são muito mais curtas (60-180 dias), menos onerosas, impõem menor carga de coleta de dados sobre estados e agências, e são mais diretamente voltadas a questões em torno de políticas públicas do que as investigações tradicionais das ciências sociais, mais parecidas com pesquisa. Tecnicamente, atividades separadas dos GIGs abrangem duas outras dimensões da avaliação de interesse particular do governo que não estavam sendo devidamente endereçadas por abordagens tradicionais de avaliação de programas – fraude e outras atividades ilegais, e gestão de capital –, mas é comum usar o termo 'inspeção' informalmente para abordar todas as três dimensões. É uma lista impressionante de virtudes; naturalmente, levanta a questão acerca da real possibilidade de se obterem respostas válidas adequadas para a maioria das perguntas relevantes neste curto período de tempo. A experiência demonstra que sim. Claro, as inspeções não excluem e de fato devem ser realizadas ocasionalmente em paralelo a estudos mais detalhados de longo prazo, que possuem melhor validade e apresentam mais efeitos. Consulte **Inspetor-Geral**.

INSPETOR-GERAL. Um dos exemplos mais antigos de avaliador externo oficial na história da Europa e Rússia. O Gabinete floresceu (e, às vezes, decaiu) nos governos da Rússia, Reino Unido, Austrália, países da Europa continental e, mais recentemente, dos EUA. De modo geral, inspetores-gerais devem se reportar a algum oficial superior em nível federal fora da agência ou local sob inspeção de modo que a função com frequência é formativa e somativa, interna e externa. No início de 1991, 67 agências federais possuíam estes gabinetes, uma tendência que começou lentamente em 1976. Há uma referência definitiva: ***Inspectors General: A New Force in Evaluation***, de Hendricks e outros (Jossey--Bass, 1990). Ele poderia ter incluído uma análise histórica de IGs em outras culturas; a perspectiva intercultural é um elemento essencial em autoavaliação, e a autoavaliação é uma meta central do livro. Consulte **Inspeções, Controle de vieses.**

INSTRUMENTO. Abrange não apenas paquímetros etc., mas também testes de papel e caneta (principalmente os padronizados), e uma pessoa usada como juiz, por exemplo, para estimar a qualidade da caligrafia. Consulte **Calibragem, Medição.**

INTEGRAÇÃO. O termo é usado em metodologia da avaliação e refere--se ao processo de combinar pontuações em indicadores ou dimensões múltiplas, ou combinar diversos estudos de pesquisa. Consulte **Síntese.**

INTEGRAÇÃO DE PESQUISA, SÍNTESE DE PESQUISA. Consulte **Meta--análise.**

INTERAÇÃO. Dois fatores ou variáveis interagem se o efeito de um deles, sobre o fenômeno que está sendo estudado, depender da magnitude do outro. Por exemplo, a educação em matemática interage com a idade, sendo mais ou menos eficaz nas crianças de acordo com sua idade, e interage com o desempenho em matemática. Há uma abundância de interações entre as variáveis que governam os sentimentos humanos, o pensamento e o comportamento, mas são extremamente difíceis de definir com o mínimo de precisão. O exemplo clássico é a busca pelas interações entre aptidão-tratamento ou traço-tratamento na educação. Todos sabem por experiência própria que podem aprender mais a partir de determinados estilos de ensino do que com outros, e que outras pessoas respondem favoravelmente aos mesmos estilos. Assim, há uma interação entre o estilo de ensino (tratamento) e o estilo de aprendizagem (aptidão) com relação ao aprendizado. Mas apesar de todo nosso armamentário técnico de testes e instrumentos de medição, praticamente não temos resultados sólidos quanto ao tamanho ou até mesmo as circunstâncias sob as quais estas IATs ocorrem. Ref.: ***The Aptitude-Achievement Distinction***, D.R. Green, ed. (McGraw, 1974).

INTERCONEXÃO TRAÇO-TRATAMENTO. Termo usado menos amplamente para a interação entre aptidão e tratamento, embora seja, na verdade, um termo mais preciso.

INTERDISCIPLINA. Termo cujo uso é muito próximo ao de **multidisciplina**, e um pouco diferente do uso de **transdisciplina.**

INTERPOLAR. Inferir conclusões sobre os valores das variáveis dentro da variação amostrada. Cf. **Extrapolar.**

INTERVALO SEMI-INTERQUARTÍLICO (Estat.). Em testes, metade do intervalo entre a pontuação que marca a nota máxima do quartil mais baixo ou primeiro quartil (isto é, do quarto inferior do grupo que está sendo estudado, depois de terem sido ranqueados de acordo com a variável de interesse, por exemplo, pontuações de teste), e a pontuação que marca o topo do terceiro quartil. Esta é uma medida útil do alcance de uma variável em uma população, especialmente quando ela não é distribuída ‘normalmente (em que o **desvio-padrão** normalmente seria usado). Isso equivale a fazer a média dos intervalos entre a mediana e os indivíduos que estão a meio caminho até o final da distribuição, um em cada direção. Assim, não é afetado por estranhezas que ocorrem nas extremidades máximas da distribuição, sua principal vantagem sobre o desvio-padrão, uma vantagem que retém até no caso de uma população normal.

INTERVENCIONISTA. A avaliação que, intencional ou acidentalmente, produz mudanças significativas no avaliado. Ao passo que normalmente se espera este tipo de intervenção da avaliação formativa, ela deve ocorrer por meio de uma mudança de direção decidida pela gestão do programa; às vezes, ocorre por meio da ação direta do pessoal do programa. A avaliação somativa de programas contínuos e estáveis com frequência torna-se formativa de fato, isto é, intervencionista, uma vez publicada. Contudo, também há casos em que o avaliador interfere, às vezes indevidamente, às vezes movido por um senso de indignação moral (e talvez ainda indevidamente). Estes casos podem levantar questões complexas acerca da ética profissional. Avaliações históricas são imunes a isto e, dentre as abordagens coexistentes, a **livre de objetivos** é a que chega mais perto. Consulte **Proativa.**

ISOLADOS. Considera-se que os critérios avaliativos são isolados (ou autônomos) se as pontuações referentes a eles – ao menos pontuações até determinado ponto – não podem ser obtidas usando-se pontuações acima do mínimo em outros critérios. (O contraste é com critérios **compensatórios.**) A situação usual é quando há um mínimo 'absoluto' do critério (isolado), identificando níveis de desempenho que precisam ser satisfeitos para que o avaliado seja aceitável, independentemente do quão bem ele se saia em outros critérios de mérito. O desempenho *para além* desses mínimos é, normalmente, transacionável (isto é, compensatório). Mesmo um critério como eticalidade, que é isolado até o ponto do que é obrigatório eticamente, permite transações no campo da superer-rogação. Consulte também **Ponderação e soma qualitativa, Obstáculos múltiplos.**

ITEM DE MÚLTIPLA CLASSIFICAÇÃO (IMC). Tipo de item de teste que requer que cada alternativa, de uma série delas, seja classificada (talvez conceituada, ou talvez avaliada de alguma outra maneira), em vez de selecionar uma delas como a melhor, tal como em um item de múltipla escolha. Cada opção pode receber uma nota qualquer; por exemplo, todas podem receber a mesma nota, corretamente. (A opção de IMC modificado [IMCM] requer explicações de duas linhas sobre o principal motivo da nota selecionada, sobre um subconjunto marcado, ou em todas as respostas; esses comentários são usados para confirmar a autoria, interpretar desempenhos ambíguos e verificar outras competências.) As vantagens alegadas dos IMCs sobre os itens de múltipla escolha (IMEs), ou itens de resposta curta, incluem: exigem de imediato competências cognitivas de nível mais alto (verificadas junto à versão IMCM), poupam tempo ao redator do item (não há necessidade de criar três distrativos para cada resposta certa; retêm a possibilidade de pontuação automática ou por *template* (além de inspeção subsidiaria do IMCM); são mais realistas – correspondem perfeitamente a algumas tarefas profissionais (por exemplo, professores que corrigem trabalhos dos alunos); proporcionam a pontuação algorítmica 'suave' (notas adjacentes à nota correta obtêm alguns pontos); invalidam a estratégia de escolher o menos improvável sem ter a menor ideia do porquê esta é a verdadeira; economizam papel; e reduzem a recompensa pelos palpites a ponto de eliminar qualquer necessidade de aplicar uma correção pelo palpite (apenas a versão IMCM, com amostragem aleatória para reduzir os custos de tempo da correção). Uma opção é a 'correção rígida', que penaliza respostas incorretas.

Assim como o IMC parece, à primeira vista, semelhante ao item de múltipla escolha, embora seja radicalmente diferente, uma variação dele parece um tipo de pareamento do item de teste. Nesta variação, uma série de afirmações (A, B, ... N) é listada em uma coluna, e uma série de comentários avaliativos (1, 2, ... M), na coluna adjacente. M e N são números acima de dez, e podem ser diferentes. A tarefa é encontrar o comentário avaliativo correto para cada afirmação e colocar seu número na margem esquerda ao lado da letra que identifica a afirmação. Assim como no IMC básico – e diferentemente do teste de pareamento-padrão – nenhum algoritmo de eliminação funciona; um dos comentários pode ser apropriado para diversas afirmações. Podem-se usar rubricas de correção suaves ou rígidas, enquanto se pode permitir escrever um comentário melhor – com os respectivos riscos – quando nenhuma das afirmações fornecidas parecer apropriada.

Enquanto muitas das alternativas aqui podem ser incorporadas em IMEs e, em um sentido limitante, os IMCs possam ser considerados IMEs, eles são muito diferentes do uso atual dos IMEs. A rigidez com que os IMEs foram mantidos pode ser o desgosto das pessoas que trabalham com 'testes e medição' por tratar conceitos ou classificações como objetivos (claro, eles os tratam desta forma quando os aplicam a seus próprios alunos), um resquício da **doutrina da ciência livre de valores**.

J

JND.[10] Mínima Diferença Perceptível. Unidade para efeitos psicológicos ou fenomenológicos, incluindo a utilidade. Na abordagem da **ponderação e soma qualitativa**, por exemplo, usamos um sinal positivo como um peso para critérios com status de JND, uma cerquilha para considerações 'importantes', e um asterisco para as 'muito importantes'.

JULGAMENTO. Não é ao acaso que o termo "juízo de valor" veio equivocadamente a ser considerado o paradigma das asserções avaliativas; o julgamento é uma parte muito comum da avaliação, como de toda inferência científica substancial. (O absurdo de supor que "juízo de valor" não poderia ter validade alguma, diferentemente de todos os outros julgamentos, foi um erro adicional e gratuito.) A função da disciplina da avaliação pode ser vista como uma questão de reduzir o elemento do julgamento na avaliação, ou reduzir o elemento da arbitrariedade nos julgamentos necessários, por exemplo, reduzindo as fontes de **vieses** nos juízes ao usar delineamentos duplo-cegos, equipes, **painéis paralelos, grupos de convergência, calibração**, e assim por diante. O fato mais importante acerca do julgamento não é que ele não seja tão objetivo quanto a medição (verdade), mas que podemos distinguir o bom julgamento do mau julgamento (e treinar bons juízes).

JULGAMENTO DE VALOR. Originalmente, um julgamento quanto ao mérito, relevância ou valor de algo. Estendido, aborda todas as asserções acerca do valor (algumas delas são questões de cálculo ou observação). Este uso estendido estereotipa as asserções de valor e, portanto, reitera a visão equivocada de que asserções de valor são essencialmente subjetivas. O julgamento de especialistas com frequência é *demonstravelmente* altamente confiável, e com mais frequência, *demonstravelmente* muito melhor do que qualquer alternativa. E a prática de ciências até mesmo observacionais como muito da astronomia e biologia de campo envolve

---

10 Just Noticeable Difference.

o uso muito extensivo do julgamento. Mesmo assim, é verdade que os julgamentos são menos confiáveis do que as observações *mais simples* sob condições ideais, e menos confiáveis do que cálculos *simples*. Como a avaliação normalmente envolve a integração de múltiplos atributos, não é de surpreender que o julgamento com frequência esteja presente – por meio da ponderação e combinação dos diversos atributos. Mas a ideia de que julgamentos de valor devem ser sempre arbitrários/subjetivos/não científicos foi embutida no conceito de julgamento de valor apenas quando a doutrina da ciência livre de valores assumiu. Talvez seja melhor abandonar o termo "julgamento de valor" para evitar a penumbra do relativismo que agora é anexada a ela. Veja também **Síntese**.

JULGAMENTO POR JÚRI. Simulação do procedimento jurídico; usado em AT, **avaliação por defesa e adversário**, e consulte **Modelo judicial**.

JUSTIÇA. Motivo crucial para realizar avaliações (válidas). A justiça distribucional requer que uma distribuição de bens ou impostos – ou elogio ou culpa – seja feita de acordo com o mérito nas dimensões relevantes. Quando o trabalho acadêmico de alunos é avaliado apenas com base no esforço, em vez da qualidade, ou com base em gênero ou favoritismo, é tratado de maneira injusta e, consequentemente, um sistema melhor de avaliação se faz necessário. Quando professores são avaliados com base em amostras mínimas de encenação do comportamento em sala de aula, são tratados injustamente, visto que o cargo envolve muito mais e, ao mesmo tempo, menos do que isso. Para haver justiça, é necessário um sistema melhor de avaliação de professores. Para ver um exemplo em que a avaliação de produtos viola os princípios de justiça, consulte **Pseudoavaliação.**

K

KISS. Sigla que resume o conselho que os acadêmicos que prestam consultoria em avaliação mais precisam ouvir: *Keep it simple, stupid* [mantenha a simplicidade, seu idiota]. Os acadêmicos não estão acostumados a serem chamados de idiota, então acreditam que a intenção do conselho é que seja interpretado metaforicamente, ao que devemos responder "TISS, TISS": *Take it seriously, stupid* [leve a sério, idiota]. Para uma pessoa da área, fazer apresentações demasiadamente longas carregadas de precisão inapropriada é estupidez de paradigma, e assim foi grande parte do início da história da avaliação de programas. A avaliação é uma disciplina pragmática, e onde não se pode compreender isto e implementar as consequências, falta inteligência. (A versão censurada de KISS é *Keep it simple, sweetheart* [mantenha a simplicidade, querido(a)]).

L

LAISSEZ-FAIRE (avaliação). "Deixe que os fatos falem por si". Mas será que isso acontece? O que eles dizem? Eles dizem a mesma coisa para ouvintes diferentes? Esta é uma versão mais extrema da recusa em **consumar** uma avaliação; aqui, até mesmo as subavaliações são recusadas. De vez em quando, esta abordagem é justificada, mas normalmente é só um pretexto, uma recusa a fazer a tarefa profissional difícil da síntese e a sua justificativa. A abordagem *laissez-faire* é atraente para os axiofóbicos – e para qualquer pessoa, quando os resultados serão controversos. O principal risco da abordagem responsiva/naturalista/iluminativa é escorregar para a avaliação *laissez-faire*, isto é – colocando de maneira *ligeiramente* tendenciosa –, nenhuma avaliação.

LEGISLAÇÃO DE CADUCIDADE. Comprometimento legal ao fechamento automático de um programa após determinado período, salvo se for especificamente refinanciado. Um reconhecimento inteligente da importância de mudar o ônus probatório e, portanto, relacionado ao **orçamento base zero**.

LEI DE PARKINSON. "O trabalho (e orçamentos, cronogramas e tamanho de equipe) expande-se até preencher o espaço, o tempo e os recursos disponíveis para sua realização." Foi uma visão considerável sobre grandes organizações, e agora faz parte da sabedoria popular da gestão moderna. O fato de que as licitações em função de TDRs chegam perto do limite estimado pode não ilustrar esta tendência, apenas que o trabalho pode ser feito em diversos níveis de plenitude ou que os redatores de TDRs são prognosticadores excepcionais.

LICENCIAMENTO (de avaliadores). Consulte **Registro de avaliação.**

LIMITES DA AVALIAÇÃO. A maioria das avaliações são, apropriadamente, direcionadas a um pequeno subconjunto das questões sobre o avaliado que possivelmente possuem alguma relevância à avaliação. Algumas são inadequadamente restringidas por erro ou censura deliberada. Criar uma tarefa finita a partir das possibilidades quase infinitas depende bastante de uma leitura completa e precisa do contexto histórico da situação da avaliação; consulte o ponto de verificação Contexto e Antecedentes na **Lista-chave de verificação da avaliação.**

LINHA DE BASE (dados ou medidas). Fatos sobre a condição ou desempenho dos indivíduos antes do **tratamento.** O resultado essencial da parte pré-teste da abordagem pré- e pós-teste. Coletar dados da linha de base é um dos principais motivos de começar uma avaliação antes do início de um programa, algo que parece estranho aos burocratas financiadores. Veja **Preformativo.**

LINHAS DE CORTE MÚLTIPLAS. Procedimento em avaliação de pessoal para combinar classificações de um candidato feitas por avaliadores diferentes, ou para combinar as pontuações de um candidato em diversos testes diferentes (ou tarefas, ou requisitos). Às vezes, é chamado de abordagem conjuntiva. Requer que uma pontuação mínima especificada – a linha de corte – seja alcançada em determinadas classificações ou escalas (possivelmente todas), e não apenas na pontuação total, como no caso dos critérios **Compensatórios.** Esta abordagem também é contrastada à abordagem de **Obstáculos múltiplos** que, tecnicamente, difere-se apenas no que os testes ou entrevistas são administrados em série, em vez de simultaneamente. Contudo, na prática, as linhas de corte tendem a ser mais baixas no caso da administração simultânea de múltiplos testes, por motivos que não são claros e tampouco obviamente válidos. Dentre candidatos aceitáveis, o vencedor é aquele com a pontuação total mais alta. Um requisito adicional possível, aparentemente discutido em raras ocasiões, é a imposição de uma linha de corte sobre a pontuação total, bem como sobre as subpontuações (ou classificações). Consulte **Ponderação e soma qualitativa** e **Obstáculos múltiplos.**

LISTA-CHAVE DE VERIFICAÇÃO DA AVALIAÇÃO (**KEC**, na sigla em inglês). É uma lista de verificação (*checklist*) geral para muitos tipos de avaliação, principalmente para avaliação de programas. Em um trabalho de avaliação específico, com frequência precisa ser suplementada por uma lista de verificação bem desenvolvida específica de cada campo, mas há quatro casos em que é valiosa por si só: (i) para gerar ou verificar listas de verificação específicas de um campo; (ii) para trabalhar em áreas em que elas não existam; (iii) para fazer avaliação de múltiplos programas quando a variedade de programas é extremamente diversa; e (iv) para **meta-avaliação**, em que mais uma vez uma lista de verificação precisa se aplicar a uma grande variedade de campos. Em muitas outras ocasiões, é um suplemento útil para listas de verificação locais, visto que elas com frequência não são baseadas em uma abordagem abrangente à avaliação. Veja também **Lista de verificação.**

A descrição a seguir não pretende constituir uma explicação plena da Lista-chave e de sua aplicação, o que seria mais apropriado em um texto convencional, em que exemplos trabalhados podem ser anexados. Ela serve simplesmente para identificar as diversas dimensões que devem ser exploradas antes da síntese final em uma avaliação. É quase sempre essencial verificar todas elas: esta não é uma lista de *desiderata* – itens desejáveis a verificar –, mas de '*necessitata*' – itens que *devem* ser verificados para evitar que a avaliação seja invalidada. Algumas palavras são fornecidas para indicar o sentido pretendido em cada ponto de verificação, cujos títulos são breves de modo que sejam úteis mnemônica e referencialmente; todos os títulos são estendidos em seu próprio verbete neste volume. (Não se encontram marcados em negrito aqui, para evitar causar no leitor a impressão de que constituem verbetes independentes.)

Muitas iterações da Lista-chave estão envolvidas em uma avaliação típica, o que gera um processo de aproximação sucessiva. (Se a avaliação deve ser 'puramente' livre de objetivo, o pessoal de campo, ao menos, modificará a sequência fornecida da maneira indicada.)

A Lista-chave destaca a questão de que a avaliação é multidisciplinar em termos de método, bem como uma disciplina independente. Não pode ser vista como uma aplicação objetiva de métodos-padrão no repertório tradicional das ciências sociais. Nas ciências sociais tradicionais, muito poucos pontos de verificação são abordados de maneira ligeiramente próxima à necessária em avaliação. Além disso, o uso da Lista-chave não é finalizado antes de a avaliação começar; ela pode servir para gerar uma proposta, mas também servirá para forçar mudanças de procedimento no avaliador à medida que novos fatos e antecedentes emergem.

1. DESCRIÇÃO. O que será avaliado? (Chamado o 'avaliado'). Uma descrição/medição *correta*, provavelmente não a oficial, e possivelmente não corresponde bem ao rótulo ou expressões descritivas do fabricante (muitas das quais ignoram questões avaliativas fundamentais). A descrição deve fornecer uma visão geral e um método de identificação do mesmo programa, ou de programas semelhantes, em outros lugares, e não uma receita para instalação; normalmente, é redigida em linguagem não avaliativa, mas pode usar uma linguagem que envolva expressões avaliativas ("bom local de estacionamento") básicas e inquestionáveis. Ela deve identificar os **componentes**, se houver, suas funções reais, e seus relacionamentos (bem como as funções reais de todo o avaliado). Deve traduzir quaisquer termos-chave para a linguagem operacional e verificar a tradução com o cliente, e possivelmente com outras pessoas (exemplos: letramento, pobreza, viés, etnia). Com frequência, é útil dividir a Descrição em quatro partes que correspondam à descrição de: (1.1) natureza geral, função e operação; (1.2) os componentes, suas funções e relacionamentos (por exemplo, organogramas, diagramas de fluxo de produção, qualificações do pessoal); (1.3) o sistema de entrega (interface com os **favorecidos**); e (1.4) o sistema de apoio ou infraestrutura, que inclui o ambiente físico, sistema de manutenção/serviço/atualização, o sistema de instrução/treinamento para usuários/fornecedores, o sistema de monitoramento da administração (se houver) para verificar o uso/manutenção/qualidade apropriado. Quando o processo de avaliação começa, o avaliador normalmente tem apenas as descrições do ava-

liado fornecidas pelo cliente, além de suas funções etc. À medida que a avaliação progride, as descrições fornecidas pelo pessoal, usuários, monitores e outros são coletadas e observações/testes/medições diretas serão realizadas. Eventualmente, apenas a descrição mais precisa vai sobreviver neste ponto de verificação, mas as outras são importantes e devem ser retidas – e usadas como notas para o Ponto de verificação 2 (Antecedentes e Contexto) – pois fornecem dicas importantes quanto a quais problemas (por exemplo, equívocos ou percepções inconsistentes) devem ser resolvidos na avaliação e no relatório final.

2. ANTECEDENTES & CONTEXTO. A base da perspectiva e delineamento. Inclui a identificação do **cliente** e **partes interessadas**, suas necessidades de informação e opções de decisão; função *pretendida* e *suposta* natureza do avaliado; desempenho *percebido* atualmente e no futuro; expectativas acerca da avaliação; tipo desejado de avaliação (**formativa** *vs.* **somativa**, **rigorosa** *vs.* **ritualística**, **global** *vs.* **analítica**, **baseada em objetivos** *vs.* **livre de objetivos**, e assim por diante); recursos disponíveis para a avaliação; histórico do programa, sua relação com outros programas; precedentes, erros, inimigos, aliados, conexões, opções percebidas, restrições políticas, esforços avaliativos anteriores, e assim por diante. Quem lhe forneceu descrições ou avaliações equivocadas/interessantes? Quem cooperou, ou não? Por quê? No modo **livre de objetivos**, a maior parte disto será filtrada entre o pessoal de campo e seu relatório preliminar. Mas em muitos casos, este é o ponto de verificação que nos orienta na direção de um delineamento viável e, às vezes, facilmente administrável, em vez de um tipo que aborda tudo o que há no universo dos fenômenos relacionados aos programas. Verifique a lista dos **parâmetros de avaliação** quando se voltar para um delineamento específico.

3. CONSUMIDOR. Quem é impactado pelos efeitos diretos ou indiretos do avaliado – ou unidades do avaliado, quando a avaliação analítica está sendo realizada –, o 'grupo impactado ao final da linha'? Quem precisa do avaliado e não o está recebendo, mas *poderia* receber (consumidores em potencial, aqui chamados de **mercado**)? Alcançá-los também vai depender dos Recursos (veja a seguir). Faça a distinção entre os favorecidos e os consumidores impactados diretamente. Note que o incentivador e os fornecedores de serviços são impactados, por exemplo, pelo fato de

terem um emprego, mas isso não faz deles consumidores, no sentido comum, pois não recebem os serviços que o programa fornece. Entretanto, devemos considerá-los ao analisar os efeitos totais (Resultados) e podemos descrevê-los como parte do *total* de pessoas afetadas, impactadas, ou o grupo envolvido – a população impactada. Os contribuintes normalmente fazem parte desta população. Não há consumidores sem um sistema de entrega que funcione, de modo que analisar o sistema de entrega (abordado em Descrição) é uma maneira de descobrir os verdadeiros consumidores. Você não quer apenas uma maneira de chamar os consumidores, mas precisa de alguma informação sobre eles; seus antecedentes, atitudes, e assim por diante, dependendo do caso.

Os consumidores *pretendidos* são identificados como parte dos Antecedentes & Contexto. A diferença entre pretendido e real no que concerne à população de consumidores é paralela à diferença entre efeitos pretendidos e reais, no sentido de tipos de efeito. Com frequência, consumidores não pretendidos são englobados, normalmente inconscientemente, sob 'efeitos colaterais'.

4. RECURSOS (Às vezes chamado de "avaliação dos pontos fortes", em contraste com a avaliação de necessidades do próximo ponto de verificação). O que está disponível para uso pelo ou para o avaliado? Os recursos não seriam o que é usado, por exemplo, na compra ou manutenção, mas o que *poderia* ser usado, pois a avaliação deveria questionar se o programa (etc.) alcançou seu potencial (fez tudo o que era possível). Eles incluem dinheiro, expertise, experiência, tecnologias, qualidade dos insumos e considerações acerca de flexibilidade. (Identificando o Mercado, no Ponto de Verificação 2, depende do potencial, e não apenas dos recursos reais.) Tudo isto precisa considerar as restrições legais e políticas descobertas na investigação do Contexto. Consulte **Falácia de Harvard**.

5. VALORES. A fonte dos parâmetros para converter fatos em conclusões avaliativas. Com frequência, requer uma **avaliação de necessidades** das populações impactadas e potencialmente impactadas. Porém, deve observar (i) os desejos, bem como as necessidades; (ii) os valores tais como *julgados* ou padrões de mérito aceitos e ideais, bem como os que são relevantes (mesmo que sua relevância (ou existência) não fosse percebida). Os padrões que devem ser considerados incluem padrões leais/

éticos e morais/políticos/administrativos/estéticos/hedônicos/científico (ou outro disciplinar)/de qualidade de vida e ambientais; (iii) quaisquer outros padrões validados ou amplamente aceitos que se aplicam ao campo, especialmente padrões profissionais; as metas definidas do programa, em que uma avaliação baseada em objetivos é realizada; e as necessidades (etc.) do incentivador, pessoal, inventor, e assim por diante, visto que são diretamente impactados. A legitimidade e importância relativa destas considerações frequentemente conflitantes vão depender de considerações éticas, contextuais e funcionais *e devem ser consideradas*; é falta de profissionalismo fazer considerações relativistas em que você aceita valores de alguma outra fonte sem validação (direta ou indireta). Por exemplo, você pode ter que decidir se o valor político de um programa compensa a inequidade substancial que ele envolve.

É exclusivamente deste ponto de verificação que obtemos o componente do valor em uma avaliação – o elemento que faz com que ela seja mais do que um conjunto de dados. Os valores podem se aplicar ao processo ou resultado e, assim, aparecerão na síntese (Significado). NOTA: o próprio processo de fazer avaliação de necessidades envolve não apenas gerar valores, mas, ao longo do caminho, usar outros valores (que você deveria, naturalmente, identificar e justificar) para decidir que o status quo precisa ser melhorado, ou que a falta de algo que é fornecido atualmente acarretaria uma situação 'insatisfatória'. Assim, dos três pontos aos quais os Valores são aplicados – o status quo, o processo de mudança (Processo), e os resultados da mudança (Resultados) – o primeiro já é avaliado neste ponto.

6. PROCESSO. Neste ponto, aplicamos os Valores identificados no último ponto de verificação ao processo que começamos a identificar na Descrição. (Em seguida, os aplicaremos aos Resultados, de modo que este é o segundo de três pontos de verificação que geram conclusões avaliativas que entram na síntese.) Aqui, consideramos que o processo abrange tudo o que está associado ao avaliado, mas não é causado por ele, além de (muitas) coisas causadas por ele que são de âmbito interno (por exemplo, entusiasmo da equipe). Assim, sob Processo avaliamos todos os aspectos da natureza do avaliado, não apenas sua operação. Perguntamo-nos: quais valores se aplicam, e quais conclusões podemos

tirar sobre, a *natureza* e *operação* normal do avaliado? Por exemplo, uma avaliação realizada pelo Gabinete do Inspetor-Geral em uma agência pode se concentrar especialmente no investimento eficiente de fundos variáveis e prevenção de fraudes. Uma visita de credenciamento pode se concentrar nas qualificações acadêmicas do pessoal responsável pelo ensino em um programa. (Nós obtemos os fatos sobre a natureza e operação da Descrição e os arquivamos sob esta rubrica; os Valores, naturalmente, originam-se no Ponto de Verificação 5.)

O ponto de verificação do Processo aplica-se igualmente à avaliação de produtos – por exemplo, observaríamos o sistema de suporte e manutenção no caso de software, ou a correção científica do conteúdo e a qualidade tipográfica de um livro didático sob esta rubrica. Uma conclusão avaliativa típica imediata poderia ser algo como: "Infringe o padrão de segurança X" ou "Está de acordo com padrão de gestão de pessoas Y". Com frequência, precisamos investigar o processo mais a fundo para verificar se os padrões relevantes são cumpridos; os resultados da investigação em parte melhoram nossa Descrição mas também levarão a avaliações diretas. Pelos Antecedentes e Contexto (Ponto de Verificação 2), teremos uma ideia de qual *deveria* ser o Processo, e isso nos fornece outro tipo de avaliação de processo, relacionada à descrição equivocada e concepções inconsistentes; aqui, provavelmente usaremos um 'índice de **implementação**'.

Também podemos buscar indicadores sabidamente correlacionados a determinados resultados de longo prazo (cuja emergência podemos não ter tempo suficiente para esperar). Este é um procedimento comum em avaliação de produtos, em que compramos usando o nome e número do modelo de um produto testado por uma revista especializada. O nome da marca, por exemplo, é um indicador da qualidade, nem sempre confiável, mas certamente um indicador de 'processo'. Em avaliação de pessoal, indicadores de estilo (descritores) são variáveis do processo, e normalmente ilícitas. Também podemos identificar Resultados imediatos ou muito rápidos, cuja ocorrência ultrapassa o processo; estes são diferentes dos fenômenos que fazem *parte* do Processo.

7. RESULTADOS. Quais efeitos são produzidos pelo avaliado, intencionais ou não? Organizar uma matriz de efeitos possíveis é útil para

começar a busca; população afetada × tipo de efeito (cognitivo/afetivo/psicomotor/saúde/social/ambiental) × tamanho de cada um × momento de início (durante o programa/final do programa/após) × duração (por exemplo, confiabilidade de longo prazo) × cada componente ou dimensão (se a avaliação analítica for necessária). NOTAS: (i) para algumas finalidades, os efeitos intencionais devem ser separados dos não intencionais (por exemplo, monitoramento de programas, contabilidade jurídica); em outros casos, a distinção não deve ser feita (avaliação somativa voltada ao consumidor); (ii) com frequência, a ênfase deve ser colocada no 'valor agregado', em vez de no mero funcionamento causal (consulte a **Falácia de Harvard**); (iii) o que conta como resultado é um problema fundamental de delineamento: por exemplo, devemos escolher entre formandos de uma escola de secretariado que sejam bem qualificados, ou formandos bem empregados, como o resultado?; (iv) sempre faça a distinção entre os efeitos imediatos e o Processo – os efeitos são diferentes do programa em si; o processo, não; (v) um 'efeito' da execução de um programa é que você gasta dinheiro; mas este não é um resultado, é apenas um custo. (vi) Outro 'efeito' é que você emprega pessoas. Este aspecto poderia ser tratado sob Processo, mas pode ser mais bem abordado separadamente como um **efeito de retrocesso**; (vii) não conte plenamente com as estatísticas resumidas, exceto se a população impactada for homogênea nas principais dimensões de interesse. O sucesso junto a aprendizes com deficiência, minorias ou superdotados pode ser extremamente significativo, mesmo quando o sucesso global é inexpressivo; (viii) há diversos efeitos já identificados e nomeados, aos quais o avaliador deve estar atento. Nem todos são equivalentes a falácias em termos lógicos, mas, juntamente com artefatos estatísticos, muitos deles podem levar a resultados equivocados. Há quase vinte verbetes aqui dedicados a eles, que se encontram listados sob **Efeitos**.

A principal metodologia deste ponto de verificação concentra-se na determinação da causalidade. A metodologia dominante das ciências sociais com frequência ajuda, mas muitas vezes é inadequada, e precisamos recorrer a modelos usados por juristas, detetives, jornalistas investigativos, clínicos ou historiadores. (Para ver uma abordagem, consulte **Método do *modus operandi*.**)

8. CUSTOS Monetário *vs.* psicológico *vs.* de pessoal *vs.* tempo *vs.* espaço; inicial *vs.* recorrente; direto *vs.* indireto; nominal *vs.* descontado; atual *vs.* de oportunidade; por componentes, quando apropriado.

9. COMPARAÇÕES com opções alternativas – inclua opções reconhecidas *e* não reconhecidas, as disponíveis atualmente e as que podem ser construídas. Os principais competidores neste campo são os "**concorrentes críticos**", identificados em termos de custo-eficácia. Normalmente, incluem aqueles que produzem efeitos semelhantes ou melhores a um custo menor e efeitos melhores por um custo extra viável (veja Recursos). Com frequência, há uma grande escolha entre as alternativas governamentais e do setor privado.

10. GENERALIZABILIDADE (ou 'potencial' ou 'versatilidade' [cf. '**validade externa**']). Utilidade, se usado por ou para outras pessoas/lugares/-tempos/versões. ("Pessoas" refere-se ao pessoal, bem como aos favorecidos.) Sobrepõe-se às considerações do Mercado (do ponto de verificação Consumidor), e deve ser limitada por considerações acerca da passibilidade de entrega/venda/exportação/modificação e da durabilidade.

11. SIGNIFICÂNCIA. Uma classificação da importância geral, aplicada a uma **síntese** do descrito antes, que é (aproximadamente) uma classificação *em termos de custo-eficácia comparativo de acordo com o cumprimento das verdadeiras necessidades classificadas em ranking, incluindo os efeitos colaterais, generalizabilidade e considerações legais/éticas*. De modo geral, o processo de síntese não pode ser deixado para o cliente, que normalmente não é treinado para tanto e não possui a objetividade necessária; e as abordagens-padrão a, por exemplo, cálculos do custo-benefício são raramente adequadas. A abordagem da **ponderação e soma qualitativa** muitas vezes é útil. Os juízes às vezes são a alternativa mais viável e a melhor abordagem para determinar a importância geral, mas sua validade é duvidosa sem a devida **calibragem**. A validação do procedimento de síntese com frequência é uma das tarefas mais difíceis da avaliação. Comentários sobre a medida em que os objetivos foram alcançados podem ou não ser incorporados; permanecendo o restante igual, fazer isto é um serviço, mas esta questão pode ser mais bem investigada depois que uma **abordagem livre de objetivos** tenha trazido suas próprias conclusões.

12. RECOMENDAÇÕES. Elas podem ou não serem solicitadas, e podem ou não acompanhar uma avaliação; mesmo quando são de fato solicitadas, pode não ser viável fornecê-las sem antes elaborar um projeto secundário detalhado, pois com frequência o único tipo que seria apropriado acarreta despesas massivas e independentes para os especialistas locais. (Aqui, você precisa analisar cuidadosamente os Recursos disponíveis para a avaliação.)

13. RELATÓRIO. O vocabulário, extensão, formato, meio, tempo, localização e pessoal para a apresentação (ou conjunto de apresentações) precisam ser analisados cuidadosamente, assim como a proteção/privacidade/publicidade e tiragem ou circulação prévia de rascunhos preliminares e/ou finais. Em uma avaliação formativa, o processo de relatório se estende a um processo educacional (sobre o que conta como mérito, e como ele pode ser melhorado), o que pode tomar até metade do tempo. O relatório precisa transmitir uma mensagem científica e de senso comum, mas também é um caso que envolve, de maneira profunda, a visualização de dados e sua dimensão estética. À medida que programas para computadores desenvolvem-se, podemos esperar que se usem cada vez mais técnicas multimídia e, eventualmente, de realidade virtual, em relatórios.

14. META-AVALIAÇÃO. Este ponto de verificação é a ligação para um segundo nível de avaliação – a avaliação da avaliação do primeiro nível. O profissionalismo requer que tratemos nosso próprio produto da mesma maneira com que tratamos o avaliado. Consulte **Meta-avaliação.** Veja também **GAO**, para ver outra lista de verificação.

LISTA DE INIMIGOS. Os piores inimigos são os melhores críticos. Eles possuem três vantagens sobre os amigos, visto que têm mais motivação para provar que você está errado, se preocupam menos com o efeito disso sobre você e têm mais experiência com pontos de vista radicalmente diferentes. Por conseguinte, frequentemente vão investigar a fundo o suficiente para descobrir suposições que você não havia notado e destruir a complacência sobre a impregnabilidade das suas inferências. Obviamente, devemos usá-los para fazer meta-avaliação, com boa remuneração. Mas quem gosta de trabalhar com inimigos, agradecer-lhes e pagá-los? A resposta é: um bom avaliador. Este é um teste fundamental do "comportamento do avaliador" que compõe uma parte importante do **profissionalismo** (veja também **Competências em avaliação**). O fato de que muitos de nós pouco nos importamos com a introdução de melhorias e muito nos preocupamos em facilitar nossas vidas aparece em nenhum outro lugar mais claramente do que nesta questão.

Um bom exemplo é a distribuição de formulários de avaliação do ensino a alunos de uma classe universitária, o que normalmente é feito próximo ao final do semestre. Mas então onde estão seus inimigos? Muito longe; apenas os que autosselecionaram permanecem. Até mesmo para fins somativos, você deveria distribuir o formulário para todos os corpos vivos que cruzarem o limiar do primeiro dia e qualquer data posterior – a ser devolvido ao seu colega do lado ou por meio do correio do campus quando resolverem não voltar mais. Com frequência, estes que saem têm mais a lhe dizer – até ali, você já saberá o que a maioria dos resolutos dirá. Se você valoriza a qualidade, procure sugestões daqueles que acreditam que ela *lhe* falta. Muito foi escrito em textos de metodologia sobre a necessidade de procurar explicações rivais e casos negativos, mas ninguém parece mencionar sua fonte óbvia, nem mesmo o conflito de papéis em que você se encontra na medida em que busca por eles. Use a lista de inimigos; é claro, você vai precisar encontrar quem coopere, possivelmente à base de troca. O avaliador mais durão pode refletir: Com inimigos como estes, quem precisa de amigos?

LÓCUS DE CONTROLE. Variável 'afetiva' popular, que se refere, grosso modo, ao local que se considera apropriado para o centro de poder no universo, de acordo com uma escala que vai de "dentro de mim" a "muito, muito longe". Um item típico pode perguntar em que medida os indivíduos sentem que controlam seu próprio destino. Na verdade, com frequência este é um teste simples de conhecimento sobre a realidade, e não afetivo (dependendo do destaque dado à parte emotiva do item) e, quando de fato *é* afetivo, o afeto pode ser julgado como apropriado ou inapropriado. Estes itens com frequência são mal interpretados, por exemplo, ao considerar um movimento na direção da internacionalização do lócus de controle como um ganho, enquanto pode ser um sinal de perda de contato com a realidade. Consulte **Afetivo.**

LÓGICA. O estudo do raciocínio sólido e os sistemas de regras que resultam deste estudo. A lógica é uma **transdisciplina**, e quase tão geral quanto a avaliação, mas é subordinada à avaliação por ser prescritiva, isto é, avaliativa. Naturalmente, a **lógica da avaliação** – um esforço reconstrutivo – é um ramo da lógica; mas a avaliação começou muito antes de a linguagem se cristalizar, quem dirá a lógica, à medida que os artesãos aprendiam a melhorar e rejeitar artefatos.

LÓGICA DA AVALIAÇÃO. A principal função da inferência avaliativa é chegar validamente a conclusões avaliativas a partir de premissas factuais (e, claro, definicionais); assim, a principal tarefa da lógica da avaliação é mostrar como isso pode ser justificado. Fazer isto é uma tarefa ainda hoje considerada impossível pela maioria dos lógicos e cientistas – particularmente cientistas sociais. A primeira parte deste verbete aborda o problema do ponto de vista prático, exibindo dois paradigmas amplamente usados e respeitáveis. A segunda parte observa alguns problemas semitécnicos de estender os paradigmas a outros campos da avaliação, e a terceira parte aborda o problema na linguagem técnica do lógico e filósofo da ciência. Por fim, faz-se referência a um ou dois outros tópicos na lógica da avaliação.

1. Independentemente dos méritos da discussão entre lógicos, avaliações de produtos demonstram diariamente a viabilidade da inferência de valores a partir de fatos. Eles começam com fatos sobre o desempenho de diversos produtos, e tiram conclusões sobre seu mérito relativo ou absoluto. Não se pode dizer que toda edição da ***Consumer Reports*** é cheia de falácias. Por praticidade, o paradigma da avaliação de produtos é consistente e generalizável. Em caso de dúvidas quanto a isso, pode-se recorrer ao equivalente ao cientista praticante da avaliação de produtos: a avaliação de dados, delineamentos, hipóteses, artigos para publicação ou em publicações, instrumentos, e assim por diante. Em cada caso, o cientista trabalha com evidências factuais quanto ao desempenho e chega a uma conclusão avaliativa; quando refutado, ele não terá problemas para defender a conclusão recorrendo a evidências, definições e inferências válidas.

2. O ataque usual ao paradigma da avaliação de produtos como um exemplo de como inferir conclusões avaliativas a partir de premissas

factuais sugere que ela conta com valores compartilhados entre seus leitores, o que não é transferível para, digamos, a avaliação de programas. As pessoas não discordam radicalmente quanto a quais aspectos dos detergentes de máquinas de lavar louças elas valorizam; porém, discordam quanto ao que desejam obter de uma clínica, patrulhas policiais ou currículos escolares. Este criticismo envolve dois erros. Em primeiro lugar, não são valores compartilhados que sustentam a validade das avaliações de produtos. Você terá notado que o *Consumers Union* raramente faz pesquisas para verificar o que as pessoas valorizam em aparelhos e produtos. Tampouco os cientistas fazem pesquisa sobre o que compõe uma boa teoria. O motivo não é porque acreditam que possuem intuições infalíveis sobre as preferências. É porque compartilham da compreensão do significado dos termos que descrevem o avaliado. Se você sabe o que é um relógio de pulso, sabe que precisão na marcação do tempo, legibilidade e durabilidade são méritos em um relógio de pulso; e se você sabe disso, sabe como tirar algumas conclusões avaliativas (prima facie) a partir de premissas factuais sobre o mérito comparativo de relógios de pulso. (O mesmo se aplica às teorias científicas.) Os nomes da maioria dos produtos e componentes metodológicos têm uma lógica mais ou menos semelhante à de tipos ideais – entidades há muito familiares dentro do campo científico, em que 'gás ideal', 'mola perfeitamente elástica', 'operário', 'competição perfeita', e assim por diante, servem a uma finalidade útil. Assim, conclusões a respeito de relógios de pulso, máquinas de lavar louças, teorias etc. advêm diretamente da compreensão do sentido dos termos (sua definição implícita, os ideais embutidos na compreensão do conceito) e os fatos quanto ao seu desempenho.

Estas conclusões não são apontadas como erradas pela existência de perfis de gosto 'aberrantes' entre consumidores – pessoas que compram relógios Rolex DayDate a US$ 20.000, apesar do fato de que são muito menos precisos, têm menor legibilidade, requerem manutenção mais frequente e onerosa, e incitam assaltos ao usuário do que o Swiss Microtec, a US$ 80 (o atual campeão de precisão e luminosidade). A existência de compradores de status não mostra que é errado considerar o Microtec como a melhor compra, tampouco que é errado listá-lo como o melhor por seu mérito *enquanto relógio de pulso*. Legitimar este tipo de inferência é parte da lógica de descritores para produtos, que são abstrações de um complexo de indicadores que inclui funções. Outra parte da mesma lógica é agrupar por preço: com frequência protegeremos uma avaliação de produto contra ataques introduzindo categorias de preço. Então, podemos reconhecer a superioridade a um preço mais alto, como quando dizemos que o Lexus 400 é um carro melhor do que o Nissan Maxima, mas nos reservamos o direito de dizer que o Maxima é o melhor carro em sua classe de preço. O Rolex, por outro lado, não é um relógio melhor do que o Microtec. É apenas um símbolo de status melhor – e apenas entre pessoas com apreço limitado pela tecnologia –, o que quase nada tem a ver com seu mérito enquanto relógio de pulso.

Estudos de desempenho no mundo real, a principal fonte de fatos na avaliação de produtos, envolvem um pouco mais do que verificar o desempenho de acordo com os critérios embutidos no significado comum. Os testes de campo simulados ou reais: (i) revelam outros critérios que são obviamente relevantes (normalmente confirmados pelo consentimento unânime do pessoal do laboratório, mas um grupo focal pode ser usado); e (ii) levam à conexão dos critérios originais e novos a medidas empíricas. Por exemplo, embora (talvez) não seja parte do significado específico de "lâmpada elétrica", a segurança elétrica certamente é um critério de mérito destas, e maneiras de medi-la precisam ser concebidas; (iii) a realização de testes também ajuda no procedimento de 'corte de preços', isto é, a identificar bons pontos de corte para categorias de custo (por exemplo, carros econômicos, carros de luxo) e a cortar funções em subcategorias definidas por função, tal como 'sedan familiar', 'van', 'carro esportivo', e assim por diante. A introdução de subcategorias protege as conclusões avaliativas da acusação de invalidez ao substituir a validade limitada. Não obstante, estes são apenas refinamentos; a conclusão é que o paradigma da avaliação de produtos sobrevive ao ataque às inferências fatos/valores usando a análise funcional para fixar suas conclusões avaliativas a partir de premissas factuais. Nossa linguagem implicitamente define tipos ideais no campo de produtos, como com frequência faz no campo psicológico e sociológico, e nós os usamos, com o tipo de refinamentos indicados, como as normas para classificar produtos reais. Os próprios tipos ideais são baseados na análise funcional e definicional, e não em pesquisas de popularidade. O mesmo modelo que usamos na avaliação de produtos aplica-se – com pequenas modificações – a candidatos por meio de descrições do cargo, a planos de construção por meio de especificações, e a programas sociais da mesma maneira (veja a seguir).

Assim, a avaliação não se esgueira por premissas ocultas duvidosas ou pressuposições arbitrárias quanto ao que é bom ou ruim, muito menos quanto ao que se acredita ser bom ou ruim. Ela precisa apenas usar as 'definições' costumeiras, isto é, as concepções das entidades funcionais, cuja percepção, em parte, é que são exemplos melhores do seu tipo quando desempenham sua função de definir melhor, o que em si é uma verdade definicional.

Mas e quanto a considerações éticas? Deveríamos criticar produtos com embalagens não recicláveis? Os que podem ferir crianças curiosas, embora nossa família não possua nenhuma? A resposta fácil é dizer que o papel da ética aqui não é diferente do seu papel em todas as atividades profissionais; ela desempenha uma função, e os códigos profissionais existem – ou deveriam ser criados – para descrevê-la. A resposta difícil é dizer que as considerações éticas são simplesmente considerações gerais da estratégia social (análoga às considerações legais), e as estratégias sociais estão sujeitas à avaliação assim como quaisquer políticas. (Consulte **Ética**.) Assim, na medida em que a ética entra, as questões éticas precisam ser resolvidas antes que a tarefa esteja completa; e resolvê-las é uma questão avaliativa também. Isso não é diferente do fato de que as questões relativas ao pessoal, ou aquelas fiscais e legais, podem ter que ser resolvidas antes de podermos tirar conclusões avaliativas finais sobre um programa ou uma instituição – ou uma guerra.

Outro problema que precisa ser levado em consideração concerne à imprecisão relativa do conceito de 'funcionamento adequado de uma clínica' em contraste com o 'funcionamento adequado de uma caneta esferográfica'. Uma boa analogia aqui é com o 'funcionamento adequado do MMPI (ou qualquer outro teste padronizado)'. Não é o mesmo que a função originalmente pretendida ou modificada (a falácia da **avaliação baseada em objetivos**), mas é uma função da interação do ambiente das necessidades com os recursos disponíveis. Basicamente, quando fazemos avaliação de programas, precisamos elaborar a melhor função e o mérito do programa paralelamente. Não é um processo trivial, mas não é mais problemático do que fazer a mesma coisa com um teste psicológico ou um instrumento científico.

Mas imagine cairmos novamente nas pesquisas tipo *surveys*. Mesmo ali, é possível ter muito mais objetividade do que normalmente se supõe. Imagine, por exemplo, que alguém realiza um levantamento das preferências como parte de uma análise de necessidades, ou em um caso em que os desejos são os parâmetros condutores (isto é, onde a ética não sobrevém). Imagine que, no final das contas, os entrevistados possuem uma grande variedade de diferentes visões quanto ao que é desejável. Imagine, além disso, que o desempenho dos candidatos em diferentes critérios não é o mesmo, de forma alguma. Esta é um tipo de situação relativamente comum e é normalmente apontada como o motivo para pensar que não se pode dizer que há objetividade em avaliações: "O melhor X será bem diferente para pessoas diferentes." Na verdade, mesmo sem usar qualquer procedimento usual de segregação, triagem e idealização, os resultados com frequência são extremamente robustos e generalizáveis. Isto é, o melhor X será o melhor para todos os jogadores. Isso obviamente ocorre quando um candidato tem melhor pontuação do que os outros em todos os critérios, visto que isso torna as diferenças na ponderação dos critérios irrelevantes. Contudo, também ocorre em uma variedade de casos muito ampla, em que diversos candidatos ganham em um ou outro critério, *mas a diferença entre as pontuações, quando multiplicada pelas (diversas) ponderações do critério, não é suficiente para compensar o tamanho e o número de vitórias do candidato líder.* Consequentemente, nenhuma conclusão relativista quanto à avaliação é inferida por grandes diferenças nos valores dos consumidores, seja combinada ou não a grandes diferenças no desempenho dos candidatos nas dimensões avaliadas. Ainda pode haver, e com frequência há, vencedores absolutos, que podem ser considerados os melhores para todos. Nestes casos, o vencedor simplesmente esmaga a oposição.

3. Questões técnicas: (i) é evidente que aqui uma função central é desempenhada pela noção de conceitos aglomerados ou 'definições criteriosas', em contraste com definições clássicas que foram normas de substituições ou conjuntos de condições logicamente necessárias e

suficientes. Por exemplo, diz-se que o significado de "relógio de pulso" possui critérios definicionais como capacidade de marcar o tempo, o que automaticamente gera critérios de mérito. A maioria dos termos na linguagem comum e nas linguagens técnicas das disciplinas são conceitos aglomerados. Este fato destrói o chamado 'argumento de pergunta aberta' de G. E. Moore, que deveria mostrar que o significado de termos avaliativos não poderia ser 'reduzido' a conceitos não avaliativos. As reduções sugeridas alegadamente comprometiam 'a falácia naturalística', mas só fazem isto se forem tão simplistas a ponto de não valer a pena considerá--las. A forma com que os critérios de mérito são embutidos no conceito de "relógio de pulso" dificilmente pode ser considerada falaciosa. (Ref.: "The Logic of Criteria", ***Journal of Philosophy***, outubro, 1959, reimpresso em *Criteria*, ed. John V. Canfield [Garland, 1986]); (ii) reconhecer a natureza e ubiquidade dos conceitos aglomerados também leva à noção de **inferência probatória**, o conceito mais geral de inferência que abarca a inferência indutiva e avaliativa; (iii) a inferência probatória gera conclusões prima facie em vez de categóricas, condicionais ou probabilísticas (quantitativas). A inferência probatória pode ser usada para gerar conclusões usando o significado qualitativo fundamental da probabilidade ("é uma maçã, de modo que a parte interna provavelmente tem uma cor muito diferente da casca"), do qual as versões mais matemáticas derivam em casos especiais, e assim é relacionada a um tipo de inferência indutiva. A inferência da melhor explicação também é inferência probatória, assim como a maioria das inferências de conclusões legais ou avaliativas; (iv) Um aspecto da inferência probatória é sua natureza iterativa, ou potencialmente iterativa. Isto é, uma primeira rodada de inferência probatória gera conclusões prima facie, que são testadas por investigações mais profundas e modificadas à luz dos novos dados, alcançando níveis cada vez mais altos de confiança justificada, mas jamais transcendendo a possibilidade de erros empíricos. Esta falha, tão caraterística do processo de raciocínio legal, é igualmente característica da inferência avaliativa, com suas longas listas de verificação multidimensionais. Também é característica de boa parte do raciocínio científico, embora os cientistas pareçam se esquecer disto quando levantam a natureza prima facie das conclusões avaliativas como sinal de que a inferência a elas não é de fato científica. Com frequência ouvimos a pergunta: "Mas como você sabe que não há outras considerações que se sobrepõem a estas?". Resposta: pelo mesmo motivo que você às vezes sabe a explicação de um fenômeno físico. Você procura bem por alternativas; mesmo assim, nunca pode ter certeza absoluta, mas pode estar cada vez mais certo ao conduzir investigação iterativa cuidadosa, assim como com o processo de confirmar uma hipótese em uma investigação científica (ou criminal).

Considerando tudo isto, o que podemos dizer dentro do arcabouço técnico sobre a inferência de premissas factuais a conclusões avaliativas? Parece óbvio que isto não pode ser feito estritamente por dedução, mas então quase nenhuma inferência científica e de senso comum é dedutível. Se aceitarmos a ideia de que a única outra escolha é a indução e nos sentirmos impressionados pela ideia de Popper de que não existe lógica da indução – apenas adivinhação e confirmação –, a porta então se fecha. Parece haver apenas três opções possíveis. (A) Pode-se encontrar uma maneira de contornar os argumentos de Popper e determinar a inferência avaliativa como indutiva; (B) pode-se inventar um novo tipo de lógica, que corre o risco de exigir a pergunta (por que deveríamos presumir que dar um novo nome a uma falácia a tornaria legítima?); ou (C) pode-se tentar um truque dedutivo que pareceu logicamente impossível aos melhores lógicos dos dois últimos séculos. Na verdade, pode-se fazer todos os três de maneira legítima. (A) Popper certamente está errado a respeito da lógica da indução – ironicamente, ele ainda estava sob o feitiço do paradigma dedutivo. Há uma lógica da indução, embora seja uma cujos princípios não podem ser formulados da mesma maneira que os princípios da lógica dedutiva são formulados. Ela é treinável, ensinável, avaliável e desempenhada com competência por todos os cientistas o tempo todo, de maneira brilhante por poucos (neste sentido, não é diferente da dedução). Seus padrões são os padrões do argumento científico; seus conceitos básicos são encabeçados pelo conceito da explicação – o oposto do apoio indutivo – e seu principal assistente, o conceito da definição criteriosa, o oposto da inferência prima facie. Em grande parte, é uma lógica implícita, mas precisa o suficiente para que possamos criar e distinguir sentenças gramaticais daquelas agramaticais em quase todos os casos. As ferramentas do argumento e crítica indutivos são analogias, exemplos, contraexemplos, contraexplicações e contrastes, com mais frequência do que são normas exatas, e as declarações que de fato usa – tais como as 'regras gramaticais' – são apenas guias aproximados da verdade, isto é, dicas e heurística em vez de leis exatas. Nós usamos determinados modificadores, como "prima facie", "equilíbrio de prova" e "*ceteris paribus*" – às vezes "provavelmente" – para indicar as qualificações envolvidas. Um dos exemplos do paradigma do raciocínio indutivo é o raciocínio avaliativo, e basta ler a ***Consumer Reports*** para ver como ele funciona. (B) Pode ser mais saudável começar mais atrás, mais próximo do fundamental, e exprimir tudo isto em termos de uma nova lógica que aborda a maior parte do nosso raciocínio cotidiano, juntamente com o raciocínio científico e legal. Nesta descrição – da lógica probatória – a lógica é tratada como necessária e essencialmente semelhante à gramática, com a emergência ocasional de casos limítrofes simples – as ocasionais 'regras gramaticais', por um lado, e as normas da lógica dedutiva, por outro. (A matemática é, deste ponto de vista, um passo além da lógica dedutiva na direção da ciência, embora não tão distante quanto Mill supôs.) Na lógica probatória, o contexto é tão importante quanto o conteúdo; na lógica tradicional, a natureza da lógica é ser independente de contexto. Na lógica probatória, as definições nunca são regras de substituição, apenas explicações de significado, passíveis de reformulação infinita e refinamento pelos que compreendem os termos que estão sendo definidos, sempre que não têm êxito em transmitir o significado. Nos termos desta descrição, o raciocínio avaliativo é o raciocínio probatório típico, assim como a maioria das inferências legais, de senso comum e científicas. (Uma versão estendida, embora ainda programática do exposto encontra-se em "Probative Logic", em ***Argumentation: Across the Lines of Discipline***, editado por van Eemeren, Grootendorst, Blair e Willard [Foris, 1987].) (C) Por fim, pode-se argumentar (como o faz John Searle) que há casos, embora raros, em que a dedução direta pode ser usada para quebrar o tabu. (i) Assassinato é definido como homicídio não justificado (uma definição provavelmente mais próxima do uso correto do que a usual do termo no dicionário, homicídio ilegal). Aqui, "injustificado" significa, grosso modo, "O caso que não em autodefesa, guerra, execução ou para salvar a vida de outra pessoa". (ii) Poder-se-

-ia estabelecer como uma questão de fato, talvez com o auxílio de uma confissão, que um assassinato ocorre por motivos egoístas, cometido por alguém que não está em apuros. (iii) Portanto, podemos concluir, a partir de definições e fatos, que o agente responsável é um assassino – uma conclusão avaliativa. Há maneiras desesperadas de contestar este exemplo, particularmente refutando a noção de definições em contexto (como no caso da definição de "injustificado"); porém, certamente são desesperadas, pois implicam negligenciar a prática do dicionário em prol do dogma de um lógico. O caso é estreitamente análogo à inferência-padrão em avaliação de produtos.

A partir do disposto acima, deve estar claro que a lógica da avaliação prática rigorosa não é a inferência dedutiva inválida, que parte de "Eu gosto de X" para "Eu deveria ter X" (ou "Eu deveria comprar X" ou "Eu mereço X"). É verdade que, no contexto apropriado, este caso simples expõe o caso *limitante* de *um tipo* de inferência prima facie, comum na avaliação de produtos – a inferência a partir dos atributos desejáveis de um produto à conclusão de que se deveria comprar um produto específico. É que há muitas armadilhas possíveis no caminho daquela premissa a esta conclusão, e a lógica da avaliação dedica-se a lidar com estas armadilhas.

Há muitas outras questões que recaem sobre a rubrica da lógica da avaliação, tal como a natureza das **avaliações de necessidades** – com frequência parecem premissas de valor, mas também parecem ser questões factuais – e o problema de especificar o objeto lógico, às vezes muito complexo, que é descrito como uma avaliação – a questão dos **parâmetros da avaliação**. (Algumas destas questões foram discutidas mais extensamente em *The Logic of Evaluation*, Edgepress, 1981.) A lógica prática da avaliação é discutida aqui em diversos verbetes, tal como **Ponderação e soma qualitativa**, **Reorientação**, **Análise funcional**, **Distinção entre é/há de ser**. Veja também **Símbolos** (para avaliação).

LÓGICA DEÔNTICA. Consulte **Axiologia**.

LÓGICA INFORMAL. Diversos teóricos da avaliação consideram que a avaliação seja, em alguns sentidos, uma espécie de persuasão ou argumentação – particularmente Ernest House, em ***Evaluating with Validity*** (Sage, 1980). Nesta perspectiva, é relevante que haja novos movimentos na lógica, direito e ciência que desenvolvam melhor as ideias em torno do que no passado foi repudiado enquanto fatores "meramente psicológicos", como os sentimentos, compreensão, plausibilidade, credibilidade. O "movimento da lógica informal" é paralelo ao movimento da **Nova retórica** no direito, e a alguns aspectos do que com frequência se chama de metodologia **naturalista** nas ciências sociais. A terminologia pretende destacar o contraste com a lógica formal (também conhecida como lógica simbólica ou matemática). O ponto forte da lógica informal é a análise dos argumentos e apresentações cotidianas que não recorrem a um aparato formal sofisticado (consulte **avaliação de argumentos**). A história comprovou que a abordagem formal rende poucos benefícios, se houver, em termos de competências práticas melhoradas. Esforços recentes para desenvolver uma lógica de argumentação avaliativa vêm do interior do campo da lógica informal – consulte **Lógica probatória**. Ref.: ***Informal Logic***, Johnson e Blair, eds. (Edgepress, 1980).

LÓGICA PROBATÓRIA. Nova lógica (informal) de inferência contextual que se concentra particularmente na inferência a conclusões prima facie, passos que são condições válidas, como "dado que as outras coisas sejam iguais", e conceitos como "causa", que são tão dependentes do contexto quanto "grande", ou "bom", ou "explicação". Usa ferramentas tal como definições por exemplos e contrastes, em vez de definições clássicas, **critérios** em vez de condições necessárias e suficientes, ponderação em vez de dedução, heurística para inferência indutiva (e não 'adivinhação inspirada'). A lógica probatória visa representar a lógica normal do discurso, e estar mais próxima à lógica do raciocínio avaliativo, legal e de grande parte da ciência do que quaisquer lógicas formais; diz-se que as últimas são reconstruções de diversos graus de artificialidade. Consulte **Lógica da avaliação**. A implicação probatória, como em p implica q de forma probatória, às vezes é simbolizada por "p + q" (pois "p indica q") devido à semelhança de indicar em vez de (o contrário de) derivar-se de. A causalidade pode, analogamente, ser simbolizada por PkQ, para destacar a noção de atuar como agente e enfraquecer a semelhança à implicação. Com uma máquina de escrever, podem-se usar dois pontos para sugerir a restrição que a implicação probatória coloca sobre a implicação, e uma chave para sugerir a atuação como agente, logo: p :—>q, e P –} Q.

LUCRO. Este termo, advindo da avaliação fiscal, tem conotações negativas para os mal informados. A gravidade da concepção equivocada torna-se clara quando uma organização sem fins lucrativos começa a elaborar orçamentos rigorosamente e descobre que precisa introduzir algo que mal possa ser chamado de lucro, mas que tem a mesma função de financiar uma reserva prudente, novos programas, edifícios, e assim por diante. (Com frequência é chamado chama de "contribuição para a margem".) A tarefa de definir lucro é essencialmente filosófica. A linguagem técnica não ajuda: "lucro bruto" é a margem das receitas sobre os custos de materiais e produção. Isso significa que ele precisa cobrir todas as despesas indiretas (por exemplo aluguel e salários administrativos, visto que elas não são contadas como parte dos 'custos de produção'), amortização de dívida e seguro. Então pode não haver lucro líquido algum, embora o negócio seja, tecnicamente, altamente rentável.

Ignorando esta definição, e tratando o lucro como o lucro líquido, no sentido do senso comum, ainda temos problemas graves quanto ao custo do capital monetário e o tempo investido quando ambos são providos por um proprietário/administrador ou por doadores. O proprietário está lucrando se isso significa que seu tempo é pago à taxa de US$ 5 por hora quando ele/ela poderia estar ganhando US$ 35 por hora com um salário? Se o RI sobre o investimento de capital for 3% em um mercado que paga 10% em certificados de depósito, o investidor está "lucrando"? Usando a análise dos **custos de oportunidade**, a resposta é Não; mas a Receita Federal diz que Sim. Isso é muito bom para eles, mas vai induzir os funcionários que consideram fazer uma greve ao erro. Por outro lado, uma empresa que não tem lucro líquido algum mas paga ao seu CEO US$ 2,5 milhões ao ano, como a Apple Computer, poderia argumentar contra os grevistas que não é lucrativa?

Se os edifícios (ou equipamentos) tiverem sido plenamente amortizados, ou doados, pode-se deduzir uma fatia da entrada do custo de substituição eventualmente necessário antes de poder falar em lucro? *Alguma* retribuição pelo risco (ou perdas anteriores) da parte dos investidores deveria ser permitida antes de chegarmos aos "lucros"? Caso negativo, nunca teremos investidores; caso positivo, os sindicatos argumentam que os capitalistas são sanguessugas e os trabalhadores deveriam estar recebendo este dinheiro. A **análise de custo**/avaliação fiscal parece precisa porque é quantitativa, como a estatística, mas eventualmente os problemas conceituais/práticos precisam ser enfrentados e definições mais atuais causarão consequências absurdas, por exemplo, "o negócio é lucrativo (líquido), mas não temos condições de mantê-lo".

M

MAÇÃS & LARANJAS (no sentido de "comparar maçãs com laranjas").[11] Determinados problemas da avaliação evocam a reclamação, especialmente da parte de indivíduos formados nas ciências sociais tradicionais, de que qualquer solução seria "como comparar maçãs com laranjas". O estudo rigoroso mostra que *qualquer* problema de avaliação verdadeiro (em contraste com o problema de medição unidimensional) envolve a comparação de quantidades distintas, (geralmente) com a intenção de chegar a uma **síntese**. É a natureza da fera. Por outro lado, longe de ser impossível, a própria símile sugere a solução; é claro que comparamos maçãs e laranjas no mercado, escolhendo uma ou outra com base em diversas considerações, tal como custo, qualidade relativa aos padrões próprios de cada fruta, valor nutricional, e as preferências das pessoas para quem estamos comprando. De fato, normalmente consideramos dois ou mais destes fatores e agregamos os resultados racionalmente em uma compra apropriada. Embora haja ocasiões em que essas considerações mencionadas não apontem a apenas um vencedor, e a escolha possa ser feita arbitrariamente, de modo geral, este não é o caso. Reclamar sobre

11 Em inglês, a expressão idiomática "*to compare apples and oranges*" é muito usada para expressar relação que não pode ser feita na prática, dada a diferença da natureza dos dois objetos, apesar do potencial de semelhança (ambas são frutas). Em português, uma expressão equivalente seria "comparar alhos com bugalhos", que, embora se pareçam no nome e na forma, são diferentes por natureza. (*N. da T.*)

a dificuldade relacionada à ideia da diferença entre maçãs e laranjas é um forte sinal de que quem reclama não refletiu muito bem sobre a natureza da avaliação.

MACROAVALIAÇÃO. Consulte **Avaliação global.**

MASSAGEAR (os dados). Termo irreverente para sínteses legítimas (em grande parte) dos resultados brutos que carregam o tipo de conclusões que a estatística pode gerar.

MATE O MENSAGEIRO (fenômeno). A tendência de punir a pessoa que transmite más notícias – com frequência, o avaliador. O fenômeno está relacionado à **axiofobia** – retaliar cegamente a causa da dor que se encontra mais próxima, mesmo quando está claro que a punição não é justa, e tampouco resolverá o problema. Grande parte do ataque atual aos testes – por exemplo, testes de competência mínima antes da formatura ou licenciamento de professores – é puramente a prática de matar o mensageiro, como muitos dos ataques anteriores, elaboradamente racionalizados, às notas de cursos. A presença das racionalizações os identifica como espécimes AFTOC: *Kill The Messenger – After a Fair Trial, Of Course* [AJJC: Mate o Mensageiro – Após um Julgamento Justo, Claro].

MATERIAIS (avaliação). Consulte **Avaliação de produtos.**

MBO. Gestão por Objetivos [*Management By Objectives*], isto é, declarar o que você está tentando fazer em uma linguagem que possibilite identificar se você teve êxito. Não é tão mal quanto um guia de planejamento (embora tenda a enrijecer excessivamente a instituição), mas é desastrosa como um modelo de avaliação de pessoal e programas (embora aceitável como *um* elemento do delineamento da avaliação). Consulte **Modelo de alcance dos objetivos, Avaliação do administrador.**

MÉDIA (Estat.). Cf. **Mediana, Moda**). A pontuação média de um teste é obtida ao adicionar todas as pontuações e dividir o resultado pelo número de pessoas que fizeram o teste. No entanto, a média é altamente afetada pelas pontuações máximas e mínimas da classe e, portanto, pode não representar bem a maioria.

MEDIANA (Estat.). O desempenho mediano em um teste é a pontuação (ou pontuações) que divide(m) o grupo em dois, ou chega o mais próximo possível disto; é o desempenho 'do meio'. É um dos sentidos (relativamente) exatos do termo "média". A mediana não é de forma alguma afetada pelo desempenho dos poucos alunos melhores e piores de uma classe (cf. **Média**). Por outro lado, como no caso da média, pode ser o caso de ninguém obter uma pontuação próxima ou exatamente sobre a mediana, de modo que ela não identifica um "indivíduo mais representativo" como a **moda** o faz. Além disso, a mediana é mais sensível a uma variedade de mudanças do que a moda. Obter uma pontuação no 50º **percentil** é (normalmente) o mesmo que obter a pontuação mediana, visto que cerca de 50% dos "concorrentes" estão abaixo de você, e cerca de 50%, acima.

MEDIÇÃO. Determinação da magnitude de uma quantidade, não necessariamente, embora tipicamente, em uma escala de teste referenciado em critérios (por exemplo, usando calibrador de lâminas) ou em uma escala numérica contínua. Há diversos tipos de escala de medição, no sentido informal, que vão desde as nominais (rotulação) às ordinais (conceituação ou ranking), até variedades de escalas cardinais (pontuação numérica). O uso científico padrão refere-se apenas ao último tipo. O que quer que seja usado para fazer a medição, normalmente, mas nem sempre, distinto do experimentador, é chamado de instrumento de medição. Pode ser um questionário, um teste, o próprio olho ou um aparelho. Em determinados contextos, tratamos o observador como o instrumento que necessita de **calibragem** ou validação. A medição é um componente comum, e às vezes grande, das avaliações *padronizadas* – embora constitua uma parte muito pequena de sua lógica, isto é, da justificativa das conclusões avaliativas.

MEDIÇÃO DISCRETA. O oposto de medição **reativa**. Não produz efeito reativo; um exemplo famoso é observar o desgaste relativo do tapete diante de exibições interativas em um museu de ciências como medida de uma assiduidade de uso relativa. Às vezes é antiética e, às vezes, é eticamente preferível à avaliação invasiva. ("Invasivo" não é necessariamente "intrusivo"; pode ser óbvio, mas não muito disruptivo.)

MEDIDA AUTÊNTICA. Chavão que se refere a um teste que está mais próximo de medir o verdadeiro nível de capacidade ou realização (ou estrutura cognitiva) do que os testes tradicionais, especialmente testes de múltipla escolha. Considera-se largamente que medidas autênticas envolvem mais complexidade, amplitude ou profundidade, ou ainda quantidade de dimensões do desempenho, e fornecem problemas realisticamente mal estruturados, em vez de artificialmente estruturados, para resolução. Um exemplo usado ocasionalmente é pedir aos alunos para vocalizar seu raciocínio enquanto resolvem o problema, de forma que a qualidade do processo possa ser avaliada. Sem dúvida, vale a pena explorar esta abordagem – especialistas em testagem vêm fazendo isso há um século, visto que ela pode acarretar resultados valiosos. No entanto, até então ela está, em grande parte, tapando o sol com a peneira, pois o comprometimento da validade e custos prevalece sobre os ganhos. Ainda assim, soa bem. Para informações sobre uma abordagem ligeiramente diferente ao mesmo problema, veja **Item de múltipla classificação**; veja também **Análise**.

MERCADO. Usuários potenciais, ou usuários potenciais acessíveis. Os pontos de verificação Consumidor e Generalizabilidade da Lista-chave de verificação da avaliação referem-se ao mercado para o produto ou programa, visto que esta é uma consideração da avaliação de sua importância. Mas os mercados nem sempre procuram o que de fato os beneficiaria, de modo que precisamos olhar para seus mecanismos e experiência. Muitos produtos necessários, especialmente educacionais, são invendáveis pelos meios disponíveis (por exemplo, bons programas de Instrução Assistida por Computador). Só é possível argumentar a favor do desenvolvimento de tais produtos se houver um plano especial, preferivelmente testado, para promover seu uso. Sem um sistema de entrega, não há penetração no mercado. Sem penetração no mercado, as necessidades não são atendidas. (Não se pode presumir que a existência de um mercado implica necessidades atendidas, ou qualquer outra base de valor.)

MÉRITO. O valor "intrínseco" dos avaliados, em oposição ao valor/relevância extrínseco ou relacionado ao sistema. Por exemplo, o mérito de pesquisadores está em sua competência e originalidade, enquanto seu valor (para a instituição que os emprega) pode incluir a renda que geram por meio de obtenção de subsídios (*grants*), fama ou legado, que atrai outros bons professores e alunos. (Cf. **Relevância, Sucesso.**)

META. O sentido técnico deste termo restringe seu uso a uma descrição geral de um resultado pretendido; descrições mais específicas são chamadas de **objetivos.** É importante notar que as metas não podem ser consideradas características observáveis de programas (ou produtos, serviços, sistemas). Muitas vezes é uma meta anunciada, oficial ou original – geralmente, várias, em cujo caso surge o problema de como pesar sua importância relativa, que é raramente respondido com precisão suficiente para se chegar à conclusão avaliativa correta. Normalmente, também, diferentes partes interessadas possuem metas diferentes para um programa – conscientes e inconscientes –, e a maioria delas muda ao longo do tempo. O melhor que podemos esperar é obter um sentido geral das metas de um programa como construtos teóricos a partir dos registros documentais, entrevistas e ações. Os iniciantes com frequência acreditam que as metas são as metas originais oficiais do incentivador, por exemplo, aquelas que se encontram na legislação original, da mesma forma que acreditam que a descrição correta do programa advém da mesma fonte. Mas o GAO há muito já aprendeu que é preciso voltar às audiências pré-legislativas para obter mais informações, e então avançar para as negociações do orçamento e, naturalmente, há o problema de que os trabalhadores de campo provavelmente não leram nada daquilo e têm sua própria versão das metas do programa. Um ótimo material para uma tese, mas como base para uma avaliação rigorosa, é areia movediça. Como a busca pelas metas não é apenas difícil e onerosa, mas desnecessária e com frequência enviesada, deve-se ter muito cuidado e evitá-la sempre que possível. Consulte **Avaliação livre de objetivos.**

META-ANÁLISE (Gene Glass). O nome de uma *abordagem específica* para sintetizar estudos quantitativos dentro de um tópico comum, que envolve o cálculo de um parâmetro especial para cada um ("tamanho do efeito"). Sua promessa é obter algum valor até mesmo dos estudos que não cumprem, por si só, os padrões mínimos usuais de significância. Seu perigo é o referido no campo de programação de computadores como o princípio GIGO: *Garbage in, Garbage out* [Se entra lixo, sai lixo]. Ao passo que é evidente que uma variedade de estudos sem significância estatística pode ser integrada por um meta-analista a um resultado estatisticamente significativo (porque o *N* combinado é maior), não está claro como delineamentos *inválidos* podem ser integrados. A meta-análise é uma abordagem especial ao que é chamado de problema geral da integração ou síntese da pesquisa (estudos); esta gama de termos relacionados a ela reflete o fato de que a meta-análise é uma atividade intelectual que se encontra entre a síntese de dados, por um lado, e a avaliação de pesquisas, por outro. Como Light aponta (na primeira referência a seguir), há um elemento residual de **julgamento** envolvido em diversos pontos na meta-análise, como em qualquer processo de síntese de pesquisas; esclarecer a base destes julgamentos é uma tarefa para o metodologista em avaliação, e os esforços de Glass neste sentido levaram ao surgimento de uma área muito frutífera da (meta-) pesquisa. Na primeira instância, a meta-análise é uma abordagem para avaliar um conjunto de conhecimento; é também um exemplo de pesquisa autorreferente análogo à meta-avaliação.

Note que, com estudos qualitativos, não há nenhuma metodologia especial de meta-análise; mas com frequência é possível quantificar determinados aspectos dos estudos, tal como a ocorrência de determinado padrão, e tratar isso quantitativamente, até mesmo meta-analiticamente.

Uma análise anterior excelente de resultados e métodos encontra-se em ***Evaluation in Education*** (v. 4, nº. 1, 1980), uma edição especial intitulada "Research Integration: The State of the Art"; também excelente e mais atual é ***Meta-Analysis***, de Fredric Wolf (Sage, 1986). Levin levanta alguns problemas mais profundos em seu ensaio ***Evaluation and Education at Quarter Century*** (NSSE/University of Chicago, 1991).

META-AVALIAÇÃO. Meta-avaliação é a avaliação de avaliações – indiretamente, a avaliação de avaliadores – e representa uma obrigação ética, bem como científica, quando envolve o bem-estar de outras pessoas. Ela pode e deve ser feita primeiramente por um avaliador acerca de seu próprio trabalho; embora a credibilidade desta seja pequena, os resultados constituem ganhos consideráveis em termos de validade. A meta-avaliação pode ser realizada aplicando-se uma lista de verificação específica para a avaliação (veja a seguir), ou uma lista de verificação geral, como a **Lista-chave de verificação da avaliação** à própria avaliação; esta abordagem é descrita em detalhes a seguir. (Também é possível usar a lista de verificação do **GAO**.)

Comentários gerais: Esta prática não é diferente, em princípio, daquelas de pesquisadores científicos que correm os olhos em uma lista de verificação do delineamento antes de concluir uma pesquisa, ou do Deep Thought (o programa líder de jogo de xadrez), que reavalia os pesos usados em sua função de avaliação ao planejar estratégias, comparando-os a padrões validados empiricamente. No entanto, a multidimensionalidade dos delineamentos de avaliação a tornam excepcionalmente importante. Os resultados da autoavaliação são notoriamente não confiáveis, entretanto (ao menos no caso de não computadores), também é desejável, sempre que o custo for justificável, usar um avaliador independente para a meta-avaliação. Esta prática também auxilia a abordagem do **equilíbrio de poder**, no que mantém a justiça e a validade, pois coloca o principal avaliador em uma posição semelhante à do avaliando – ambos têm seu desempenho avaliado. Este esquema também pode surtir o mesmo efeito proativo (reativo) de aumentar a validade e reduzir os custos (da avaliação) que a primeira avaliação com frequência provoca ao aumentar o desempenho (dos primeiros avaliandos). Também proporciona ao avaliador e avaliados alguma base comum que pode aumentar sua comunicação, e isso evita o clima de 'distinção de classes' originado na analogia com o relacionamento entre supervisor/supervisionado.

A meta-avaliação é o imperativo profissional da avaliação: ela representa o reconhecimento de que 'a avaliação começa em casa', de que a avaliação é autorreferente e não apenas algo que se faz com os outros. Ao passo que é uma obrigação de todos os profissionais garantir sua própria avaliação – e em alguns casos, particularmente na psicanálise, isso é rigorosamente aplicado (ao menos na fase de pré-serviço) – é particularmente deplorável quando um *avaliador* não possui uma resposta imediata à pergunta "Quem avalia dos avaliadores?" (Afinal, foram vinte séculos até a pergunta alcançar o status de um epigrama: *Quis custodiet ipsos custodes*?) Uma resposta deve ser que os avaliandos o fazem, a partir da oportunidade de responder e ter esta resposta (uma objeção) satisfatoriamente incorporada à avaliação, ou de repassá-la intacta ao cliente. Todavia, isto não é suficiente neste campo, agora técnico; em qualquer contexto sério, um avaliador profissional também deve ser envolvido na meta-avaliação. (O *Consumers Union*, como o exército francês no caso Dreyfus, insiste em julgar-se acima desta obrigação e, consequentemente, persiste em erros metodológicos de alguma importância para seus dez milhões de clientes. Consulte **Autorreferência**.)

A meta-avaliação pode ser realizada de maneira formativa, somativa, ou ambas: Rascunhos de relatórios somativos de uma meta-avaliação, como em grande parte da avaliação como um todo, devem (quando possível) ser entregues ao avaliando – neste caso, ele é o avaliador principal – para correção de erros ou adição de **objeções**, ou endossos. Quando não há acordo, tanto o relatório quanto as objeções devem ser entregues ao cliente. A meta-avaliação somativa fornece ao cliente evidências independentes sobre a competência técnica do avaliador principal e, quando não encomendada pelo cliente, deve ser considerada pelo avaliador principal um serviço de avaliação ao cliente e uma maneira de melhorar a avaliação principal.

Quem avalia o meta-avaliador? Não se gera regressão infinita, pois a pesquisa mostra que normalmente não compensa após o primeiro metanível na maioria dos projetos e, após o segundo, em todos eles.

Listas de verificação específicas desenvolvidas para avaliar avaliações incluem as três que se seguem; os vinte itens da primeira foram coletados de diversas fontes. (i) A Lista de Verificação da Meta-Avaliação. Uma avaliação deve ser conceitualmente clara, compreensível em todos os detalhes, abrangente, ter bom custo-eficácia, credibilidade, ética, explicitar os padrões de mérito ou grau de excelência usados e sua justificativa, ser viável (em termos dos recursos disponíveis), apropriadamente, mas não excessivamente precisa e robusta, política e psicologicamente sensata, relatada ao público competente de maneira apropriada (o que com frequência significa diversos relatórios, não necessariamente todos escritos), relevante às necessidades dos clientes e do público, segura, oportuna e válida. A validade deve incluir a consistência técnica, mas pode requerer cuidado com a validade do construto que vai além dos recursos técnicos atuais. Note que **implementada** não foi incluído como um critério; para ter acesso a indicadores legitimados, consulte **Utilização**; (ii) a abordagem **QUEMAC** de Bob Gowin oferece outra lista de verificação direcionada especificamente a meta-avaliações; assim como (iii) os **Padrões de Avaliação**.

Uso autorreferente da Lista-chave de verificação da avaliação: Esta lista-chave pode ser usada de duas maneiras em meta-avaliação. Ela pode ser usada para gerar uma nova avaliação (ou delineamento), que poderá então ser comparada à atual (a abordagem do **delineamento repetido**), ou aplicando-se a lista-chave de verificação à avaliação original *como um produto* (verdadeira meta-avaliação). O último processo poderá incluir o primeiro como uma consideração apropriada do processo científico, mas isso também exige que observemos, por exemplo, o custo-eficácia da própria avaliação, e os custos diferenciais de erros de falso positivo e falso negativo na avaliação. As avaliações, entretanto, não devem ser avaliadas em termos de suas reais consequências (exceto por um historiador), mas apenas em termos de suas *consequências previsíveis, se usadas apropriadamente*.

Aqui está a versão da Lista-chave de verificação da avaliação transformada em um instrumento de meta-avaliação:

1. DESCRIÇÃO. O delineamento, equipe, cronogramas, e assim por diante, da *avaliação*; as fontes de dados usadas para pontos de verificação e para consertar todas as especificações e parâmetros; a escolha do meta-avaliador, se houver.

2. ANTECEDENTES E CONTEXTO. Quem ordenou/solicitou/se opôs a esta avaliação; houve avaliações anteriores; por que mais uma? Determine a credibilidade antecedente das abordagens avaliativas propostas.

3. CONSUMIDOR. Identifique clientes e públicos para a avaliação; avaliadores anteriores, outros públicos em potencial que deveriam ter sido públicos?

4. RECURSOS. Recursos para a avaliação; a fonte de restrições sobre o delineamento e, consequentemente, sobre a avaliação do desenho e execução.

5. VALORES. Critérios de mérito para a avaliação, considerando-se as necessidades do cliente e os padrões profissionais relevantes: oportunidade, relevância, custo-eficácia, justiça, validade, satisfação das necessidades apropriadas e relevantes para o cliente etc. Devem ser validados, e não apenas estimados. Algum pressuposto avaliativo do avaliador está evidente na avaliação, ou ela é adequadamente transparente neste sentido?

6. PROCESSO. A avaliação foi bem delineada e executada; por exemplo, foi configurada para facilitar sua própria avaliação? Para melhor reportar e divulgar os resultados? O avaliador respeitou a confidencialidade? Melhorou a credibilidade? Avaliou os resultados de erros falso positivo *vs.* falso negativo? Demonstrou consideração pelas pessoas impactadas pela avaliação? Considerou o equilíbrio de poder?

7. RESULTADOS. Incluem os relatórios e seus efeitos positivos ou negativos, mas apenas ao ponto que o avaliador pode prever. Também inclui efeitos do *processo* de avaliação; aumentou a produtividade, reduziu a motivação, uso de informações para a tomada de decisões?

8. CUSTOS. Qual foi o custo da avaliação? (Especialmente os custos não monetários.) Qual seria o custo das alternativas a ela (incluindo o custo de não realizar uma avaliação)?

9. COMPARAÇÕES. Concorrentes críticos para a avaliação incluem não se dar ao trabalho de pensar no assunto, fazer uso de palpites informados, tirar cara ou coroa, e usar outros modelos de avaliação.

10. GENERALIZABILIDADE. Outros usos para o delineamento, para ocasiões futuras, programas diferentes, outros locais, e assim por diante.

11. SIGNIFICÂNCIA. A síntese de todos os pontos anteriores, para obter uma leitura do valor e mérito da avaliação.

12. RECOMENDAÇÕES. Podem ou não resultar da avaliação, mas podem incluir: rejeição, repetição (para confirmação), aceitação ou implementação.

13. RELATÓRIO. Do meta-avaliador.

Ref.: Daniel Stufflebeam, "Meta-Evaluation: Concepts, Standards and Uses", em ***Educational Evaluation Methodology: The State of the Art***, Ronald Berkk, ed. (Johns Hopkins, 1981). Veja também **Consonância.**

METAMETODOLOGIA. O lado teórico do estudo da metodologia; é parte da **metateoria.**

METATEORIA. 'Teoria' sobre a natureza de um campo de pesquisa, engenharia, ou ofício. Lida com questões tal como as definições das fronteiras do campo, as diferenças em comparação a campos ou disciplinas vizinhas, o motivo pelo qual determinados métodos funcionam bem em determinado campo, enquanto outros são inadequados (este último às vezes é chamado de metametodologia). Muitas vezes é muito informal, às vezes, inteiramente implícito, mas sua existência é um pré-requisito para a existência de uma disciplina, visto que constitui o autoconceito da disciplina – e uma disciplina sem autoconceito é apenas a prática em um lugar, e não em outro, ou em um tipo de matéria-prima, e não em outro. A perspectiva da avaliação como uma ciência social aplicada e a perspectiva de que é uma transdisciplina são elementos centrais em metateorias da avaliação; a **doutrina da ciência livre de valores** nas ciências sociais é um elemento central de uma metateoria comum das ciências sociais.

MÉTODOS DE LEVANTAMENTO (em avaliação). Consulte **Metodologia específica da avaliação.**

MÉTODO DELPHI. Procedimento usado em solução ou avaliação de problemas, que envolve – por exemplo – circular uma versão preliminar do problema ou um questionário a todos os participantes, solicitando sugestões de refraseamento (ou soluções preliminares, menos idealmente). Os refraseamentos ou soluções preliminares são então circulados para voto na versão que parece mais frutífera (e/ou as soluções preliminares são circuladas para classificação em ranking). Quando as classificações em ranking forem sintetizadas, *estas* são circuladas para outro voto. Inúmeras variações deste procedimento são praticadas com o nome "Método Delphi", e há bastante literatura sobre o assunto. Com frequência, o método é aplicado de maneira que restringe muito a coleta das opiniões, por exemplo, por meio de um questionário preliminar mal elaborado, que o arruína antes mesmo de começar. Em qualquer caso, a inteligência do organizador deve ser igual à dos participantes; caso contrário, as melhores sugestões não serão reconhecidas. Uma chamada de conferência por telefone pode ser mais eficaz, rápida e barata, talvez com uma segunda sessão após um período para anotação das reflexões. Mas a comunicação por telefone e face a face está sujeita à influência excessiva dos participantes mais incisivos. Um *bom* Delphi, por correio ou fax, vale a pena. Originalmente usado para fazer previsões, há muitos usos possíveis do método na avaliação, com possíveis reduções nos custos de viagem etc. No entanto, a escolha do gerente é crucial, e verificações da censura e validade das sinopses normalmente precisam ser providenciadas. Precisamos urgentemente de pesquisa séria sobre aplicações em avaliação desta metodologia potencialmente útil.

MÉTODO DE ESTUDO DE CASO. O método do estudo de caso está na extremidade oposta de uma dimensão do espectro de métodos do método de *survey*, a extremidade micro, e não a macro. Ambas podem envolver testes ou entrevistas intensivas ou casuais, mas a observação, por outro lado, é mais característica do método do estudo de caso do que de *surveys* de grande escala. A abordagem do estudo de caso é típica do clínico, ao contrário do pesquisador de opinião; está mais próxima do historiador e antropólogo do que do demógrafo. A causalidade geralmente é determinada em estudos de caso pelo **método do *modus operandi***, ao contrário da comparação de um grupo experimental com um de controle, embora seja possível, em princípio, fazer um estudo de caso comparado com um caso correspondente. A abordagem de estudo de caso é frequentemente usada como uma desculpa para substituir detalhes ricos por conclusões avaliativas, um risco inerente à **avaliação responsiva, avaliação transacional** e **avaliação iluminativa**. Na melhor das hipóteses, um estudo de caso pode revelar a causalidade quando nenhuma análise estatística poderia (mas a análise estatística dos resultados de **experimentos verdadeiros** às vezes supera este truque contra o estudo de caso); e pode bloquear ou sugerir interpretações muito mais profundas do que os dados de *surveys* podem revelar. Por outro lado, os padrões que emergem da pesquisa quantitativa de larga escala realizada apropriadamente não podem ser detectados em estudos de caso. Assim, ambos são processos complementares para uma investigação completa, por exemplo, dos serviços de saúde ou aplicação da lei de uma cidade. Note que os métodos quantitativos com frequência podem ser aplicados intracasos. Pode-se obter um *n* adequado de diversas respostas (Skinner) ou de diversas medidas validadas de maneira independente (Campbell). Veja também **Naturalística**.

MÉTODO DO *MODUS OPERANDI* (MMO). Procedimento para identificar a causa de determinado efeito por meio da análise detalhada da configuração da cadeia de eventos que o precede e das condições do ambiente. O MMO às vezes é viável quando é impossível usar um grupo de controle, e é útil como uma verificação ou fortalecimento do delineamento mesmo quando um grupo de controle é possível. O termo refere-se ao padrão característico de ligações na cadeia causal, ao qual o detetive se refere como o *modus operandi* de um criminoso. Estas podem ser quantificadas e, com frequência, pontuadas de maneira configurada; o problema de identificar a causa pode, assim, ser convertido em uma tarefa de reconhecimento de padrões para um computador. Um ponto forte da abordagem é que ela pode ser aplicada em casos individuais, informalmente, semiformalmente (como na criminalística) e formalmente (informatização completa). Ela também acarreta *delineamentos* orientados pelo MMO que empregam deliberadamente "marcadores", isto é, recursos idiossincráticos de um tratamento que aparecem nos efeitos. Um exemplo seria o uso de uma sequência específica de itens em um questionário estudantil divulgado ao corpo docente para uso no desenvolvimento do ensino. Veja detalhes em uma seção com este título em *Evaluation in Education*, J.R. Popham, ed. (McCutcheon, 1976). A abordagem do MMO encontra-se na mesma linha da abordagem de correspondência de padrões de Campbell, que data de 1966; veja o ensaio de Cook em ***Evaluation and Education: At Quarter Century***, McLaughlin e Phillips, eds. (NSSE/University of Chicago, 1991).

MODELO DAS CIÊNCIAS SOCIAIS (de avaliação). A visão de que a avaliação é uma aplicação da metodologia-padrão das ciências sociais. Uma olhada no esforço usual – ou omissão – do cientista social para fazer a análise ética ou **análise de necessidades** ao fazer uma avaliação é suficiente para deixar claro por que esta visão é implausível. A relação do modelo das ciências sociais de avaliação de programas com o **modelo transdisciplinar** de avaliação é como aquele entre a pesquisa de levantamento e a trigonometria: a última é substancialmente mais geral do que a primeira, aplica-se a diversas outras áreas aplicadas (tal como a navegação), e resolve alguns problemas encontrados pela primeira, mas não substitui as competências práticas nela envolvidas. Consulte **Avaliação.**

MODELO TRANSDISCIPLINAR DE AVALIAÇÃO. A concepção da avaliação como uma **transdisciplina** é desenvolvida na introdução a esta obra, particularmente na seção sobre O País do Intelecto, mas o *modelo* ou *visão* transdisciplinar da avaliação – talvez o mais próximo possível de um paradigma para a avaliação – envolve mais do que o *elemento* transdisciplinar. Isso descreve uma função da avaliação; sua natureza é mais complexa. Em primeiro lugar, diferentemente de outras disciplinas ou ao menos em uma medida muito maior, é extraordinariamente multidisciplinar (consulte **Avaliação**). Em segundo lugar, e distintamente, é multi*papéis*; isto é, o avaliador normalmente precisa atuar de diversas maneiras diferentes, algumas das quais normalmente se encontram no território de outra profissão. O mais comum deles é o papel de pesquisa (que combina uma fase investigativa com uma analítica e, talvez, uma teórica), o papel instrucional, o papel terapêutico, o papel das relações públicas, o papel do pessoal de apoio, o papel empreendedor e o papel gerencial; mas também é comum que o trabalho exija que se desempenhe o papel do árbitro, bode expiatório, solucionador de problemas, inventor, consciência, júri, juiz ou promotor. Em terceiro lugar, a avaliação é uma atividade prática em um sentido muito mais intenso do que, por exemplo, a matemática aplicada. Este fato mostra-se, por exemplo, nas tentativas de distingui-la da pesquisa 'real'. Ao passo que esta restrição é muito severa, a função do serviço *é* crucial – a maioria dos avaliadores tem *clientes*, não apenas leitores, e há muitas diferenças entre os dois, inclusive legais. Pode chegar o dia em que haverá avaliadores que se limitarão à teoria da avaliação, mas eles não representariam o todo da avaliação. Em quarto lugar, a avaliação é onipresente nos processos de pensamento e realização. Nada mais se assemelha a isto, exceto a lógica e, talvez a observação, e nenhuma delas faz sentido algum como um modelo para a avaliação – um muito abstrato, outro muito unitário. Assim, a avaliação tem uma natureza, um sabor, uma Gestalt própria. É idiossincrática e complexa ao ponto que exige um tipo especial de paradigma – e talvez a ubiquidade e versatilidade da eletricidade seja uma correspondência tão boa quanto qualquer outra.

METODOLOGIA ESPECÍFICA DA AVALIAÇÃO. Grande parte da metodologia usada nos estudos em avaliação é derivada de outras disciplinas. A natureza especial da avaliação está principalmente na maneira com que ela seleciona e sintetiza estas contribuições em uma perspectiva geral apropriada, e faz com que elas sejam relevantes para os diversos tipos de tarefas da avaliação. Entretanto, como em qualquer campo de serviços, um problema fundamental para o avaliador consultor é determinar – e planejar o desenho para – certos níveis de credibilidade e certeza para sua eventual conclusão; sua tarefa não é determinar a verdade atemporal, mas o melhor conselho possível no momento em que é necessário. Você descobre que estes níveis precisam ser determinados a partir de investigação inteligente do **contexto** da avaliação, incluindo as necessidades do cliente e outros públicos ou partes interessadas. Esta é uma distinção-chave da tarefa de pesquisa acadêmica típica; mas se aplica apenas a algumas avaliações centradas no cliente, e certamente não a todo e qualquer trabalho por contrato.

Há também algumas situações em que variações significativas sobre os procedimentos usuais em pesquisa científica tornam-se apropriadas. A seguir, dois exemplos. Na pesquisa de levantamento (*surveys*), o tamanho da amostra normalmente é determinado à luz de considerações estatísticas e evidências prévias dos parâmetros da população. Em avaliação, embora haja ocasiões em que um levantamento do tipo clássico seja apropriado, os levantamentos com frequência são *investigatórios*, e não *formais*, o que muda consideravelmente a situação. Imagine que um entrevistado de um levantamento realizado por telefone com usuários de determinado serviço faz um comentário completamente inesperado sobre o serviço que sugere – digamos – o comportamento inapropriado dos provedores do serviço. (Também poderia muito bem ter sugerido um efeito colateral inesperado e altamente benéfico.) Este participante é o trigésimo entrevistado de uma amostra planejada de cem. No padrão do levantamento comum, dar-se-ia continuidade, usando o mesmo formulário de entrevista com o restante da amostra. Em avaliações, com bastante frequência seria desejável alterar o formulário de modo a incluir uma pergunta explícita sobre isso. Naturalmente, não mais seria possível reportar os resultados com base em uma amostra de cem participantes com relação a esta pergunta (e quaisquer outras com as quais sua presença possa interagir). Mas pode-se muito bem conseguir descobrir mais vinte pessoas que respondem quando questionadas especificamente, que não teriam aparecido em uma resposta aberta. Este resultado é muito mais importante do que tentar recuperar o levantamento – na maioria dos casos. Além disso, aponta outro aspecto da situação de avaliação, nomeadamente a conveniência de se sequenciar temporalmente a entrevista ou as respostas ao questionário. Assim, devemos tentar evitar postagens únicas em massa, uma prática comum em pesquisa de levantamento; com o uso de postagens sequenciais, podem-se examinar as respostas para, possivelmente, modificar o instrumento.

O segundo tabu que podemos ter bons motivos para derrubar concerne ao tamanho da amostra. Se percebermos que estamos obtendo respostas altamente padronizadas a um questionário razoavelmente elaborado, descobrimos que a população é menos variável do que o esperado, e precisamos alterar nossa estimativa do tamanho adequado da amostra no meio do caminho. Não há motivos para continuar a pescar nas mesmas águas se não pegar um peixe depois de uma hora de espera. A generalização deste ponto é para o uso de delineamentos "emergentes", "em cascata" ou "contínuos", em que todo o delineamento sofre variação no meio do caminho conforme apropriado. (Estes termos advêm do glossário de ***Evaluation Standards***, do *Joint Committee.*) Pesquisadores liberais de áreas fora da avaliação obviamente podem e devem usar estas abordagens ocasionalmente. Note que a resposta tradicional ao que aqui chamamos de delineamentos 'investigatórios' é chamá-los de 'exploratórios' com a implicação de que eles irão eventualmente levar à formulação e teste rigoroso de uma hipótese – a 'verdadeira' pesquisa. Eles *são* pesquisa de verdade.

Em um nível mais geral, a metodologia específica da avaliação requer delineamentos que combinem a investigação de custos, comparações, necessidades e ética com as dimensões política, psicológica e apresentacional – e não com o teste de hipóteses, pesquisa de levantamento ou taxonomia – e usem as técnicas de suporte e integração de julgamentos de valor. Este processo, mais do que qualquer outro, pode ser considerado específico da avaliação. Outras técnicas mais limitadas incluem o uso de **equipes paralelas**, **calibragem de juízes**, **grupos de convergência**, **juízes não identificados**, **síntese**, **avaliação livre de objetivos**, **equilíbrio de vieses**, e assim por diante. Veja também **Anonimato**, **Questionários**, **Pesquisa exploratória**.

METODOLOGIAS ALTERNATIVAS (em avaliação ou outras áreas de pesquisa). O uso deste termo no campo da avaliação passou por três fases. Na primeira fase (final da década de 1970), significava qualquer abordagem que não fossem experimentos verdadeiros. Na segunda, referia-se a uma lista específica de alternativas metodológicas, tal como a etnográfica, histórica ou comparativa. Atualmente, encontra-se algum apoio a uma mudança do termo para o metanível, de modo que as alternativas são o positivismo, pós-positivismo, construtivismo e teoria crítica. (Ref.: *The Paradigm Dialog*, ed. Egon Guba [Sage, 1990].)

MICROANÁLISE. Pode se referir a (i) uma avaliação que inclui e pode ter sido construída a partir de avaliações dos **componentes** do avaliado; ou (ii) uma avaliação decomposta por **dimensões** (veja **Avaliação analítica**); ou (iii) uma **explicação** causal do desempenho (valorizado ou não) do avaliado, que (normalmente) *não* concerne ao avaliador.

MICROAVALIAÇÃO. Consulte **Avaliação analítica**.

MINIMAX. Estratégia de decisão que envolve ações que pretendem *mini*mizar a *máx*ima perda possível. O exemplo paradigmático é contratar um seguro-incêndio porque elimina a pior hipótese de uma perda plenamente não segurada. Uma estratégia alternativa é a maximax (maximizar o ganho máximo) – por exemplo, tentar a loteria com o prêmio mais alto, independentemente do preço ou da quantidade de bilhetes vendidos. Há quem diga que são alternativas significativas à otimização, que maximiza a expectativa (o produto da utilidade de um resultado pela probabilidade de que ocorrerá). Na verdade, desde que possam ser justificados, são simplesmente casos limitados, aplicáveis apenas a casos especiais limitados. *Empiricamente*, são estratégias alternativas, e as pessoas as usam em todos os tipos de casos; mas em *termos avaliativos*, é principalmente um sinal de irracionalidade ou ignorância, ou ainda, de falta de treinamento. Veja também **Avaliação de risco**.

MODA (Estat.) (Cf. **Média, Mediana**). A moda é a pontuação ou intervalo de pontuação "mais popular" (mais frequente). É mais provável que um aluno sobre o qual você nada sabe, com exceção de sua participação neste grupo, obtenha a pontuação modal do grupo do que qualquer outra pontuação. No entanto, isso pode não ser *muito* provável; por exemplo, se todos os alunos obtiverem uma pontuação diferente, exceto dois, que obtêm 100 em 100, a moda é 100, mas este não é um cenário típico. Se os dados seguirem a curva "normal", por outro lado, assim como – alegadamente – a distribuição de QIs na população norte-americana, então a média, a mediana e a moda terão o mesmo valor, que corresponde ao ponto mais alto da curva. Algumas distribuições, ou curvas que as representam, são descritas como bimodais, e assim por diante, o que significa que há *dois* (ou mais) picos ou modas; este é um sentido mais informal do termo moda, embora útil. Convencionalmente, diz-se que uma distribuição plana não possui moda alguma.

MODELOS (de avaliação). Termo usado informalmente para referir-se a uma concepção ou abordagem ou, às vezes, até mesmo um método (naturalístico, livre de objetivos) para realizar avaliações (ou avaliações dentro de determinada área, tal como avaliação de programas). Os modelos estão para os paradigmas assim como as hipóteses estão para as teorias, o que significa que são menos gerais, mas que há algumas sobreposições. Os verbetes desta obra incluem os seguintes termos frequentemente chamados de modelos: **defesa e adversário, grande pegada, caixa-preta, lista de verificação, connoisseur, CIPP, discrepância, engenharia, (avaliação) livre de objetivos, judicial, médico, naturalística, iluminativo, perspectiva, responsiva, ciências sociais, terapêutico, transacional** e **transdisciplinar**. Porventura a melhor classificação de modelos encontra-se no artigo de Stufflebeam e Webster em *Evaluation Models*, Madaus *et al.*, eds. (Kluwer, 1983); outro trabalho muito interessante de Alkin e Ellett encontra-se em *The International Encyclopedia of Educational Evaluation*, ed. Walberg e Haertel (Pergamon, 1990). Para além de taxonomias, uma análise muito detalhada dos modelos (e outros trabalhos) de sete colaboradores da área encontra-se em *Foundations of Program Evaluation: Theories of Practice*, por Shadish, Cook e Leviton (Sage, 1991). A diversidade de modelos reflete com precisão as diversas facetas da avaliação de programas. Na visão transdisciplinar, todas elas são respaldadas pela mesma lógica.

MODELO CONJUNTIVO. Mais ou menos sinônimo de modelo de **Linhas de corte múltiplas** por combinar diversas fontes de dados.

MODELO COUNTENANCE. Nome dado à primeira versão publicada de uma abordagem à avaliação educacional de Bob Stake ("The Countenance of Educational Evaluation",[12] Teachers College Record, 1967), que o autor agora considera incômoda. Consulte, em vez disso, **Avaliação responsiva.**

MODELO DE ALCANCE DE OBJETIVOS (da avaliação). A avaliação de programas que procura determinar se um programa alcançou sua meta ou série de objetivos. Esta é a versão mínima da **avaliação baseada em objetivos**, e não passa de **monitoramento**, não é avaliação de programas em um sentido mais sério. Ela não questiona continuamente a relevância das metas para a população impactada, não envolve uma busca por efeitos colaterais, não analisa o custo (salvo se acontecer de o custo ser um dos objetivos), não encontra e explora comparações relevantes com outras formas de alcançar os mesmos objetivos, e não inclui verificar a ética do processo, e assim por diante. O que de fato *faz* é exigir a identificação, por vezes muito difícil, das metas de um programa. A avaliação do alcance dos objetivos às vezes é legítima para um objetivo especial na avaliação de pessoal, nomeadamente a avaliação do progenitor do programa em termos do realismo de suas

---

12 Traduzido em 2003 para o português como "A Natureza da Avaliação Educacional" e publicado na antologia *Introdução à avaliação de programas sociais*, pelo Instituto Fonte, CEATS, FIA e Rede Brasileira de Avaliação. (*N. da T.*)

projeções. Normalmente, deve ser substituída pela **avaliação baseada em objetivos** ou **livre de objetivos**.

MODELO DE CONNOISSEUR. A abordagem não tradicional à avaliação de Elliott Eisner é baseada na premissa de que considerações artísticas e humanísticas são mais importantes em avaliação do que as científicas. Não se usa análise quantitativa alguma; em vez isso, o avaliador-connoisseur observa o programa ou produto sob avaliação em primeira mão. O relatório final é uma narrativa descritiva detalhada sobre o assunto da avaliação. Isso pode gerar uma perspectiva valiosa, mas coloca de lado a maior parte dos requisitos de validade. Particularmente, está vulnerável à falácia da expertise irrelevante, pois os *connoisseurs* são, na melhor das hipóteses, maus guias quanto ao mérito de novidades – além de afetados pelo balanço do pêndulo da moda. Cf. **Crítica literária, Avaliação estética, Naturalística, Avaliação responsiva, Avaliação sensorial** e **Modelos**.

MODELO DE ENGENHARIA. Consulte **Modelo médico**.

MODELO DISJUNTIVO. Maneira de combinar os resultados de diversas fontes de dados em uma avaliação geral (isto é, um procedimento de **síntese**) que permite que o melhor dentre diversos testes (entrevistas etc.) conte. Visto que erros de medição ajudam a passar muitos candidatos por meio de uma abordagem disjuntiva, mesmo que não possuam a competência mínima, esta é uma maneira ruim de selecionar pessoal, salvo quando a nota necessária para aprovação é alta, para compensar pelo processo de refazer o teste. (A renovação da certificação de professores normalmente usa um processo disjuntivo sem compensação da nota necessária para aprovação e um conjunto de itens limitado, para piorar a situação.)

MODELO DE MEDIAÇÃO (ou **ARBITRAGEM**) (de avaliação). Pouca atenção é dada às competências e ao papel social interessante do mediador ou árbitro – duas funções diferentes – que, de diversas maneiras, fornece modelos para o avaliador, tal como a combinação do distanciamento com uma dependência considerável da chegada a um acordo, o papel da lógica e persuasão, da ingenuidade e empatia. É um modelo particularmente atraente para os que desejam evitar fazer julgamentos de valor; isso, claro, é o seu calcanhar de Aquiles.

MODELO JUDICIAL ou **JURISPRUDENCIAL** (de avaliação). O termo preferido de Bob Wolf, às vezes usado para sua versão – ou melhor, extensão – da **avaliação por defesa e adversário**. Ele destaca que o direito como uma metáfora para a avaliação envolve muito mais do que um debate entre adversários – inclui também a fase de localização dos fatos, exame transversal, normas probatórias e processuais, e assim por diante. Envolve um tipo de processo de investigação marcadamente diferente daquele das ciências sociais, que é, de diversas maneiras, adaptado às necessidades mais próximas daquelas da avaliação (a decisão relacionada à ação, as simplificações obrigatórias devido ao tempo, orçamento e limitações do público, a dependência de um juiz e júri específico, o destino dos indivíduos que está em jogo, e assim por diante). Wolf vê o papel educacional do processo judicial (ensinar ao júri as normas da pura investigação) como uma caraterística-chave do modelo judicial e é certamente uma forte analogia com um processo comum de avaliação. Ele oferece uma breve descrição excelente do modelo em ***The International Encyclopedia of Educational Evaluation***, Wahlberg e Haertel, eds. (Pergamon, 1990).

MODELO MÉDICO (de avaliação). A versão de Sam Messick – da ***Encyclopedia of Educational Evaluation*** (Jossey-Bass, 1976) – traça um contraste entre o modelo de engenharia e o modelo médico. O modelo de engenharia "se concentra nas diferenças entre os insumos e resultados, frequentemente com relação ao custo". O modelo médico, por outro lado – aquele que Messick prefere – fornece uma análise consideravelmente mais complexa, suficiente para justificar a generalização do tratamento para outros ambientes, sugestões de remediação e previsões de efeitos colaterais. O problema aqui é que este modelo nos leva além das fronteiras entre avaliação e investigações causais gerais, diluindo assim as características particulares da avaliação e, por conseguinte, expandindo seu escopo de forma a tornar a obtenção dos resultados extremamente difícil. Parece mais sensato apreciar a ***Consumer Reports*** pelo que ela nos oferece, em vez de reclamar que ela tem o defeito de não nos fornecer explicações sobre os mecanismos subjacentes aos produtos e serviços que analisa. Cf. **Avaliação global e analítica, Diagnóstico, Etiologia.**

MOLAR. Consulte **Global.**

MOLECULAR. Consulte **Analítico.**

MONITOR. O termo "monitor" era o termo original para o que agora as agências com frequência chamam de "responsável pelo projeto", ou seja, o funcionário da agência encarregado de supervisionar o progresso e o cumprimento de determinado contrato ou subvenção. "Monitor" era um termo muito mais claro, visto que "responsável pelo projeto" poderia muito bem referir-se a alguém que responde ao gerente do projeto, ou que meramente cuida da papelada do contrato (o "responsável pelo contrato", como às vezes é chamado o encarregado fiscal da agência). Porém, aparentemente o termo tinha conotações afins à ideia do "Big Brother" ou não refletia apropriadamente todo o espectro das responsabilidades, e assim por diante. Consulte **Monitoramento.**

MONITORAMENTO. Um **monitor** (de um projeto) normalmente é um representante da agência de financiamento que acompanha o uso devido dos fundos, observa o progresso, fornece informações à agência sobre o projeto, e vice-versa. Os monitores precisam muito de competências em avaliação, mas raramente as possuem; se todos fossem avaliadores formativos no mínimo semicompetentes, sua (ao menos quase-) externalidade poderia torná-los extremamente valiosos, visto que muitos projetos não possuem pessoal de avaliação ou possuem pessoal incompetente, ou ainda nunca suplementam seu trabalho com avaliação externa. Os monitores têm um papel esquizofrênico que poucos aprendem a dar conta; eles precisam representar e defender a agência junto ao projeto e representar e defender o projeto junto à agência. Será que esses papéis poderiam ser ainda mais complicados por uma tentativa de avaliação? Eles já a incluem, e a única pergunta é se ela deveria ser feita razoavelmente bem.

MOTIVAÇÃO. A disposição de um organismo ou instituição a despender esforços de determinada maneira ou para determinado fim. A melhor maneira de medi-la é por meio de um estudo de comportamento, visto que autorrelatos provavelmente serão intrínseca e contextualmente inconfiáveis. Cf. **Afeto.**

MOTIVOS PARA AVALIAR. Dois motivos práticos comuns são a melhoria de algo (**avaliação formativa**) e a tomada de diversas decisões práticas sobre algo (**avaliação somativa**), tal como onde comprá-lo, onde permitir que seja vendido, exportá-lo para outros lugares, financiá-lo, e assim por diante. O fato de ambos estes motivos estarem relacionados à ação reflete uma característica comum da avaliação, mas não uma universal. As pessoas leem testes de estrada de Ferrari com muito interesse, raramente porque vão tomar alguma decisão de gastar US$ 170.000 com uma versão barata. O puro interesse nos méritos de algo é um motivo perfeitamente bom e comum para a avaliação somativa, e isso inclui avaliação para pesquisa. A avaliação de Lincoln dos cinco generais, que resultou na escolha de Ulysses S. Grant é avaliação somativa do tipo aplicado comum (**voltada à decisão**); a avaliação de um historiador contemporâneo deles também é somativa (**voltada à conclusão**). As duas se diferem apenas em termos de seu papel (e a base de dados melhorada), e não intrinsecamente.

Também há o que pode ser chamado de motivos independentes do conteúdo ou processuais para fazer ou encomendar uma avaliação, por exemplo, como parte de um comprometimento sério com a **prestação de contas**, como uma **racionalização** ou desculpa (pela publicação de uma crítica injusta ou escolha de um favorito), para aumentar a motivação (para fazer com que os outros – ou você mesmo – trabalhe com mais cautela ou afinco), para desviar a hostilidade que será gerada perante um administrador que, com boas razões, já identificou a causa de um problema grave, por motivos de relações públicas, para mostrar quem é que manda, e por motivos de justiça. No caso da racionalização, a natureza *geral* do conteúdo da avaliação deve ser conhecida ou providenciada de antemão, por exemplo, contratando um "matador" ou "queridinho" conhecido. Uma avaliação **ritual** é feita apenas porque é exigida ou como um gesto para reiterar algum padrão social. Outros motivos, não inteiramente independentes dos acima, são por defesa, justiça, vantagem política, exibição de poder e adiamento – isto é, para ganhar tempo (Suchman).

À luz desta pletora, é ingenuidade pensar que algo 'deu errado' se as recomendações de uma avaliação não forem implementadas. No entanto, se você acha que não deveria estar fazendo avaliações que não serão implementadas, deve ter o cuidado de olhar o contexto do contrato ou solicitação. De qualquer maneira, deve estar claro que é um erro usar a implementação como um critério de mérito de uma avaliação. Consulte **Efeito reativo**, **Análise funcional**, **Implementação**, **Meta-avaliação** e, por motivos específicos para um tipo de avaliação, **Teste**.

MULTICAMADAS ou múltiplas camadas. Consulte **Sistema bipartido**.

MULTIDISCIPLINA (**MULTIDISCIPLINAR**). Assunto que requer métodos de diversas disciplinas. Cf. **Interdisciplinar**, **Transdisciplina**.

MULTIPLISMO (às vezes, "multiplismo crítico"). O uso de métodos múltiplos em avaliação. O termo advém de Shadish e Cook, e uma exposição excelente de sua aplicação na avaliação é encontrada em ***Foundations of program Program Evaluation: Theories of Practice*** by Shadish, Cook e Leviton (Sage, 1991).

N

NATURALÍSTICA (avaliação ou metodologia). Abordagem que reduz grande parte da parafernália da ciência, como o jargão técnico, o conhecimento técnico prévio, a inferência estatística, o esforço para formular leis gerais, a separação entre observador e sujeito, o comprometimento com uma única perspectiva correta, estruturas teóricas, delineamento experimental, previsões e conhecimento proposicional – às vezes, até as causas. Por outro lado, concentra-se no uso da metáfora, analogia, inferência informal (embora válida), descrições vívidas, razões-explicações, interatividade, significados, múltiplas perspectivas (legítimas) e conhecimento tácito. Encontra-se uma discussão excelente sobre o assunto em "Appendix B: Naturalistic Evaluation", em ***Evaluating with Validity***, E. House (Sage, 1990). Egon Guba e Yvonna Lincoln, Bob Stake e Bob Wolf deram atenção especial ao modelo naturalístico, e sua definição (Wolf, comunicação pessoal) destaca que: (i) ele se volta mais atentamente às "atividades, comportamentos e expressões atuais e espontâneas, em vez de a uma declaração qualquer de objetivos formais assumidos, (ii) responde a educadores, administradores, aprendizes e ao interesse do público em diferentes tipos de informação; e (iii) explica os diferentes valores e perspectivas existentes". O modelo também salienta fatores contextuais, entrevistas não estruturadas, a observação em detrimento do teste, os significados em detrimento de meros comportamentos.

Grande parte da discussão acerca da legitimidade/utilidade da abordagem naturalística recapitula a discussão ideográfica/nomotética na metodologia da psicologia e os debates na filosofia da história analítica sobre o papel das leis. Neste ponto do debate, ao passo que os principais expoentes da abordagem naturalística possam ter ido longe demais em direção ao ***laissez-faire*** (qualquer interpretação do público é permissível) e de caricaturas do que consideram a abordagem empirista, seu trabalho demonstrou a impropriedade de muitas das pressuposições dos formalistas acerca da aplicabilidade do **modelo das ciências sociais**. Ref.: *Effective Evaluation*, de Guba e Lincoln (Sage, 1981). Consulte **Avaliação iluminativa**.

NECESSIDADE DE MANUTENÇÃO. Necessidade atendida atualmente, mas que continuará a ser uma necessidade – por exemplo, a necessidade do suprimento constante de oxigênio. Consulte **Análise de necessidades**.

NECESSIDADE INCREMENTAL. **Necessidade** não satisfeita ou incremental. Cf. necessidade **contínua** ou necessidade satisfeita.

NEUTRO. Que não apoia nenhuma das facções concorrentes, isto é, uma categoria *política*. Não tem mais probabilidade de estar certo do que outros; tem mais probabilidade de ser ignorante; nem sempre é mais provável que seja objetivo. Consequentemente, deve ser usado com cautela, e não como a escolha sempre ideal para juízes, júris, avaliadores, e assim por diante. A ausência de viés em determinada questão ou área não significa a ausência de convicções naquela área; logo, neutralidade não é o mesmo que objetividade. Diz-se também que a *linguagem* não avaliativa é neutra; mas não é mais objetiva do que a linguagem avaliativa. Por exemplo, a declaração "acabamos de receber uma visita de seres extraterrestres" pode ser bem mais tendenciosa do que "ele é um assassino"; ou vice-versa.

NIH. Ao passo que são as iniciais dos National Institutes of Health [Institutos Nacionais de Saúde], eles possuem outro significado em avaliação e gestão governamental e industrial – a temida síndrome do Not Invented Here [Não Foi Inventado Aqui], que provavelmente destruiu mais bons trabalhos do que a maioria das guerras. Um exemplo: um dos maiores distritos escolares do país realizou uma 'corrida' para descobrir qual dos diversos concorrentes era o melhor programa de leitura para se usar. Surgiu um vencedor indubitável em termos de custo-efetividade, que chegava muito perto de ser o vencedor absoluto, quilômetros à frente em termos de custo. Quatro anos depois, quase ninguém do escritório distrital havia ouvido falar dele. Explicação: um novo superintendente assumiu e seguiu a 'regra do NIH', ou seja, não use as coisas que você não implementou porque você não receberá o crédito se elas funcionarem, ao passo que será culpado, caso contrário. Traga seu próprio candidato; sempre é possível encontrar alguns professores que dirão que é maravilhoso, e assim você pode facilmente evitar ser sujeitado à avaliação rigorosa. Os conselhos escolares não têm conhecimento suficiente ou não são fortes o suficiente para insistir em credenciais de programas que irão substituir os programas existentes; são facilmente convencidos de que "precisamos de uma mudança" pela evidência de que há clientes seriamente insatisfeitos com o programa atual, e alguns especialistas acreditam que há coisas melhores disponíveis. Isso é verdade para todas as coisas; o que importa é aquilo que vence uma corrida justa, e não se aquela coisa tem pulgas. (Por que ninguém do escritório distrital havia sequer *ouvido falar* dele? Porque o NIH se aplica ao pessoal, também; eram todos criaturas do novo regime.) No entanto, há outros aspectos envolvidos no NIH, além do crédito; há o **Poder**.

NÍVEL DE ESFORÇO. O nível de esforço normalmente é especificado em termos de pessoas/-ano de trabalho (ou trabalho/-ano [orginalmente, homem/-ano]), mas em um projeto pequeno, pode ser especificado em termos de pessoas/-mês. Refere-se à quantidade de trabalho direto que será necessário, e presume-se que o trabalho será do nível profissional apropriado; apoio subsidiário, tal como administrativo e de limpeza, é orçado independentemente ou considerado parte do custo de apoio, ou seja, incluído em uma pessoa/-ano de trabalho profissional. TDRs com frequência não descrevem o valor máximo em dólares contemplado pela proposta, mas poderá especificá-lo em termos de pessoa-ano. Usam-se diversas traduções de uma unidade de pessoa/-ano em dólares; isso depende da agência, do nível de profissionalismo exigido, se os custos indiretos gerais e auxílio administrativo são especificados separadamente, e assim por diante. Números de US$ 30.000 até mais de US$ 50.000 por pessoa/-ano às vezes são usados. Mais informações em **Esforço, nível de**; veja também **Quantum de esforço**.

NÍVEL DE MAESTRIA. O nível de desempenho de fato *necessário* em determinado critério – às vezes, o nível que se considera ótimo e viável. Quando o foco do treinamento é o nível de maestria, não se aceita nada menos, e nada mais importa. Na verdade, o 'nível de maestria' com frequência é arbitrário. Intimamente ligado a abordagens baseadas em competências. É uma das aplicações do teste referenciado em critérios.

NORMATIVO. Termo técnico das ciências sociais que veio a significar, grosso modo, o mesmo que "avaliativo". Pode ter chegado a este significado porque a única base factual que os "empiristas" autoestilizados podiam ver para a linguagem avaliativa era como uma maneira de expressar o desvio de uma norma empírica (por exemplo, uma norma de desempenho). Assim, dizer que um desempenho foi "excelente" era dizer que estava a um desvio-padrão ou dois acima da norma (ou média). Esta análise superficial acarretou práticas como a conceituação na curva, que envolve a confusão entre "melhor" e "bom". A análise é superficial porque – dentre outras razões – não consegue explicar o sentido de "acima", como em "acima da norma". Naturalmente, este é um termo avaliativo que não é redutível à estatística – ou, se for, é apenas redutível de uma maneira não especificada e muito mais sofisticada, que então mostraria que a redução original é superficial. Assim, descrever distribuições é relacionado à norma, mas não é avaliativo; ranking está relacionado à norma *e* é avaliativo; a linguagem da conceituação não está (diretamente) relacionada à norma, mas envolve uma análise avaliativa forte, tal como justificar a conclusão de que um desempenho é excelente, e o outro, inaceitável. O uso do termo "normativo" confunde aqueles. O contraste usual entre "normativo" e "descritivo" também não faria sentido algum na análise que acabamos de apresentar, visto que esta análise deveria fornecer um sentido descritivo a "normativo". Na verdade, "normativo" contrasta-se com descritivo no uso comum dos cientistas sociais, pois ignoram a análise e usam "normativo" no lugar de "avaliativo" (isto é, as 'normas' referem-se a padrões de mérito ou relevância que quase ninguém pode alcançar e, portanto, não são 'normais'). Mas então, evidentemente, o termo "normativo" (naquele sentido) é inteiramente desnecessário – devemos usar "avaliativo" no lugar daquele, e "normativo" torna-se apenas um monumento à má análise e do amor ao jargão. Assim como o uso igualmente confuso do termo "**julgamento de valor**" com o significado de "expressão de gosto ou mera preferência", o termo "normativo" sacrifica um termo útil a um deus falso. "Normativo" deveria significar simplesmente que "se refere diretamente a normas, sejam elas descritivas ou avaliativas" e, consequentemente, deveria englobar "inusitadamente alto", "atípico", "diferente" etc. (que fazem referência a normas descritivas), bem como a linguagem de ranqueamento, como "inusitadamente bom" e "o pior de todos" (que são avaliativas), mas *não* deve fazer referência à linguagem de conceituação, como "inútil" ou "perfeito".

Mas os termos de conceituação não se referem a padrões, isto é, normas de *valor* – e, assim, podem se qualificar como normativos? Não, salvo se nos descuidarmos da diferença entre normas e padrões. As notas (conceitos) referem-se a *padrões de valor*, e não a normas – de valor ou qualquer outra coisa. A maior parte dos padrões é composta de padrões descritivos: "Seus olhos são azuis" refere-se a padrões de cor; "Ele tem 1,90m" refere-se a padrões de comprimento. Mas estes são os paradigmas da linguagem *descritiva*, então o problema de dizer que se referir a padrões indica o uso da linguagem normativa é que isso destrói a distinção entre descritivo e normativo. "Prescritivo" é um termo de certa forma melhor, em detrimento de normativo, em contraste com "descritivo", mas não é muito bom, pois refere-se apenas a recomendações ou regras, e não a toda linguagem avaliativa.

A sugestão de abandonarmos o uso do termo "normativo" no sentido de "avaliativo" deixa o outro sentido científico do termo intacto. Por exemplo, preserva a distinção útil, definida nos verbetes próprios, entre **testes referenciados em normas** e **testes referenciados em critérios.**

NOTA DE CORTE. Nota que delimita a linha entre conceitos, entre o domínio e o não domínio, e assim por diante. Sempre arbitrária até certo ponto, é mais facilmente justificada em circunstâncias em que uma quantidade destas pontuações será eventualmente sintetizada. Mas em um relatório final, apenas *zonas* de corte fazem sentido, e os conceitos devem indicar isso, por exemplo, A, A-, AB, B+ etc., em que AB indica uma zona ou área limítrofe. Muitos oponentes aos testes de competência mínima reclamam da arbitrariedade de qualquer *ponto* de corte. A resposta seria usar uma zona, isto é, três graus em vez de dois (claramente não competente; competência indefinida; claramente competente); e atrelar as decisões a estes. Embora ainda haja uma nota de corte entre cada um deles, a ação relacionada a cada um pode ser suavizada apropriadamente, por exemplo, permitindo que a pessoa colocada na zona neutra refaça o teste. Eventualmente, claro, a objeção se reduz a uma objeção a qualquer distinção, independentemente do tamanho da distinção do desempenho – um absurdo. Assim, fazem-se concessões na direção de abrandar o impacto, sabendo que, em algum momento, será preciso engolir o sapo, mas tentando informar os avaliandos frustrados ou seu representante quanto à verdadeira necessidade. Consulte **Agrupamento por faixas.**

NOTA EQUIVALENTE À SÉRIE. Tentativa bem-intencionada de gerar um índice significativo a partir dos resultados de testes padronizados. Se uma criança possui uma pontuação equivalente à nota 7,4, isso significa que ela obtém notas na média (estimada) obtida pelos alunos que estão no oitavo ano há quatro meses. O uso do conceito muitas vezes levou à adoração injustificada de pontuações médias como um padrão razoável para os indivíduos e à negligência das **pontuações brutas**, que podem ter algo bem diferente a dizer. Imagine que um aluno recém-chegado ao nono ano obtenha uma pontuação 7,4; os pais podem ficar bastante decepcionados, a não ser que alguém lhes diga que neste teste específico o nível 8,0 é equivalente ao 7,4 (devido à regressão do período de férias). Em termos de competência em leitura, um déficit de duas séries completas com frequência pode ser compensado em alguns meses no primeiro ano do ensino médio se o professor conseguir motivar o aluno pela primeira vez. Mais uma vez, um aluno pode ser considerado como estando uma série inteira abaixo e, ao mesmo tempo, estar à frente da classe toda – se a nota média for calculada como a *média*, e não a mediana. Novamente, um aluno do *sexto* ano que obtém a nota 7,2 pode afundar totalmente no teste de leitura do oitavo ano; 7,2 significa apenas que ele obtém a nota que um aluno do oitavo ano obteria em um teste do *sexto* ano. Um déficit de um ano no critério normativo do sexto ano não é comparável ao déficit de um ano no critério normativo do quinto ano. E assim por diante – isto é, use com cautela. Mas não descarte totalmente se não tiver algo melhor para públicos que não sejam compostos por estatísticos.

NOVA RETÓRICA. Consulte **Retórica, Nova.**

***NUT*; O ESSENCIAL** (da expressão em inglês "*making the nut*", algo como "ganhar o (dinheiro) essencial"). Jargão da consultoria em gestão, que significa o custo básico anual da administração do negócio. Depois de "ganhar o essencial", é possível ser mais criterioso quanto à aceitação de novos trabalhos e à determinação do quanto cobrar.

O

OBJEÇÃO. A réplica a uma avaliação, que o avaliando deve ter a oportunidade de fazer antes que o relatório da avaliação seja entregue ao cliente. A objeção pode resultar em mudanças na avaliação, que do ponto de vista do avaliando torna a objeção à segunda edição desnecessária; ou pode ser encaminhada ao cliente juntamente com o relatório da avaliação – e a resposta do avaliador à objeção. Quando possível, esta resposta deve ser apresentada ao avaliando no momento em que as mudanças propostas à avaliação, elaboradas em resposta à objeção, se houver, forem acatadas. Estas disposições possuem uma justificativa simples em termos de melhorar a validade, ao passo que também têm um fundamento psicológico e ético. Consulte **Equilíbrio de poder, Meta-avaliação.**

OBJETIVO. Não enviesado, ou sem preconceitos. "Sem preconceitos" significa não pré-julgar, e esta etimologia com frequência leva as pessoas a crerem equivocadamente que é impossível que qualquer pessoa que chega a uma discussão com fortes visões sobre alguma questão não tenha preconceitos. A questão principal é se as visões são justificadas. O fato de todos termos fortes opiniões sobre o abuso sexual de crianças e a importância da educação não demonstra preconceito, apenas racionalidade. Cf. **Neutro, Viés, Subjetividade, Avaliação perspectiva, Objetivos.**

OBJETIVOS. O sentido técnico deste termo refere-se a uma descrição bastante específica de um resultado pretendido. A descrição mais geral, sob a qual este e outros objetivos são abrigados, é chamada de meta. Bloom prestou um grande serviço à avaliação de programas educativos e muitos outros programas e currículos com a Taxonomia dos objetivos cognitivos. Ela precisa ser suplementada – consulte **Paracognitivo** –, mas mostrou-se excepcionalmente robusta sob milhares de análises críticas.

OBJETIVOS COMPORTAMENTAIS. Objetivos específicos – de um programa, por exemplo – delineados de tal maneira que possibilite a verificação do seu alcance por observação ou teste/medição. Uma ideia variavelmente vista como 1984/skinneriana/desumanizante, e assim por diante, ou como requisito mínimo para evitar verbalismos sem conteúdo. Atualmente, alguns usam o termo "objetivos mensuráveis" para evitar o miasma associado às conotações do behaviorismo. De modo geral, as pessoas agora são mais tolerantes aos objetivos que, de alguma forma, sejam especificados de forma mais abstrata – considerando-se que as condições principais de verificação/falsificação possam ser decifradas – do que eram no início do movimento dos objetivos comportamentais, na década de 1960. Isso se deve ao fato de que a tentativa de decifrar tudo (e pular a determinação de metas intermediárias) produz 7.633 objetivos comportamentais para leitura, o que é um caos incompreensível. Assim, a pesquisa educacional redescobriu o motivo da falha do movimento precisamente análogo de filósofos da ciência positivistas na direção de eliminar todos os termos teóricos em prol dos termos observacionais. O único requisito científico legítimo aqui é que os termos tenham *uso confiável* e *conteúdo empírico acordado*, e não uma *tradução simplificada para a linguagem observacional* – o último é apenas um caminho para o primeiro, e nem sempre é possível. Felizmente, a educação científica pode levar ao uso confiável (o suficiente) de termos teóricos; isto é, eles podem ser decompostos nos indicadores contextualmente relevantes e mensuráveis mediante demanda. Isso evita a perda dos principais organizadores cognitivos acima do nível taxonômico e, consequentemente, de toda a compreensão, que resultaria do projeto de tradução como um todo, mesmo se fosse possível. A mesma conclusão aplica-se ao uso de declarações de objetivos gerais.

OBSERVAÇÃO. O processo ou produto da inspeção sensorial direta, que frequentemente envolve observadores treinados. A linha entre observação e sua antonímia normal, "interpretação", não é clara e, em todos os casos, depende de contexto – isto é, o que conta como uma observação em um contexto ("Chang Lee acabou de dar um salto muito bem executado") conta como uma interpretação em outro contexto (em que a pontuação do juiz do salto é recorrida). Esta seria uma interpretação avaliativa, mas pode também ser causal (por exemplo, "o goleiro desviou a bola acidentalmente para dentro do seu próprio gol"). Assim como é muito difícil fazer com que trainees em avaliação – mesmo aqueles com treinamento científico considerável – escrevam descrições não avaliativas de algo que será avaliado, é também difícil fazer com que observadores reportem apenas o que de fato existe, e não suas inferências a respeito daquilo. O uso de listas de verificação e treinamento pode aumentar bastante a confiabilidade e validade dos observadores. Assim, a observação é um processo um tanto sofisticado que não pode ser equiparado a percepções amadoras ou aos relatórios a seu respeito. A partir do disposto acima, deve estar claro que há contextos em que observadores, especialmente observadores treinados, podem relatar suas observações corretamente em termos avaliativos. Outro exemplo, em que nenhum treinamento especial é necessário, é o relatório de pontuações em um campo de tiro.

OBSTÁCULO. Teste com uma linha de corte, como na seleção de pessoal, ou na avaliação de investimentos em que, por exemplo, determinado nível de risco pode ser um obstáculo, e determinada taxa de retorno projetada pode ser outro.

OBSTÁCULOS MÚLTIPLOS. Conjunto de testes administrado sequencialmente com linhas de corte ao menos no primeiro subconjunto. (Consulte **Linhas de corte múltiplas** e **Compensatórios** para ver alternativas.) Esta abordagem é muito mais eficiente do que a combinação de linhas de corte quando o custo do processo de teste/entrevista é substancial, visto que elimina o custo de diversos testes para os candidatos que não passam no anterior. Sua eficiência é potencializada pela ponderação da probabilidade de fracasso e o custo de cada teste, de forma que os testes mais difíceis e mais caros são administrados primeiro. (Consulte **Atire nos cavalos primeiro**.) Não é eficiente se os dados do seu teste não forem confiáveis ou se seus motivos para impor notas de corte puderem ser refutados. Legalmente, é importante que todos os testes de uma bateria administrada em modo de obstáculos múltiplos sejam verificados em termos de impactos adversos em minorias ou mulheres, e não apenas a pontuação total (o 'resultado'). Este termo também adquiriu mais uso no campo de classificação de investimentos, em que uma série de padrões ou requisitos, digamos, sobre a taxa de retorno ou risco, precisam ser observados.

OED. A biblioteca comum contém este *Oxford English Dictionary* definitivo multivolumes, mas aquela edição agora está muito desatualizada, e apenas a nova edição, disponibilizada por mil dólares em cópia impressa ou em CD-ROM, em 1991, é confiável, mas apenas para o inglês britânico. O antigo OED ainda é útil para consultar a etimologia de muitos termos, e é lá que descobrimos, por exemplo, que "avaliador" é um termo muito recente (ao menos em inglês).

ORÇAMENTO. Independentemente do formato que determinadas agências preferem, é desejável desenvolver um procedimento para orçar projetos que permaneça constante entre projetos, de forma que seu próprio pessoal possa se familiarizar com as categorias e lhe fornecer uma base para comparação. Se for plenamente compreensível, ele pode sempre ser convertido em um formato específico que seja solicitado. As principais categorias podem ser: custos trabalhistas diretos, outros custos diretos (materiais, suprimentos etc.), despesas indiretas (espaço de trabalho e custos com energia), e outros custos indiretos (despesas administrativas ou despesas "gerais e administrativas" [G&A]). A diferença entre os custos indiretos gerais ordinários e as despesas G&A não é muito clara, mas ideia é que os primeiros devem corresponder aos custos incorridos a uma razão proporcional ao salário do pessoal do projeto, sendo esta proporção a *taxa de custos indiretos gerais*; por exemplo, aposentadoria, seguros etc. As G&A incluem custos indiretos não diretamente relacionados ao tamanho do projeto ou do pessoal (por exemplo, taxas de licença e lucro). Alguns custos indiretos, como serviços de contabilidade, cobrança de juros etc., podem ser justificadamente alocados a qualquer uma destas categorias. Veja **Custo**.

ORÇAMENTO BASE ZERO. Sistema de orçamentação em que *todas* as despesas precisam ser justificadas, em vez de apenas classificadas como despesas *adicionais* (isto é, variações do "financiamento base"). Temporariamente em voga em Washington na década de 1970, seus méritos para a avaliação somativa foram esmagadores; as dificuldades práticas são facilmente resolvidas, mas os gritos políticos dos programas consolidados podem ser mais difíceis de resolver. A referência original é o livro de Peter Pyrrh com este título (*Zero-Based Budgeting*). Consulte **Rateio**.

ORÇAMENTAÇÃO POR MISSÃO. Generalização da noção de orçamentação de programas (consulte **PPBS**); a ideia é desenvolver um sistema de orçamento que responda a questões do tipo "Quanto estamos gastando em tal e tal *missão*?" (Em oposição a *programa*, *agência* e *pessoal* – os tipos anteriores de categorias às quais os valores orçamentários eram vinculados). Uma limitação do PPBS foi que uma grande quantidade de programas é justaposta no que concerne à clientela que atendem e o tipo de serviços que prestam, de modo que podemos não ter uma boa ideia de quanto estamos gastando, por exemplo, em bem-estar ou educação bilíngue, apenas analisando os orçamentos das agências ou até mesmo os números do PPBS, *a não ser que* tenhamos uma ideia extremamente clara

– coisa que tomadores de decisão raramente podem ter, principalmente um Gabinete Executivo novo – das verdadeiras populações impactadas e do nível de prestação de serviço de cada um dos programas. O conceito de orçamentação por missão, juntamente com o **orçamento base zero**, era popular no início do governo Carter, mas posteriormente, no mesmo governo, ouvimos falar pouco deles, assim como a introdução do PPBS por MacNamara (no Ministério da Defesa, vindo da Ford Motor Company) sob uma administração anterior se esvaneceu consideravelmente.

OTIMIZAÇÃO. A estratégia de decisão de acordo com a qual devemos selecionar a alternativa com a expectativa máxima (a expectativa de um resultado é o produto da probabilidade de o retorno ocorrer pelo valor de retorno). A otimização é sempre a estratégia correta *se* a análise for feita corretamente, por exemplo, incluindo a utilidade do risco ou aposta, o custo das ansiedades causadas e o tempo dedicado ao cálculo das estratégias, além do custo da informação que poderia ser obtida por exploração ou questionamento e, com alguma probabilidade, poderia estar relacionada à melhor estratégia dominante. (A busca com frequência tem alto custo, assim como a busca de custos.) Somente computadores poderiam lidar com toda a gama de cálculos que isso envolve – mesmo que pudessem obter os cálculos relevantes – especialmente quando a rapidez é altamente necessária, por exemplo, no controle de sistemas de armamento.

Descritivamente, as pessoas frequentemente operam em outras estratégias – por exemplo, **satisficing**, **minimax**, maximax. Estas são aproximações à otimização em determinados casos limitantes. Considerando-se os custos de pesquisa e análise, elas podem fazer mais sentido em contextos específicos – mas isso só pode ser provado quando olhamos para uma análise completa. E, claro, as pessoas usam sua *estimativa* da utilidade das alternativas, e não necessariamente a verdadeira utilidade daquelas alternativas para elas. Além disso, algumas delas – isto é, de nós – simplesmente escolhem sem pensar explicitamente ou com base no pensamento irracional, às vezes, ou boa parte do tempo. A avaliação deve ocupar-se principalmente com a identificação de escolhas corretas, e não com a previsão das escolhas reais (a tarefa do psicólogo, economista, sociólogo, e assim por diante). Os profissionais da teoria de decisão com frequência confundem **teorias prescritivas** com **descritivas**, reclamando que a otimização é uma análise ingênua ou racionalista. É ingênua apenas se a considerarmos uma explicação descritiva – e mesmo assim, apenas porque as pessoas que a descrevem são ingênuas.

ÓTIMO DE PARETO. Critério rigoroso para mudanças, por exemplo, em uma organização, sociedade ou programa; requer que mudanças sejam feitas apenas se ninguém for lesado e alguém for beneficiado. Uma vantagem crucial deste critério é que ele parece evitar o problema de justificar as chamadas "comparações interpessoais de utilidade", isto é, de mostrar que as perdas que alguns consideram o resultado de uma mudança são menos importantes do que os ganhos de outros. Melhorar as condições da assistência social aumentando os impostos *não* é um ótimo de Pareto, evidentemente. Mas escolher entre mudanças alternativas qualificadas como ótimos de Pareto *ainda* envolve dificuldade relativa e considerações sobre os benefícios. Um grande ponto fraco na teoria da justiça de Rawl é a restrição à otimalidade de Pareto. Mudando para a igualdade **prima facie**, podem-se desenvolver justificativas para diferenças interpessoais em utilidade.

P

PADRÃO. O nível de desempenho associado a uma classificação ou pontuação em determinado critério ou dimensão de realizações. Por exemplo, 80 por cento de sucesso pode ser o padrão para passar na prova escrita (dimensão escrita) do teste para tirar carteira de motorista. Uma **nota de corte** define um padrão, mas padrões também podem ser dados em contextos de pontuação não quantitativos, por exemplo a exigência de uma média B na pós-graduação, ou o fornecimento de exemplares, como na pontuação global de amostras de produção textual. Padrões são prescritivos e, por conseguinte, são sempre normativos em um sentido (por exemplo, padrões 'absolutos', tal como "A para Excelente") e às vezes também no outro ("Um A é dado aos 20% melhores"). Veja também **Agrupamento por faixas, Conceituação pela curva.**

PADRÕES DE AVALIAÇÃO. Conjunto de princípios que guiam avaliadores (particularmente) de programas e seus clientes. O primeiro grande empreendimento voltou-se para a avaliação de programas e foi liderado pelos esforços conjuntos de representantes de muitas associações profissionais, chefiadas por D. Stufflebeam e que resultaram nos ***Evaluation Standards*** (McGraw-Hill, 1980); a Evaluation Research Society [Sociedade de Pesquisa em Avaliação] também produziu um conjunto deles. Os dois possuem alguns pontos fracos em comum – por exemplo, nenhum deles inclui a **avaliação de necessidades** de maneira explícita – embora o primeiro seja mais explícito quanto à interpretação, exemplificações específicas de aplicações e possíveis interpretações equivocadas. De modo geral, é provável que eles tenham benefícios, tal como a conscientização dos clientes e a melhoria do desempenho de modo geral, e já surtiram este efeito. Avaliadores de alto escalão já expressaram o receio de eles enrijecerem as abordagens, reprimirem a pesquisa, aumentarem os custos (cf. "testes de laboratório defensivos" na clínica médica atual), e darem a falsa impressão de sofisticação. É útil ter à mão esta lista de problemas em potencial, mas uma vez avisado, parece improvável que virão a constituir uma grande ameaça à utilidade e validade dos Padrões. (Veja também **Viés.**) Os padrões em programas foram seguidos de um conjunto para **avaliação de pessoal**, cuja referência se encontra no verbete dedicado.

P&D. Pesquisa e Desenvolvimento; o processo básico cíclico (iterativo) de invenção e melhoria, por exemplo, de materiais didáticos ou produtos de consumo: pesquisa, design, fabricação, preparação para teste, teste piloto, avaliação de resultados, melhorias no design, teste da versão melhorada, e assim por diante. Este é o método da tecnologia, em contrastes com o processo exploratório e de teste de hipóteses da ciência. Consulte **Avaliação formativa, Grupos focais, Teste beta.**

PAINÉIS. O uso de grupos para realizar avaliações (por exemplo, de candidatos, políticas ou propostas de pesquisa) é um assunto complexo que não é suficientemente explorado. Relatórios anedóticos sugerem que as seguintes variações levam a resultados muito diferentes; alguns gerentes de projetos sentem que podem controlar os resultados por meio da escolha apropriada do procedimento. (i) Pode-se solicitar aos avaliadores que façam sua classificação de maneira independente antes da discussão, que discutam e então façam sua classificação independente, ou que se preparem (leiam, ou entrevistem) separadamente, e então discutam a fim de chegar a uma classificação comum; (ii) os avaliadores poderão discutir e chegar a um acordo quanto ao sistema de pontuação comum previamente, ou 'improvisar'; (iii) eles podem chegar a um acordo prévio – ou receberem instrução – quanto ao método de combinação das suas classificações; veja, por exemplo, **Compensatórios, Obstáculos múltiplos, Linhas de corte múltiplas**; (iv) eles podem ser 'calibrados' ou se calibrar por meio de um conjunto de exemplos hipotéticos ou retirados dos registros, que eles discutem antes de se voltar aos casos reais.

PAINÉIS PARALELOS. Na análise de propostas, por exemplo, é importante administrar painéis concomitantes independentes para obter alguma ideia sobre a confiabilidade das classificações que eles produzem. Nas poucas ocasiões em que isto foi feito (no Departamento de Educação e na NSF, por exemplo), os resultados foram extremamente inquietantes, apresentando grandes diferenças. Considerando-se que a falibilidade garante tanto a invalidade quanto a injustiça, esperar-se-ia que uma fundação federal para a ciência se comprometesse com a validade e justiça o bastante para realizar verificações de rotina desta natureza, mas eles normalmente reclamam de barriga cheia em vez e procurar maneiras de obter a validade com o mesmo orçamento. Poder-se-ia suspeitar de que a verdadeira razão é não querer debilitar a fé no sistema e, particularmente, não querer ver o fato há muito tempo exposto de que estão administrando um sistema débil. De qualquer maneira, não se justifica despender fundos invalidamente e de maneira injusta com a desculpa de que custaria um pouco mais para fazer a mesma coisa razoavelmente bem, mesmo se isso fosse verdade, visto que os retornos também seriam mais altos (a partir da definição de "fazer a mesma coisa" e "razoavelmente bem"), e a justiça deveria valer alguma coisa. Veja também **Meta-avaliação** e **Autorreferência**.

PAPEL (de avaliador). O avaliador desempenha mais papéis do que Olivier, ou deveria. Os maiores incluem **árbitro**, promotor substituto, **agente de mudança**, coautor, confessor, educador, empreendedor, investigador, juiz, júri, gerente, agente de relações públicas, bode expiatório, teórico, "o inimigo", **terapeuta**, e solucionador de problemas. Conclusão: tente a versatilidade, reconheça suas limitações e forme equipes talentosas.

PAPEL EDUCACIONAL (do avaliador). Avaliadores com frequência reportam, com alguma surpresa, que acreditam que metade de seu tempo em campo é dedicado à educação do staff e dos gerentes dos programas sobre a natureza da avaliação e os benefícios potenciais da avaliação que está sendo realizada. O caso é, empírica e desejavelmente, que este papel educacional é de suma importância; na pior das hipóteses, encontra-se abaixo apenas da função de encontrar a verdade. Em parte, isso se deve ao fato de que poucas pessoas têm instrução adequada acerca da importância ou das técnicas de avaliação, e tal instrução pode melhorar sua eficácia enormemente. Além disso, a disciplina provavelmente sempre parecerá insignificante até que ela (ou a negligência da mesma) cause problemas, e uma orientação rápida sobre *aquele ramo ou aplicação específica* da avaliação então se tornará muito importante. Nenhum profissional com informação pouco sofisticada sobre avaliação de pessoal, produtos, propostas e programas em seu campo de trabalho *é* um profissional; mas mesmo quando o conhecimento sofisticado é amplo, sua aplicação em si e nos programas específicos não será fácil, e o avaliador pode ajudar a ensinar aos profissionais como lidar com o processo e seus resultados. Quando Sócrates disse "A vida sem exame não vale a pena ser vivida", estava se identificando como um avaliador, mas não é *por acaso* que é mais bem conhecido como um professor. Tampouco é por acaso que foi morto por combinar as duas funções. Robert Wise argumenta que um dos motivos pelos quais o avaliador está em boa posição para ser um educador é que poucas pessoas têm uma visão geral tão boa de um projeto ou programa. Veja também **Axiofobia, Função Terapêutica, Imperativo profissional**.

PAPEL OU MODELO TERAPÊUTICO (da avaliação ou do avaliador). A própria natureza da situação do avaliador cria pressões que às vezes moldam seu papel naquele de um paciente de terapia ou terapia em grupo – ou algo semelhante – e alguns avaliadores favorecem a ênfase neste papel. Isto é particularmente verdadeiro com relação à avaliação externa, mas não exclusivo dela. Primeiramente, com frequência há – neste caso – o sentimento do cliente de ter exaurido seus recursos, e precisa muito de ajuda, talvez desesperadamente. Em segundo lugar, há o papel atento, inquisidor e (a princípio) não critico do avaliador no desenvolvimento dos antecedentes e de uma noção do problema. Terceiro, com frequência há uma crescente ansiedade sobre a ameaça percebida dos resultados da avaliação para a autoestima e a ansiedade com relação à perda contínua de funcionalidade em algumas áreas vitais (consulte **ansiedade perante a avaliação**). Em quarto lugar, uma aura inicial de expertise cerca o especialista externo, sustentado pelo jargão técnico e ritos misteriosos prescritos pelo bom doutor no processo contínuo da avaliação. Como podemos argumentar que a psicoterapia envolve pouco mais do que este pacote, um amálgama suficiente para gerar ao menos o efeito placebo, a analogia é clara – e deve ser perturbadora. Por outro lado, os avaliadores não podem se permitir preocupar-se demasiadamente com isto, a ponto de remover-se do contato com o cliente, visto que é, afinal, o caso de querer ajudar o cliente, e não por meio de cirurgia ou farmacologia; em certo sentido, está de fato fornecendo remediação psicológica. O contato com os avaliandos é outra questão; na **avaliação livre de objetivos**, não ocorre, e esta é uma forma de reduzir a ansiedade, adequada a alguns avaliados, mas o contrário do que outros preferem. Onde de fato ocorre, na maior parte da avaliação formativa, por exemplo, o papel do terapeuta surge novamente, especialmente se houver qualquer sinal de **axiofobia**.

Se o sucesso de uma avaliação for devido ao efeito placebo ou Hawthorne, há o risco de evanescência, e o avaliador que desaparece por trás das montanhas após um jantar de despedida com o cliente extasiado deveria voltar ou se esgueirar para dar uma olhada um ano mais tarde se desejar descobrir se alguma recomendação foi: (i) uma solução imediata para o problema; (ii) adotada; (iii) apoiada; (iv) trabalhada em longo prazo. Assim, estudos de acompanhamento, que infelizmente a pesquisa (ou avaliação inovadora) em psicoterapia não possui e que com frequência são devastadores quando são realizados, são igualmente importantes na meta-avaliação – e um nível modesto de acompanhamento deve ser visto como parte da obrigação profissional do avaliador.

PARACOGNITIVO. Parte desta área toca o domínio afetivo, e com frequência é incluída nele, embora equivocadamente. De fato, ela inclui uma variedade de competências perceptivas, analíticas, caracterológicas e de julgamento que normalmente não são atribuídas a taxonomias de competências cognitivas, mas que têm conteúdo massivo, aprendido, cognitivo (nem sempre proposicional), muitas vezes de grande importância na prática e educação. Inclui: a dimensão intelectual de visão empática (como a evidenciada pela compreensão de perguntas alheias, interpretação de papéis, atuação, e assim por diante); objetividade, racionalidade, sensatez, ou sensatez moral e capacidade crítica; a capacidade de fazer traduções quase perfeitas; leitura competente da linguagem corporal e sinais da fala; competências de diagnóstico clínico; reconhecimento de padrões sofisticados (por exemplo, de tipos de fósseis ou espécies de aves).

PARADIGMA. Concepção extremamente geral de, ou modelo para, uma disciplina ou subdisciplina, que pode ter bastante influência na formulação de seu desenvolvimento, por exemplo "o paradigma clássico das ciências sociais em avaliação". Popularizado neste sentido por Kuhn, que (ao menos às vezes) foi pego na falácia tentadora, mas ilícita, de supor que o poder dos paradigmas inclui a definição da verdade. Eles definem a verdade *prima facie*, mas isso está muito longe de ser a mesma coisa; eventualmente, os paradigmas são rejeitados como algo muito distante da realidade, e são sempre governados por aquela possibilidade. Este erro impregna a discussão mais recente sobre paradigmas na avaliação, ***The Paradigm Dialog***, uma coleção editada por Egon Guba (Sage, 1990); o ensaio de Denis Phillips é uma exceção notável. Consulte **Relativismo**. Sobre os paradigmas da avaliação, consulte **Modelos** e **Modelo transdisciplinar.**

PARÂMETROS (de uma avaliação). Consulte **Parâmetros de avaliação.**

PARÂMETROS DE AVALIAÇÃO. Uma avaliação pode ser 'internamente' especificada no contexto de dez parâmetros ou características. Alguns destes parâmetros são rubricas – isto é, são decompostos em diversas subespecificações. São eles: campo, funções, generalidade (das conclusões necessárias), nível analítico (**global** *vs.* **componente** *vs.* **dimensional**), tipo lógico (graduação, ranking, pontuação, rateio), critérios utilizados, pesos para os critérios, padrões utilizados, procedimento de sintetização e métrica. Dados os valores destes para determinada avaliação, pode-se construir um 'perfil de avaliação', que deve indicar um delineamento apropriado ou um pequeno grupo de delineamentos possíveis. A preferência por seis 'parâmetros externos', que nos fornece um perfil do ambiente para a avaliação, deve limitar as opções ainda mais. Alguns deles envolvem breves descrições de narrativas, outros requerem apenas descritores. Eles compreendem: características do **cliente** (necessidades, preferências etc.); **histórico**, ou antecedentes (alguém mais avaliou o mesmo programa [etc.] anteriormente, e o que aconteceu então?); **partes interessadas** (aqueles que possuem algum investimento, ego ou outro, nos resultados da avaliação); **público**; restrições (éticas, legais, institucionais ou ecológicas – por exemplo, sobre acesso a dados e boletins informativos); **recursos** (incluindo expertise, espaço de trabalho, finanças), e assim por diante. (É provável que nenhuma lista esteja completa, embora bastante revisada.) As principais variáveis intervenientes que determinamos no processo de delineamento incluem a credibilidade do avaliador e a credibilidade da avaliação – ambos nos fornecem dicas sobre o lócus e as credenciais necessárias ao avaliador.

A partir disto, desenvolvemos uma especificação que pode começar assim: "Uma classificação (e não apenas em ranking) de dois programas alternativos de treinamento de sargentos de polícia para lidar com ofertas de suborno, em que nenhum deles foi previamente avaliado, e o cliente visa adotar um deles por um período de três anos...".

PAREAMENTO. Consulte **Grupo de controle**.

PARTE INTERESSADA (de um programa). Alguém que investiu seu ego, credibilidade, poder, futuros ou outro capital em um programa e, consequentemente, pode-se considerar que corre algum risco, em alguma medida. Isso inclui o pessoal do programa e muitos dos que não estão ativamente envolvidos nas operações cotidianas – por exemplo, inventores ou instigadores ou apoiadores do programa. Os oponentes também são, de certa forma, partes interessadas – como aqueles que vendem ações a descoberto ou apostam em um cavalo concorrente. As partes interessadas podem nem mesmo ter consciência de que são partes interessadas (por exemplo, investidores que mantêm ações sul-africanas por meio de um fundo de investimento, ou aqueles, tais como grupos ativistas pelo meio ambiente, que têm interesse mesmo que nunca tenham ouvido falar do programa). Os **destinatários** são partes interessadas apenas em um sentido indireto, e normalmente são tratados separadamente. Os contribuintes não são partes interessadas significativas da maioria dos programas, visto que sua participação em qualquer programa específico normalmente é pequena. Por motivos éticos, ainda assim precisam ser considerados porque uma política de ignorar interesses tão pequenos iria, se generalizada, levar à conclusão absurda de que os contribuintes não têm interesse algum no conjunto de programas financiados por impostos.

PATROCINADOR (de uma avaliação). Quem ou o que quer que financie ou providencia o financiamento ou facilita a liberação de pessoal e espaço: pode ou não ser o "instigador" da Lista-chave de verificação da avaliação. Cf. **Cliente**.

PDD&A. Pesquisa, Desenvolvimento, Difusão (ou Disseminação) e Avaliação. Sigla mais elaborada para o processo de desenvolvimento normalmente descrito como P&D, em que a avaliação formativa é incluída em Desenvolvimento.

PDO. Pedido de orçamento ou pedido de qualificações. Alternativa ao TDR que requer menos trabalho por parte dos licitantes. Às vezes, um PDO é um anúncio de um contrato futuro em que se solicita que os candidatos interessados expressem seu interesse e especifiquem qualificações relevantes, sem ter que submeter um plano de trabalho. Além de reduzir a quantidade de tempo desperdiçado de outra forma gasto em planos de licitantes fracassados, esta tende a manter as coisas dentro do que às vezes é visto como a 'rede dos veteranos'. De modo geral, parece melhor usar um TDR **bipartido** ou um TDR parcial seguido de entrevistas. A primeira camada, ou o TDR parcial, pode apresentar alguns problemas típicos que formarão parte da tarefa completa, para identificar os licitantes que possuem a experiência relevante e/ou novas abordagens brilhantes.

PEER REVIEW (REVISÃO POR COLEGAS). A avaliação, normalmente de propostas ou de corpo docente universitário, realizada por um painel de juízes com qualificações próximas às do autor ou candidato. Uma abordagem tradicional, mas extremamente instável. Painéis correspondentes produzem resultados diferentes; os efeitos da fadiga, do aprendizado e o **halo** são generalizados; o **viés do contrato secreto** ou o medo de represália com frequência os corrompem plenamente, e assim por diante. O processo pode ser em muito melhorado, mas há pouco interesse em fazê-lo, possivelmente porque com frequência ele serve como um tipo legitimizante ou **simbólico** de avaliação, e não como aquele que busca descobrir a verdade. Além disso, a relutância possivelmente se deve principalmente à ignorância do custo social dos erros, além do nervosismo quanto aos custos relativos ao tempo dos painelistas. Consulte **Calibragem**, **Avaliação de pessoal**.

PEGADA. Consulte **Abordagem da Grande Pegada.**

PENSAMENTO CRÍTICO (PC). O nome de uma abordagem ou de uma matéria do currículo que pode muito bem ser chamada de 'pensamento avaliativo' – a habilidade em PC é um componente-chave da avaliação. O termo "crítico" aqui não tem sentido negativo, mas de "ponderado", ou "analítico". De fato, o resultado do pensamento crítico com frequência se traduz em maior apoio a uma posição que está sendo considerada ou na criação de, e apoio a, uma nova posição. Esta abordagem ou matéria muitas vezes é ensinada no primeiro ano da graduação, cada vez mais em anos mais cedo; em alguns estados, este curso é obrigatório. Nos últimos anos, desenvolveu-se um movimento para usar o PC como um veículo ou estrutura para ensinar as matérias tradicionais. No nível universitário, cada vez mais substitui a 'lógica para bebês', introdução à lógica simbólica tradicionalmente ensinada por departamentos de filosofia.

As competências analíticas ou a lógica embutida em uma abordagem sistemática ao pensamento crítico agora são normalmente discutidas como **lógica informal**.

PERCENTIL (Estat.). Se organizarmos um grupo grande na ordem de suas pontuações em um teste e dividi-las em 100 grupos de tamanho igual, começando por aqueles com a pontuação mais baixa, diz-se que o primeiro grupo resultante consiste nas pessoas no 1º percentil (isto é, têm pontuações piores do que 99% do grupo), e assim por diante até o último grupo, que deve ser chamado de o 100º percentil – por motivos técnicos entediantes, o procedimento que de fato é usado distingue apenas 99 grupos, de forma que a melhor colocação é o 99º percentil. Com números menores ou para estimativas mais brutas, o grupo total é dividido em dez *decis*; o mesmo é feito para quatro *quartis*, e assim por diante.

PERFECCIONISMO. O Princípio de Marks afirma: "O preço da perfeição é proibitivo". Nunca redija novamente cartas ou artigos quando correções à mão plenamente legíveis podem ser feitas; não há árvores, dias ou dinheiro suficiente para tanto. Documentos legais e trabalhos artísticos tipográficos, como a Dove Bible podem ser exceções, mas a Declaração da Independência possui duas adições do escriba, de modo que há um precedente legal (citado por Bliss). Estas reflexões são uma ótima fonte de consolação para autores de trabalhos de referência – mas não para seus leitores.

PERFIL DE AVALIAÇÃO ESCOLAR (PAE). Instrumento para avaliar o desempenho de escolas (e, consequentemente, distritos, diretores etc.), que usa apenas as variáveis sob o controle das partes para o empreendimento educacional. O PAE foi inventado para oferecer uma base justa para avaliação das escolas no distrito escolar unificado de São Francisco, quando foi assumido pelo estado da Califórnia. Consistia em diversas escalas, e o desempenho nelas era grafado para proporcionar um perfil instantaneamente legível. As escalas incluíam: Conhecimento e Competências do Administrador, Desempenho do Administrador, C&C dos Professores, Desempenho dos Professores, Desempenho dos Alunos, Apoio dos Pais, Apoio do Distrito (e, opcionalmente, Apoio do Estado).

Uma série de perguntas era vinculada a cada escala, e uma equipe de avaliação era (genericamente) identificada para obter respostas às perguntas e integrá-las a um grau em cada escala. (As pontuações da avaliação do estado eram usadas apenas como dados descritivos históricos.) Consulte **Avaliação de responsabilidade.**

PERT,[13] **GRÁFICO PERT.** Ferramenta gráfica de gestão. Compreende um tipo especial de fluxograma em que as tarefas são exibidas como blocos acima de um eixo horizontal que representa o tempo; os blocos normalmente mostram os recursos necessários para realizar a tarefa e os tempos de início/fim. Eles são conectados por linhas que indicam a dependência causal. Uma de suas características mais interessantes é a identificação do caminho crítico, a linha unitária que vai de uma ponta a outra do projeto conectando estes blocos sem 'espaço de manobra', ou seja, sem possiblidade de demorar mais do que programado sem que se adie a data de conclusão do projeto além do previsto. Em algumas versões, os momentos de conclusão (e talvez os resultados naqueles pontos) são exibidos em três níveis: o último possível, o primeiro possível e o mais provável. Isso proporciona uma boa abordagem ao planejamento de emergência, quando está nas mãos de um gerente competente. Como com todos estes dispositivos, podem se tornar um exercício sem sentido se não forem de fato relacionados à realidade, cuja leitura é feita no próprio gráfico, e não fora dele. Programas de computador tornam a prática do gráfico PERT muito mais fácil e são disponibilizados em micros cujo preço começa por algumas centenas de dólares. Consulte **Gestão de projetos.**

PESCAR (*FISHING*). Coloquialismo para a pesquisa exploratória (ou fase exploratória da pesquisa); *ou* para a verdadeira natureza de grandes fatias de – por exemplo – avaliação de programas rigorosas; *ou* para visitas a Washington (ou a seu centro de poder local) em busca de patrocínio.

PESQUISA. O campo geral da investigação disciplinada, que aborda as ciências humanas, exatas, a jurisprudência, avaliação etc. A **pesquisa em**

13 Sigla referente a *Program Evaluation Review Technique* [Técnica de Avaliação e Revisão de Programas].

avaliação é uma parte dela. Diversas tentativas de distinguir a pesquisa da avaliação são discutidas em **Generalizabilidade, Pesquisa em avaliação** e **Pesquisa voltada a conclusões**, por exemplo.

PESQUISA DE ESTILO. Investigações de dois tipos: *ou* investigações descritivas das características estilísticas de, por exemplo, pessoas em determinadas profissões, tal como ensino ou gestão, *ou* investigações das correlações entre determinadas características de estilo e resultados bem-sucedidos. O segundo tipo de investigação já foi considerado de grande importância para a **avaliação de pessoal**, visto que descobertas de correlações substanciais permitiram que certos tipos de avaliação fossem realizados com base no processo (por exemplo, pela observação em sala de aula) e que atualmente só pode ser feita legitimamente observando os resultados (aprendizado do aluno e atitude diante do aprendizado). No entanto, isso se mostra uma abordagem inválida à avaliação de pessoal. Ainda pode ser útil para a avaliação de produtos. O tipo anterior de investigação – um exemplo típico é estudar a frequência com que professores fazem perguntas em comparação a frases declarativas ou comandos – é pesquisa pura, e é extremamente difícil de justificar como de interesse intelectual ou social, salvo se o segundo tipo de conexão puder ser feito. De modo geral, a pesquisa de estilo resultou em uma quantidade desanimadoramente pequena de vencedores, se aplicarmos padrões sérios de validade. (Tempo de Aprendizado Ativo, também conhecido como tempo focado na tarefa, é provavelmente a exceção mais importante e possivelmente a única exceção.) Sem dúvida, as interações entre a personalidade, o estilo, a idade e o tipo de destinatário, e o assunto impedem quaisquer resultados gerais simples; mas os resultados ruins de pesquisa sobre interações sugerem que as interações são tão intensas que obliteram até mesmo recomendações muito limitadas. Em vez disso, devemos recair no tratamento de resultados positivos como *estratégias* (*ou remédios*) *possíveis*, e não *indicadores de mérito provável*. Veja também **Avaliação livre de estilo**.

PESQUISA EM AVALIAÇÃO. O uso original deste termo referia-se simplesmente à avaliação realizada de maneira científica e rigorosa; o termo era popular entre os partidários do **modelo de avaliação das ciências**

sociais. Isso só fazia sentido enquanto não houvesse uma área claramente demarcada para pesquisa *sobre* avaliação. Agora parece preferível usá-lo exatamente como usamos termos como 'pesquisa em física' – para identificar o trabalho que ultrapassa a aplicação rotineira de princípios ou técnicas há muito validados. Neste sentido, a pesquisa em avaliação possui subáreas que correspondem a (i) os diversos campos da avaliação aplicada, em que tanto a pesquisa teórica quanto a aplicada podem ser realizadas, bem como o trabalho aplicado relativamente rotineiro que normalmente identificamos como 'avaliação'; (ii) o domínio principal da avaliação, com suas próprias subdivisões (a lógica, história, sociologia etc. da avaliação em geral); (iii) determinados tipos de pesquisa em outros campos, em que a avaliação é fundamental, por exemplo, em farmacologia. Não é claramente distinguível de outros tipos de pesquisa, embora normalmente acarrete conclusões explicitamente avaliativas (algum trabalho sobre a história do tema não o faz). Outras tentativas de distinguir a pesquisa da avaliação – alguns identificam seis ou oito dimensões – distorcem ou estereotipam um ou outro. Por exemplo, com frequência diz-se que as avaliações visam conclusões 'particularistas' ou idiográficas, em vez de genéricas ou nomotéticas – a última é, supostamente, o objetivo do pesquisador científico. Isto está errado de duas maneiras: os avaliadores com frequência são colocados ou assumem a tarefa de avaliar o sucesso de um tratamento recém-descoberto (por exemplo, lítio para psicóticos, ou ensino contratado) que, naturalmente, requer uma conclusão, amostragem etc. geral; e os cientistas frequentemente dedicam suas vidas ao estudo de casos individuais (por exemplo, a geologia da cordilheira australiana Darling Scarp, a evolução do universo). É claro, muitos estudos em história ou filosofia constituem essencialmente pesquisa avaliativa, e podem ser estudos de indivíduos ou de generalizações ou teorias.

"Fazer avaliações" ou "ser um avaliador" no contexto de consultoria ou por contrato *pode* não envolver coisa alguma que justifique o uso do termo "pesquisa", mas alguns projetos aplicados e contratos de avaliação de pessoal ou programas requerem bastante pesquisa, e a maioria requer mais do que normalmente se empreende. Particularmente, toda avaliação de programa feita de maneira rigorosa, por mais restrita que seja em termos de prazo e orçamento, deve considerar a **generalizabilidade** dos achados, visto que ela pesa sobre o valor do programa. Pesquisas publicáveis continuarão fruindo de praticantes e acadêmicos da avaliação, assim como fruem de psicólogos clínicos e experimentais, e os praticantes devem ser bastante incentivados a buscar e desenvolver problemas de pesquisa em seu trabalho. A ideia de que a prática da avaliação, que falta nos grandes contratos federais, seja algo que podemos deixar para os "estudantes de pós-graduação e mestrado", como sugerido em um artigo recente no periódico ***Evaluation and Program Planning***, parece comparável à ideia de que a prática de medicina local deve ser deixada para os enfermeiros. A "pesquisa *sobre* avaliação" sempre se refere ao trabalho em metodologia, teoria ou metateoria da avaliação. Veja também **Pesquisa exploratória** e **Reinventando a roda**.

PESQUISA EXPLORATÓRIA. Na pesquisa convencional em ciências sociais, com frequência institucionalizada na forma de um requisito imposto sobre toda e qualquer proposta de tese em um programa de doutorado, apenas o teste de hipóteses conta como ciência verdadeira. Outros estudos, até mesmo os etnográficos, são classificados como pesquisa exploratória, da qual eventualmente se pode criar uma hipótese interessante para testar; fazer isso é praticar a 'verdadeira ciência'. Essa estereotipagem da ciência prejudicou-a gravemente e agora começa a evaporar. Boas avaliações com frequência são essencialmente pesquisas exploratórias prolongadas, como um entusiasta da **avaliação responsiva** adoraria enfatizar. Elas não envolvem a formulação e verificação constante de hipóteses. Isso é o que envolve a descoberta de efeitos colaterais, e estes, por serem imprevistos, dificilmente poderiam ter sido parte do desenho inicial da avaliação.

PESQUISA VOLTADA A DECISÕES. Consulte **Pesquisa voltada a conclusões.**

PESQUISA VOLTADA À CONCLUSÃO (Em oposição à pesquisa voltada à decisão). Às vezes, acredita-se que a distinção de Cronbach e Suppes entre dois tipos de pesquisa educacional lança luz sobre a diferença entre pesquisa de avaliação (supostamente voltada à decisão) e pesquisa acadêmica das ciências sociais (voltada à conclusão). Esta visão baseia-se em duas falácias: primeiro, a de se presumir que as conclusões acerca do mérito e valor (conclusões avaliativas) não são legítimas para o cientista social – parente da **doutrina da ciência livre de valores**, positivista, de que julgamentos de valor não são proposições testáveis e, portanto, não são científicas; em segundo lugar, a falácia de se supor que toda avaliação é feita para informar alguma decisão. (A avaliação de muitos fenômenos históricos – por exemplo, de um reino ou líder – não é.) A propósito, é preciso supor muito mais conclusões para chegar ao ponto em que se pode sustentar uma decisão, de modo que o apoio da decisão é a tarefa mais complexa. Consulte **Recomendação.**

PESQUISA-AÇÃO. 1. Subcampo pouco conhecido das ciências sociais, que pode ser visto como precursor da avaliação. 2. Hoje, é mais comumente relacionado à designação da pesquisa realizada por professores sobre fenômenos da sala de aula e da escola. Uma ideia excelente, mas com histórico muito ruim.

PESSOAS/-ANO. Consulte **Nível de esforço.**

PLANEJAMENTO (avaliação durante o). É fundamental iniciar a avaliação antes do início de um programa, tanto para coletar os dados da linha de base, quanto para avaliar o plano do programa, ao menos em termos de **avaliabilidade**. Consulte **avaliação pré-formativa.** Se seu papel for predefinido como aquele do avaliador do programa, formativo ou somativo, não será visto como quem tem direito algum de palpitar sobre o plano do programa, que foi determinado antes do financiamento, e muito antes de você ser identificado como o avaliador. Este é um erro, porque você deveria poder trazer alguns benefícios importantes ao refinar o plano. Por outro lado, os planejadores deveriam ter treinamento considerável em avaliação se não pretendem chamar um avaliador no início porque, de um jeito ou de outro, metade dos erros é cometida antes do início do programa (ou que o TDR – que incorpora um plano do programa – seja publicado). Naturalmente, é um erro projetar um programa essencialmente não avaliável, considerando-se as restrições específicas dos recursos e contexto. Este não é apenas um inconveniente para você, é uma garantia de que os gerentes do programa nunca saberão se o programa funcionou. Mas há muitas outras contribuições que o ponto de vista da avaliação pode fazer, tal como observar mais de perto a análise de custos dos procedimentos alternativos que pareçam equivalentes aos autores do programa.

PLANILHA (em avaliação). A planilha eletrônica fornece uma ferramenta útil e, em muitos aspectos, incomparável, para lidar com avaliações complexas nas categorias usuais (produto, políticas, programas, pessoal). Ao passo que as planilhas 3D, particularmente a IMPROV no computador NeXT, e a Boeing Calc em microcomputadores, são substancialmente melhores (mas também mais difíceis de aprender), os programas-padrão de última linha para micro são muito úteis, particularmente o Excel 3.0, devido à sua função de esquematização de textos. Provavelmente haverá uma boa planilha 3D para micro antes que o Excel 4.0 seja disponibilizado, e isso deve ser levado em consideração; enquanto isso, pode-se usar um conjunto de layouts 2D como substituto. Um processador de texto *com uma ferramenta de tabela* também pode ser usado, assim como uma base de dados; mas nenhum deles chega perto de ser tão bom quanto uma planilha de última linha.

A abordagem geral é colocar os critérios ou dimensões do desempenho meritório em lista nas linhas, e os candidatos, nas colunas. As planilhas como o Excel 3.0, que possuem a capacidade de esquematização de texto embutida, são particularmente úteis para fazer a decomposição a um nível de subtítulos para preservar a perspectiva (muito importante em casos como a avaliação de computadores laptop ou escolas secundárias, onde 200 ou mais critérios estão envolvidos). A primeira coluna após os títulos das linhas é reservada para ponderações de importância, e as células restantes da visualização principal são preenchidas com medidas ou classificações de desempenho. Ao passo que o layout pode obviamente ser usado para abordagens de ponderação e soma numérica, o problema da validade torna desejável partir para uma abordagem de ponderação e soma qualitativa. Os dados brutos de desempenho estão escondidos na camada imediatamente inferior em uma planilha 3D, ou em uma planilha paralela na ausência da função 3D, mas também pode ser escrita na mesma célula com algum cuidado de separá-la dos dados ou classificação normalizados, talvez com barra dupla. As fontes podem ser anexadas a cada célula que relata dados de desempenho brutos, como um 'post-it' eletrônico na maioria das planilhas; elas podem ser exibidas ou escondidas com um toque. Notas de rodapé também podem ser anexadas, para comentários especiais. Na parte de análise de custos do trabalho, o repertório de fórmulas embutidas que vem com toda planilha é incomparavelmente útil, gerando a conversão instantânea para o valor líquido anual, equivalentes anualizados de custos de capital, custo após os impostos, e assim por diante.

Os subtotais das pontuações de desempenho para cada candidato e grupo de critérios podem ser calculados automaticamente no modelo numérico ou qualitativo, para facilitar as verificações de ponderação; e os totais gerais são, claro, usados para determinar um vencedor geral. Outras macro podem ser escritas para facilitar a microanálise, verificar interações etc. Um dos benefícios mais importantes de se usar uma planilha eletrônica está relacionado a um fenômeno relativamente recém-observado, a etapa de 'reorientação'. O computador permite-lhe salvar versões anteriores das suas análises com facilidade, em vez de sobrescrevê-las ou descartá-las; no fim, isso é extremamente útil, pois com frequência se verá conduzido de volta a um ponto em que precisa usar parte da versão anterior, e pode evitar recalculá-la simplesmente reabrindo o 'rascunho 6', e então fazendo uma operação de corte e cola da parte que precisa.

PLANOS (avaliação de). Consulte **Avaliação de propostas**.

PLAYERS. Todos os envolvidos de alguma maneira com um avaliado; notavelmente, todas as **partes interessadas** bem como **financiadores**, patrocinadores (**equipe de apoio**) e **destinatários**.

PODER. 1. De um teste, delineamento, análise. Conceito técnico importante envolvido na avaliação de delineamentos experimentais e métodos de análise estatística; relacionado a eficiência. Quanto mais poderoso é o teste, mais fortes são as conclusões que ele fundamenta. Está em tensão com outros desiderata, como tamanho pequeno de amostra, como é comum com critérios avaliativos. 2. Na psicologia e política da avaliação: (i) conhecimento é poder, como diz o ditado, e embora seja um ditado mais popular entre produtores de conhecimento do que entre líderes de Estado anti-intelectuais, é um insight em diversos contextos. Para algumas pessoas, aceitar as avaliações de outra pessoa, certamente se eles advêm de fora do círculo de amigos e família, é fazer uma concessão de necessidade a estranhos e/ou criar uma dívida – elas resistem fortemente a ambos. É melhor nosso próprio poder do que um poder melhor de um estranho. Segue-se que o uso dos resultados da avaliação será muito melhor se o usuário prospectivo puder ser transformado em coinvestigador desde o início. Isso cria o dilema na avaliação de programas entre sacrificar a independência para obter utilização. Os modelos mais suaves fazem isso; os modelos mais rígidos recusam, atribuindo ao usuário prospectivo a responsabilidade de parar com uma atitude estúpida a fim de obter melhores informações. A tensão entre as duas alternativas seria consideravelmente reduzida se a **educação em avaliação** fosse uma parte significativa do currículo escolar; (ii) esqueça o papo artístico pretencioso de que conhecimento é poder, vamos falar de *poder de verdade*. O verdadeiro poder é estar em uma posição em que você entrega os contratos, autoriza os auxílios-despesas, contrata seu primo como zelador. O verdadeiro poder é concedido se você adquirir o hábito de seguir o conselho dos avaliadores; quem vai pagar seu jantar se os fabricantes acreditarem que você simplesmente escolhe o melhor programa de leitura a partir dos resultados dos testes de campo? E quem vai dar credibilidade ao seu julgamento crítico se souberem que toma suas decisões lendo a ***Consumer Reports*** (ou o equivalente em seu campo)? Dar uma oportunidade de ter seu julgamento crítico altamente classificado é abrir mão de poder. Consulte NIH. Os administradores com frequência declamam uma racionalização da metateoria (especialmente quando falam com outros administradores) sobre os avaliadores 'infringirem o território do tomador de decisão'. Isto é literalmente absurdo; mas é um insight, psicodinamicamente, e um insight sinistro. Se os consumidores e partes interessadas (por exemplo, os acionistas) não compreenderem isso e tomarem contramedidas explícitas, seus interesses terão sido vendidos. Quais contramedidas? A insistência em ver relatórios de avaliadores externos e uma declaração dos motivos para desconsiderar suas recomendações sempre que são desconsideradas. O tipo de caso limitante é ilustrado pelo **caso Dreyfus**, que ilustra outro aspecto do poder – poder é não ter que pedir desculpas.

POLÍTICAS DA AVALIAÇÃO. Dependendo do cargo e do dia da semana para cada um, podemos pensar na política como algo *vil* – uma invasão na avaliação científica – ou como parte da *realidade* ambiente, a qual os avaliadores não cuidaram, por um longo período de tempo, de tratar como uma consideração relevante. (Carol Weiss chamou-os à responsabilidade.) Se temos uma atitude favorável com relação à política, ou se usamos o termo sem conotações pejorativas, incluiremos praticamente todo o histórico do programa e seus fatores contextuais na dimensão política da avaliação de programas e exigiremos que ela seja considerada no delineamento. O ponto de vista preconceituoso simplesmente a define como o conjunto de pressões que não estão relacionadas à verdade ou aos méritos do caso; e os adeptos deste ponto de vista nos lembram de que os avaliadores não são, por missão ou treinamento, bem qualificados para assumir a função de analistas políticos, e devem ter muito cuidado ao se aventurar no território das **recomendações** cuja viabilidade será altamente dependente de fatores políticos. (É claro, isso é muito diferente de refrear as *conclusões*.)

A política do teste baseado em competências como um requisito para veteranos formandos é um bom exemplo, e a maioria dos mesmos pontos aplica-se ao teste de competência de professores. A situação em muitos estados é que se tornou "politicamente necessário" instituir tais requisitos, agora ou no futuro próximo, embora a forma com que eles foram instituídos praticamente destrói todos os motivos para os requisitos. Isto é: o requisito para se formar no terceiro ano do ensino médio é "competência básica" no nível do sétimo, oitavo ou quinto ano, dependendo do estado, um padrão irrisório; eles não exigem que se demonstrem *outras* competências; normalmente, não exigem qualquer demonstração de competências de *aplicação* do básico; os exames são configurados de forma que possibilitam que se refaçam diversas vezes exatamente o mesmo teste, ou poucas versões dele (de forma que não há prova de que a *competência* existe); os professores têm acesso ao teste, e ensinam de acordo com seu conteúdo; outras matérias são completamente excluídas do currículo do 11º e 12º ano para abrir espaço para o ensino repetitivo do básico, independentemente dos efeitos sobre os melhores alunos, que são deixados à míngua por anos, e assim por diante. Pode-se argumentar com bastante substância que esta versão do TME faz mais mal do que bem, embora uma versão séria certamente pudesse contribuir para a correspondência do diploma com o currículo. Isto é política sem retorno, é cínica porque os políticos acreditam que podem ter o crédito pela mudança sem que ela tenha nenhum valor real. O fato de isto funcionar se deve à falta de competência crítica dos cidadãos, da mídia e das legislaturas. (Veja também **Pseudoavaliação**.)

Porém, em outras ocasiões, a "política" é o que levou a igualdade à avaliação de pessoal, e tirou o racismo (em maior ou menor medida) dos materiais curriculares. Não obstante, ela também mantém a educação moral rigorosa fora das escolas públicas, e a educação sexual genuína fora da maioria delas, uma tremenda deficiência para os estudantes e a sociedade. Uma melhor educação para o cidadão sobre – e na – avaliação pode ser o melhor caminho para a melhoria, sem um líder político com carisma que nos persuade de qualquer coisa e o cérebro que nos persuade a melhorar nosso **pensamento crítico**.

POLUIÇÃO (da pontuação de testes). O resultado das práticas que visam a aumentar a pontuação de testes sem aumentar as competências que eles testam; uma ameaça à validade e, por conseguinte, à percepção do público sobre as conquistas educacionais de seus próprios filhos e da nação. As versões comuns destas práticas são amplamente disseminadas nos EUA, e o termo correto para a maioria delas é 'trapaça'; o fato de que são principalmente os professores e administradores quem se envolvem nestas práticas, em vez de os alunos, dificilmente justifica eufemismos. Três causas principais são: (i) **ensinar para o teste**; (ii) mandar os alunos mais fracos para casa, ou em uma excursão, ou incentivá-los a ficar em casa no dia do teste; (iii) fornecer dicas ou respostas, conceder tempo adicional ou permitir cola, ou ainda trocar os gabaritos. Alguns aspectos do primeiro ponto, ou seja, ensinar competências básicas de realização de testes e excitar os alunos para o teste não são antiéticas, mas podem acarretar uma interpretação seriamente equivocada dos resultados, especialmente se a prática não for uniforme. O trabalho de Messick sobre **validade** é a principal base para discussão desta questão. Ref.: "Raising Standardized Achievement Test Scores and the Origins of Test Score Pollution", Haladyna *et al.*, ***Educational Researcher***, junho-julho, 1991.

PONDERAÇÃO E SOMA (ou **PONDERADA-ADITIVA**). O modelo dominante para a avaliação de produtos complexa e, particularmente, para o processo de **síntese** na avaliação. Há diversas variantes e todas podem ser usadas descritivamente (por exemplo, para prever como as decisões serão tomadas), prescritiva ou avaliativamente. Aqui nos interessamos pelos usos prescritivos. Na versão mais comum, o modelo de ponderação e soma numérica (PSN), uma forma genérica de Análise de Utilidade Multiatributos, as dimensões de mérito são ponderadas de acordo com sua importância relativa (por exemplo, de acordo com uma escala de 1-3, 1-5 ou 1-10) e, em seguida, os pontos são atribuídos pelo mérito do desempenho de cada candidato em cada uma destas dimensões avaliadas, por exemplo, de acordo com uma escala de 1-5 ou 1-100. O produto dos pesos e as pontuações de desempenho são calculados e somados para cada candidato, em que o melhor candidato é aquele com o total mais alto. Embora este seja um processo muito conveniente, às vezes aproximadamente correto, e quase sempre esclarecedor, há muitas armadilhas nele, algumas das quais não deixam traços, de modo que não podemos saber quando a PSN está nos fornecendo a resposta errada. O problema mais óbvio, que é consertável, é que nenhum conjunto de pesos pode abranger a situação em que um desempenho mínimo em algumas das dimensões é essencial (por exemplo, seu carro deve ser grande o suficiente para 4 pessoas com 2 metros de altura). No modelo de PSN/M (PSN com mínimos), cada um destes requisitos mínimos é verificado antes que qualquer outra análise comece, e apenas o desempenho acima do mínimo é ponderado para a última fase.

O problema mais intransigente surge do fato de que nenhuma seleção de escalas-padrão para classificar pesos e desempenho pode evitar erros, pois o número de critérios não é pré-atribuível. (Normalmente, vai de dez a algumas centenas.) Assim, ou uma grande quantidade de trivialidades irá pular o fator crucial (a um grau que você não pretendia) ou terão influência total inadequada, dependendo da quantidade de fatores existentes. (Atribuir uma quantidade fixa de pontos para o número total de pontos de ponderação, um procedimento usado pela ***Consumer Reports***, reduz, mas não elimina este problema.) Um segundo grande problema surge de interações entre fatores (é mais bem resolvido por fatores de redefinição, mas é necessário ter competências consideráveis para fazer isto, e a solução é sempre *ad hoc*. Em terceiro lugar, a PSN presume a linearidade de utilidade (pontos) em toda a amplitude das variáveis de desempenho, o que é claramente falso. (Isto pode ser parcialmente resolvido – apenas parcialmente – na PSN.) Em quarto lugar, embora a PSN permita que muitos candidatos sejam comparados – e isto é útil como um primeiro filtro bruto – ao final, é preciso chegar a comparações em termos de pares para evitar mudanças de contexto. (Alguns detalhes encontram-se em ***Evaluation News***, v. 2, nº. 1, fevereiro de 1981, pp. 85-90.)

Foi proposta uma alternativa à PSN que lida com os problemas acima: a abordagem da **ponderação e soma qualitativa** (PSQ). Ela conta com a ordem de importância de escala ordinal em vez da escala intervalar; é mais complexa, mas não chega a ser esotérica. É brevemente descrita em verbete próprio. Um bom texto de base para o tema é ***Decision Research: A Field Guide*** de Carroll e Johnson (Sage, 1990).

PONDERAÇÃO E SOMA NUMÉRICA. Maneira de lidar com o problema da **síntese**, descrita em **Ponderação e soma**. Provavelmente, é o método mais amplamente usado, e parece ser de senso comum. Na verdade, é falacioso, e uma abordagem alternativa, embora menos elegante, mas válida, é a abordagem da **ponderação e soma qualitativa**. A PSN às vezes é chamada de **abordagem de combinação linear**, mas esta descrição ignora a possibilidade de linhas de corte em cada escala, um atributo essencial em muitos contextos práticos.

PONDERAÇÃO E SOMA QUALITATIVA. Método de avaliação que usa apenas uma escala de conceituação para ponderar a importância de dimensões de mérito e para classificar o desempenho de cada avaliado em cada dimensão. A PSQ é projetada para evitar as falácias da abordagem usual da **ponderação e soma** numérica (PSN), que usa uma escala de pontuação intervalar ou de razão para os pesos e normalmente para os desempenhos também. (Pesos numéricos são apropriados se usados para o ajuste de curvas de base empírica, uma abordagem que requer uma variável de critério medida independentemente, mas aqui lidamos com o caso mais geral de ponderação prescritiva, em que o critério deve ser definido pelo usuário.) A PSQ inclui a opção de determinar mínimos em qualquer ou todas as dimensões **autônomas**.

O procedimento envolve atribuir um de cinco pesos a cada caraterística ou dimensão do desempenho: Essencial (símbolo E); Muito valioso (símbolo * = estrela); Valioso (símbolo # = 'duplo positivo'); Marginalmente valioso (símbolo + = positivo); Zero (símbolo 0). Depois de excluir todos os candidatos que não receberem E em nenhuma característica (muitas vezes isso é ligado a determinado nível de desempenho em uma dimensão, em vez de representar um atributo tudo-ou-nada), e todos os critérios com peso 0, então tratamos o peso de uma dimensão como aquele que *determina a utilidade máxima que pode ser atribuída ao real desempenho de um candidato* (a abordagem da 'linha de crédito'). Por exemplo, em uma dimensão ponderada com duplo positivo, os candidatos podem obter um 0, + ou # por seu desempenho. O raciocínio por trás desta abordagem é que a validade na alocação de pontos de utilidade é difícil de justificar além deste nível muito modesto – na verdade, algumas pesquisas sugerem que até mesmo uma única categoria pode ser suficiente. Mas se alguém tem outra opinião, pode-se alocar um acento – representado pelas aspas simples, ' – para indicar que 'algo mais' do que o símbolo de utilidade ao qual está ligado, concedendo seis níveis operacionais após E e 0 filtros são aplicados. Note que uma dimensão específica pode classificar um E para pontuações até determinado ponto de corte, e então um único sinal positivo para o desempenho acima disto em determinado intervalo, um duplo positivo para o desempenho no intervalo acima deste etc. Note também: (i) não é preciso especificar intervalos para cada nível de utilidade; alguns podem ser pulados; (ii) em alguns casos, a pontuação crescente não está monotonicamente relacionada à utilidade – o excesso é um defeito –; um exemplo é o baixo peso de um computador laptop; (iii) quando há dúvidas quanto à confiabilidade da estimativa de desempenho, e, portanto, da utilidade concedida, coloque o símbolo atribuído entre parênteses; (iv) O procedimento acima gera um ranking, mas normalmente havia um passo de conceituação final em que uma decisão é tomada quanto a qual dos principais candidatos, se houver, são bons o suficiente para comprar/contratar etc. Em princípio, poder-se-ia especificar isso em termos de número mínimo de estrelas, ou estrelas e duplos positivos; ou fazer isso de acordo com casos específicos após o processo de ranking. Com o teste **disjuntivo**, a regra poderá ser "Qualquer sinal positivo (ou duplo positivo) significa aprovação". Em termos metodológicos gerais, esta é apenas uma questão de aplicar um corte à pontuação total, bem como a cada subpontuação.

Após a conclusão de cada pesquisa de desempenho, a **síntese** é feita pelo resumo de *cada categoria*, que resulta em três totais para cada avaliado (estrelas, duplos positivos e positivos, com ou sem acentos). O 'algoritmo de decisão' é iterativo – e nem sempre é decisivo. Ele apenas lhe permite usar o *ranking* destes três pesos. Por exemplo, você pode ter certeza de que um produto com três estrelas vale mais do que um com três duplos positivos (ou *menos*), mas você não pode ter certeza de que vale mais do que um com quatro duplos positivos, sem maiores considerações. Você *pode* ter certeza de que se conseguir um vencedor nesta base restritiva (como é comum), ele *é* o vencedor, sujeito à verificação de quaisquer símbolos entre parênteses, se fizerem uma diferença crucial. Se você não obtiver um vencedor imediato, terá reduzido a lista consideravelmente, e uma reconsideração dos pesos além de um reteste, onde houver algum problema com a confiabilidade do teste – deve lhe apontar aos últimos dois, embora possa trabalhar com uma lista curta de três (não tão bem) e quatro (ainda não tão bem). Então você avança para a eliminação de quaisquer características comuns e seus símbolos associados, o que simplifica a comparação residual e realização do equilíbrio de casos específicos (isto é, reponderar à luz dos desempenhos específicos que estão sendo comparados). Encontram-se alguns detalhes em "Evaluation: Logic's Last Frontier?"; ***Critical Reasoning in Contemporary Culture***, Richard A. Talaska, ed. (SUNY Press, 1991).

Na literatura da avaliação de pessoal, são fornecidos os detalhes técnicos da abordagem de regressão linear à seleção de candidatos para sucesso em um emprego onde registros anteriores estão disponíveis para gerar pesos numéricos e uma variável de critério clara pode ser identificada. Mehrens fornece referências completas no artigo citado em **Síntese**. Note, no entanto, que há problemas ocultos com a variável do critério normalmente empregada (classificações de emprego posteriores), por exemplo, que ela omite equivocadamente as considerações acerca da relevância ou que ela é baseada em classificações realizadas por uma variedade de diferentes juízes cuja consistência não foi testada. Além disso, como esta abordagem trata todos os critérios usados como **compensatórios**, ela requer um tratamento separado de cortes **isolados**; e tampouco ela vai funcionar com relações não monotônicas e não lineares, que são bem comuns (exemplo dado anteriormente).

PONTO DE ENTRADA. Há dois problemas com o ponto de entrada em avaliação. O primeiro é o problema do ponto de entrada do cliente, e concerne à questão de quando um avaliador deve ser trazido para observar um projeto; o segundo é o problema do ponto de entrada do avaliador (formativo), o problema de em qual ponto do fluxo do tempo das decisões o avaliador deveria começar a avaliar as opções que estavam ou estão disponíveis, isto é, onde começar a definir os **concorrentes críticos**. (Ambos estão relacionados à noção de "espaço da política", discutido em *Thinking About Program Evaluation*, de Berk e Rossi, Sage, 1990.)

O problema do cliente é sério. Os diretores de projetos e gerentes de programas com frequência sentem que trazer um avaliador externo no início de um projeto pode produzir um efeito inquietante e que o pessoal deve ter a oportunidade de 'correr com a bola' da maneira que considerar mais provavelmente produtiva, ao menos por algum tempo, sem escrutínio crítico, admoestações sobre a mensurabilidade dos resultados, e assim por diante. Os avaliadores com frequência têm sim um efeito inquietante. Às vezes, este efeito é evitável, às vezes, não. A avaliação livre de objetivos é uma maneira de evitá-lo, embora não seja possível na fase de planejamento. Em um projeto pequeno, é possível trazer um avaliador para ao menos uma série de discussões durante a fase de planejamento, talvez ir levando sem nenhum por algum tempo depois disso, e então trazer um ou dois de volta depois que as coisas começarem a tomar forma e dispensar a maioria deles novamente para um segundo período de 'criatividade desenfreada'. No entanto, há muitos avaliadores que exerceram um efeito constantemente estimulante e útil sobre os projetos, apesar de estar a bordo o tempo todo. Eles precisam de firmeza de caráter, bem como da ajuda da avaliação externa, para evitar o viés da cooptação (tornar-se nativo).

O problema do cliente tem outro lado, que afeta o avaliador: o avaliador foi trazido com tempo suficiente para fazer uma avaliação consistente do tipo que o cliente precisa? O avaliador com frequência é trazido muito tarde, de forma que não consegue determinar o desempenho na linha de base e tarde demais para organizar grupos de controle e, assim, é incapaz de determinar os ganhos ou a causalidade. Estes problemas surgem com projetos que não foram elaborados considerando-se a **avaliabilidade**. Em um projeto *grande*, realmente não há alternativa a um pessoal de avaliação interno, a bordo desde o início.

O problema do ponto de entrada do avaliador é menos óbvio. É a questão do que considerar "fixo" e, portanto, o que considerar questionamentos vãos ao fazer uma avaliação *formativa*. Imagine que alguém entra em um projeto em um ponto tardio. Para os fins da avaliação formativa, realmente não há sentido em questionar as decisões iniciais quanto à forma do projeto, porque elas agora são (normalmente) irreversíveis. (No caso da avaliação somativa, *será* necessário questioná-las, o que significa que o ponto de entrada do avaliador somativo é sempre no momento em que o delineamento do projeto estava sendo determinado, um ponto que normalmente antedata a alocação dos recursos ao projeto.) O avaliador formativo, no entanto, na verdade não deve se limitar a observar o conjunto de pontos de escolha que são vistos pelo pessoal do projeto como a jusante do ponto em que o avaliador é chamado. Para o avaliador formativo, o ponto de entrada correto para fins de avaliação é a *última decisão irreversível*. Mesmo que o pessoal não tenha pensado na possibilidade de reverter algumas decisões anteriores, o avaliador formativo deve analisar estas possibilidades e o custo/valor das reversões.

PONTUAÇÃO (também conhecida como correção). Procedimento de avaliação que consiste em atribuir números a um avaliado (normalmente um desempenho) de modo que represente o mérito. Normalmente, supõe--se que os pontos sejam de igual valor. Às vezes, os números são usados como notas sem comprometimento com este **requisito de equivalência de pontos**, mas isto é inconsistente – devem-se usar letras no lugar, e a tentativa de convertê-las em números – por exemplo, para calcular médias globais – deve ser protestada, salvo se a equivalência de pontos mantenha-se em um nível apropriado que não vai gerar erros significativos de interpretação. Geralmente, os testes devem ser impressionisticamente classificados, além de pontuados, tanto para obter as **notas de corte** quanto para fornecer garantias contra desvios da equivalência de pontos. A pontuação não só requer a equivalência de pontos, mas também uma consideração séria da definição de uma pontuação zero: Nenhuma resposta? Resposta ruim sem salvação? Ambos? ("Ambos" é uma resposta ruim sem salvação.) Na 'pontuação restrita', outro requisito é imposto, por exemplo, de que as pontuações totais de todos os N avaliados devem somar f(N) (por exemplo, devem somar N/2). Esta é uma maneira de controlar problemas de sobrevalorização. Veja também **Pontuações brutas, Questionários, Conceituação, Ranking, Ancoragem.**

PONTUAÇÃO-PADRÃO. Originalmente, pontuações definidas como os desvios da média, divididas pelo desvio-padrão ("tamanho do efeito" é um exemplo). Mais casualmente, diversas transformações lineares do acima mencionado (por exemplo, pontuações z) com a finalidade de evitar pontuações negativas.

PONTUAÇÕES BRUTAS. A real pontuação em um teste, antes que seja convertido em percentis, equivalência a notas, e assim por diante.

POPULAÇÃO (Estat.). O grupo de entidades do qual uma amostra é retirada ou sobre o qual uma conclusão é declarada. O termo foi estendido de sua referência original a pessoas e passou a abranger coisas (por exemplo, objetos na linha de produção, que é a população amostrada para estudos de controle de qualidade). Uma extensão menos óbvia é a circunstâncias (um teste de campo amostra a população de circunstância sob as quais um produto pode ser usado); ainda há extensões mais sofisticadas na teoria estatística a possíveis medições e configurações, e assim por diante.

POPULAÇÃO AFETADA (ou população impactada). Um programa (ou produto etc.) afeta os verdadeiros **consumidores** e o seu próprio pessoal. Na avaliação de programas, ambos os efeitos devem ser levados em consideração, embora tenham posicionamentos éticos bem diferentes. Em determinado momento, parecia que o programa Head Start[14] poderia ser justificado (apenas) pelos consideráveis benefícios aos trabalhadores que empregava.

POPULAÇÃO-ALVO. Os destinatários ou consumidores visados, Cf. **População impactada.**

POPULAÇÃO IMPACTADA. A população crucial em avaliações, em contraste com a **população-alvo** e até mesmo com os **favorecidos**. Às vezes, são identificados como os 'verdadeiros consumidores', ou até mesmo, na **Lista-chave de verificação da avaliação**, como os **consumidores**. Consulte **Efeitos de retrocesso.**

POSITIVISMO. Doutrina da filosofia da ciência atribuída a Auguste Comte. Tornou-se conhecida principalmente por meio da influência de uma suposta variante, o positivismo lógico, que cresceu a partir das reações negativas dos cientistas à selva impenetrável da metafísica alemã nas primeiras décadas do século XX. O Círculo de Viena, o principal grupo de positivistas lógicos, abstinha-se de toda asserção que não fosse diretamente verificável pela observação, incluindo não apenas a ética, mas a história e grande parte da teoria da física. Este posicionamento amadureceu e se tornou o posicionamento neopositivista, que dominou a filosofia da ciência na metade do século (Nagel, Hempel, mais tarde Reichenbach e Carnap, Feigl e outros). O positivismo foi uma das principais fontes de apoio intelectual para a doutrina da ciência livre de valores, que retardou a emergência da avaliação como uma disciplina e o uso das ciências sociais a serviço das necessidades da humanidade. Não foi a fonte direta desta doutrina (Max Weber foi seu pai espiritual) e provavelmente não foi uma condição suficiente para sua ocorrência. Re-

---

14 Programa do governo dos EUA para educação, saúde e serviços de assistência à família de baixa renda que tem filhos em idade pré-escolar. (*N. da T.*)

centemente, o positivismo tornou-se o bode expiatório de diversos novos movimentos na metodologia e filosofia das ciências sociais, incluindo os que favorecem as abordagens qualitativas à avaliação, e no processo o termo foi caricaturado ao ponto em que o termo "positivismo" é usado no lugar de empirismo. A caminho desta caricatura, o neopositivismo é vinculado ao positivismo – mais ou menos a mesma coisa de dizer que todo democrata é comunista – e até mesmo o pós-positivismo obtém o mesmo tratamento, embora a última posição dê conta essencialmente de todas as objeções ao positivismo e neopositivismo e no processo se remova ainda mais da posição original. Atacar o positivismo hoje não é dar bom dia a cavalo, mas a um *eoipos*.

PÓS-TESTE. A medição realizada após o "tratamento" para identificar os ganhos absolutos ou relativos (dependendo de se a comparação é feita com os números pré-teste ou com os números do grupo simultâneo de comparação).

PPBS. *Program Planning and Budgeting System* [Sistema Integrado de Planejamento, Programação e Orçamentação]. A ferramenta de gestão desenvolvida por MacNamara e outros da Ford Motor Company e levada ao Pentágono quando MacNamara se tornou secretário de Defesa; dali em diante, foi amplamente adotada em outras agências federais e estaduais. Principal vantagem e característica: identificar custos por *programa*, e não pelas categorias convencionais, como folha de pagamento, estoque, e assim por diante. Facilita o planejamento racional com relação à continuidade do programa, o aumento do apoio etc. Há dois problemas: primeiro, com muita frequência (quase sempre) é instituído como uma mera mudança nos procedimentos de contabilidade, sem um componente de *avaliação* do programa digno do nome, de modo que os retornos são mascarados, ou não existem. Em segundo lugar, com frequência é muito caro implementar e não confiável em termos da distribuição das despesas gerais, e nunca parece ocorrer a ninguém avaliar o problema e o custo de mudar para o PPBS antes de fazê-lo, um exemplo típico da perda de todo o sentido do empreendimento. Cf. **Meta-avaliação, Orçamentação por missão.**

PRECISÃO INADEQUADA. Consulte **Aproximação.**

PREÇO. O **custo** monetário cobrado pelo fornecedor ao consumidor ou cliente por um produto ou serviço. Geralmente, representa uma pequena parte do custo total, e com frequência mais do que o real valor – às vezes, muito menos. É claro, o preço de *tabela* não é o mesmo que preço *comercial* ou o *melhor* preço, e é necessário ter alguma habilidade para saber como obter o melhor preço, por exemplo, em algumas situações, a capacidade de barganhar. Com frequência somos induzidos ao erro pelo preço, em grande parte porque não recebemos muita instrução sobre análise de custo e, em parte, porque nem sempre estamos na posição de obter os dados pelo verdadeiro preço. A legislação que exige que os fabricantes de refrigeradores afixem o custo vitalício sobre seus aparelhos contribui para neutralizar estas deficiências dos recursos do consumidor. Em sua ausência, o fabricante pode aumentar o espaço interior e reduzir o custo de fabricação ao reduzir a quantidade ou qualidade do isolamento, o que torna o produto mais atraente para ambas as partes, se o comprador for ingênuo. Assim, o comprador paga pelo trabalho mal-feito do fabricante, e pela sua própria ignorância – e muito caro (talvez o dobro do custo do produto). É claro, o custo vitalício também envolve a confiabilidade, custo do serviço e custo da energia.

PREDICADOS DA AVALIAÇÃO. As relações ou atribuições distintamente avaliativas envolvidas na **classificação**, **ranking**, **pontuação** e **rateio**, como maneiras de determinar a **relevância**, **mérito** ou outro **valor**. Uma lista enorme de outros termos avaliativos é apropriada para contextos particulares: por exemplo, **validade** (de testes ou reportagens), integridade (de sistemas de segurança ou pessoal), adequação, propriedade, eficácia, plausibilidade. Pode-se dizer que estes predicados realizam a função de compressão de informações na linguagem, combinando dados de desempenho e de análise de necessidades ou dados de padrões em um pacote conciso, do qual os conceitos de letra atribuídos pelo trabalho em um curso é o exemplo paradigmático.

PREFORMATIVA (avaliação). Atividades de avaliação na fase de planejamento de um programa; normalmente envolve a coleta de dados da linha de base, a melhoria da avaliabilidade, o delineamento da avaliação, a melhoria do programa planejado, e assim por diante. É melhor dividir estas atividades entre duas categorias: (I) avaliação formativa do plano (ou TDR); e (II) preparação para avaliação do programa. Consulte **Planejamento, Avaliação.**

PRESCRITIVO. Determinar o que *deveria* ser feito, ao contrário do que *está sendo* feito (descritivo). A rigor, prescritivo não é o mesmo que **avaliativo**, a classe geral de asserções que identifica algo como bom, melhor ou o melhor de todos; grosso modo, é uma subespécie que se refere a ações, recomendações e decisões. (Você pode identificar a melhor ou pior redação dentre os trabalhos da classe de língua portuguesa sem que conclua coisa alguma sobre o que deveria ser feito por você ou o autor.) No caso restritivo em que criamos as regras, as prescrições determinam completamente o que é certo ou meritório, por exemplo, ao desenvolver um sistema de pontuação para um novo jogo ou conceituando recomendações para níveis de desempenho (realização) em matemática (por exemplo, "Proficiente" significa 80% ou melhor nestes itens"). Assim, a distinção entre fato/valor não é a mesma que a distinção entre descritivo/prescritivo; mas esta confusão é menos prejudicial do que aquela que envolve o uso do termo "**normativo**" compreendendo a linguagem avaliativa (visto que este termo sugere que o significado de linguagem avaliativa está relacionado às normas de comportamento real). O principal problema para os que começam a trabalhar em estudos prescritivos é acostumar-se às principais imprecisões que são uma parte essencial do trabalho; ao propor o que deveria ser feito, estamos na área de julgamento e não deveríamos nos preocupar com 20% de diferenças entre as recomendações de fontes diferentes, ao passo que isso seria impensável em estudos normativos.

Os estudos de políticas supostamente são a área que se concentra exclusivamente em conclusões prescritivas, embora na verdade eles façam bastante avaliação comum também; a diferença é simplesmente que eles sempre avançam para as recomendações, ao passo que as avaliações podem não o fazer. Huey-Tseh Chen aponta acertadamente que pode haver *teorias* prescritivas sobre, por exemplo, programas sociais, em contraste com as descritivas usuais. Ele fornece como exemplo a teoria da decisão racional: p. 8 de "Issues in Constructing Program Theory", em ***Advances in Program Theory***, L. Bickman, ed. (Jossey-Bass, 1990).

PRESTAÇÃO DE CONTAS. Responsabilidade do sujeito pela justificação de despesas, decisões ou pelos resultados de seus próprios esforços. Afirma-se com frequência que os gerentes de programas e professores devem, em última instância, prestar contas por seus salários e despesas, além de seu tempo, ou serem responsabilizados pelas conquistas dos alunos, ou ambos. Assim, a prestação de contas com frequência requer algum tipo de avaliação de custo-benefício, quando se considera que ela implica mais do que a capacidade de *explicar* como os recursos foram gastos ("responsabilidade fiscal"). Contudo, também se espera que o sujeito *justifique* o gasto (ou os esforços) em termos dos resultados alcançados. Algumas vezes, os professores foram plenamente responsabilizados pelo desempenho que seus alunos alcançaram (por exemplo, na Inglaterra, no século XIX). É claro que isto é inteiramente inapropriado, pois sua contribuição para este desempenho constitui apenas um dentre diversos fatores (as outras influências mais frequentemente citadas são a aptidão do aluno, o apoio dos pais e colegas, e o apoio do restante do ambiente escolar, fora da sala de aula). Por outro lado, um professor *pode* ser acertadamente responsabilizado pelas *diferenças* entre os ganhos de aprendizado de seus alunos e aqueles de outros professores com alunos essencialmente semelhantes.

Uma falácia comum associada à prestação de contas é presumir que, para haver justiça, é necessário formular metas e objetivos precisos sobre os quais se fundamenta a responsabilização. Mas, na verdade, pode-se responsabilizar o sujeito por suas ações até mesmo na concepção mais geral do trabalho profissional. Por exemplo, responsabilizá-lo por "ensinar estudos sociais no sétimo ano", quando poderia escolher um assunto novo (não prescrito) diariamente, ou a cada horário, de acordo com seu julgamento de quais eventos sociais contemporâneos são apropriados às aptidões da classe. O menor grau de especificidade dificulta a medição válida, mas não a impossibilita. Capitães de navios são responsabilizados por suas ações em circunstâncias plenamente imprevistas.

É verdade, no entanto, que qualquer processo de medida precisa ser cuidadosamente selecionado e aplicado para que a prestação de contas educacional seja aplicada de maneira equitativa. Isso não significa que o teste deva corresponder ao que foi ensinado (pois o que foi ensinado pode ter sido escolhido equivocadamente), mas significa que todo teste deve ser cuidadosamente justificado – por exemplo, com base em expectativas sensatas sobre o que deveria ter sido abordado (ou poderia tê-lo sido, justificadamente), considerando-se a necessidade e aptidão dos alunos e a linguagem geral do currículo. Com frequência, o caso seria que uma variedade de alternativas teria que ser reconhecida pelo processo de teste ou que o processo abordaria apenas as características gerais do que havia sido feito.

PRÉ-TESTE. Normalmente, considera-se que os pré-testes sejam de dois tipos ou que sirvam dois propósitos: diagnóstico e linha de base. Em um pré-teste diagnóstico, a função pedagógica (poderia ser um teste de saúde etc., mas aqui nos concentramos no caso educacional) é identificar a presença ou ausência de competências pré-requisitadas ou as lacunas que devem ser preenchidas por instrução de remediação. Estes testes normalmente não se parecem com os pós-testes. No pré-teste de linha de base, por outro lado, procuramos determinar qual é o nível de conhecimento (etc.) sobre o critério ou as dimensões do retorno e, assim, ele deve ser plenamente correspondente, em termos de dificuldade, ao pós-teste. Os instrutores não raro acreditam que usar este tipo de pré-teste acarretará maus resultados, porque os alunos terão uma "experiência de fracasso". Quando administrado adequadamente – talvez usando a **amostragem matricial** – o caso é o contrário. O pré-teste fornece uma visão não ambígua e prévia do tipo de trabalho que será esperado, o que em si é altamente desejável. Se for trabalhado – como deve ser – cuidadosamente em sala de aula, ter-se-á fornecido aos alunos uma definição operacional dos padrões necessários para aprovação. Além disso, terá criado uma atmosfera bastante útil para despertar o interesse dos alunos em discussões prévias, concedendo-lhes a oportunidade de tentar resolver os problemas por conta própria e então mostrando-lhes como o conteúdo do curso os ajuda a melhorar. Em muitos assuntos, embora não todos, isso constitui uma prova bastante desejável da importância do curso. E com frequência se descobre que alguns ou todos os alunos não são tão ignorantes quanto à matéria do curso quanto se supunha, em cujo caso mudanças muito úteis podem ser feitas ao conteúdo, ou o "desafio e exclusão" pode ser permitido, com uma redução dos custos ao aluno e possivelmente ao instrutor.

Naturalmente, tratar o pré-teste como algo que define o conteúdo inicial do curso pode ser qualificado como **ensino para o teste**, caso se usem muitos dos itens do pré-teste no pós-teste. Mas há momentos em que isto é de fato apropriado; e, de modo geral, é muito sensato tirar os itens para o pós-teste de um conjunto que inclui os itens do pré-teste, de modo que ao menos alguns deles serão testados novamente. Isso incentiva o aprendizado do material abordado no pré-teste, que certamente *não* deve ser excluído do curso simplesmente por já ter sido testado. Os instrutores que começam a aplicar pré-testes também começam a ajustar seu ensino de maneira mais flexível aos requisitos de uma classe específica, em vez de usar exatamente o mesmo material repetidamente. Assim, o uso de um pré-teste é um exemplo excelente da integração da avaliação no ensino, e um caso em que procedimentos de avaliação compensam pelos efeitos colaterais, bem como pelos efeitos diretos. Os efeitos diretos da avaliação, evidentemente, incluem a descoberta de que os alunos dominaram ou não o material e são capazes ou não de aprender determinados tipos de materiais a partir do teste, anotações e leituras fornecidas naquele curso.

PRIMA FACIE. O principal modificador quando se chega a conclusões avaliativas; significa "em face disto" ou "presumivelmente" ou, mais precisamente, "forte o suficiente para *determinar* a conclusão, *salvo se refutado*". Os cientistas com frequência acreditam – e foram incentivados a isto por filósofos da ciência, como Popper – que nunca podemos provar asserções empíricas na ciência. Não podemos prová-las além da *possibilidade* do erro, mas podemos fazê-lo *sem margem para dúvidas sensatas* determinando uma série de inferências prima facie que apontam para elas, combinado com a busca assídua por considerações refutatórias. Se a busca for assídua o suficiente (por exemplo, sobrevive ao escrutinio rigoroso dos especialistas disciplinares) e os exemplos refutatórios ou contraexplicações não forem encontrados, as conclusões devem ser aceitas (por enquanto).

Pequenos dicionários usam uma suposta linguagem coloquial obsoleta, que significa meramente "aparentemente" ou "aparentemente válido". O significado jurídico ligeiramente diferente, fornecido por dicionários maiores e no ***Black's Law Dictionary***, tomou conta da literatura profissional: a diferença é que um caso prima facie é sólido o suficiente para justificar a conclusão na ausência de evidências refutatórias, uma forma de apoio muito mais potente do que apenas apontá-la (consulte **Indicador secundário**). A lógica probatória é fortemente baseada no conceito da inferência prima facie; consulte **Lógica da avaliação**.

PRINCÍPIO DE PARETO. Máxima da gestão, possivelmente mais iluminadora do que o Princípio de Peter e a **Lei de Parkinson**, às vezes é descrito como a regra 80/20, ou "o princípio dos poucos vitais e muitos triviais", e afirma que cerca de 80% das realizações significativas (por exemplo, em uma reunião) são feitas por cerca de 20% dos presentes; 80% das vendas advêm de 20% dos vendedores; 80% do retorno de uma lista de tarefas pode ser conquistada por 20% das tarefas, e assim por diante. Vale lembrar porque às vezes é verdade, e muitas vezes, surpreendente. Para conhecer uma versão em avaliação, consulte **Viés geral positivo**.

PROATIVA. Abordagem à, ou faceta da, avaliação ou outro campo de pesquisa que visa produzir efeitos diretos sobre o comportamento dos que estão sujeitos à avaliação ou estudo, em vez de procurar minimizá-los, como no modelo tradicional das investigações em ciências sociais. A avaliação formativa visa os efeitos, com frequência, diretos. Normalmente envolve relatórios parciais de feedback em reuniões públicas, e isso pode muito bem acarretar mudanças mais diretas do que o cliente esperava. A apresentação pública de um processo de avaliação, até mesmo a avaliação puramente somativa, com frequência tem um efeito proativo **sem conteúdo** sobre programas e pessoal impactado, que de forma alguma é automaticamente bom – ou ruim. A avaliação proativa é repleta de perigos – cooptação, a mudança não baseada em uma avaliação completa, e assim por diante. Nem sempre é fácil evitá-la, mesmo no papel somativo:

por exemplo, ao investigar os méritos de um **concorrente crítico** que não foi considerado pelo pessoal do programa, dificilmente se podem evitar reações do consumidor prospectivo, que pode estar tão tomado por ela que coloca pressão para trazê-lo à tona imediatamente. Um exemplo disto surge quando um avaliador de programa nota que um programa de desenvolvimento comunitário de uma fundação não recebe inscrições tão boas quanto deveriam ser, aparentemente. Isso pode se dever à publicidade insuficiente, mau aconselhamento dos candidatos prospectivos etc., e o estudo direto destes processos seria, naturalmente, feito por um avaliador. No entanto, mesmo que passem na revista, ainda pode haver falta de imaginação da parte do pessoal da fundação e a falha da comunidade em gerar propostas mais sólidas. É difícil provar isto sem um esforço proativo, visto que não é inteiramente convincente simplesmente mencionar o que ao avaliador parecem ser alternativas melhores; é preciso demonstrar sua viabilidade submetendo-os à reação da comunidade e comprometimentos com apoio tangível. Então, claro, ter-se-á realmente começado algo. Fazer isto ou não é uma decisão séria; mas pode ser a única maneira de determinar um criticismo importante. Veja também **Análise de avaliabilidade**.

PROCEDIMENTO DO CURINGA. Abordagem ao financiamento projetada para resolver parte do problema do viés comum na avaliação de propostas (principalmente no financiamento de pesquisas). A ideia é separar uma pequena quantidade do apoio disponível (por exemplo, 2-5%) para financiar ideias com grandes retornos possíveis, mesmo que a probabilidade do sucesso seja considerada pequena pela maioria dos classificadores. Isto pode ser feito de diversas maneiras – por exemplo, permitindo que todos do painel (presuma que o painel possui cerca de 4-9 pessoas) designem um candidato para receber o curinga; a recomendação é aceita se um dos outros apoiá-la (use **rateio** se isto acarretar o comprometimento do orçamento). Ou todos podem classificar cada candidatura de acordo com uma 'escala de curingas' bem como na escala normal. O objetivo é evitar a tendência atual de exclusão da heresia, especialmente em tempos de pouco financiamento, considerando-se a evidência, com base em extensa experiência, que pessoas vistas como hereges com frequência lideram o caminho para as grandes inovações.

PROCESSO. O que acontece entre o insumo e o resultado, entre o início e o fim. O sentido foi generalizado e abrange quaisquer caraterísticas além de variáveis de entrada e saída. Como o nome de um dos pontos de verificação da Lista-chave de avaliação, refere-se ao uso legítimo da ***avaliação de processos***, como descrita no verbete próprio.

PRODUTO. Interpretado de maneira muito ampla, por exemplo, pode ser usado para referir-se a alunos, e assim por diante, como o "produto" de um programa de treinamento; um *processo* pedagógico pode ser o *produto* de uma pesquisa e esforço de desenvolvimento.

PROFISSIONALISMO. O 'imperativo profissional' é a obrigação dos profissionais de manter um alto grau de competência em seu campo de atuação, do que se segue que eles devem cooperar com e, se necessário, *providenciar avaliação externa* regular de si mesmos e de quaisquer programas pelos quais são responsáveis. O imperativo é derivado da natureza do profissionalismo e do contrato social tácito do profissional. Há três contrastes relacionados embutidos no significado de "profissional". Em uma dimensão, "profissional" significa "altamente competente", cujo contrário é "amador", que significa que não seja uma atividade integral e, portanto, não é altamente competente; em outra, "profissional" significa "alguém que trabalha em troca de remuneração", cujo contrário é "amador", que significa não remunerado; em um terceiro sentido, o trabalho profissional faz oposição com "trabalhador de linha de montagem" e, nesse sentido chave, trabalho profissional é caracterizado por três aspectos: (i) um alto grau de conhecimento necessário, que requer treinamento e talento consideráveis; (ii) a necessidade de trabalhar sem supervisão constante; (iii) trabalho do qual a vida ou bem-estar dos cidadãos, ou de seus filhos, depende. (Há também um uso puramente esnobe do termo, segundo o qual os médicos são profissionais, e bons mecânicos automotivos, não; não tem fundamentação lógica, visto que vidas dependem dos conhecimentos de ambos, e alta competência em ambas as áreas requer mais ou menos a mesma quantidade de talento e treinamento, e ambos normalmente trabalham sem supervisão.) São estes três fatores que geram a conexão entre profissionalismo e avaliação, juntamente com duas observações incontestáveis.

A primeira é que ninguém é capaz de avaliar bem seu próprio desempenho, e a segunda é que a expertise com que um profissional adentra uma profissão não é garantia de um nível de alta competência mantido indefinidamente. Cinco razões para isto são: (i) o assunto de quase todos os campos profissionais muda continuamente – às vezes, rapidamente; (ii) a metodologia de quase todos os campos profissionais – que com frequência é diferente do assunto (no ensino, é a pedagogia, em contraste com o conteúdo) – também muda continuamente; (iii) as responsabilidades dos cargos mudam frequentemente por bons motivos, de forma que novas áreas precisam ser abordadas; (iv) o enrijecimento do pensamento naqueles que não são regularmente desafiados por seus colegas ou críticos compromete a competência inicial, não raro rapidamente; e (v) o envelhecimento e outras condições debilitantes acarretam a deterioração do cérebro, muitas vezes no meio da carreira.

Assim, a obrigação moral dos profissionais junto à sociedade e seus clientes requer que a competência continuada seja verificada. Isso exige que sejam avaliados de alguma maneira que envolva outros juízes, além de si mesmos, preferivelmente juízes que não sejam colegas próximos (consulte **Lista de inimigos**, **Acreditação**). Os profissionais devem ser capazes de reconhecer as boas e más abordagens a tal avaliação, cooperando com as boas – e não apenas as legitimando, mas as facilitando – e melhorando as ruins. Esta capacidade não é parte comum do treinamento profissional, mas pode ser a parte mais importante, do ponto de vista da sociedade.

Os códigos de ética profissional para avaliadores de todos os setores não existem, mas para os envolvidos em avaliação de pessoal e produtos, os ***Standards*** em cada campo fornecem uma boa orientação; além disso, o código da APA para psicológicos abrange a maior parte do território.

Muitas vezes considera-se que o profissionalismo, em um sentido mais amplo, inclui outras questões, como a preocupação com a ética profissional, ajuda prestada aos novatos, e ajuda a associações profissionais. Consulte **Axiofobia**.

PROGNÓSTICO. Mais uma tarefa, como a **remediação**, que os clientes às vezes esperam que os avaliadores realizem, mas para a qual possuem pouco treinamento relevante.

PROGRAMA. O esforço geral que combina pessoal e **projetos** em prol de alguns objetivos (geralmente mal) definidos e financiados.

PROGRAMAS DE TREINAMENTO EM AVALIAÇÃO. Atualmente, encontra-se pouco apoio substancial para estes, apesar da grande demanda (e necessidade maior ainda) por avaliadores treinados, talvez um sinal de retaliação à avaliação ou da visão amplamente aceita de que qualquer treinamento em ciências sociais já é um histórico de qualificação adequado para avaliadores. Os melhores lugares provavelmente são o Evaluation Center na Western Michigan, Boston University, Stanford University Graduate School of Education, e Circe, na University of Illinois, mas alguns dos programas de pós-graduação em **estudos de políticas** também são bons. Cursos de extensão são mais amplamente oferecidos e são divulgados na ***Evaluation Practice***. Veja também **Treinamento de avaliadores.**

PROJETO. Projetos são esforços restritos a um cronograma, com frequência dentro de um programa.

PROTOCOLO. Consulte **Ética e etiqueta em avaliação.**

PROVEDORES. As pessoas que entregam os serviços fornecidos por um programa; o pessoal de interface com os **destinatários**. (Às vezes o sentido é estendido e passa a incluir **patrocinadores.**)

PSEUDOAVALIAÇÃO. A capa sem o conteúdo. A pseudoavaliação não é apenas falseada – ou, na visão caridosa, brutalmente incompetente –, mas com muita frequência é muito cara (em custos consequentes, que normalmente são bem maiores do que a economia com custos diretos) e sintomática de valores mais profundos e desprezíveis. É claro, é comum na publicidade, onde falsas análises tipo-***Consumer-Reports*** com frequência são impressas. Mas vai muito mais além, como mostra o exemplo a seguir.

Em 1990, o Congresso norte-americano sancionou a concessão do prêmio Malcolm Baldrige National Quality Award por excelência na indústria à Cadillac. Presumivelmente, isso deveria impulsionar o respeito à qualidade dos produtos norte-americanos (e consequentemente as vendas), mas foi simples e desgraçadamente um caso em que o Congresso foi sugado para fins de publicidade. A prova do desempenho ou qualidade superior da Cadillac – cujo slogan "O Padrão do Mundo" outrora significava algo – não pode ser encontrada em nenhuma análise séria das estatísticas das pesquisas com proprietários, ou em uma década de testes de rodagem. Na mesma semana da concessão, aconteceu de o assunto da reportagem de testes de estrada na rede de televisão PBS ser um Cadillac atual. A imagem que permanece na memória é o vídeo da alça de segurança do assento do passageiro saindo na mão do examinador, uma falha grave de segurança. (O exemplo não é atípico. O carro em questão era um carro de fábrica, emprestado à PBS para fins de teste, de modo que provavelmente foi 'preparado' para isso; e ele, como os outros Cadillacs testados em 1990, tinha muitos defeitos substanciais de montagem, bem como de design.) É verdade que a Cadillac está empreendendo *esforços* sérios para melhorar um histórico lastimável, mas a Ford fez isso antes ("Qualidade é o Trabalho Nº 1"), assim como a Chrysler, como o Iaccoca insiste em nos lembrar. Em nenhum destes casos, apesar de afirmarem o contrário, os resultados indicam comparabilidade aos melhores importados. Os prêmios certamente deveriam ser concedidos por *realizações* significativas, e não por esforços. Testes de estrada anteriores do Cadillac Seville de 1992 sugerem que o departamento de design por fim fez algo meritório, mas só o tempo dirá se é apenas bonito – de qualquer maneira seu motor é improvisado, já programado para substituição durante 1992. Talvez até o final de 1993 houvesse evidências suficientes para justificar um prêmio. É apenas uma questão de senso comum, não um padrão acadêmico para uma avaliação séria.

'Prêmios por excelência' como este só mostram a ubiquidade do desrespeito pela avaliação séria, ou a ignorância a seu respeito, cuja consequência é a negligência do controle de qualidade (e do design para a qualidade), que levou ao 'desastre de Detroit'. É esta mesma fraqueza do sistema de avaliação do Congresso que leva ao abuso de prêmios por excelência no interesse de tentar salvar o que sobrou de uma indústria altamente protegida. Como um prêmio baseado na pseudoavaliação provavelmente contribuirá para a (relativa) complacência na Divisão da Cadillac da GM, a pseudoavaliação não é apenas propaganda enganosa e deturpação, com frequência é a causa de maior deterioração. O fato de haver muitas firmas grandes nos EUA com merecida reputação pela qualidade – por exemplo, a WordPerfect Corporation – sugere a conclusão de que este prêmio foi motivado pelo desejo de assistir a indústria automobilística dos EUA, assim como o fato de que no trimestre em que ganhou este prêmio, a GM declarou a maior perda trimestral da história da indústria (2 bilhões de dólares). Foi particularmente irônico que o prêmio à Cadillac ocorreu no ano em que dois carros de luxo importados, da mesma faixa de preço do Cadillac, e *em seu primeiro ano de produção*, foram direto ao topo de todas as listas de prêmio razoavelmente válidas pela qualidade e desempenho.

Este exemplo pode ser duplicado ao longo da vida moderna e em mais profundidade na indústria automobilística. Até mesmo algumas revistas de consumo, cujos testes de produto são, como um todo, o bastião da avaliação rigorosa neste domínio, concedem prêmios que não são, gentilmente falando, resultado de avaliação séria. O prêmio do Carro do Ano da ***Motor Trend*** é um exemplo (em 1991 foi para o retorno do Chevrolet Caprice, um carro de duas toneladas com um porta-malas pequeno e difícil de carregar, um motor barulhento de 35 anos de idade, rangidos, má direção, e um design que resulta numa visão ruim das extremidades do carro pelo motorista – um perigo para o tráfego). Veja também **Falácia de Harvard**, **Avaliação ritualística**, **Avaliação para racionalização**.

PSICOLOGIA DA AVALIAÇÃO. Domínio pouco explorado que naturalmente se divide em quatro partes – a psicologia (i) do avaliador; (ii) do avaliando; (iii) do cliente; e (iv) dos públicos da avaliação. A primeira parte envolve questões como o **modelo terapêutico**, e a segunda parte envolve fenômenos como **ansiedade perante a avaliação** e **axiofobia**.

A avaliação é um negócio arriscado – para o avaliador, assim como para o avaliando – e as causas disto são em grande parte psicológicas. A avaliação nos ameaça na nossa zona de conforto, ao levantar a possibilidade de nos criticar – ou criticar o nosso trabalho, que com frequência vemos como a extensão de quem somos – e, de um modo mais mundano, pode levantar uma ameaça ao nosso trabalho. Estas possibilidades são suficientes para causar ansiedade em pessoas altamente sensatas, mas estudantes ou profissionais psicologicamente maduros aprendem a lidar com isso porque são comprometidos com a importância geral do feedback, por exemplo, devido ao 'imperativo profissional' (discutido sob **profissionalismo**). O indivíduo imaturo ou desequilibrado ou o pseudoprofissional, por outro lado, reagem com um nível inapropriado de ansiedade, medo, hostilidade e raiva, que com frequência leva a um afeto incapacitante, contramedidas antiprofissionais, racionalizações bizarras como a doutrina da ciência livre de valores, ou políticas autoindulgentes para avaliações incestuosas. Aqui identificamos os sinais da fobia. Por outro lado, é claro, *fazer* avaliação pode representar uma luxúria insalubre por poder, em vez de apenas a busca pelo conhecimento ou o desejo de fornecer um serviço aos consumidores e futuros consumidores, fornecedores de serviços, cidadãos, e outros públicos legítimos. Então, há também os fenômenos do **caso Dreyfus**, regularmente reencenado pelos burocratas veteranos das forças policiais e governos. Veja também **Consonância/Dissonância, Viés da justificativa da iniciação.**

Muita pesquisa já foi realizada sobre a tomada de decisão e na medida em que os tomadores de decisão – o cliente modal do avaliador de programas – se desviam dos procedimentos de escolha racional; uma visão geral útil encontra-se em ***Decision Research: A Field Guide***, Carroll e Johnson (Sage, 1990). Os avaliadores, por outro lado, discutiram a **implementação** extensivamente, principalmente a sua falta. No entanto, para colocar a questão em perspectiva, é preciso analisar a medida em que o comportamento cotidiano do consumidor é consistente com o modelo racional de obtenção e conseguinte implementação de resultados da avaliação conhecidos pelo, *ou acessíveis ao*, consumidor. Todos sabem o que é comprar por impulso, e podemos exigir mais de gerentes de alto escalão, mas há problemas mais profundos. Muitas pessoas claramente associam recorrer a – ou aceitar conselhos de – uma fonte externa de avaliação à perda da autoestima e/ou à perda de poder. (O conhecimento *é* uma forma de poder, de modo que estas reações têm fundamento; mas com frequência são excessivas.) Os avaliadores provavelmente deveriam estar lidando com estes fenômenos de maneira mais direta, fazendo a análise de necessidades do cliente, assim como deveriam os programas de treinamento de profissionais – e a pesquisa psicológica. Veja também **Fenomenologia da avaliação, Reorientação.**

PÚBLICO (de ou para uma avaliação). Termo especial que se refere aos **consumidores** da *avaliação*: aqueles que irão ou deverão ler ou ouvir sobre a avaliação, seja durante ou ao final de seu processo, incluindo muitos que estão – e muitos que não estão – sendo avaliados. Normalmente, o público vai muito além dos **clientes**, mas não deixa de incluí-los. Por exemplo, o público de uma avaliação de qualquer programa educacional financiado pelo governo inclui: a legislatura de modo geral, e especialmente seus comitês relevantes, o departamento do analista legislativo (particularmente o principal analista designado ao programa), a Secretaria da Fazenda (e o principal analista relevante de lá), o governo estadual, agências federais relacionadas, fundações privadas com interesse na área, associações de pais, associações de administradores escolares, associações de contribuintes e assim por diante. O público do *programa*, quando é do tipo que possui público (como programas de televisão), é entendido como os seus **destinatários** (consumidores imediatos). Um relatório de avaliação deve ser cuidadosamente planejado, talvez em diversas versões, para servir aos diversos públicos normalmente envolvidos. (O termo se origina no trabalho de Robert Stake, mas esta definição é uma espécie de extensão da definição do autor.)

Q

QUANTITATIVA (avaliação). Normalmente se refere a uma abordagem que envolve o uso pesado de metodologia de medição numérica e análise de dados das ciências sociais ou (raramente) da contabilidade. Cf. **Avaliação qualitativa.**

QUANTUM DE ESFORÇO. O termo contrasta-se com **nível de esforço**, e se refere à quantidade mínima de energia de um membro da equipe que faz uma diferença significativa em um projeto ou programa. Ao passo que é fato que há exceções notáveis a qualquer regra de ouro aqui, gestores de programas experientes com frequência dizem que 10% ou

15% do tempo de uma pessoa está abaixo do quantum de esforço, talvez até 20% – alguns não gostam de pensar em 25%. Na hora de contratar avaliadores, a principal decisão a ser tomada pelo cliente é a qual nível de pessoal eles querem ter acesso a qualquer momento, em contraste com quem gostariam de se aconselhar dentro de, digamos, uma ou duas semanas. Não raro, é essencial ter alguém de plantão que pode e tem competência para tomar grandes decisões, pois muitas vezes precisam ser tomadas rapidamente – por exemplo, um novo formulário é rejeitado no processo de análise, mas seria usado na próxima semana; deve ser refeito imediatamente sem deixar um buraco desastroso no plano de coleta de dados. Consulte **Vitrine**.

QUARTIL (Estat.). Consulte **Percentil**.

QUEMAC.[15] Sigla de uma abordagem à meta-avaliação introduzida por Bob Gowin, um filósofo da educação de Cornell, singular pela sua ênfase a pressuposições não questionadas no delineamento.

QUESTIONÁRIOS. O instrumento básico de pesquisas de levantamento [surveys] e entrevistas estruturadas. O desenho de *bons* questionários é muito mais difícil do que a maioria das pessoas imagina; e obter o tipo de taxa de resposta na qual políticas podem ser baseadas – no intervalo de 80 a 90% – é ainda mais difícil, embora certamente seja possível e regularmente realizado pelos melhores do campo. (i) Os questionários normalmente são mais longos do que o necessário para que a tarefa seja cumprida, com frequência por um fator de três ou cinco. Isto não só reduz a taxa de resposta, mas também a validade (por incentivar respostas estereotipadas, omitidas ou superficiais); (ii) eles devem ser testados por pilotos, preferivelmente com indivíduos que façam associações livres à medida que preenchem (relatando a um observador ou gravador, que é melhor do que pedir que tomem notas); (iii) geralmente, um segundo teste piloto ainda revela problemas, principalmente de ambiguidade; (iv) o alto índice de resposta requer múltiplos acompanhamentos, inclu-

---

15 Questions, Unquestioned Assumptions, Evaluations, Methods, Answers, Concepts. [Perguntas, Suposições não questionadas, Avaliações, Métodos, Respostas, Conceitos.]

sive por correio ou telefone; (v) a escala de Likert ("Concorda plenamente... Discorda plenamente") às vezes é valiosa, mas pode ser apenas uma tentativa de evitar solicitar uma resposta avaliativa ("Excelente... Ruim"), que é o que você precisa; (vi) as escalas de resposta com um número par de pontos podem não evitar respostas "em cima do muro" – podem convertê-las em pseudoefeitos; (vii) se as classificações se aglomerarem próximo ao topo da escala, use uma das soluções mencionadas em **Efeito teto**. Veja também **Escalas de classificação, Simetria.**

R

RACIONALIDADE. Está na moda seguir Herb Simon, ou pensar que o está seguindo, no tocante a falar da 'pressuposição ingênua da racionalidade' que se diz ter sido construída em trabalhos anteriores e atuais em estudos de políticas, implementação e avaliação. Na verdade, o *comentário* é ingênuo; a maioria dos estudos eram tentativas de identificar as melhores práticas, e não a prática atual. As recomendações não pretendem ser descrições. Não obstante, as recomendações mais úteis consideram os limites do possível e certamente são invalidadas se forem muito complexas para a compreensão daqueles que devem implantá-las. Consulte **Otimização, Prescritivo.**

RACIONALIZAÇÃO. Pseudojustificativas, normalmente fornecidas *ex-post facto.* Consulte **Consonância.**

RANKING, ORDENAÇÃO EM RANKING. Colocar indivíduos em uma ordem, normalmente de mérito, com base em seu desempenho relativo (geralmente) em um teste, medição ou observação. O ranking pleno não permite empates, isto é, dois ou mais indivíduos com a mesma classificação ("três empatados"), o ranking parcial permite. Em casos limítrofes em que há grande quantidade de empates e número pequeno de grupos distintos, um ranking parcial – até mesmo um ranking pleno, em um número de casos ainda menor – pode ser inferido de uma **conceituação**, mas a inferência oposta nunca é possível. Veja também **Simbolismo**.

RATEIO (ALOCAÇÃO, DISTRIBUIÇÃO). O processo ou resultado da divisão de determinada quantidade de recursos entre um conjunto de demandas concorrentes, tal como dividir a receita tributária ou o orçamento departamental entre projetos e programas. Com frequência, é concebido como o problema que define as ciências econômicas – "a ciência da alocação de recursos limitados entre demandas concorrentes" –, mas, extraordinariamente, é um problema raramente abordado diretamente ou em termos práticos na literatura econômica, embora o conceito básico necessário mais importante tenha uma posição proeminente na teoria econômica. Presume-se que isto se deva ao fato de que quase qualquer solução requer pressuposições sobre a chamada "comparação interpessoal de utilidade", ou seja, sobre o valor relativo de fornecer bens a diferentes indivíduos. Assim, a **doutrina da ciência livre de valores** das ciências sociais impossibilitou o fornecimento de soluções práticas para o problema fundamental da economia, o problema do rateio. (Uma exceção é a abordagem do **orçamento base zero** – dificilmente se pode chamá-la de literatura, e raramente é referenciada em textos sobre economia.)

O rateio de algo que seja valorizado pode ser considerado um processo de avaliação separado, distinto da conceituação, ranqueamento e pontuação, embora ele envolva todas estas. Também pode ser visto como uma decisão que precisa ser baseada nelas como os predicados primitivos da avaliação, mas isso acaba sendo convoluto, de alguma forma. Entre todos os predicados da avaliação, ele é provavelmente o mais próximo do processo de avaliação modal do decisor. Diversas soluções visivelmente inapropriadas são usadas com bastante frequência para resolver problemas de rateio – quando, por exemplo, o orçamento geral é reduzido. O "corte geral" é usado com frequência, embora isso não só recompense o inflamento nos orçamentos, o que leva automaticamente ao aumento deste inflamento no próximo ano, mas também resulta em algum financiamento abaixo do nível crítico, um desperdício de dinheiro. Outra solução inadequada envolve solicitar os cortes aos gerentes do programa; naturalmente, isso resulta na estratégia de chantagem de estabelecer níveis críticos muito altos para obter mais do que seja absolutamente necessário.

O único tipo de solução apropriado envolve alguma avaliação por uma pessoa externa ao programa, normalmente em conjunto com cada gerente de programa, e a primeira tarefa de tal análise deve ser eliminar qualquer coisa remotamente semelhante a excessos em cada orçamento. Os passos posteriores do processo envolvem a segmentação de cada programa, identificação do acondicionamento alternativo e viável dos segmentos, classificação do custo-benefício dos sistemas cada vez maiores em cada sequência de acréscimos e consideração das interações entre componentes do programa que poderiam reduzir o custo de cada um em determinados pontos. Considerando uma estimativa do "valor de retorno" do capital (o bem que faria se não fosse usado para este conjunto de programas), e o compromisso ético (ou democrático) com a igualdade prima facie do valor interpessoal, temos um algoritmo eficiente para gastar o orçamento disponível da maneira mais eficaz. Normalmente, será o caso de algum financiamento de cada um dos programas (a não ser que o limiar crítico mínimo seja muito alto), devido ao declínio da utilidade marginal dos serviços para cada uma das populações impactadas (semissobrepostas), da conveniência em longo prazo de se reterem capacidades em cada área, e das considerações políticas envolvidas no alcance de altos números.

O processo que acabamos de descrever, embora desenvolvido de maneira independente, é semelhante ao procedimento do orçamento base zero, uma inovação bastante admirada pelo governo de Carter nos primeiros anos de sua presidência; mas uma discussão séria sobre uma metodologia para tanto parecia nunca emergir, e a prática, naturalmente, seguiu esta tendência. (Ver *Evaluation News*, dezembro, 1978.) Em algum sentido conceitual, esta é uma aplicação complexa da noção simples de análise marginal, combinada ao uso de comparações interpessoais de utilidade. Processualmente, é uma extensão elaborada de um dos exemplos mais brilhantes de metodologia de **controle de vieses** da história da avaliação: a solução para o problema de dividir uma porção de comida ou terra com formato irregular em partes equitativas – "Você divide e eu escolho". Isso, por sua vez, é a microversão do "véu da ignorância", ou a abordagem de probabilidade baseada em antecedentes à justificação da justiça e ética em *A Theory of Justice*, de Rawls (Harvard, 1971) e ***Primary Philosophy***, de Scriven (McGraw-Hill, 1966). Não é de surpreender que a ética e a avaliação possuam esta fronteira em comum, na medida em que a justiça com frequência é considerada um conceito distribucional.

O rateio pode ser logicamente redutível a uma combinação muito complexa de classificação e ranqueamento, em escalas múltiplas; mas o contrário é tão provável quanto. De qualquer maneira, pode ser melhor usar um predicado extra – mesmo que possa ser redundante – para estabelecer os fundamentos lógicos da avaliação, com vistas à perspicácia, como fazemos com frequência no desenvolvimento de fundamentos da matemática ou lógica simbólica.

REALIDADE VIRTUAL. Espaço tridimensional criado por computador, vivenciado com o uso de óculos especiais, fones de ouvido e luvas que mergulham o usuário no campo de visão, no ambiente sonoro e em alguns aspectos da sensação e controle do mundo virtual. É cria de um casamento recente entre o design assistido por computador – a Autodesk foi quem quebrou o gelo – e a tecnologia de simulador, embora atualmente não possua a aceleração gravitacional tão impressionante da viagem na nave da Disneylândia, do simulador da Mercedes em Unterturkheim, e sem dúvida em algum equipamento de treinamento da Força Aérea. No lado prático, isso possibilita a um cliente passear e relaxar nas dependências de uma casa ou edifício de escritórios virtual, operar seus controles solares durante a simulação das estações, e assim por diante, e dizer ao arquiteto quais mudanças ele deve realizar; um comprador prospectivo a 2.000 milhas de distância poderia fazer o mesmo com versões virtuais de casas e unidades para aluguel virtuais. Permite que uma pessoa vivencie pilotar um módulo lunar ou um comboio rodoviário (o trailer triplo de 70 rodas usado no outback australiano) ou dirigir pelas principais artérias do cérebro ou os principais braços da galáxia.

Parte de sua importância à avaliação encontra-se na oportunidade de estender a gama de feedback formativo ao período antes que os grandes investimentos em construção e fabricação ocorram para produzir verdadeiros modelos, amostras ou fases-piloto funcionais, e na possibilidade de criar cenários que possam fornecer concorrentes críticos para obter reações dos consumidores. O potencial de melhorar substancialmente a visualização e apresentação de dados, aumentando o senso de realidade nos relatórios e suas tentativas de transmitir a 'sensação' de um avaliado, também é importante para os fins da avaliação. À medida que combinamos a tecnologia de controle multimídia com a realidade virtual, também poderemos transmitir impressões sobre como diversos candidatos (pessoas, programas e produtos) se sairiam em tarefas futuras, com base na integração do desempenho em simulações com outros testes. Algumas questões éticas interessantes surgirão.

REALIZAÇÃO *VS.* APTIDÃO (A DISTINÇÃO APTIDÃO/REALIZAÇÃO). É bastante claro que há uma diferença entre os dois; Mozart provavelmente tinha mais aptidão precoce para o piano do que você e eu, antes mesmo de ter visto um. Mas a metodologia de teste em estatística sempre teve dificuldades com esta distinção, visto que a estatística não é sutil o bastante para lidar com o ponto da distinção, da mesma forma que não é sutil o bastante para lidar com a distinção entre correlação e causalidade. Por definição, não há quem tenha realização sem ter aptidão – aí temos uma correlação unidirecional. E é muito difícil mostrar que alguém tem uma aptidão sem um teste que de fato meça a realização (ao menos embrionária). Tipos de testes temerários foram, por vezes, levados a negar a existência de qualquer distinção *verdadeira*, enquanto o fato é que eles não possuem as ferramentas para detectá-la. As distinções só precisam ser conceitualmente claras, e não estatisticamente simples, e a distinção entre uma capacidade (uma aptidão) e um desempenho (realização) manifesto é perfeitamente clara, conceitualmente. *Empiricamente*, podemos nunca encontrar bons testes de aptidão que não sejam minitestes de realização. (Ref.: ***The Aptitude Achievement Distinction***, D.R. Green, ed. [McGraw-Hill, 1974].)

RECOMENDAÇÕES. As recomendações vão além de simples conclusões avaliativas. Há apenas um sentido trivial em que uma avaliação sempre envolve uma recomendação implícita – de que o avaliado seja visto/tratado de maneira congruente ao valor que a avaliação determinou que ele tem. (Este sentido é trivial, visto que converte todas as asserções factuais em recomendações – as recomendações de que você deve acreditar no que elas afirmam.) No sentido não trivial, em que "recomendação" é usado no sentido de "sugestões de ações específicas e apropriadas" (por exemplo, ações de remediação), as avaliações não geram nenhuma, mesmo que se empreendam todos os esforços para criá-las – e tais esforços geralmente são bastante onerosos. Isso não significa que a avaliação seja de alguma forma incorreta ou inapropriadamente limitada; apenas que o resultado que se esperava não se materializou. Os médicos que determinam que você sofre de uma doença incurável não parecem ser culpados de se equivocar no diagnóstico (isto é, de ter avaliado sua condição equivocadamente) simplesmente porque não podem inventar uma cura. Na avaliação médica e de produtos é óbvio que as recomendações de remediação nem sempre são possíveis, mesmo quando a avaliação é possível, mas como a lógica não foi bem pensada, supõe-se que seja um mau sinal de uma ausência de humanidade comum quando avaliações de pessoal ou programa não levam a recomendações de remediação.

Às vezes, as avaliações são até consideradas faltosas quando não oferecem recomendações com garantia de serem bem-sucedidas, e isto foi praticamente acrescentado aos contratos de alguns professores. Algumas pessoas são irremediavelmente incapazes de realizar determinada tarefa complexa, por exemplo, ensinar em uma escola localizada em uma 'zona de guerra'. É improvável que qualquer quantidade previsível de progresso na ciência ou nas artes da pedagogia altere este fato qualitativo, embora seja capaz de alterar a porcentagem de pessoas que podem ser treinadas até chegarem a níveis de desempenho aceitáveis. É um erro muito grave de delineamento ou de profissionalismo de avaliações garantir a produção de sugestões para remediação – assim como é ingenuidade de um cientista garantir a descoberta de **explicações** como resultados da investigação de determinado fenômeno. Fazer isto pode multiplicar em muito o custo da investigação e a chance de fracasso, e mudar o foco para algo completamente diferente da avaliação, arriscando assim a validade ou utilidade da avaliação. A maioria das avaliações **desencadeiam** algumas recomendações úteis sem muito esforço extra; elas advêm de uma abordagem analítica que envolve uma boa análise da função dos componentes. O principal obstáculo a fazer mais do que isso é que a prescrição de sucesso requer não apenas um conhecimento específico substancial, mas competências muito especiais, as quais ainda podem ter uma chance de sucesso muito limitada. Um piloto que faz teste de carros na estrada não é um engenheiro mecânico, um avaliador de programas não é um solucionador de problemas de gestão, embora ambos com frequência sofram de ilusões de grandiosidade neste sentido. Pressione-os demais e você obterá recomendações ruins – ou um uma frase audaciosa, do tipo: "Recomendações: Requer estudos adicionais." Veja também **Avaliação do processo.**

RECUPERAÇÃO DO INVESTIMENTO (PERÍODO). Termo da avaliação fiscal que se refere ao tempo decorrido até que o custo inicial seja recuperado; os fluxos de caixa recuperados devem, naturalmente, ser submetidos ao **desconto temporal.** A análise de recuperação do investimento é o que mostra que comprar um pacote de scanner com OCR por US$ 2.000 para converter materiais impressos em arquivos de processadores de texto pode ser sensato mesmo com a probabilidade de o preço cair para US$ 1.200 em um ano. Se o período de recuperação for, digamos, 15 meses (típico de muitas instalações escolhidas cuidadosamente), na verdade, você perderá centenas de dólares esperando o preço cair.

RECURSOS. Consulte **Avaliação dos pontos fortes.**

REDUNDÂNCIA. Fontes de dados ou julgamentos múltiplos ou duplicados. A redundância tem custos, mas é necessária uma boa quantidade dela na maioria dos contextos da prática da avaliação (pelos mesmos motivos que temos para pedir uma segunda opinião médica), especialmente na avaliação de pessoal. O termo "triangulação" com frequência é usado para indicar que uma 'tomada' tripla é altamente apropriada. Isto é particularmente verdadeiro quando permite que se use um indicador que não é forte o suficiente para sustentar-se por conta própria. Na avaliação do valor da pesquisa realizada por uma pessoa, por exemplo, é defensável usar dados do **índice de citação** apenas *se* usarmos dois outros indicadores (por exemplo, número de publicações, qualidade dos periódicos/editoras, críticas em periódicos profissionais) que podem carregar quase todo o peso por si só. Veja também **Delineamentos paralelos.**

REGISTRO DE AVALIAÇÃO. Conceito muito próximo ao completo *laissez-faire* para certificação ou licenciamento de avaliadores. Ele funcionaria incentivando os avaliadores e seus clientes a arquivarem uma cópia de seu contrato ou carta de acordo junto ao registro de avaliação no início de uma avaliação; as modificações ocorridas ao longo do caminho seriam anexadas a este registro, além de um relatório-padrão breve de cada uma das partes, elaborado de maneira independente, que avalia a qualidade e utilidade da avaliação e o desempenho do cliente. Cada uma das partes teria a oportunidade de acrescentar uma breve reação à avaliação da outra, e o resultado final (duas páginas) seria então disponibilizado para inspeção, a um preço mínimo, por clientes em potencial. Argumenta-se que esta providência seria mais útil para o cliente do que pedir para um avaliador sugerir o nome de clientes anteriores como referências, ou simplesmente analisar uma lista de publicações ou relatórios, mas evitaria os principais problemas do licenciamento – normas de execução e financiamento. Consulte a introdução ao ***Directory of Evaluation Consultants*** (The Foundation Center, 1981).

REGRA DE DECISÃO. Ligação entre a avaliação e a ação. Por exemplo: "Aqueles com grau abaixo de C devem repetir o curso"; "Hipóteses que não são significativas no nível 0,01 devem ser abandonadas." (O último exemplo é uma regra de decisão comum, mas logicamente imprópria; veja **Hipótese nula**.) Supõe-se amplamente que as avaliações implicam recomendações por sua própria natureza, mas, na verdade, elas raramente o fazem. É ainda mais raro estas recomendações serem exaustivas, ordenadas por prioridade e baseadas na expertise local necessária.

REGRESSÃO À MÉDIA. Você pode ter uma rodada de sorte na roleta, mas ela não vai durar; sua taxa de sucesso vai regredir (cair novamente) à média. Quando um grupo de indivíduos é selecionado para um trabalho de remediação com base em pontuações baixas em um teste, alguns deles terão tido pontuação baixa apenas devido à "má sorte", isto é, a amostragem de suas competências demonstradas a partir dos itens deste teste na verdade não é típica. Se passarem pelo treinamento e forem testados novamente, vão ter uma pontuação melhor simplesmente porque qualquer segundo teste resultaria (quase certamente) na apresentação dos seus resultados de maneira mais impressionante. Este fenômeno proporciona uma melhoria automática, mas falsa, das realizações dos "contratados para melhorar desempenho", se eles forem pagos com base na melhoria dos que obtiveram baixas pontuações. Se eles tivessem que melhorar a pontuação de uma amostra *aleatória* de alunos, a regressão *para baixo* até a média compensaria pela regressão *para cima* até a média que acabamos de discutir. Mas eles normalmente são convidados para ajudar os alunos "que mais precisam" - de acordo com os resultados dos testes - e aquele grupo vai incluir alguns que *não* precisam de ajuda. (Também vai *excluir* alguns que *precisam*.) Testes múltiplos ou mais longos ou a adição de avaliações de professores (juízes especialistas) reduzem esta fonte de erro. A regressão à média é uma das consequências dos erros de qualquer procedimento de medição real. A mesma causa é importante em muitas outras situações; por exemplo, quando professores que são reprovados em um teste de competência do seu conhecimento do assunto ou em pedagogia podem refazê-lo, alguns deles passarão simplesmente porque têm sorte com os itens na segunda ocasião, e não porque melhoraram e agora são competentes. (Da mesma maneira, alguns que foram reprovados da primeira vez simplesmente não tiveram sorte com o teste específico e sempre foram competentes, apesar de aparentar o contrário.) O tamanho deste erro normalmente não é grande no caso de testes de qualquer extensão, de modo que apenas os testandos próximos à margem são classificados equivocadamente.

REINVENTANDO A RODA. A avaliação ainda opera de maneira extremamente ineficiente, com seus campos individuais duplicando trabalhos anteriores sem parar. Mesmo em um subcampo como a avaliação de programas educacionais, descobrimos que um novo interesse político na educação anual gera estudos avaliativos onerosos sem que se analisem os estudos anteriores sobre o mesmo assunto. O mesmo ocorre com estudos de modelos para avaliação escolar e abordagens ao **exame** de alunos e de programas. Em parte, isto é consequência do longo período em que avaliações e suas metodologias eram tratadas como se não tivessem significado geral e, consequentemente, não eram aceitas para publicação, uma atitude que as manteve fora da base de dados de artigos de pesquisa.

Em parte, isso se deve à síndrome do NIH, e em parte porque a avaliação é uma transdisciplina sem uma disciplina central como quartel-geral que poderia fazer uma mobilização e apoiar o desenvolvimento de uma base de dados em avaliação. Nos últimos anos, a situação foi em parte melhorada pelo aumento da quantidade de periódicos que publicam relatórios de avaliações de interesse geral, mas estabelecer uma base de dados independente em avaliação ainda proporcionaria uma maneira fácil de reduzir os custos com avaliação para os governos. Uma das responsabilidades dos centros de avaliação baseados no campo, à medida que continuam a emergir, deveria ser a manutenção de uma base de dados competente de resumos. (Consulte **ELMR** para ver um exemplo.)

RELAÇÕES INCESTUOSAS (em avaliação). Refere-se ao **conflito de interesses** extremo em que o avaliador "divide a cama" com o programa que está sendo avaliado. Isto é típico da maioria dos monitoramentos de programas por agências e fundações onde o monitor normalmente é o padrinho do programa, às vezes seu inventor, e quase sempre seu defensor na agência, consequentemente, é coautor de suas modificações, bem como – supostamente – seu avaliador (ou ao menos o monitor do contrato de avaliação também). **Tornar-se nativo** é uma das consequências dos esquemas incestuosos, assim como a fraude pura e simples, mas a consequência usual é uma contribuição para o **Viés positivo geral**. Um dos exemplos menos atraentes é o uso exclusivo de avaliadores específicos do campo de conhecimento no processo de acreditação de programas de treinamento profissional. Esta prática é uma estufa para o **viés comum** e o **viés do contrato secreto**.

RELATIVISMO/SUBJETIVISMO. A visão de que não existe uma verdade objetiva (relativismo epistemológico) ou, mais estritamente, de que as coisas não possuem mérito ou valor objetivo (relativismo avaliativo). Sob esta perspectiva, o cientista – ou o avaliador, na forma mais estreita – só pode identificar diversas perspectivas ou percepções, e a seleção de uma delas é essencialmente arbitrária, determinada por considerações estéticas, psicológicas ou políticas, em vez de científicas. O ponto de vista contrário naturalmente seria chamado de absolutismo ou objetivismo; em um sentido técnico usado na filosofia, o oposto de subjetivismo é chamado de realismo. A doutrina do relativismo é falaciosa, visto que *o relativismo epistemológico é uma doutrina autorrefutante.* Isto é, se o relativismo for verdade, então dizer que "o relativismo é verdade" não é mais verdadeiro que "o relativismo é falso", de modo que o relativismo não pode ser verdadeiro no sentido que significa que não é falso, e não há outro sentido de "verdadeiro" na língua. Assim, o relativismo dificilmente pode representar uma visão, já que as visões são consideradas mais verdadeiras do que sua negação. As pessoas com frequência adotam o relativismo como resultado da descoberta de que as teorias científicas às vezes estão erradas. Da mesma forma, poder-se-ia crer que motoristas são potenciais suicidas com base no fato de que 125 são mortos todos os dias só nos EUA.

O relativismo avaliativo normalmente é uma generalização exagerada da observação banal de que gostos são diferentes. O fato de os gostos serem diferentes não apoia a visão de que a verdade é diferente, e a verdade sobre o mérito das coisas é um tipo de verdade. Dificilmente, é 'uma questão de gosto' quando um instrutor competente determina que um aluno fez um bom teste de matemática.

Um corolário da importância da prática da avaliação é que, em uma situação em que uma quantidade de visões, abordagens, metodologias ou perspectivas avaliativas diferentes sobre determinado programa (por exemplo) são mais ou menos igualmente plausíveis, *não* necessariamente podemos inferir que escolher qualquer um deles seja defensável. Tudo o que podemos inferir é que relatar *todos* eles, *e* a declaração de que todos eles são igualmente defensáveis, constituiria uma avaliação defensável. No momento em que percebemos que visões alternativas são igualmente bem justificadas, embora gerem resultados incompatíveis, percebe-se que nenhuma delas pode ser vista como consistente em si mesma, *simplesmente porque* a asserção de qualquer uma delas implica a negação das outras, e esta negação é, neste caso, ilegítima. Por conseguinte, a asserção de qualquer uma delas em si mesma é ilegítima.

Se, por outro lado, as diferentes posições *não* forem incompatíveis, ainda devem ser dadas para que apresentem uma imagem *abrangente* do que quer que esteja sendo avaliado. Em nenhum destes casos, então, apresentar qualquer uma destas perspectivas é defensável. Em suma, as grandes dificuldades de determinar uma conclusão avaliativa por comparação a outras não pode ser evitado ao escolher arbitrariamente uma dentre diversas igualmente prováveis, e apelando ao relativismo. As únicas escolhas são provar a superioridade de uma, *ou* fornecer todas as **perspectivas.** Este termo, quando usado corretamente, implica a existência de uma realidade que é apenas parcialmente revelada em cada visão.

Fazer isto transforma relatórios incompatíveis em relatórios complementares, isto é, converte o relativismo em objetivismo. Simplesmente apresentar diversos relatos aparentemente incompatíveis em uma avaliação é incompetência; também é necessário mostrar como eles podem ser conciliados, isto é, visto *como* perspectivas. (Ou então mostrar uma prova de que um deles está certo.) A pré-suposição de que há uma única realidade (no sentido usual) não é arbitrária, não mais do que a pressuposição de que o futuro será mais ou menos como o passado é arbitrária; estas são as verdades mais bem estabelecidas dentre todas sobre o mundo. O determinismo foi igualmente bem estabelecido e foi necessário apenas qualificá-lo ligeiramente devido ao Princípio da Incerteza. Ainda não encontramos bons motivos para qualificar as pressuposições do realismo e indução (os nomes técnicos para as duas visões mencionadas anteriormente).

No lado prático destas considerações, é preciso reconhecer que até mesmo avaliações baseadas em 'meras preferências' ainda podem ser completamente objetivas e transcender completamente as preferências sobre as quais são baseadas. Precisamos distinguir claramente entre o fato de que a base de mérito definitiva nestes casos é mera preferência, sobre a qual o indivíduo *é* a fonte definitiva de autoridade, e a falácia de supor que o indivíduo deve, portanto, ser a fonte definitiva de autoridade quanto aos *méritos* do que quer que esteja sendo avaliado. Mesmo no domínio do puro gosto, o indivíduo pode simplesmente não ter pesquisado a variedade de opções adequadamente, ou pode ter sido indevidamente influenciado por rótulos e publicidade, ou pelas recomendações de amigos, de forma que o avaliador pode ser capaz de identificar os concorrentes críticos que têm desempenho melhor do que o do candidato favorito do indivíduo, *em termos do próprio gosto do indivíduo.* E, claro, identificar as Melhores Compras para um indivíduo envolve uma segunda dimensão (custo) que o avaliador com frequência consegue determinar e combinar de maneira mais confiável do que um amador.

Áreas em que a única base de superioridade é unidimensional, instantânea, e plenamente dependente do gosto são essencialmente áreas pré-avaliativas, visto que não é superioridade, mas a mera preferência que está envolvida. As únicas conclusões possíveis são declarações de gosto ou preferência, nem mesmo declarações sobre o 'que é melhor para mim'. Se nos afastarmos destas áreas o mínimo possível, encontramos o indivíduo começando a cometer erros de síntese ao combinar duas ou três dimensões de preferência (efeitos halo ou de sequenciamento, por exemplo) ou ao extrapolar para o gosto mantido ou superioridade em um grupo mais amplo do que aqueles diretamente amostrados. Estes são erros que um avaliador pode reduzir ou eliminar por meio do delineamento experimental apropriado, que com frequência leva a uma conclusão bem diferente daquela que o indivíduo havia formado.

A um passo a mais de distância, encontramos a possibilidade de os indivíduos cometerem erros de julgamento de primeiro nível, por exemplo, sobre o que precisam (ou mesmo o que desejam) em contraste com o que gostam e eles certamente podem ser reduzidos por meio do delineamento apropriado da avaliação. No caso geral da avaliação de bens de consumo, podemos provar uma conclusão mais forte, que conta ainda mais contra o relativismo. Não raro podemos identificar o melhor produto de determinada categoria com plena objetividade, apesar de uma variedade substancial de interesses e preferências diferentes no nível básico pelos membros do grupo consumidor relevante. Isto é simplesmente uma questão de se as variações de desempenho entre produtos são maiores do que as variações de preferência dos consumidores. Variações enormes em termos de preferência podem ser completamente apagadas pela tremenda superioridade de um único produto sobre outro se acertar tanto em diversas dimensões que recebem valor significativo por todos os consumidores relevantes, que até mesmo os gostos bizarros (ponderações) de alguns dos consumidores com relação a algumas das outras dimensões não podem elevar nenhum dos produtos concorrentes ao mesmo nível da pontuação total, mesmo para aqueles com gosto atípico. Assim, grandes diferenças entre pessoas em *todas as preferências relevantes não* comprovam o relativismo das *avaliações* que dependem destas pessoas. Consulte **Avaliação perspectiva, Avaliação sensorial.**

RELATÓRIO, RELATAR. O processo de comunicar resultados ao cliente e públicos. Talvez a melhor maneira de fazer isto seja oralmente do que por escrito, ou (mais comumente) usando as duas modalidades; ao longo do tempo, e não de uma só vez; usando versões completamente diferentes para públicos diferentes ou apenas uma versão. Esta é uma das diversas áreas da avaliação em que a criatividade e a originalidade são realmente importantes, bem como o conhecimento sobre **difusão** e **divulgação.** Os relatórios devem ser elaborados com base em ponderação séria ou pesquisa sobre as necessidades do público, bem como as dos clientes. Múltiplas versões podem usar mídias diferentes, bem como vocabulários diferentes. Os relatórios são produtos e devem ser analisados nos termos da Lista-chave de verificação da avaliação – fazer um teste de campo deles de forma alguma é inapropriado. Quem tem tempo e recursos para tudo isto? Depende do tamanho do projeto e se você realmente tem interesse na **utilização** da avaliação. Você a escreveria em grego? Não, então será que você deveria *presumir* que *não* está escrevendo no *equivalente* ao grego, da maneira como seus públicos veem? Enquanto a compreensibilidade é uma condição necessária para a acessibilidade, há outras dimensões, como os procedimentos de disseminação (um relatório deveria ser publicado, além de entregue, e a quem?) e questões de formato *radical* (as versões de bolso devem ser impressas ou em disco; elas devem ir para um quadro de avisos eletrônico?). Veja também **Estratificação, Visualização de dados.**

RELATÓRIO DE IMPACTO AMBIENTAL (RIMA). Com frequência exigido por lei antes da concessão de licenças ou permissões especiais para construção ou estabelecimento de negócios. Forma de avaliação que se concentra nos efeitos sobre o ecossistema. Atualmente, baseia-se principalmente na análise biocientífica e/ou de tráfego. Ela tende a ser mais fraca na avaliação dos custos de oportunidade, custos indiretos, árvores de contingência ética, e assim por diante. Veja também **Avaliação de tecnologias.**

RELEASES PARA A IMPRENSA. As regras são: (i) não se dê ao trabalho de entregar (ou enviar) a versão técnica, nem mesmo como suplemento; (ii) não se dê ao trabalho de entregar um *resumo* do documento técnico; (iii) não se dê ao trabalho de entregar uma declaração com comentários favoráveis sobre algo e então qualificá-lo – eles vão ignorar o comentário ou a qualificação; e (iv) emita apenas uma descrição básica do programa em si, além de uma declaração geral, por exemplo "Os resultados até o momento não apontam para vantagens ou desvantagens desta abordagem, é muito cedo para falar. Esperamos ter uma conclusão definitiva em N meses". (Este é um release provisório. No release final, você remove a segunda frase.)

RELEVÂNCIA. Geralmente refere-se ao valor para uma instituição ou coletivo, em contraste com o valor intrínseco, de acordo com padrões profissionais, ou para um consumidor individual (**mérito**). Por exemplo, quando as pessoas perguntam "quanto algo vale", normalmente referem-se ao *valor de mercado*, e o valor de mercado é uma função do comportamento (hipotético) do mercado diante daquilo, e não de suas virtudes intrínsecas ou suas virtudes para um determinado indivíduo. A relevância de um professor (para uma instituição) é uma função de variáveis tal como as matrículas em seu curso, seu desempenho na obtenção de subsídios (mas consulte **Avaliação de pessoal**), sua relação à missão da faculdade, função de exemplo para alunos prospectivos/atuais do sexo feminino, ou pertencentes a minorias, prestígio para a instituição, *bem como* seu mérito profissional. O desempenho em nível razoável no último é uma condição necessária, embora não suficiente, para o anterior. Os fatores relativos à relevância insuficientemente valorizados na maioria das avaliações de pessoal incluem versatilidade de dois tipos – capacidade de aprendizado rápido e grande repertório. Ambos oferecem retorno à instituição em termos de economias em custo e flexibilidade sob demandas inconstantes. (A literatura de pesquisa sugere que também são os melhores indicadores de sucesso no trabalho, de forma que podem justificar a eleição às posições de qualificações de mérito, embora sejam antitéticas aos critérios usuais que qualificam especialistas.) A relevância de um candidato para a faculdade à qual se inscreveu com frequência é ignorada como uma variável do critério em favor de seu provável sucesso lá, mas pode ser um critério superior ou um critério suplementar importante. Por exemplo, provavelmente deveríamos considerar a importância da contribuição que eles podem fazer à escola (por exemplo, por meio da adição de diversidade cultural). Cf. **Sucesso.**

REMEDIAÇÃO. O processo de melhoria ou, por derivação, uma recomendação de um curso de ação ou tratamento que vai resultar na melhoria; normalmente, resulta da **avaliação formativa**. Tais recomendações podem surgir espontaneamente de uma avaliação formativa **analítica**, mas elas com frequência requerem expertise 'terapêutica' local específica – são **prescrições,** em um dos sentidos do termo. O termo "prescrição" em medicina tem o mesmo significado – refere-se à recomendação de uma ação de remediação – e a prescrição médica com frequência requer conhecimentos muito mais extensos do que a mera identificação de uma doença grave em, por exemplo, um animal de estimação ou uma criança. Os avaliadores tendem a considerar a sim mesmos competentes para sugerir regimes de remediação, simplesmente porque eles são bons avaliadores em determinado campo, mas as duas coisas são essencialmente diferentes, embora alguns indivíduos sejam qualificados para fazer ambas. Os avaliadores de medicamentos especialistas da FDA não estão na posição de sugerir a químicos farmacêuticos como melhorar um produto que demonstra efeitos colaterais inaceitáveis. A contribuição da avaliação formativa para a melhoria é o requisito essencial para a remediação – e, mais tarde, uma verificação do seu sucesso. A avaliação formativa analítica geralmente vai além; ela localiza o problema, e em alguns casos *pode* também criar sugestões específicas. Mas tornar isto parte do objetivo do avaliador ou das suas expectativas tende a corromper ou condenar a avaliação como uma avaliação. Veja também **Recomendação.**

REORIENTAÇÃO. Em muitas avaliações complexas – particularmente de produtos, pessoal, ou programas – chega um momento em que é quase essencial 'começar de novo', não com relação a refazer a busca pelos fatos – exceto talvez em questões menos importantes –, mas com relação a reconceitualizar os dados e, talvez, redirecionar a investigação. (O novo começo é de um ponto de vista muito mais iluminado do que o que se acabou de alcançar, de modo que o esforço anterior não foi desperdiçado.) A avaliação é, em qualquer caso, um processo iterativo, que exige que se reconsidere uma série de fatores após ter olhado mais cuidadosamente para outros fatores. Reorientar é mais do que isso. Em determinado estágio, deparamo-nos com uma 'falha de correspondência' terminal da imagem provisória (interpretação foco) formada durante os ciclos anteriores. Isso vai envolver alguns dos pontos a seguir: fazer uma grande mudança nos pesos que alocou a diferentes dimensões do desempenho; fazer uma mudança na lista ou definição dos critérios; fazer uma mudança das pontuações de desempenho à medida que uma nova consideração emerge; fazer uma mudança nos concorrentes críticos. Como a reorientação às vezes se reverte, é essencial não descartar ou sobrescrever esforços anteriores. Este é um motivo pelo qual o uso de microcomputadores é quase indispensável; você pode simplesmente salvar a série de análises reorientadas sob nomes de arquivos ligeiramente modificados, e voltar a eles mais tarde se precisar. Mudar os pesos pode, em si, significar colocar candidatos que haviam sido plenamente excluídos de volta na competição; ou isso pode ocorrer porque você percebeu que os padrões que está determinando eliminam todos os candidatos – este é um dos casos em que ficará feliz de ainda ter um registro do desempenho dos rejeitados. Depois que realizar algumas avaliações usando grandes matrizes de desempenho e pesos em uma planilha – após ler isto –, você não pode deixar de reconhecer o fenômeno da reorientação. Veja também **Psicologia da avaliação, Avaliação iluminativa, Avaliação responsiva.**

REPLICAÇÃO. Lamentavelmente, um fenômeno incomum nos campos de estudos humanos, ao contrário do que se relata comumente, principalmente porque os pesquisadores não consideram a noção de verificar rigorosamente a **implementação** (por exemplo, por meio de um 'índice de implementação') como um requisito automático sobre qualquer suposta replicação. Até mesmo a metodologia para replicação é mal pensada: por exemplo, decidir sobre a quantidade de variação das características dos indivíduos originais que são permissíveis sob a rubrica da replicação antes de adentrar a área da generalização; se os indivíduos têm as mesmas informações sobre a natureza do tratamento experimental ou intervenção; se o replicador deveria ter algum conhecimento detalhado dos resultados alcançados no local primário. Tal conhecimento é altamente enviesante – embora ele simplifique significativamente as preparações para os intervalos de medição, e assim por diante. Provavelmente é importante providenciar ao menos algumas replicações em que o programa (por exemplo) a ser replicado é simplesmente descrito em termos de tratamento, talvez com o comentário de que demonstrou "resultados positivos *ou* negativos significativos" no local primário.

REPRESENTAÇÃO. Termo semitécnico para uma avaliação-por-(rica)-descrição, que pode usar imagens, citações, fotografias, poesia ou histórias, bem como observações. Consulte **Avaliação de responsabilidade**, **Avaliação naturalística**.

REQUISITO DE EQUIVALÊNCIA DE PONTOS (REP). Requisito na pontuação numérica, por exemplo, de testes, de que um ponto deve refletir a mesma quantidade de mérito, independentemente de como seja adquirido (isto é, independentemente do item e do número de pontos já adquiridos em determinado item). Está relacionado à definição de uma escala de intervalo. Se o REP for violado, a aditividade é falha, isto é, algum desempenho total X receberá mais pontos do que o desempenho Y, embora seja inferior. O REP é um requisito muito rígido e raramente verificado, assim, normalmente deveríamos conceder uma nota global bem como uma pontuação nos testes, para obtermos alguma proteção contra a falha do REP. As chaves para o REP são a **rubrica** na pontuação de redações/simulação e correspondência de itens em testes de múltipla escolha.

RESULTADO (DESFECHO). Os resultados normalmente são os efeitos pós-tratamento; mas com frequência há efeitos durante o tratamento, por exemplo, a apreciação de um estilo de ensino, que às vezes chamamos (casualmente) de processo. De modo geral, deveríamos tentar distinguir: resultados imediatos, resultados ao final do tratamento e resultados de longo prazo, que serão revelados nos acompanhamentos. É difícil obter financiamento para os últimos, embora com frequência sejam os mais importantes, como pode ser o caso do Headstart.[16]

---

16 Criado em 1965, Headstart é um dos mais importantes e longevos programas do governo americano para apoiar a oferta de serviços para crianças pequenas nas áreas de educação, saúde, nutrição e engajamento parental voltados para a população de baixa renda no país. (*N. da T.*)

Desfechos bem diferentes podem ocorrer com grupos diferentes de pessoas impactadas, ou "verdadeiros consumidores", assim como os custos diferem de grupo a grupo. (Os custos não são completamente distintos dos resultados, por exemplo, a exaustão do pessoal é um custo e um resultado de um programa exigente [um **efeito de retrocesso**]). Os desfechos podem ser factuais e avaliativos (redução da taxa de homicídio) ou factuais e não avaliativos (redução da morbidade), em cujo caso precisam ser acoplados a resultados da análise de necessidades para se chegar a uma conclusão avaliativa. Veja também **Efeito**.

RESULTADOS IMPREVISTOS. Com frequência usado como sinônimo de **efeitos colaterais**, mas os termos não são plenamente equivalentes, porque: os resultados podem ser imprevistos por planejadores inexperientes mas são prontamente previsíveis para os experientes; efeitos que são previstos, mas não são estabelecidos como objetivos (às vezes), ainda são efeitos colaterais – e às vezes, não (por exemplo, ter que alugar escritórios).

RESUMO. A delicada arte do resumo, ou précis, é um item de grande importância no repertório do avaliador que deseja que seus relatórios sejam lidos e compreendidos. Quanto mais experiente é o tomador de decisões, mais curto o resumo precisa ser – para que seja útil. Nenhum relatório cuja leitura ou apresentação toma mais de dez minutos vale muita coisa para a *maioria* dos tomadores de decisões na *maioria* das situações. Se ele tocar algum ponto de dúvida, é possível encontrar tempo para fazer perguntas ou ler os apêndices. Este não é um apelo a bons 'sumários executivos'; não é preciso argumentar a favor da necessidade deles (mas consulte **Estratificação (de relatórios)**). Esta é uma visão prescritiva sobre *o relatório como um todo*. Tampouco isto é um sinal de que a TV nos corrompeu a ponto de nos transformar em consumidores de *newsbytes*, ou pílulas de informação. Napoleão se encontrou na mesma situação como consumidor de informação, e os avaliadores que fazem boas análises de necessidades de seus clientes quando delineiam relatórios vão começar a tratar os resumos como uma forma de arte. É uma arte sublime, que poucas escolas agora ensinam, e poucas pessoas dominam. Peça a três pessoas para reduzir um relatório de 12.000 palavras que acabaram de ler em: (i) 1.000 palavras; (ii) 100 palavras; e (iii) 25 palavras. As diferenças de qualidade provavelmente vão te surpreender; mas a melhoria pode ser adquirida rapidamente com prática (avaliada).

RETÓRICA, A NOVA. O título de um livro de C. Perelman e L. Olbrechts-Tyteca (Notre Dame, 1969), que tentou desenvolver uma nova lógica da persuasão, reavivando o espírito dos esforços pré-ramistas. (Desde Ramus [1572], a visão da retórica como a arte da persuasão vazia e ilógica tem dominado; o próprio conceito de 'análise lógica' como separada da retórica é ramista.) Esta área é de grande importância para a metodologia da avaliação, como destacou Ernest House (por exemplo, em ***Evaluating with Validity***, Sage, 1989), devido à medida que as avaliações têm – seja funcionalmente ou não – a função de persuadir, e não apenas de relatar. A Nova Retórica surgiu do contexto do estudo de raciocínio jurídico em que a mesma situação obtém e não foi bem reconhecida; é um trabalho sugestivo, mas não plenamente persuasivo. O mesmo empurrão para uma reapreciação e novos modelos de raciocínio ocorreu na lógica (consulte ***Informal Logic***, eds. Blair e Johnson [Edgepress, 1980]), e nas ciências sociais, com a mudança na direção da metodologia naturalística. Tudo é parte de uma retaliação contra a filosofia da ciência neopositivista e a adoração do modelo newtoniano/matemático da ciência. O destino da avaliação claramente está nos novos movimentos.

RETORNO SOBRE O INVESTIMENTO (RI). Uma das medidas de mérito ou relevância em avaliação fiscal; normalmente calculado como uma taxa percentual anual.

REVOLUÇÕES, AVALIAÇÃO DE. Revoluções, sejam elas políticas ou tecnológicas, envolvem dois problemas metodológicos para a avaliação: um para a avaliação perspectiva, e um para a avaliação retrospectiva, a avaliação prospectiva envolve determinar se uma revolução valeria a pena; aqui, a questão relevante é se os futuros benefícios (presumidos) multiplicados pela chance de sucesso ultrapassam as penalidades de fracasso multiplicadas pela chance do fracasso *mais* o custo de chegar daqui até lá. Ao observar a história das greves industriais (que são minirrevoluções), fica claro que as chances de sucesso e fracasso raramente são calculadas com cuidado, e a perspectiva do benefício/custo normalmente é limitada à dos grevistas.

Para a avaliação retrospectiva, visto que a história é escrita pelos vitoriosos, normalmente há um problema de distorção da consonância/dissonância, isto é, uma mudança de valores que aumenta os benefícios e reduz o valor das alternativas não escolhidas; poucas pessoas questionam se Lincoln realmente deveria ter iniciado uma guerra terrível para evitar que alguns estados se separassem, embora tenhamos prazer em condenar qualquer outra pessoa que pareça estar tentando impedir a separação de alguns dos *seus* estados. (Mais em "The Evaluation of Revolutions", em ***Revolutions, Systems and Theories***, ed. Robert G. Muehlmann, publicado por D. Reidel, 1979.) Tudo isto se aplica diretamente e de maneira interessante ao problema mais mundano, mas mais comum – e de maneira igualmente desconcertante – de quando atualizar software. (Discutido em "Changing Horses in Midstream", ***University MicroNews xvi***, Edgepress, 1990.)

RÍGIDA (*vs.* suave; abordagens da avaliação). Maneira coloquial de se referir às diferenças entre a abordagem à avaliação quantitativa/de teste/medição/levantamento/delineamento experimental *vs.* o tipo de abordagem descritiva/observacional/narrativa/entrevista/etnográfica/observador-participante. Em um nível ligeiramente mais profundo, abordagens rígidas destacam delineamentos distanciados e somativos (além do somativo simulado na função formativa) contra delineamentos amigáveis e pouco ameaçadores. Cada abordagem tem seus usos. Consulte **Suave.**

RIMA. Consulte **Relatório de Impacto Ambiental.**

ROBUSTEZ. 1. (Estat.) Testes e técnicas estatísticas dependem em diversos graus de pressuposições sobre a população de origem. Quanto *menos* dependem destas premissas, *mais* robustos eles são. Por exemplo, o teste-*t* presume normalidade, enquanto estatísticas não paramétricas ("livre distribuição") muitas vezes são consideravelmente mais robustas. Pode-se traduzir "robusto" como "estável sob variações de condições e premissas". 2. O conceito também é aplicável a e é mais importante na avaliação de delineamentos experimentais e em meta-avaliações. Os delineamentos devem ser determinados para fornecer respostas *definitivas* ao *máximo de questões possível* dentre as mais importantes – independentemente de como os dados aparecem. Esta questão é bem diferente de seu custo-efetividade, poder ou elegância (a última é um caso limítrofe, na medida em que a eficiência ou poder se combinam com a estética). As avaliações devem ser configuradas de modo a "mirar na jugular", isto é, de modo a obter *primeiro* uma resposta adequadamente confiável à principal questão ou questões avaliativas, e *depois* acrescentar o refinamento se nada der errado na Primeira Parte. Isto afeta o orçamento, pessoal e planejamento da linha do tempo. E tem um custo, assim como a robustez na estatística; por exemplo, abordagens robustas não serão otimamente elegantes e tampouco terão bom custo-efetividade se tudo der certo. Mas a meta-avaliação normalmente mostra que é preciso algo próximo à abordagem **minimax**, o que significa uma avaliação robusta. Consulte **Primeiro, o mais importante**, **Classificação por importância**.

RUBRICA. Guia de pontuação *ou* conceituação *ou* (concebivelmente) ranking para um teste. O termo adquiriu este uso no campo da avaliação de redações estudantis e normalmente se refere a uma legenda para classificá-las ou conceituar respostas a questões discursivas. Avaliadores de instituições educacionais devem esperar descobrir que a faculdade usa rubricas e tem familiaridade com a literatura básica sobre rubricas quer usem os testes abertos ou rejeitem seu uso. Consulte **Requisito de equivalência de pontos**. Ref.: *The Evaluation of Composition Instruction* (2ª edição, Teachers College Press, 1989).

S

SÁBIO DO TESTE. Diz-se de uma pessoa que adquiriu competências substanciais em fazer testes – por exemplo, aprender a dizer "Falso" em todos os itens que contém "sempre" ou "nunca" ou – para fornecer um exemplo mais sofisticado – aprender a não chutar os itens que não tem tempo de pensar no caso da aplicação de uma "**correção para palpite**", mas, caso contrário, fazê-lo.

SATISFAÇÃO. No contexto geral da avaliação, satisfação é o valor que se mede por meio de pesquisas de mercado. É menos priorizada do que a necessidade, que medimos por meio de análise de necessidades. Não obstante, a satisfação pode guiar uma avaliação na ausência de necessidades e padrões sociais prevalecentes. Não há nada de errado em inferências de conclusões avaliativas a respeito de itinerários e operações de cruzeiros marítimos, mesmo que as premissas de valor sejam hedônicas. Da mesma maneira, em ambientes mistos, não se pode descontar a satisfação até zero. Assim, por exemplo, embora seja um erro em avaliação educacional tratar a satisfação como primária e o aprendizado como indigno de inspeção direta, não há motivos para desconsiderar plenamente a satisfação. Kohlberg fez um comentário acerca das avaliações dos grandes programas para a primeira infância, mais especificamente o Headstart: era uma pena que ninguém se dava ao trabalho de verificar ao menos se as crianças *choravam menos* nos centros do programa do que em casa. A situação, em determinados casos especiais, por exemplo na educação estética, está muito mais próxima daquela em que a satisfação é um objetivo primordial. Uma falácia comum é argumentar que, já que seria um erro grave ensinar crianças de três anos de idade habilidades cognitivas às custas de desenvolverem aversão à escola, deveríamos, portanto, nos *certificar* de que elas *gostem* da escola e *tentar* ensinar-lhes habilidades. Essa priorização dos esforços reduz o interesse, já parco, em ensinar algo valioso e nunca foi validada por seus ganhos em termos de atitude positiva perante a escola. Aqui, o professor entra em conflito de interesses, visto que pintar com os dedos requer menos preparação do que a construção de habilidades espaciais.

SATISFICING. Termo de Herbert Simon para uma política de gestão comum, escolher algo aceitável, em vez da "melhor opção" (**otimização**). Consulte **Avaliação de risco.**

SELEÇÃO. Decisão-chave à qual uma variedade da **avaliação de pessoal** é voltada. Conceitualmente, às vezes é útil pensar nela como uma tentativa de prever a primeira avaliação na função. Isto não é muito preciso, pois a primeira avaliação pode ser malfeita, e podem-se incluir considerações acerca da **relevância** e **mérito**, e a relevância é um retorno para a organização que pode não aparecer em apreciações individuais. (Por exemplo, designações de minorias fora do departamento de vendas podem aumentar os contratos federais.) No processo de seleção, o custo-efetividade de bons procedimentos avaliativos é extremamente alto devido ao tamanho do investimento de longo prazo, aos bônus pela seleção excepcionalmente bem-sucedida e aos altos custos dos erros. Ela não é feita de maneira comensurada com estas considerações (que foram trabalhadas com algum detalhe na literatura). Por exemplo, o componente principal na maioria dos procedimentos de seleção é a **entrevista**, que é, em geral, um dos piores procedimentos de avaliação em qualquer campo. Veja também **Primeiro, o mais importante** e **Síntese.** Ref: "The Selection of Teachers", em ***Handbook of Teacher Evaluation: Elementary & Secondary Personnel*** (2ª edição J. Millman e L. Darling-Hammond (eds.), Sage, 1990).

SÉRIE TEMPORAL. Consulte **Séries temporais interrompidas.**

SÉRIES TEMPORAIS INTERROMPIDAS. Tipo de **delineamento quase-experimental** em que o tratamento é aplicado e então retido em determinado padrão temporal *com os mesmos indivíduos.* O termo para tal delineamento, de certa forma ambíguo, costumava ser "autocontrolado", pois o grupo de controle é o próprio grupo experimental. A versão mais simples é, naturalmente, o delineamento da "aspirina para uma dor de cabeça"; se a dor desaparecer, atribuímos o crédito à aspirina. Por outro lado, o tipo "psicoterapia para a neurose" oferece uma inferência fraca, pois a extensão do tratamento é tão grande e a taxa de recuperação espontânea é tão alta, que a chance de a neurose acabar durante este período por outros motivos que não a psicoterapia é significativa. (Consequentemente, é melhor apostar na psicoterapia de curto prazo, *ceteris paribus.*) O próximo delineamento autocontrolado mais requintado é o chamado delineamento "ABBA", em que A é o tratamento e B, a ausência dele – ou outro tratamento. Medições são tomadas no início e no final de cada um destes períodos. Aqui, talvez seja possível controlar a possibilidade de remissão espontânea e diversos efeitos de interação. Este delineamento é muito bom para experimentos com tratamentos de apoio ou incrementais, por exemplo, ensinamos 50 palavras de vocabulário pelo método A, e outras 50 pelo método B – e para eliminar a possibilidade de B funcionar apenas após A, revertemos a ordem, e aplicamos B antes, e depois A. Obviamente, abordagens mais sofisticadas são possíveis com o uso do ajuste de curvas para extrapolar (ou interpolar) para um nível expectável futuro (ou passado) e compará-lo com o nível real.

A falácia clássica nesta área é provavelmente a do governador de Connecticut. Ele implementou implantou a suspensão automática da carteira de motorista após a primeira violação do limite de velocidade e, assim, conseguiu imediatamente uma redução muito grande da taxa de mortalidade em estradas. Gabou-se bastante deste feito, e chegou a candidatar-se a senador dos EUA. Porém, uma olhada na variabilidade da taxa de mortalidade dos anos anteriores deixaria qualquer estatístico nervoso, e, como esperado, a taxa logo subiu novamente, à sua maneira relativamente aleatória. (Ref.: ***Interrupted Time Series Designs***, Glass *et al.* (University of Colorado, 1976).)

SERVIÇO (avaliação de). Consulte **Avaliação de serviço.**

SIGMA (Estat.). Símbolo grego usado em minúscula como notação para desvio-padrão, em maiúscula para referir-se ao operador de adição.

SIGNIFICÂNCIA EDUCATIVA. Consulte **Significância.**

SIGNIFICÂNCIA ESTATÍSTICA. Quando a diferença entre dois resultados – normalmente os resultados do grupo de controle e do grupo experimental – é determinada como "estatisticamente significativa", o avaliador pode concluir que a diferença (provavelmente) não se deve ao acaso. O nível de significância, neste sentido, determina o grau de certeza ou confiança com o qual podemos eliminar o acaso (isto é, eliminar a "hipótese nula"). Infelizmente, caso amostras muito grandes sejam usadas, até mesmo pequenas diferenças tornam-se estatisticamente significativas, embora elas possam não ter valor social, educacional ou outro valor algum (a avaliação da Vila Sésamo foi um exemplo disto). A estatística ômega proporciona uma correção parcial. A literatura sobre a "controvérsia do teste de significância" mostra por que abordagens quantitativas pressupõem as qualitativas e é de fato um exemplo da avaliação de medidas quantitativas.

Também há muitas ocasiões em que os resultados são alta e objetivamente significativos, mas onde nenhuma medida estatística pode ser aplicada, visto que a significância estatística sequer pode ser calculada, exceto em termos de algumas hipóteses declaradas, ao passo que grande parte da avaliação – mesmo da avaliação quantitativa – usa outros paradigmas que não a clássica abordagem de **teste de hipóteses**. A significância de uma intervenção pode ser considerável mesmo se não tiver tido efeito algum pretendido, como ganhos cognitivos ou de saúde; pode ter empregado muitas pessoas, aumentado a conscientização sobre problemas ou produzido outros ganhos. A ausência dos efeitos de significância *geral* também pode se dever à diluição de bons efeitos em um conjunto de programas ruins que não produzem efeitos: não se pode inferir de um nulo geral a nulos individuais. Por este motivo, 'delineamentos cumulativos' com frequência são menos desejáveis do que 'delineamentos segmentados', em que estudos separados são realizados envolvendo muitos lugares ou subtratamentos (consulte **Replicação, Meta-análise**). A estatística ômega e o "tamanho do efeito" padronizado de Glass são tentativas de produzir medidas que cheguem mais perto de refletir a verdadeira significância do que o nível p do tamanho absoluto dos resultados. Veja também **Pontuações brutas, Significância, Diferença interocular.**

SÍMBOLOS (para predicados e relações avaliativos). Os símbolos quase universais para **notas** são as letras de A-F, idiossincrático no sentido de que o F (de *fail*, que em inglês significa reprovado) normalmente substitui o E da sequência; em algumas regiões, o E é usado em seu lugar. (Uma nova área de uso recente é na qualidade simbolizadora do risco do crédito no sistema de múltiplas taxas de juros para empréstimos automotivos.) Com frequência são suplementados por a+ ou a–, às vezes com exclusões: por exemplo, A+ às vezes não é permitido como uma nota acadêmica (porque envolve um equivalente numérico de mais de 4 pontos no que deveria ser uma escala de 4 pontos como o máximo). Mais raramente, há algum uso de um ++ suplementar etc., ou uma 'nota indecisa' como AB para indicar o desempenho no limite (consulte **Agrupamento por faixas**). A conversão destas notas qualitativas a equivalentes numéricos normalmente as violenta, distorcendo seu significado pretendido; por exemplo, a maioria dos instrutores não pretendem sugerir que a largura da faixa B é a mesma da de D, em que a última normalmente é usada para indicar uma indecisão entre C e F. (Até mais distorção está envolvida em '**conceituação pela curva**'.) Um conjunto de símbolos alternativos é sugerido para o procedimento de **Ponderação e soma qualitativa**, em que os pontos de ancoragem têm um significado diferente. Veja também **Escalas de classificação.**

É útil ter um conjunto de símbolos para a conceituação em **ranking**, e aqui se sugere que para esta finalidade os usuais >, <, = sejam complementados pela adição de um ponto na extremidade dos operadores 'maior/menor que', e entre ou à frente das barras horizontais do sinal de igualdade. Assim, "A ·> B", por exemplo, significa "A é melhor do que B". Os principais operadores de avaliação – ranking, conceituação [*grading*], pontuação [*scoring*] e rateio [*apportioning*] – podem ser simbolizados por suas letras iniciais em inglês. Assim, "G(redações) + P(IME)" é uma regra processual para gerar subavaliações de uma série de exames finais (IME significa 'itens de múltipla escolha').

SÍMBOLOS DA AVALIAÇÃO. Consulte **Símbolos.**

SIMETRIA (de indicadores avaliativos). É um erro comum supor (ou inconscientemente providenciar) que o contrário ou a ausência de um indicador de mérito é um indicador de demérito. Isto é ilustrado pela pressuposição de que itens em questionários avaliativos podem ser reescritos de maneira positiva ou negativa para se adequar aos requisitos configurais de frustrar respostas estereotipadas. Mas "mente com frequência" é um forte indicador de demérito, ao passo que "não mente com frequência" sequer é um indicador fraco de mérito (importante). (Mérito importante, isto é, o comportamento louvável é o que se recompensa, e não "ser melhor do que o pior jamais poderia ser".) O precedente é um ponto epistemológico sobre simetria (relacionada à distinção entre virtude/supererrogação na ética). Também há assimetrias metodológicas; por exemplo, com frequência se acredita que pedir aos alunos para preencherem formulários de classificação de alunos que lista uma quantidade maior de falhas do que virtudes possíveis é um viés. Em um nível primitivo de pensamento, isso é atraente; mas se você souber que há uma infinidade de respostas erradas para qualquer problema matemático simples, e apenas uma resposta certa, pode começar a repensar a pressuposição. Para fins formativos, tentamos listar todas as questões sobre as quais reclamações legítimas são feitas no questionário piloto de perguntas abertas. Cada uma delas é uma oportunidade de melhoria. Se há mais delas do que há epítetos de louvor, isso nada tem a ver com viés. "Excepcional" ou "excelente" cobre a ausência de muitos defeitos.

SIMULAÇÕES. Recriações de, especialmente, situações típicas no trabalho para fornecer um teste realista de aptidões ou habilidades; analogamente para avaliação de programas e produtos. Consulte **Avaliação de desempenho clínico, Avaliação de pessoal.**

SÍNDROME DA "MINHA TRIBO". Consulte **Tornar-se nativo.**

SÍNTESE (de estudos de pesquisa). A integração de estudos de pesquisa em uma imagem geral. Este é um campo que recentemente recebeu atenção considerável. Estas "revisões da literatura" não são apenas avaliações em si, com – ao que tudo parece – uma metodologia bastante complexa e alternativas viáveis envolvidas no caminho da conclusão; mas também são um elemento-chave no repertório do avaliador, pois fornecem as bases para identificar, por exemplo, concorrentes críticos e possíveis efeitos colaterais. Consulte **Meta-análise.**

SÍNTESE (na avaliação). 1. O processo de combinar uma série de classificações ou desempenhos em diversas dimensões ou componentes em uma classificação geral. As regras usadas para isso às vezes são chamadas de 'funções de decisão', 'modelos de composição' ou 'algoritmos combinatórios'; uma versão bastante pesquisada da abordagem é chamada de 'abordagem estatística'. Muito comumente, é feita pelo julgamento (a 'abordagem clínica'), com frequência de maneira impressionante e não confiável. Como a **avaliação**, por sua natureza, deve envolver *algum* passo combinatório – combinando fatos com padrões de valor –, é fácil ver como o conceito de 'julgamento de valor' veio a ser visto como o elemento essencial em avaliação. No entanto, esta integração essencial pode já ter ocorrido ao chegar nas subavaliações, e não mostra que as avaliações sempre requerem um passo de síntese final. Tampouco mostra que os julgamentos necessários sejam essencialmente subjetivos no sentido de arbitrários ou não confiáveis, muito menos inválidos. Contraexemplos advêm de diagnóstico médico, o processo de conceituação de diamantes, avaliação de imóveis, investigação florestal, nos tribunais ou em ensaios com cães pastores. Muitos termos são ou podem ser usados no lugar de "síntese", incluindo os seguintes (os preferidos de acordo com uma pesquisa de pós-graduação estão em itálico): agregar, amalgamar, misturar, relacionar, coalescer, *combinação*, combinar, compilação, composição, comprimir, concatenar, confluir, consolidar, focar, fundir, incorporar, integrar, *integração*, entrelaçar, unir/juntar, julgar/julgamento, convergir/conversão, aproximar, *redução*, sintetizar/*síntese*, unir/união. Há problemas em todas as escolhas, mas a quantidade de opções sugere a importância do conceito em nossos processos intelectuais.

O processo combinatório normalmente é necessário e defensável, mas às vezes é inapropriado – por exemplo, quando requer uma decisão sobre a ponderação relativa que pode ser impossível para o avaliador, ou que causará dor desnecessária. Nestes casos, o procedimento adequado é fornecer as classificações ou desempenhos nas dimensões separadas e explicar por que não é possível avançar. Em todos os outros casos, fazer apenas isto é fazer uma avaliação parcial, aqui chamada de avaliação **não consumada** ou **fragmentária** (por exemplo, uma avaliação apenas de componentes). A incapacidade de passar da última barreira às vezes se deve à **axiofobia**, visto que pode evitar a necessidade de uma conclusão avaliativa de qualquer natureza. Com mais frequência, deve-se à má análise da função da avaliação; por exemplo, com frequência diz que a avaliação **formativa** de professores não requer uma avaliação geral, apenas um relatório de perfil. Isto está gravemente errado e pode acarretar em um feedback extremamente ilusório aos professores. É preciso lhes dizer 'qual é a soma total', e não apenas lhes fornecer pequenas doses e pedaços. Caso contrário, podem interpretar as subavaliações da maneira que quiserem ("ninguém é perfeito") e não perceber que estão verdadeiramente enrascados. Note que o processo de síntese muitas vezes está envolvido mesmo na montagem de dados em subdimensões para obter uma descrição global naquela dimensão; e, claro, sempre está envolvida na obtenção de subavaliações dimensionais ou de componentes. Assim, a síntese nem sempre é evitada quando se evita usá-la ao final.

É desejável, em relatórios de avaliações, fornecer uma declaração e justificação do procedimento da síntese e fornecer provas de que foi de fato o usado, pois o esforço de fazer isto muitas vezes acarretará o reconhecimento de: (i) pressuposições arbitrárias; (ii) aplicações inconsistentes dos supostos padrões; ou (iii) inconsistências entre retórica e prática. Na avaliação do corpo docente, por exemplo, a ponderação de fato da pesquisa *vs.* ensino com frequência é mais próxima de 5:1 em instituições cuja retórica alega a paridade, e pode variar consideravelmente entre departamento ou cadeiras sucessivas no mesmo departamento. A síntese do trabalho de alunos nos cursos em um conceito de letra não raro é citada como um exemplo de prática indefensável; esta crença levou diversas faculdades na década de 1960 a entregarem 'ensaios avaliativos' sobre cada aluno que se candidatava para o curso de pós-graduação (por exemplo, a St. John's University e a UC/Santa Cruz). De modo geral, isso significou que o comitê de admissões da faculdade à qual a candidatura foi submetida teve que fazer a conversão para notas; em suma, ela assumiu a culpa pela síntese para as pessoas que não conheciam o aluno. As notas de estudantes são avaliações somativas perfeitamente defensáveis, embora certamente inadequadas para feedback formativo ao aluno.

A "síntese por resumo da importância" ilustra outra armadilha; um professor é avaliado de acordo com 35 escalas por alunos, e o resultado das classificações só mostra os casos de desvios estatisticamente significativos às normas. A avaliação é feita analisando-se o número de casos de desvios significativos à média. À primeira vista, isto pode parecer plausível, mas (i) as dimensões não foram validadas independentemente (e não são independentes); (ii) muitas delas são características relacionadas ao estilo que nem deveriam estar ali; e (iii) envolve a confusão entre **ranking** e **conceituação.**

A importância da síntese é ilustrada por um psiquiatra do corpo docente da University of Minnesota, que se tornou lendário por solicitar um subsídio para que um aluno da pós-graduação pudesse "reunir os resultados de sua pesquisa"; os "resultados da pesquisa" era um conjunto completo de gravações em fita de cinco anos de terapia que abrangia diversas dúzias de assuntos. Os avaliadores que se sentem tentados a "entregar os fatos aos tomadores de decisão e deixar que *eles* façam os julgamentos de valor" devem se lembrar que as avaliações são interpretações que exigem todas as competências profissionais no repertório; o papel de um cientista não termina com a observação ou, normalmente, com a medição. (Consulte **Resumo**.)

Diversos procedimentos foram defendidos para o passo combinatório. A síntese da **ponderação e soma** numérica é uma abordagem linear e às vezes funciona aceitavelmente bem. Muitas vezes precisamos acrescentar mínimos a algumas das dimensões – ponderação e soma modificada. Raramente, como na avaliação de posições no tabuleiro de gamão ou de pacientes com o MMPI, precisamos de normas de síntese não lineares. Com mais frequência, precisamos evitar as fortes premissas – por exemplo, sobre as distribuições de utilidades – sobre as quais as abordagens de ponderação e soma são baseadas, e usar um modelo de **ponderação e soma qualitativa**. O esforço das ciências sociais nesta área centrou-se na '**análise de utilidade multiatributos**', embora raramente seja aplicada na avaliação (nem mesmo é mencionada em nenhum dos textos principais). Envolve algumas premissas irrealistas e algumas logicamente inconsistentes, mas é sugestivo de diversas maneiras. Alguns exemplos trabalhados são fornecidos em ***Need Analysis***, de McKillip, Sage, 1987.

Na avaliação de pessoal, desenvolveu-se um vocabulário para as alternativas principais na sintetização de classificações em diferentes testes ou por entrevistadores diferentes: consulte **Linhas de corte múltiplas** (também conhecidas como modelo conjuntivo) e **Compensatórios**. Uma visão geral útil é fornecida por Mehrens em seu capítulo "Combining Evaluation Data from Multiple Sources", em ***The New Handbook of Teacher Evaluation***, Millman e Darling-Hammond, eds. (Sage, 1990). Entretanto, todas, exceto uma, destas abordagens são casos especiais limitados dos modelos citados no parágrafo anterior; a exceção é o "modelo disjuntivo", que se refere a casos em que há diversas maneiras de se passar em um teste – por exemplo, refazer ou diversos entrevistadores – e passar em qualquer um deles é aceitável.

A síntese talvez seja a principal competência cognitiva em avaliação: aborda tudo o que invoca a frase "julgamento equilibrado", bem como dificuldades de comparação das coisas de diferentes naturezas. Seus primos aparecem no cerne de toda a atividade intelectual; na ciência, não apenas na teorização e identificação da presença de um construto teórico a partir dos dados, mas na síntese da pesquisa. Na avaliação, o desejo de evitá-la se manifesta no ***laissez-faire*** as formas extremas da **abordagem naturalística** à avaliação. Hesitar na síntese final com frequência (mas não sempre) se deve à hesitação quanto ao próprio julgamento de valor, e é um sintoma de **axiofobia.**

2. A síntese também pode se referir ao processo de conciliar diversas avaliações independentes do mesmo avaliado. Neste sentido, é um processo de grande importância que sofre bastante abuso e é pouco estudado. Por exemplo, se rascunhos das avaliações independentes precisam ser entregues a um comitê ou cliente antes da sessão de síntese do grupo, os resultados finais são muito diferentes do caso em que esta exigência não é imposta (devido ao aumento da necessidade de lutar por uma conclusão já "pública" em que seu ego está investido). Consulte **Painéis paralelos, Grupo de convergência, Meta-análise.**

3. A síntese às vezes faz parte da definição de uma variável de critério, em que há uma série de critérios a serem combinados. Mais uma vez, o processo não foi sujeitado a uma análise séria, considerando-se sua importância. Consulte **Ponderação e soma qualitativa, Lógica da avaliação.**

SÍNTESE DE DADOS. O processo semialgorítmico e semicrítico de se produzirem fatos compreensíveis a partir de dados brutos por meio da estatística descritiva ou inferencial, além da sua interpretação em termos de conceitos, hipóteses ou teorias.

SISTEMA BIPARTIDO (Também chamado de Sistema Multicamadas e sistema Hierárquico). Um sistema de avaliação, às vezes usado em avaliação de propostas (mas também com potencial considerável em avaliação de pessoal) em que uma tentativa é feita de reduzir o custo total do sistema normal de TDR exigindo-se duas rodadas de concorrência. A primeira rodada, a única em que o TDR é feito, envolve restrições rigorosas de extensão da proposta, que deve indicar apenas a abordagem geral e, por exemplo, o pessoal disponível. Estes breves esboços são então analisados por painéis que podem processá-los com muita rapidez, e uma pequena quantidade de propostas promissoras é identificada. Subsídios às vezes são concedidos aos autores desta "pequena lista" de licitantes para cobrir os custos de desenvolvimento das propostas completas. A pequena quantidade de propostas completas é então analisada pelo mesmo grupo de examinadores, ou por um grupo ou painel menor – uma segunda camada do sistema de análise. A matemática deste processo varia de caso a caso, mas vale analisar um exemplo. Imagine que simplesmente publiquemos o tipo comum de TDR para avaliação dos benefícios educacionais de laboratórios universitários de ensino de ciências (*vs.* simulações de laboratórios por computador *vs.* o mesmo tempo dedicado ao melhor tratamento de textos de experimentos e técnicas de laboratório). Podemos receber entre 600 e 1.200 propostas, com uma média de 50 a 60 páginas cada. Por conveniência, digamos que a média são 50 páginas, e recebemos 1.000 propostas, o que não seria incomum. São 50.000 páginas de propostas para se ler, e 50.000 páginas de propostas para se escrever. Mesmo que os examinadores possam "ler" 200 páginas por hora, e mesmo que tenhamos apenas três pessoas para ler cada proposta, ainda precisamos de 750 horas de leitura de propostas, o que significa cerca de 100 pessoas/dia de leitura, isto é, um painel de 12 que trabalhem por oito dias, dois painéis de 12 que trabalhem por quatro dias, ou dez painéis de 10 que trabalhem por um dia. Um problema é a despesa, outro é que não se conseguem bons examinadores por quatro dias; os painéis múltiplos requerem mais pessoal na agência, que então precisa enfrentar o grave problema das diferenças entre painéis.

Agora, se voltarmos a um sistema bipartido, podemos estabelecer um limite superior de, por exemplo, cinco páginas na primeira proposta e, embora possamos conseguir algumas a mais, isto é um benefício, pois significa que teremos alguns candidatos sem o tempo ou os recursos necessários para entregar propostas massivas. Assim, podemos começar com 1.200 propostas de cinco páginas, que são 6.000 páginas, e imediatamente temos uma redução de 88 por cento da quantidade de leitura que será feita, o que significa que um único painel pode resolver. Então, pode ser que haja dez ou vinte melhores propostas que chegarão com o tamanho de 50 páginas, que podem ser analisadas com bastante rapidez, e certamente com muito mais cuidado, pelo mesmo painel, reunido novamente para esta finalidade. Note também que a velocidade de leitura da primeira camada de propostas também pode ser mais alta, visto que tudo o que os leitores precisam fazer é se certificar de que não estão perdendo uma proposta promissora, em vez de classificá-las em ranking para já obter o resultado final. E a validade deverá ser maior. Note a tripla economia: os proponentes podem economizar cerca de 90 por cento de seus custos (pode não chegar a tanto, pois propostas curtas exigem uma quantidade de recursos proporcionalmente mais alta por página, mas mesmo assim é substancial); a agência economiza muito nos custos de pagamento de examinadores ou painelistas e custos pesados de trabalho do pessoal; e a confiabilidade do processo, bem como a qualidade dos juízes disponíveis, sobe significativamente. Portanto, o pequeno subsídio pela proposta da segunda camada é mais justificado, tanto fiscalmente quanto em termos de incentivar a candidatura das pessoas que, de outra forma, não poderiam enviar propostas, e melhores candidaturas das que podem. Além disso, é moralmente duvidoso emitir TDRs que custam a outras pessoas grande quantidade de tempo e papel, em que quase tudo será desperdiçado.

SISTEMA DE ENTREGA. A ligação entre um produto ou serviço e o consumidor imediato (a população favorecida) – que pode ou não consistir nos que precisam dele ou o desejam. É importante identificá-lo em avaliação, pois ajuda a evitar a falácia de supor que a existência da necessidade justifica o desenvolvimento de algo para satisfazê-la. Isso ocorre *somente se* pudermos encontrar e usar um sistema de entrega existente – ou desenvolver um novo – que alcance os necessitados. (Um sistema de **marketing** normalmente visa os que desejam – que podem ou não precisar.)

SISTEMA HIERÁRQUICO. Consulte **Bipartido**.

SISTEMAS DE INFORMAÇÃO EM GESTÃO (SIG). Processo organizado que visa apresentar dados à gestão que devem facilitar a tomada de decisões. Em muitas organizações, este é principalmente um exercício no desenho de base de dados em computadores, mas, na verdade, deve incluir os resultados de muitas avaliações – apenas algumas delas específicas para determinada organização.

SOBREAPRENDIZAGEM. É o aprendizado além do ponto de 100% de capacidade de lembrança (do que foi aprendido), e visa gerar a retenção em longo prazo. Para evitar o enfado por parte do aprendiz, e por outros motivos, a melhor maneira de fazer isto é reintroduzir o conceito (ou o que quer que esteja sendo aprendido) em uma variedade de contextos diferentes. Um motivo pelo qual estudos de longo prazo – ou a fase de acompanhamento de uma avaliação – frequentemente revelam grande deterioração do aprendizado é que as pessoas são descuidadas quanto à distinção entre o aprendizado a critério em t1 (o final do período de instrução) e o aprendizado a critério em t2 (o momento em que o conhecimento é necessário, provavelmente anos mais tarde).

SOBREPOSIÇÃO, SOBREPOSTO (relatórios, textos ou delineamentos). A sobreposição é um procedimento usado na construção de relatórios ou delineamentos. Em contraste com a sobreposição, notas de rodapé e apêndices descompactam os relatórios anexando explicações – ou mais detalhes – a respeito das *partes* do relatório ao seu eixo principal, uma abordagem de *ramificação*. As camadas representam uma abordagem de *empilhamento* em que camadas diferentes fornecem pontos de vista diferentes do relatório *como um todo*. A forma mais simples de um relatório sobreposto começa com um resumo ou um sumário executivo. Aqui, a primeira camada pode atender três grupos de leitores: (i) os que não identificam apenas pelo título (além de outros dados contextuais tais como a fonte organizacional, autores ou título do periódico) se têm interesse ou não nos detalhes e, portanto, precisam de mais informações; (ii) os que definitivamente têm interesse, mas não terão tempo de ler o relatório completo; e (iii) os que o lerão de qualquer maneira, mas gostam de ter acesso – ou poderão compreendê-lo melhor se tiverem acesso – a um resumo organizador inicial. Chame-os de escavadores, corredores e leitores. Há dois tipos de resumo: sinopses e metadescrições. As sinopses fornecem resumos com conteúdo *real*; as metadescrições delineiam o *tipo* de discussão do conteúdo sem resumi-lo ("Começamos com uma revisão bibliográfica... identificamos a perspectiva dominante... discutimos algumas das principais objeções à perspectiva dominante"). A metadescrição definitivamente não é útil para os corredores e provavelmente também para os escavadores. Assim, este tipo muito comum de resumo é uma abordagem inferior, e os editores normalmente devem solicitar sinopses. Os autores às vezes preferem metadescrições, a fim de converter corredores em leitores. Porém, em muitos casos, essa estratégia perde mais leitores do que ganha.

No caso de um livro, o sumário não raro funciona como uma camada; ele pode ser escrito de forma que se encaixe em qualquer lugar de um espectro ainda mais longo, que vai da mera numeração, passa pela metadescrição de nomenclaturas crípticas, chegando até o resumo. Resumos de artigos longos às vezes consistem em uma lista de subtítulos, que é uma das definições de "sinopse" no dicionário; se eles forem bem redigidos, podem chegar perto de constituir um resumo útil; se forem crípticos, são apenas uma metadescrição. As camadas exemplificadas até aqui são práticas comuns nas disciplinas, mas a reflexão acerca de sua lógica leva a sugestões mais incomuns para uso – particularmente, mas não apenas – em avaliação.

As camadas podem alcançar outras dimensões além do nível de detalhe; por exemplo, podem ser úteis para lidar com públicos com antecedentes distintos. O Circe produziu exemplos excepcionais desta abordagem, em que a primeira camada de um panfleto com diversas páginas fornece um resumo não técnico – talvez de uma página apenas – e as camadas seguintes fornecem relatórios com quantidades cada vez maiores de análise técnica. Note como a primeira camada se difere de um resumo (não usa linguagem técnica), e como a adição das outras camadas se difere da ramificação. (Naturalmente, as camadas inferiores também podem usar a ramificação.) A abordagem da sobreposição também pode ser usada como um veículo para relatórios de defensores e adversários, ou outros relatórios que contenham múltiplas perspectivas. Além disso, as camadas podem interpolar a dicotomia usual do índice e texto; usando uma boa ferramenta para gerar esquemas de texto em um processador de texto, com frequência pode-se imprimir um índice enxuto, uma lista de todos os subtítulos do primeiro nível, e uma lista mais longa com todos os subtítulos do segundo nível, talvez até com as primeiras linhas do texto. Mesmo que não pareça útil até que você consiga ver o resultado, no final das contas é bastante útil e provoca efeitos reativos que às vezes são desejáveis – isto é, o autor tende a declarar seu ponto na primeira frase, de forma que apareça naquela camada. As páginas extras destes índices sobrepostos às vezes eliminam metade do trabalho com o índice. O método certamente ajuda os escavadores e corredores e deveria ser considerado pelos serviços on-line um suplemento mais valioso ao resumo que normalmente fornecem.

SOLICITADA (pesquisa). Pesquisa específica, com frequência especificada até o nível do delineamento; visa obter alguma informação específica desenvolvida. O contraste é com a pesquisa iniciada em campo, que visa fornecer apoio a uma área geral de esforço de pesquisa.

SOLUÇÃO DE PROBLEMAS. O processo de identificar e, não raro, consertar defeitos, originalmente em maquinário e produtos de consumo, agora usado para programas e projetos. Note que (logicamente) ela não pode começar até que o problema tenha ocorrido e seja notado e, portanto, que a avaliação tenha sido realizada. Assim, a solução de problemas é um processo diferente da **avaliação**; começa com o **diagnóstico**, e inclui a **remediação**.

SSE. Status Socioeconômico.

SUAVE (abordagens à avaliação). Indicadores são o uso da interação pesada do avaliador com o pessoal do programa, dados sobre **implementação**, o **teste do sorriso**, ou a substituição da análise crítica pela 'descrição minuciosa'. Consulte **Rígida**.

SUBJETIVO, SUBJETIVIDADE. Consulte **Relativismo**.

SUBSÍDIO [GRANT]. Consulte **Financiamento**.

SUBSTITUIÇÃO ESTATÍSTICA, FALÁCIA DA. A falácia de substituir um conceito estatístico por um conceito metodológico preexistente. Uma versão quantitativa de falácias mais antigas, tal como estereotipar o membro classificado com as características médias de um grupo como o típico representante de todos os membros daquele grupo. O exemplo clássico, que representa um erro raramente cometido atualmente, é a substituição de correlações pela causalidade. Referir-se a fatores da análise de fatores como explicativos é um exemplo mais sério e comum da falácia, como a suposição de que dois testes cujos resultados são altamente correlacionados estão 'medindo a mesma coisa'. Cientificamente, os exemplos mais prejudiciais desta falácia são a confusão de **significância estatística** com a real significância e da **confiabilidade** do teste com a real confiabilidade. Socialmente, o pior exemplo provavelmente seria o uso de correlatos de sucesso como **critérios de mérito** em **avaliação de pessoal**. Veja também **Validação incestuosa**. Ref.: "Fallacies of Statistical Substitution", em ***Argumentation***, John Woods, ed. (D. Reidel, 1988).

SUCESSO. Alcance de metas conhecidas, defensáveis, mas não necessariamente ótimas. Termo avaliativo, mas não um dos mais importantes, pois o valor se dá dependendo do valor das metas. Cf. **Mérito, Relevância.**

SUMÁRIO EXECUTIVO. O resumo dos resultados de uma avaliação, normalmente em linguagem não técnica (ao menos relativamente). (O termo é revelador; como em outras frases, tal como "processador de texto executivo", o executivo é presumidamente tecnicamente incompetente no campo que ele/ela está administrando e nas ferramentas que facilitam a gestão eficiente. Como ambos são relativamente fáceis de apreender – vide Sculley após mudar da Pepsi para a Apple – o estereótipo, bem fundamentado como é, sugere um grave ponto fraco no desempenho executivo.)

SUPERCOGNITIVO. O domínio do desempenho em competências cognitivas ou de informação/comunicação que se encontra no limite superior aos níveis normais – por exemplo, leitura acelerada, raciocínio acelerado, cálculo relâmpago, memória quase eidética, fala acelerada, trilinguismo, estenotipia, taquigrafia. Cf. **Hipercognitivo.**

T

TAXONOMIAS. Classificações – por exemplo, as taxonomias de Bloom dos objetivos educacionais. Uma literatura gigantesca cresceu em torno destas taxonomias, que são de certa forma simplistas em termos de suas pressuposições e excessivamente complexas em termos de suas ramificações, mas proporcionam um começo útil para muitos delineamentos de avaliação. A unidade em uma taxonomia – uma única categoria – é conhecida como táxon.

TDR. Termo de Referência, ou Edital. O anúncio publicado padrão que convoca propostas e licitações associadas para um **escopo de trabalho** específico, incluindo avaliações. Note que o TDR às vezes precisa de avaliação tanto quanto o projeto para o qual ele está convocando avaliação; por exemplo, às vezes inclui um delineamento de avaliação completo, e é raro que algo tão complexo seja indefectível. Mesmo que consultores tenham sido usados além do pessoal interno para revisar o TDR, os delineamentos para avaliações de grande escala ainda são uma questão inovadora, e provavelmente precisam de revisão por uma ampla gama dos melhores metodologistas da área. Não fazer isto quando necessário e não fazer ao menos revisão de consultoria em outros casos acarreta uma quantidade imensa de tempo e dinheiro desperdiçado. Hood e Hemphill usam o termo "avaliação *front-end*" para a avaliação do conceito ou modelo embutido no TDR. Consulte **Pré-formativo, PDO, Bipartido.**

TÉCNICA DE INCIDENTES CRÍTICOS (Flanagan). Esta abordagem, vinculada à análise dos registros longitudinais, procura identificar eventos ou épocas significativas na vida de um indivíduo (ou instituição etc.) que de alguma forma parecem ter alterado por completo a direção dos eventos subsequentes. Proporciona uma maneira de identificar os efeitos, por exemplo, da educação, em circunstâncias em que um estudo plenamente experimental é impossível. É, claro, repleta de perigos. (Ref.: John Flanagan, ***Psychological Bulletin***, 1954, pp. 327-358.)

TECNICISMO. A valorização de especificações técnicas pragmaticamente insignificantes. Um erro que ocorre no processo de, ou subsequente à, substituição de julgamentos subjetivos por medições, o que normalmente é feito com a intenção de aumentar a objetividade. É o problema de tratar as medições como significativas em si, em um intervalo da variável que não possui valor direto ao usuário. Exemplo: no campo do áudio de alta-fidelidade, um ideal altamente adotado para equipamentos é uma resposta plana de 20 a 20.000 Hz. ("Plana" significa mais ou menos um a três decibéis, dependendo de quão puro é o purista.) Agora, essencialmente todas as pessoas que podem pagar pelo equipamento extremamente caro que pode atender a este padrão são mais velhas, e é quase certo que seu ouvido aguenta até 10.000 Hz. Assim, boa parte do que estão valorizando não tem significado algum para eles – e é muito caro. Outros exemplos incluem valorizar uma velocidade máxima acima de 160 mph em um carro e resolução semelhante à de lente objetiva de câmera em ótica binocular.

Num sentido direto, isso mostra o mau julgamento de, mais exatamente, **valores inapropriados**, e é inteligente evitar entrar nesta armadilha. No entanto, há outra maneira de ver isto, incluindo-o na rubrica de critérios do *connoisseur.* Deste ponto de vista, não se pode dizer que um tecnófilo estaria *errado* por valorizar um artefato por um de seus poderes – por exemplo, a precisão do relógio de pulso dentro de um milissegundo por mês –, mesmo que ele nunca de fato se beneficie dele. O melhor meio-termo é avisar as pessoas deste risco com bastante antecedência, evitar desorientá-las nas avaliações, e oferecer alternativas atraentes (já que as pessoas com frequência recaem no tecnicismo). O problema é que os próprios especialistas que fazem as avaliações com frequência sucumbem ao tecnicismo e se tornam evangelistas dela. Consulte **Falácia da expertise irrelevante**. É claro, alguns valores tecnicistas podem ter defeitos, ao menos em princípio, sob justificativas éticas. Por exemplo, certamente alguns vão crer que valorizar o Corvette ZR-1 porque ele faz mais de 200mph exibe valores socialmente indesejáveis. Em qualquer caso, desenvolver gostos extremamente caros é, para a maioria de nós, uma solução autofrustrante para o problema de definir a boa vida. Consulte ***Connoisseur.***

TECNOLOGIA. A tecnologia possui quatro aspectos de relevância particular à avaliação: (i) em seu melhor, a avaliação no processo de P&D usado na tecnologia atinge um padrão muito alto com o qual todo avaliador pode aprender; mas também é interessante que mesmo empresas líderes – por exemplo, das indústrias automobilísticas e de computadores – com frequência exemplificam as piores práticas. O primeiro destes fenômenos advém da **avaliação de produtos**, mas está relacionado à avaliação como um todo; o segundo relaciona-se crucialmente com a **utilização**; (ii) bons exemplos de P&D na história da tecnologia ilustram o que está faltando em muitos esforços de fazer grandes mudanças sociais, em que a ideia de que os grandes problemas nas áreas de saúde, justiça ou educação podem ser solucionados por alguém com uma boa ideia e um estilo de comunicação inspirador ainda é ubíqua. Os avaliadores convidados a avaliar tais esforços 'reestruturantes' precisam se lembrar de que a engenharia social é mais, e não menos, complicada do que o desenvolvimento de produto, e deve portanto exigir mais e não menos da combinação que caracteriza as inovações tecnológicas: pesquisa minuciosa de antecedentes, planejamento que aborde todos os cenários das piores hipóteses, *muitos* ciclos de testes de campo, avaliação *rigorosa*, *múltiplas* soluções, ataque direto aos problemas de **escalonamento** e análise de custo rigorosa. No momento, o nosso maquinário político, com sua curta capacidade de concentração, foco na mídia, 'culto da abordagem da personalidade', está muito perto de controlar o processo de mudança social, e muito longe da realidade do que é necessário para fazer isto bem. Mudar esta situação é um processo educacional com o qual os avaliadores precisam contribuir ficando firmes nas avaliações, em vez de vislumbrar contratos futuros e elaborar relatórios estimulantes, a fonte usual de **viés positivo geral**, que impede o aprendizado com nossos erros; (iii) o terceiro motivo para os avaliadores considerarem a tecnologia é para fazer, falar e aprender com um novo tipo de avaliação que se tornou significativo recentemente – uma extensão substancial da avaliação de produtos. É a **avaliação de tecnologias** (AT), que tem seu próprio verbete; (iv) a quarta característica interessante da tecnologia é sua importância para compreender o papel da metateoria no desenvolvimento de uma disciplina, uma questão de interesse imediato para a avaliação. A tecnologia não é bem uma disciplina, é uma mistura de estudos e ofícios, um exemplo clássico dos desastres que recaem sobre uma aspirante à disciplina sem uma metateoria sensata. O primeiro sinal disto é a situação extraordinária quanto ao próprio sentido do termo "tecnologia". Como no caso do termo "avaliação", abundam sugestões das mais bizarras, o que reflete uma confusão total sobre a natureza do assunto. Enquanto tecnologistas em campos *específicos* possuem noções implícitas sensatas o suficiente, não as expandiram para nenhuma posição *geral* logicamente aceitável. Este vácuo metateórico foi amplamente preenchido por metafísicos obscurantistas sobre a natureza da tecnologia, escrito por pessoas com compreensão limitada sobre – e fortes opiniões contra – o empreendimento. Como é impossível falar sobre a AT – ou sobre qualquer outra caraterística da tecnologia de interesse para o avaliador – sem uma noção razoavelmente clara dos limites do campo, um esboço de um relato mais realista é fornecido aqui.

"Tecnologia" é um termo de aspecto duplo – assim como "pesquisa", "ciência", "metodologia" ou "avaliação" – no sentido de que se refere a um processo e ao produto daquele processo. No caso da tecnologia, o produto é o conjunto de artefatos humanos (os objetos inanimados que criamos) e o processo é qualquer coisa necessária para fazê-los. O que precisamos para *usá-los* não é tecnologia, mas técnica (também conhecida como competência ou arte). A tecnologia normalmente é a tecnologia de uma cultura específica em um momento específico da história (como em "tecnologia Maya"), mas às vezes ela se refere a uma família específica de artefatos (como a "atual tecnologia de armazenamento magneto-ótica").

A situação extraordinária acerca da definição de tecnologia é que: (i) a definição um tanto óbvia que acabamos de fornecer – que reflete o uso implícito da maioria dos tecnologistas, arqueólogos e antropólogos – não pode se comparar a qualquer trabalho de referência; (ii) uma das enciclopédias de tecnologia multivolumes não fornece definição alguma, embora sua seleção de artigos revele uma definição implícita e absurdamente restrita; (iii) diversas outras enciclopédias, históricos e dicionários de tecnologia usam definições do termo genérico claramente incorretas (por exemplo, omitem a baixa tecnologia e/ou a tecnologia recreativa e/ou da arte); e (iv) as definições fornecidas são todas diferentes desta, *além* de diferentes umas das outras. São erros comuns identificar a tecnologia com: tecnologia da indústria pesada; com o uso de máquinas; com todas as técnicas práticas de solução de problemas; com as ciências aplicadas; com todas as técnicas de sobrevivência de uma sociedade; ou incluir as técnicas para uso dos artefatos em tecnologia, em vez de apenas as técnicas de *produção* desses artefatos.

Esta confusão é um sinal de um campo sem uma metateoria plausível. Considerando-se a amplitude do empreendimento, é necessária alguma explicação de sua ausência e certamente deve se dever a uma aliança diabólica de duas metateorias complementares, ambas implícitas e simplistas. Uma é comum a muitos tecnologistas, que veem seu domínio como o domínio do prático e, assim, oposto ao teórico ou filosófico. Consequentemente, a própria ideia de algo como uma filosofia da tecnologia é vista como alheia à tecnologia em si, em espírito. (Ao passo que às vezes encontramos uma atitude semelhante na visão dos cientistas sobre a filosofia da ciência, é menos disseminada ali, já que ambas se veem como colaboradores para o domínio do pensamento abstrato.) Pode-se até argumentar que os membros da orquestra deveriam renunciar ao estudo da musicologia. A outra metade da aliança é a metateoria implícita de cientistas que com frequência percebem e representam a tecnologia como em grande parte semelhante às artes manuais; na verdade, a tecnologia vai muito além das artes manuais, assim como a ciência vai muito além das competências de técnicos de laboratório.

Pelos motivos delineados na introdução deste volume, a falta de uma metateoria é sempre onerosa e, aqui, a conta começa com a perda de apoio tangível e status. A ciência roubou grande parte do financiamento e prestígio que pertence à tecnologia, principalmente porque os cientistas são mais articulados com relação à sua própria metateoria que, não é de surpreender, classifica a ciência como o mestre e a tecnologia como o escravo. Esta perspectiva é, na verdade, menos plausível do que o oposto. No entanto, embora a tecnologia seja a mais antiga e importante das duas, é melhor ver seu relacionamento com a ciência como aquele de um irmão mais velho. Outro custo da pobreza da tecnologia em termos de metateoria, como com a avaliação, é o retardo do desenvolvimento de suas aplicações específicas, por exemplo a Ciência da Computação e a Engenharia. Ambas foram deixadas sem uma ideia séria de si mesmas, com exceção de um interesse filosófico limitado na questão da simulação computadorizada do comportamento humano.

Metateorias modernas explícitas para a tecnologia começaram com a visão marxiana do ofício como a base sobre a qual a ciência foi construída, uma visão que tem mais recomendações que seu oposto, mas não o suficiente para sobreviver à análise histórica detalhada. Os dois campos poderosos hoje advêm de duas outras fontes, embora cada um tenha defeitos de gravidade comparável. A primeira fonte foi um grupo de metafísicos continentais como Heidegger e Habermas, cujos escritos são notavelmente obscuros e parecem apenas vagamente relacionados à tecnologia como o praticante a entende; mas as nuvens são ocasionalmente tomadas por raios, que iluminam um ou outro aspecto interessante. A segunda fonte foram os cientistas que viram a tecnologia como uma subsidiária de status intelectualmente mais baixo que o da ciência (filósofos compartilham amplamente deste desdém).

É difícil determinar precisamente a qualidade da metafísica europeia, em parte porque o termo "tecnologia" em inglês não tem uma tradução apropriada na maioria das outras línguas. Combinado à confusão acerca da definição do termo em inglês, o resultado são traduções que sugerem fortemente que aqueles autores falam simplesmente do que falantes do inglês (e não filósofos) entendem por tecnologia. No entanto, autores razoavelmente bilíngues desenvolveram os temas originais e se tornaram a visão dominante em filosofia da tecnologia. Estas abordagens tendem a não ter suficiência de discussões *sérias* sobre a metodologia da tecnologia (consulte **P&D**), a **avaliação de tecnologias**, as perguntas difíceis acerca das fronteiras da tecnologia (especialmente a questão do status das línguas naturais e artificiais), e as virtudes da tecnologia.

Considerando-se que grande parte da metateoria geral filosófica critica a tecnologia, não é de surpreender que a metateoria mais amigável que parte da ciência – a visão da tecnologia como ciência aplicada – recebeu tanto apoio, mesmo dos tecnologistas. Mas a versão usual disto é paternalista, lógica e historicamente inconsistente, e principalmente uma desculpa para explorar o reconhecimento do público da importância da tecnologia. O "establishment" altamente articulado da Grande Ciência favorece esta metateoria "impulsionada pela ciência" porque isso sugere que o caminho para a melhoria da tecnologia é financiar a ciência. Considerando-se que quase não há sobreposição de objetivos ou competências essenciais entre a ciência e a tecnologia, a metateoria impulsionada pela ciência é simplesmente um resquício fantasioso da defesa popular do Latim no currículo da década de 1930 sob a justificativa de que isso melhorava o pensamento crítico. Pode ser pior: incentiva a falsa perspectiva de que os alunos precisam ter êxito na 'trilha da matemática/ciência' para adentrar uma carreira séria em tecnologia. Estudantes brilhantes que consideram ciência e matemática avançada entediantes e depois supõem que não podem se tornar tecnologistas, o que é uma perda de talento para a tecnologia.

Uma metateoria sensata para a tecnologia deveria acomodar ao menos as seguintes considerações: (i) a tecnologia visa inventar e melhorar produtos materiais, enquanto a ciência procura descrever, explicar e prever fenômenos naturais e sociais; (ii) a metodologia da tecnologia é P&D, enquanto a da ciência talvez seja algo como o método hipotético-dedutivo, mas certamente não a P&D; (iii) a tecnologia séria tem cerca de um milhão de anos, ao passo que a ciência existe há menos de meio por cento deste tempo; (iv) muitos, e talvez a maioria dos grandes tecnologistas dos quais se tem registro histórico tinham pouca ou nenhuma competência científica; (v) mesmo na mais alta das áreas de alta tecnologia atuais, tal como a computação, muitas e talvez a maioria das grandes contribuições advêm de pessoas sem nenhum antecedente científico; (vi) provavelmente ainda é mais usual que a tecnologia crie ramos subsidiários da ciência do que o contrário – certamente, é comum; (vii) quase todas as ciências da história e hoje em dia dependem plenamente da tecnologia dos instrumentos, ao passo que o contrário não procede; e (viii) a civilização é possível sem a ciência, mas não sem a tecnologia. Note a importância destes pontos para a avaliação de currículos científicos, e para qualquer avaliação geral de currículo, considerando-se que a última normalmente omite qualquer tratamento da tecnologia, exceto por cortesia do professor de ciência – pedir para a raposa cuidar das galinhas –, ou como artes manuais – tratar as galinhas como produtoras de fertilizante.

Dois autores que transcenderam a metateoria simplista foram Kelvin Willoughby, cujo ***Technology Choice*** (Westview, 1990) faz uma contribuição séria ao estudo da tecnologia, principalmente a 'tecnologia apropriada'; e Don Ihde, que escreveu bastante sobre o que chamou de "The Historical-Ontological priority of Technology over Science", em ***Philosophy and Technology***, Durban e Rapp, eds. (Reidel, 1983), e recentemente apresentou outras visões importantes em ***Instrumental***

Realism (Indiana, 1991). O periódico principal provavelmente será o novo *Technology Studies.*

TENDÊNCIA CENTRAL (Medição da). O termo técnico de certa forma inexato para uma estatística que descreve o meio ou a média de uma distribuição, ao contrário da medida em que ela é distribuída parcamente ou de maneira concentrada, sendo que a última é a dispersão ou variabilidade da distribuição.

TEORIA, TEORIAS. Explicações gerais de um campo de fenômenos, gerando ao menos explicações e às vezes também previsões e generalizações; com frequência, mas não necessariamente, envolve entidades teóricas que não são diretamente observáveis. Um luxo para o avaliador, visto que sequer são essenciais para **explicações**, e explicações não são essenciais para 99% das avaliações. É uma mancada grave, embora frequente, supor que "precisamos de uma teoria de aprendizado para avaliar o ensino". Não se precisa saber coisa alguma sobre eletrônica para avaliar máquinas de escrever eletrônicas, até mesmo formativamente, e ter tal conhecimento com frequência afeta uma avaliação somativa *negativamente.*

O aspecto mais interessante sobre teorias para o avaliador é a avaliação de teorias. Não há um pingo sequer de um algoritmo para esta atividade científica mais crucial. Podemos identificar critérios – desde que evitemos o erro de crer que os critérios são condições necessárias ou que precisam ser operacionalmente definidos. Critérios principais incluem o poder explicativo, poder preditivo e precisão, economia de pressuposições, fertilidade de implicações, apoio entre campos (por exemplo, por analogia) e simplicidade de alegações. Consulte também **Lista de verificação, Esquema conceitual, Teorias de avaliação** e **Teorias de programas.**

TEORIA CRÍTICA. O nome de uma série de escolas de pensamento moderno que combinam alguns elementos do relativismo epistemológico com uma ideologia radical; por exemplo, neomarxismo, pesquisa social psicanalítica e alguns feminismos radicais. Suas autodescrições concentram-se na rejeição da doutrina da ciência livre de valores, e o fato de todas elas favorecerem fortes ideologias não é por acaso. Muitas vezes, elas as 'defendem' baseando-se na ideia de que as alegações de que a ciência e a lógica possuem um paradigma investigatório axiologicamente neutro eram falsas e, assim, a ideologia só poderia ser julgada em termos políticos. Infelizmente, a primeira parte desta posição tira-lhes o direito de apelar a razões para fazer qualquer escolha entre alternativas políticas; não obstante, eles o fazem extensamente. Há um tratamento muito mais sofisticado do problema de definir a verdade para teoristas críticos, que é admiravelmente resumido no ensaio de Shwandt em ***The Paradigm Dialog***, Sage, 1990.

TEORIA DA AVALIAÇÃO. Algumas teorias da avaliação são teorias sobre a avaliação em um campo específico (por exemplo, teorias sobre avaliação de programa, tal como o modelo da **discrepância** ['teorias locais']). Algumas concernem à avaliação de modo geral (por exemplo, teorias sobre seu papel político ou natureza lógica ['teorias gerais']). Em parte devido à tendência a chamar o primeiro campo de 'avaliação', sem qualificação, há alguma justaposição de intenção e relevância. Teorias gerais incluem uma ampla variedade de esforços, da lógica do discurso avaliativo – considerações gerais sobre a natureza da avaliação e como elas podem ser justificadas (axiologia) –, passando pela metametodologia, às teorias sociopolíticas do seu papel em tipos específicos de ambiente, aos '**modelos**' que com frequência são simplesmente metáforas ou conceitualizações de paradigmas processuais para a avaliação. As últimas chegam mais perto de constituírem teorias no sentido comum; as outras estão mais próximas das **metateorias**. (Consulte ***Modelos de Avaliação***, Kluwer, 1983.)

Poucos trabalhos foram financiados neste tópico e menos ainda geraram frutos; uma exceção notável é o projeto Research on Evaluation do NIE [Instituto Nacional de Educação] no NWL [Laboratório Northwest], uma série de estudos sobre metáforas de avaliação radicalmente diferentes, editado por Nick Smith. O campo não teve sorte, visto que a maior parte dos recursos de financiamento federal que poderiam ter ido para o trabalho teórico foi alocada (ao longo de 20 anos) para o Center for the Study of Evaluation na UCLA, que usou a maioria dos recursos para *fazer* avaliações, com pouca atenção à medição, gestão e metodologia, e nenhuma à teoria da avaliação. Gerou alguns pequenos itens em termos de teoria, liderados e assinados principalmente por Alkin, que recentemente revisou sua definição original de avaliação após 21 anos e ainda assim deixou de incluir nela qualquer referência ao mérito, relevância ou valor. (Ele a define como a coleta e apresentação de resumos de dados para tomadores de decisão, que, naturalmente, é a definição de SIG – consulte as páginas 93-96 em ***Evaluation and Education at Quarter Century*** [NSSE/University of Chicago, 1991].) O NWL, Circe e o Evaluation Center na Ohio State (agora na Western Michigan) provavelmente produziram vinte vezes mais teoria da avaliação por dólar de apoio.

A crítica às teorias da avaliação com frequência se baseiam em uma confusão entre teorias prescritivas e descritivas. Por exemplo, as teorias acerca do modo de realizar avaliações válidas não podem ser criticadas sob a justificativa de que estas práticas são raramente seguidas ou de difícil implementação. A única questão é se há alternativas melhores. Caso contrário, o comentário original permanece correto, e a crítica é irrelevante – é simplesmente uma maneira de dizer que as avaliações do mundo real serão inválidas. Embora cometam este erro com frequência – criticando teorias da avaliação por não descreverem o que os avaliadores fazem, mesmo quando a teoria destina-se a descrever o que eles deveriam fazer – a análise mais detalhada e aguda das teorias da avaliação encontra-se em ***Foundations of Program Evaluation: Theories of Practice***, de Shadish, Cook e Leviton (Sage, 1991).

TEORIA DO PROGRAMA. Teoria sobre a forma como um programa traz à tona seus efeitos (teorias de programa descritivas) ou sobre as formas com que poderiam causar efeitos melhorados, ou os mesmos efeitos de maneira melhorada (teorias de programa normativas; sua importância foi destacada por Huey-Tseh Chen em ***Theory-Driven Evaluations*** [Sage, 1990]). Embora os retornos ao território da teoria de programas com frequência ocorram e devam ser procurados e reportados, não são responsabilidade do avaliador, e incluí-los em suas atribuições vai desviar os recursos, esforços e o foco intelectual da avaliação, que já é difícil o bastante. Elas são da conta dos cientistas ou engenheiros de um tipo tradicional. No caso de teorias normativas sobre programas sociais, *deveriam* ser, embora não tenham sido, uma preocupação dos cientistas sociais dos campos dominantes. (Engenheiros e médicos nunca tiveram problema algum com a teorização normativa.) Enquanto solicitar contribuição a qualquer um desses tipos de teoria seja um erro, requerer algum conhecimento das ligações no campo do avaliado – embora poucas delas se qualifiquem como teorias – é desejável e muitas vezes essencial para a boa avaliação de programas. Por exemplo, o investigador certamente vai precisar saber sobre questões como: quem é o gerente de qual componente do projeto? Para identificar os **concorrentes críticos** e bom conteúdo do currículo, o **avaliador generalista** também vai precisar de aconselhamento dos que possuem familiaridade com o campo. Quase tudo de que se precisa é o conhecimento de conexões causais, que é subteórico. O risco é exigir muito e a fuga para a abordagem do inspetor geral à avaliação nas agências federais é um exemplo das consequências de tirar a avaliação de sua tarefa essencial. As fundações e agências precisam remediar e recorrer a especialistas em teoria de programas para fazer algumas das coisas que atualmente exigem dos avaliadores. Consulte **Abordagem da lista de verificação.**

TERMO CRIPTOAVALIATIVO. Termo que parece ser puramente descritivo, e com frequência é usado como descritivo, mas cujo significado necessariamente (por definição) envolve conceitos avaliativos. Exemplos incluem: inteligente, verdadeiro, dedução, explicação e científico. Note que um termo criptoavaliativo não é um termo pseudodescritivo, visto que é genuinamente descritivo. Ele também possui propriedades avaliativas; não se deve pensar nos dois como mutuamente excludentes. Veja também **Condicionalmente avaliativo**; compare **Contextualmente avaliativo.**

TERMO IMBUÍDO DE VALOR. Consulte **Contextualmente avaliativo.**

TERROR. Efeito frequentemente induzido pela avaliação livre de objetivos (às vezes só de *pensar* nela) em grande parte do elenco de atores da avaliação – avaliadores, gerentes de programas, avaliandos. O "teste do terror" é o uso desta ameaça terrível para se livrar dos incompetentes.

Como todos usam a avaliação livre de objetivos sempre que adquirem algo para si mesmos, não é um bom sinal de sua preocupação com consumidores que a considerem inapropriada para a avaliação de programas.

TESTE. O procedimento de teste pode constituir apenas uma medição, mas em muitos casos, como na educação ou o mercado de trabalho, é simplesmente o nome de qualquer esforço específico e explícito de avaliação de desempenho ou atitude, normalmente de estudantes ou funcionários (prospectivos ou atuais). Os principais contrastes são feitos com a observação em progresso (supervisão), e com a prática ou o trabalho regular. O teste não precisa ser realizado de uma maneira específica; a observação estruturada do desempenho da tarefa, como em um teste de natação, pode ser feita tão bem e de maneira tão válida quanto qualquer teste escrito. O teste é o procedimento mais comum para determinar o sucesso de alunos e o efeito dos programas, do pessoal prestador de serviços (por exemplo, professores), processo (por exemplo, currículos), ambientes, ou a mistura usual de todos os quatro. O teste tornou-se bastante sofisticado muito antes de uma disciplina séria de avaliação surgir – porque era visto como parte da tradição científica legítima –, mas, por ser precoce, implicava a insensibilidade com relação a muitas questões fundamentais (tais como validade, viés, conceituação pela curva e objetividade) e ao uso de testes, por exemplo, na avaliação de pessoal, e até mesmo ao componente avaliativo implícito.

É comum os professores reclamarem dos testes, principalmente o teste externo, como um intruso ou parasita do ensino, uma espécie de fardo imposto pela burocracia. Pelo contrário, os testes válidos, *inclusive testes externos*, são uma parte integrante de qualquer abordagem séria ao ensino, visto que representam: (i) a única maneira de os professores descobrirem se seu ensino é bem-sucedido, e para quais alunos e em quais sentidos precisa de melhoria; (ii) a única maneira de os alunos, pais e orientadores descobrirem a medida do desempenho do aluno em determinada área do currículo; (iii) a única maneira de a administração da escola descobrir se está tocando uma escola de sucesso; (iv) uma das melhores maneiras de os futuros empregadores ou instituições educacionais descobrirem quais candidatos dominam quais assuntos exigidos;

(v) uma das melhores maneiras de mostrar aos alunos exatamente quais são os objetivos do curso; (vi) uma boa maneira de envolver os alunos na discussão séria de assuntos (por meio da discussão de seus esforços em um pré-teste ou teste bi/trimestral); e (vii) uma maneira de pais de alunos prospectivos verificarem o sucesso de um professor.

Uma atitude antiteste de um professor é tão sensata quanto uma atitude antiteste de uma pessoa contratada para elaborar um programa de computador. Sem o teste, não apenas agimos como se tivéssemos o direito de não prestar contas, mas também estamos construindo nossa autoestima sobre a areia. Aceitar esta base para a autoestima mostra que ela não tem valor algum.

Como o ressentimento é contraído com mais frequência por testes externos em educação, é importante lembrar que eles se originaram como um dispositivo para evitar o racismo (Disraeli os instituiu devido ao amplo antissemitismo difundido nas universidades inglesas e escolas públicas, que estava excluindo muitos dos melhores alunos) e continuam a servir bem este propósito. Eles também evitam outros vieses graves dos testes elaborados por professores (por exemplo, **ensino para o teste**).

TESTE ALFA. O primeiro teste rigoroso de um novo produto, feito internamente. Cf. **Teste beta.**

TESTE BETA. A primeira *avaliação externa sem intervenção* de um produto ou serviço novo ou revisado. Às vezes, o teste é realizado em duas fases: a primeira conta com a prontidão do pessoal de suporte (a fase "hothouse"); a segunda é sem intervenção. Um processo sério de P&D precisa contar no mínimo com a segunda fase. O grupo de pessoas que participa de um teste beta deve ser composto por seus usuários típicos, potencializado com alguns especialistas naquele tipo de produto. O processo todo foi massivamente corrompido em muitas empresas norte-americanas, incluindo algumas que reivindicam com vigor sua liderança na garantia de qualidade. Erros típicos incluem: usar apenas especialistas como testadores beta (de modo que se perdem todos os erros de design que incorrerão sobre os iniciantes); usar o teste beta como um esforço de venda apresentado a compradores de grandes contas, em vez de usuários finais (os compradores com frequência não podem usar os programas que compram em sua organização, mas sentem-se lisonjeados quando sua ajuda é solicitada para melhorá-los, e certamente são ignorantes o suficiente para comprar produtos ruins como resultado); não amostrar uma ampla variedade de condições de trabalho (um exemplo clássico foi a Apple testar hard drives em locais de trabalho barulhentos, onde não se pode notar que serão extremamente perturbadores no ambiente doméstico); fazer avaliação fraca – normalmente usando formulários ou entrevistas malfeitas – de forma que os resultados do teste são inválidos ou incompletos; e colocar seu cronograma de desenvolvimento fora das considerações de marketing, de forma que, no final das contas, não há tempo para fazer as correções à luz das falhas indicadas pelo teste beta. Como é lisonjeiro ser escolhido como testador beta, para a maioria das pessoas, há um conflito de interesses na estruturação desta abordagem para a avaliação formativa; a melhor forma de corrigir isto é recompensar a identificação de falhas e identificar os melhores detectores de falhas para uso futuro. Cf. **Grupos focais.**

TESTE COM REFERÊNCIA A CRITÉRIO (TRC). Este tipo de teste fornece informações sobre o conhecimento ou desempenho de um indivíduo (ou grupo) de acordo com um critério definido de maneira independente. As pontuações nos testes são então interpretadas em comparação com critérios de desempenho pré-determinados, e não em comparação com as pontuações de um grupo de referência (consulte **Teste de referência padrão**). O *valor* desses testes (TRCs) depende inteiramente da significância (educacional ou não) do critério e da qualidade técnica do teste. Critério trivial, teste trivial; critério impregnado de teoria, teste dependente de teoria; critério de capacidade de sobrevivência, teste crucial; e assim por diante. Algumas das empresas comerciais de testes faturaram com a mudança para os TRCs e venderam TRCs cujos critérios foram desenvolvidos a partir de teorias duvidosas, por exemplo, uma teoria sobre leitura. Não temos a menor ideia se vale a pena treinar pessoas nestes critérios; ainda assim, distritos compraram milhões de dólares em testes porque eram testes 'com referência a critério'. Em compensação, ainda não temos uma boa oferta de testes de alfabetismo funcional, embora este seja um caso em que sabemos independentemente que o critério é valioso. (Cf. **Ranking.**)

TESTE DE COMPETÊNCIA MÍNIMA. Nível básico de (normalmente) competências básicas é uma competência mínima. O êxito nestes testes pode ser vinculado à graduação, promoção entre séries, ensino de recuperação, retenção de professores; falhas têm sido vinculadas à demissão de professores, o não financiamento de programas, e assim por diante. Com tudo isto em jogo, o TCM tem sido uma questão política muito quente – bem como uma questão ética e de medição. Quando implementado com a devida cautela e justificativa, pode representar um passo na direção de uma educação honesta; sem cautela, é um desastre. Consulte **Nota de corte.**

TESTE DE HIPÓTESES. O modelo-padrão de pesquisa científica na abordagem clássica às ciências sociais, em que uma hipótese é formulada antes do delineamento do experimento, o delineamento é composto de maneira a testar sua veracidade, e os resultados são exibidos em termos de uma estimativa da probabilidade de se deverem apenas ao acaso ("a hipótese nula"). Se a probabilidade do acaso ter sido a única explicação for extremamente baixa, um bom delineamento aumenta indutivamente a probabilidade de a hipótese testada estar correta, eliminando explicações alternativas. O que conta como alto grau de improbabilidade de que apenas o acaso é responsável normalmente é o "nível de significância" 0,05 (1 chance em 20) ou 0,01 (1 chance em 100). Ao lidar com fenômenos de existência duvidosa, um nível mais apropriado é 0,0001; quando a ocorrência deste fenômeno *nesta situação específica* é tudo o que está em jogo, o nível convencional mais alto é mais apropriado. Portanto, o nível de significância é usado como um índice bruto do mérito de uma hipótese, mas é legítimo como tal apenas na medida em que o delineamento é inquestionavelmente bem-feito. Como a avaliação não é um teste de hipóteses, isto não é de grande interesse para a área, exceto no caso de verificação de hipóteses subsidiárias, por exemplo, que um tratamento tenha causado determinados desfechos.

Uma distinção importante no teste de hipótese que se transpõe para o contexto da avaliação de forma útil é a distinção entre erros Tipo I e Tipo II. Um erro Tipo I ocorre quando concluímos que a hipótese nula é falsa, embora não seja; um erro de Tipo II ocorre quando concluímos que a hipótese nula é verdadeira, quando é falsa. Usar um nível de significância de 0,05 significa que em cerca de 5 por cento dos casos estudados cometeremos um erro Tipo I. À medida que apertamos nosso nível de significância, reduzimos a chance de erro Tipo I, mas aumentamos a chance de um erro Tipo II (e vice-versa). É uma parte fundamental da avaliação analisar cuidadosamente os custos relativos dos erros Tipo I e Tipo II. (Na avaliação, claro, a conclusão está relacionada ao mérito, em vez da verdade; ou à verdade das declarações de mérito.) Uma meta-avaliação deve determinar cuidadosamente os custos dos dois tipos de erro e investigar a avaliação por sua falha ou êxito em considerá-los na fase de análise, síntese e registro. Por motivos de compreensibilidade, o jargão Tipo I/Tipo II é mais bem substituído pela dicotomia 'falso positivo/falso negativo', que se refere diretamente ao avaliado, e não à hipótese nula. Por exemplo, em procedimentos de controle de qualidade na fabricação de medicamentos (um tipo de avaliação), pode ser fatal para um usuário potencial identificar uma amostra de medicamento como satisfatória quando, na verdade, não é; por outro lado, identificá-la equivocamente como insatisfatória só custará ao fabricante o preço de fabricação daquela amostra. Consequentemente, interessa ao público – e ao fabricante, considerando-se a possibilidade de processos por danos – o estabelecimento de um sistema que reduza a chance de aceitações falsas, até mesmo à custa de um nível mais alto de falsas rejeições.

TESTE (OU ITEM) DE MÚLTIPLA ESCOLHA. Teste – ou questão de um teste – em que cada questão é seguida de diversas alternativas de resposta, das quais apenas uma deve ser selecionada como a resposta correta, ou a resposta mais próxima de estar correta. Normalmente, cada resposta correta atribui um ponto. A vantagem é a facilidade e velocidade de correção (por exemplo, a correção automatizada é possível), e a redução do erro de julgamento envolvido na correção de respostas a questões discursivas (mas consulte **Testes objetivos**). Itens de múltipla escolha (IME) têm pontos fracos na prática e em conceito. Na prática, os pontos fracos normalmente são: (i) diversas alternativas são igualmente boas; (ii) apenas uma ou duas das opções faz sentido gramatical, considerando-se o fio condutor da questão, de modo que temos 50% ou 100% de chance de acertar sem ter qualquer conhecimento sobre o assunto; (iii) nenhuma das opções é próxima o suficiente de estar correta a ponto de merecer a seleção; e (iv) a nota mínima para aprovação é determinada próxima do nível de acerto por palpite (chute), de modo que é possível ser aprovado com base em 5%-10% de real conhecimento das respostas corretas. Os pontos fracos em termos de conceito incluem: (i) sem saber nada, tem-se 25% de chance de acertar (com as quatro opções usuais), diferentemente de uma questão que requer uma resposta curta; (ii) o tipo de questão é irreal, visto que quase nunca se encontra uma situação no mundo real em que nos são oferecidas quatro alternativas, em que é garantido que uma delas esteja correta, ou quase correta; (iii) com conhecimento muito limitado sobre o assunto, com frequência é possível eliminar as respostas inviáveis e acertar a correta sem ter motivo algum para crer que é correta, ou qualquer compreensão do porquê é correta, ou ainda qualquer oportunidade de lembrar que é correta; (iv) não se testam as competências de redação ou produção textual, e assim por diante, algumas das quais quase sempre são importantes, até mesmo para graduandos em ciências exatas (que podem passar por quatro anos de faculdade puramente na base de múltipla escolha); (v) é muito fácil colar olhando rapidamente o teste do vizinho; (vi) construir as respostas 'distrativas' (as opções falsas) toma bastante tempo; e (vii) os testes precisam ser muito longos para chegarem perto de cobrir adequadamente um domínio. Uma abordagem melhor é o **item de múltipla classificação** simples ou modificado.

TESTE DE PODER. O contraste é com um teste acelerado, no qual uma quantidade substancial de avaliandos não concluem o teste. Em um teste de poder, ao menos 95% concluirão, pois a velocidade de conclusão do teste não faz parte do que ele é projetado para medir. Este termo é raramente visto atualmente, em parte porque o outro sentido (o poder *dos* testes) interfere.

TESTE DO SORRISO (para um programa). As pessoas gostam. Às vezes é aceitável, mas normalmente é um exemplo da substituição de necessidades por desejos.

TESTE PADRONIZADO. Testes padronizados são aqueles com instruções padronizadas de administração, uso, pontuação e interpretação, com formulários impressos e conteúdo-padrão, com frequência com propriedades estatísticas padronizadas, que foram validadas em uma grande amostra de determinada população. *Normalmente*, são **testes referenciados em normas**, no momento, mas os termos não são sinônimos, visto que um **teste referenciado em critérios** também pode ser padronizado. Um teste possuir os padrões (normas etc.) de fato significa que é padronizado de certa forma, mas não significa que é *apenas* um teste de referência-padrão no sentido técnico; ele pode (também) ser referenciado em critérios, o que implica uma abordagem técnica diferente à sua construção, e não apenas um propósito diferente.

TESTE PARA O QUE FOI ENSINADO. O erro de elaborar testes para medir exatamente o que foi ensinado, em vez de testar o domínio com relação a quais conclusões precisam ser tiradas; o erro mais comum dos testes elaborados por professores. Os testes de um programa de leitura que usa apenas as palavras que de fato foram abordadas em sala proporcionarão uma ideia falsa (demasiadamente otimista) das competências gerais de leitura. Os testes válidos tiram amostras de todo o domínio que deveria ser abordado e sobre o qual conclusões serão tiradas, seja ele a filosofia medieval (como descrita no catálogo do curso) ou álgebra do nono ano, como descrita no currículo estadual. É praticamente impossível para um professor de um curso preparar testes que evitem esta fonte de invalidade, pois está muito preocupado em elaborar testes que tratarão os alunos com justiça (e, talvez, que farão com que passem uma boa imagem dele mesmo). Assim, incluem apenas o material que abordaram. Porém, normalmente, os testes têm outras funções, e uma delas é determinar em que medida os domínios definidos foram dominados. Às vezes, isto é de importância vital (como no caso de competências básicas e onde um curso é um em uma série de pré-requisitos) e, às vezes, é de pouquíssima importância, por exemplo, em um curso de Programas Selecionados. Nestes casos, o principal critério de validade é corresponder de fato ao que o curso abordou. Como no caso do "**ensino para o teste**", o teste para o que foi ensinado não será impróprio nestes casos em que o teste aborda todo o domínio.

O teste para o que foi ensinado normalmente é defendido em termos de uma proposição metateórica que parece inatacável: "Não seria justo testar os alunos quanto a materiais que não foram abordados." O erro é pensar que a justiça se justapõe a todas as outras funções do teste. A parte da justiça pode ser abordada em testes elaborados externamente sugerindo que os alunos indiquem quais perguntas não foram abordadas no curso. Consulte **Falácia homeopática.**

O argumento aqui é baseado na visão de que a avaliação baseada em objetivos às vezes é a melhor forma? Não; é baseado na visão de que os contratos são uma obrigação e que as necessidades acadêmicas dos alunos com frequência não são mais bem definidas por instrutores de cursos específicos.

TESTE REFERENCIADO NO DOMÍNIO (TRD). O objetivo de testes normalmente não é determinar a capacidade da pessoa testada de responder às questões do teste, mas fornecer uma base para conclusões sobre a capacidade da pessoa com relação a um *domínio* muito mais amplo. Os testes com referência a critério identificam o desempenho em determinado nível (de critério) normalmente em uma *dimensão* específica, por exemplo, a multiplicação usando dois dígitos. O TRD é uma leve generalização disto que inclui casos como a educação em estudos sociais, em que parece equivocado sugerir a existência de *um* critério. Podemos pensar no domínio como um *conjunto* mais amplo de critérios, do qual obtemos amostras, assim como – na outra extremidade – o teste obtemobtém amostras a partir das capacidades da pessoa testada. O grande problema do TRD é definir domínio de maneira útil. J. R. Popham apresenta uma discussão específica útil em ***Educational Evaluation*** (Prentice-Hall, 1975).

TESTES OBJETIVOS. Termo amplamente usado por psicólogos quando se referem aos testes de múltipla escolha, um uso que demonstra a natureza primitiva da concepção de objetividade da psicologia. Evidentemente, não se torna um teste objetivo eliminando-se o elemento subjetivo envolvido na conceituação de respostas discursivas; uma fonte de erro é reduzida, mas outra é aumentada, visto que itens de múltipla escolha com frequência podem ser respondidos corretamente por alguém sem conhecimento do assunto, uma "proeza" que é sempre difícil e normalmente impossível com itens discursivos. Mais uma vez, a subjetividade dos parâmetros de pontuação com frequência é tão grande quanto aquela do processo de correção de questões discursivas e menos desejável, pois não há chance alguma de os erros serem demonstrados em uma boa questão discursiva, embora a análise do item, nos raros casos em que é feita, possa ter um efeito semelhante.

TESTES PROJETIVOS. São testes sem uma resposta *intrinsecamente* correta, em que as respostas são interpretadas, de maneira impressionista ou científica pelo testador, por exemplo, um psicólogo clínico ou industrial. O teste da mancha de tinta Rorschach é o exemplo clássico, em que se pede ao sujeito para dizer o que ele vê na mancha. A ideia por trás dos testes projetivos é que eles seriam ferramentas úteis de diagnóstico, e parece bastante possível que haja clínicos que de fato façam bons diagnósticos a partir de testes projetivos. No entanto, a literatura sobre a validade das interpretações de Rorschach, isto é, as que podem ser expressas verbalmente como regas não ambíguas de interpretação, não estabelece uma validade substancial. O mesmo, infelizmente, é verdade sobre muitos outros testes projetivos, que sequer podem demonstrar a confiabilidade em termos de teste e reteste, que dirá confiabilidade entre juízes (presumindo-se que o viés comum é eliminado pelo delineamento experimental), e muito menos validade preditiva. Naturalmente, eles são muito divertidos e bastante atraentes para os **axiofóbicos** – ambos testadores e testados – simplesmente porque não há respostas certas. Quando a interpretação é empiricamente validada, como no MMPI, há problemas quanto a usá-los para sustentar decisões que afetam o bem-estar da pessoa testada; consulte **Avaliação de pessoal**. Mas ainda possuem um papel clínico bem-sucedido como fonte de sugestões para confirmação direta.

TESTES REFERENCIADOS EM NORMAS. São tipicamente construídos de modo a gerar uma medida de desempenho *relativo* do indivíduo (ou grupo) em comparação ao desempenho de outros indivíduos (ou grupos) submetidos ao mesmo teste, por exemplo, em termos de **ranking** percentual (cf. **testes referenciados em critérios**). Isso significa descartar itens que (quase) todos os testandos acertam (ou erram) – diz-se que estes possuem um 'índice de discriminação' próximo de zero – porque tais itens não "espalham" a população testada, isto é, ajudam no ranqueamento. O que sobra pode ou não fornecer uma indicação muito confiável, por exemplo, da habilidade de leitura como tal (em contraste com uma *melhor* habilidade de leitura). Os testes referenciados em normas não são ideais como uma *única* base para algo como a avaliação do estado, visto que concedem mais importância à discriminação ou competição do que à realização (ou veem as primeiras como o único sentido da última) e enfraquecem gravemente o teste como indicador de maestria (ou excelência, ou fraqueza), que você também deveria conhecer. O melhor meio-termo é o teste referenciado em critérios, no qual as normas também são fornecidas, e em que os **critérios** são necessidades documentadas de maneira independente.

Os especialistas em testes demoraram a perceber os defeitos dos testes referenciados em normas; ainda se encontram comentários como este em publicações de 1983: "Um teste com índice de discriminação zero não revelaria nada sobre os examinados" ou "Sem [discriminação], os testes seriam inúteis". Bom, um teste com discriminação zero poderia revelar que os examinados são todos funcionalmente alfabetizados (ou analfabetos), o que pode ser mais importante do que revelar que eles podem ser distribuídos em alguma subescala de um teste de alfabetismo depois de descartar os itens com zero discriminação, os que validam o teste como um teste de alfabetismo. (As citações são da p. 14 de ***Test Item Bias***, de Steven J. Osterlind [Sage, 1990].)

TEXTO PADRONIZADO (BOILERPLATE). Parágrafos ou seções generalizadas que são despejadas nas TdRs[17] ou relatórios (por exemplo, a partir de armazenamento em um processador de texto) para preenchê-los ou cumprir obrigações legais. As TdRs de algumas agências são constituídas de 90% de textos-padrão; os materiais específicos contidos nelas são escassos.

17 Termos de Referência. Sigla original: RFP. (*N. da T.*)

TEXTO PROGRAMADO. Aquele em que o material é decomposto em componentes pequenos ("quadros"), que variam, em termos de tamanho, de uma frase a diversos parágrafos, dentro dos quais algumas perguntas são feitas sobre o material, normalmente deixando uma lacuna que o leitor precisa preencher com a palavra correta, possivelmente a partir de um conjunto de opções fornecido. Esta função *interativa* foi amplamente elogiada como se tivesse uma grande virtude em si mesma. Não tinha coisa alguma, *salvo* de esforços meticulosos de P&D também fossem empreendidos no processo de formular o conteúdo e a sequência exata dos quadros e alternativas fornecidas. Como o formato tipográfico não revela a extensão dos testes de campo e o quanto foi reescrito (e, assim, oculta a total ausência dele), textos programados inúteis rapidamente inundaram o mercado (no final da década de 1950) e mostraram que a Lei de Gresham não está morta. Como de costume, os consumidores eram, em sua maioria, demasiado ingênuos para exigir dados de desempenho, e a conclusão geral foi que os textos programados eram "apenas mais um modismo". Na verdade, os melhores *eram* ferramentas de ensino extremamente poderosas, de fato "à prova de professor" (uma frase que não os afastou de um grupo de consumidores), e alguns ainda são bons (materiais de leitura da Sullivan/BRL, por exemplo). Um esforço valoroso foi empreendido por um comitê sob a liderança de Art Lumsdaine para estabelecer padrões, mas a falha de praticamente todos os programas de treinamento profissional em ensinar a seus formandos competências em avaliação rigorosa significou que não havia público para os padrões. Os novos ***Evaluation Standards*** do grupo de Stufflebeam parecem estar se saindo melhor, talvez devido à avaliação compulsória.

Textos programados são relevantes a avaliadores de diversas maneiras: (i) eles ilustram o grau em que a moda ainda tem mais efeito sobre a adoção do que boas evidências; (ii) proporcionam um forte concorrente crítico para quase qualquer texto ou programa de treinamento, especialmente aqueles com alta atração pela novidade, tal como pacotes assistidos por computador; (iii) eles deveriam ser o método escolhido para treinar avaliadores.

TIPOS DE CONTRATO. As categorias usuais de tipos de contrato – (esta classificação específica advém do ***The Project Manager's Workplan***

(*TPMWP*), do Eckman Center) – são: (i) preço fixo; (ii) tempo e materiais; (iii) custos reembolsáveis; (iv) custo mais remuneração fixa; (v) custo mais remuneração de incentivo; (vi) custos mais taxa degressiva; e (vii) poderes comuns de acordo. Explicar as diferenças entre os termos, além das óbvias, significaria dizer mais do que o leitor gostaria de saber, exceto se você está prestes a se tornar gerente de um grande projeto, em cujo caso você vai precisar do *TPMWP*, e pode ser que consiga comprá-lo (preço acima de US$ 30); é possível fazer o pedido ao Eckman Center, Caixa Postal 621, Woodland Hills, CA 91365. Esta é a parte técnica, mas no nível minimalista é uma boa ideia ter algo por escrito que aborde o básico, por exemplo, quando os pagamentos precisam ser feitos (e sob quais condições não serão feitos) e quem tem o poder de liberar os resultados (e quando). Dan Stufflebeam possui a melhor lista de verificação para isso em sua monografia contida na série de monografias do Evaluation Center, Western Michigan University, Kalamazoo, Michigan.

TOMADOR DE DECISÃO. Às vezes, é importante distinguir entre tomar decisões sobre a verdade de diversas proposições acerca de X e tomar decisões sobre a disposição de (ou ação apropriada sobre) X. Embora o acadêmico recaia automaticamente na primeira categoria, ele normalmente atua apenas como consultor de um tomador de decisão do segundo tipo – no contexto da avaliação de programas. Mas a maior parte do uso da avaliação hoje ocorre na avaliação de produtos, e ali, em grande parte, o avaliador é um dos tomadores de decisão (também conhecido como **consumidor**), de modo que é preciso ter cuidado para não distinguir demais.

TORNAR-SE NATIVO. O destino dos avaliadores que são cooptados pelos programas que estão avaliando. (O termo originou-se na avaliação do *Experimental Schools Program* [Programa de Escolas Experimentais] em meados da década de 1960.) A cooptação com frequência ocorria inteiramente por escolha própria, e ilustra bem as pressões sobre, as tentações para, e os requisitos de temperamento para ser um avaliador bonzinho. Esta pode ser uma função extremamente solitária e, se você começar a vê-la a partir de uma perspectiva equivocada, começa a ver a si mesmo como uma força negativa – e quem não gostaria de ser um coautor, em vez de um (mero) crítico? Uma resposta: alguém que dá mais importância à qualidade do que a elogios. Consulte **Competências em avaliação.** Na pesquisa de campo antropológica, um fenômeno fortemente relacionado é conhecido como a síndrome da "minha tribo", caracterizada por atitudes territorialistas com relação aos objetos de estudo do trabalho de campo do pesquisador e atitudes defensivas com relação às suas conclusões sobre eles. Consulte **Independência.**

TRANSBORDAMENTO (efeitos de). Consulte **Efeito de capilaridade.**

TRANSCOGNITIVO. O domínio que consiste em **Supercognitivo** e **Hipercognitivo.**

TRANSDISCIPLINA. Transdisciplinas como a estatística, a lógica ou a avaliação são disciplinas cujo objeto de estudo é o estudo e melhoria de determinadas ferramentas para outras disciplinas. Este estudo gera alguma metodologia, epistemologia e ontologia gerais relacionadas a estas ferramentas, e grande parte entrelaçada a uma ou mais metateorias. As transdisciplinas com frequência estão conectadas a diversos campos de estudo semiautônomos (por exemplo, bioestatística, lógica formal). Um contraste é com as interdisciplinas, que se concentram em uma área em que diversas disciplinas se sobrepõem – ética médica ou ergonomia, por exemplo. "Multidisciplinar", embora não raro seja usado como sinônimo de "interdisciplinar", normalmente refere-se a atividades que usam os *métodos* de diversas disciplinas em um problema sem a sugestão tão marcada de que o assunto constitui uma disciplina autônoma localizada adjacente aos seus feudos.

TRANSVERSAL (estudo). Se você deseja obter os resultados que um estudo longitudinal proporcionariam, mas não pode esperar para realizar um deles, pode usar um estudo transversal como substituto. Sua validade vai depender de algumas pressuposições sobre o mundo. Em um estudo transversal, você compara os alunos do primeiro ano com os que estão se formando no mesmo ano e infere, por exemplo, o que a experiência na universidade produziu, ou pode-se esperar que produza, a partir da diferença entre eles; em um estudo longitudinal, você observaria os alunos do primeiro ano de hoje e esperaria para ver o quanto mudariam até se tornarem alunos do último ano. O estudo transversal substitui os alunos do último ano de hoje por uma população que só se pode inspecionar daqui a quatro anos, ou seja, os formandos em que os alunos do primeiro ano de hoje vão se transformar. As pressuposições envolvidas são que nenhuma mudança demográfica significativa terá ocorrido desde que os formandos atuais compuseram a turma de primeiro ano, e que nenhuma mudança significativa ocorreu na universidade desde então. (Para determinadas inferências, as pressuposições serão na outra direção do tempo.)

TRATAMENTO. Termo generalizado da pesquisa médica que passa a abordar qualquer coisa sob investigação; particularmente o que é aplicado ou fornecido ao, ou feito pelo, grupo experimental que pretende distingui-los do(s) grupo(s) de comparação. Usar uma marca específica de pasta de dentes ou escova de dentes, ou ler um anúncio ou livro didático, ou ir à escola, são todos exemplos de tratamentos. "**Avaliado**" inclui estes, além de produtos, planos, pessoas etc.

TREINAMENTO DE AVALIADORES. Devemos considerar que os avaliadores generalistas, como os filósofos, e diferentemente de praticamente todos os outros tipos de profissionais, devem ter a obrigação de saber o máximo possível sobre o máximo de coisas possível. Ao passo que é viável e, de fato, bem comum os avaliadores especializarem-se em metodologias específicas ou determinadas áreas de conhecimento, os pontos fracos que isto acarreta normalmente são bastante óbvios em seu trabalho. O fato de a busca por analogias iluminadoras de outras disciplinas ainda ser tão produtiva é provavelmente uma consequência da relativa pouca idade da avaliação como uma disciplina; porém, o outro motivo da versatilidade sempre estará conosco, ou seja, que isso permite que façamos o trabalho do avaliador melhor, em uma variedade mais ampla de áreas temáticas. A Columbia University costumava ter um requisito de que os alunos não poderiam ser admitidos no doutorado em filosofia a não ser que tivessem um mestrado em outra área, e um requisito análogo pode ser desejável em avaliação. Entretanto, afirma-se comumente que o grau preliminar deve envolver treinamento pesado em estatística, testes e medição. O problema deste requisito é que ele acarreta um forte viés na eventual prática do profissional. Ao passo que é altamente desejável ter competências nas metodologias quantitativas, isto não deve ser determinado como uma *preliminar* ao treinamento em avaliação; a sequência inversa pode ser preferível, com a permissão de algumas alternativas. O treinamento em lógica e ética aplicada poderia igualmente reivindicar a primazia e seria mais relevante ao uso cada vez mais comum de métodos qualitativos em avaliação.

Uma fórmula simples para se tornar um bom avaliador é começar aprendendo como fazer tudo o que a **Lista-chave de verificação da avaliação** exige. Apesar de a fórmula ser simples, a tarefa não o é. Não obstante, pode ser melhor especificar o cerne do treinamento em avaliação desta forma, em vez de listar competências como supostos pré-requisitos. As pessoas chegam a ser bons avaliadores por diversos caminhos, e o campo provavelmente se beneficiaria com o aumento da quantidade de rotas, em vez de limitar as rotas de acesso. Talvez o único pré-requisito essencial seja um comprometimento com a avaliação forte o suficiente para sobreviver a uma exposição completa ao que ela envolve, e o quão difícil ela é – para o avaliador e o avaliando. Consulte **Competências em avaliação**.

Há especialidades da avaliação que são particularmente importantes e com longa tradição – por exemplo, a avaliação do trabalho de estudantes, que pesquisadores acadêmicos e as grandes empresas de teste transformaram em uma arte sublime sem se envolver muito em grande parte do campo geral da avaliação. Entretanto, descobrimos cada vez mais que o estudo da teoria geral da avaliação suscita retornos a estas especialidades. Um bom exemplo recente é o trabalho fundamental de Messick sobre o **viés** e há um interesse crescente na expansão além do universo das provas de múltipla escolha por motivos que, em parte, advêm da teoria geral da avaliação. Consulte **Item de múltipla classificação**.

TRIANGULAÇÃO. Originalmente, o procedimento usado por navegadores e pesquisadores para localizar ("fixar") um ponto em uma malha cartográfica. Em avaliação, ou pesquisa científica em geral, refere-se à tentativa de determinar o status de um fenômeno ou medição (e, por derivação, uma interpretação) abordando-o por meio de diversos – com bastante frequência, mais de três – caminhos independentes. Por exemplo, se você deseja determinar a medida da estereotipagem de gênero em uma empresa, vai entrevistar em diversos níveis, examinar manuais de treinamento e memorandos entre escritórios, observar entrevistas e arquivos do pessoal, analisar as correspondências entre cargo/gênero/qualificação, descrições de cargos, publicidade, anúncios feitos, sistemas de apoio internos, e assim por diante. Em suma, evitar depender da validade de qualquer uma das fontes isoladamente por meio da triangulação. Note que isto é bem diferente de analisar múltiplos traços/dimensões/qualidades para sintetizá-las em uma conclusão avaliativa geral. A triangulação proporciona uma mediação 'redundante' (confirmatória); não associa qualidades ontologicamente diferentes e estimativas de mérito (relevância, valor etc.). Patton convenientemente distingue quatro tipos de triangulação: múltiplos métodos, múltiplas fontes em um método, múltiplos analistas e múltiplas teorias ou perspectivas.

U

USO (DE RESULTADOS DA AVALIAÇÃO). Consulte **Utilização.**

USO DA AVALIAÇÃO PELA GESTÃO. Ao passo que seria tedioso elaborar sobre o tema de que a avaliação proporciona um sistema de controle de qualidade da gestão, do ponto de vista do avaliador externo, não se pode deixar de notar algumas armadilhas para os gerentes, que os pegam com demasiada frequência. (A linguagem da avaliação de produtos é usada aqui, mas os comentários aplicam-se em toda parte; e se aplicam ainda mais a avaliadores internos.) (i) É tentador para os gerentes culpar o avaliador ou a avaliação pelas más decisões que tomam posteriormente como resultado das recomendações da avaliação. O custo desta atitude é o 'envenenamento dos poços' da coleta de dados para ocasiões posteriores, e a indução de uma atitude negativa com relação à avaliação. Este é um preço alto a se pagar, principalmente considerando o esforço de desenvolver uma equipe que trabalha em prol da melhor qualidade; assim, coloca-os contra sua fonte de feedback quanto à qualidade; (ii) é tentador deixar que as Vendas (ou RP) assumam o processo de teste de campo, como fizeram com os **grupos focais** e **testes beta** em muitas organizações, especialmente em Detroit e no Silicon Valley. Os resultados são desastrosos; mentiras sobre o processo de teste com consumidores e falta de feedback vital. Os testes de campo precisam se encaixar no plano de gestão do projeto *antes* de o delineamento ser 'gravado na pedra', e não depois; e o feedback precisa chegar à equipe de P&D, e não à de vendas; (iii) é tentador pensar que seus *produtos* é que precisam de avaliação – suas *compras* (e contratações) é que devem ser avaliadas de maneira que deem o exemplo para a avaliação dos seus produtos; (iv) é tentador dar aos avaliadores a impressão de que você preferiria um relatório favorável a um relatório preciso. Uma vez que eles querem fazer negócio com você no futuro, fazer isso significa que você estará enviesando a relação com eles. *Você precisa provar para eles* que deseja uma avaliação válida, mais do que uma amigável. Porém, há muito tempo eles aprenderam que os gerentes raramente falam a verdade quando apenas *dizem* que querem uma 'avaliação real'. Assim, uma maneira de fazer isso é descrever para eles o custo de um produto ruim, o que indica que eles podem ajudá-lo a economizar estes custos – ao menos isso mostra que você pensou nisso. Veja também **Avaliação de pessoal, Ajustar a fechadura à chave, Gestão da avaliação, Utilização.**

USUÁRIO. Consulte **Destinatário.**

UTILIDADE (Econ). O valor de algo para alguém ou alguma instituição. Às vezes 'medida' nas unidades hipotéticas chamadas "utils". O problema de "comparações interpessoais de utilidade" tradicionalmente é a pedra no caminho da economia (do bem-estar) (levou van Graaf a abandonar o campo após escrever um dos livros mais importantes sobre ela e levou à negligência relativa do campo nos últimos anos). É o problema de como ponderar o valor de algo que acontece com alguém, ou é atribuído a esta pessoa, contra o valor da mesma coisa que ocorre com outra pessoa. Se não há como fazer isso, não há como tirar conclusões sobre a melhor política para um grupo de pessoas. Mas, naturalmente, *há* uma forma de fazer comparações de utilidade entre pessoas diferentes; são feitas com base na igualdade prima facie dos direitos destas pessoas. Este é o princípio fundamental da ética, e os economistas sabiam muito bem da existência desse princípio. Infelizmente, sua coragem falhou no último passo, que era ver que a ética é um ramo da economia do bem-estar (ou vice-versa, ou que é o território de interseção entre as ciências políticas e a economia do bem-estar). Em vez disso, cegados pela **doutrina da ciência livre de valores**, eles lavaram as mãos e renunciaram. Consulte **Rateio, Custo, Ética.**

UTILIZAÇÃO (de avaliações). Carol Weiss sugeriu "uso" como substituto para "utilização"; podemos também usar "impacto". O termo "**implementação**" também é usado como sinônimo, mas isto presume que o papel da avaliação é produzir **recomendações**, visto que apenas recomendações são capazes de ser implementadas. Entretanto, muitas avaliações não podem nem devem incorporar recomendações. As medidas do uso da avaliação são complexas; um problema é que grande parte da influência demora consideravelmente, e é muito difícil obter financiamento para estudos de acompanhamento. Outro problema é o "uso conceitual", como em "as ideias pegaram, mesmo que as recomendações nunca tenham sido implementadas".

A utilização tem sido alvo de extrema preocupação para os avaliadores há vinte anos. Houve estudos extensivos sobre até que ponto as avaliações são implementadas. Os resultados destes estudos são razoavelmente consistentes: os efeitos *imediatos* normalmente são menores do que se esperaria, mas os efeitos de *longo prazo* são consideráveis, embora sejam um tanto esporádicos. Há uma reação legítima e uma ilegítima a isto, e muitas das discussões encontram-se bem no cerne da segunda categoria. A reação legítima é se certificar de que as considerações acerca da utilização/implementação sejam incluídas no plano das avaliações desde o início, assim como a **avaliabilidade** deve constar no plano dos programas. Se o cliente não está na posição de – e tampouco tem motivação para – utilizar os recursos apropriadamente, uma questão ética surge quanto a se a avaliação deveria ser feita, para início de conversa. Aqui estão alguns procedimentos para melhorar a utilização.

(i) Concentrar a avaliação nas decisões que precisam ser tomadas e nas variáveis que o cliente controla; (ii) solicitar e usar sugestões de toda a população impactada, do público e das partes interessadas sobre o delineamento; (iii) obter feedback sobre os resultados antes de entregar o relatório final (se possível); (iv) usar linguagem, extensão e formatos apropriados nos relatórios; (v) colocar representantes dos clientes e dos avaliandos na equipe de avaliação ou painel conselheiro; (vi) demonstrar que a **avaliação sem custos** é possível e será feita; (vii) fazer o delineamento dentro das limitações dos recursos; (viii) identificar e concentrar nos benefícios positivos da avaliação, se implementada; (ix) determinar um **equilíbrio de poder** para reduzir a ameaça; e, mais importante, (x) colocar bastante ênfase na explicação/ensino das vantagens específicas e gerais da avaliação e sobre o valor dos resultados neste caso. Por fim, trabalhar para começar mais cedo da próxima vez; não presuma que a avaliação tinha que ser tão tarde quanto foi feita desta vez, tente colocar um avaliador no processo formativo e **pré-formativo** também; é assim que a avaliabilidade é instaurada, e os retornos são customizados às necessidades de retorno do projeto.

O fato de a maioria dos avaliadores não ter conhecimentos sobre assuntos como **ansiedade perante a avaliação**, um grande obstáculo à utilização, não ajuda; a conexão de **poder** tem importância semelhante ou ainda maior para a utilização. Muitos avaliadores não possuem competências que contribuem para a utilização, como RP, realização de apresentações, ou habilidades pessoais; e muito também precisam saber também que têm obrigações para com clientes e públicos, bem como em relação às *partes interessadas/consumidores*, que podem ir além de entregar um pedaço de papel. Se estes fatores não forem bem abordados, a falha da implementação no mínimo se deve em grande parte ao avaliador.

Reações suspeitas à baixa utilização incluem: (i) ver a não utilização como evidência prima facie de inconsistência. (Isto é comparável a tratar a competência dos diretores como mensuráveis pelo resultado dos testes de seus alunos.) Na direção oposta, indicadores de equívocos incluem: (ii) reclamações extensas sobre – ou de fato se preocupar sobre – a irracionalidade ou irresponsabilidade dos burocratas e outros pela não utilização dos resultados da avaliação; (iii) fazer com que associações profissionais façam campanhas para que os gerentes aumentem a utilização; e (iv) fazer os *tipos usuais* de entrevistas ou pesquisas sobre os motivos da não utilização. Estas reações são ilegítimas porque se apoiam na pressuposição de que os resultados *deveriam* ser bem utilizados, ou que os entrevistados serão honestos quanto ao motivo pelo qual eles não deveriam ser implementados. Considerando-se a qualidade medíocre bem estabelecida - incluindo a relevância marginal para políticas (especialmente até o momento da entrega) - de muitas das avaliações mais caras e bem sustentadas, estas pressuposições sugerem uma falta grave de competências avaliativas pelas pessoas que as fazem. O procedimento correto para os estudos do uso da avaliação deve começar com uma análise por um painel rigoroso de bons avaliadores e clientes, *que não participaram* dos esforços específicos cujo uso está sendo estudado. Berk e Rossi expressaram muito bem este ponto de vista geral em ***Thinking About Program Evaluation*** (Sage, 1990, p. 10), mas o posicionamento é raro.

O excesso de ênfase na utilização como critério de uma avaliação bem-sucedida cria uma forte situação de conflito de interesses para os avaliadores, pois coloca pressão sobre eles para ajustar os resultados ao que os tomadores de decisão estão dispostos a fazer, em vez de permanecer sobre o que deveriam fazer.

Estes avisos não pretendem sugerir que as pessoas não deveriam estudar ou tentar aumentar a utilização. É um fenômeno de grande interesse e importância, principalmente para governo. Podemos aprender muito com esses estudos sobre como melhorar as avaliações, bem como sobre como facilitar seu uso quando seu conteúdo, formato, e assim por diante, merecerem. Trabalho notável e apropriado, concentrado na abordagem do aprendizado organizacional, foi feito pelo poderoso Grupo de Trabalho em Avaliação de Políticas e Programas [Working Group on Policy and Program Evaluation], uma força-tarefa do Instituto Internacional de Ciências da Administração [International Institute on Administrative Sciences]; o Grupo atualmente possui 28 membros de 13 países. (Consulte a entrevista com o presidente do grupo, Ray Rist, na edição de fevereiro de 1991 da ***Evaluation Practice***.) Veja também **Implementação de avaliações, Avaliação de responsabilidade.**

V

VALIDAÇÃO INCESTUOSA. A prática, comum em círculos de construção de testes, de remover itens dos testes quando sua pontuação não correlaciona bem com a pontuação total. O argumento é que esta ausência de correlação mostra que os itens aberrantes não estão medindo a mesma coisa que o restante do teste. A realidade é que eles podem estar medindo outro aspecto do que quer que seja que o teste esteja medindo. Considerando-se que a maioria dos conceitos educacionalmente interessantes são multidimensionais, frequentemente com dimensões que não se correlacionam altamente umas com as outras, esta prática com frequência reduz a validade do teste. Antes de remover um item, portanto, é crucial explorar os motivos de sua inclusão com base no **conteúdo** e **validade do construto**. Particularmente, deve-se verificar a existência de outros erros (por exemplo, irrelevância, ambiguidade), talvez por meio da análise de juízes externos, ou pela reescrita dos itens, na esperança de que a nova correlação *não* será alta – porque assim você terá tocado em uma dimensão independente de desempenho do critério. Um exemplo na avaliação de pessoal é a alegação comum de que a abordagem dos **critérios compensatórios** à amalgamação de resultados de diversos testes ou critérios ou entrevistas será equivalente à abordagem de **combinação de linhas de corte** (ou 'conjuntiva') se as variáveis do critério forem altamente correlacionadas. A correlação não é a questão; a questão é se eles se referem a competências *conceitualmente* diferentes (etc.).

VALIDADE. A expressão "validade de um teste" (ou de uma avaliação) realmente se refere à validade de uma asserção acerca de seu uso em determinado contexto. A asserção pode estar explícita em seu título ('teste de inteligência') ou em alguns comentários relativamente detalhados nas instruções para administração ou interpretação. Isso nos leva à definição usual: "Um teste é válido quando mede o que pretende medir", uma definição que implica que, se você descreve um teste de diferentes maneiras, sua validade será variável. Ele pode ser **confiável** (no sentido técnico, isto é, consistente nos resultados que gera) sem que seja válido, e pode ser válido sem que tenha **credibilidade**. Porém, se for válido, tem de ser confiável – se o termômetro é válido, deve indicar 100°C *sempre* que for imerso em água pura fervente sob a pressão de 1 atmosfera e, portanto, deve concordar consigo mesmo, isto é, ser confiável. Há diversas subespécies de validade no jargão de testes (especialmente a validade de **face**, de **conteúdo**, **concomitante**, de **construto** e **preditiva**), mas elas representam uma superestimação das diferenças metodológicas ou circunstanciais em distinções conceituais supostas, exceto talvez "válido em termos de conteúdo". Com os testes usados na **avaliação de pessoal**, a validade do conteúdo *sob o julgamento de analistas especialistas* pode ser a principal propriedade dos testes, visto que precisamos abandonar a pesquisa correlacional como o mecanismo de validação fundamental. Neste sentido, no entanto, talvez devêssemos considerar a validade de conteúdo uma forma de validade do construto.

A investigação rigorosa da validade vai identificar a ênfase apropriada para o teste sob estudo. Não se deve falar em "válido *neste* sentido, mas não *naquele*", apenas sobre "*validade* (do tipo apropriado)"; tornou-se claro que a validade (e os ***Standards*** de 1985 afirmam) é um conceito unitário; e, devemos acrescentar, eles se unificam em torno da validade do construto. A principal referência é o ensaio de Messick na 3ª edição de ***Educational Measurement***, ed. Robert Linn, ACE/Macmillan, 1989. Ainda se discute em que medida a validade deve considerar as consequências sociais e éticas dos testes, sendo que Messick concorda com o argumento de Cronbach de que isso é essencial. Sem dúvida é importante garantir que evitemos *erros* na construção e uso de testes que acarretam consequências sociais adversas.

Avaliações válidas são aquelas que consideram todos os fatores relevantes, considerando-se o contexto geral da avaliação (particularmente incluindo as necessidades do cliente) e os ponderando apropriadamente no processo de síntese. Pode-se ou não incluir as questões acerca da credibilidade e adequação dos relatórios na validade da avaliação; se formos acompanhar Messick na questão da validade dos testes, certamente o faríamos. (Consulte **Meta-avaliação.**)

A "validade", da forma como é usada na lógica, refere-se à propriedade de argumentos dedutivos que são logicamente impecáveis, sejam ou não retoricamente impressionantes. Os lógicos tendem a pensar que falar sobre a 'validade' dos testes é uma corrupção do uso adequado (o deles); o estudo do OED mostra que o caso é o contrário. Consulte **Validade externa, Generalização.**

VALIDADE CONCOMITANTE. A validade de um instrumento que deve nos informar sobre o estado *simultâneo* de outro sistema ou variável. Cf. validade preditiva, validade do conteúdo, validade do construto.

VALIDADE DE FACE. Validade aparente, normalmente de itens de teste ou de testes, cujo julgamento pode ser mais ou menos especializado. Os julgamentos altamente especializados aproximam-se bastante da **validade de conteúdo**, que de fato requer fundamentação sistemática.

VALIDADE DO CONSTRUTO. A validade de um instrumento (p. ex., um teste ou um observador) como indicador da presença (de uma quantidade específica) de um construto teórico. A validade do construto de um termômetro como indicador de temperatura é alta, se tiver sido calibrado corretamente. A principal característica da validade do construto é que não pode haver um teste simples de sua existência, pois não existe um teste simples da presença ou ausência de um construto teórico. Podemos apenas inferir esta presença a partir do relacionamento entre uma variedade de indicadores e uma teoria que foi confirmada indiretamente de outras maneiras. O principal contraste é estabelecido com a validade preditiva e concomitante, que relaciona as leituras de um instrumento a outra variável diretamente observável. Assim, a validade preditiva de um teste de êxito de graduação em uma faculdade, administrado antes da admissão, é visível no dia da formatura alguns anos mais tarde. Mas a validade do construto de um termômetro para testar a temperatura não pode ser determinada comparando-se suas leituras com a verdadeira temperatura; na verdade, olhar para um termômetro é o mais próximo que chegamos de olhar para a temperatura.

Ao longo da história da termodinâmica, tivemos quatro definições teóricas de temperatura. Portanto, o que o termômetro "leu" já se referiu a quatro construtos teóricos diferentes e sua validade como indicador de um deles de forma alguma é a mesma validade como indicador de outro. Nenhum termômetro lê coisa alguma na região imediatamente acima do zero absoluto, visto que todos os gases e líquidos estão solidificados neste ponto; entretanto, esta é uma faixa de temperatura, e deduzimos qual é a temperatura ali por meio de cálculos teóricos de outras variáveis. A validade de quase todos os testes usados para fins avaliativos é, em *última instância*, a validade do construto, pois o construto ao qual eles apontam (p. ex., "excelentes habilidades computacionais") é complexo e em si não observável. Isso decorre da própria natureza da avaliação à medida que envolve uma síntese de diversas escalas de desempenho. Mas é claro que isso não significa que conclusões avaliativas sejam essencialmente menos confiáveis do que aquelas de testes com validade preditiva comprovada, visto que validades preditivas são plenamente dependentes da persistência ao longo do tempo (com frequência, longos períodos de tempo) de um relacionamento – uma dependência que com frequência é mais turbulenta do que a inferência a uma competência intelectual como a excelência computacional a partir de uma série de observações de um aluno muito talentoso diante de uma variedade de tarefas computacionais antes não identificadas. Os termômetros são altamente precisos, embora possuam "apenas" validade de construto. A validade do construto é mais fácil de alcançar, de certa forma, no que diz respeito a construtos que se figuram em um **esquema conceitual** que *não* envolve uma teoria e, logo, precisam apenas satisfazer os requisitos do mérito taxonômico (clareza, abrangência, insight, fertilidade etc.), e não a confirmação dos axiomas e leis da teoria. (Tais construtos ainda são chamados de "construtos teóricos", talvez porque os esquemas conceituais acobertam e tão fluidamente evoluem a teorias.) Consulte também **Validade do conteúdo**.

VALIDADE DO CONTEÚDO. A propriedade dos testes que, após a análise apropriada de conteúdo, parecem cumprir todos os requisitos de congruência entre o conteúdo alegado e o conteúdo real. Assim, um teste de capacidade de confecção de redes deve conter uma amostragem adequada (ponderada) de *todas* e *somente* aquelas competências que o especialista em confecção de redes possui. Note que este exemplo advém de um domínio de competências (principalmente) psicomotor; a validade do conteúdo encontra-se um estágio acima da **validade de face** em termos de sofisticação, e um estágio abaixo da **validade do construto**. Assim, ela pode ser vista como uma abordagem mais científica à validade de face ou como uma abordagem não-tão-abrangente à validade do construto (que também leva em consideração todas as conexões empíricas e teóricas conhecidas). O tipo de avaliação envolvido no credenciamento de um profissional como o professor de matemática do ensino fundamental (nos EUA), por exemplo, é *inválido* em termos de conteúdo devido à sua falha absurda de não exigir competências em matemática remotamente próximas ao nível apropriado (por exemplo, aproximadamente ao nível da média dos alunos do segundo ano de graduação em matemática). De modo geral, como com outras formas de avaliação de processos, as verificações de validade do conteúdo são consideravelmente mais rápidas do que abordagens de validade do construto e, com frequência, fornecem um resultado *negativo* bastante confiável, enquanto são menos decisivas no lado afirmativo, visto que a validade do conteúdo é uma condição necessária, porém ainda insuficiente, para o mérito. A validade do conteúdo é um bom exemplo de um conceito desenvolvido em um ambiente de avaliação (de testes, isto é, a avaliação de alunos ou pacientes) que é bem aplicada em outro, nomeadamente, a avaliação de pessoal (candidatos e funcionários), uma vez que começamos a pensar na avaliação como uma única disciplina, se falarmos de maneira lógica. No campo da gestão de pessoas, as validades preditiva e concomitante foram severamente superestimadas; seu uso em grande parte da avaliação de pessoal é inválido, enquanto testes de validade de conteúdo são aceitáveis.

VALIDADE EXTERNA. Em contraste com a **validade interna**, refere-se a (alguns aspectos) da generalizabilidade dos achados experimentais/da avaliação. Aqui, as armadilhas a se evitar incluem a falha em identificar variáveis ambientais-chave que acontecem de serem constantes ao longo do experimento (mas que não serão constantes em outras situações), sensibilidade reduzida dos participantes ao tratamento no pós-teste devido ao pré-teste, efeitos reativos do esquema experimental, ou seleção enviesada de participantes que pode afetar a generalizabilidade do efeito do tratamento aos não participantes – assim prejudicando a validade externa. (Ref.: ***Experimental and Quasi-Experimental Designs for Research***, Campbell and Stanley, Rand McNally & Co., 1972; e ***Validity***

Issues in Evaluative Research, Bernstein, ed. [Sage, 1976]). As referências discutem o conceito clássico de **validade** na avaliação, mas isso é apenas uma parte do problema. A **validade do conteúdo** é extremamente importante na avaliação e essencialmente não discutida nestas referências (típicas). Consulte **Generalizabilidade.**

VALIDADE INTERNA. O tipo de validade de uma avaliação ou delineamento experimental que responde à pergunta: "O delineamento prova o que deveria provar quanto ao tratamento *dos indivíduos que de fato foram estudados*?" (cf. **Validade externa**). Particularmente, ele prova que o tratamento produziu o efeito alegado nos indivíduos do experimento? (Está relacionada ao ponto de verificação Resultados da **Lista-chave de verificação da avaliação.**) Ameaças comuns à validade interna incluem instrumentos ruins, maturação de participantes, mudança espontânea ou viés de atribuição. Ref.: ***Experimental and Quasi-Experimental Designs for Research***, Campbell e Stanley (Rand McNally, 1972).

VALIDADE PREDITIVA. Consulte **Validade do construto.**

VALOR AGREGADO. Abordagem à avaliação institucional e de programas que procura evitar a **Falácia de Harvard** concentrando-se na medida em que o insumo é melhorado pela exposição ao programa, em contraste com a observação da qualidade do resultado. Há grandes dificuldades técnicas do lado da medição, mas podemos obter indicações úteis na metodologia disponível.

VALORES (em avaliação e medição). Os valores que tornam as avaliações mais do que meras descrições podem se originar em diversas fontes. Eles podem ser retirados de um conjunto de padrões com credibilidade e bem testados, tal como os padrões profissionais. Eles podem vir de uma **análise de necessidades** que mostre que as crianças contraem doenças na ausência de determinado componente nutricional (isto é, que elas precisam dele). Ou podem vir de uma análise lógica e paradigmática da função de algo, que acarreta conclusões como "a velocidade de processamento de um computador é uma virtude prima facie" ou "os deveres de um cirurgião incluem resolver disputas da equipe". Podem até advir de um estudo de desejos *e* a ausência de impedimentos éticos para sua satisfação (por exemplo, de construir uma montanha-russa melhor). Este último tipo de valor é, naturalmente, um valor descritivo – o que as pessoas *de fato* valorizam –, ao contrário de um tipo prescritivo que aparece nas conclusões de argumentos avaliativos, que especificam o que as pessoas *deveriam* fazer – às vezes até o que deveriam valorizar. (O caminho para chegar de fatos deste tipo a conclusões avaliativas é discutido no verbete **Lógica da avaliação**.) De modo geral, o problema em avaliação primeiro é identificar valores relevantes, e então validar (alguns) deles; consulte **Valores ilícitos, Valores inapropriados.**

Em cada caso, os fundamentos são factuais, e o raciocínio, lógico – nada do que isto envolve poderia desgraçar um cientista. Mas algo paira no plano de fundo, que os cientistas vergonhosamente não têm competência para lidar: a ética. Sem *fazer* ética, entretanto, muitas avaliações podem ser validadas apenas verificando as considerações éticas importantes que *podem* pesar mais do que o raciocínio não ético, enquanto se verificam outras possíveis fontes de erro.

Os valores/preferências que às vezes entram na avaliação, como um tipo de dado, variam, em termos de visibilidade, de óbvios (os resultados de votações políticas) a muito inacessíveis (atitudes com relação à segurança do emprego, mulheres supervisoras, censura de pornografia). A maioria dos instrumentos para identificar os mais sutis têm validade extremamente duvidosa; eles são mais bem inferidos a partir de comportamentos. Embora esta inferência também seja difícil, ao menos ela começa com o tipo de evento que (normalmente) estamos buscando influenciar. Algumas simulações são tão boas que provavelmente extraem valores verdadeiros, principalmente no caso daqueles de menor importância; mas normalmente devemos usar o comportamento em situações reais. Consulte **Afeto.**

Os valores das pessoas envolvidas em programas não definem o mérito de um programa não recreativo, mas com frequência formam um insumo crucial para a análise de necessidades, e muitas vezes o afetam indiretamente. Consulte **Ética.**

VALORES ABSOLUTOS. Valores que transcendem uma pessoa ou situação; às vezes, pode significar valores que transcendem toda e qualquer pessoa e situação. O primeiro tipo é comum – por exemplo, padrões jurídicos – e, de certa forma, o segundo tipo abrange os padrões éticos. Mas sua transcendência se deve apenas a determinadas características muito gerais da condição humana. (Consulte **Ética**.) O oposto de um valor absoluto é um valor relativo, tal como o valor de mercado do ouro em determinado momento, ou o valor de um vinho de Borgonha envelhecido para pessoas diferentes.

VALORES ILÍCITOS. A existência de valores ilícitos ou inapropriados, algo que todos reconhecemos na prática, constitui uma das falhas mais óbvias do esforço usual das ciências sociais para evitar verdadeiros julgamentos de valor em avaliação e para acabar com o problema aceitando os valores alheios. (Um bom exemplo desta tentativa é o ***Multiattribute Evaluation***, de Ward Edwards e J. Robert Newman [Sage, 1982].) Os valores podem ser ilícitos em um ou outro contexto de avaliação, mas não em todos, pois (por algum motivo) nenhum deles tem impacto sobre todas as avaliações. Valores ilícitos incluem aqueles que violam restrições morais (por exemplo, o gosto pelo estupro violento), restrições legais (polícia racista) ou inconsistência lógica (alguns casos de valorização de fins incompatíveis); os que se baseiam em premissas factuais falsas (por exemplo, pressuposições acerca do que o indivíduo que tem os valores desfrutaria, no longo prazo); os que se baseiam no valor equivocadamente deslocado, por exemplo, o **tecnicismo**; e aqueles aos quais falta apoio apropriado, por exemplo, baseados em uma análise de **necessidades** não mais relevante. Consulte **Valores**.

VALORES INADEQUADOS. Um dos exemplos mais comuns é o uso de valores baseados na concepção equivocada (normalmente desatualizada) das **necessidades**, ou do poder reparador de alguma panaceia. Outros são abordados em **valores ilícitos**, que trata, em grande parte, de erros mais graves.

VARIABILIDADE. A medida na qual a população é espalhada por toda a sua amplitude, em vez de se concentrar próxima de um ou alguns lugares (ou modos) – a característica que produz **dispersão**.

VARIÁVEL DEPENDENTE. Aquela que representa o resultado – é contrastada com as variáveis independentes, que nós (ou a natureza) podemos manipular diretamente. Esta definição é no mínimo semicircular, pois a noção de 'resultado' é tão complexa quanto a de 'variável dependente', assim como todas as outras tentativas de definir o conceito. A distinção entre variáveis dependentes e independentes é uma noção primordial na ciência, definível apenas em termos de outras noções do gênero, como **Aleatoriedade** ou **Causalidade.**

VARIÁVEL INDEPENDENTE. Consulte **Variável dependente.**

VERIFICAÇÃO DE CONFORMIDADE, ANÁLISE DE CONFORMIDADE. Aspecto do monitoramento: geralmente significa a tarefa específica de verificar se os requisitos legais de um tipo de programa são satisfeitos.

VERIFICAÇÃO PELO APRENDIZ. Expressão de Ken Komoski, então presidente do EPIE, que se refere ao processo de: (i) determinar que os produtos educacionais de fato funcionam com o público pretendido; e (ii) melhorá-los sistematicamente à luz dos resultados dos testes de campo. Em determinado momento, foi exigida por lei, na Flórida, e o fato chegou a ser considerado em outros lugares. A primeira resposta das editoras foi entregar cartas de professores testemunhando que os materiais funcionam, algo que normalmente pode ser feito com os piores programas. Este não é o processo de P&D ao qual o termo se refere. Alguns dos textos programados mais antigos eram bons exemplos de verificação pelo aprendiz. Claro, é oneroso, mas pratos de quatro cores e papel brilhante também. Simplesmente representa a aplicação a produtos educacionais dos procedimentos de controle de qualidade e desenvolvimento, sem os quais outros bens de consumo são ilegais, não funcionais ou de qualidade insuficiente.

VIÉS. Normalmente, há dois sentidos crucialmente diferentes deste termo, que não são bem distinguidos em dicionários, nem mesmo no OED: um deles é avaliativo, o outro, não. No sentido avaliativo, "viés" é o mesmo que "preconceito", cujos antônimos são "objetividade", "justiça", "imparcialidade". No sentido descritivo, "viés" é o mesmo que "preferência" (ou – quase – "comprometimento"), e seu antônimo é "desinteresse" (ou – quase – "neutralidade"). De modo geral, o sentido central – certamente o sentido usado na medição educacional e psicológica – parece ser o avaliativo, em que se refere aos erros sistemáticos ou a uma inclinação a erros de um tipo que provavelmente afetará os seres humanos adversamente. Os erros com frequência se devem a uma tendência de pré-julgar as questões devido a crenças ou emoções erradas ou irrelevantes. Parece provável que o uso não avaliativo seja originado (i) do desejo de não ter que fazer um julgamento sobre quem erra; e/ou (ii) o reconhecimento de que, *para a finalidade de decidir quem está certo* – por exemplo, em um tribunal de justiça ou fórum científico – não se pode supor que a questão da verdade seja pré-determinável. É preciso *credibilidade* para ambas as partes na seleção do jurista para estes casos, e não apenas *objetividade*. Consequentemente, a "falta de comprometimento prévio" é tão importante quanto a "falta de preconceito" – ou seja, a falta de comprometimento errôneo. Note que há graves desvantagens nesta abordagem à imparcialidade; a seguir, discute-se alternativas a ela.

Um motivo para pensar que o uso avaliativo é o uso fundamental, é que ele, por si só, sustenta a noção de *acusar* alguém (ou um teste) de ter viés, ou de ser enviesado; seria absurdo acusar as pessoas de algo que não tem conotações negativas (que tenha crenças verdadeiras sólidas). Um segundo motivo é que a situação legal, em que grandes questões dependem da interpretação do termo, claramente favorece a desqualificação de juízes apenas com base na ausência de *imparcialidade*, e não com base em crenças anteriores; e de jurados apenas com base na incapacidade de decidir sem *preconceito* (***Black's Law Dictionary***, 5ª edição, West, 1979). Um terceiro motivo é que, claramente, há situações em que se quer dizer que ter um posicionamento neutro é um sinal de viés, por exemplo, assumir uma posição neutra no debate sobre a ocorrência do Holocausto ou na disputa entre cientistas cristãos e outros sobre a verdade a respeito da teoria atômica; mas dizer isso seria uma contradição, de acordo com o uso não avaliativo do termo.

Assumir uma posição neutra com frequência é um sinal de erro em determinada disputa, e pode ser um sinal de enviesamento. Com mais frequência, é sinal de ignorância, às vezes de ignorância culpável ou debilitante. Portanto, parece melhor não exigir que painéis de avaliação incluam *apenas* painelistas neutros ao custo (comum) de incluir ignorantes ou covardes e obter relatórios superficiais, facilmente repudiados. É melhor permitir a seleção de pessoas treinadas e com bom nível de maestria que tenham comprometimentos contra e a favor de qualquer que seja a abordagem, programa etc. sob avaliação (onde existam tais facções). A facção neutra, se tiver nível de maestria razoável, deve ser representada como qualquer outra. Selecionar uma *cadeira* neutra pode ser uma boa prática em psicologia ou política (e isso é parte do bom desenho de avaliação também) mas não porque ela tem mais probabilidade de julgar bem.

Se o uso avaliativo for adotado e o uso não avaliativo rejeitado (como neste volume), é preciso fazer alguns ajustes na forma como os padrões de avaliação são formulados. Por exemplo, o glossário de ***Evaluation Standards*** [Padrões de Avaliação] (McGraw-Hill, 1980) define viés como "um alinhamento consistente com um ponto de vista", o que, naturalmente, sugeriria que qualquer pessoa que adotasse os *Padrões de Avaliação* seria enviesada, uma formulação indesejável se considerarmos que os padrões nos incentivam a evitar os vieses.

O viés pode ser uma característica de um delineamento experimental ou design de avaliação, assim como de juízes e julgamentos; por exemplo, uma amostra dos alunos matriculados em uma escola está enviesada contra grupos de renda mais baixa se for selecionada a partir dos que estão presentes em determinado dia, pois as taxas de absenteísmo normalmente são mais altas entre grupos de renda mais baixa. Consequentemente, se estamos investigando um efeito que pode estar relacionado à classe econômica, o uso desta amostra poderia constituir um viés do delineamento. Por outro lado, o viés não é demonstrado ao apontar, como é comum em verificações de viés por motivos políticos, que as minorias ou mulheres têm resultados piores em um teste ou processo de seleção do que os outros; ou que é mais provável que não tenham familiaridade com o conteúdo de um item do que um homem caucasiano. A detecção de vieses requer uma análise mais profunda do uso a ser feito da pontuação do item no processo de interpretação.

Ralph Tyler, um dos primeiros e mais precisos avaliadores de programa da era moderna, sugeriu que o viés evitável é o crime de colarinho-branco do avaliador. Sem dúvida, merece mais atenção do que recebe atualmente. Nos Estados Unidos, neste momento, enquanto alguns tipos de vieses tornaram-se gravemente restritos, a medida da discriminação baseada na idade mostra o quão pouco a lição de moral foi apreendida. Pergunte a si mesmo: se um acadêmico muito publicado e ainda produtivo, um excelente professor que se aposentou precocemente, fosse se candidatar a uma vaga de professor assistente em uma universidade que você conhece, concorrendo com os candidatos usuais que acabaram de sair do doutorado, ele seria selecionado? A maioria das pessoas respondem à pergunta ruminando o mesmo tipo de racionalização genérica para dizer "não" usada para discriminar candidatas do sexo feminino nos velhos tempos. Estudos dos dados disponíveis em diversas universidades líderes deixam claro que elas são completamente cegas a este tipo de viés. Veja também **Viés comum, Viés de seletividade, Conflito de interesses, Viés do item, Avaliação de pessoal baseada em pesquisa, Viés geral positivo.**

VIÉS COMUM. O problema principal em usar as opiniões dos especialistas como base para avaliação é que a concordância entre ele (se houver) pode ser devida ao erro comum (conhecido como viés comum). Exemplos sérios e óbvios ocorrem na revisão por colegas de propostas de pesquisa, em que os painelistas com frequência refletem modismos atuais do campo em detrimento de inovadores brilhantes (como muitos prêmios Nobel reportam sobre suas tentativas anteriores de obter financiamento), e em **credenciamento** (em que o viés comum é devido a um **conflito de interesses** comum). O melhor antídoto com frequência é usar alguns juízes intelectualmente – e não só institucionalmente – externos (por exemplo, críticos radicais do campo), além de um procedimento de acompanhamento para os casos de discordância, por exemplo, o **procedimento curinga.** O viés comum é a principal razão por que a consistência entre juízes ou testes, isto é, a **confiabilidade** no sentido técnico, não substitui a **validade.** Um exemplo típico ocorre no credenciamento, onde o departamento de ensino de condutores (por exemplo, de uma escola secundária) é verificado pela pessoa da área de ensino de condutores da equipe visitante. Encontramos pouco alívio na descoberta de que: (i) o visitante gosta do departamento e não recomenda sua abolição – embora haja motivos muito sérios para remover tais departamentos quando o dinheiro está curto, por exemplo, eles não reduzem acidentes; (ii) um segundo painel visitante concorda com o julgamento do primeiro sobre o ensino de condutores (porque *seu* julgamento foi fornecido por mais um membro do mesmo grupo que possui interesses próprios). Isto também acaba envolvendo conflito de interesses, enquanto modismos médicos (pneumotórax em seus dias de ouro, por exemplo) com frequência não envolvem. Consulte **Controle de vieses.**

VIÉS DA JUSTIFICATIVA DA INICIAÇÃO (também conhecido como "o gosto pelo campo de treinamento"). A tendência a argumentar que experiências desagradáveis às quais nos sujeitamos são benéficas para outras pessoas (e nós mesmos), presumivelmente como forma de justificar o fato de termos nos sujeitado a elas. Uma fonte fundamental de viés no uso de entrevistas com ex-alunos para a avaliação de programas. Consulte **Consonância/-dissonância.**

VIÉS DE SELEÇÃO (ou **SELETIVIDADE**). Surge na avaliação de programas quando a seleção dos membros do grupo de controle ou experimental é influenciada por uma conexão não percebida com os resultados desejáveis. Irrelevante para estudos com designação randômica. Se ocorrer atrito diferencial, como entre o grupo experimental e de controle, a possibilidade do viés de seletividade reemerge mesmo no delineamento randomizado. Consulte "Issues in the Analysis of Selectivity Bias", Barnow *et al.*, Evaluation Studies Review Annual, v. 5 (Sage, 1980).

VIÉS DO CONTRATO SECRETO. Na avaliação de propostas, pessoal e, particularmente, institucional, os examinadores com frequência são demasiado lenientes porque sabem que os papéis do examinador e examinado serão revertidos em outra ocasião, e acreditam ou imaginam que todos percebem isto, agindo de acordo com esta suposição, na esperança de que "se eu te ajudar, você me ajuda". Muitas instituições de grande porte precisaram abandonar promoções ou pagamentos por mérito porque não conseguem fazer com que as avaliações entre colegas funcionem, seja devido à insegurança e medo de represália, ou ao viés do contrato secreto. Esta segunda consideração é um exemplo da conduta antiprofissional muito comum nas profissões – que substitui a autoproteção (claro, racionalizada como 'lealdade') pela proteção do cliente. (i) uma boa maneira de contrabalançar é fazer classificações severas de todos quanto à validade de longo prazo de suas classificações; (ii) um controle mais fácil para instigar e usar imediatamente é o uso de um avaliador de pessoal externo; (iii) é possível obter uma grande melhoria sem nenhuma destas melhores abordagens, apenas tornando as classificações **analíticas** em vez de **globais**, escrevendo padrões claros (**âncoras**), submetendo os examinadores a alguns exemplos práticos (**calibragem**) e supervisionando o processo. Consulte **Acreditação.**

VIÉS DO ITEM. É relativamente fácil encontrar viés de item *relativo*, ou seja, um viés (maior) em qualquer item em comparação com um teste como um todo. Simplesmente buscamos o desempenho *diferencial* significativo naquele item pelas minorias, em comparação ao seu desempenho no teste com um todo (ou em um subconjunto dos itens do teste que medem o mesmo construto). Naturalmente, isto deixa aberta a pergunta se um teste como um todo é enviesado, e isso não é tão fácil de determinar. No entanto, há diversos indicadores, desde a validade do conteúdo, determinada por juízes, até correlações com outros testes ou indicadores. Resumos excelentes das questões encontram-se nos dois artigos, "Test Bias" e "Item Bias", da ***International Encyclopedia of Educational Evaluation***, Walberg e Haertel, eds. (Pergamon, 1990).

VIÉS DO TESTE. Consulte **Viés do item.**

VIÉS POSITIVO GERAL (VPG) (em avaliação). Há um forte VPG em todos os campos da avaliação – uma tendência a gerar mais resultados favoráveis do que seria justificável. (Em circunstâncias excepcionais, encontra-se algo como um viés negativo geral, por exemplo, no campo de treinamento dos fuzileiros navais da Marinha norte-americana.) A extensão do VPG torna-se óbvia na realização de meta-avaliações sistemáticas, e sua ubiquidade assemelha-se à 'Regra dos 80/20', que aqui significaria "80% de programas (pessoal, produtos etc.) têm avaliação favorável, enquanto apenas 20% merecem este resultado". Há causas comuns e causas específicas. O VPG aparece na inflação das notas, que é quase universal nas universidades e faculdades atualmente (C costumava ser a média aproximada nas disciplinas de graduação, mas B provavelmente é a média atual e, em algumas universidades, até mesmo B+ ou A–). Um motivo comum para a ocorrência do fato em universidades é que a administração usa a matrícula para determinar a sobrevivência dos cursos e, portanto, dos instrutores, de forma que apenas "As" e "Bs" são concedidos (visto que a disciplina teria quantidade insuficiente de alunos depois que as notas do primeiro teste fossem entregues); ou que o comprometimento dos instrutores com a honestidade e qualificação profissional é menor do que seu desejo de não causar dor ou seu medo de retaliação.

O VPG permeia a avaliação de programas principalmente devido ao conflito de papéis. O avaliador é um membro da equipe, um contratado, ou um consultor e, neste papel, sabe que sua própria chance de emprego ou contratos futuros normalmente depende de, ou aumenta com, relatórios favoráveis ao programa. Às vezes, isso se deve ao fato de que a carreira do gerente do programa depende de resultados favoráveis, e ele foi insensatamente encarregado de contratar o avaliador; de maneira mais sutil e comum atualmente, deve-se ao fato de o superior do gerente do programa – que concede o contrato de avaliação – ter aprovado o programa ou seu gerente lá no início e, portanto, ter algum interesse nisto também.

Também encontramos o VPG na contribuição de colegas em avaliações de pessoal, devido ao medo de represália no caso de um relatório desfavorável ser visto pelo avaliando, ou devido ao **viés do contrato secreto**. Na avaliação pelos supervisores, com frequência é usado para criar ou manter servidores ou evitar aborrecimentos. Na avaliação como um todo, o VPG é gerado pelas pessoas que preferem não causar aflição ou decepção em detrimento de seu comprometimento com a honestidade ou com as recompensas da avaliação. E as pessoas que não acreditam em sua própria capacidade como avaliador não estão dispostas a correr o risco de perder a disputa em caso de recurso.

O VPG só pode ser controlado por métodos direcionados explicitamente a ele; por exemplo, desenvolvendo e implementando padrões rígidos de avaliação, por meio do uso regular da meta-avaliação, recompensando explicitamente o criticismo justificado, agindo contra supervisores que exibem ou toleram o VPG, melhorando o treinamento profissional e aumentando a consciência de profissionais de outras maneiras, além de implementar unidades de avaliação cada vez mais independentes, como o GAO e os Gabinetes dos Inspetores-Gerais (a ***Consumer Reports*** raramente demonstra VPG).

VISUALIZAÇÃO DE DADOS. O nome para o que agora emerge como um novo tipo de software aplicativo de computador; "apresentação de dados" talvez seja um termo melhor. Começou com o uso de gráficos – agora gerados automaticamente por todos os programas líderes de planilhas e muitos de bases de dados, e isso gerou programas especializados de gráficos que criam rotineiramente uma centena de tipos diferentes de gráficos (personalizáveis). Ramificou-se na área especializada de 'software de apresentação', que incorporou listas e gráficos com palavras, além de técnicas gráficas sofisticadas, tal como sombreamento dos planos de fundo. Enquanto isso, nos grandes mainframes e scanners de tomografia computadorizada, o uso de pseudocoloração para representar faixas de uma variável contínua se torna uma maneira-padrão de representar resultados, particularmente em medicina (tomografias), astrofísica (as fotos do cometa tiradas pela sonda), levantamentos por satélite e pesquisas sobre ondas de choque – esta especialmente pelos Livermore Labs. Trabalhos desenvolvidos paralelamente melhoraram as maneiras de exibir conjuntos de dados estatísticos, incluindo coloração para indicar, por exemplo, o quão recentes são os dados ou o gênero de um indivíduo, e o uso da rotação e tempo real para transmitir uma imagem quadridimensional dos dados. O valor destas abordagens tornou a análise exploratória de dados muito mais poderosa e bem-sucedida – e a desqualificou consideravelmente. Nos anos 1990, grande parte deste poder foi disponibilizado em microcomputadores, e isso transforma o lado empírico da pesquisa (incluindo a avaliação), bem como a apresentação dos resultados. Para futuras possibilidades, consulte **Realidade Virtual**.

VITRINE (fazer a vitrine). A prática de incluir grandes nomes em uma proposta, embora as letras pequenas revelem que eles contribuirão muito pouco tempo para se considerar que dividirão alguma responsabilidade. Tudo bem colocá-los no painel de conselheiros; enganoso listá-los como parte da equipe. Consulte **Quantum de esforço**.

W

WHOLISTIC. Ortografia alternativa a "holístico"; para saber mais detalhes, consulte **Global**.

WHY DENY. Conferência com a equipe de uma agência de financiamento, em que licitantes de um TDR que não foram aprovados podem questionar e ser informados sobre os motivos pelos quais perderam. Uma das consequências do movimento atual na direção da transparência. Infelizmente, a falha em usar a Classificação por importância e outros procedimentos sistemáticos significa que o feedback do revisor e da equipe é muito difícil de interpretar de maneira útil.

WIRED ("carta marcada"). Diz-se que um contrato ou TDR é *wired* quando, seja por meio do seu delineamento e requisitos ou por meio de um acordo informal entre a equipe da agência e um prestador de serviço específico, houver providências para que ele seja concedido àquele prestador. Certamente ilegal, e quase sempre imoral. O mero fato de o TDR – com bons motivos intrínsecos – predeterminar o contratado, por exemplo, porque o problema de fato só pode ser resolvido por um conjunto de três computadores Cray, não qualifica *wiring*.

Z

ZONEAMENTO. Consulte **Agrupamento por faixas.**

Acrônimos e abreviações

AA Audit Agency [Tribunal de Contas] Uma divisão dos departamentos federais norte-americanos que reporta diretamente ao secretário e realiza fiscalizações iniciais (cf. GAO) que equivalem a avaliações de programas e contratos, incluindo os de avaliação. Mudou da orientação CPA para uma abordagem muito mais ampla e com frequência realiza trabalhos bastante competentes (embora esteja sobrecarregado); ainda não analisa, por exemplo, a validade dos instrumentos de teste utilizados. Cf. GIG

AAC Aprendizado assistido por computador; atualmente mais em voga do que a IAC, mas os dois são essencialmente a mesma coisa

AAHE American Association of Higher Education [Associação Americana de Educação Superior]

AAO Avaliação do alcance de objetivos – basicamente, monitoramento

ABT Abt Associates. Grande empresa com forte capacidade de avaliação; sediada em Cambridge, Massachusetts

ACT American College Testing. Exame de admissão universitária norte-americano

AEA American Evaluation Association [Associação Americana de Avaliação]

AEL Autoridade educacional local (por exemplo, um distrito escolar)

AERA American Educational Research Association [Associação Americana de Pesquisa em Educação]

AF Ano fiscal; exercício

AID Agency for Intemational Development [Agência pelo Desenvolvimento Internacional]

AIR American Institutes for Research [Institutos Americanos para a Pesquisa], um prestador de serviços sediado no norte da Califórnia; possui alguma competência em avaliação

ANCOVA Análise de covariância

ANOVA Análise de variância

ANPA American Newspaper Publisher's Association [Associação dos Editores de Jornais Americanos]

AA Análise de Avaliabilidade (normalmente de um grande programa)

ABO Avaliação baseada em objetivos

APPD Avaliação de professores por deveres

APPP Avaliação de professores por pesquisa

ALO Avaliação livre de objetivos

AT Avaliação de tecnologias; ou assistência técnica

IAT Interação aptidão-tratamento

AG Avaliador generalista

AV Audiovisual

AVLINE Base de dados on-line audiovisual mantida pela National Library of Medicine [Biblioteca Nacional de Medicina]

CBO Congressional Budget Office [Escritório de orçamento do Congresso (EUA)] Presta serviços de análise e avaliação para o Congresso, como o GAO [Departamento Geral de Contabilidade] faz para o Poder Executivo.

CBTE, CBTI Competency-Based Teacher Education, Training [Educação de Professores com Base em Competência, Treinamento]

CDC Control Data Corporation; em determinado momento, foi uma das cinco maiores empresas de computação, célebre por seu suporte ao PLATO, o maior sistema de IAC

CEDR Center for Evaluation, Development and Research [Centro de Avaliação, Desenvolvimento e Pesquisa] (da Phi Delta Kappa)

CEEB College Entrance Examination Board [Conselho de Admissão ao Ensino Superior]

CEO Chief Executive Officer [Diretor executivo]; COO, Chief Operating Officer [Diretor de operações], às vezes é usado com praticamente o mesmo significado.

CFE Cost-Free Evaluation [avaliação sem custos]

CIPP O modelo de Daniel Stufflebeam e Egon Guba, que distingue quatro tipos de avaliação: contexto, insumo, processo e produto – todos elaborados para delinear, obter e fornecer informações úteis para o tomador de decisão

CIRCE Center for Instructional Research and Curriculum Evaluation, University of Illinois, Urbana, Illinois; durante muito tempo foi a sede de Bob Stake

CMHC Community Mental Health Center or Clinic [centro ou clínica psiquiátrica pública]

CMI Computer Managed Instruction [Instrução administrada por computador]; com frequência significa que o teste e registros são computadorizados, mas não a instrução

CN ***Consultant News***, o boletim informativo altamente independente do campo de consultoria em gestão, administrado pelo talentoso solitário Jim Kennedy

COB Close of business (fim do dia útil, prazo final para entrega de propostas)

COO Chief Operating Officer [Diretor de operações]

COPA Council on Post-Secondary Accreditation [Conselho para Credenciamento Pós-Secundário]

CREATE The Center for Research on Educational Accountability and Teacher Evaluation [Centro de Pesquisa em Prestação de Contas Educacional e Avaliação de Professores]. Um centro de P&D financiado pelo governo federal norte-americano, localizado no Evaluation Center, Western Michigan University, e presidido por Daniel Stufflebeam

CSE Center for the Study of Evaluation [Centro de Estudos da Avaliação] (da UCLA)

CSMP Comprehensive School Mathematics Study Group [Grupo Geral de Estudos de Matemática Escolar]

DED (mais adequadamente, ED) Department of Education [Departamento de Educação dos EUA, corresponde ao Ministério da Educação no Brasil] (ex-USOE)

DOD Department of Defense [Departamento de Defesa dos EUA]

DOE Department of Energy [Departamento de Energia dos EUA]

DRG Division of Research Grants [Divisão de Fundos de Pesquisa]

DSS Decision Support Systems [Sistemas de Apoio à Tomada de Decisão] normalmente são sistemas de computador para aplicar técnicas-

-padrão de tomada de decisão como uma programação linear para, por exemplo, os problemas de contabilidade e estoque do executivo.

ED Education Department [Departamento de Educação dos EUA]

EN *Evaluation News*, o periódico original sobre avaliação da Evaluation Network, agora *Evaluation Practice*, um periódico revisado.

EN *evaluation notes*, um boletim informativo profissional sobre metodologia da avaliação publicado pela Edgepress durante algum tempo

ENET Evaluation Network, uma associação profissional de avaliadores agora agrupados na AEA

EPBD Educação de Professores Baseada em Desempenho

EPIE Education Products Information Exchange [Intercâmbio de Informações sobre Produtos Educacionais]

ER Enfermeiro Registrado

ERIC Educational Resources Information Center [Centro de Informação sobre Recursos Educacionais]; uma rede de informação nacional sediada em Washington, DC, com centros coordenadores, especializados por assunto, em diversas localidades dos EUA. Disponível como base de dados on-line.

ERS Evaluation Research Society [Sociedade de Pesquisa em Avaliação], uma associação profissional de avaliadores, que agora se fundiram na AEA

ESEA Elementary and Secondary Education Act of 1965 [Lei da Educação Primária e Secundária de 1965 (EUA)]

ETS Educational Testing Service [Serviço de Testes Educacionais]; sediado em Princeton, com filiais em Berkeley e Atlanta.

FDA Food and Drug Administration [Administração de Alimentos e Drogas]

FRACHE Federation of Regional Accrediting Commissions of Higher Education [Federação de Comissões Regionais de Acreditação do Ensino Superior]

G&A Gerais e administrativos (despesas, custos)

GAO General Accounting Office [Departamento Geral de Contabilidade].[1] A principal agência de avaliação semiexterna do governo federal dos EUA, agora fundida com os Gabinetes dos Inspetores-Gerais

1 Órgão similar ao Tribunal de Contas da União do Governo do Brasil. (*N. da T.*)

GIG Gabinetes dos Inspetores-Gerais; um escritório encontrado em 67 ou mais agências federais, e cujas responsabilidades são semelhantes àquelas do avaliador de programas. Eles respondem ao Congresso, bem como à agência e, normalmente, ao programa

GIGO Garbage in, Garbage Out [Entradas inválidas, Saídas inválidas] (da programação de computadores, consulte meta-análise)

GPA Grade point average [Média de pontuação global]

GPO Government Printing Office [Imprensa Oficial dos EUA], Washington, DC

GBO Gestão baseada em objetivos

GRE Graduate Record Examination

HEW Department of Health, Education and Welfare [Departamento de Saúde, Educação e Bem-estar Social dos EUA], mais tarde dividido entre ED [Departamento de Educação] e HHS [Departamento de Saúde e Serviços Humanos]

HHS Department of Health and Human Services [Departamento de Saúde e Serviços Humanos]

IA Inteligência Artificial (o campo de estudo, não o uso no jargão)

IAC Instrução assistida por computador

IBM International Business Machines, Inc.

IG Inspetor-Geral

IMC Item de múltipla classificação

IME Item de múltipla escolha

IOX Instructional Objectives Exchange, uma grande empresa prestadora de serviços

KEC Key Evaluation Checklist [lista-chave de verificação da avaliação]

KISS Keep It Simple, Stupid [Mantenha a simplicidade, seu idiota]

LSAT Law School Admission Test [Teste de Admissão à Faculdade de Direito nos EUA]

MAS Management Advisory Services [Serviços de Consultoria em Gestão]; o termo normalmente se refere às subsidiárias das firmas de contabilidade conhecidas como as 'Big 8'

MDP Mínima diferença perceptível, o 'quantum' dos efeitos sentidos ou percebidos

MMO Método do *modus operandi*

MMPI Minnesota Multiphasic Personality Inventory [Inventário Multifásico de Personalidade de Minnesota]; um dos testes clínicos empiricamente validados mais amplamente usados

NAEP National Assessment of Educational Progress [Avaliação Nacional do Progresso Educacional]

NCATE National Council for Accreditation of Teacher Education [Conselho Nacional para Credenciamento da Educação de professores]

NCES National Center for Educational Statistics [Centro Nacional de Estatística Educacional]

NCHCT National Center for Health Care Technology [Centro Nacional de Tecnologia da Saúde]

NIA National Institute on Aging [Instituto Nacional do Envelhecimento]

NICHD National Institute of Child, Health and Human Development [Instituto Nacional de Desenvolvimento da Criança, Saúde e Humano]

NIE National Institute of Education [Instituto Nacional de Educação] (do ED)

NIH National Institutes of Health [Institutos Nacionais para a Saúde] (inclui o NIMH, NIA etc.); *ou* "Não (foi) inventado aqui" (então não incentive seu uso, pois não vai obter crédito algum)

NIJ National Institute of Justice [Instituto Nacional para a Justiça]

NIMH National Institute of Mental Health [Instituto Nacional de Saúde Mental]

NSF National Science Foundation [Fundação Nacional de Ciências]

NSSE National Society for the Study of Education [Sociedade Nacional para o Estudo da Educação], uma associação e, desde 1901, editora de uma série de anuários que distribui por meio da University of Chicago Press.

NWL Northwest Lab, Portland, Oregon. Um dos laboratórios e centros de P&D da rede federal; nos primeiros anos, mantinha uma tradição de avaliação bastante vigorosa (Worthen, Saunders, Smith)

OCR Optical Character Recognition [Reconhecimento Óptico de Caracteres]. Um programa de computador que converte os dados coletados por um scanner em caracteres

OE Escritório de Educação

OERI Office of Educational Research and Improvement [Escritório de Pesquisa e Melhoria em Educação], Departamento de Educação dos EUA

OHDS Office of Human Development Services [Escritório de Serviços de Desenvolvimento Humano]

OMB Office of Management and Budget [Escritório de Gestão e Orçamento]

ONR Office of Naval Research [Escritório de Pesquisa Naval]; patrocinador, por exemplo, da primeira ***Encyclopedia of Educational Evaluation***

OPB Office of Planning and Budgeting [Escritório de Planejamento e Orçamentação]

OTA Office of Technology Assessment of the U.S. Congress [Escritório de Avaliação de Tecnologias do Congresso dos EUA]

P&A Planejamento e Avaliação; uma divisão do HEW/HHS, incluindo escritórios regionais, onde reporta diretamente aos Diretores Regionais. No ED, atualmente é chamada de OPB

PAE Perfil de Avaliação Escolar [SEP, School Evaluation Profile], inventado para possibilitar uma representação gráfica da saúde escolar como sete barras em um gráfico

PDK Phi Delta Kappa, a sociedade honorária educacional influente e voltada à qualidade que publica o ***The Kappan***

PEC Product evaluation checklist [Lista de verificação de avaliação de produtos]

PERT Program Evaluation and Review Technique [Técnica de Avaliação e Revisão de Programas]

PHS Public Health Service [Serviço Público de Assistência à Saúde] (EUA)

PLATO O maior projeto de IAC jamais realizado; a sede original ficava na University of Illinois/Champaign. Financiada principalmente pela NSF na fase de desenvolvimento, em seguida controlada pela COC

PPBS Program Planning and Budgeting System [sistema planejamento de programas e orçamentação – SIPPO]

PSI Personalized System of Instruction [Sistema Personalizado de Instrução] (Também conhecido como O Plano Keller)

RAND Aparelhagem de pesquisa e avaliação e análise de políticas sediada em Santa Monica. Originalmente, uma "criatura" (subsidiária civil)

da Força Aérea dos EUA (USAF), instaurada porque não conseguiam talentos especializados suficientes dos escalões internos – o nome advém de Research and Development [Pesquisa e Desenvolvimento]. Agora é uma organização sem fins lucrativos independente, embora ainda preste alguns serviços para a USAF

RIMA Relatório de Impacto Ambiental

SAT Scholastic Aptitude Test [Teste de Aptidão Escolástica]. Amplamente usado para admissões coletivas a universidades nos EUA.

SDC Systems Development Corporation, em Santa Monica; outra grande empresa, como o RAND, com capacidade avaliativa substancial.

TDR Termos de Referência; edital

SEA State education authority [Autoridade educacional estadual]

SGBD Sistema de Gestão de Base de Dados. Software de computador para criar bases de dados

SIG Sistema de informação em gestão; com frequência, um escritório de uma grande empresa que é responsável pelo sistema de computadores. Em pequena escala, uma base de dados computadorizada que combina dados fiscais, de estoque e de desempenho.

SMERC San Mateo Educational Resources Center [Centro de Recursos Educacionais de San Mateo], um centro de informações que abrigou diversas coleções de materiais educacionais para atender as necessidades de informação dos educadores em diversos estados em torno da Califórnia. A maioria das coleções são "internas", mas a SMERC também possui acesso aos arquivos do ERIC. A SMERC está localizada na cidade de Redwood, Califórnia, e foi notável por alguns anos como um centro de avaliação de materiais didáticos.

SMSG School Mathematics Study Group [Grupo de Estudos de Matemática Escolar]. Um dos primeiros e mais prolíficos esforços de reforma do currículo federal

SRI Originalmente, Stanford Research Institute [Instituto de Pesquisa de Stanford]; em Menlo Park, Califórnia; já foi parte da Stanford University, atualmente, é autônomo. Grande empresa que faz alguma avaliação

SSE Status Socioeconômico

TAT Teste de Apercepção Temática

TBC Treinamento baseado em computador. IAC para clientes ricos, como bancos

TCITY Twin Cities Institute for Talented Youth [Instituto das Cidades Gêmeas para Jovens Talentos]. Local da primeira avaliação defesa--oposição (Stake e Denny)

TCM Teste de competência mínima

TNF Treinamento na função

TP Texto programado

TRC Teste referenciado em critérios

TRD Teste referenciado no domínio

USAF Força Aérea dos Estados Unidos. Fortemente comprometida à P&D (e bastante competente), como a Marinha, e diferente do Exército

USDA United States Department of Agriculture [Departamento de Agricultura dos EUA]

USOE United States Office of Education [Secretaria de Educação dos EUA], agora ED ou DED (Departamento de Educação)

WICHE Western Interstate Clearinghouse on Higher Education [Centro de Coordenação em Educação Superior Interestadual do Oeste]

Este livro foi composto na tipografia Minion Pro, em corpo 11/15, e impresso em papel off-white no Sistema Digital Instant Duplex da Divisão Gráfica da Distribuidora Record.